科学的起源

成生辉 崔维成——著

中信出版集团|北京

图书在版编目（CIP）数据

科学的起源 / 成生辉，崔维成著. -- 北京：中信出版社，2024.4（2025.6 重印）
ISBN 978-7-5217-6067-5

Ⅰ.①科… Ⅱ.①成…②崔… Ⅲ.①科学史－研究－世界 Ⅳ.① G3

中国国家版本馆 CIP 数据核字（2023）第 198221 号

科学的起源
著者： 成生辉　崔维成
出版发行：中信出版集团股份有限公司
（北京市朝阳区东三环北路 27 号嘉铭中心　邮编 100020）
承印者： 北京启航东方印刷有限公司

开本：787mm×1092mm 1/16　　印张：39.25　　字数：689 千字
版次：2024 年 4 月第 1 版　　　　印次：2025 年 6 月第 2 次印刷
书号：ISBN 978-7-5217-6067-5
定价：179.00 元

版权所有·侵权必究
如有印刷、装订问题，本公司负责调换。
服务热线：400-600-8099
投稿邮箱：author@citicpub.com

3000

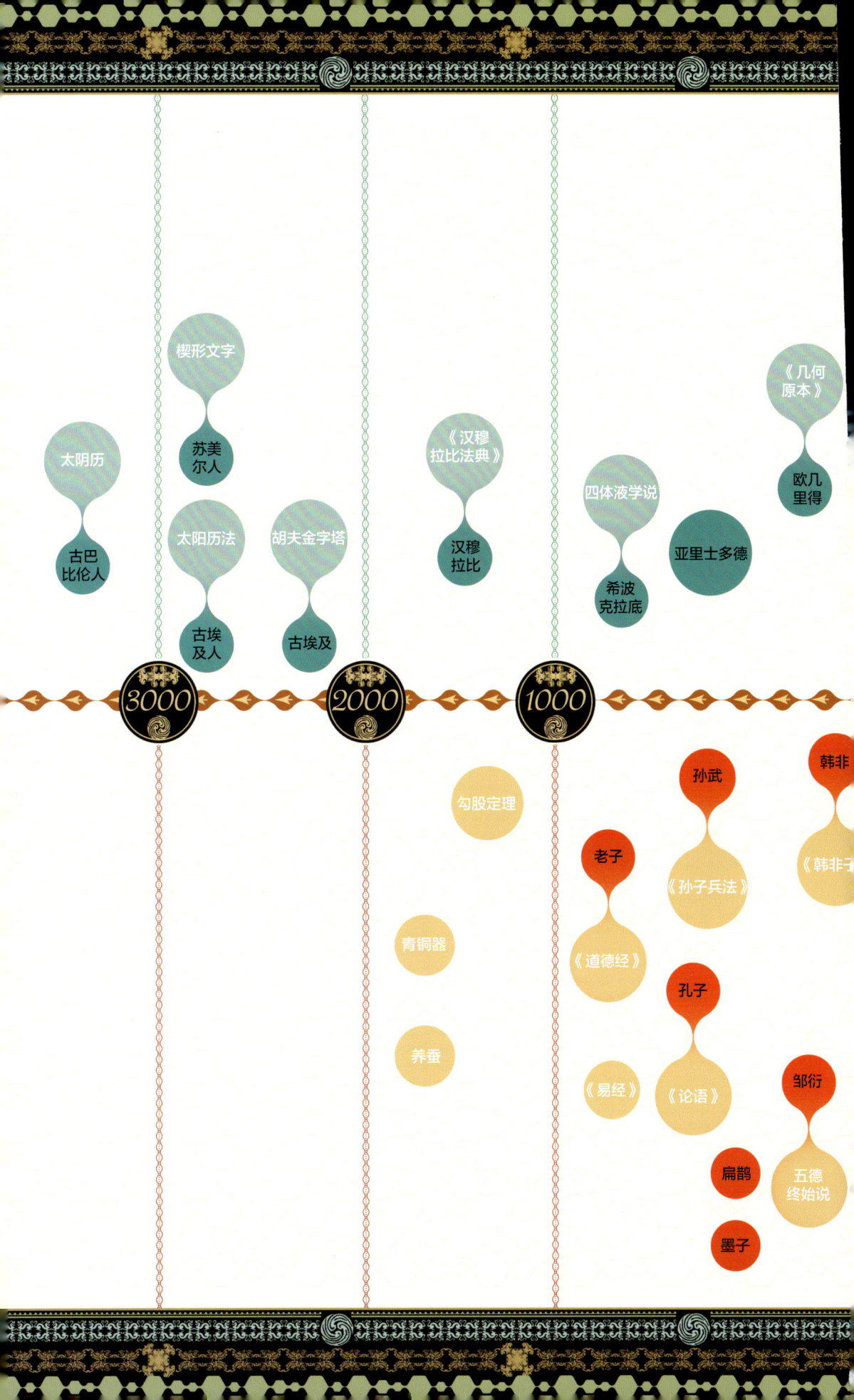

- 太阴历 — 古巴比伦人
- 楔形文字 — 苏美尔人
- 太阳历法 — 古埃及人
- 胡夫金字塔 — 古埃及

2000

- 《汉穆拉比法典》— 汉穆拉比
- 四体液学说 — 希波克拉底
- 亚里士多德
- 《几何原本》— 欧几里得
- 勾股定理
- 青铜器
- 养蚕

1000

- 老子 — 《道德经》
- 孙武 — 《孙子兵法》
- 韩非 — 《韩非子》
- 孔子 — 《论语》
- 《易经》
- 邹衍 — 五德终始说
- 扁鹊
- 墨子

科学技术发展时间轴

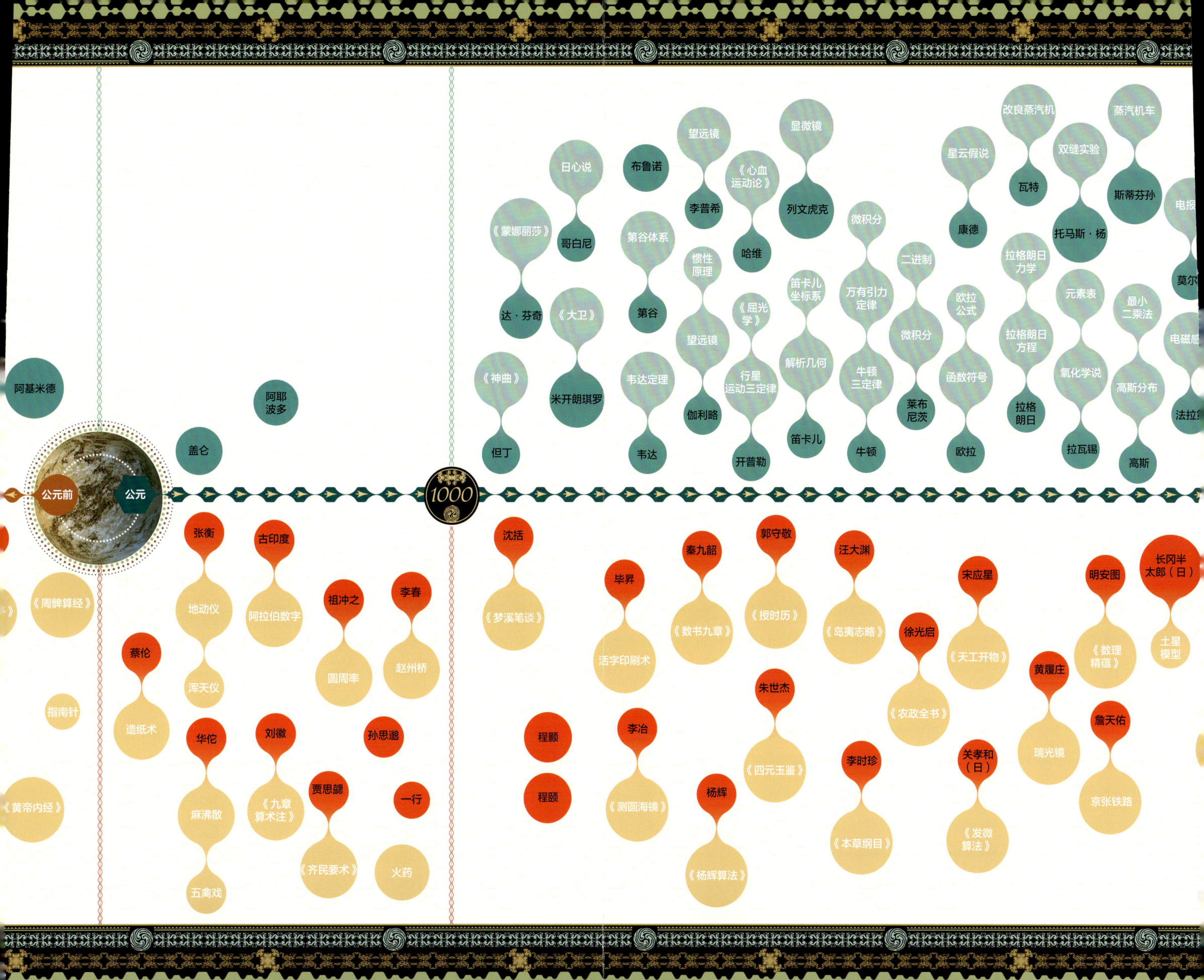

公元前 | 公元 —— 1000 ——

上半部分（西方）

- 阿基米德
- 盖仑
- 阿耶波多
- 《神曲》— 但丁
- 《蒙娜丽莎》— 达·芬奇
- 《大卫》— 米开朗琪罗
- 日心说 — 哥白尼
- 布鲁诺
- 第谷体系 — 第谷
- 望远镜 — 韦达定理 — 韦达
- 望远镜 — 伽利略
- 惯性原理
- 李普希
- 《心血运动论》— 哈维
- 《屈光学》— 解析几何 — 行星运动三定律 — 开普勒
- 笛卡儿坐标系 — 笛卡儿
- 显微镜 — 列文虎克
- 微积分 — 莱布尼茨
- 二进制
- 万有引力定律 — 牛顿三定律 — 牛顿
- 星云假说 — 康德
- 欧拉公式 — 微积分 — 函数符号 — 欧拉
- 改良蒸汽机 — 瓦特
- 拉格朗日力学 — 拉格朗日方程 — 拉格朗日
- 双缝实验 — 托马斯·杨
- 蒸汽机车 — 斯蒂芬孙
- 元素表
- 氧化学说 — 拉瓦锡
- 最小二乘法
- 高斯分布 — 高斯
- 电报
- 莫尔
- 电磁感
- 法拉第

下半部分（中国及东方）

- 《黄帝内经》
- 《周髀算经》
- 指南针
- 张衡 — 地动仪 — 浑天仪
- 蔡伦 — 造纸术
- 古印度 — 阿拉伯数字
- 华佗 — 麻沸散 — 五禽戏
- 刘徽 — 《九章算术注》
- 祖冲之 — 圆周率
- 李春 — 赵州桥
- 贾思勰 — 《齐民要术》
- 孙思邈
- 一行
- 火药
- 沈括 — 《梦溪笔谈》
- 毕昇 — 活字印刷术
- 程颢
- 程颐
- 秦九韶 — 《数书九章》
- 李冶 — 《测圆海镜》
- 杨辉 — 《杨辉算法》
- 郭守敬 — 《授时历》
- 朱世杰 — 《四元玉鉴》
- 汪大渊 — 《岛夷志略》
- 李时珍 — 《本草纲目》
- 徐光启 — 《农政全书》
- 宋应星 — 《天工开物》
- 黄履庄
- 关孝和（日）— 《发微算法》
- 明安图 — 《数理精蕴》
- 瑞光镜
- 詹天佑 — 京张铁路
- 长冈半太郎（日）— 土星模型

科学成就时间线

主要科学家与成就：

- 《物种起源》— 达尔文
- 经典电磁理论 — 麦克斯韦
- 电话 — 贝尔
- 23个数学问题 — 希尔伯特
- α、β射线 — 卢瑟福
- 波粒二象性 / 相对论 — 爱因斯坦
- 玻尔原子模型 — 玻尔
- 哈勃定律 — 哈勃

- 细胞学说 — 施莱登
- 孟德尔定律 — 孟德尔
- X射线 — 伦琴
- 量子假说 — 普朗克
- 飞机 — 莱特兄弟
- 青霉素 — 弗莱明
- 薛定谔方程 — 薛定谔
- 信息论 — 香农

- 罗氏几何 — 罗巴切夫斯基
- 焦耳定律 — 焦耳
- 元素周期表 — 门捷列夫
- 交流电 — 尼古拉·特斯拉
- 钋和镭 — 居里夫人
- 质谱仪 — 阿斯顿
- 大陆漂移说 — 魏格纳
- "拉马努金猜想" — 拉马努金
- 图灵机 — 图灵
- 冯·诺伊曼

2000

- 汤川秀树（日）— 介子理论
- 钱学森 — 工程控制论
- 袁隆平 — 杂交水稻
- 屠呦呦 — 青蒿素
- 陈景润 — 哥德巴赫猜想
- 李四光 — 地质力学
- 邓稼先 — 原子弹 / 氢弹

目录

前　言 ///XIII

第一篇　科学的概述

第1章　走近科学
1. 神奇与探寻　///004
2. 问题与挑战　///005
3. 思索与展望　///007
　　轨迹的认知　///008
　　回顾发展　///009
　　学科的扩展　///010
　　理论的交汇　///012

第2章　认识科学
1. 释义与概念　///019
2. 思维范式　///023
　　科学哲学　///024
　　三个基本方向　///026
　　思维范式的演变　///030
　　经典的争论　///033
3. 辨别科学　///040
　　技术的不同　///040
　　真理的认知　///045
　　宗教与信仰　///047

第3章　科学的科学
1. 科学的科学　///051
　　释义与概念　///051
　　全面解"元"　///053
　　历史与发展　///056

　　　　　　五大领域　　　　　　///057
　　2. 继承与应用　　　　　　///061
　　　　　　信息通信　　　　　　///062
　　　　　　医学　　　　　　///062
　　　　　　心理学　　　　　　///063
　　　　　　物理学　　　　　　///063

第二篇
科学的萌芽

第 4 章　科学的摇篮

1. 文明的溯源　　　　　　///069
　　　美索不达米亚　　　　　　///070
　　　尼罗河畔　　　　　　///073
　　　与罗摩相遇　　　　　　///076
　　　中华之源　　　　　　///079
2. 文明的传承　　　　　　///083
　　　海洋文明的缩影　　　　　　///083
　　　古罗马文明　　　　　　///085

第 5 章　科学的星星之火

1. 两河流域的余晖　　　　　　///087
　　　六十进制　　　　　　///088
　　　古巴比伦历法　　　　　　///089
　　　占星术与天文学　　　　　　///090
　　　巫术与医学　　　　　　///091
2. 古埃及的烈焰　　　　　　///092
　　　历法与记录　　　　　　///093
　　　计数的逻辑　　　　　　///094
　　　药学与医学　　　　　　///095
3. 印度文明的遗产　　　　　　///096
　　　佛教基本理论　　　　　　///097
　　　另眼看世界　　　　　　///097
4. 古代中国的辉煌　　　　　　///098
　　　百家争鸣　　　　　　///098
　　　寻根探源之《易经》　　　　　　///102
　　　中医理论　　　　　　///104
　　　四大发明　　　　　　///105

第6章　西方科学的起源

1. 科学的思想基础　///107
    - 还原论的鼻祖　///107
    - 哲学的先驱　///108
    - 科学的启蒙　///114
2. 古希腊文明的贡献　///116
    - 自然科学　///117
    - 天文学　///118
    - 医学的短暂兴盛　///120
3. 古罗马文明的光辉　///120
    - 早期传承者　///120
    - 科学的雏形　///125

第7章　东方科学的萌芽

1. 从青铜到铁器　///129
2. 物理学萌芽　///132
3. 天文的故事　///132

第8章　古代科学的成就

1. 古代文明的成果　///136
    - 文字记录文明　///136
    - 技术革新文明　///138
    - 社会推动技术创新　///139
2. 和而不同　///140
    - 中西哲学　///140
    - 中医与西医　///140
3. 古代科学的衰落　///141

第三篇　科学的形成

第9章　探索与发现

1. 从托勒密到哥白尼　///151
    - 托勒密的体系　///151
    - 日心说的诞生　///152
2. 第谷·布拉赫的系统　///155

　　　　天堡的遐想　　　　　　　///155
　　　　体系的突破　　　　　　　///156
　　3. 开普勒与天文学　　　　　///157
　　4. 笛卡儿主义　　　　　　　///159

第10章　近代科学的形成

　　1. 伽利略的革新　　　　　　///162
　　　　运动定律的产生　　　　　///162
　　　　日心说的发展　　　　　　///163
　　2. 牛顿的思索　　　　　　　///164
　　　　不断的探索　　　　　　　///167
　　　　力学的变革　　　　　　　///168
　　3. 牛顿经典力学　　　　　　///169
　　　　力学初解　　　　　　　　///170
　　　　惯性定律　　　　　　　　///171
　　　　加速度定律　　　　　　　///175
　　　　作用力与反作用力定律　　///177

第11章　科学学科的形成

　　1. 科学社团的形成　　　　　///181
　　　　意大利西芒托学院　　　　///182
　　　　英国皇家学会　　　　　　///183
　　　　法兰西科学院　　　　　　///185
　　　　德国柏林科学院　　　　　///186
　　2. 光学的发展　　　　　　　///188
　　　　光与透视　　　　　　　　///188
　　　　粒子与波　　　　　　　　///189
　　3. 化学革命　　　　　　　　///191
　　　　炼金术的启示　　　　　　///191
　　　　燃素说的冲破　　　　　　///192
　　　　氧化学说　　　　　　　　///195
　　4. 生命科学的独立　　　　　///197
　　　　命名与分类　　　　　　　///197
　　　　发现新物种　　　　　　　///198
　　　　生物的微观世界　　　　　///198
　　　　生物的进化　　　　　　　///199
　　5. 分支的扩展　　　　　　　///200
　　　　哲学的力量　　　　　　　///201

数学的飞跃　　　///202

第 12 章　科学革命初现

1. 时代背景的孕育　///206
　　特权时代的结束　///206
　　欧洲教会的衰落　///207
　　生产制度的革新　///208

2. 革命中的科学　///209
　　蒸汽机的改良　///209
　　惠特尼的轧花机　///210
　　平版印刷的流传　///211
　　蒸汽轮船的起锚　///212
　　蒸汽火车的轰鸣　///212
　　电报机与莫尔斯电码　///213

3. 革命的时代影响　///215
　　生活与思想的转变　///215
　　变革与影响　///216

第 13 章　东方科学的发展

1. 唐朝之盛　///218
　　文化繁荣　///219
　　宗教与哲学　///220
　　科学技术　///221
　　代表人物　///221

2. 宋元突破　///223
　　宋元文化与社会　///224
　　宋元科技　///225
　　代表人物　///226

3. 明清之繁　///230
　　明清文化与艺术　///230
　　代表人物　///231

4. 其他国家的科学贡献　///237

第 14 章　近代科学之于文明

1. 科学形成与文明推动　///240
　　理性主义的古希腊　///240

西方科学的形成　　///241
2. 文明的传承与推动　　///243
　　莱布尼茨的微积分　　///243
　　欧拉的定理　　///244
　　高斯的计算　　///245
3. 李约瑟难题　　///246
　　难题的提出　　///246
　　难题的再思考　　///247

第四篇
科学的发展

第 15 章　科学观的发展

1. 机械论的复苏　　///251
　　机械论哲学　　///252
　　复苏还是倒退　　///254
　　继承与发展　　///255
2. 分析力学的奠基　　///258
　　拉格朗日　　///258
　　哈密顿力学　　///261
3. 科学与工业的融合　　///262
　　电学与电器的尝试　　///263
　　细菌学与医学工业　　///265
　　化学与纺织工业　　///266

第 16 章　科学学科的发展

1. 化学　　///272
　　物质的构成式　　///272
　　新的元素　　///276
2. 电磁学　　///279
　　电磁学的起始与发展　　///280
　　电磁学的成熟　　///284
3. 热力学　　///285
　　能量守恒的奠基　　///286
　　热力学定律之确立　　///286
4. 生物学　　///287

细胞学说	///287
酶与发酵	///288
光合作用	///289
遗传与起源	///289
环境稳态	///291
5. 微生物学	///293
细菌分类	///293
探寻细菌	///294
酶与抗生素	///295
走向应用	///296
6. 其他分支	///296
光学	///296
天文学	///297

第 17 章　科学革命的发展

1. 工业与技术	///302
资源的生产与利用	///302
大型工业的建设	///305
电气工业的发展	///307
2. 变革中的发明	///309
3. 生产力的进步	///313
生活的影响	///313
潮水漫延	///314

第 18 章　科学发展的波折

1. 乌云密布	///315
乌云下的世界	///316
乌云的误传	///316
乌云的破局	///317
背后的代价	///322
2. 相对论的曙光	///322
狭义的突破	///324
广义的延伸	///327
3. 量子的大厦	///328
量子力学的诞生	///329
不确定性原理	///330
薛定谔的猫	///331
奇妙的量子纠缠	///332

　　　　　　　量子力学的影响　　　///333

第19章　东方科学的发展

1. 科学的进步　　　///335
　　中国近现代科技　　　///336
　　日本近现代科技　　　///340
　　其他国家的科技　　　///345
2. 思想的发展　　　///346
　　中国的儒释道思想　　　///346
　　东方的工匠精神　　　///347

第20章　当代科学之于文明

1. 追求真理的道路　　　///350
　　西方哲学思想　　　///352
　　哲学的讨论　　　///352
　　系统的眼光　　　///352
2. 推动文明的力量　　　///353
　　法拉第的感应　　　///353
　　麦克斯韦的统一　　　///354
　　诺贝尔的炸药　　　///355
　　居里夫人的镭　　　///356
　　爱因斯坦的相对论　　　///357
　　图灵的计算　　　///359
3. 差异与发展　　　///360
　　起源的不同　　　///361
　　研究方法的区别　　　///362
　　思维的分歧　　　///363

第五篇　科学的分化

第21章　分化的危机与发现

1. 经典力学引发的分化　　　///368
　　体系内部的矛盾　　　///368
　　乌云引发的分化　　　///369

2. 新兴的危机与机遇　///370
- X 射线的揭秘　///372
- 天然放射性　///373
- 带电的粒子　///375
- 微观世界与宇宙空间　///376
- 新事物与"复杂性"　///378

3. 高新技术中的物理学　///379
- 发现新材料　///380
- 信息与变革　///381
- 寻找能源　///382

4. 探索生命　///384
- 细胞学说　///384
- 遗传定律　///386
- DNA 的载体　///387
- 双螺旋的结构　///388
- 遗传工程　///389
- 人类探月工程　///391
- 寻找地外文明　///395

第 22 章　分化的学科

1. 分类的方法　///400
- 古代学科的分类　///400
- 形而上学的缺点　///402
- 现代科学的分支　///402

2. 形式科学　///403
- 数学发展史　///403
- 计算机科学发展史　///409

3. 自然科学　///415
- 物理学的发展　///416
- 化学的发展　///420
- 生物学的探索　///421
- 蓬勃发展的天文学　///423

4. 社会科学　///425
- 社会科学的呼唤　///426
- 法学的发展　///426

第 23 章　分化的研究观

1. 哲学和科学的分化　///429

　　　　归纳与总结　　　　///430
　　　　也谈人文主义　　　///430
　2. 科学的专业化　　　　///436
　　　　工匠精神　　　　　///436
　　　　学者见解　　　　　///437
　　　　职业科学家　　　　///440
　　　　职业的分化　　　　///443
　3. 研究体系的分化　　　///447
　　　　体系的层次化　　　///447
　　　　科学共同体　　　　///448
　　　　共同体模式　　　　///449
　4. 科学家的传承　　　　///450
　　　　阿里·考夫曼　　　///450
　　　　尤金·富姆　　　　///452

第 24 章　分化之于文明

　1. 古代文明　　　　　　///458
　2. 澳大利亚文明　　　　///461
　3. 欧洲文明　　　　　　///463
　4. 西亚文明　　　　　　///464
　5. 中国文明　　　　　　///465

第六篇
科学的融合

第 25 章　融合的起点

　1. 发展的瓶颈　　　　　///473
　2. 局限与对策　　　　　///474
　3. 广义不确定性　　　　///480
　4. 力学的纠偏　　　　　///485
　5. 量子力学与相对论的修正 ///488

第 26 章　融合的进展

　1. 科学与数学　　　　　///494

　　　　数学是一种语言　　　///494
　　　　复杂性数学　　　　///497
　2. 科学的结构　　　　　///504
　　　　逻辑推理的应用　　///507
　　　　陈述的可证伪性　　///513
　　　　精确性与正确性　　///525
　3. 一般系统论　　　　　///526
　　　　系统心理学　　　　///528
　　　　系统生态学　　　　///528
　　　　系统生物学　　　　///529
　　　　理论创始人　　　　///530
　4. 复杂系统理论　　　　///533
　　　　复杂性理论　　　　///533
　　　　复杂系统论专家　　///537
　5. 控制论　　　　　　　///538
　　　　控制论的由来　　　///538
　　　　重要控制论　　　　///540
　　　　控制论大师　　　　///542
　6. 人工智能　　　　　　///544
　　　　人工智能诞生　　　///544
　　　　人工智能理论　　　///546
　　　　推动者的力量　　　///548

第 27 章　融合的尝试

　1. 何为万统论?　　　　///551
　2. 探索与构建　　　　　///554
　3. 盘点理论的问题　　　///555
　　　　波粒二象性　　　　///555
　　　　测量问题　　　　　///558
　　　　量子纠缠　　　　　///560
　4. 万统论的解决方案　　///562

第 28 章　融合的未来

　1. 科学是否需要扩展?　///565
　2. 未来发展趋势的预测　///566
　　　　华为的研判　　　　///566
　　　　125 个前沿问题　　///570

可以永生吗？	///576
再论意义和目标	///577
潜能的开发	///580
未来的预测	///580
3. 科际整合的终极形态	///582
4. 元科学的未来	///582

致谢 ///585

参考文献 ///587

前　言

时至今日，科学的迅猛发展和物质文明的高度发达，给人们带来了几千年来难以想象的感官享受。科技的进步使得过去人们的种种幻想变成了现实，于是目睹这一切的现代人纷纷拜倒在科学的神坛之下。以西方二元对立哲学为基础的现代科学几乎征服了整个世界。但与此同时，科学与技术的副作用也开始显现。近代科学认识世界的过程是渐进的——世代人类通过摸索、了解、实验、积累、传承，对世界的认识越来越深入、全面和准确。这个过程是永无终结的，也是负重的。按道理来说，随着科学技术的发展、工作效率的提高，人们应有更多的时间来享受生活、充实自己的精神世界。然而，事实恰恰相反，人们的工作更趋繁忙，生活的压力更大了。精神的压力与科学的发展正好形成了鲜明的对比。人类对未知的科技始终抱有敬畏之心，但科技从未高于人类。重新思考人与科技之间的关系，透过表象看本质，让科学技术更好地造福人类，是更高层次的追求。

如何来反思，是人们重新审视科学所要解决的问题。这也形成了一个使用科学方法来研究科学本身的前沿学科。从2019年召开第一届元科学研讨会起，这一研究领域现在已经有了一个专门的名字，叫元科学。元科学旨在提高科学研究的质量，同时减少无用功。它也被称为"研究中的研究"或"科学中的科学"。元科学涉及所有研究领域，被描述为"科学的鸟瞰图"。用元科学创始人约翰·伊奥尼迪斯的话说，"科学是发生在人类身上最好的事情……但我们可以做得更好"。

科学与技术是交替发展的，有关科学与技术发展历史的书已经很多了，但它们都有局限性，往往只侧重于某一种文明、某一个国家或某一个领域，没有把地球作为一个整体系统来考虑，而且它们对科学和技术的定义也各不相同。因此，我们尝试将我们新提出的新系统论的一些概念与系统论思维模式和元科学的分析方法相结合，重新梳理人类的科学技术发展过程，从系统的角度来突出科学和技术之间的联系，通过对比找出差别，为未来建立一个真正的统一理论指明发展方向。

鉴于大家对元科学还不太熟悉，我们把书名取为《科学的起源》。本书旨在用科学的方法来重新审视人类科学的发展过程，分析科学背后的哲学基础，梳理科学历史发展脉络，从而更好地帮助读者了解科学的本质。

非常巧合的是，我们在写完初稿时，看到了《自然》杂志推荐的由詹姆斯·波斯基特在2022年出版的一本新书《地平线：现代科学的全球起源》。在接受记者采访时，他说道："我接受了科学史学家的培训，我对我所学的版本的科学史感到非常沮丧，并有点儿愤怒，因为它是以欧洲为中心的。"波斯基特提出了一个简单（但有力）的推论：我们理解科学进步的方式是不完整的，并且总是从以欧洲为中心的角度来讲述。他清楚地表明了当时的宗教和政治观点是如何（有意或无意）影响欧洲人记录历史的。他这本书的中心主题是，现代科学的发展主要是通过不同文化之间的思想交流推进的，而这一作用没有得到应有的承认。

因此，我们撰写本书的目的有三个：第一，系统介绍科学的相关知识；第二，用整体系统的、对比的视角来重新审视科学技术的发展过程，得出更多相互联系的信息；第三，充分显示科学对文明的关键推动作用，以使全社会更加尊重科学、重视科学。为了达到这些目的，我们在写作时坚持以下四个特色：不偏向特定国家、学科、地域、宗教，关注整体、多重融合；通过多种不同的角度来进行比较，在融合比较中，中立地展示东方文明在世界科学史上的贡献；通过大跨度、多视角的整理，帮助读者整体地认识和分析繁杂的科学；尽可能多地图形化表示，让这本书生动起来、鲜活起来。

第一篇

科学的概述

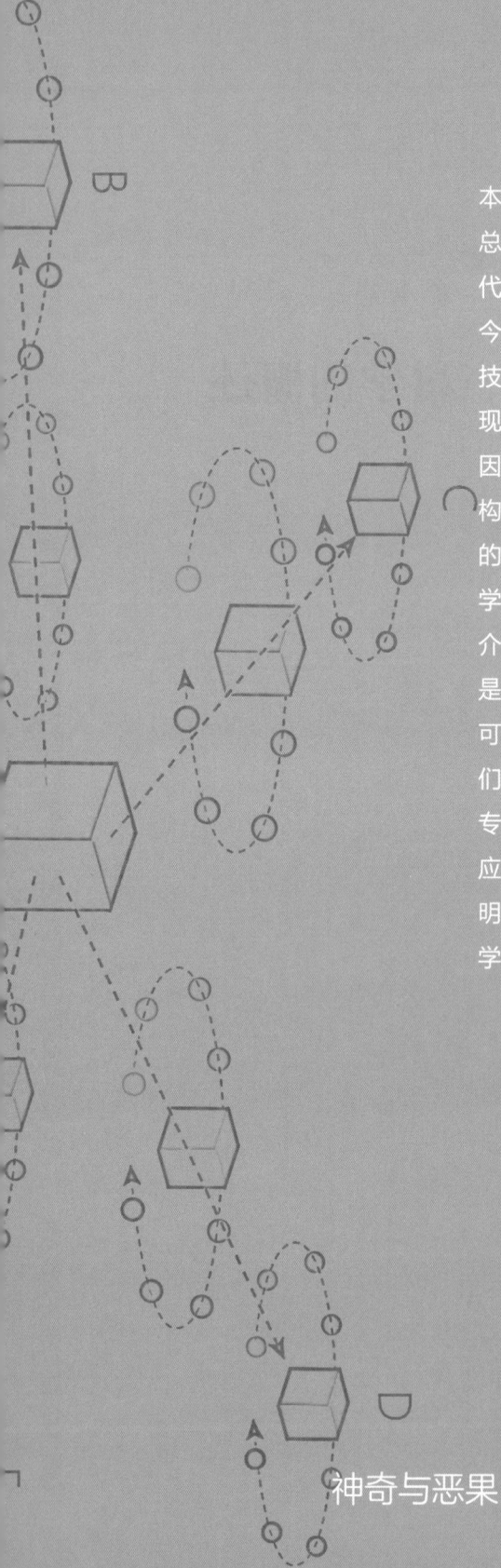

本篇围绕科学和元科学的基本概念，对本书的核心内容做了总体介绍。本篇共分为 3 章。第 1 章走近科学，通过对当代一些最新科学技术成就的介绍，让大家了解科学的神奇。今天的科学技术把人类过去很多梦想都变成了现实，但由于技术被少数人滥用，科学技术发展的一些不良后果也开始显现，这些后果使得一些社会责任心比较强的科学家开始反思。因此，第 2 章的内容就是让我们从科学的定义、科学的结构、科学的方法到思维的范式来重新认识一下，我们心目中的科学应该是什么样的。科学是建立在哲学基础上的，与科学密切相关的哲学被称为科学哲学，因此，我们专门用一节介绍科学哲学。科学的发展推动了技术的进步，科学与技术是什么关系？科学的宗旨是寻求真理，科学的方法究竟是否可以证明真理？科学与宗教又是什么关系？在第 2 章中，我们对这些基本概念进行了一些梳理和讨论。我们在第 3 章专门介绍与元科学相关的一些概念与知识，也包括其未来的应用。本篇的内容能够让大家了解关于科学的一些基本知识，明确科学相关的概念、科学的好处及局限，以及什么是元科学，等等。

神奇与恶果　　　定义与方法　　　相互关系　　　元科学

第1章

走近科学

科学是什么？是牛顿的苹果，是孟德尔的豌豆，还是富兰克林的风筝？元科学又是什么？是科学的本源，是科学的内核，还是科学的表征？

对世人来说，科学是复杂的密钥，是幽深的丛林，而元科学更是深不可探的秘境。实际上，科学与元科学离我们并不遥远，与我们的日常生活息息相关。串联世界的互联网、揽月摘星的航天工程、"下五洋捉鳖"的海洋工程，这些都是科学的成果；而我们所讨论的科学的起源、本质、特征等，都是元科学的冰山一角。

元宇宙是通过虚拟增强的物理现实，呈现收敛性和物理持久性特征，它是基于未来互联网的，具有连接感知和共享特征的3D（三维）虚拟空间。作为一个数字化虚拟空间，元宇宙消除了物理形态的障碍。只有强大的技术支持，才可以确保形成一个完整的元宇宙世界，其不仅仅是一个存在于小说和电影中的概念。单一领域的技术无法构建出完整的元宇宙形态，诸多先进技术的结合才是构建元宇宙的基石。因此，元宇宙以技术为支撑，整合了数字经济、社会关系、感官体验、安全保障等多种元素，用技术将现实社会映射进了数字空间。[1]

根据现阶段对元宇宙概念的理解，我们认为元宇宙思维的核心内涵是强调宇宙中的万事万物是一种互联网式相互关联的整体系统，各个元素不断演化裂变、相互影响、虚实互动，最终是深度耦合、和谐共生的。这一思维范式也是现代科学技术高度发展的产物。

用元宇宙的思维范式去回看科学发展的历程，或许能够为探索科学发展的未来提供新的方向。纵观历史，你会发现历史书籍和传统文学作品等都是以文字的形式呈现，一说到历史总是枯燥无味；即便是用尽华丽辞藻描述的神话、童话、科幻小说，其中的想象力也是有限的。而元宇宙叙事被赋予了新的形态，其交替运用文字语言、图文影像、数字语言，打造

"视、听、触、识"融合的故事情境。你可以了解别人的故事，同时也可以参与到故事之中。这种新的呈现方式会给历史带来全新的生命力。未来可能会如同电影《博物馆奇妙夜》中的情节一般，不同时期的历史人物乃至生物可以出现在我们面前，各自诉说那遥远的过去，历史不再是死板的文字，而是鲜活有趣、可以亲身体验的独特经历。近几年越来越多的文物互动展览或文创产品，也展现出大众对历史文物与现代科技相结合的兴趣，它们不但为成年人构建了一个充满梦幻趣味的世界，更为孩童学习研究历史提供了别样的方式。这就是让我们决定撰写本书的动力源泉。

科学发展到今天，许多疑问还是没有答案。比如，究竟什么是科学？科学、哲学和宗教的区别在哪里？科学与技术的界限在哪里？我们人类为什么要发展科学和技术？科学和技术是否总能造福人类？这一切都没有标准答案，只能等人类去一步一步探索。因此，我们在以元宇宙视角重新审视科学与技术发展历史之前，把我们对这些基本概念和问题的看法阐述一下，以便读者理解我们的逻辑思路。

1. 神奇与探寻

在现代社会中，科学已经融入人类生活的方方面面，我们如今享受的便利以及对世界的认知大都得益于科学的发展。而今天人们所熟知的科学，其实在人类文明进程中产生得比较晚。

科技的进步使得过去的种种幻想变成了现实。《西游记》中孙悟空一个筋斗十万八千里被现代的飞机和航天器实现了，海底两万里的梦想已经被各种深海潜水器实现了。

在《列子》中，早已经有关于机器人的描述，据说在西周的第五位君主周穆王西部游历途中，一个名叫偃师的人毛遂自荐，说有绝活儿给大王看。偃师让周穆王看了一个能唱歌跳舞的"人"，它行走俯仰和真人一样。你想叫它做什么，它就做什么。周穆王看得兴起，便叫心爱的盛姬一起观看。表演快结束的时候，机器人眨着眼睛，向盛姬"放电"。周穆王气坏了，立刻就要杀偃师。偃师随即剖开机器人的肚子，周穆王一看，发现其确实是个假人，赞叹人的技巧竟然可以媲美创造万物的天帝。[2] 今天的机器人已经完全超越了他的想象。

在文明发展的早期，人们相信我们赖以生存的地球就是宇宙的中心，伴随着文明诞生的宗教则告诉人们，人类的文明是神的伟大成果。随着科学的不断发展，人们逐渐认识到人类的渺小。科学帮助我们更加理性客观地认知人类生存的物理世界。

如今，脑机接口、无人驾驶、机器人餐厅、深海养殖等因科学的进步而衍生出的新事物让人们的生活更加便利。

2. 问题与挑战

随着大数据时代的到来和人工智能技术的飞速发展，科幻电影和赛博朋克的概念已经非常流行，但是抛去其中的想象，人类真实的未来到底是什么样子的？人类未来又面临着什么样的挑战？未来真的会如一些电影所描绘的那般美好吗？

人类自以为是地球的主宰者，甚至想征服大自然，对大自然的破坏触目惊心。以滇池地区为例，这里自庄蹻入滇，汉代实现崛起，良田千亩滋养黎庶，五百里滇池烟波浩渺。但是从 20 世纪 60 年代左右开始，这里生态环境遭到严重破坏，水质急剧恶化，污染严重。人们为了过更好的生活，耗费了大量的人力、物力、自然资源，比如围湖造田，引发了滇池之殇。直到近几年，这里情况才渐渐好转，但已然没有当年的盛景。人类真的可以用科技的力量来消除环境恶化所带来的麻烦吗？

图 1.1 基于基础科学问题和前沿技术挑战两个大方向，列举出了我们将面对的关于赛博格[①]、AI（人工智能）健康、智能软件、通信升级、算力创新、新材料、新制造和新能源等方面的问题和挑战。

科学和技术总是能造福人类吗？从社会现状来看，情况似乎没有我们预想的那么好。让我们看一下生态研究专家张文波先生的观察。他强调，理论上而言，随着科学技术的发展、工作效率的提高，人们应有更多的时间来享受生活、充实自己的精神世界。而事实恰恰相反，人们的工作日趋繁忙，科技带来的不是解放劳动力，甚至是更大的剥削，如同电脑从开始的庞然大物发展成可随身携带的笔记本，越来越多的人面临着白天在公司上班，晚上或休息日

---

① 赛博格，又称生化人，其旨在借由人工科技来增加或强化生物体的能力。

机器如何认知世界
可否建立有助于机器理解世界的模型？

如何理解人的生理学模型
人体子系统的运行机制以及人的意图和智能

a 赛博格
脑机接口
肌机接口
3D显示
虚拟触觉
嗅觉
味觉

b AI健康
无感监测
智能研发

c 智能软件
应用为中心
高效自动化

d 通信升级
香农极限
区域级
全球级
高效
高性能

e 算力创新
计算模式
适应性
高效率
非传统
可调试

f 新材料
AI新分子
AI新器件
AI催化剂

g 新制造
超越传统
更低成本
更高效率

h 新能源
安全高效
能源转换
储能
按需服务

○ 问题和挑战
—— 指示线
—— 关系线

基础科学问题　　前沿技术挑战

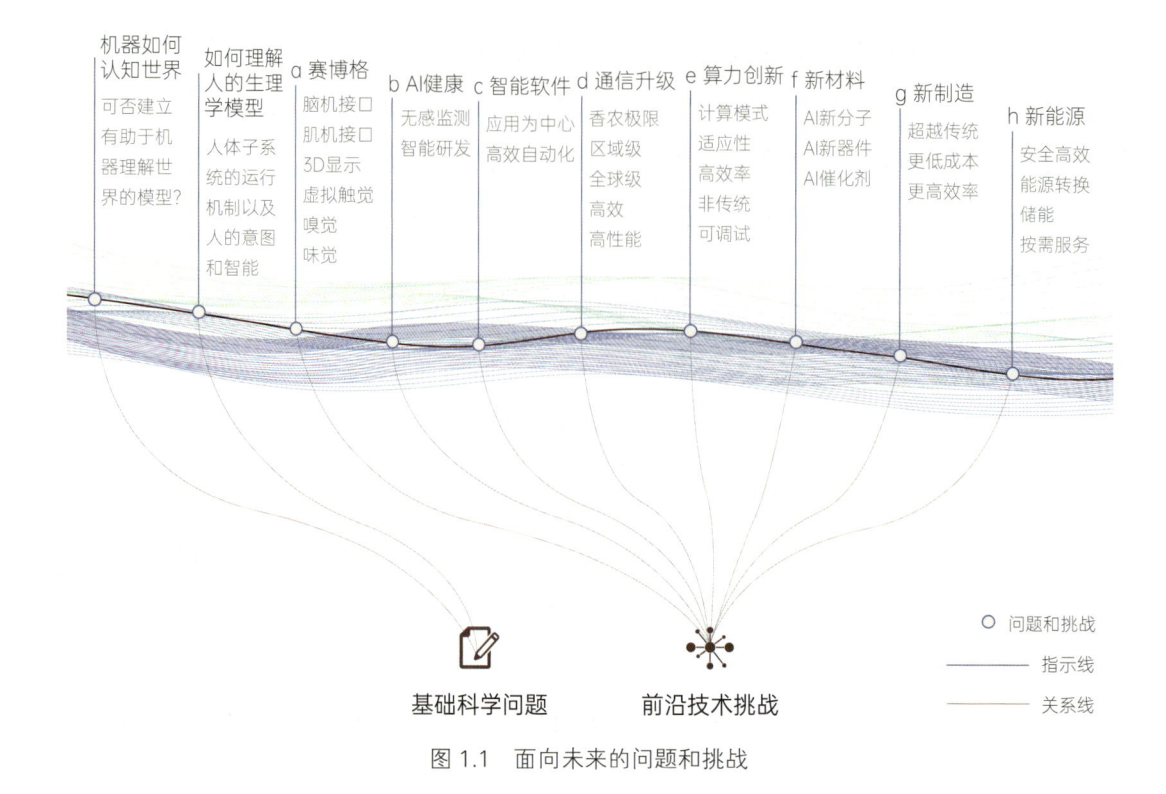

图 1.1　面向未来的问题和挑战

还要居家加班的情况。

　　图 1.2 列出了科学与技术可能引发的结果。科学带动文明发展的反面，是利用科学开发军事武器。科学让现代战争变得更加可怕，世界多地战火不断，中东战争、乌克兰危机及伊拉克战争中都使用了大量现代化武器。人们还面临核战争的威胁，核爆炸引发的核污染属于放射性污染，对空气、土壤和水源可造成长达 20 年甚至更久的影响。在强国持有这些危险的现代化武器的大环境下，和平遥不可期。

文明
贪欲　　能源
懒惰　　便利
污染　　机器
战争

图 1.2　科学与技术可能引发的结果

此外，科学发展带来的工业文明造成了人类与自然的冲突。在科学形成的早期，人们探索新的科学方法及技术是为了得到更好的服务，但随着时代的变化，科学似乎是为了满足资本增值的需求而发展的。对地球能源的过度开发、化工产品导致的环境污染（尤其是塑料污染），使得美丽的蓝色星球疮痍满目，人类赖以生存的生态环境岌岌可危。

科学的诸多成果使人们的生活更加便利。但是，便利的生活可能会使人们滋生惰性，人们被困在互联网算法编织的信息茧房中，高频的碎片化消息使思维逐渐倦怠，运动量的减少导致了各种疾病高发。

机械化生产确实解放了一部分劳动力，但机械化的快速发展也助长了人类的贪欲，垄断资本席卷全球，马太效应持续加剧。也有越来越多的人担心，机器人的出现会使许多职业消失，最终使自己成为被机器人替代的那一部分。对一部分中年人与大多数老年人而言，随着科技的进步，他们仿佛被时代抛弃了。他们不懂得新的谋生方式，也不知道如何使用智能产品，生活压力愈发沉重。

时至今日，人类必须反思，反思自己的科学之路是否与可持续发展相符合，否则人类迎来的不是幸福，而是无尽的苦难。

科学是一把双刃剑。火药可以让人感受到烟花的浪漫，也可以带来烽火连三月的悲怆，福与祸皆在人类的一念之间。如何科学地利用科学是人类的永恒课题，如不恰当利用科学，人类的贪婪终将吞噬人类自身，由科学铸就的文明堡垒也终将毁于科学之烈焰。

3. 思索与展望

科学往往是在人类好奇心的驱使下诞生的。星星离我们究竟有多远？星星上是否有类似地球上的生物存在？大海究竟有多深？海洋里究竟有什么？科学的目的就是刨根问底，也就是发现各种规律。例如，人们用望远镜观察所发现的自然规律为经典力学和相对论奠定了基础，人们通过显微镜观测建立了量子力学。但是，科学早期的目的并不是应用这些规律，有些科学家在研究科学时只关心这些规律本身，并不关心它们是否有用、是否危险。随着科学的发展，人们围绕消除人类对宇宙自然的恐惧、提高人类的幸福指数的科学研究才逐渐开始。

时至今日，科学的目的可以归纳为两个主要方面：满足人类固有的好奇心，提高人类的幸福指数。

轨迹的认知

在近代以前，完备的科学系统并没有形成。我们能找到"科学"发端的蛛丝马迹，但那时尚未形成系统的科学体系及科学研究的方法。[1]直到牛顿力学建立，以及机械自然观和实验数学方法论形成，近代科学体系才逐渐建立形成。

16世纪的科学革命主要是天文学的革命，日心说推翻了居于宗教统治地位的地心说，实现了天文学的变革。17世纪的科学革命主要是物理学和数学的革命，牛顿在1687年发表了《自然哲学的数学原理》，论述了其运动三定律和万有引力定律。这是人类在科学史上首次提出一个完整统一的体系并对客观物理世界中的自然规律进行了描述。而此时的许多其他学科依旧处于搜集资料及对已有认知进行初步整理的阶段。18世纪的科技大发展则是一场技术革命和化学革命，拉瓦锡推翻了统治化学界100多年的"燃素说"。

16—18世纪各门学科的发展和革命使得自然哲学逐渐分化，尤其是自然科学方面逐渐形成了各自独立且系统的学科体系。17世纪以来，天文学、物理学、化学、生物学等自然科学首先从自然哲学中分化出来，形成了属于自己学科的研究范式及研究方向。到了19世纪前后，随着社会生产力水平的不断提高，社会问题日益复杂，诸如社会学、经济学、法学、政治学等社会科学纷纷从哲学中分化出来，并确立了各自独立的学科地位。之后，随着科学的蓬勃发展，各学科的划分越来越细致。

20世纪，为了解决科学发展的瓶颈，学科之间开始融合。美国哥伦比亚大学心理学家伍德沃思于1926年首创了"交叉学科"（interdisciplinary）这个术语，他认为交叉学科是超越一个已知学科的边界、涉及两个或两个以上学科的研究领域。近几十年来，学科分化和学科融合这两种趋势一直并存。最近25年，许多诺贝尔奖获得者都得益于交叉性合作研究。

科学的发展是一个持续的动态过程。科学发展到今天，我们急需一个新的思维范式去审视科学与人类的关系以及未来科学的发展方向。

> 回顾发展

16—19世纪是西方科学发展的高光时刻。在科学发展的进程中，科学理论成果间存在千丝万缕的联系，图1.3展现了西方科学的发展进程。我们可以在图1.3中发现一些玄机，例如哈密顿力学推进了热力学第一定律。科学所包含的各种学科及理论并不是独立发

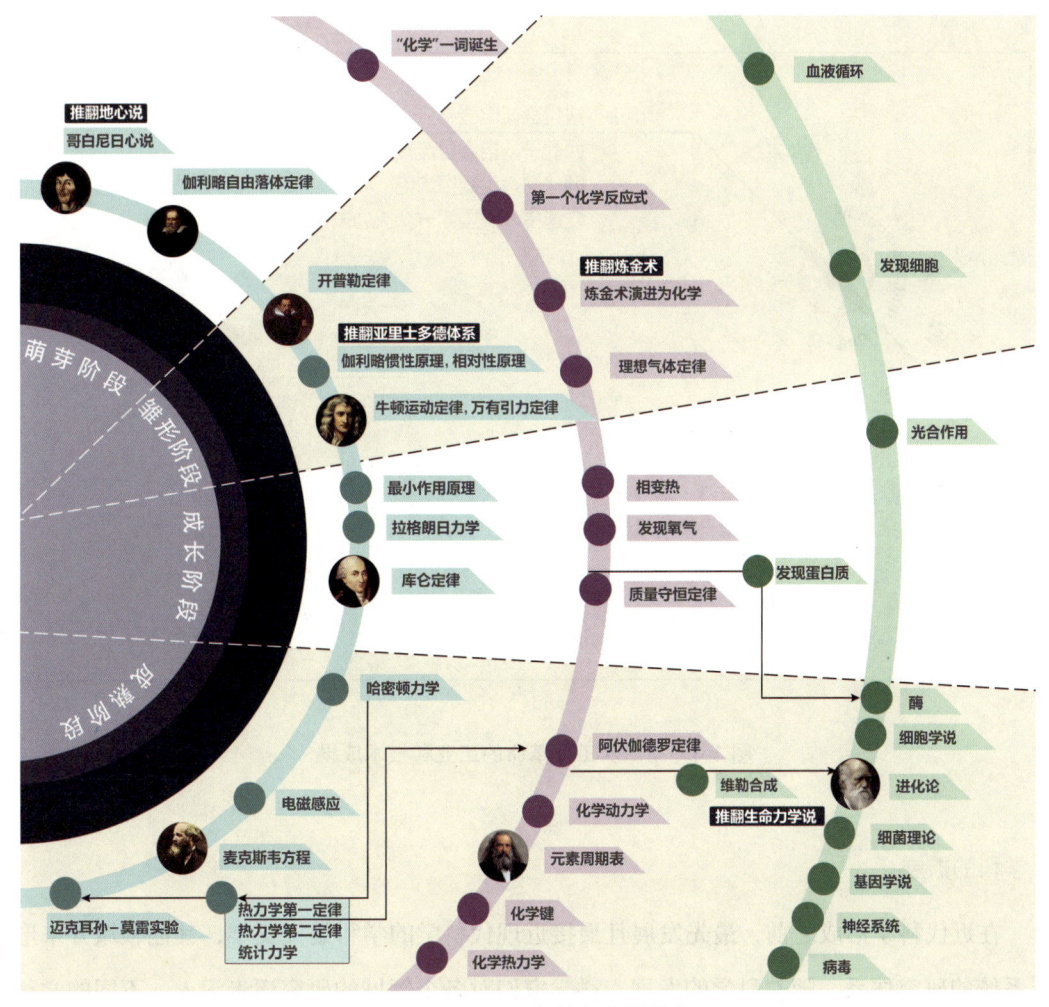

图1.3　西方科学发展简史

注：蓝、紫和绿色时间环分别表示物理、化学和生物的科学发展简史，由对科学进程的影响大小由内向外展开，每个圆点表示一个事件点。带箭头的黑线标示了理论及科学家之间互相影响和传承的方向。

展的，各种理论相互影响，继而又发展为新的理论。对于理论间关系的梳理将在第三篇详细介绍。

科学革命是推动科学发展过程中极为重要的一环。科学家只有勇于打破常规科学，勇于发现常规科学中的错误，才能向传统科学注入新的思想，才能不断修正我们对自然的认知。梳理科学革命的过程能够帮助我们探究科学问题的本质。[4]

图1.4 展示了第二次工业革命的简要发展过程。对于重要科学革命的介绍，详见第四篇。

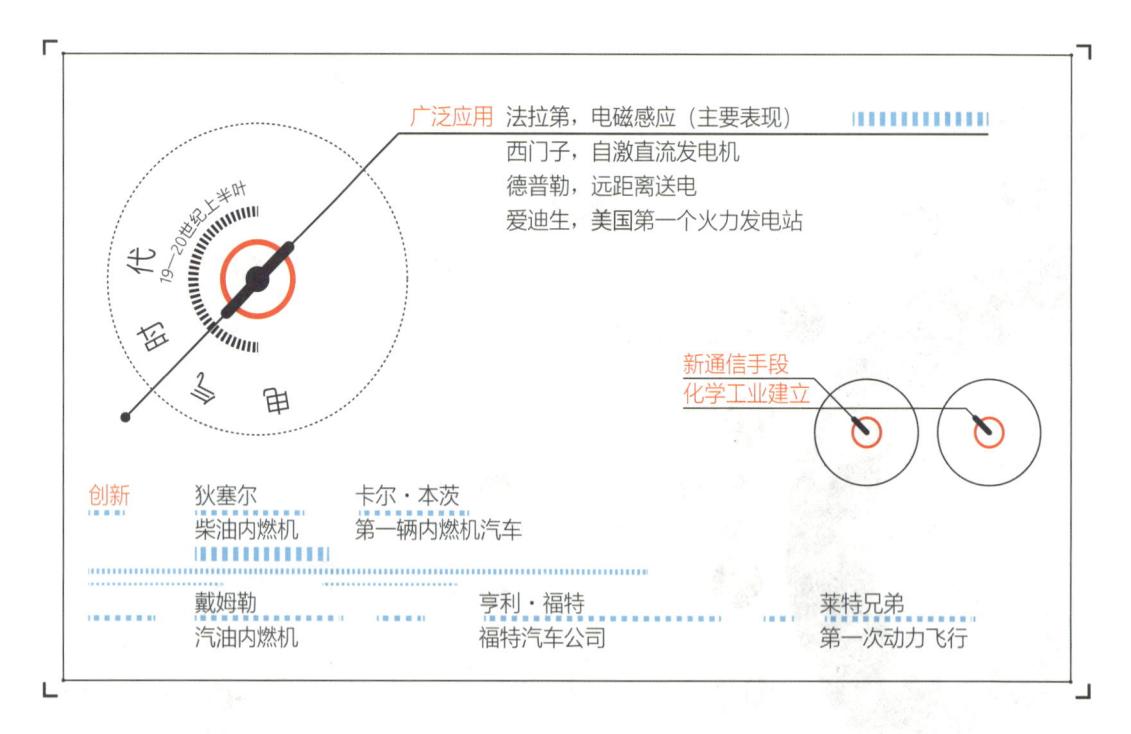

广泛应用　法拉第，电磁感应（主要表现）
　　　　　西门子，自激直流发电机
　　　　　德普勒，远距离送电
　　　　　爱迪生，美国第一个火力发电站

19—20世纪上半叶
电的时代

新通信手段
化学工业建立

创新
狄塞尔　　　卡尔·本茨
柴油内燃机　第一辆内燃机汽车

戴姆勒　　　亨利·福特　　　莱特兄弟
汽油内燃机　福特汽车公司　　第一次动力飞行

图1.4　第二次工业革命的工业和技术成果

学科的扩展

在近代科学形成之前，最先发展且最接近现代科学的学科是天文学，其他领域并未形成系统的研究体系。随着科学的发展，科学家们对各个领域的研究逐步深入，不同的学科开始慢慢出现。而自科学发展史初现峥嵘以来，各学科领域均有不同程度的交叉融合。各学科在互相影响、借鉴和融合的态势下欣欣向荣。"交叉学科"也成了一个我们越来越耳熟能详的词。

在梳理学科形成、分化过程的同时，我们也梳理了各个学科的建立与发展过程。图 1.5 就展示了生物学的发展历程及其间的重要事件。有关学科发展的介绍，详见第五篇。

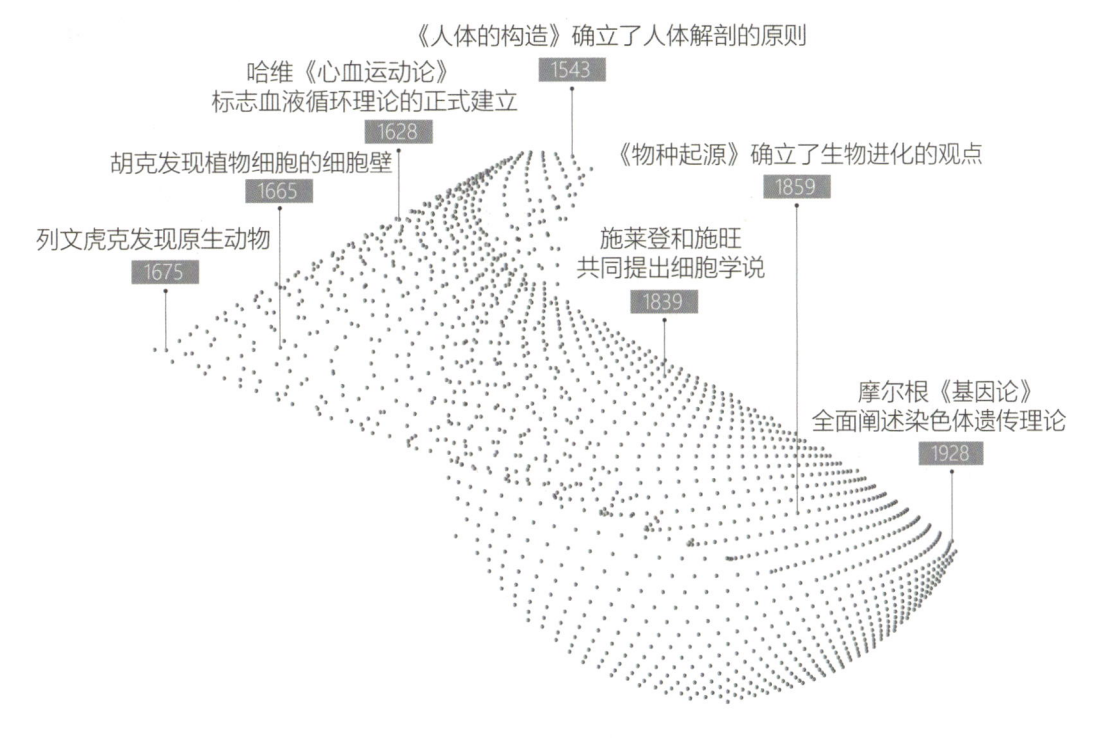

《人体的构造》确立了人体解剖的原则
1543

哈维《心血运动论》
标志血液循环理论的正式建立
1628

胡克发现植物细胞的细胞壁
1665

《物种起源》确立了生物进化的观点
1859

列文虎克发现原生动物
1675

施莱登和施旺
共同提出细胞学说
1839

摩尔根《基因论》
全面阐述染色体遗传理论
1928

图 1.5　生物学的建立与发展

随着学科的不断发展和演化，各个细分学科的愿景也不断深化和转变，在系统生态学中，如图 1.6 所示，软系统与硬科学的愿景和融合推动着多学科的交叉与进步，详见第六篇第 26 章。

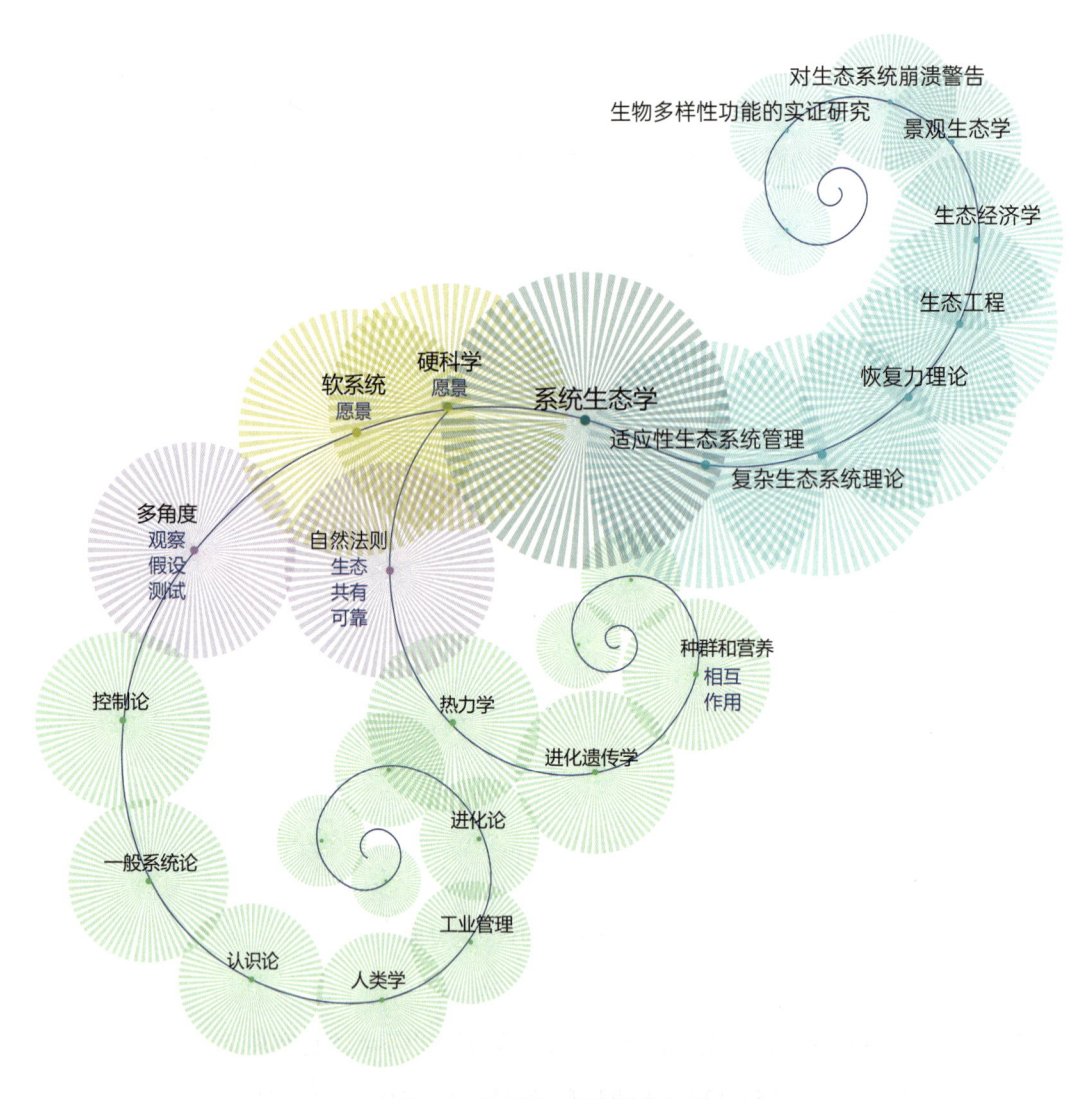

图 1.6　软系统与硬科学的关系

注：每个放射状圆都表示一个理论或学科，从系统生态学向左右两边延伸，右边表示由系统生态学推动的理论学科，左边是系统生态学分出的愿景，即软系统和硬科学。硬科学向下分支引申出了自然法则，再向下分为热力学、进化遗传学等，而软系统向下分支引申出了多角度，再向下分为控制论和一般系统论等。

理论的交汇

解决科学中诸多问题的核心是科学的研究方法，而这些方法都是基于严谨的科学理论及公理。在本书中，我们将对科学发展中的核心理论进行介绍。

图 1.7 展示了量子力学的三个原理，详见第六篇关于量子力学的内容。量子力学的三个

原理包含了狄拉克的剃刀、态叠加原理及不确定性原理。

狄拉克的剃刀

量子力学只能回答有关可能产生的实验结果的问题。

任何其他问题都超出了物理学的范畴。

态叠加原理

给定状态的任何微观系统（原子、分子或粒子）都可被视为部分处于两种或多种其他状态。

任何状态都可视为两种或多种其他状态的叠加。

此叠加能以无数种不同方式进行。

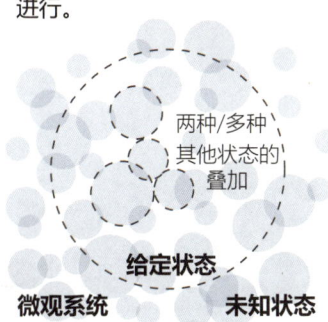

不确定性原理

对微观系统的观察会使其进入一种或多种特定状态（与观察类型有关）。我们无法预测一个特定系统将跳转到哪种最终状态。

然而，给定系统跳入给定最终状态的概率是可预测的。

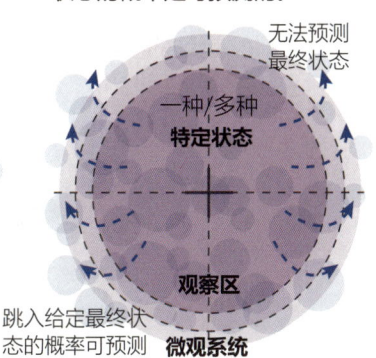

图 1.7　量子力学的三个原理

注："态叠加原理"中蓝色圆表示不同的状态，"不确定性原理"中蓝色小箭头表示很多种最终状态发生的可能，蓝色圆表示不确定的不同的状态，紫色圆框定特定状态为观察区。

一个不存在的概念如何被建立又被推翻？图 1.8 所示的惯性参考系就是这样一个例子。真空相关的概念可能也面临同样的命运，有些概念先被建立、被推翻，未来有可能再被建立，如以太，这就是科学的螺旋式上升过程，详见第六篇。

图 1.9 描绘了控制论的发展与延伸，图 1.10 则为人工智能发展树状图。

波粒二象性是量子力学中引入的一个新概念，用来解释人们在双缝实验中观察到的现象。图 1.11 展示了波粒二象性概念的发展。

原始文明对科学的形成有何影响？科学的形成过程是怎样的？科学中的技术体系及思想体系是如何发展的？而在数字时代及未来元宇宙世界中的科学之路又将指向何方？我们将在本书中探讨这些问题的答案。

本书针对元科学的研究方向来研究元科学，即研究科学的科学，如图 1.12 所示。我们将从科学的起源、形成、发展、分化和融合入手，重新审视科学发展的轨迹，探究科学理论是如何相互产生影响的,通过深度剖析科学本身来重新认识科学。最后,我们将用新的元科学的思维范式去探究科学未来的发展方向。

运动参考系—相对静止的方体　　　　运动参考系—相对静止的方体—惯性参考系

运动的小球　　　　　　　　　　　　匀速运动的小球

惯性参考系A

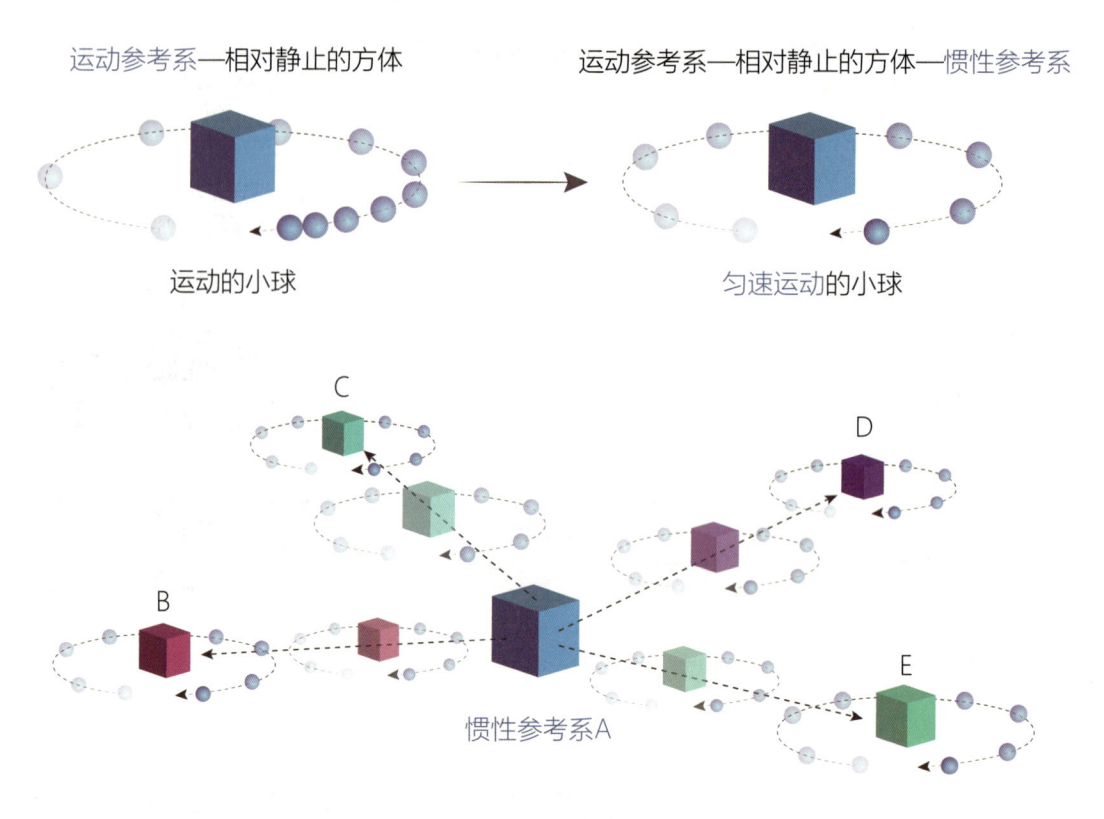

图1.8　惯性参考系

注:B、C、D、E参考系以A为参考系,做匀速直线运动,因此B、C、D、E也是惯性参考系。

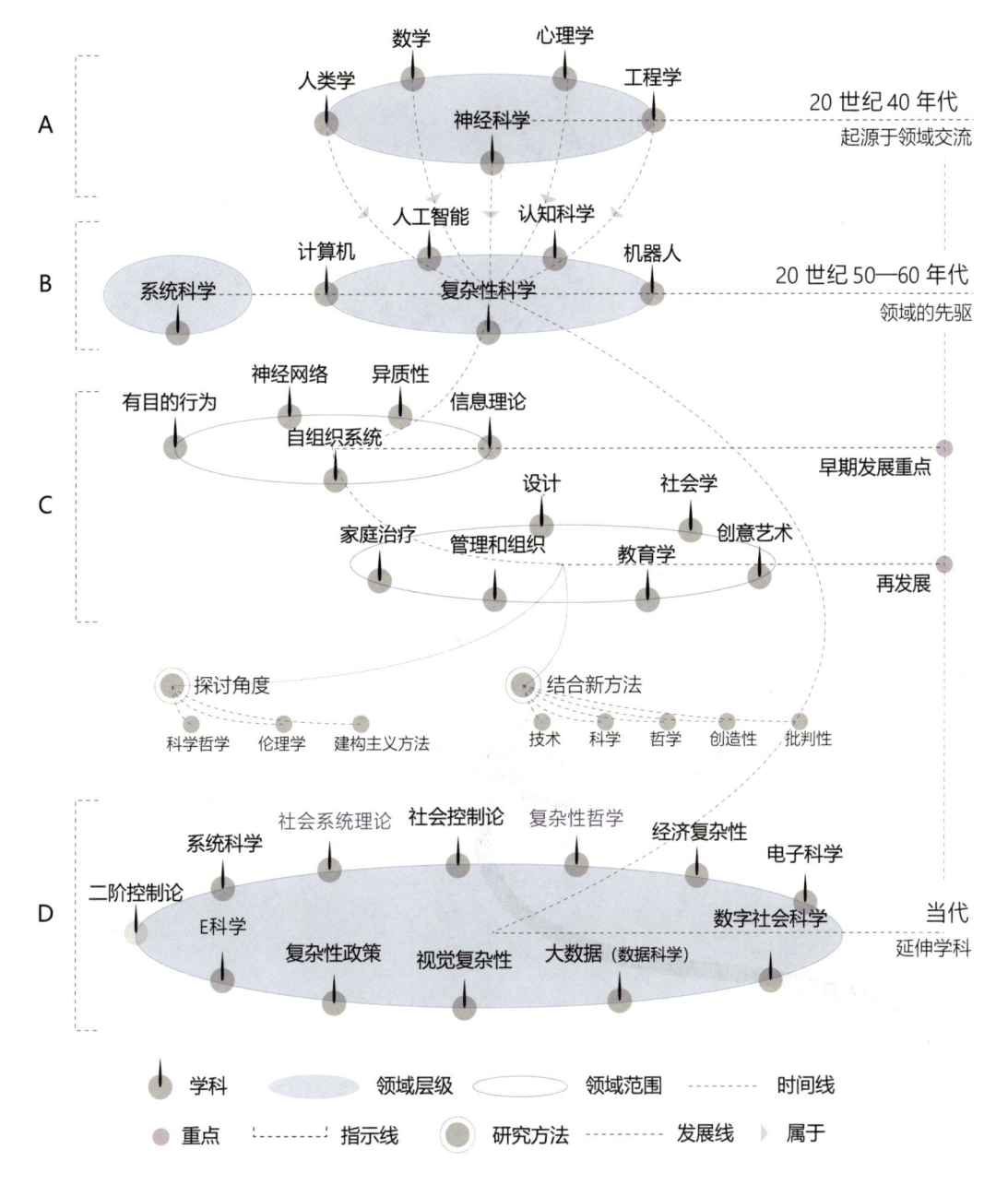

图 1.9　控制论的发展与延伸

注：控制论的起源时间及彼时包括的学科如上图中层级 A 所示。最初的发展通过梅西会议和比率俱乐部等得到巩固。控制论后来的突出发展如上图中层级 B 所示，是图中对应标领域的先驱，且与并行发展的系统科学密切相关。早期发展重点和发展扩散的领域工作及新研究方法均如上图中层级 C 所示。当代控制论领域发展出的各种学科如上图中层级 D 所示。

第 1 章　走近科学

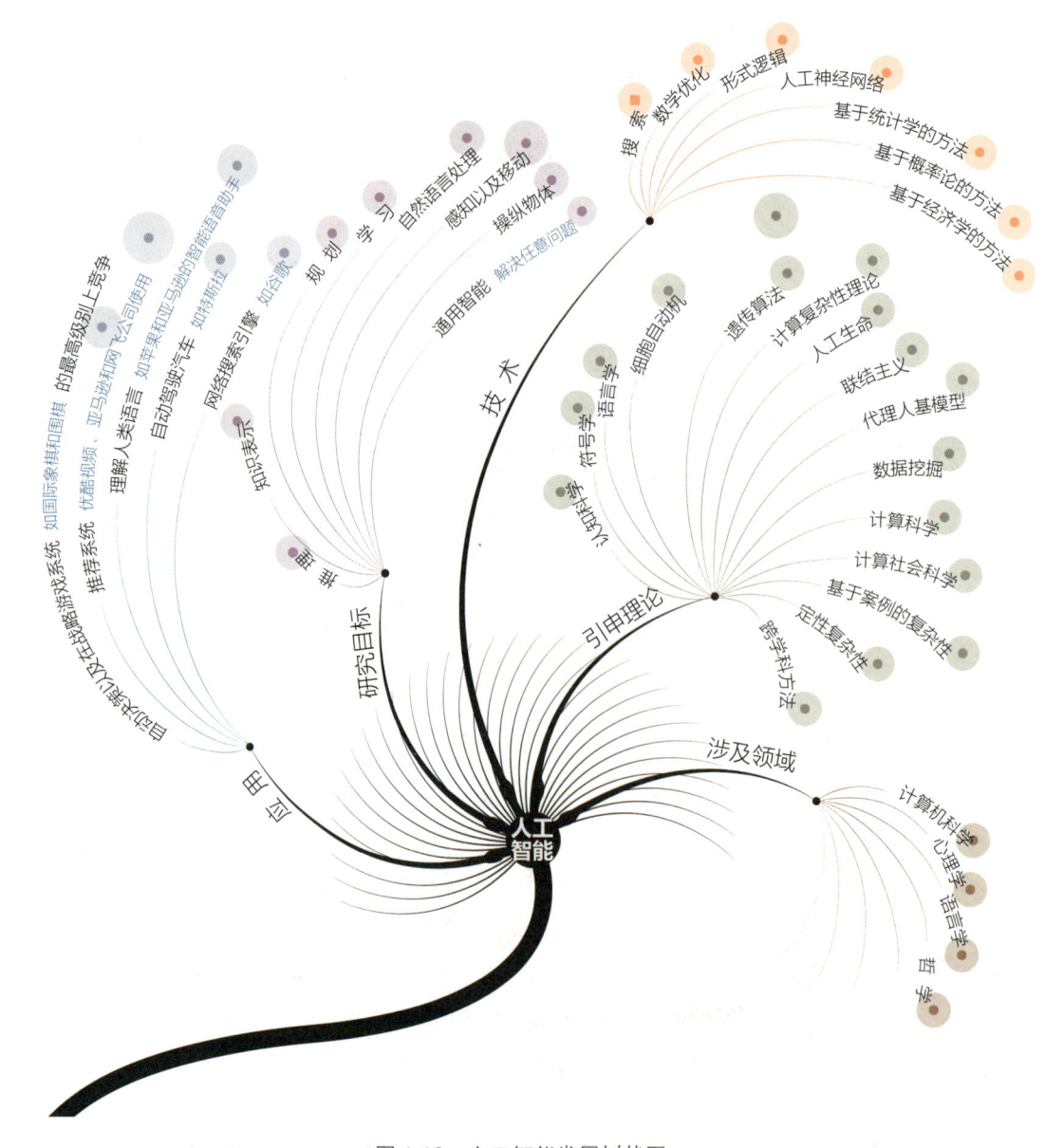

图 1.10 人工智能发展树状图

注：主干（人工智能）为深绿色，以其应用（浅蓝色）、研究目标（紫色）、技术（红色）、引申理论（浅绿色）和涉及领域（浅褐色）五方面为主来分析。

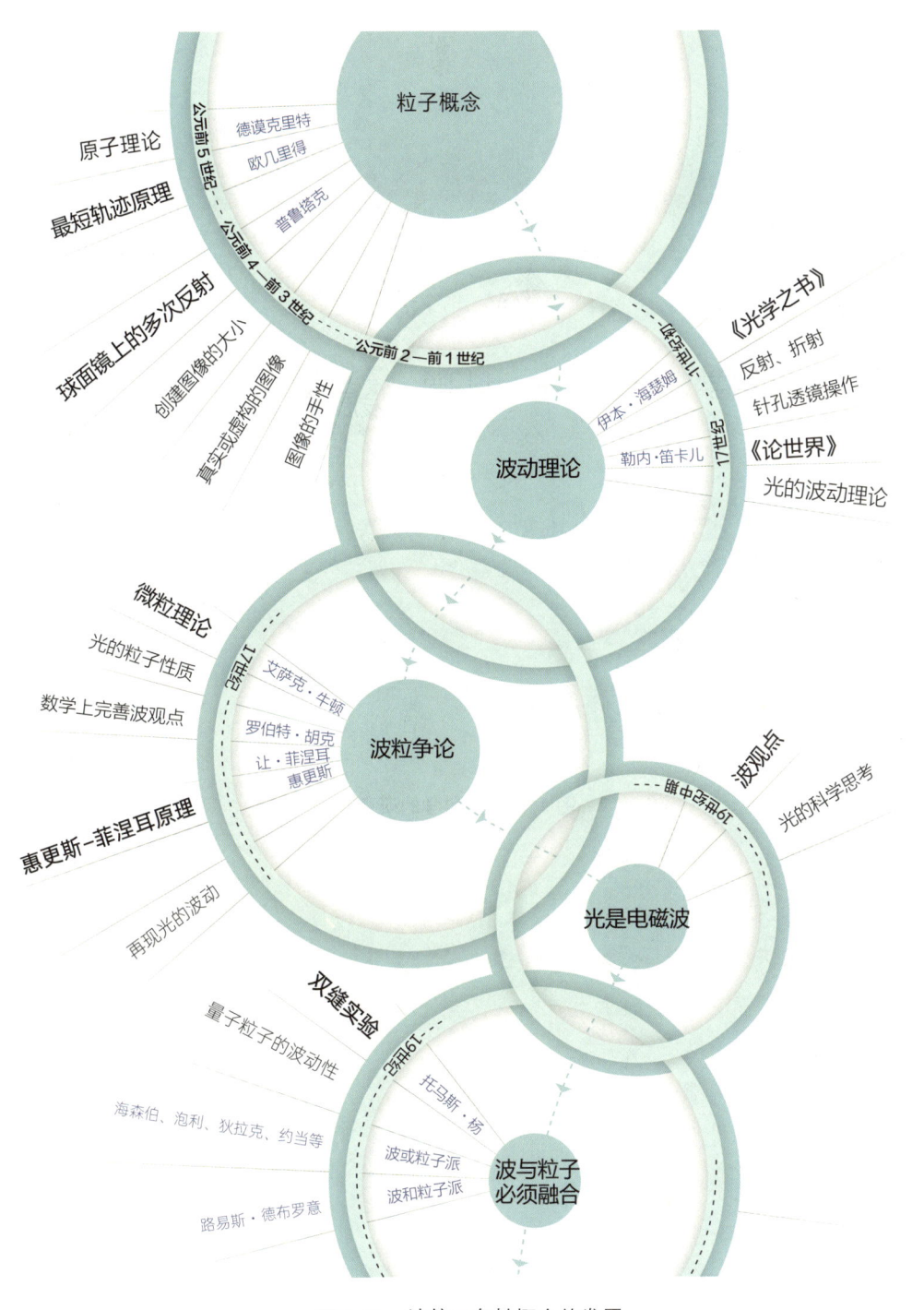

图 1.11 波粒二象性概念的发展

注：发展时间线与图中箭头标示走向一致，每个理论外套圈是理论发生的时间环，环上标示了时间，每个时间段对应的文字标示了此理论在这一段时间的具体发展成果。

第 1 章 走近科学

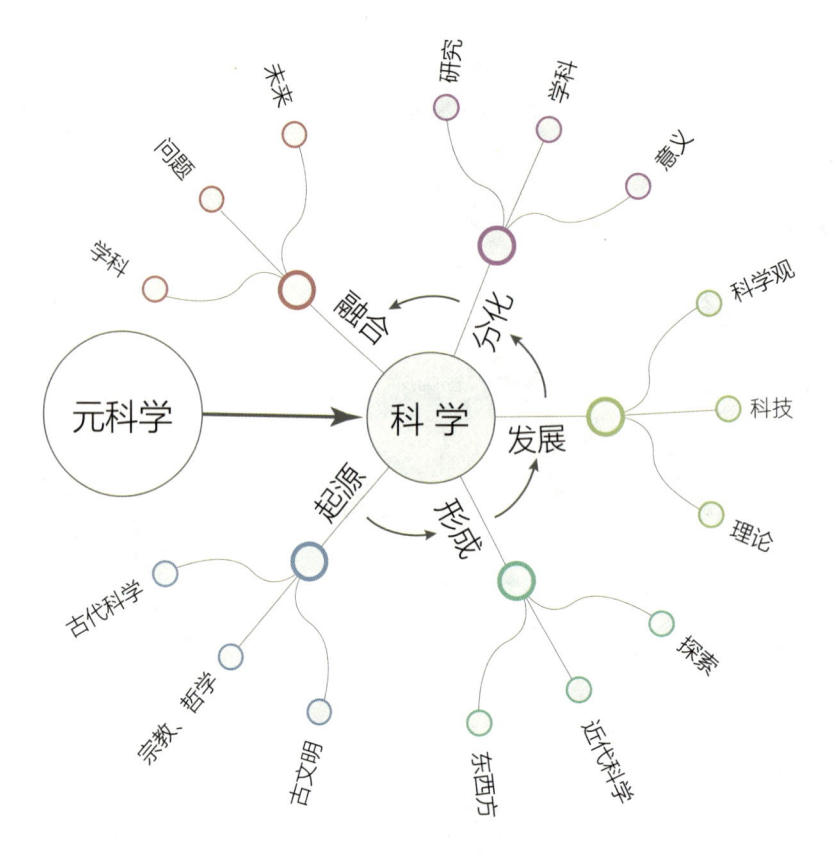

图 1.12　元科学的研究

第 2 章

认识科学

在探究科学的科学之前,对与科学相关的基础概念问题再进行一些深入的讨论是非常有必要的。如果我们检索一下现有科学的定义,公认的科学定义似乎并不存在。[1-2] 科学在现代社会中起到了不可或缺的作用,但是伪科学贴着科学的标签试图给人们"指点迷津",误导众人。而互联网的普及像是催化剂,使得它越发猖狂。所以认识科学,首先要能够分辨科学。区分科学与伪科学等其他非科学的标准问题曾被波普尔称为"区分难题"[3],他的可证伪标准也没有成为大家的共识。在这一章中,我们将先给出科学的定义,然后解释科学的结构、科学的方法及科学的思维范式,再对科学与技术、科学与真理、科学与宗教的关系进行介绍,最后讨论如何辨别科学。

1. 释义与概念

关于科学的定义,直到现在也没有一个明确、公认的答案。韩启德曾总结过往学者对于科学定义的几种观点。[4] 第一种观点认为科学是一种知识体系。第二种观点认为科学是一种生产知识的范式。科学本身不是真理,而是探索真理的过程。第三种观点认为科学是一种社会建制。典型的观点是英国的物理学家贝尔纳提出的:"科学本质上是一种处理经验事实的方法,是对人类控制经验的神圣指导。"第四种观点认为科学是一个历史范畴。西方科学产生和发展的过程可以被概括为以古希腊理性为基础,经历了漫长的中世纪基督教的变迁和浸润,以天文学领域的革命为开端,以牛顿力学体系的建立为标志。

通过搜索引擎，我们可以检索到关于科学的很多定义，但我们发现，如果用系统论的眼光来检验，那么所有的科学定义自身都存在悖论，其根本原因是没有区分宇宙和世界这两个概念。我们先来介绍系统的概念，再来说明区分宇宙和世界这两个概念的必要性。

> 系统是一组相互作用或相互关联的实体，它们构成一个统一的整体。一个系统由其空间和时间边界来划定，被其环境所包围和影响，由其结构和目的所描述，并以其功能来表达。[5]

系统的示意图如图 2.1 所示。根据系统的概念，我们知道如果要用一个系统来描述一个问题，那么我们需要两个时空，一个是将所有的研究对象包含其内的时空，另一个是不含系统的外部环境，也就是外部时空。很显然，外部时空就是整个宇宙减去这个系统。

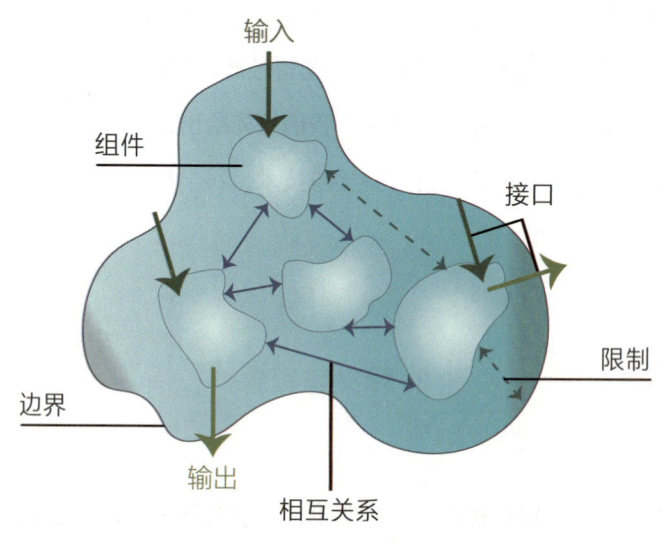

图 2.1　系统示意图

要定义宇宙和世界，我们必须先有时间和空间的定义。这里我们采用康德的定义：

> 空间和时间是一个框架，在这个框架内，心识被限制去构建它对现实的体验。
> Space and time are the framework within which the mind[①] is constrained to construct its experience of reality.[6]

---

① 在这里，我们把英文"mind"专门翻译为心识，以区别于我们科学上广泛使用的意识（consciousness）。大乘佛教唯识宗把内在的心识分成八个层面，即眼识、耳识、鼻识、舌识、身识、意识、末那识和阿赖耶识。

从这个定义中，我们可以看到，在定义时间和空间甚至任何概念之前，心识已经存在。如果心识不存在，那么我们就无法定义时间和空间。没有时间和空间，我们就无法构建任何理论。我们必须指出的是，这里所采用的时空定义与经典力学的一致，但与相对论的不同。空间是本来就有的，时间的概念与计量单位是人类专门定义并直到现代才达成的共识。

时间和空间的概念是非物质的存在，而现实是物质的存在，即空间的现实是本来就有的，时间是人类依据自己的感觉而定义的，时间和空间都属于抽象概念，用来描述物体的运动和变化。拉扎尔·梅安茨特别强调，如果我们要理解概率的概念，那么我们必须区分具体物体和抽象物体。但这个时空观在爱因斯坦的相对论中发生了很大的改变，它被物质化了，被定义成时间和空间都与宇宙同时诞生，像物体一样，时空也有弯曲的问题。由此引出了很多新奇的概念，如时间膨胀、长度收缩、质量随速度改变、光速与坐标系无关、物质的总能量与坐标系无关、能量不再是物质的一种属性而是与物质并列的独立存在等。图 2.2 给出了牛顿时空观与爱因斯坦时空观的对比。

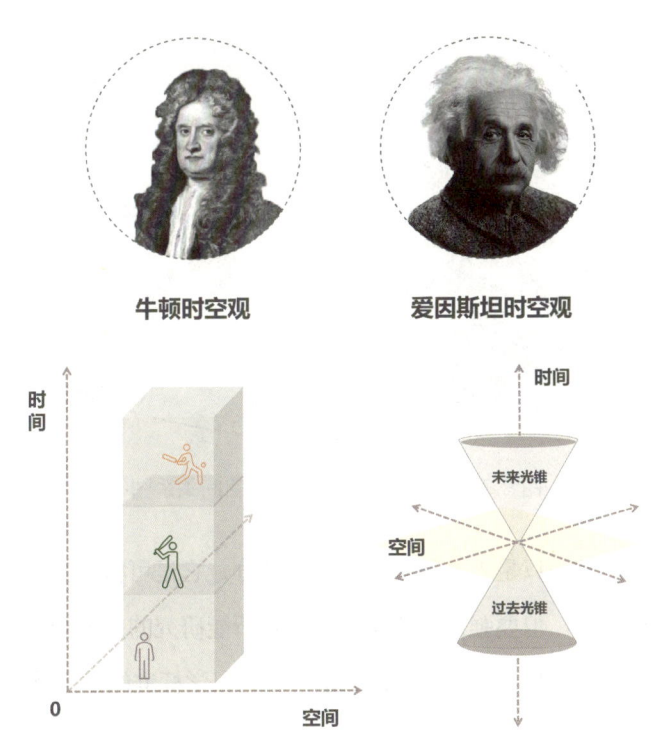

图 2.2　牛顿时空观与爱因斯坦时空观的对比

有了时间和空间的概念，我们再来专门定义宇宙和世界这两个重要概念。

> 宇宙是人类可以想象的最大时空，世界是人类可以观测的最大时空。

宇宙、世界与系统的空间关系如图 2.3 所示。系统就是科学研究的对象，宇宙和世界是两个有特殊含义的系统，当然世界在日常生活中也经常与系统一致，但我们希望宇宙用于特指。有了这些基础，我们就可以给出我们所定义的科学：

> 科学是一套在我们所生活的世界中可以观察到的关于自然和社会系统的结构和行为的定义明确且逻辑自洽的知识，这些知识通过观察、测量和实验得到，以可检验的解释和预测来表达。

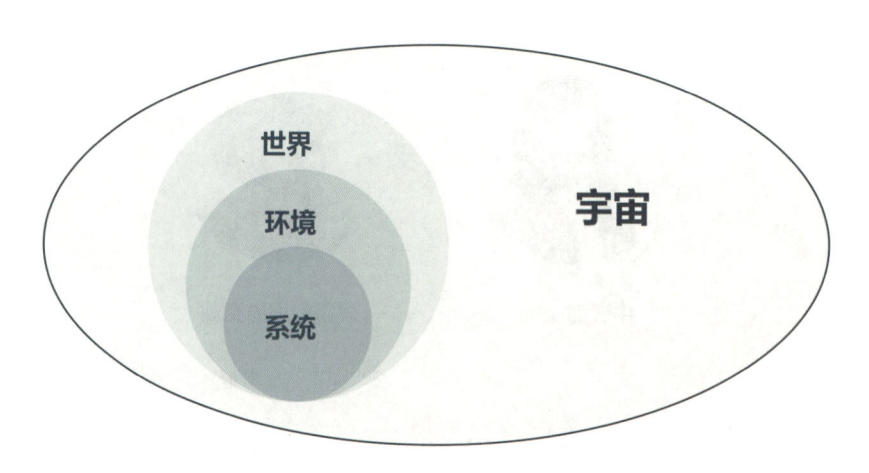

图 2.3　宇宙、世界与系统的空间关系图

这个定义限定科学知识只是人类所有知识的一部分，它是可检验的，不可以检验的知识不包括在科学的范围之内。但要强调可检验性，科学所能研究的系统和环境就必须被限定在世界范围之内，而不能针对整个宇宙。这样的定义也为科学标准的建立奠定了基础。

2. 思维范式

宇宙万物初生，人类对世间充满疑惑。在历史的开端，人类用神话故事解释未知：中华大地上盘古开天辟地，女娲造人；希腊神话中有大地女神盖亚，普罗米修斯盗取火种带来文明，基督教相信伊甸园的亚当、夏娃是人类起源，上帝于巴别塔分隔不同语言与种族；玛雅文明有玉米神，人类诞生于鲜血和玉米面团——如宇宙新生时的混沌，人类文明历史的开端是神性与人性交织、未知与已知相融。早期的神学为人们提供了精神依托，其理论体系治了人类数千年。

时间向前推进。经历混沌的数百年，人类一步一个脚印地探寻着真理。无数的实验与推算累积，科学的轮廓日益明晰，科学逐渐从神学和哲学中剥离出来，成为一门独立的学科。终于，日心说打碎神学，苹果砸出牛顿万有引力定律，现代科学浮出历史水面。科学的出现把教皇推下了神坛，以神为中心转为以人为中心。自此，科学、哲学和宗教冲突不断，甚至一度对立。

进入 20 世纪，科学与哲学的关系越来越模糊。在现代社会，科学似乎是至高无上的主宰。但科学不论怎样繁荣生长，亦有难以突破的天花板。科学为人类提供系统、合理的方法论，但它无法涵盖人类文明的整体，人类仍然需要哲学。科学从哲学中分离出来，又在数个世纪后与之相互联结，科学与哲学的界限愈发模糊。

在科学发展的过程中，科学史上的先驱在从事科学研究时形成了独特的思维逻辑，即科学的思维范式。亚里士多德的世界观历经曲折，终于在中世纪之后对学术和文化产生了深远的影响，也在广泛研究和讨论中受到了挑战和修正。直到 17 世纪牛顿世界观的建立，科学研究进入了一个全新的纪元。

从亚里士多德世界观到牛顿世界观的转变，体现了科学思维范式的发展和演变。美国科学史家库恩在其著作《科学革命的结构》中指出："范式是科学哲学的基本观点，也就是研究者用来寻找意义的理念模式……"[7]科学需要通用的"理念模式"来指导科学研究的方法及思维方式。因此，了解科学的思维范式可以帮助我们认识科学的本质、科学的合理性、科学的方法论、科学的逻辑结构及科学发展的规律。下面我们将从科学哲学开始，系统地介绍科学是如何从哲学中分化出来、科学的思维范式是如何演变的。

科学哲学

现代科学哲学是20世纪兴起的一个哲学分支，关注科学的基础、方法和含义，主要研究科学的本质、科学理论的结构、科学解释、科学检验、科学观察与理论的关系、科学理论的选择等。

关于科学的哲学思考至少在亚里士多德时代就已发端，而20世纪的逻辑实证主义为科学哲学奠定了数理逻辑的基础。此后就有了可以对哲学论断进行客观评价的标准。

人类思考世界所产生的思想和观点，被称为哲学。世界包括自然世界、人类社会和人本身。那么，相应地，哲学也包括自然哲学、社会哲学以及人生哲学。这种把一个系统分成几个子系统的思维方式被称为还原论思维方法，它诞生于亚里士多德时期，成熟于笛卡儿时期。

所谓自然哲学，就是指人类思考我们所面对的自然界而形成的哲学思想。它包括自然界和人的关系、人造自然和原生自然的关系、自然界的最基本规律等。很显然，广义的自然哲学，包含了自然科学。也就是说，自然科学是自然哲学的重要组成部分。这当中不少理论都奠定了今时今日物理学的基石。不少近代的名人，如英国科学家牛顿、德国哲学家黑格尔都曾撰写过自然哲学方面的著作。

释义 2.1：自然哲学

自然哲学是指含有形而上学观点的对自然的解释。

在古代，哲学与科学的分界并不是很明显。那时候，自然科学包含在自然哲学里面，通常与自然哲学并无区分。譬如牛顿最著名的著作就叫作《自然哲学的数学原理》。

而现在，人们通常将哲学与科学区分开来，将它们看作两门不同的学问。这是科学门类日益繁多、研究分工日益细化的必然结果。在这种情况下，自然哲学通常是指关于自然以及人与自然之间关系的一般规律的思想。具体的自然规律及其中的量化关系，通常被称为自然科学。此处需要强调的是，自然哲学与自然科学本无根本区别。所谓的一般规律与具体规律，也没有绝对的划分标准。对于像宇宙大爆炸、弦理论这样的科学，我们就无法给予它们清晰的界定。我们只能说，关于宇宙大爆炸和弦理论的一些观点，可以说是属于自然哲学，但如果我们具体设计了大爆炸和弦理论的预测模型,并且计算出了有关的数量关系,那么这些大概就属于自然科学了。把这里的观点再延伸一下,科学的所有基本假设都是自然哲学的内容,具体的系统模型和求解方法则是自然科学的内容。因此,所有的科学都是建立在哲学之上的。

对哲学问题的回答本质上是个选择问题,没有对错的概念;而对科学问题的回答就有对与错,判定对错的方法是实验观测或逻辑推理。逻辑推理的依据是对哲学问题的答案的选择。任何一个科学理论都是建立在多个公理的基础之上的。对科学问题的检验离不开对哲学问题的回答。因此,对哲学问题的回答会影响科学理论的建立。图 2.4 对比了哲学问题与科学问题。

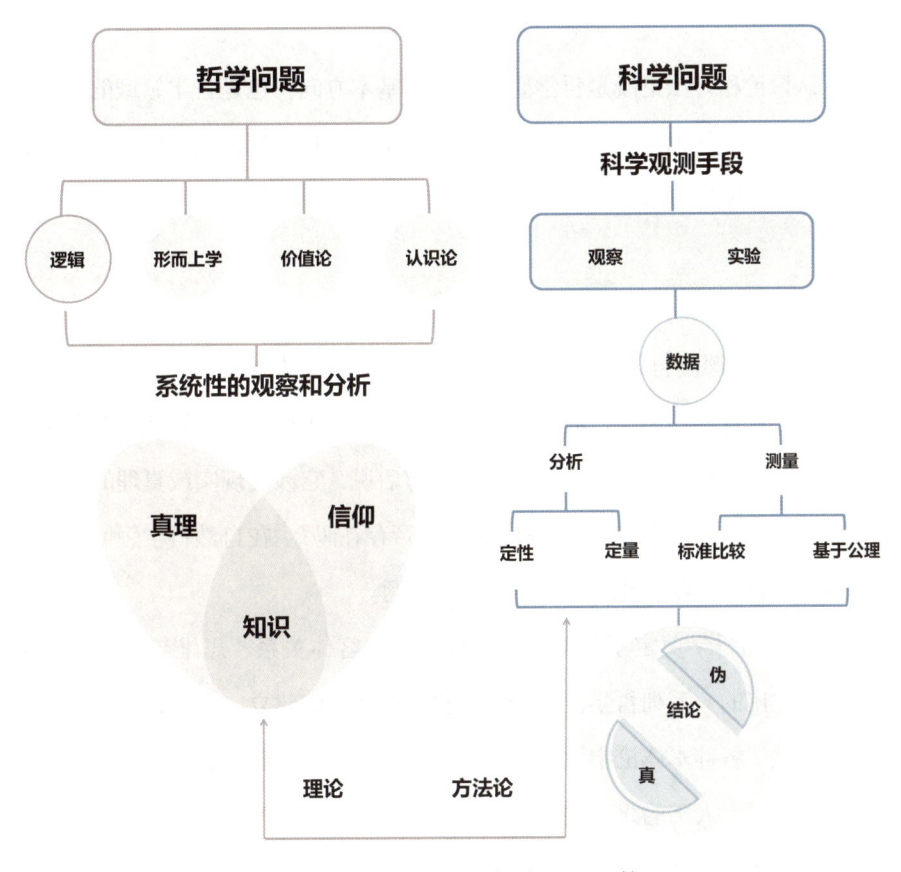

图 2.4 哲学问题与科学问题的比较

根据哲学中的理性主义,我们大多数或所有具有哲学特征的信念都是先于经验就能得到的,即先验的,比如逻辑或一般已经验证过的知识。如果你先验地知道某个事实,那么你就独立于或先于对该事实的任何一种经验性的、基于感官或感知的观察而知道它。例如，我们先验地知道所有偶数都正好能被"2"整除，我们不需要进行科学实验来了解这一事实。

哲学的理性主义使得科学和哲学产生了差异，并慢慢从哲学中分离出来：（1）科学是关于经验知识的，哲学通常是关于先验知识的；（2）科学是关于偶然真理[①]的，哲学通常是关于必然真理[②]的；（3）科学是关于描述性陈述的，哲学往往是关于规范性和评价性陈述的；（4）科学是关于物质的研究，哲学往往还包含精神世界。

这种哲学与科学的差异在哲学的本体论、认识论及方法论上可以得到验证。

三个基本方向

本体论、认识论和方法论既是哲学研究的三个基本方向，也是哲学领域的三个层次。本体论是认识论的基础，认识论是本体论的发展与应用；同样，认识论是方法论的基石，而方法论则是认识论的发展与应用。

本体论

自17世纪开始，德国哲学家莱布尼茨开始广泛使用"本体论"一词。19世纪70年代，日本学者西周将它汉译为理体学。此后又出现了实体学、本根论、实有论、存有论等中文译名。本体论是与存在和现实相关的哲学分支，换句话说，它涉及现实或真理的本质。有关哲学特殊主题领域的本体论问题有"人是什么""上帝存在吗"。在自然科学领域，则有"什么是物质""什么是时空""存在涌现的属性吗"等问题。

本体论的建立为哲学奠定了基础条件，哲学的主客体关系、思维与存在的关系，以及由这些关系而衍生出的一系列哲学范畴都无法脱离本体论的建立，本体论更是哲学认识论和方法论的逻辑必然。各种本体论学说使得哲学内涵更为深刻，其深层的哲学意义表现在为人类建立起了意义世界，人类的终极关怀、精神家园、超越本性都与本体论内在地联系在一起。本体论者经常尝试确定类别或最高类别是什么，以及它们如何形成一个类别系统，该系统提供所有实体包含的类别。

[①] 偶然真理是根据充足理由律，凭借经验方法形成的真理，如对某个事实的判断和自然科学的真理。
[②] 必然真理是根据矛盾律而确定的具有逻辑必然性的真理，如数学公理那样的普遍必然的真理。

人类本身就是世间万物的一种，并不是独立于万物的一种特殊的存在，所以人类必须服从某种"客观的"包括因果关系在内的自然规律，才能在现实的世界中生存下去。本体论强调，人在现实世界中必须符合某种不以人的意志为转移的"客观规律"。因此，人的思想与行为具有"被规定"的特征。

认识论

认识论是与知识有关的哲学分支。认识论者研究知识的性质、起源和范围，认识论的正当性，信念的合理性以及各种相关问题。认识论关系到我们如何获取知识，关系到我们怎样了解某些东西以及获取知识的不同方法。在认识论中，我们问诸如"你知道什么"和"你怎么知道的"之类的问题。诸如"我们如何将正确的想法与错误的想法区分开""我们怎么知道是真的"这样的问题也可以在这个领域提出。认识论还处理现实与研究者之间的关系，即研究者如何获得知识。如图 2.5 所示，知识又分为先验知识和后验知识，两者的区分在不同哲学家看来存在争议，大致定义如下。

> **释义 2.2：先验知识与后验知识**
>
> 先验知识是指不需要通过经验而是通过感官获得或证实的知识。
> 后验知识是指需要通过经验而获得或证实的知识，也就是说后验知识是经验性的。

理性主义者认为，认识论存在先验综合知识；而经验主义者认为所有的知识在一定程度上都是外界经验的体现，并不存在先验综合知识。数学和逻辑这两门学科经常被认为是有先验地位的，它们所探讨的主要是抽象的、形式上的对象。

康德的认识论是一种以"经验科学知识"建立边界的哲学体系，是建立主体间的、可重复的、可使用经验方法来检验的科学知识的最有效的基础参照系。不过它产生了主体与客体的二分问题。为了解决这个问题，胡塞尔现象学出现了，在这种学说中，作为"物自体或自在之物"的客体被消解掉，变成了纯粹的心理现象。从这个角度上看，人自身和那些所谓的客体都是某个被假设为"独立存在的心灵"，这是一种主观认识，而不是客观认识。

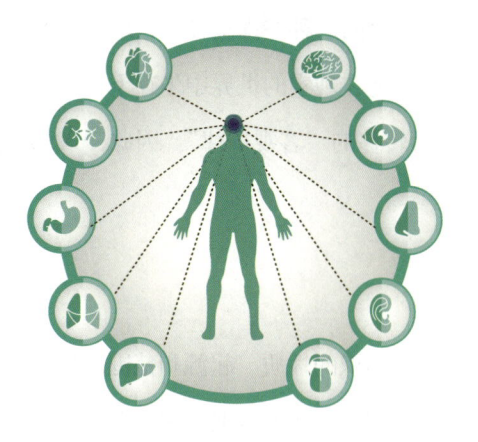

先验知识
通过感官获得或证实的知识

后验知识
通过经验获得或证实的知识

图 2.5　先验知识与后验知识

注：图中分别用深绿、浅绿描述先验知识和后验知识。先验知识图中每个小圆罗列了人类器官，以表示人类通过感官获得的知识，顺时针可见如大脑、眼、鼻、耳等，各器官所感受到的信息通常会传输到大脑，由黑色虚线表示。后验知识图中每个小圆罗列了人通过经验获得的知识，顺时针可见如学位帽（通过学校学习获得学位）、笔记资料、笔（记录或写作）等，由黑色虚线连接，表示人从外界综合获取知识。

世间万物都是人心灵中的感性能力与知性能力相互配合、主观建构出来的现象，这种现象仅仅源于人类，而不一定是其他动物对于外部世界的逻辑虚构。在人之外的、那些具有不同神经系统的动物面前，世界呈现出来的现象或者样式，有可能是完全不同的。因此，所谓的客观世界，在人看来并不是一种"实存"，而是源于人类特有的神经系统和理性能力对于外部世界的一种逻辑虚构，即客观世界中各种现象的出现是偶然的，而它们之间的关系是混沌的、不确定的，它们之间的那些关系所构成的规律，服从的是"人类的理性规律"，而不是"客观世界中的事物本身具有的确定的规律"。因此，世间万物的规律具有"被人的理性规定"的特征。从这个层次上看，认识论哲学相对于本体论哲学来说，是一种180度的颠倒。

方法论

正式来说，方法论研究的是"上下文框架"，是一种基于观点、信念和价值观的连贯和合乎逻辑的方案，从而指导研究人员做出选择。它引导人们应当用什么样的方式、方法来观察事物和处理问题。概括地说，世界观主要解决"世界是什么"的问题，方法论主要解决"怎么办"的问题。

释义 2.3：方法论

方法论是一种以解决问题为目标的理论体系或系统，通常涉及对问题阶段、任务、工具、方法技巧的论述。方法论会对一系列具体的方法进行分析研究、系统总结，并最终提出具有一般性的原则。[8]

方法论也是一个哲学概念。人们关于"世界是什么、怎么样"的根本观点是世界观。以这种世界观作为指导去认识和改造世界，就形成了方法论。方法论是普遍适用于各门具体社会科学并起指导作用的范畴、原则、理论、方法和手段的总和。历史唯物主义著作中经常提到方法论这个概念。

《方法论》是笛卡儿在 1637 年出版的著名哲学论著，对西方人的思维方式、思想观念和科学研究方法有极大的影响。有人曾说，欧洲人在某种意义上都是笛卡儿主义者，就是指的他们受方法论的影响，而不是指笛卡儿的二元论哲学。

笛卡儿在《谈谈方法》中指出，研究问题的方法分四个步骤：

（1）永远不接受任何自己不清楚的真理，就是说要尽量避免鲁莽和偏见，只能接受根据自己的判断非常清楚和确定、没有任何值得怀疑的地方的真理。就是说，只要没有经过自己切身体会的问题，不管有什么权威的结论，都可以怀疑。这就是著名的"怀疑一切"理论。例如亚里士多德曾下结论说，女人比男人少两颗牙齿。但事实并非如此。

（2）可以将要研究的复杂问题，尽量分解为多个比较简单的小问题，一个一个地分开解决。

（3）将这些小问题从简单到复杂排列，先从容易解决的问题着手。

（4）将所有问题解决后，再综合起来检验，看是否将问题完全彻底解决了。

在哲学史上，人们曾用不同的术语来表述认识论。德语中的认识论一词是 erkenntnis theorie，曾由康德主义者 K. L. 莱因霍尔德在他的《人类想象力新论》（1789 年）和《哲学认识的基础》（1791 年）中使用过；1862 年，E. 泽勒在他的《论认识论的任务和意义》一书中采用了这个术语，以后它便流行起来了。英语中的 theory of knowledge 一词，是德语 erkenntnis theorie 一词的英译；epistemology 一词则由苏格兰哲学家 J. F. 费利尔在《形而上学原理》（1854 年）一书中首先使用，他把哲学区分为本体论和认识论两个部分。

认识论也被称为知识论。认识论的任务是揭示认识的本质及其发生、发展的一般规律，力求使人们的认识成为符合客观实际的认识。

笛卡儿的还原论方法是导出哲学基本问题的基础，但对于生命体可能并不适用。因此，关于哲学的基本问题，我们还需要重新思考。

人与世界的关系，显然不是那种严格的相互对等的关系。人总是以主动的行为影响着世界，以追求人与世界的和谐统一，使世界的存在状况更适合人的生存。总的来说，人与世界的关系集中表现为人认识世界和人改造世界两个方面。

本体论的相对性决定了认识论的二维性，认识论的二维性又决定了方法论的多样性；而本体论的相对性、认识论的二维性和方法论的多样性，共同为人类的认识奠定了新的哲学基础，提供了新的发展框架。因此，本体论、认识论和方法论，只有当它们共同作为哲学的一个有机认识体时，才具有它们各自存在的价值和认识意义。本体论、认识论和方法论的认识意义是，它们作为认识工具必须彼此相匹配，进而从各个方面来提高人类的认识效率。

思维范式的演变

人类探索世界经历了思维范式的演变：最早采用的是整体论，只见森林，不见树木；随后发展了还原论，强调了树木，但忽略了森林；最新发展的系统论，强调既见树木，也要见森林。

整体论

整体论有着深刻的哲学渊源，亚里士多德"整体大于部分之和"或"整体不等于部分之和"的观点可以通俗地解释整体论的含义。整体论是一个非常古老的思维范式，在很长一段时间内，我们对"整体"和"部分"的概念和范畴都没有一个清晰的界定。因此，当时人们对于这种思维范式的认知是充满歧义和误解的。之后，科学哲学家内格尔在他的著作《科学的结构》一书中从空间、时间、集合、性质、模式、过程、对象、系统等方面理清了"整体"和"部分"的概念，并且界定了两者的关系。

十六七世纪以来，随着科学的不断发展，特别是牛顿力学体系的建立，科学的研究方法越来越强调使用严谨的实验方法，更加侧重于定量的研究方式。还原论的鼻祖笛卡儿创造了

新的科学思维范式，主张将复杂问题分解为几部分，通过研究部分来理解整体。还原论作为和整体论对立的思维范式出现了。

还原论

笛卡儿提出了"把一个复杂问题分解为几个简单问题的叠加"的还原论思维范式。这一思维范式极大地推动了科学与技术的发展，基于牛顿的《自然哲学的数学原理》而诞生的科学体系由此发展出了数学、化学、天文学、物理学以及其他分支学科。

释义 2.4：还原论

还原论是一种哲学思想，认为可以通过化解、拆解成各部分的方法来对复杂的系统、事物、现象加以理解和描述。[9]

还原论的思想在自然科学中有很大影响，其认为化学是以物理学为基础，生物学是以化学为基础，等等。[10]

系统论

系统的存在是客观事实，但人类对系统的认识却经历了漫长的岁月，对简单系统研究得较多，对复杂系统则研究得较少。直到 20 世纪 30 年代前后，一般系统论才逐渐形成。一般系统论来源于生物学中的机体论，是在研究复杂的生命系统中诞生的。20 世纪 40—60 年代，英国工程师霍尔为解决大型复杂系统的规划、组织、管理问题提供了一种统一的思想方法，即硬系统方法论，又称为霍尔三维结构方法论。在当时，这种方法主要适用于运筹学、系统分析、系统工程及系统动力学的研究。1945 年，美国生物学家贝塔朗菲发表文章《关于一般系统论》，阐明了一般系统论的思想，指出不论系统的具体种类、组成部分的性质和它们之间的关系如何，都存在着适用于综合系统或子系统的一般模式、原则和规律。从 20 世纪出现的系统论思维到 21 世纪强调的复杂系统理论，无一不指向经典力学中所采用的还原论思维的不足。

在面对复杂问题时，还原论与系统论有着不同的分析方式。图 2.6 对比了还原论与系统论的思维范式。在还原论的思维范式下，人们首先将复杂问题分解为多个简单问题，继而对这些简单问题进行排序，从简单的入手，逐一解决，最后，再综合起来对问题进行检验。而

在系统论的思维范式下，人们更注重研究复杂问题各个部分之间的相互关系，并且会进一步研究其动态的变化。

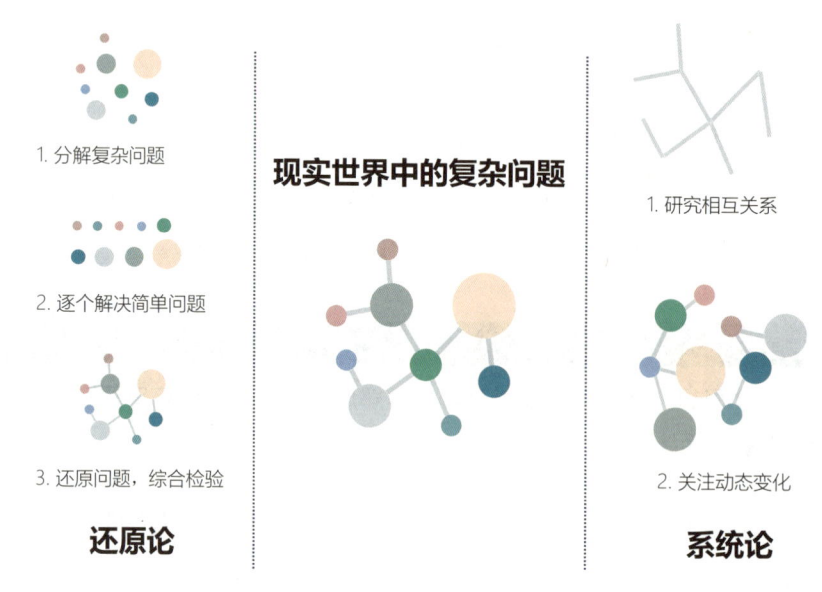

图 2.6　还原论与系统论思维范式对比示意图

注：图中的圆点表示复杂问题的各个部分，线段表示各个部分间存在的关系。

> 与还原论思维孤立地看待问题的方式不同，这种将我们正在研究的任何问题视为一个系统的方式是一种新的思维范式，被定义为系统论思维。

图 2.7 显示了还原论思维与系统论思维的区别。从根本上说，系统论思维是一种帮助人们从相互联系的角度看待事物的思维方式，包括看到系统中的整体结构、模式和周期，而不是只看到系统中的所有部件。这种系统论思维方式也就是我们当下流行的元宇宙思维范式。

现在我们已经知道，叠加原理只适用于线性问题，而一般的复杂系统都是非线性的。为了处理复杂现象，很多人引入了许多与观测经验非常不一致的概念和基本假设，导致人们对很多传统的基本概念都产生了疑问。比如说，什么是物质？什么是能量？能量究竟是物质的一种属性还是与物质并列的独立存在？甚至连最基本的时间和空间概念都会让人们产生疑问。

图 2.7　还原论思维与系统论思维的区别

经典的争论

在与哲学、宗教的交融中，科学也有其自身的优势。相比哲学与宗教，牛顿时代的研究对象是实在的、可测量的物体，质量是物质的基本属性。但在波动理论发展起来后，人们逐渐地淡化了物质粒子对于波的作用，而把波当作一种独立存在。到普朗克和爱因斯坦的时代，能量就成为与物质完全并列的独立存在。本节将对这一方面的问题做一些讨论，以此进一步展示科学的具体特性。

认清质量

科学的目的是研究物质的运动和变化规律。但到了 20 世纪，"什么是物质"似乎又成了困扰人们的一个问题。在经典物理学和普通化学中，物质是任何具有质量并以体积占据空间的东西。质量是衡量物体所含物质多少的物理量。一个物体的质量大小反映了这个物体抵抗运动的能力。在运动过程中，物体的质量不随速度而改变。

但自爱因斯坦的狭义相对论出现以后，质量和能量，甚至时间和空间的概念以及它们之间的关系就被极大地混淆了，许多教科书迄今为止都在教授与速度相关的质量或相对论关于质量的概念。[11-13] 赫克特（2009 年）详细探讨了爱因斯坦对质量概念的理解的演变过程，他的结论是爱因斯坦早期确实接受过与速度相关的质量的概念，但在 1906 年改变了主意，此后谨慎地完全避开这个概念。[14] 基于这些参考文献，我们建议仍然采用经典力学中给出的质量的常规定义，质量具有以下六个重要性质：

- 质量是物质数量的量度。
- 复合物体的质量等于构成它的物体的质量（质量守恒定律）。
- 孤立体系的质量是守恒的，它不随时间变化（质量守恒定律）。
- 物体的质量在从一个坐标系到另一个坐标系的转换过程中不发生变化。
- 物体的质量是衡量其惯性的尺度。
- 物体的质量是它们彼此引力的来源。

在参考文献中，第四个性质还专门强调了惯性系。由于真正的惯性系是不存在的，我们把这个要求取消了。

质量、温度、体积、密度、速度、加速度、动量和能量等是物质的属性，如图 2.8 所示。

图 2.8　物质及其属性

具体物体可以被视为一种能量储存器，它可以包含多种类型的能量，如原子能 E_o、势能 E_p、动能 E_k、电能 E_e、磁能 E_b 等。[15] 对于一个给定的物体，在运动过程中，一种类型的能量可以转换为另一种类型的能量，如动能和势能的转换、电能和磁能的转换。

在运动过程中，能量的交换本质上是物质的交换，热是另外一种物质动能的表现形式。因此，热交换也一定涉及物质的交换，很多情况下通过以太（看不见的粒子的集合）来显现。能量是个状态量，但功只是一个过程量，热本质上也是一个过程量，但如果把热定义为系统内分子动能的总和、温度的函数，在这种情况下，我们也可以把热理解为状态变量。主动力①给某个物体做功可以增加这个物体的总能量，但可以没有质量交换。两个粒子碰撞时可以只交换动能，不交换物质。在任何化学反应或物理变化过程中，系统都应该遵循三个守恒定律，即质量、动量和能量守恒定律。利用这三个守恒定律就可以计算物理系统中粒子的轨迹。数学家艾米·诺特证明了物理上的任何一个守恒定律都对应了数学上的某种对称性。

释义 2.5：诺特定理

力学体系的每一个连续的对称变换，都有一个守恒量与之对应。对称变换是指力学体系在某种变换下不变。

因此，我们对物质的理解是，任何物质都有质量、体积、密度，它可以有位置，它会在内部或外部力的作用下运动。能量只是物质的一种属性，类似于质量、动量等。质量对坐标系的改变来说是个不变量。我们认为光子及其他一切被称为粒子的东西都具有质量，目前相对论中假设的光子零质量是由引入洛伦兹变换引起的，而洛伦兹变换是由对以太做了不合理假定所导出的。现在仍然有很多人在研究光子的质量问题。[16]

以太悖论

物质是否无限可分，这是一个哲学问题。我们的回答是，物质可以被不断地分割，直至变成无法被观测的微小粒子。我们把显微镜都观测不到的粒子的集合称为以太。我们生活的空间中充满以太，如图 2.9 所示。如果我们把人类能够观测的最小粒子称为基本粒子，那么

---

① 主动力是活着的生命体的心识与身体相互作用而产生的一种力，它的大小和方向由心识的自由意志决定。当心识与身体分离后，生命体死亡，主动力也就消失。

基本粒子是动态的，随着观测技术的进步而不断变小。但不管技术如何先进，人类能够观测的粒子总是具有有限的体积和质量，这个属性不会改变，就像不管望远镜技术如何先进，用它所观测到的星球的数量都是有限的，这个属性也不会改变。科学总体上是研究有限系统的运行规律，而无法研究无限系统。

过去的电磁波理论就是建立在以太波的基础上的。在洛伦兹的电子论出现以前，经典力学里，以太之于光波（或更确切地说是电磁波，因为光波也是电磁波的一种），就像水之于水波，空气之于声波，都被认为是相邻介质之间因力学作用形成了波，这些波都是物理上存在的，可以用数学的形式予以描述（波动力学）。

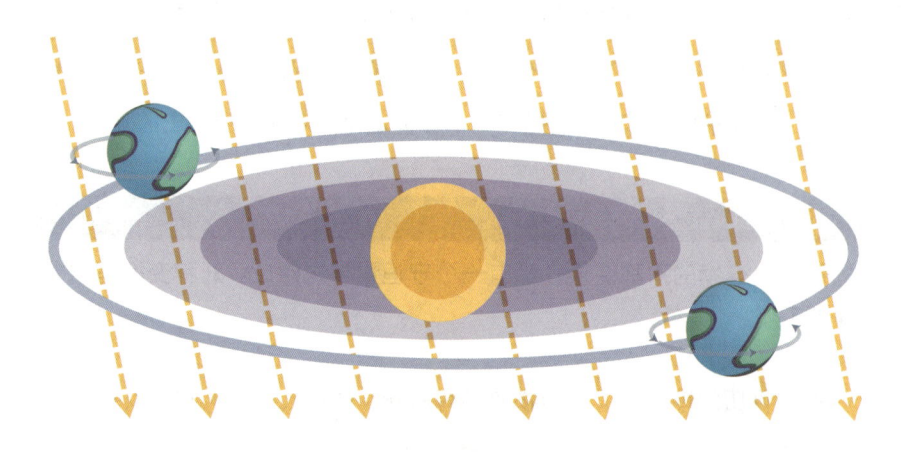

图 2.9 以太充斥着世界

但洛伦兹把以太和有质量的物质做了严格的区分，除了假定以太绝对静止这个属性以外，他拒绝对以太的力学性质再做任何假设。这样，原本在麦克斯韦电磁理论中集万千宠爱于一身的以太，到洛伦兹眼里就变成了完全静止的没有任何力学性质的"纯背景墙"。爱因斯坦后来诙谐地说，"洛伦兹留给以太的唯一力学性质就是不动性。狭义相对论带给以太概念的全部变革，就是取消了以太最后的这个力学性质，即不动性"。由于洛伦兹和爱因斯坦把以太概念从本体论中彻底取消，再加上原来的本体论中就缺生命体本质这一块，最后本体论完全消失，认识论经过量子力学的破坏也变得不再重要，很多人因此认为哲学不是科学所必需的基础。以太的消灭过程及其引发的问题如图 2.10 所示。从这个过程中我们可以清楚地看到，把以太从科学的本体论中删除是非常主观的，完全没有任何实验基础。以太本来是量子波的基础,"杀死"以太导致量子力学中的波函数就纯粹是一个数学波,而不是对物理现象的描述,这也改变了数学的属性。量子力学也就完全没有本体论与之对应了。

图 2.10　以太的消灭过程及其引发的问题

在 2011 年的谷歌时代精神大会上,斯蒂芬·霍金就说"哲学已死"。他认为哲学家"没有跟上科学的现代发展",科学家"在我们寻求知识的过程中已经成为发现的火炬手"。他说,哲学问题可以由科学来回答,特别是新的科学理论,这些理论"引导我们对宇宙和我们在宇宙中的位置有一个全新的、完全不同的认识"。[17]

在放弃本体论后,科学家如果想要解释如物质的波粒二象性、光电效应、热和黑体辐射等,就需要引入一系列与我们日常生活经验完全相反的新概念,比如说质量可以转化为能量,真空中的光速是个常数,质量随着速度增加,长度和时间随着速度的增加而发生改变,等等。由此可见,采用不同基本假设而建立起来的相对论与量子力学产生了根本性的冲突,无法调和。要想建立万统论,必须从消除这些根源着手。

身心难题

首先,我们需要了解具体物体与抽象物体的定义。通过第 1 章关于科学的定义的讨论,我们知道科学的目的是认识世界和改造世界,而我们人类通过科学方法能够认识的世界始终是广袤宇宙中一个很有限的局部时空。人类永远无法认识整个宇宙,我们从系统论的角度强调了区分宇宙和世界两个概念的必要性。同时,我们还强调了区分具体物体(我们可以用眼睛看到,可以用实验测量)和抽象物体(我们无法用眼睛看到,无法用实验进行实际测量)的重要性。拉扎尔·梅安茨强调,如果一个人真的想理解概率论,并利用概率论的基本原理解决问题,那么理解具体物体和抽象物体之间的关系是必要的。阐明这种关系,尤其是认识到区分具体物体和抽象物体的必要性,是研究自然和社会各种学科分支的最重要原则之一。[18] 简单来说,具体物体是由物质构成的,而抽象物体是对具体物体的抽象概括。

严格区分具体物体和抽象物体的一个好处就是可以很轻松地解决一个众所周知的哲学悖论:"究竟是先有鸡还是先有蛋?"这个问题通常被认为是无法解决的——事实上,如果我们假设先有鸡,那么一定有孵化它的蛋;如果先有蛋,也必然会有下这个蛋的鸡。这个问题给人的印象是无法找到解决方案。然而事实并非如此,这个明显的悖论是由对问题的模糊表述造成的,它没有区分具体物体和抽象物体。如果问题涉及具体的某只鸡或某个蛋,答案是明确且非常简单的:每只具体的鸡都有先于它孵化的具体的蛋;每个具体的蛋,也都有下这个蛋的鸡。在这个问题的传统表述中,人们通常隐含地假设它指的是抽象的鸡和抽象的蛋,这是毫无意义的,因此导致了一个悖论。事实上,抽象的鸡是过去一段时间和现在存在的所有具体的鸡的形象,也是未来将存在的鸡的形象。因此,一只抽象的鸡不能有一个明确的"时间"属性的"瞬时"值,它必然与"之前"和"之后"概念相关联。抽象的蛋也是如此。这种方法还可以用来解决另一个众所周知的悖论:宇宙与生命,谁先出现?这两个都是抽象的概念,无法赋予它们具体的值。

　　科学研究的对象是具体物体,包括无生命物体和有生命物体。但根据同时相对性公理,要定义具体物体,就必须同时定义抽象物体;要描述具体物体的运动变化规律,就必须要用很多抽象物体来描述具体物体的属性。是否具有质量是区分具体物体和抽象物体的一个最好的标准。

　　科学理论的建立经历了复杂的过程。科学研究的归纳与演绎如图 2.11 所示。某位科学家基于有限的观察,通过逻辑归纳法提出了几个基本假设。基本假设难以证明真伪,因此,多数情况下不需要科学家提供证明。假设这些公理是完全正确或可靠的,科学家再采用逻辑演绎法推导出一些定理,用定理来解释人们已经观测到的其他现象,从而满足人类的好奇心。

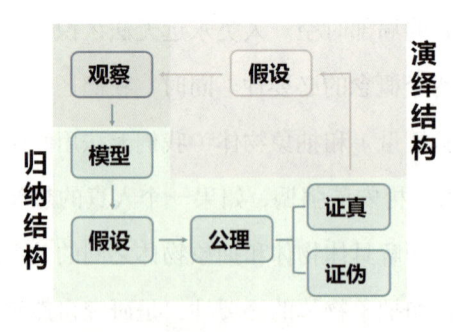

图 2.11　科学研究的归纳与演绎

但光有这个能力还不够，还要有一些能够预报未来的能力，指导我们应对今后的一些重大灾难，让人类过得更好。对于未来的预报是否正确，可以通过时间来证明。某个理论每正确预报一个重大事件，就会让人类对它更加相信。但如果某个现象与公理（或定理）不符，某个理论预报的事件不正确，公理推导定理的过程存在逻辑不一致，只要有一个问题出现，这个理论就算被证伪了。所以，科学方法的证伪是充分的，证真是必要但不充分的。

人类文明发展到今天，除了观测，还无法仅通过理论方法就能确认未来的预报一定正确。尽管科学的精神是追求真理，但科学方法无法证明真理，只能揭示某个发展规律或证明谬误。任何一个发展规律都有具体的适用范围。把科学揭示的规律无限推广且当作真理，这是一种信仰而不是科学，是与科学精神相违背的。

不同科学家观察同一现象会给出不同的归纳结果。即使都是经过科学训练的科学家，让他们观察同一个现象，各人采用逻辑归纳法所得出的结论实际上是不一样的，而且有时差别可以非常大。在此给出一个形象的例子，如图 2.12 所示，它来自电影《动物世界》中讲的苏格兰黑山羊的故事。天文学家、物理学家和数学家走在苏格兰高原上，碰巧看到一只黑色的山羊。"啊，"天文学家说，"原来苏格兰的山羊是黑色的。""得了吧，仅凭一次观察你可不能这么说，"物理学家说，"你只能说那只黑色的山羊是在苏格兰发现的。""也不对，"数学家道，"由这次观察你只能说：在这一时刻，从我们观察的角度看过去，这只山羊有一侧表面上是黑色的。"

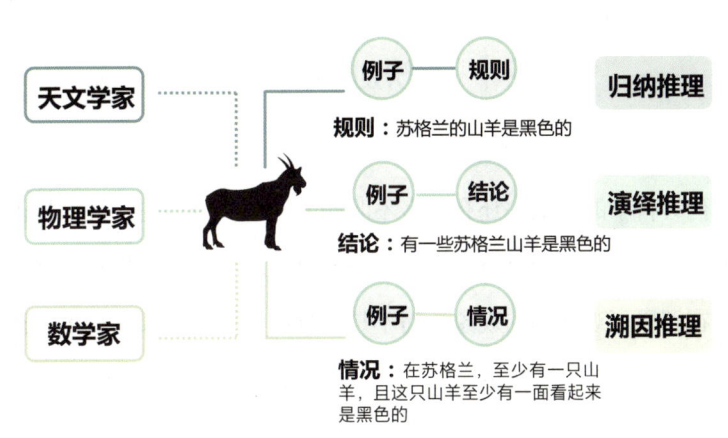

图 2.12　苏格兰黑山羊

这似乎是一个黑山羊版的盲人摸象的故事。每个人都提及了某种哲学推理，但他们都未能规避纰漏。爱较真的人仍然可以继续反驳，即使按照数学家对这只羊的限定，也就是这只羊至少有一面看起来是黑色的，仍然不是滴水不漏。谁能保证看似黝黑发亮的羊毛当中没有白色和灰色的杂毛呢？再或者，它们看起来是黑的，就是黑色的吗？色彩不过是人眼构造所能看见的电磁波造成的。色彩具有客观属性吗？更终极的问题是，如此概括分析这只羊，目的又是什么？天文学家眼里的羊，物理学家眼里的羊，数学家眼里的羊，哲学家眼里的羊，动物学家眼里的羊，牧羊人眼里的羊，它们究竟是不是同一只羊？

现代科学采用外观和逻辑推理两种方法来认识世界，东方哲学中还有一种内观方法，内观方法究竟是否存在，目前还存在争议。确保逻辑归纳的正确性是一件非常复杂的事情，需要遵循正确性与精确性平衡公理。从总体上说，公理的描述隐含了科学家的哲学信仰。因此，所有的科学都是建立在哲学基础上的，而且科学的诞生也源于哲学的分化，所以说哲学是一切科学之母是合适的，认为哲学已经不重要，甚至哲学已死的观点是不符合实际情况的。通过哲学思维发现问题的能力尤其重要。现代科学面临的最大问题就是哲学基础不牢，人们对于哲学的本体论、认识论和方法论的回答不同。不同的回答可以创造出不同的科学理论，最典型的就是微观世界的理论，以玻尔和海森伯为首的正统量子力学[19]和以德布罗意和大卫·玻姆为首的玻姆力学[20]同时存在着。

3. 辨别科学

基于目前我们对科学的认知，还有很多不明朗的问题值得讨论。技术是否属于科学？科学是否旨在为我们提供一个最接近自然本身面貌的真实故事，就像现实主义所提倡的那样？或者科学是否旨在解释可观察到的现象，而不是告诉我们一个真实的故事，正如一些反现实主义者所主张的那样？科学和宗教是完全对立的吗？我们将在这一章讨论如何辨别科学。

技术的不同

科学研究需要先进的技术装备的支撑，尤其是当利用科学来造福人类时，我们会对技术有

更加广泛的需求。而新技术装备的使用也反过来推动了科学的进步。例如，伽利略利用望远镜的观察，如图 2.13 所示，发现了托勒密地心说的不合理性，为哥白尼提出日心说奠定了基础。

从 1609 年伽利略制作第一台天文望远镜开始，望远镜技术稳步发展，从光学波段到全波段，从地面到空间，随着望远镜观测能力不断增强，可捕捉的天体信息越来越多。时至今日，望远镜的发明与使用已经关联了电磁波段、中微子、引力波、宇宙射线等多个研究领域。望远镜技术的发展也对以光学为代表的科学提出了更高的要求，推动了科学的发展。

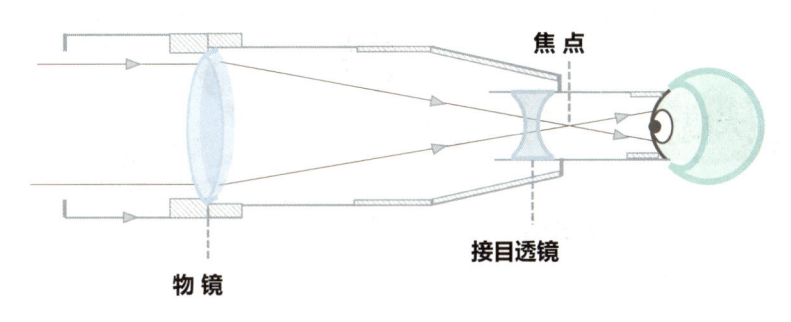

图 2.13　伽利略发明的望远镜

如上所述，科学的进步需要依赖技术的提升，而技术的发展又反作用于科学。因此，我们有必要对科学与技术加以区分。

在过去的 200 年中，"技术"一词的使用发生了巨大变化。在 20 世纪之前，该词在英语中并不常见，一般指代对"有用的艺术"的描述及研究，或是现代技术教育。直至 20 世纪初，第二次工业革命使"技术"一词兴起，该词的含义开始发生变化。当时美国社会学家托斯丹·凡勃伦开始将德语中的"technik"概念转化为"technology"（技术）。到 20 世纪 30 年代，"技术"不仅指代对工艺的研究，也指代工艺本身。[21] 1937 年，美国社会学家雷德·贝恩写道："技术包括所有工具、机器、器具、武器、仪器、房屋、衣物、通信和运输设备以及我们生产和使用它们的技能。"[22] 现如今的多数学者，特别是社会学家常用贝恩的定义来理解技术，而科学家和工程师通常更喜欢将技术定义为应用科学。[23]

如今，学者们开始把技术的含义扩展为各种形式的工具理性（instrumental reason），例如米歇尔·福柯的著作《自我技术》。图 2.14 显示了技术概念的变化。

技术的起源是人类开始将自然界的材料（例如石块等）制作成简单的工具。人类与许多动物的一个重要区别是人类制造并使用工具的能力更加突出。古时人类制作斧头、使用火种、

发明轮子……再到如今，印刷机、电报、电脑、手机、互联网等发明无一不推动了人类社会的发展进程。不过，技术并不单纯用于改善生活，无论是最原始的棍棒还是具备极强杀伤力的核武器，无论是单纯为了获取食物和生存空间，还是为了侵略和反抗，最终的目的都是击败对手。图 2.15 是人类技术进化图。

技术概念

- 20世纪前
  - 对"有用的艺术"的描述及研究
  - 现代技术教育
- 20世纪30年代
  - "技术"指代对工艺的研究和工艺本身
- 现在
  - 技术含义扩展为各种形式的工具理性
- 20世纪初
  - 将德语中的"technik"概念转化为"technology"（技术）

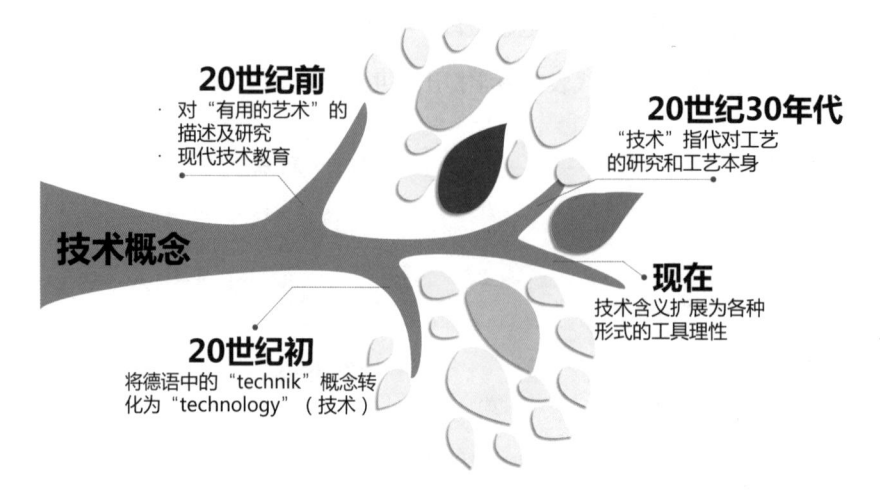

图 2.14　技术概念的变化

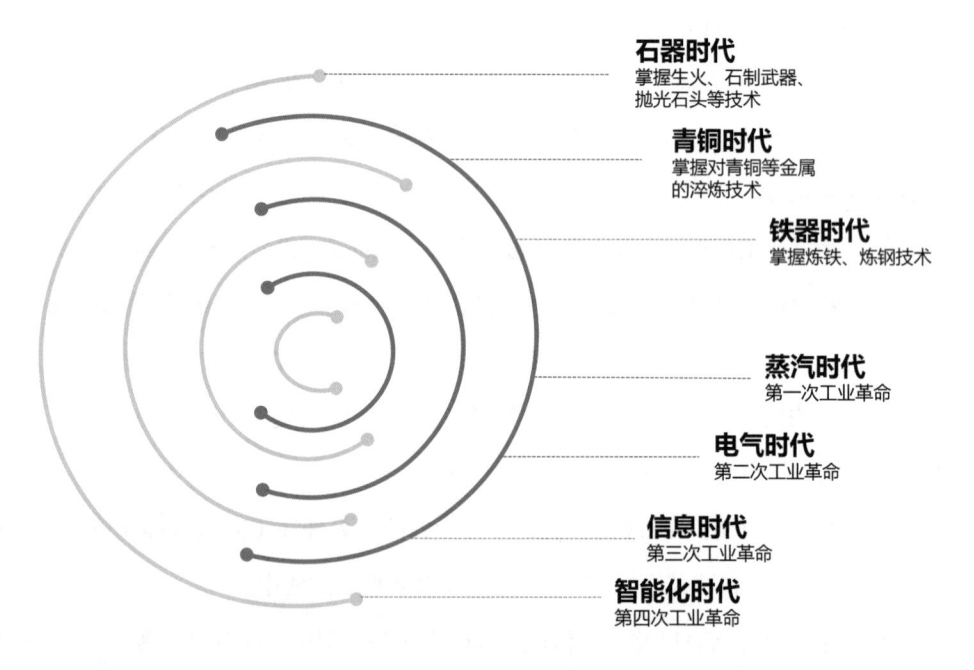

- **石器时代**：掌握生火、石制武器、抛光石头等技术
- **青铜时代**：掌握对青铜等金属的淬炼技术
- **铁器时代**：掌握炼铁、炼钢技术
- **蒸汽时代**：第一次工业革命
- **电气时代**：第二次工业革命
- **信息时代**：第三次工业革命
- **智能化时代**：第四次工业革命

图 2.15　人类技术进化图

科学、技术与工程

科学、技术与工程的区别并不明确。一般而言，广义的"科学"可指基础科学、应用科学等。科学较注重对自然的观察和理论研究，工程则多聚焦于实际举措，而技术介于两者之间。

狭义的"科学"是指基础科学（自然科学），是研究和解释自然现象的科学，着重寻找事物间的关系，通常利用科学方法来进行理论研究。工程学主要是利用科学原理来设计结构、机器、设备、系统和过程，以解决问题或实现特定的目标。这通常会利用科学的研究成果或方法，但并不总是如此。技术并不只是科学发展的产物，因为技术发展亦讲求效用、实用性和安全性。除此之外，为解决问题，技术发展还会应用数学、语言学、历史等多个领域的知识，力求取得实质性结果。

人类的技术发展历程其实早在基础科学和工程发展之前就已经开始，现今技术发展大多需要后两者作为基础。例如，科学家研究电子在导体内的流动，工程师利用这些新知识制造出新工具或设备，由此获得如半导体、电脑及其他类型的先进技术成果。在这种情况下，可以说科学与工程都为技术发展做出了贡献。因此，科学、工程和技术三个领域的研究对象时常被认为是密不可分的。

20世纪后期的科学家、历史学家和政治家，对于科学和技术之间的准确关系有着不同的看法。在第二次世界大战时，人们普遍认为技术就是单纯的"应用科学"，而支持基础科学的研究只是为了及时收获技术成果。范内瓦·布什在论文《科学：无尽的前沿》[24]中提到战后的技术政策："新的产品、新的产业、更多的就业职位，这些都需要持续地探索自然定律来维持……我们只能透过科学来从事这种探索。"[25] 但到了20世纪60年代后期，这种观点受到了各方的攻击。这个议题至今仍然备受争议，但一般情况下人们已不再认为技术就是科学研究的成果。[26]

释义 2.6: 工程

美国工程师专业发展委员会将工程定义为：有创意地应用科学定律来设计或发展结构、机器、装置、制造程序；利用这些定律生产作品；在完整了解项目设计条件下建构或设计上述物品；在特定运作条件下预测项目行为，所有举措都是为了保证项目预期的机能、运作的经济性或人员及财产的安全。

完成一个有技术含量的项目通常被称为一个工程，例如都江堰工程、载人深潜工程、载人航天工程等。大型复杂工程项目是科学与技术最好的应用场景，也对新理论、新方法、新思想、新技术提出了很大的挑战。一个重大工程项目的实施，往往能够有力地推动科学与技术的发展，如图 2.16 所示。

技术开发 → 应用研究 → 基础研究

跨层次　跨领域　跨学科　多单位协作　多渠道集成

图 2.16　大型复杂工程项目对科学与技术的推动作用

技术价值

技术的早期运用主要是为了提高人类的工作效率，或让动物分担人类的部分工作。随着技术的发展，人们开始设计、制造机器来替代或辅助人类进行各种劳动。因为技术的巨大作用，人们把技术称为第一生产力。

在漫长的人类发展进程中，温饱问题一直是重中之重。纵览中西历史，饥荒不胜枚举。但在现代社会，人类生产出来的粮食富足有余。其实天还是那个天，地还是那个地，所有环境没有变化，为什么现在人类变富裕了？这就是科学技术的进步带来的幸福。

随着人工智能技术的发展，人类的很多工作都可以被机器人取代，自动驾驶汽车、建筑和餐饮机器人、智能翻译机，可以将人们从繁重的劳动中解放出来。

当今世界，新科技革命和全球产业变革正在兴起，新技术突破加速带动产业变革，对世界经济结构和竞争格局产生了重大影响。总体而言，现在世界科技发展有几个趋势，如图 2.17 所示。

面对世界科技发展的新趋势，世界主要国家争相加快发展新兴产业，加速推进数字技术同制造业相结合，推进"再工业化"，力图抢占未来科技和产业发展制高点；部分发展中国家也正在加大科技投入，加速发展具有比较优势的技术和产业，谋求跨越式发展。

有人认为，当下的技术变革是"第四次工业革命"。如果通过互联网平台汇集社会资源、集合社会力量、推动合作创新，形成人机共融的制造模式，那么全球技术要素和市场要素配置方式将发生深刻变化，产业形态、产业结构、产业组织方式也将受到深刻影响。例如，随

着 3D 打印技术规模产业化，传统的工艺流程、生产线、工厂模式、产业链组合都将面临深度调整。大家虽然对"第四次工业革命"的具体内涵有不同看法，但积极探讨世界科技创新发展趋势，以求抢占先机的心态是十分明显的。元宇宙也是在这种发展趋势下出现的一个新思维范式。

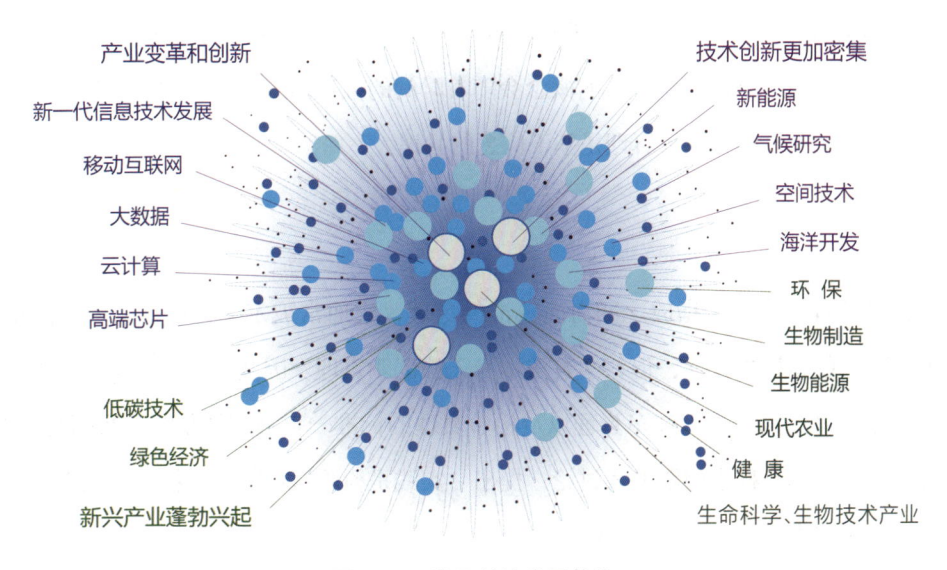

图 2.17 世界科技发展趋势

注：以人眼瞳孔放射状的瞳间线模拟世界科技爆炸式发展，其中许多蓝色圆点分别表示不同的领域、学科。此处介绍的发展趋势主要为 4 点，由中心 4 个空心白点表示，蓝色、紫色、绿色、深绿色文字以及连线分别表示"产业变革和创新""技术创新更加密集""新兴产业蓬勃兴起""生命科学、生物技术产业"以及它们的分支领域。

真理的认知

"什么是真理"是一个非常棘手的问题。在科学发展之前，人们认知世界主要依赖于神话和传说：女性被认为是由男性的肋骨创造的，雷电被视为神明的力量，瘟疫被认为是上帝的惩罚，人们相信宇宙以地球为中心，世界的形状是天圆地方，彗星被视为不祥之兆。这些观点曾经长期影响人们的世界观。然而，随着科学的进步，许多神话和传说被科学事实推翻。生物学揭示了性别是由染色体决定的，物理学解释了雷电是由云层中的电位差产生的，瘟疫是由细菌侵入免疫系统引起的；地理学和天文学则证明了地球是一个两极稍扁、赤道略鼓的不规则球状体，而且地球并非宇宙的中心，彗星的运动有规律可循。因此，这些曾被视为"真理"的观念在科学的检验下被证明是错误的。

打破真理与谬误一墙之隔的，是科学的实践。数千年来，人类在漫漫长夜中摸索前行。如果说真理是灯，科学就是火种。科学将未知变为已知，使真理变得触手可及。自从有了现代科学，人类代替神成为自我的主宰，自然万物向人类展露其真容，人类社会乘上了文明的快车。

科学确实触及了我们称之为真理的东西。例如，科学帮助我们了解重力是如何运作的，虽然我们不知道重力是什么，重力的概念会随着时间的推移而改变。科学真理是通过事实证据获得的共识，而其他大多数真理是基于信念的共识。

何谓真理

什么是真理？真理是指放之四海而皆准的道理，它通常被定义为与事实或实际相一致。科学的一个目的是探求真理，但科学方法本身无法证明真理。因此，迄今为止，并没有任何一个真理被学者普遍接受。许多真理以及检验真理的标准一直被广泛争论。我国在 1978 年曾经开展过关于真理标准问题的大讨论，提出"实践是检验真理的唯一标准"的观点，这次大讨论起到了很重要的解放思想的作用。

真理在深处。

——德谟克里特

释义 2.7：真理

（1）与事实一致；
（2）客观自然在思维中的映射；
（3）认知集合范围内超越集合理论逻辑的科学对自然的信仰。

真理很难被准确定义。首先，"真相"本身很难定义，甚至难以辨认。我们无法确定目前的认知就是自然的真相。另外，在一个群体中，具有给定道德价值观的文化可能被认为是正确的，但它在另一个群体中可能并不正确。这样的例子很容易找到，如死刑、堕胎权、动物权利、环保主义、拥有武器的道德规范等。

其次，在科学领域，科学理论也很难被信任。科学的目标是在不依赖于任何信仰或道德体系的情况下得出结论。科学旨在实现价值中立。科学的目标是尽可能准确地描述自然，发现我们可以称之为"绝对真理"的东西。运用这种方法的人是启蒙运动概念的典型继承者，即将人类的复杂性排除在外，并拥有绝对客观的世界观。然而，这是一项艰巨的任务。

人们很容易相信科学是通向真理的最佳途径，因为在很大程度上，科学确实在许多层面上取得了胜利。例如，人们今天能够驾驶汽车（是因为力学和热力学定律在起作用），美国航天局的科学家和工程师设法让"机智"号①独自在火星表面起飞。

在这种狭隘的意义上，科学说的确实是真话。它可能不是关于自然的绝对真理，但它肯定是一种真正被应用的实用的真理，是科学界基于对假设和结果的共同测试而达成的共识。

以重力为例。我们知道自由落体中的物体会撞到地面，我们可以使用伽利略自由落体定律（在没有摩擦的情况下）计算它什么时候会撞到地面。这是运用科学定律的一个例子。如果您从同一高度扔掉 1 000 000 块岩石，那么相同的定律适用于每块岩石，这证实了科学定律的普适性，即所有物体无论质量大小，都以相同的速度落到地面（在没有摩擦的情况下）。

但是如果我们问："什么是重力？"这便是一个关于"重力是什么"而不是"它是做什么的"的本体论问题。这里的事情变得更加棘手了。对伽利略来说，这是产生向下的加速度；对牛顿来说，两个或多个大质量物体之间的力与它们之间距离的平方成反比；对爱因斯坦来说，由于质量或能量的存在，时空会有曲率。爱因斯坦有最终决定权吗？当然没有。

科学知识的本质是，它是不完整的，这取决于我们用仪器测量自然的准确度和深度。科学家测量所获得的准确度越高、深度越大，它们就越能填补我们当前理论中的裂缝。

宗教与信仰

到了 21 世纪，科学与宗教的冲突更为激烈。人们往往以为科学是冲突中最常胜利的那个，实则不然。《视野：科学之全球史》中写道："现代科学是欧洲发明的神话，不但是错误的，而且破坏性很大。"[27] 俄罗斯等国近几年出现的宗教教派也已经配备了科学所提供的新的传教工具。科学与宗教的冲突愈发扑朔迷离。

尽管现在处于一个科学占统治地位[28]、很多政府倡导宗教信仰自由的时代，但似乎绝大

---

① "机智"号是首架火星直升机，是第一个在地球以外的星球执行飞行任务的人造飞行器。

多数人认为宗教与科学是两码事。"宗教是宗教，科学是科学"，甚至在部分人眼中两者处于对立地位，其隐含的意义是宗教都是无法通过科学标准检验的。

诺贝尔奖得主也有宗教信仰。对于科学与宗教的关系，大众往往认为宗教是迷信的。这样的评判太过简单。因为宗教作为一种文化现象能够长期存在，必然有它的价值。而且宗教有很多派别，不能一棍子打死。我根据2002年出版的《1901—2000年诺贝尔奖获得者大全》，绘制图2.18。在总数为467人的物理学、化学和生理学或医学奖得主中，有明确宗教信仰者320人，占比68.5%；而没有宗教信仰的获奖者所占比例非常低，只有10.3%，共48人。可见宗教信仰并没有影响他们取得科学研究成就。

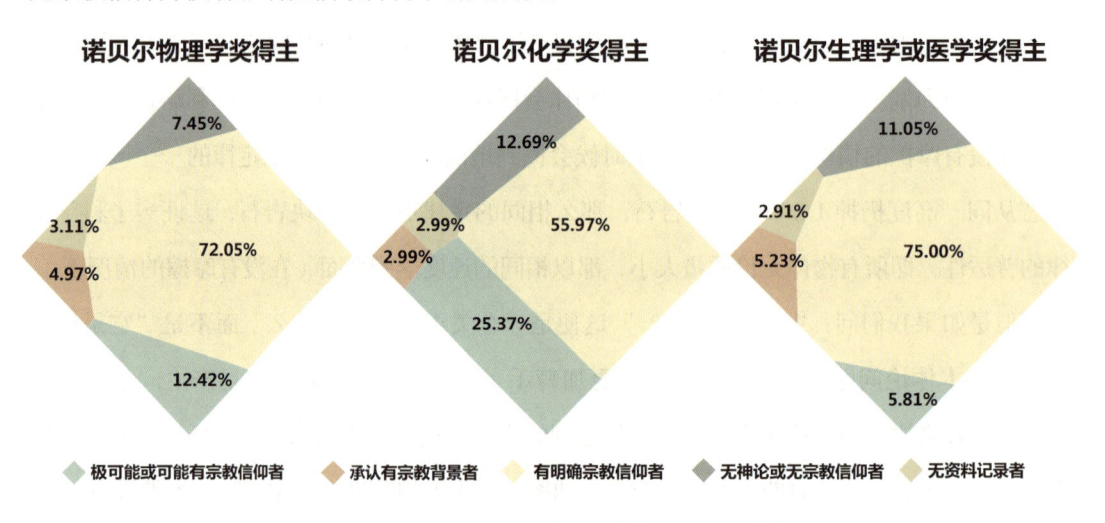

图 2.18　1901—2000 年部分诺贝尔奖获得者的宗教信仰分析

1901—2000年诺贝尔物理学奖获得者共计161人，我们从图2.18中可以看出，其中有明确宗教信仰者116人，占72.05%；极可能或可能有宗教信仰者20人，占12.42%；本人信仰不明，但承认有宗教背景者8人，占4.97%；无神论或无宗教信仰者12人，占7.45%；无资料记录者5人，占3.11%。1901—2000年诺贝尔化学奖得主共计134人，其中有明确宗教信仰者75人，占55.97%；极可能或可能有宗教信仰者34人，占25.37%；本人信仰不明，但承认有宗教背景者4人，占2.99%；无神论或无宗教信仰者17人，占12.69%；无资料记录者4人，占2.99%。1901—2000年诺贝尔生理学或医学奖得主共计172人，其中有明确宗教信仰者129人，占75.00%；极可能或可能有宗教信仰者10人，占5.81%；本人宗教信仰不明，但承认有宗教背景者9人，占5.23%；无神论或无宗教信仰者19人，占11.05%；无资料记录者 5 人，占 2.91%。

我们应该平等对待为人类文明做出过贡献的各种理论。如果我们换一种思维，把它们都平等地当作某种理论，按照确定的标准来检验它们是否科学，这样可能最为公平。回顾人类文明进化历史，曾有一段时期，人类文明达到了一次高峰，现在我们称其为轴心时代（公元前 800 至公元前 200 年）。那时，人们对于宇宙、人生现象的解释只有一个理论，没有哲学与宗教的区分。后来亚里士多德把研究宇宙的理论称为哲学，把关于人类幸福的理论称为宗教，这时西方的宗教才诞生；直到牛顿时代，科学从哲学中分化出来。而东方"天人合一"的理论，是一起探索宇宙与人生的奥秘。

科学在很多领域已经能够提供更具体、更系统的解释和答案，哲学对于某些问题的讨论逐渐减少，这并不意味着哲学失去了其重要性。探索发现是人类追求幸福的一部分，因此宗教家也要回答很多关于宇宙的问题，哲学界也把宗教中的世界观、价值观、伦理道德标准甚至认识世界的方法论都纳入了自己的研究范围。这样，哲学、科学、宗教三者之间的重合越来越多。哲学与科学之间的界限相对来说比较容易划分，凡是可以用逻辑和实验证明的是科学，凡是不可以证明的就是哲学。而所有的宗教，除了相应的哲学和科学的理论，还特别对信徒强调了学习和实践的方法。

释义 2.8：宗教

科学、哲学与宗教，三者一直是古今学者热衷研究的热门课题。科学家对他们所观察现象的描述其实没有我们想象的那么客观，所有的观察描述都带有科学家个人的主观意志。当然，如果用科学的标准检验某些宗教，我们也会发现宗教中存在很多符合科学标准的知识。从牛顿力学开始，科学研究的对象一般都是确定具有质量的物体，其认为质量是物质的基本属性。

图 2.19 展示了宗教、哲学和科学三者之间的关系。凡是可以通过观察验证的都被称为科学，凡是不可以通过观察验证的都被称为哲学，宗教是关于人类幸福的理论，包括相应的哲学、科学和实践方法。如果一个宗教的理论僵化，不与时俱进，则这个宗教必然会失去信徒的信任，最后走向消亡。如果某个宗教能够与时俱进，不断吸收哲学与科学的最新研究成果，并且为哲学和科学的发展做出贡献，则它最终会走向爱因斯坦所期望的宇宙科学或宇宙宗教，

在这个层面上，宗教与科学完全一致。把东方的儒道佛统一归类为宗教，这是一种错误的分类方法，它们应该对应于现在的复杂系统理论。

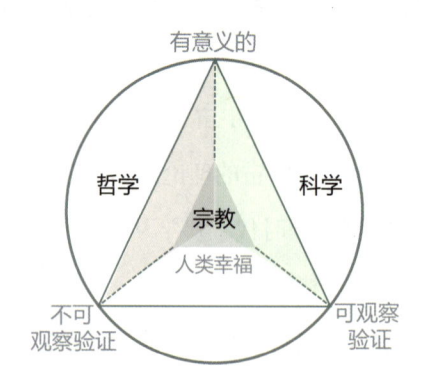

图 2.19　宗教、哲学和科学三者之间的关系

爱因斯坦对此有自己的观点。他在晚年花了 10 多年时间研究世界上的哲学与宗教，他说："没有宗教的科学是跛子，没有科学的宗教是瞎子。"[29] 在谈到科学时代需要什么样的宗教时，他说："未来的宗教将是一种宇宙宗教，它将是一种超越人格化的、远离一切教条和神学的宗教。这种宗教包括自然和精神两个方面，作为一个有意义的统一体，必定是建立在由对事物的——无论是精神的还是自然的——实践与体验而产生的宗教观念之上的。佛教符合这种特征。"[30]

第 3 章

科学的科学

由于科学与技术的成果被一小部分人滥用，科学与技术的副作用开始显现。我们不禁反思，科学的动机和目的究竟是什么，是否能造福人类？人们开展科学研究的效率究竟如何？科学研究是否可以做得更好？在人们反思的过程中，新的科学诞生了，它叫元科学，即使用科学方法来研究科学本身。

元科学是研究科学过程的科学，包括科学的历史和科学哲学等。什么是科学？什么是科学过程？什么样的实践和原则支配着科学探索？在这一章中，我们主要介绍与元科学相关的一些知识和它的潜在应用。

1. 科学的科学

释义与概念

科学的科学，又叫元科学。元科学亦称"元理论"，是以科学为研究对象，研究科学的性质、特征、形成和发展规律的科学。"元科学"概念最先由逻辑实证主义学派提出。这一学派不把科学哲学当作关于客观世界的知识体系，而把它作为研究科学的本质及科学研究方法的"元科学"。

元科学是研究科学过程的科学。它包括科学的起源、科学的本质、科学的历史、科学的方法、科学的优势和科学的局限等。

元科学——在其所有跨学科领域——本身正迅速成为一门新学科。2019 年元科学研讨会是元科学或"科学的科学"的形成会议。支撑元科学的跨学科维度体现在广泛的元研究主题中，从非常实用的问题到深刻的基础性问题都包含在内。在实践层面上，所谓的"重复性危机"已经引起了人们对实验室科学日常操作，以及这些操作为何出错和如何改进的关注。在基础层面上，科学形而上学中长期存在的问题仍未解决，例如科学真理和科学客观性如何成为可能。越来越多的来自不同学科的多种方法有助于加速元科学在 21 世纪作为一个完全整合的研究领域的出现。

推动元科学作为一个完全整合的研究领域出现的研究问题众多，如图 3.1 所示，主要包括：科学家如何产生想法？科学家如何解释和处理证据？科学的极限是什么？科学重复性的极限又是什么？什么是科学的文化和规范？科学与伪科学的界限在哪里？是什么使科学真理和科学客观性成为可能？科学代理人在科学发现过程中的确切作用是什么？人类价值观在科学方法的实施中扮演什么角色？与科学的实践极限相比，科学的基本极限是什么？探索性研究和验证性研究之间的区别是否重要？科学描述的现实是绝对的还是依赖于模型的？科学的基础是固定的还是可以在未来修改的？元科学的新进展能否克服现有限制？科学解释的未来是什么？

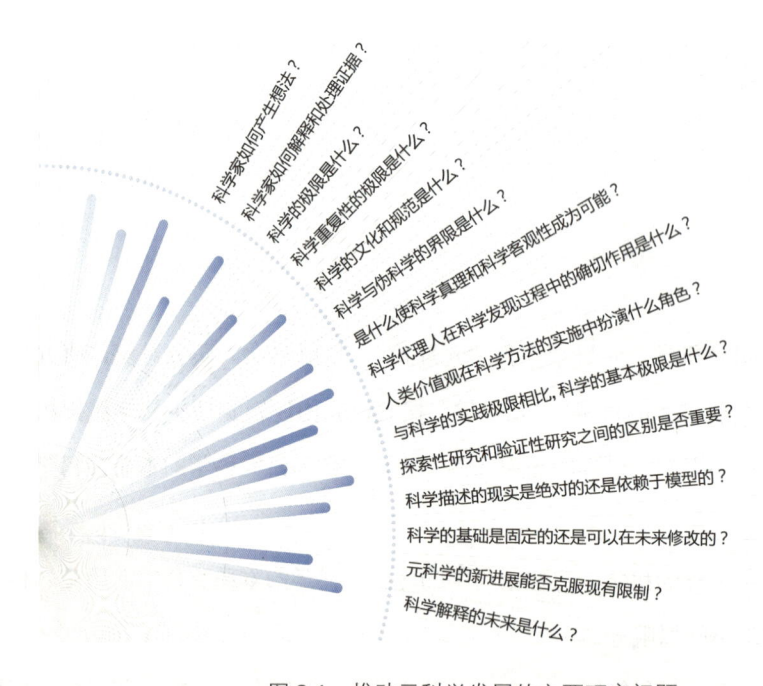

图 3.1　推动元科学发展的主要研究问题

资料来源：https://metascience.com。

全面解"元"

2021年,元宇宙大潮初起,一石激起千层浪。但元宇宙的确切定义是什么?它与过去的宇宙概念有何区别?"元"字本身的含义究竟是什么?要把这些问题说清楚并不容易。在此,我们略作解读。

汉语中的"元"

元(yuán)字始见于商代甲骨文及商代金文,是个会意字,像一个侧立的人形,上面的一横指明头的部位。"元"字的本义就是头,以此引申为人们的首领等。元所表示的头的含义可引申出开始、开端和第一的意思。"元"也是中国古代的一个朝代名。

元在《汉语大词典》中的主要意思如图3.2所示。

【名】开始,根源,姓氏,要素。

【形】居首位的,主要的,根本的,构成一个整体的。

【副】<文言>本来,向来,原来。

【量】货币单位名称。

图3.2 元字在《汉语大词典》中的主要意思

英文中的"元"

元宇宙来自英文metaverse。metaverse是meta和universe的结合。metaverse一词由英文前缀"meta"(超越)与"universe"(宇宙)的尾部"-verse"组成,简称MVS。因此,要理解元字,还得从英文的"meta"开始。

希腊词"μετα"(meta)作为介词,有多种含义,包括"之后""有""中间"。其他含义有"超越""相邻""自我"。

实际上,"meta"一词有解释上的拓展,其"变化"的含义就是通过这种介词用法的扩

展得到的。这种文本依据至少可以追溯到亚里士多德，当他在形而上学和伦理学的意义上谈论目的、运动、变化这些概念的时候，更多是指地位、身份、秩序、规律、本性、本质的变化。

形而上学的命名，源于亚里士多德部分没有标题的手稿，其正好是在亚里士多德讨论物理学的部分之后完成的。所谓的物理学，在古希腊指的是"自然而然的现象"。而这部分手稿的内容似乎是在探讨自然现象背后的原理、原则，相对而言抽象程度更高。这部分手稿后来被视为亚里士多德《形而上学》的基本内容。这段历史公案后来衍生出对于"形而上学"（metaphysics）这个复合词中"meta-"这一词缀的两种解释。

首先，"形而上学"中的"meta-"指的是在亚里士多德讨论"物理学之后"的意思，代表着学习的过程是从具体现象的描绘到抽象原理、原则之讨论的循序渐进。其次，由于"物理学之后"紧接着形而上学对于自然现象背后之原理、原则的探索，因此"形而上学"中的"meta-"也就有"超越"一切经验现象，并为一切现象"奠基"的意思。顺便一提，"形而上学"这个词是日本明治时期的学者井上哲次郎借用了《易经》中的"形而上者谓之道，形而下者谓之器"一句来翻译英文词"metaphysics"的。

meta 与"元"

"meta"，主要表示关于的意思，以 meta 作为前缀可以表示很多特殊的含义。例如，元数据是关于数据的数据。其他例子还包括元知识、元语言、元记忆、元认知、元情感、元讨论、元笑话、元编程、元游戏、元规则、元理论、元经济学、元哲学、元数学、元定理、元魔法、元句子等。

"meta"词头在大多数情况下均可以翻译为元，如 meta-analysis 译为元分析，metadynamics 译为元动力学，metaverse 译为元宇宙。但全部用元来翻译 meta 有时也不一定妥当，尤其是许多名词中的"meta-"带有动态的意义的时候。例如，"metaethics"翻译为"元伦理学"就不是很妥当，使用"后设伦理学"可能更合适。还有一些我们已经形成固定翻译，不用元，如 metaphysics 译为形而上学，metastable 译为亚稳的。因此，大家翻译 meta 词头的单词时还是要注意区别对待。图 3.3 总结了"meta"词头的四种译法。

```
meta-
四种译法
    ● 后设   metaethics 后设伦理学
    ● 亚     metastable 亚稳的
    ● 形而上  metaphysics 形而上学
    ● 元     metaverse 元宇宙
              meta-analysis 元分析
              meta-information 元信息
              metadynamics 元动力学
```

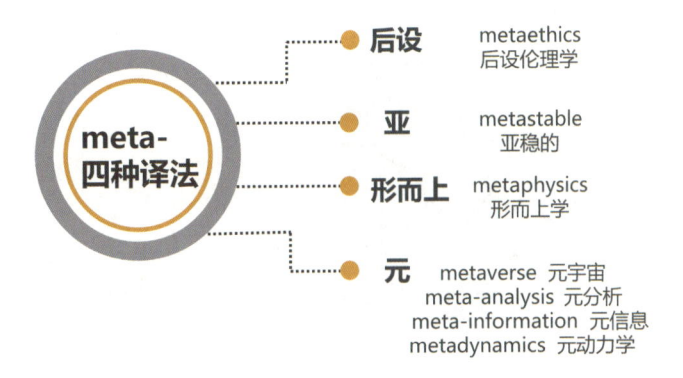

图 3.3 "meta"词头的四种译法

metaverse 的本义是超越宇宙。随着科学技术的进步，人类中的一部分科学家开始认识到知识的相对性和人类认识宇宙的局限性，但绝大多数人还停留在"科学是万能的"认识上。从科学的角度来说，人类是无法认识整个宇宙的，更别说超越了。人类只能认知宇宙中很小的一个有限部分，我们称之为世界。因此，确切的词应该是 metaworld，而不是 metaverse。

目前，公认的元宇宙核心属性有以下几点：

（1）无边界性；

（2）永续性；

（3）高拟真度；

（4）去中心化；

（5）经济系统；

（6）社交体验。

图 3.4 简要归纳了元宇宙时代人们的三个核心诉求，即身体永生、思想永生和心识永生。元宇宙并不是由单一技术构建的，它所依赖的是一个所有前沿技术的集合。未来元宇宙中的场景也将是在多种技术共同作用下实现的。meta 这个前缀有两层意思：一个是元、本质，另一个是超越、超过。我们希望在元宇宙技术的支撑下，人类能够对宇宙的本质、生命的本质、人类的福祉等问题认识得更加深入，人类的活动与世界的生态更加和谐。

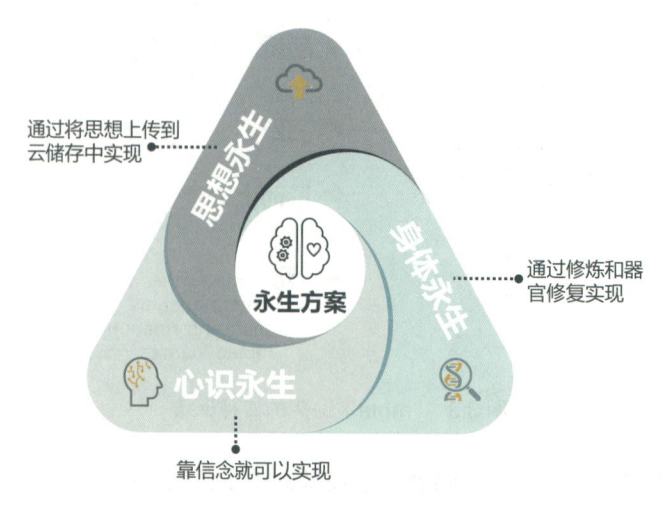

图 3.4　元宇宙时代人们的三个核心诉求

历史与发展

1966 年，早期的一篇元研究论文对发表在 10 种知名医学期刊上的 295 篇论文的统计方法进行了研究。研究发现，"在阅读的几乎 73% 的报告中……它们的结论是在这些结论的理由无效时得出的"。[1] 历史上，科学与科学家的形成也是一个漫长的过程，图 3.5 展示了意大利西芒托学院创立前后的发展，更多科学院的发展将在本书第三篇与读者见面。

2005 年，约翰·伊奥尼迪斯发表了一篇题为《为什么大多数已发表的研究结果都是错误的》的论文，指出医学领域的大多数论文得出的结论都是错误的。这篇论文后来成为公共科学图书馆下载量最多的论文，被认为是元科学领域的基础。

在与杰里米·豪威克和德斯皮娜·科莱西合作的一项相关研究中，伊奥尼迪斯表明，根据建议评估、制定和评价分级方法，只有少数医疗干预措施得到了"高质量"证据的支持[2]，在重复包括心理学和医学在内的许多科学领域的结果方面存在较多的困难。这个问题被称为"重复性危机"。元科学的发展是对重复性危机和研究中的浪费问题的回应。

许多著名出版商对元研究和提高出版物质量感兴趣。《科学》、《柳叶刀》和《自然》等知名期刊持续报道元研究和重复性问题。2012 年，《公共科学图书馆·综合》杂志发起了一项可重复性倡议。

2015 年在爱丁堡举行的研究废物/提高健康研究的质量和透明度会议是元研究领域的第

一次国际会议。2016年，人们创立了研究诚信和同行评议的杂志。该杂志的开篇社论呼吁开展研究，以增强我们对同行评议、研究报告以及研究和出版伦理相关问题的理解，并提出潜在的解决方案。[3]

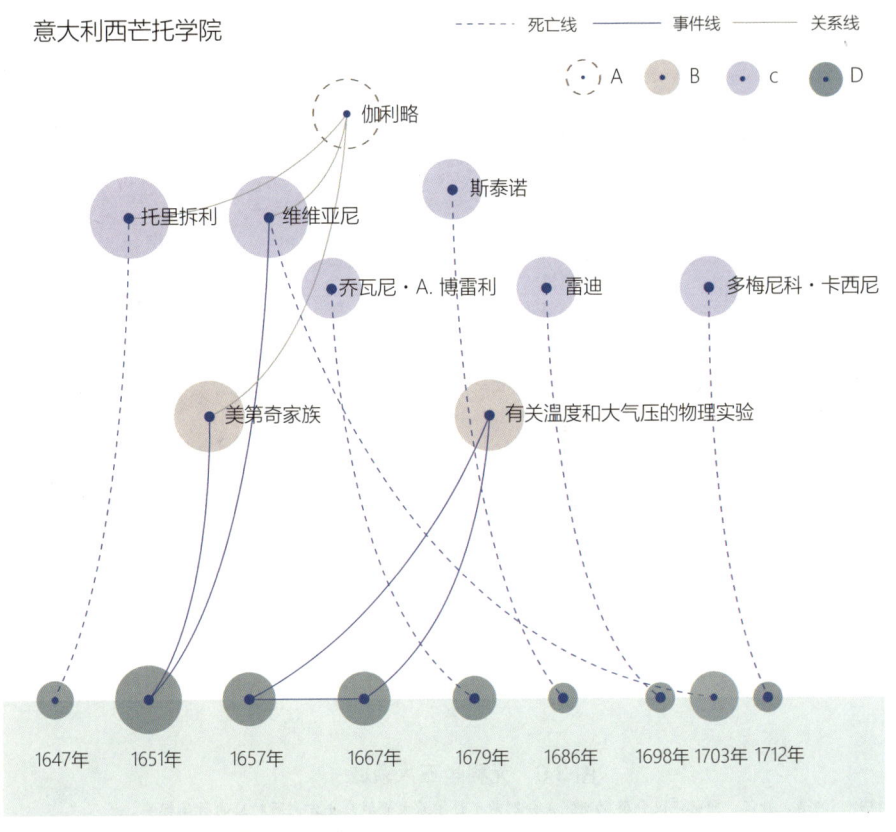

图 3.5　意大利西芒托学院创立前后的发展

注：图中列举了学院创立前后出现的重要人物、团体、事件及对应的年份。其中，蓝色虚线连接的是科学家的死亡时间；蓝色实线连接的是科学家做出贡献的年份；灰色实线连接了关系紧密的科学家，例如托里拆利、维维亚尼及美第奇家族做出贡献的两兄弟均为伽利略的门徒。图例中 A 圆表示未参与学院发展但对其有重大影响的人；B 圆表示对学院发展有重大影响的事件或团体；C 圆表示对学院有重大贡献的人物，其大小表示贡献力量的大小；D 圆表示事件发生的时间点，其大小表示某时间点发生的重大事件的多少。最后由事件线连接的 1657—1667 年表示一个时间段，在这个时间段里，西芒托学院的科学家们做了很多物理实验。

五大领域

元科学可分为五大领域，如图 3.6 所示，分别为方法、报告、重复性、评估和激励。这些分别对应于如何执行、沟通、验证、同行评议和奖励研究。[4]

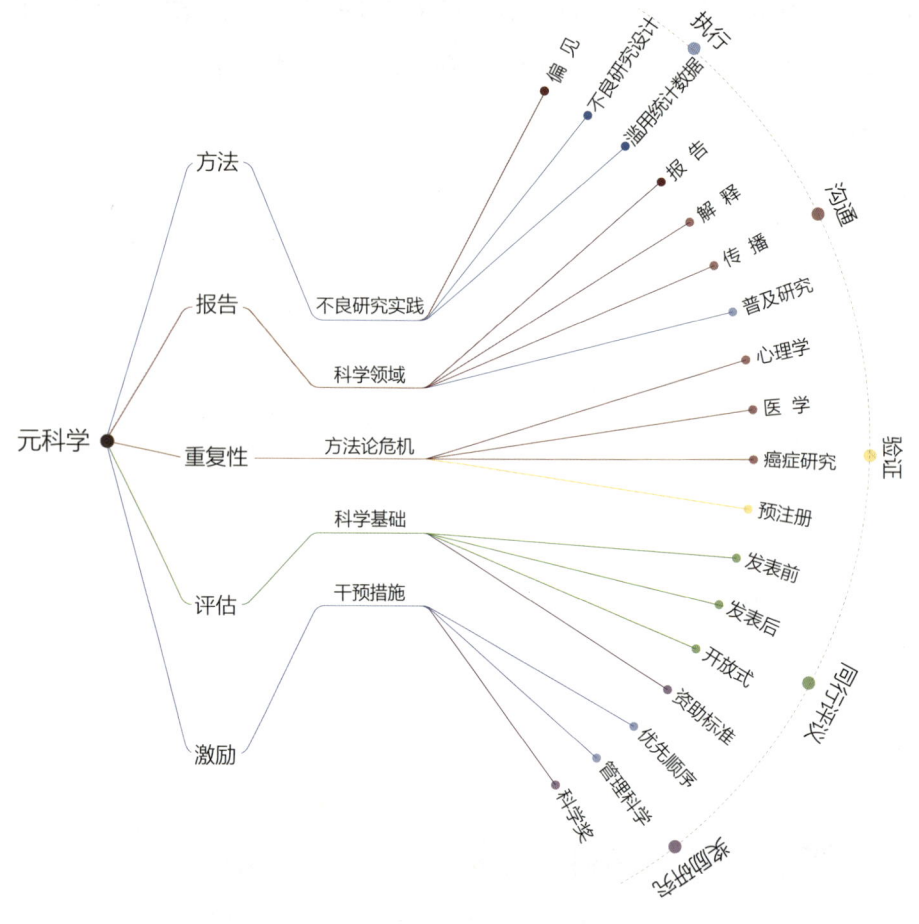

图 3.6　元科学五大领域

注：图中执行、沟通、验证、同行评议和奖励研究，分别是元科学五大领域分支方向所对应的所属标签。

方法

元科学试图找出不良的研究实践，包括研究中的偏见、不良的研究设计、滥用统计数据，并找到减少这些实践的方法。[5] 元研究在科学文献中发现了许多偏见，特别值得注意的是 p 值的滥用和统计数据的滥用。[6]

报告

元研究发现了报告、解释、传播和普及研究的不良做法，尤其是在科学领域。糟糕的报道使得准确解释科学研究的结果、重复性研究、识别作者的偏见和利益冲突变得困难。解决方案包括实施报告标准，提高科学研究的透明度（包括要求披露利益冲突）。通过"临床试验报告统一标准"（CONSORT）和"提高卫生研究质量和透明度"（EQUATOR）协作网等制定指南，人们试图使关于数据和方法的报告标准化。

重复性

重复性是科学过程的重要组成部分，重复性的普遍失败使受影响领域的可靠性受到质疑。重复性危机是一场持续的方法论危机，尤其影响心理学（尤其是社会心理学）和医学研究，包括癌症研究。此外，研究的重复性（或重复性失败）被认为不如原始研究有影响力，且研究成果不太可能在许多领域发表。这阻碍了对研究的报道，甚至阻止了重复性研究的尝试。

评估

元科学旨在为同行评议创造科学基础。元研究评估同行评议系统，包括发表前同行评议、发表后同行评议和开放式同行评议。它还寻求制定更好的研究资助标准。

元科学寻求通过更好的激励机制来促进更好的研究。布莱恩·诺赛克表示，我们面临的问题是，激励机制几乎完全专注于让研究成果发表，而不是让研究成果正确无误。改革的支持者试图构建激励系统，以支持更高质量的研究结果。

有研究提出了科学出版物管理系统的机器可读标准，该标准强调贡献者贡献了什么以及完成了多少研究工作。一项研究指出，与持续忽视贡献的细微差别有关的问题之一是，由于作者名单更长、论文更短和出版物数量激增，发表出版物数量已不再是一个好的衡量标准。

除了提交的优点之外，其他因素也会对同行评议人的评估产生重大影响。这些因素可能也很重要，比如，关于研究人员先前出版物的真实性，有关其与公共利益相一致的记录。然而，评估系统（包括同行评议系统）可能实质上缺乏针对优点、现实世界的积极影响、公共用途的评估机制和标准，而不是缺乏分析指标，如引用次数或影响因子，即使这些指标可以用作实现此类评估目的的部分指标。[7-8]

激励

各种干预措施（如制定优先顺序）是很重要的。例如，差异化技术发展措施是指有意识

地以不同的预防速度开发技术，如控制、安全和政策技术，风险生物技术，通过影响技术开发的顺序来降低风险，主要是全球灾难风险。[9-10] 仅仅依靠既定形式的立法和激励措施来确保正确的结果可能是不够的，因为这些措施往往实施过于缓慢或不恰当。

管理科学和相关过程的其他激励措施，包括基于元科学的改革，该类改革可能包括确保对公众负责（例如，进行获得公共资助的研究，或以严肃的方式解决各种涉及公共利益的研究课题），增加合格的生产性科学队伍，提高科学研究的效率以提高解决问题的能力，促进基于坚实科学证据的明确社会需求（比如关于人类生理学的证据）得到充分的优先考虑和解决。这种干预、激励设计可以成为元科学的主题。

科学奖是科学奖励的一个类别。元科学可以探索现有和假设的科学奖项体系。例如，研究发现，诺贝尔奖授予仅集中在少数几个科学领域。在 114/849 个科学领域中，只有 36/71 个领域至少获得过一次诺贝尔奖，可以根据它们的 DC2 和 DC3 分类系统进行划分。114 个领域中的 5 个领域占据了 1995—2017 年诺贝尔奖数量的一半以上（粒子物理学 14%、细胞生物学 12.1%、原子物理学 10.9%、神经科学 10.1%、分子化学 5.3%）。[11-12]

一项研究发现，政策制定者授权（一种自上而下的方法）进行知识生产并为科学提供适当的资金，而科学研究随后以某种方式向社会提供"可靠和有用的知识"，这太简单了。测量结果表明，生物医疗资源的分配与之前的分配和研究的相关性比与疾病负担的相关性更强。一项研究表明，"如果在竞争性选择研究报告和资金时，同侪审查仍然是仲裁的主要机制，那么科学界需要确保它不是武断的"。一项研究表明，有必要"重新考虑我们如何衡量成功"。

预注册

发现科学实践缺陷的元研究激发了科学改革。这些改革旨在解决科学实践低质量或低效的问题。

在进行科学研究之前进行注册的做法，被称为预注册。它的出现是为了解决重复性危机。预注册要求研究者提交一份注册报告，然后根据理论依据、实验设计和拟议的统计分析，该报告会被期刊接受或拒绝出版。预注册有助于防止发表偏见（例如不发表负面结果），减少数据挖掘，并增加可复制性。[13-14]

2. 继承与应用

在探索新的计算模式和高效实现方式（如图 3.7 所示）的同时，人们也在采取措施来解决元科学揭示的问题。这些措施包括科学研究和临床试验的预注册，以及成立 CONSORT 和 EQUATOR 协作网等组织，发布方法和报告指南。目前，人们正在努力减少滥用统计数据的情况，消除学术界的不正当激励，改进同行评议过程，打击科学文献中的偏见，从而提高科学过程的整体质量和效率。元科学的应用领域包括信息通信技术、医学、心理学和物理学等。

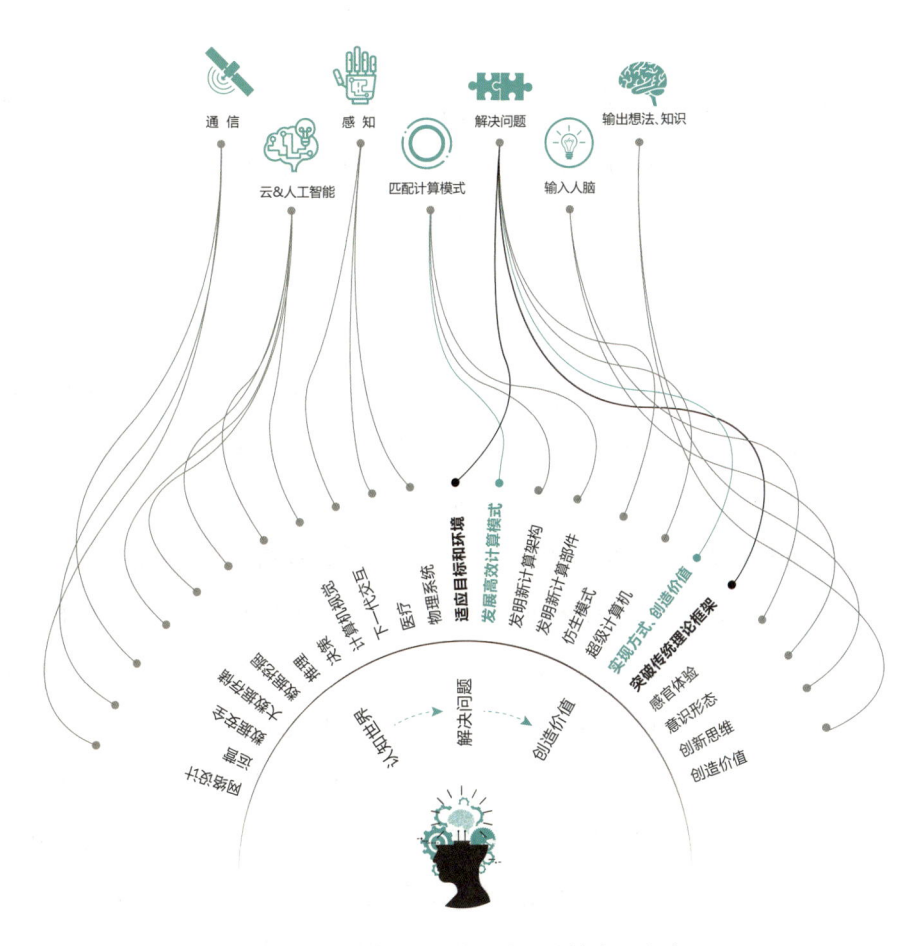

图 3.7 探索新的计算模式与高效实现方式

注：从人脑思维出发，从"认知世界"到"创造价值"分为三步。图中 7 个蓝色图形代表的方面分别对应由线发散连接的实现方式，蓝色字表示细分方向的总结，加粗黑字表示解决思路。

信息通信

元科学用于创建和改进信息通信技术系统以及科学评估、激励、沟通、调试、资助、监管、生产和管理等。这些可以被称为"应用元科学"，并可能成为探索提高研究数量、质量和产生积极影响的方法。其中一个例子是替代指标的开发。根据一项研究，由于科学中的再现性问题，人们需要用"一种简单的方法来检查重复研究的频率，以及原始发现是否得到确认"。[15-16]Scite.ai 平台工具旨在跟踪和链接引用论文，以进行"支持"、"提及"或"对比"研究。

医学

医学临床研究的质量往往很差，许多研究结果无法重复。据估计，85% 的研究经费浪费了。此外，偏见的存在会影响研究质量。制药业对医学研究的设计和执行具有重大影响。利益冲突在医学文献的作者和医学期刊的编辑之间很常见。产生财务利益冲突与追求更高的研究成功率有关。

在抗抑郁药试验中，药物赞助是试验结果的最佳预测因素。盲法实验（对参加实验的实验组和对照组严格保密）是元研究的另一个重点，让研究者或者观察者也"致盲"或可避免主观人为因素导致的倾向性，但不良致盲导致的错误也是试验偏见的来源。研究表明，由于在抗抑郁药试验中致盲失败，一些科学家认为抗抑郁药并不比安慰剂好。

研究表明，在规划新研究或总结结果时，对现有研究证据的系统性审查是次优选择。对评估医疗干预有效性的研究进行的累积元分析表明，如果在开展新试验之前对现有证据进行系统性审查，那么许多临床试验本可以避免。例如，Lau（刘）等人分析了 33 项临床试验（涉及 36 974 名患者），评估静脉注射链激酶治疗急性心肌梗死的有效性。他们的累积元分析表明，如果在进行新试验之前进行系统性审查，那么 33 项试验中有 25 项是可以避免的。他们还证实了早期的发现，即大多数临床试验报告没有提供系统性审查来证明研究结果。[17]

现代医学中使用的许多疗法被证明是无效的，甚至是有害的。约翰·伊奥尼迪斯在 2007 年进行了一项研究，发现医学界大约花了 10 年时间才停止引用流行做法，因为流行做法被明确证明是不正确的。

心理学

元科学揭示了心理学研究中的重大问题。该领域存在高偏差、低再现性和统计数据广泛误用的问题。重复性危机对心理学的影响比对任何其他领域都要强烈，高达 2/3 的广为人知的发现可能是无法重复的。元研究发现，80%～95% 的心理学研究支持它们最初的假设，这强烈反映出发表偏见的存在。[18]

重复性危机促使人们努力对重要发现进行重新测试。为了回应对发表偏见和数据窥探的担忧，140 多家心理学期刊采用了单盲或双盲同行评议。在这种评议中，研究被预先注册并发表，而不考虑结果。对此改革的分析显示，61% 的结果盲研究产生了无效结果，而在早期的研究中，这一比例为 5%～20%。这项分析表明，单盲或双盲同行评议大大减少了发表偏见的情况。

心理学家经常将统计学意义与实际重要性混为一谈，热衷于报告不重要事实的高度确定性。一些心理学家的回应是更多地使用效应大小统计数据，而不是仅仅依赖于 p 值。

物理学

理查德·费恩曼指出，物理常数的估计值比偶然预计的更接近公布的值。这被认为是确认偏差的结果：与现有文献一致的结果更有可能被相信，因而被发表。物理学家现在正在实施双盲以防止这种偏见。

科学的目标是描述自然界的真实情况。科学家使用统计模型来推断真相，例如，确定一种治疗方法是否比另一种更有效。每个统计模型都依赖于一组关于数据收集和分析方式以及研究人员选择如何展示其结果的假设。许多学科的科学家都相当一致地认为，对 p 值和统计学意义的误解以及过度强调是真正的问题。2018 年，一个由 72 名科学家组成的小组发表了一篇评论文章，称新发现的统计显著性阈值从 0.05 变为 0.005。麦克·肖恩说，最关键的是，p 值"不应该是看门人"。"让我们从更全面、更细致和更具评估性的角度来看问题。"就连罗纳德·费舍尔的同时代人也支持这一点。1928 年，另外两位统计学专家耶日·奈曼和埃贡·皮尔逊在谈到统计分析时写道："测试本身并没有给出最终的结论，但作为工具，它可以帮助正在使用测试的工人做出最终的决定。"[19]

目前全球有多个从事元研究的机构，包括柏林元研究创新中心、斯坦福大学元研究创新中心、蒂尔堡大学元研究中心、乔治全球健康研究院等。

同时，我们也面临着很多挑战（如图3.8所示），并且有大量的科学问题待探索（如图3.9所示），本书将在第六篇更详尽地介绍。

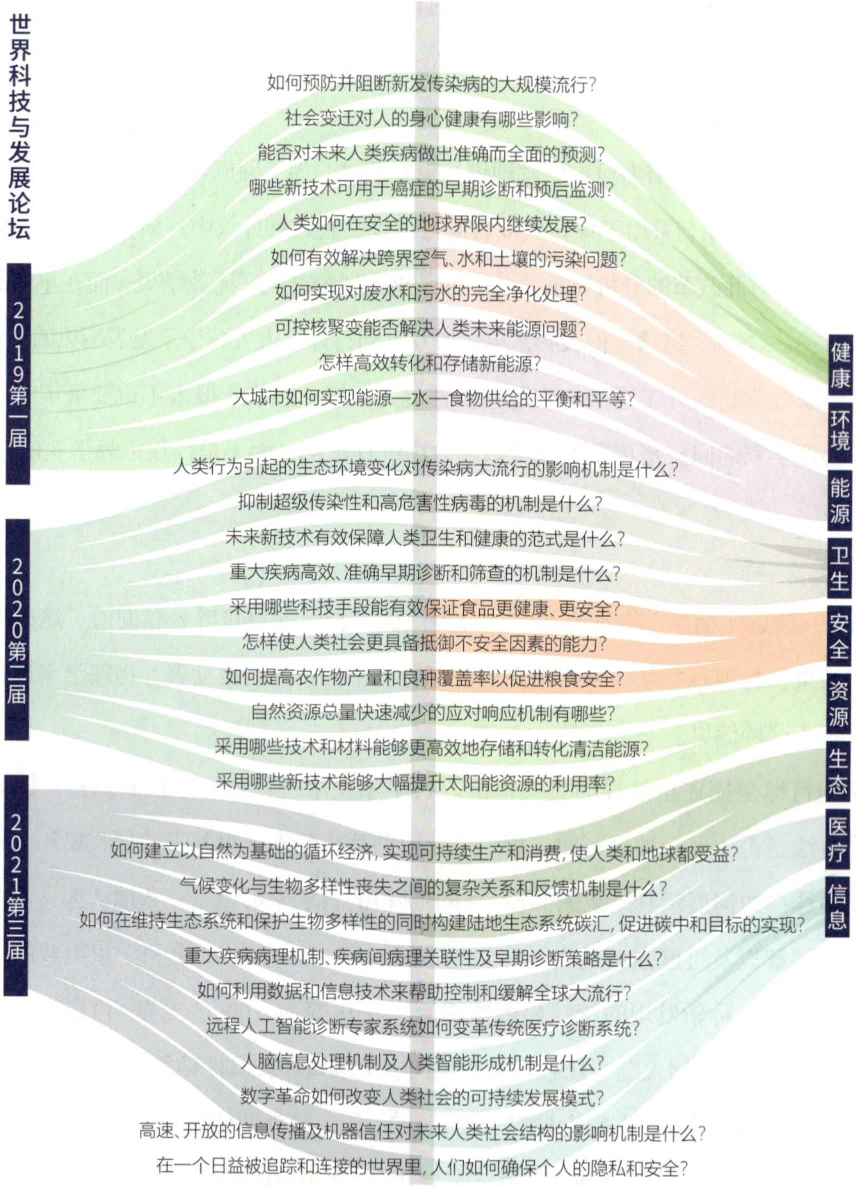

世界科技与发展论坛

2019第一届
- 如何预防并阻断新发传染病的大规模流行？
- 社会变迁对人的身心健康有哪些影响？
- 能否对未来人类疾病做出准确而全面的预测？
- 哪些新技术可用于癌症的早期诊断和预后监测？
- 人类如何在安全的地球界限内继续发展？
- 如何有效解决跨界空气、水和土壤的污染问题？
- 如何实现对废水和污水的完全净化处理？
- 可控核聚变能否解决人类未来能源问题？
- 怎样高效转化和存储新能源？
- 大城市如何实现能源—水—食物供给的平衡和平等？

2020第二届
- 人类行为引起的生态环境变化对传染病大流行的影响机制是什么？
- 抑制超级传染性和高危害性病毒的机制是什么？
- 未来新技术有效保障人类卫生和健康的范式是什么？
- 重大疾病高效、准确早期诊断和筛查的机制是什么？
- 采用哪些科技手段能有效保证食品更健康、更安全？
- 怎样使人类社会更具备抵御不安全因素的能力？
- 如何提高农作物产量和良种覆盖率以促进粮食安全？
- 自然资源总量快速减少的应对响应机制有哪些？
- 采用哪些技术和材料能够更高效地存储和转化清洁能源？
- 采用哪些新技术能够大幅提升太阳能资源的利用率？

2021第三届
- 如何建立以自然为基础的循环经济，实现可持续生产和消费，使人类和地球都受益？
- 气候变化与生物多样性丧失之间的复杂关系和反馈机制是什么？
- 如何在维持生态系统和保护生物多样性的同时构建陆地生态系统碳汇，促进碳中和目标的实现？
- 重大疾病病理机制、疾病间病理关联及早期诊断策略是什么？
- 如何利用数据和信息技术来帮助控制和缓解全球大流行？
- 远程人工智能诊断专家系统如何变革传统医疗诊断系统？
- 人脑信息处理机制及人类智能形成机制是什么？
- 数字革命如何改变人类社会的可持续发展模式？
- 高速、开放的信息传播及机器信任对未来人类社会结构的影响机制是什么？
- 在一个日益被追踪和连接的世界里，人们如何确保个人的隐私和安全？

健康　环境　能源　卫生　安全　资源　生态　医疗　信息

图3.8　我们面临的挑战

注：本图列举了2019—2021年，在世界科技与发展论坛上逐年提出的十大挑战，它们分别可归属于健康、环境、能源等九大领域。

学科　　　　　　　　　　　　　　　　　　　　　　　　　　　　　　　　问题

神经科学

1　　什么使素数如此特别？
2　　纳维-斯托克斯问题会得到解决吗？
3　　黎曼猜想是真的吗

1　　还有更多色彩元素可发现吗？
2　　元素周期表会完整吗？
3　　如何在微观层面测量界面现象？
4　　能量存储的未来是怎样的？
5　　为什么生命需要手性？
6　　我们如何更好地管理世界上的塑料废物？
7　　AI 会重新定义化学的未来吗？
8　　物质如何被编码成生命材料？
9　　是什么驱动生命系统的复制？

医学与健康

1　　我们可以预测下一次流行病吗？
2　　我们会找到治疗感冒的方法吗？
3　　我们可以设计和制造出为个人定制的药物吗？
4　　人体组织或器官可以完全再生吗？
5　　如何维持和调节免疫稳态
6　　中医的经络系统有科学依据吗？
7　　下一代疫苗将如何生产？
8　　我们能否克服抗生素耐药性
9　　孤独症的病因是什么
10　我们的微生物组在健康和疾病中扮演什么角色？
11　异种移植能否解决供体器官的短缺问题？

化学

数学

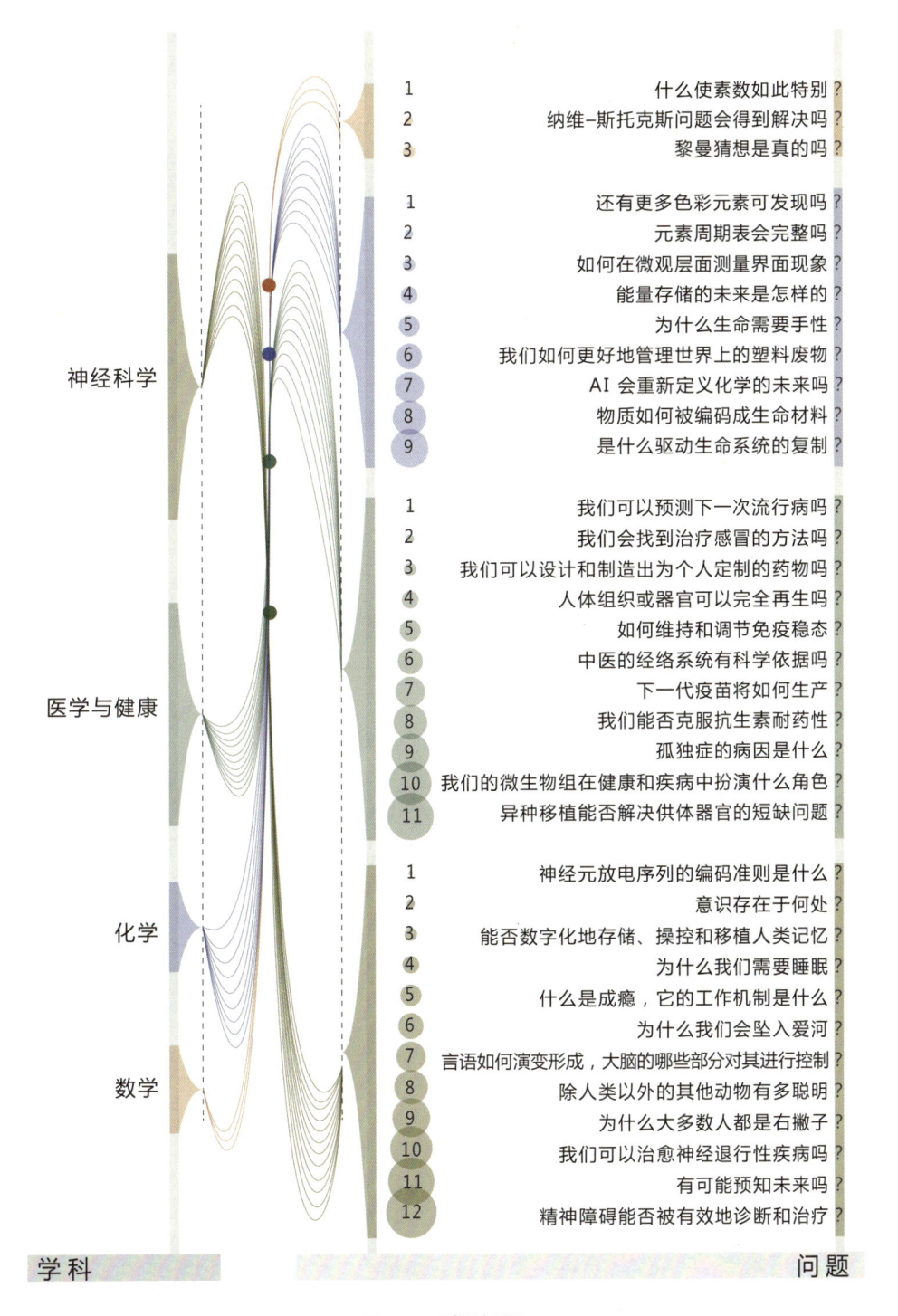

1　　神经元放电序列的编码准则是什么
2　　意识存在于何处？
3　　能否数字化地存储、操控和移植人类记忆？
4　　为什么我们需要睡眠
5　　什么是成瘾，它的工作机制是什么
6　　为什么我们会坠入爱河？
7　　言语如何演变形成，大脑的哪些部分对其进行控制
8　　除人类以外的其他动物有多聪明
9　　为什么大多数人都是右撇子
10　我们可以治愈神经退行性疾病吗
11　有可能预知未来吗？
12　精神障碍能否被有效地诊断和治疗

图 3.9　科学问题

第二篇

科学的萌芽

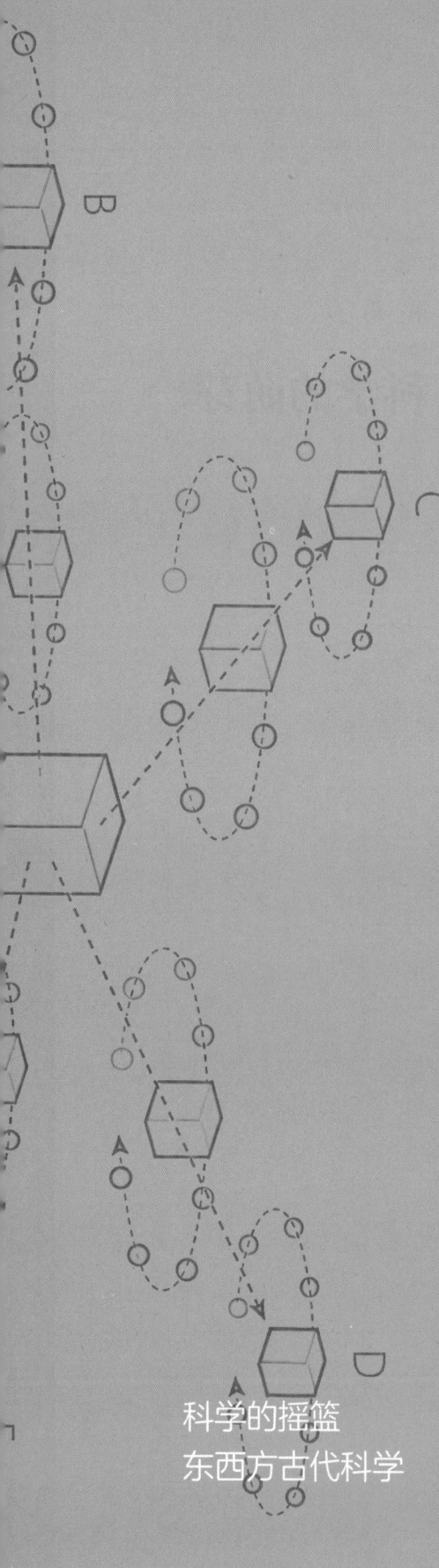

溯源而上，在人类文明的开端，四大文明古国的文化成果熠熠生辉。勤劳的先祖们以山为根，以水为源，凭借智慧在各大河流域孕育了早期文明：古巴比伦的法典笼罩在古埃及的神秘面纱之下，古印度的音符跃入古代中国的画卷……在文明的源头，古代科学技术破土而出，盎然新生。当时人类把宇宙看作一个整体，在满足好奇心和向往美好生活的双重目的驱动之下，出现了人类用于相互交流的文字和语言，以及解释所观察现象和预报未来可能发生现象的诸多理论，在此基础上逐步建立起了比较不同理论优劣的方法，为现代科学的诞生奠定了基础。

这一篇围绕"科学的萌芽"这一主题，主要探讨从文明的起源到托勒密时期的情况。此篇将东西方的文明演化历史和相互影响放在一个系统内总体考虑，并开展了一些比较研究，找出它们之间的联系和区别，力争为未来科学技术的发展提供一定的借鉴。

科学的摇篮　　　　古文明中的科学　　　　古希腊文明
东西方古代科学　　古代科学的意义

第 4 章

科学的摇篮

拂去时光的尘埃，浮现稚嫩的初生文明。英国著名历史学家阿诺德·约瑟夫·汤因比认为，各个文明并不是孤立存在的，恰恰相反，它们是相互交融的。文明的相互交融包括同时代文明在空间中的交流和不同时代文明在时间中的交互。不同大陆板块上的平原与河流，共同孕育了四大文明古国。从部落到城邦，从刀耕火种到自给自足，千百年的光阴汇入浩瀚海洋，人类从原始蛮荒走向文明启蒙。这里是人类文明的起源，更是现代科学的摇篮。本章将从地理、历史、重要人物和主要技术成就等方面对人类文明的起源进行简单的归纳介绍，揭开科学最初的面纱。这一章简要介绍各古文明的基本历史，梳理各古文明的主要成就，从科学和技术发展的角度，对古文明进行分析和总结。

1. 文明的溯源

四大文明古国是世界四大古代文明的统称，它们分别是古巴比伦、古埃及、古印度和中国。

四大文明古国都分布在北纬 30 度附近，气候宜人，坐拥辽阔平原和河流，有适宜规模化农业生产的环境，这些是古文明诞生的必要条件。四大文明古国，实际对应着世界四大文明发源地，分别是两河流域、尼罗河流域、印度河流域、黄河流域这四个人类文明最早诞生的主要地区，而稍后出现的爱琴文明未被包含其中。四大古文明的意义在于它们是后来诸多文明的源头，并对人类文明的发展产生了巨大影响。

古巴比伦文明和古埃及文明被古希腊文明所继承；古印度文明通过佛教的传播，与中华文明深度融合；中华文明从公元前139年张骞出使西域开始，通过丝绸之路广泛地向四海传播。通过丝绸之路，中华文明远播到了西方世界并促进了东西方文明的交流与发展，与此同时，世界给予中国的文化馈赠也使中华文化更加丰富。

从科学史观的视野出发，人类文明是人类的社会实践成果，其发展是生产和交流两种基本要素协同作用的结果。其意义在于通过相互切磋、学习和比较，辨其同异，进而形成新的认识和新的成果。纵观历史长河，在中华文明与其他文明漫长的物质、精神交流互鉴中，其彰显出巨大的同化和创造力量。例如，莱布尼茨同时吸收了希腊文明和中华文明的成果，为创立现代科学做出了贡献。

古代中国的文明在亚洲产生了深远的影响，并有一小部分文明经由东南亚传入非洲。古印度文明衰落后，一部分传入中国及东南亚地区，一部分传入欧洲。古巴比伦的文明主要对欧洲产生了巨大的影响，两河文明促进了后来尼罗河文明和印度河文明的发展。而古埃及文明传入了非洲西部和南部地区。

中华文明是四大文明中唯一一个没有中断的文明。而且由于具有开放、包容的特点，在发展的过程中，它也吸收、融合了其他三大文明的成果。

美索不达米亚

古巴比伦是人们已知的历史最悠久的古代国家之一，古巴比伦文明是底格里斯河和幼发拉底河两河流域文明①的重要组成部分。与其他三大古文明不同，两河流域文明的发展并不是依靠某一个民族或王朝。美索不达米亚平原上兴起的城邦经过许多年的兴衰更替，逐渐形成并发展了这个目前已知的最早的文明之一。这些在底格里斯河和幼发拉底河之间的冲积平原上兴起的城邦经历了城市革命。人类建立起了大型城市，城市集群中包含了大型居住区及大规模公共建筑。此外，人类创造了文字，并且开始使用文字进行记录，继而开始出现出版物、科学知识以及从事非生产劳动的专业人员。因此，古巴比伦文明对人类思想的进步及科学的发展都起到了极大的促进作用。希腊人继承了古巴比伦文明中的数学、物理学和哲学，将它们传播于世，并以此改变了整个中世纪的欧洲；阿拉伯人学习了古巴比伦的建筑技术，并以此为基础，形成了拥有本民族特色的建筑风格；犹太人继承了古巴比伦的神学，并将其

---

① 两河流域文明还包括苏美尔文明、阿卡德文明等。

发扬光大。

古巴比伦王国

约在公元前4000年，居住在这一带的苏美尔人建立了许多村落，并在两河流域建立起密集的灌溉工程。之后，这个平原上出现了有高大城墙的城市集群。渐渐地，苏美尔王朝形成了自己的文明。在苏美尔文明衰落后，古巴比伦城邦逐渐兴起。[1] 大约在公元前2000年，阿摩利人灭掉了苏美尔人的乌尔第三王朝，随后建立了以巴比伦城为首都的巴比伦王国。阿摩利人吸收了苏美尔人的许多文化特征且继承了苏美尔人创造的文字，由此延续了美索不达米亚文明。公元前1792年，第六代国王汉穆拉比（约公元前1810—公元前1750年）统一了美索不达米亚平原。

汉穆拉比（约公元前1792—公元前1750年在位）是该王国最著名、最有成就的国王，他征服了美索不达米亚的大部分地区，在位期间使王国达到全盛。此外，他也建立了许多培养科学思想的机构。而真正使他名垂千古的，是他主导颁布的《汉穆拉比法典》。这部法典被誉为世界第一部成文法典，对古希腊和古罗马的立法产生了深远的影响。也因此，后世学者赞誉汉穆拉比为一位卓越伟大的立法者。

汉穆拉比
（约公元前1810—公元前1750年）
- 所处时代：古巴比伦时期
- 身份：国王
- 主要成就：统一两河流域中部、南部地区
- 相关作品：《汉穆拉比法典》

亚述帝国

汉穆拉比死后，赫梯人和迦勒底人先后入侵王国，古巴比伦王国的势力分崩离析。从公元前10世纪末起，经过两个多世纪的不断征战，亚述终于在美索不达米亚平原的南部建立

了自己的政权，拥有了一个横跨西亚、北非的帝国。

带领亚述帝国进入新亚述时期的人是纳西拔二世，他吞并了美索不达米亚平原中部的大部分地区，为之后彻底征服巴比伦打下了基础。在新亚述帝国时期，中东地区恢复了古巴比伦帝国时的繁荣。

亚述巴尼拔是亚述帝国的最后一位国王。他十分重视文化的发展，在位期间修建了西亚第一座系统化藏书的图书馆，即亚述巴尼拔图书馆。该图书馆拥有当时亚述人所知的来自世界各地的书，并且收藏了从苏美尔到古巴比伦时期的大量泥版文献。这些泥版文献的内容涵盖了语言、历史、文学、宗教、医学及天文等领域的知识，为后世的研究提供了宝贵的原始资料。

但是，由于亚述帝国的统治政策过于残暴，各地区的反抗活动频繁。亚述政权内部也因为利益和权力的争夺开始逐渐瓦解。在亚述巴尼拔死后，亚述帝国因为频繁的内战开始陷入混乱。

新巴比伦王国

在迦勒底国王那波勃来萨的统治下，巴比伦终于摆脱了亚述的统治。他与米堤亚联合，在公元前612年攻陷了亚述都城，公元前605年灭亚述帝国。巴比伦成了新巴比伦帝国的首都。

随着新巴比伦帝国的建立，建筑工程的新纪元随之而来。那波勃来萨的儿子尼布甲尼撒二世在国内大兴土木，修建了很多宏伟壮观的建筑物，对巴比伦进行了改造扩大，把这座城市打造成了古代世界的奇迹之一。尼布甲尼撒二世下令重修帝国的庭院，包括重建七曜塔和建造伊什塔尔城门。传说他为思乡的妻子安美依迪丝建造了举世闻名的空中花园，这个花园成了古代世界七大奇迹之一。

尼布甲尼撒二世

（约公元前634—约公元前562年）

- 所处时代：古巴比伦时期
- 身份：国王
- 主要成就：征服犹太王国
- 相关作品：空中花园

尼布甲尼撒二世在位期间，数次进军巴勒斯坦，最终征服了犹太王国。他将犹太王国的大批工匠、祭司和王室成员等掳往巴比伦。尼布甲尼撒二世死后不久，国内阶级矛盾及民族矛盾加剧。

巴比伦的陷落

在公元前539年，新巴比伦帝国被波斯国王居鲁士二世击败。居鲁士二世下达命令，释放巴比伦囚虏——犹太人重返巴勒斯坦。这段历史对犹太教改革产生了巨大的影响。

在居鲁士二世和后来的波斯王大流士一世的统治下，巴比伦重获新生，成了科学技术进步的中心，创造了多项世界第一。巴比伦的学者记录了星座，编制了星表，建立了一些学校和图书馆。在政治方面，巴比伦也有类似于议会的集会。古巴比伦文明深刻推动了古代文明的发展，为科技发展埋下了种子。

尼罗河畔

古埃及位于非洲东北部尼罗河中下游。早在公元前6 000多年，尼罗河河谷就已经出现了王国。之后，在尼罗河流域的上游及入海口地区分别形成了上埃及、下埃及两个文明。约公元前5450年，下埃及的法尤姆地区出现了早期城市。传说上埃及国王美尼斯统一了上、下埃及，成了古埃及第一王朝的第一位法老，[2] 古埃及从此开启王朝时期。

埃及学家一般将古埃及历史和历代法老王朝分为前王朝时期（约公元前5000—公元前3100年）、早王朝时期（约公元前3100—公元前2686年）、古王国时期（约公元前2686—公元前2181年）、第一中间期（约公元前2181—公元前2040年）、中王国时期（约公元前2040—公元前1786年）、第二中间期（约公元前1786—公元前1567年）、新王国时期（约公元前1567—公元前1085年）、第三中间期（约公元前1085—公元前667年）、后王朝时期（约公元前667—公元前332年），但对于其中具体的年代尚存争议。

古埃及文明和古巴比伦文明相似，同样重视灌溉农业，因此大力发展水利工程。美尼斯在靠近都城的尼罗河段修筑堤防，发展农业。后来，古埃及文明的发展突飞猛进，很快就有了官僚机构，也相继出现了数学和初级的天文学。

前王朝时期

早期的古埃及人都是聚集在尼罗河河畔小村落里的农户。农业是古埃及的经济基础，定期泛滥的尼罗河为农业生产创造了便利，也为稳定经济及城市革命提供了有利的条件。约公元前5500年，一些部落在此创造了农业和畜牧业文化，早期的下埃及文明正是源于这些部落，也由此诞生了古埃及文明的雏形。

前王朝时期是古埃及文明的第一时期。古埃及人在此时创造并发展了石器文化和彩陶文化，并一直延续到罗马时代。前王朝最后一位法老在位时，古埃及开始使用符号来记录，此时的符号为之后古埃及创造自己的象形文字打下了基础。

历代王朝

据传约公元前3200年，第一位法老美尼斯，也被称为那尔迈，以武力统一了上、下埃及，建立了白城（后称"孟斐斯"）以及古埃及第一王朝。有关那尔迈的重要文物有那尔迈调色板等。那尔迈调色板是人们发现的古埃及文物中最有重要意义的物件之一，其中包含一些人们所能发现的较为古老的古埃及象形文字，据传它记录的是古埃及国王那尔迈统一上、下埃及的过程。

美尼斯

❖ 所处时代：古埃及时期

❖ 身份：法老

❖ 主要成就：统一古埃及

（相传在位时间：约公元前3273—约公元前2987年）

在第三和第四王朝时期，古埃及迎来了和平繁荣的黄金时代。法老拥有绝对权力并控制着全国。对古埃及人来说，法老是神一样的存在，法老可以控制富庶的三角洲地区的农业和劳动力。法老建立强大的王权以使其对国家土地、劳动力、资源的控制合法化，法老的统治是古代埃及文明延续并发展的关键。

在第七和第八王朝时期，王朝内部政权混乱，统治者更替频繁，直到大约公元前2160年，中央政府完全解散，导致帝国发生内战。公元前2040年前后，孟图霍特普二世重新统一了上、下埃及，开启了第十一王朝，他也因此被誉为"第二个美尼斯"。

第十三王朝标志着古埃及历史上另一个动荡时期的开始，在此期间，古埃及被划分为几个不同的势力范围。在第十八王朝的第一位国王雅赫摩斯一世的领导下，古埃及再次统一。古埃及的发展在第十八王朝进入了鼎盛时期，南部尼罗河河谷地带的上埃及的帝国领域从苏丹到埃塞俄比亚，而北部三角洲地区的下埃及的帝国东部边界越过了西奈半岛，直达迦南平原。

在古埃及的三十一个王朝中，第十八王朝是延续时间最长、版图最大、国力最强盛的一个朝代。而图特摩斯三世则是这个王朝的集大成者，他创造了一个空前繁荣的古埃及。这为科学技术的发展提供了条件。图特摩斯三世对文化的最大贡献是刻写在卡纳克神庙墙壁上的图特摩斯三世年鉴。图特摩斯三世年鉴是迄今所知古埃及最重要的历史文献之一，它是我们研究新王国时期古埃及和西亚的关系最为重要的文献资料之一。[3]

图特摩斯三世

（在位时间：约公元前1504—公元前1450年）

❖ 所处时代：古埃及时期

❖ 身份：政治家、军事家、战略家

❖ 主要成就：使古埃及空前繁荣

第十九和第二十王朝时期，衰弱的埃及帝国短暂地恢复了往昔的繁荣。拉美西斯二世是古埃及第十九王朝的第三位法老，杰出的政治家、军事家、文学家、诗人、建筑家，其执政时期是古埃及新王国最后的强盛年代，他也被称为拉美西斯大帝，希腊人称他为奥斯曼狄斯。他长期与同时代的另一强大帝国赫梯争夺叙利亚地区统治权，双方在公元前1300年左右展开了一场著名的战役（卡迭石战役），并于公元前1283年与赫梯帝国签订了和约。拉美西斯二世兴建了许多神庙，其中较为著名的是以宏伟著称的阿布·辛拜勒神庙，后来法老修建的许多建筑也都刻上了他的名字。

拉美西斯二世

（在位时间：约公元前1304—公元前1237年）

- 所处时代：古埃及时期
- 身份：法老
- 主要成就：卡迭石战役

到公元前7世纪左右，逐渐壮大的亚述帝国在统治了古巴比伦之后，征服了古埃及的第二十五王朝。之后，古埃及王朝的权力一直处于四分五裂之中。公元前525年，强大的波斯帝国征服古埃及，最终将古埃及划为波斯帝国的总督区。在公元前332年，马其顿亚历山大大帝占领了这里。

古埃及的终结

亚历山大死后，其继业者托勒密一世建都亚历山大城。亚历山大城是古埃及第二大城市和最大港口，是古埃及在地中海海岸的一个港口，也是古埃及最重要的海港。这里还有著名的亚历山大城图书馆，古埃及各个时期的科学著作都收藏于此。这个图书馆的建立吸引了当时大量的学者前往亚历山大城从事研究工作，其中较为著名的学者有阿基米德、欧几里得等。亚历山大城成了当时的科学文化中心，当时各学科的研究都取得了极大的进展。

托勒密王朝的最后一位统治者在公元前31年被屋大维的军队打败。古埃及在公元前30年成了罗马帝国的一个行省。随后的6个世纪，古埃及都处在罗马帝国的统治之下，在此期间，基督教为罗马帝国包括古埃及所接受。7世纪，阿拉伯人迁入后建立阿拉伯国家，伊斯兰教的传入使得古埃及文明逐渐没落并最后被阿拉伯文明所取代。古埃及文明对后世的古希腊文明、古罗马文明、犹太文明等产生了深远影响。

与罗摩相遇

公元前7000年前，印度河流域出现了新石器时代的据点，其附近形成的冲积平原为灌溉农业的发展提供了必要条件。关于穆斯林统治之前的古印度的史料非常稀少，人们对于古

印度史的了解大多来源于一些统治者的传记及介于史实和传说之间的历史故事。

目前已知的最早的印度河文明是兴盛于公元前 2600 年到公元前 1900 年的哈拉帕文明。此时期印度河流域的人们已经掌握了先进的建筑技术，哈拉帕遗址的下水道和排水系统比全盛时期的古罗马还要先进。在当时，除了农业，贸易也是经济的重要来源之一，考古学家在美索不达米亚平原的遗址中发现了来自印度河流域的人工制品。之后，哈拉帕文明逐渐衰落，狭义上的古印度文明，即印度河文明随之消亡，印度河流域出现了文明断层。直到雅利安人迁移到印度河流域，带来了他们的神和梵语，并将其引入当地已有信仰系统。雅利安人带来的新文化体系逐渐取代了哈拉帕文明，古印度文明的中心也转移到了恒河流域。

吠陀时期

哈拉帕文明衰落之后的时期被称为吠陀时期，此期间恒河文化昌盛。在吠陀时代后期，社会分为四个等级，这通常被称为"种姓制度"，其中最高层为婆罗门（祭司），其次是刹帝利（武士），中下层是吠舍（农牧民和工商业者），首陀罗（杂工、仆役或奴隶）为最底层。图 4.1 是一张根据《梨俱吠陀·原人歌》所绘的瓦尔那等级图：婆罗门是原人的嘴，刹帝利是原人的双臂，吠舍是原人的大腿，首陀罗是原人的脚，至于贱民，则被排除在原人的身体之外。婆罗门规定了永恒的秩序，并通过它来维护中央集权。

图 4.1 婆罗门教的瓦尔那等级图

从吠陀时代末期（公元前600年）到摩揭陀国孔雀王朝的几百年的佛陀时期，是古印度第二次城市繁荣时期。在这段时期里，宗教改革者筏驮摩那和乔答摩·悉达多（释迦牟尼）分别创立了耆那教和佛教。这一时期是古印度文明的繁荣期，随后的孔雀王朝等主要是把佛教向外传播。[4] 新的宗教思想流派的扩散挑战了正统的印度教。

随着新思维模式的发展，城市也在不断地扩张。波斯帝国在大流士一世的统治下，牢牢控制了古印度北部，该地区的居民受制于波斯的法律和文化习俗。波斯和印度的宗教信仰逐渐同化，进一步促进了古印度的宗教和文化改革。

公元前4世纪，亚历山大大帝征服波斯，随后又一举进军古印度。古希腊文化影响了古印度的文化，这一时期古印度的雕像和浮雕中塑造的人物在服饰和姿势上都具有明显的古希腊风格。

孔雀王朝时期

公元前4世纪，亚历山大大帝从印度河流域撤走，在旁遮普设立了总督。旃陀罗笈多率领当地人民击败了马其顿驻军，建立了孔雀王朝，统治了几乎整个古印度北部。之后，在阿育王的统治下，帝国达到了鼎盛时期，古印度的奴隶制和君主专制的集权统治达到顶峰。

阿育王统治后期笃信佛教，并在佛教和平教义的基础上建立了新法。在他统治期间，佛教被奉为印度的国教，同时其他教派被允许并存，他甚至对婆罗门教和耆那教予以慷慨捐助。由于阿育王强调宗教、政治宽容和非暴力主义，他在民众的拥戴下统治了古印度长达30多

阿育王

（公元前304—公元前232年）

◆ 所处时代：古印度时期

◆ 别名：阿输迦、无忧王

◆ 身份：国王

◆ 主要成就：弘扬佛教

年的时间。在阿育王统治之前，佛教是一个难以获得信徒的小教派。阿育王派遣传教士带着佛教的愿景出国传教后，这个小教派逐渐壮大，成为今天的世界三大宗教之一。

孔雀王朝在阿育王死后走向衰落，国家渐渐分裂成许多小王国。之后在笈多王朝（约320—540年）统治下的古印度再一次迎来了蓬勃发展的黄金时代，科学文化的多个领域都有了突破性的发展，产生了一些伟大成就。伐罗诃密希罗编写了《五大历数全书汇编》，总结了当时古印度在天文学方面的主要成就。之后，该书被阿拉伯学者翻译成阿拉伯语介绍到了阿拉伯世界，这对之后的天文学发展产生了重要的影响。古印度数学家阿耶波多计算出了精确度达5个有效数字的圆周率近似值，他还发现了日月食的成因。

古印度文明的衰落

印度自古就有外族不断入侵，因此，印度文明最大的特点是多分裂、少统一，以及多种宗教文化长期并存。8世纪，穆斯林将军穆罕默德·本·卡西姆征服了印度北部的部分地区，在现代巴基斯坦地区树立了自己的权威，自此揭开了穆斯林入侵印度的序幕。穆斯林的入侵标志着印度本土文明的终结。之后，印度又被莫卧儿帝国征服。印度相继受制于各种外国势力（包括葡萄牙、法国和英国），直到1947年独立。

中华之源

沿着黄河流域，新石器时代后期出现了诸多村落。与其他三个古文明类似，随着灌溉农业的发展，中华文明在此形成了。梳理世界文明发展史可以看出，其他古文明都曾因外族入侵而中断，唯有中华文明一脉相承，从未间断。[5]

图4.2为中华文明历史图。该图梳理总结了中华文明的重要阶段，包括原始社会、奴隶社会和封建社会。同时，它指出了各个阶段的阶段或朝代迭代及年代跨度。从图中可以看出，原始社会年代跨度较大，但是其包含的阶段迭代比较少。相反，封建社会年代跨度较小，但是朝代更迭比较多。在中华文明发展的长河中，中国古代的科学技术对世界科学的发展做出了重要的贡献。

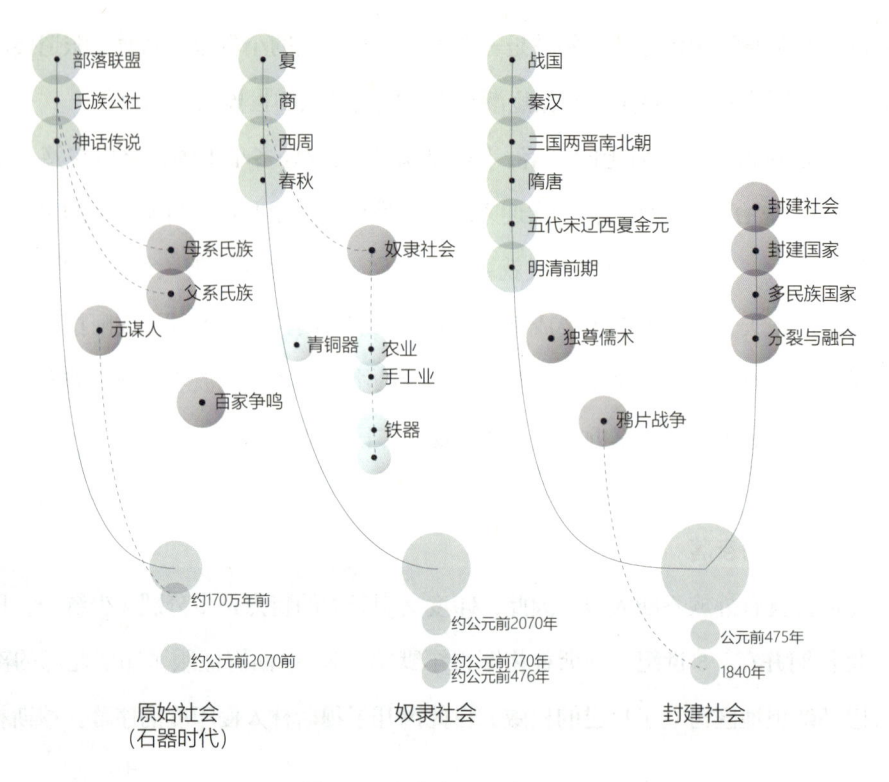

图 4.2　中华文明历史图

注：图中灰圆表示具体时间节点，封建社会结束于标示的1840年，绿圆表示时间顺序，蓝圆表示时代产物，紫圆表示时代文明及著名事件，虚线为关系线，实线为重要关系线。

原始社会时期

在中华文明出现之前，已经有以亲族关系为核心的原始人生活在这片土地上。元谋人（晚期猿人化石）于1965年在元谋被发现，距今约有170万年，这是中国迄今为止发现的最早的猿人化石。目前人们普遍认为，中国的"文明摇篮"是黄河流域，位于黄河流域的河南省是中国许多早期村庄和农业村落的所在地。

中华文明探源工程的研究结果证实了在公元前5800年前后，黄河、长江中下游以及西辽河等区域出现了文明起源的迹象。公元前5300年前后，这些区域都陆续进入了文明阶段，到公元前3800年前后，中原地区已经形成了较为成熟的文明形态。

目前人们对中国原始社会的了解大多来源于民间故事及传说。据传，黄帝是生活在黄河流域原始部落的部落联盟首领，炎帝的部落则长期活动在黄河流域的中下游地区，后来炎帝

部落和黄帝部落结成联盟,在黄河流域生活和繁衍,这就是中华文明的开端。

三皇五帝,是"三皇"与"五帝"的合称。在不同的史料中,三皇五帝分别有不同的说法:

三皇

- 《礼纬含文嘉》:燧人、伏羲、神农
- 《春秋纬运斗枢》:伏羲、女娲、神农
- 《白虎通·号》:伏羲、神农、祝融
- 《帝王世纪》:伏羲、神农、黄帝

五帝

- 《礼记·月令》:太皞、炎帝、黄帝、少皞、颛顼
- 《大戴礼记·五帝德》:黄帝、颛顼、帝喾、唐尧、虞舜
- 《帝王世纪》:少昊(皞)、颛顼、高辛(帝喾)、唐尧、虞舜

五帝时代是"公天下"时代,尧舜禹时期部落首领的确立基于"禅让制"。尧让位给了有才德的舜,舜死后,也采取同样的办法把位置让给治水有功的禹。禅让制体现了中国上古时期的民主制度。

奴隶社会时期

约公元前 2070 年,禹建立了夏朝,这是中国历史上第一个有纪年的朝代。其子启建立了君主世袭制度,王朝的概念也因此广为人知。统治阶级和精英居住在城市群的中心,权力一直掌握在其家族手中。直到公元前 1600 年,商汤在鸣条之战中击溃了桀的军队,推翻了夏朝的统治,建立了商朝。

夏朝桀的荒淫无度给民众带来的苦难导致了这次起义。因此,商汤随后接管了这片土地,降低了税收。艺术和文化在此时得以蓬勃发展,青铜冶金、建筑和宗教也得到了进一步发展。商朝从建立初期就进入了疯狂扩张的模式,并出现了大型的仓储设备。此外,祭祀在商朝也是比较普遍的宗教文化活动。在这个时代,天命被定义为众神对公正统治者的祝福,王朝统治者的权力是由天神授予的。虽然著名的"天命"一说在后周才发展起来,但其根源在于从商代就培育起来的信仰。

公元前 1046 年,周武王推翻了商纣王的统治,建立了周王朝。公元前 1046—公元前

771年为西周时期，公元前770—公元前256年为东周时期。周朝文化繁荣，中华文明得到广泛的传播。在当时，文字被编纂成法典，同时诞生了大批卓越的中国哲学家。

公元前770年，周王朝在内忧外患的情况下迁都洛邑（今河南洛阳）。平王东迁，标志着西周时代的结束和东周时代的开始。历史上公元前770—公元前221年分为两个时期，即公元前770—公元前476年（中国奴隶社会结束）的春秋时期和公元前475—公元前221年的战国时期。春秋战国时期，是哲学、诗歌和艺术进步非常显著的时期。这是中国百家争鸣的时代，孔子、孟子、墨子、老子和孙子等先贤的思想，都在这个时期大放异彩。

封建社会时期

周平王东迁后，各地区都逐渐脱离了洛邑的中央统治，开始争夺自己的势力范围。经过长期激烈的争霸战争，直到公元前475年，"战国七雄"登上历史舞台，即当时在中国各个地区获得权力的齐、楚、燕、韩、赵、魏、秦7个诸侯国。战国时期的开始，标志着中国封建社会的确立。

在当时，各诸侯国连年征战，直到秦王嬴政崛起，才结束了这种混战。公元前221年，嬴政从战国冲突中脱颖而出，征服其他6个国家并完成统一，自封为始皇帝。秦始皇开启了中国帝王时代的王朝统治。他下令在他的王国北部边界修建长城。秦始皇大力发展基础设施建设，并且统一了文字和度量衡。

秦始皇死后不久，由于继任者胡亥的无能，秦朝迅速崩溃。随着秦朝的衰落，中国又陷入了楚汉之争的混乱中。刘邦在垓下之战中围困并击败了项羽，公元前206年，汉朝建立。从公元前206年到公元220年，汉朝在这400余年里统治了中国。到汉武帝时期，中国的发展到达了一个新的高度。汉武帝多次派兵出击匈奴，击退了一直在入侵中原的游牧民族部落。汉朝带来的和平给文化再次繁荣发展提供了稳定的条件。与此同时，中国也开始了与西方的贸易。公元前139年，汉武帝派使者张骞出使西域，加强了汉与西域各族的联系，吸收融合了其他地区的文化。

汉朝在科学文化的各个领域都取得了巨大进步。汉武帝时期罢黜百家，独尊儒术，儒学开始在中国文化中居统治地位。汉武帝还在各地建立学校以培养人才和教授儒家戒律。他还改革了交通和贸易。汉朝奠定了中华文明的基础，到了唐朝，中华文明的发展到达了又一高

峰。中国成了东亚文化圈的文化宗主国,在世界文化体系内占有重要地位。到清朝末期,吏治腐败,社会动荡,国力日衰。在鸦片战争之后,中国古代封建王朝的权力被逐步瓦解。

2. 文明的传承

古希腊文明与古罗马文明是除了四大文明之外极其重要的人类文明。古希腊文明与四大文明有着紧密的联系。这些文明在政治、宗教和科学技术等方面对彼此产生了深远的影响。很多学者认为,古希腊是西方文明的源头,古希腊文明在政治、哲学、艺术和科学方面取得了巨大成就,为西方文明奠定了重要的基础。古希腊政治思想对现代政府形式产生了深远影响,古希腊陶器和雕塑激发了艺术家们的灵感,如今古希腊史诗、抒情诗和戏剧仍然广受欢迎。古希腊文明留下了富有影响力的文化遗产,对人类文明的发展产生了深远的影响。

一些现代学者将古罗马文明视为古希腊文明的派生文明[①],它在继承古希腊文明的基础上发展出了自己独有的特征。古罗马的扩张使古希腊文明的许多元素得以传播到地中海地区和西欧的偏远地区。因此,古罗马人融合吸收了古希腊文明后,将古希腊文明的许多思想和成果继承下来,并将它们传播到了更广阔的地区。不同的文明相互促进、相互影响,为人类文明的发展做出了重大贡献。

海洋文明的缩影

不同于诞生在大河流域的四大古文明,孕育于爱琴海地区的古希腊文明被称为"海洋文明"。在蔚蓝的海域零星散落着的富饶的古希腊群岛,像是上帝用心播撒下的文明种子。得天独厚的海洋环境,让古希腊人早早地开始了海洋贸易和殖民活动,形成了自由平等的社会环境,原始财富的积累也为文明的发展提供了肥沃的土壤。加之易于民主管理的小国寡民政治特色,古希腊民众可以直接参与民主管理,为国家建设出谋划策,造就了较高的国民素质,为文化发展提供了必要前提,民主与自由的种子在古希腊生根发芽。如图4.3所示,古希腊

---

① 派生文明是指由原有文明影响和演化而产生的新文明。通常,派生文明会从原有文明中继承一些思想和文化成果,并在此基础上发展出自己独有的特征。派生文明也可能会受到其他文明的影响,并通过与其他文明的交流和融合,形成新的文明。

作为文明古国，曾经在科技、数学、医学、哲学、文学、雕塑、绘画、建筑等方面都做出过巨大贡献。古希腊文明被很多现代科学家视为现代科学的起源。

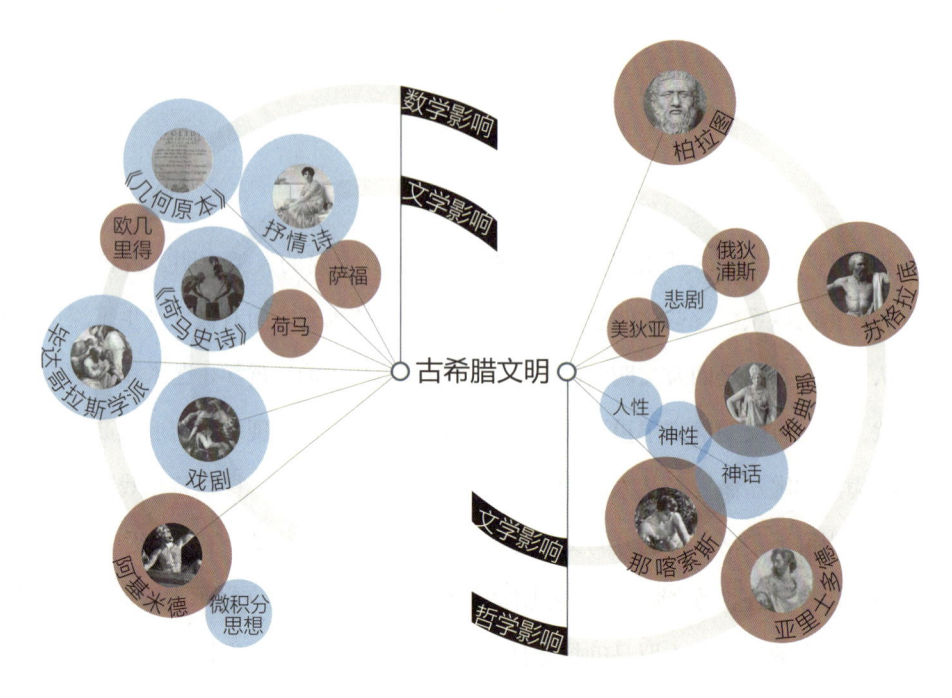

图 4.3　古希腊文明的诸多影响

注：本图展现了古希腊文明在文学、数学和哲学领域具有代表性的成果和人物，其中蓝圆表示成果，红圆表示人物，任意两圆相交表示两者具有一定相关性。

古希腊文明发源于公元前 2000 年左右，当时古希腊主要分为几个独立的城邦，每个城邦都有自己的政治制度和宗教信仰。之后，这些城邦文明逐渐发展成为古希腊文明。古希腊文明的发展过程如图 4.4 所示。古希腊文明在希腊化时代达到巅峰，公元前 334 年亚历山大东征，希腊化时代开始了，这一时期在公元前 30 年罗马征服埃及时结束。对亚洲地区而言，这一时期可以延长到公元 10 年，也就是最后一个印度-希腊王国被征服的时候。

古希腊文明的政治制度比较复杂，主要有君主制、共和制和城邦制。其中，君主制是古希腊最早的政治制度，指的是由一位统治者统治整个国家。后来，共和制逐渐取代了君主制，共和制的特点是所有公民都参与政治，通过投票来决定重要事项。在这种制度下，古希腊城邦中最著名的就是雅典共和国。最后，城邦制出现了，在这种制度下，城邦间的关系更加紧密，形成了一个由多个城邦组成的联盟。

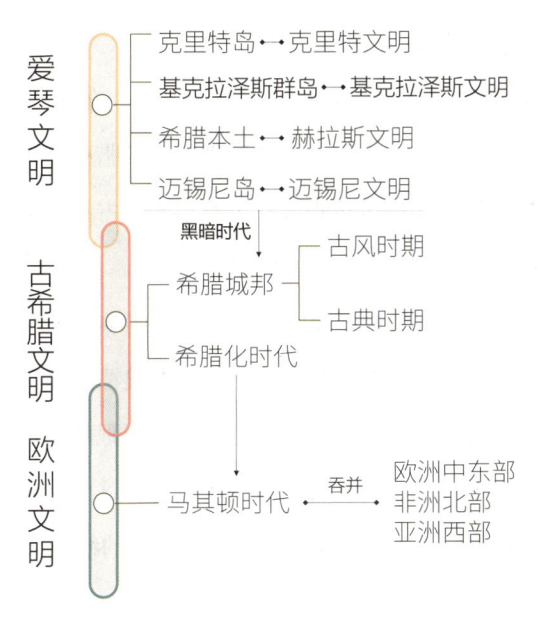

```
爱琴文明 ┬─ 克里特岛 ←→ 克里特文明
         ├─ 基克拉泽斯群岛 ←→ 基克拉泽斯文明
         ├─ 希腊本土 ←→ 赫拉斯文明
         └─ 迈锡尼岛 ←→ 迈锡尼文明

古希腊文明 ┬─ 黑暗时代
          ├─ 希腊城邦 ┬─ 古风时期
          │          └─ 古典时期
          └─ 希腊化时代

欧洲文明 ── 马其顿时代 ─吞并→ 欧洲中东部
                              非洲北部
                              亚洲西部
```

图 4.4　古希腊文明发展历史图

古希腊文明在艺术方面也取得了巨大成就，为后来的西方艺术发展奠定了坚实的基础。在古希腊时期，建筑艺术、雕塑艺术和绘画艺术都有很高的发展水平。例如，雅典卫城是古希腊建筑艺术的杰作。此外，古希腊雕塑家也创造了许多优秀的作品，例如《拉奥孔》。古希腊的绘画艺术也很发达，比如在陶器上描绘人物和故事。

古罗马文明

古罗马文明发祥于意大利半岛中部，兴起于公元前 9 世纪初。它经历了三个阶段：罗马王政时代、罗马共和国和罗马帝国。直到 1—2 世纪，罗马帝国的文明达到了历史巅峰。古罗马文明对现代世界产生了巨大的影响，在艺术、建筑、技术、文学、语言和法律方面都有着重要的作用。

古罗马在意大利半岛中部特韦雷河（台伯河）边的一个小镇茁壮成长，成为一个帝国。在其鼎盛时期，帝国拥有了欧洲大陆大部分地区、不列颠、西亚大部分地区、北非和地中海岛屿。罗马统治时期留下了诸多遗产，包括源自拉丁语的罗曼语族（包括意大利语、法语、西班牙语、葡萄牙语和罗马尼亚语），以及现代西方字母表和日历，还有作为世界主要宗教的基督教。古罗马在经历了 400 多年的共和制之后，在恺撒的领导之下，发展成为帝国，之

后进入了罗马帝国和平与繁荣的黄金时期。

古罗马文明深受古希腊科学文化的影响。古罗马人早期在接受了古希腊思想的基础上,进行了创新和发展。公元前 2 世纪,古罗马人开始吸收古希腊科学精华,抛弃其糟粕。在实践中,古罗马的建筑师和医生往往是古希腊人。古罗马人对古希腊学者的尊重一直持续到帝国的末期,因此,他们记录下了悠久而古老的科学思想。

古罗马文明对现代科学产生了巨大的影响。[6] 它在几何学、物理学和生物学等领域都有重要贡献。例如,古罗马人发明了许多工程上的结构,如渡槽和水车,这些发明为现代工程奠定了基础。他们还在医学方面有许多成就,例如发明了催眠药和许多手术工具。古罗马文明还为我们留下了大量的历史文献,这些文献对现代人了解这个文明至关重要。古罗马文明对现代科学的影响是巨大的,它为现代科学提供了许多实用的经验。

第 5 章

科学的星星之火

在现代社会，我们已然离不开科学：连接全球各个角落的物流运输、拉近人心距离的通信工具、把世界放在掌心的互联网……这些科学发展的伟大成果渗入了人类日常生活的方方面面。实际上，科学是个很晚才出现的概念。在很久很久以前，智者们为物质是否由水、土、气、火组成而争论不休；初期化学家们夜以继日地在铜炉里提炼仙丹；冒险家们在野外探寻着原始的自然……再后来，阿基米德把皇冠浸入水中，伽利略从斜塔上抛下铁球，富兰克林在雷雨天放起风筝……一个一个实验的累积，一次一次失败的堆叠，是先人们通过不懈的努力，才终于雕琢出了科学的雏形。

在人类文明诞生的初期，人们显然没有科学的概念。但如果用今天的科学眼光和科学标准来审视，已经有许多文明发展的内容属于科学的范畴。更确切地说，这些内容也是现代科学发展的基础，尤其是关于哲学和数学的部分。这是人类在历史的源头举起的第一支科学的火炬。这一章主要介绍人类文明的科学火种。

1. 两河流域的余晖

从公元前 2000 年到希腊化时期早期，巴比伦是古代世界上最伟大的城市之一。它在当时最强大的王朝的统治下政治稳定，军事力量强大。这个强大的王朝经常侵略弱小的邻国，并与强大的邻居进行贸易。这里也培养了科学思想，其中一些思想至今仍在沿用，而另一些思想则已被抛弃或发生了巨大的变化。

在巴比伦，宗教和科学经常混在一起，以至于很难将两者分开。例如，人们在当时对天文学的探索主要是为宗教服务。巴比伦的主神是马尔都克，他与木星有关。在新年节日期间，祭司们会将马尔都克的雕像搬到各个神庙，然后在圣所里放一年。巴比伦各个阶层的人都要向这位神致敬。宗教和科学的混合在后来的巴比伦王朝中继续存在并变得更加明显。

要了解巴比伦人如何运用科学，首先必须了解他们如何看待科学。尽管美索不达米亚的科学在许多方面都非常先进，但其缺乏理论及推理证明的方法论。实际上，巴比伦的科学是遵循实用主义的，并且总是服务于国家利益。例如，高等数学被用来划分可耕地，人们可以划分出标准的矩形地块，还有三角形以及多边形的地块。

古巴比伦王国拥有已知的历史上较早的农业历书、神话及药典等。此时，巴比伦人已经能够区分恒星和五大行星，并观测黄道，测算出黄道上的 12 个星座。此外，在数学领域，巴比伦人使用楔形文字来表示数字。他们还掌握了四则运算、平方、立方和求立方根、平方根的法则，能解有 3 个未知数的方程。他们求出的圆周率为 3，并得出直角三角形的勾股等于弦的定理。在建筑和雕刻方面，巴比伦人也有所发展。《汉穆拉比法典》石柱柱头的浮雕技法已经比较成熟，线条朴实有力。

六十进制

六十进制位值计数法（简称"六十进制计数法"）的发明和使用是两河流域数学知识发展过程中的一个显著和独特贡献，六十进制至今仍运用于现代世界对时间（小时、分、秒）的记录。关于这一计数法发明的具体时间，过去曾有学者论证它始于乌尔第三王朝时期，但学术界日益倾向于追溯至更早的阿卡德王朝时期。

古巴比伦人采用六十进制位值计数法来计算数字。这个系统最初可能是由计时需要而发展出来的，因为 60 是一个非常方便的数字，既可以被 2、3、4、5 和 6 整除，又可以被 10 整除。

在六十进制位值计数法中，数字分"个位"和"十位"。为了方便起见，古巴比伦人选择用一些符号来表示数字，这些符号代表 1 到 59 的数字，例如 ？ 代表 1，？？ 代表 2，以此类推。当数字超过 10 时，古巴比伦人引入了新的符号，用 ＜ 代表 10，＜＜ 代表 20，以此类推，直至 50（＜＜＜＜＜）。古巴比伦人还发明了类似于今天的小数点的符号，并用它来表示小数部分。大于 59 的数字，就重复以上符号做标示。图 5.1 为古巴比伦时期六十进制的符号。

图 5.1　古巴比伦时期六十进制的符号

在古巴比伦时期，六十进制位值计数法已在数学文献中得到了广泛而成熟的应用。古巴比伦将圆周分为 360 度，这一直沿用至今。现代计时把 1 小时分为 60 分钟，1 分钟分为 60 秒，也源于古巴比伦数学中的六十进制。

古巴比伦人的六十进制位值计数法在后来被罗马人所采用，并且在数学史上一直流传下来。尽管现在我们已经摒弃了这种方法，但它对当时的人们来说是非常实用的，并且为我们提供了很多有价值的信息。

古巴比伦历法

为了改善两河流域洪水泛滥的状况，减少灾难，苏美尔人发明了观测天象的历法。他们利用月亮阴晴圆缺的规律来计算时间。在这部历法中，古巴比伦人以月亮刚刚露出月牙这天作为一个月的开始，以月亮最圆的一天为月中，以月亮又变成月牙那天为结束。这样，一年可以分为 12 个月，其中 6 个月每月有 30 天，剩下的 6 个月每月有 29 天，一年总共有 354 天。

然而，由于这种历法计算的时间与地球绕太阳一周的时间相差了 11 天多，因此古巴比伦人设置了闰月来补偿这一差距。每两年或三年加一个闰月，这样在闰年时，一年就会有 13 个月。古巴比伦国王汉穆拉比在位时，政府下令规定闰月的时间，后来逐渐形成了固定的周期。

古巴比伦地处两河流域，每年都会发生洪灾，这种历法可以帮助人们更好地预测天气，

并做出相应的预防措施。除了古巴比伦，周围的地区也都采用了这种历法。它给当时的人们带来了许多便利，方便他们规划农业生产和社会活动，提高了生产效率。

古巴比伦时期的历法也对后来的历法产生了重大影响。虽然它与地球绕太阳一周的时间存在差异，但它为人类历法的发展提供了一种思路，为出现更精确的历法奠定了基础。中国阴历也有类似的闰月制度。但是，中国阴历引入了二十四节气的概念，使得历法更加精确，更能适应人们的生产和生活需要。

占星术与天文学

西方天文学的起源可以追溯到古巴比伦时期，之后许多精密科学的研究都与古巴比伦晚期天文学家的工作有直接关系。古巴比伦人通过观测天空来预测天气和农业收成，同时也创建了一系列天文图表和技术来计算天体的位置和运动。古巴比伦的天文学家也对星座和恒星的名称有所贡献。他们的成果不仅对当时的社会有重要意义，也为后来天文学家的研究提供了宝贵的原始资料。

在古巴比伦，天文学不仅是一种科学，而且是一种文化和宗教活动。古巴比伦人崇拜天体，并认为它们受到超自然力量的控制。古巴比伦的天文学家实际上是专门从事占星术和其他形式占卜的祭司。他们的"天文学"是用来预测未来的，特别是用来预测天气和战争的。

苏美尔天文学的知识是间接从巴比伦星表传承而来的。许多恒星的名字出现在苏美尔人的文字中，这表明一些恒星被发现的时间最早可以追溯到青铜器时代早期。此外，古巴比伦人在公元前8世纪至公元前7世纪开发了一种新的天文学实证方法。这种新的天文学实证方法在古希腊尤其是古希腊天文学中得到采纳和发展。这是对天文学和科学哲学做出的重要贡献，因此一些学者将古巴比伦天文学家称为"世界上最早的科学家"。

大英博物馆收藏了四块古巴比伦的泥版（其中之一如图5.2左侧所示），这些泥版一直是个谜。考古学家经过研究发现，这些泥版描述了用数字来计算木星运动的方法。这是一种历史学家们认为在中世纪欧洲才有人提出的技术，现在已经成了现代天文学、物理学和数学的核心内容。

图 5.2　古巴比伦的泥版

资料来源：大英博物馆。

根据四块泥版描述的方法，古巴比伦的天文学家画出了木星在天空中 60 天的漫游路径（如图 5.2 右侧所示），其中时间画在一个轴上，速度（木星每天移动的度数）画在另一个轴上。按照这种方法，画出的图看起来像一个梯形，梯形的面积就是木星在 60 天内行进的总距离。四块泥版上并没有实际画出梯形图，但文字描述了详细的绘图方法和梯形每条边的长度。这些古巴比伦泥版的发现不仅为我们理解古代天文学提供了重要信息，也提醒我们，历史上的文化和科学可能比我们想象的更加复杂和先进。

古巴比伦天文学家研究了星图，使用丰富的符号来记录他们的天文学研究，并用楔形文字把它们记录下来。因此，古巴比伦人的天文学成果不仅对当时的世界产生了重大影响，而且对现代天文学的发展产生了深远的影响。许多现代天文学术语都来自古巴比伦人的语言，并且他们发现的理论在现代天文学研究中仍然被广泛使用。古巴比伦的天文学是一个重要的里程碑，为人类对宇宙的认识做出了巨大贡献。

巫术与医学

古巴比伦的医学是阿拉伯地区出现最早的医学。古巴比伦人早在 3 000 年前就已经建立

了一套医学理论体系，他们对人体的生理机能、病因病机等方面都有了较深入的研究。古巴比伦人运用各种化学药物、植物药物和物理疗法，对多种疾病进行治疗。

古巴比伦的医学成就之一是对手术的应用。古巴比伦人擅长进行眼科手术，并且掌握了将石灰溶液注入肺部以治疗病人的方法。此外，他们还发明了许多外科手术器械，如手术刀、针等。

古巴比伦人还把医学与宗教联系在一起，将医学作为宗教的一部分。他们认为，疾病是神的惩罚，治疗疾病是对神的信仰。古巴比伦医疗机构中，主要是由神职人员负责治疗病人。

古巴比伦人把医学知识记录下来，并形成了一些医学典籍。这些典籍中记录了各种疾病的症状、治疗方法和医药知识。这数千条的记录清晰地描述了患者的病史，并给出了治疗方法。这些记录为后来的医学家们提供了丰富的参考资料，也为伊斯兰医学的发展做出了贡献。

古巴比伦的医学在伊斯兰医学的发展中起到了重要的作用。古巴比伦的医学成果在巴格达得到了穆斯林医学家的继承和发展。著名的穆斯林医学家马萨维伊、塔巴里和胡纳因都是在巴格达成名的，他们对伊斯兰医学的理论研究和实践都产生了巨大影响。

古巴比伦人的医学成果被许多后来的文明所继承和发展。古巴比伦的医学拥有一段辉煌的发展历史，它的成就为世界医学的发展做出了积极贡献。古巴比伦的医学成就证明了其文明的高度发展，也为后来的医学家们提供了宝贵的参考资料。

2. 古埃及的烈焰

在 5 000 年前，古埃及人意识到科学是建立文明和书写历史的种子，于是他们发展了自己的科学。古埃及人认识到科学的重要性，并相信有一个名为透特（Thoth）的科学之神。在科普特历中，第一个月以透特的名字命名，足见古埃及人对科学和智慧的重视程度。虽然古埃及文明没能延续下来，但古埃及孕育出了丰富的科学技术成果，在医学、建筑、数学、天文学、工程等领域都取得了许多成就。

古埃及人在医学领域有着悠久的历史。他们掌握了一定的解剖学知识，能够对人体进行

比较精确的描述，并且拥有相当丰富的医药知识。古埃及人最早使用的药物包括薄荷、金合欢、蓍草和没药，他们也会进行简单的手术，例如肠道排毒和割痔疮。

古埃及人还在数学领域有所研究和发展。他们创造了一种新的数学体系，并且能够进行复杂的计算，例如运用三角函数进行精确的计算。古埃及人还在天文学领域有一定的研究成果，他们对于天体的运行和变化有着比较精确的描述，并且会运用数学方法来预测天体的运行规律。

此外，他们在建筑领域也有许多成就。他们建造了许多宏伟的神庙等建筑物，例如吉萨大金字塔、卡纳克神庙的阿蒙神庙、门农巨像等。他们的建筑物具有宏伟的规模，并且在许多方面都显示出了古埃及人掌握的精湛技术。例如，他们会使用水平仪和立规，以保证建筑物的平整度，同时也会运用梯度原理来保证水的流动。在工程领域，他们掌握了一定的冶金技术，能够生产出各种不同的金属制品，并且会运用简单的工程原理进行建造。例如，他们会运用支撑原理来支撑大型建筑物。古埃及人的科学研究为后人所延续，并为现代文明做出了重要贡献。

历法与记录

古埃及人对天文学的重视有两个层面：精神层面和实际层面。古埃及被认为是神的大地的完美映像，来世是人在世上生活的镜像。这种二元性在古埃及文化的各个方面都体现得很明显，星星代表了天上的神，也体现了时间的流逝和季节的变化。从更实际的层面来看，星星能告诉人们什么时候会下雨，什么时候到了播种或收割庄稼的时间。占星就是人类早期进行天文观测的一种行为，这一行为可能是美索不达米亚人通过贸易传播而来的。

古埃及人拥有相当水准的天文学知识，他们通过观测太阳和大犬座 α 星的运行制定了历法。古埃及历法的基础是一年有 365 天，分为 12 个月和 3 个季节，每个月都有 30 天。一年的最后 5 天分别对应 5 位神灵，即奥西里斯（Osiris）、伊西丝（Isis）、荷鲁斯（Horus）、塞特（Seth）和奈芙蒂斯（Nephthys）的生日。由于古埃及人不考虑闰年，因此他们的历法与实际的季节更迭差异很大，这意味着历法上是夏季，实际上可能已经进入了冬季。他们的历法每隔 1 460 年才能与季节年同步。

古埃及的 3 个季节对应着农业生产活动的循环。7 月中旬到 10 月中旬是第一季，即洪

水季阿克赫特（akhet），这是尼罗河泛滥的时候。10 月中旬到 3 月中旬庄稼开始出苗，被称为生长季佩瑞特（peret）。3 月中旬到 7 月中旬是最后一季，即收获季施姆（shemu）。除了公民日历外，还有一个宗教日历，用于标记与特定神灵和寺庙相关的节日和仪式。这个日历以每月份 29.5 天为基础，这使得它能够更加准确地根据农业生产阶段和恒星天文周期进行计算。

古埃及人致力于研究星空。他们通过使用仪器，可以准确地将金字塔和太阳神庙与地球的 4 个方向对齐。吉萨大金字塔就是一个很好的例子。这座壮观的建筑占地超过 13 英亩[①]，由大约 650 万个石灰石块组成。它的 4 个面准确地对准了东西南北 4 个方向，误差不到半度。它们的长度也几乎相同，一侧和另一侧之间的差异小于 20 厘米。

一些埃及古物学家认为，吉萨广场及其三座大金字塔、狮身人面像和尼罗河，是杜阿特的镜像。三座金字塔代表猎户座腰带的三颗星，狮身人面像对应狮子座，尼罗河对应银河系。在地球上创造反映天空的神圣景观的概念在其他古代文化中也很常见。古埃及文明的另一个重要特征是它的墓葬。古埃及人相信，死亡并不意味着终结，而是转移到另一个世界的开始。因此，他们会在墓中放置许多物品，包括食物、香料和宝藏，以帮助死者度过新的生活。

古埃及人通过建造金字塔、神庙和墓穴来供奉他们的神灵。这些神庙也与夜空中的星辰对应，象征着其与神灵的联系。古埃及人相信，通过这种方式，他们能够为自己的家园带来和平与繁荣。

计数的逻辑

大约在 5 000 多年前，人类历史上就先后出现了一些不同的计数方法，并逐步形成了各种相对成熟的计数系统。古巴比伦人采用的是六十进制，玛雅人采用的是二十进制，其他文明大多采用十进制。虽然古埃及人也使用十进制，但是他们的十进制的使用方法与其他国家不尽相同。

古埃及的十进制是在大约公元前 2900 年出现的。这种计数方法与我们现在使用的十进制系统略有不同。古埃及人使用笔画来计数，连续计数到 9，然后使用像倒 "U" 形的符号

[①] 1 英亩 ≈ 4 046.9 平方米。——编者注

表示 10。由于古埃及人没有掌握"进位系统",因此他们的十进制系统没有位值概念。这使得每表示一个位数上的数字时就需要使用表示数字的符号,运算起来非常复杂。古埃及人的数字通常是从左到右书写的,从最大的数字开始。图 5.3 是古埃及人记录的数字 2 525。首先出现在左边的数字(用 2 个符号表示)是 2 000,然后依次是 500、20 和 5。然而,古埃及人使用的十进制系统也有数量的限制,最大只能表示 99 999,不能更大,这有很大的局限性,因而才会被淘汰。

虽然古埃及的十进制系统在某种程度上有缺陷,但它是人类历史上最早的十进制计数方法之一。它虽然有一些限制,但却为人类进一步研究十进制系统提供了重要的基础。

图 5.3　古埃及人记录的数字 2 525

药学与医学

在古埃及人追求的所有科学分支中,医学是比较受重视的。他们有自己的医学院系统来培养医生,第一所医学院可以追溯到第一王朝时期。医生在学校学习,他们必须研究前人写好的医学记录文本,然后根据早期著名医生记录的方法进行治疗。这些医学文本也成了日后医学发展的重要来源。

在古埃及,最早行医的是祭司,医生有的属于祭司,有的则不算。和其他职业一样,医生也有自己的等级制度。除了普通医生之外,还有高级医生、检查员、监督员和南北医师长(类似于卫生部长)。皇家和宫廷医生有特殊的等级制度和头衔,最高级的医生才被允许治疗法老。

在古埃及甚至出现了专业化治疗系统。每个医生只治疗一种疾病,有的是眼科医生,有的是治疗头部的,有的是治疗牙齿或腹部的。此外,医生必须学习药学,尤其是植物学。古埃及人非常尊重医生,只有帝国的上层阶级才被允许学医。古埃及外科医生的技艺高超,他们通过缝合和黏性绷带处理伤口。古埃及人还发明了一种类似于阿莫西林的抗生素。他们将阿拉伯沙棘汁和水混合在一起,这样有消炎的效果。被发掘的古埃及神庙墙壁上的铭文和象形文字记录了医疗器械，如钳子，考古学家推测这是用于帮助产妇分娩的。

　　古埃及人将人体理解为一个相互连接的通道网络，而心脏是人体的中心。心脏是所有身体机能的引擎，从心脏发出的通道将身体的所有部分连接在一起。他们还认为血液、尿液、粪便和精液会在身体周围不断循环。

3. 印度文明的遗产

　　古印度文明在文学、哲学和自然科学等方面对世界文明做出了具有独创性的贡献。文学方面，古印度人创作了不朽的史诗《摩诃婆罗多》《罗摩衍那》；哲学方面，古印度人创立了"因明学"，相当于今天的逻辑学；自然科学方面，古印度人最杰出的贡献是发明了 16 世纪到 21 世纪世界通用的计数法，创造了包括"0"在内的 10 个数字符号。所谓阿拉伯数字，实际上起源于古印度，而后通过阿拉伯人传播到西方。公元前 6 世纪左右，古印度还产生了佛教，先后传入中国、朝鲜和日本，随后逐步传播到世界各地，成为世界三大宗教之一。古印度文明对世界的贡献如图 5.4 所示，主要包括阿拉伯数字、因明学、《摩诃婆罗多》、《罗摩衍那》和佛教。

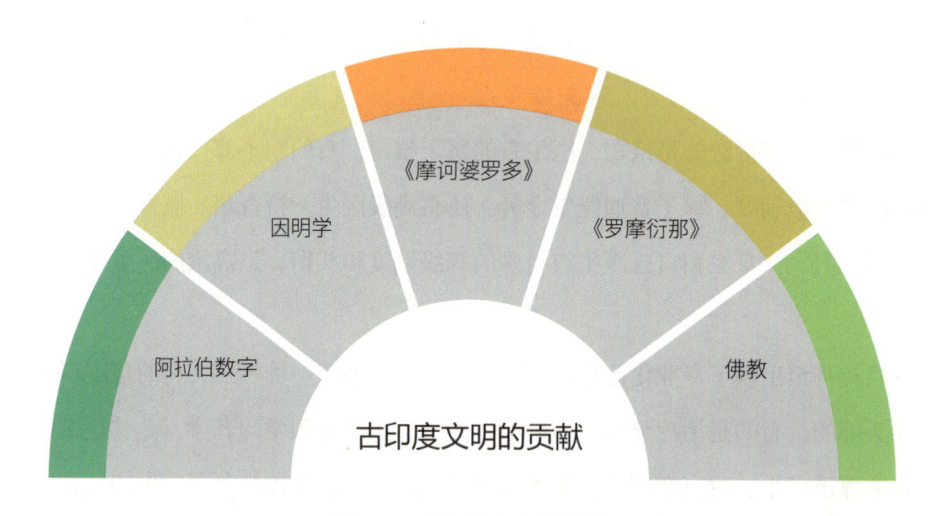

图 5.4　古印度文明的贡献

佛教基本理论

佛教主要讨论宇宙和人生的运行规律，其基本理论可以归纳为如下五点：

- 诸行无常，诸法无我。也就是说，世界是运动不居的，没有恒定的常驻，运动又是不以人（神）的意志为转移的，它是绝对客观的。
- 此有则彼有，此无则彼无，此生则彼生，此灭则彼灭。世界上的万事万物都是相互关联的。
- 根据以上世界观，佛教找到了人类痛苦和烦恼的根源，那就是"无明"和"我执"。人们总喜欢把无常的世界看作有常的、恒定的、永久的。于是便产生了各种贪欲，贪欲不除，痛苦不止。
- 依照世界是一个整体的观点，凡事都由因、缘、果相互促成，相互产生。
- 世界是轮回的，善恶穷通都在相互转化，相互报应。人要解除痛苦烦恼，必须破除无明和我执，到达"究竟涅槃"。

释迦牟尼正是用这些基本认识，在阐释人生的同时，指出了解脱痛苦和烦恼的"大道"，那就是正确认识世界，理解"十二因缘"，坚决地走上"八正道"的修炼之路。

另眼看世界

在没有望远镜的时代，古希腊哲学家猜测地球是宇宙中心。直到今天大爆炸理论出现，人们才意识到宇宙的无限性。然而，释迦牟尼比古希腊哲学家更早地提出了无限宇宙模型。

比如说把所有其他理论中的宇宙都对应为佛教中的"娑婆世界"（其称人类所居住的世界名称），佛教说有"三界"（欲界、色界、无色界）、"六道"（天、人、阿修罗、地狱、饿鬼、畜生）的生命。基督教中只有"一界"（欲界）、"四道"（天、人、地狱、畜生），而现代科学中只有"一界"（欲界）、"二道"（人、畜生）。基督教和现代科学的宇宙模型都可以被看作佛教宇宙模型的一个子集。

佛教说人在"三界六道"中"轮回"，基督教没有轮回，但人死后要么下地狱要么进

天堂。现代科学也没有轮回，而且人死后什么也没有，人死如灯灭。但由于现代科学的这种认识，很多异常现象无法解释，如催眠状态下给出的信息、一些特异功能人士展示出的能力。[1]

释迦牟尼也是最早提出人类认识世界、人类的语言文字描述、通过逻辑推理获取新知识具有局限性的人。他提出宇宙是一个整体，人类只能认知这个无限宇宙的一个有限的部分（世界），而且我们所谓的认知也是相对的。自从古希腊人把宇宙分为自然（哲学）和人生（宗教），西方科学家又把自然哲学细化为哲学和科学以后，各种理论都只能处理一个方面。宗教、哲学和科学之间充满着矛盾和冲突，而只有佛教中的哲学、宗教和科学三者是统一的。因此，佛教的这种方法为今后万统论的建立提供了方向。[2-3]

4. 古代中国的辉煌

古代中国文明中的科学主要体现在中国的十三经中。《周易》、《礼记》（含《大学》《中庸》）、《论语》、《孟子》是哲学、教育学经典；《尚书》记录了中国古代早期历史、政治、社会、经济、地理等方面的内容；《诗经》作为中国最早的一部诗歌集，描述了古代的音乐、动植物等；《春秋左传》《春秋公羊传》《春秋穀梁传》作为史书，涉及诸多律法、外交事例；《周礼》是政治学、经济学、农工学经典；《仪礼》《孝经》是修身学、伦理学经典；《尔雅》是训诂学著作。

百家争鸣

百家争鸣是中国历史上一个特殊时期的现象，指的是战国时期中国社会上出现了许多不同的思想流派，这些思想流派之间互相争论，形成了百家争鸣的局面。这一时期的思想流派包括儒家、道家、法家、墨家和名家等。这些思想流派之间的争论不仅涉及哲学方面，还涉及政治、经济、军事等诸多领域。这一时期的百家争鸣，不仅丰富了中国文化，而且也为中国历史上接下来的发展奠定了坚实的基础。历史上"百家"中有10个主要的学派，具体如图5.5所示。

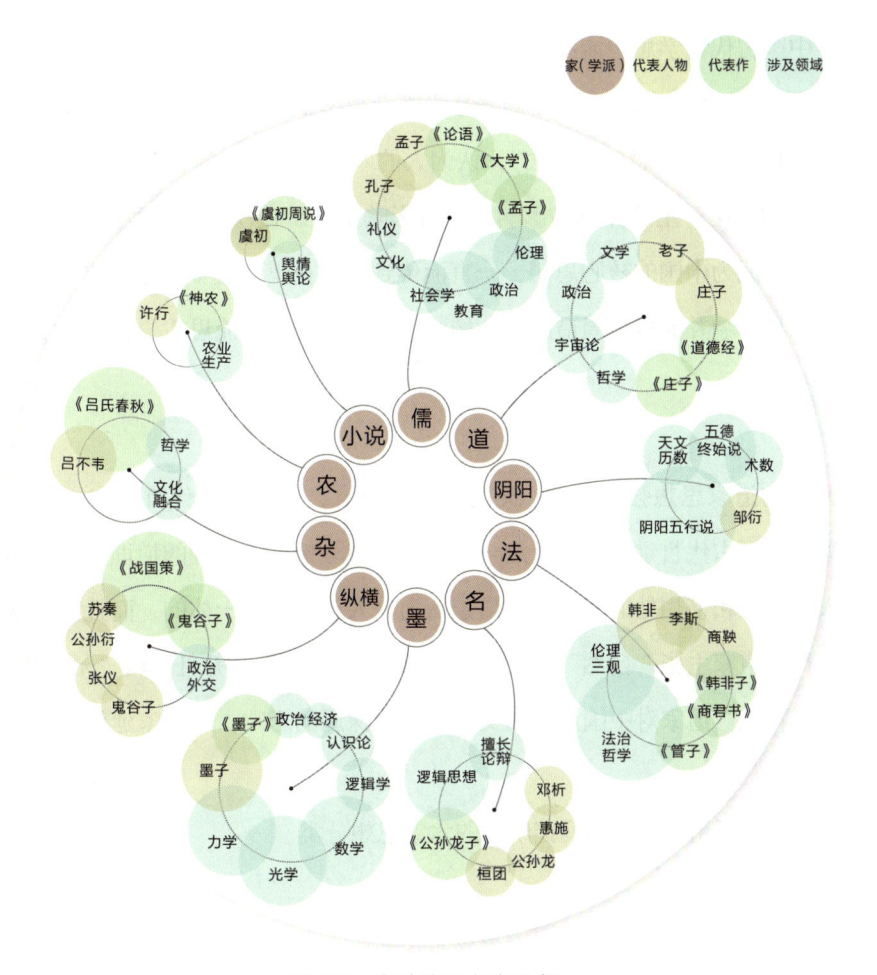

图 5.5　春秋战国各家思想

注：本图为春秋战国时期对古代中国有显著贡献的 10 个最具代表性的学派，以及该学派的代表人物、代表作及涉及领域，其中每个圆的大小表示其影响力大小。

儒家

孔子是中国古代最重要的哲学家之一，他的思想被称为儒家思想，对中国古代和现代的社会、政治、教育等领域产生了深远影响。孔子的政治思想是一个复杂而又完整的体系。孔子之后，孟轲和荀况分别继承和发扬了孔子思想中的仁政德治和礼治思想，进而形成先秦儒家政治思想的庞大系统。孔子的政治思想经过后世的继承和发扬，成为中国封建社会的正统思想，深刻地影响了当时社会的政治、经济、文化以及中华民族的政治观念，并对东亚、东南亚、欧洲产生了影响。

儒家是中国古代哲学思想流派之一，主张以仁、义、礼、智、信为核心价值观，强调道德修养和社会秩序。儒家认为，道德修养是人类获得幸福的基础，而社会秩序则是道德修养的外在体现。儒家的核心思想是"仁"，认为人的本性是善的，应该尊重自然，遵循自然规律。儒家对中国文化产生了深远的影响，一直影响至今。在汉武帝"罢黜百家，独尊儒术"之后，儒家思想成为中国的核心思想，一直流传到了现在。随着中国逐渐成为东亚文明的中心，儒家思想也影响并流传至周遭国家，构成了它们的文化主流思想、哲理与宗教体系。

道家

老子开创的道家思想强调自然、无为而治等概念，对中国古代哲学和文化产生了重要影响。道家是中国古代哲学思想流派之一，主张以道（指宇宙本源的道理）为核心，强调道德修养和人与自然和谐相处的重要性。道家认为，人与自然是一体的，而且人应该尊重自然，遵循自然规律。道家主张"自然"，认为人应该追求自然状态，并且强调"无为"，即不把人的意志强加于自然。道家对中国历史和文化产生了深远的影响，从道家延伸出的道教是中国的本土宗教。

冯友兰的观点可用于解释司马谈所说的六家思想分类。

> 儒家者流盖出于文士。墨家者流盖出于武士。道家者流盖出于隐者。名家者流盖出于辩者。阴阳家者流盖出于方士。法家者流盖出于法术之士。

除此之外，纵横家、杂家、农家及小说家对古代中国文明也做出了卓越的贡献。

阴阳家

阴阳家是中国古代哲学思想流派之一，代表人物是邹衍，主张以阴阳理解世间万物的变化。阴阳家认为世界是由阴和阳两种基本物质构成的，这两种物质相互作用、相互转化，推动着世间万物的变化。阴阳家还认为，人类的身体、心理、情感都是由阴阳两种物质构成的，而人的健康状况也取决于阴阳的平衡。阴阳的结合与相互作用产生了一切宇宙现象。该流派对先秦时期的民生、农耕、天文、历法以及战争有着不可替代的作用。与此同时，阴阳体系也构成了中

国古代最早的玄术科学。阴阳家的思想对中国传统医学有很大的影响，至今仍广泛流传。

法家

法家是中国古代哲学思想流派之一，主张以法（指政治、经济、军事等方面的制度和规范）为核心，强调维护社会秩序的重要性，代表人物有韩非和商鞅。法家认为，社会秩序是人类生存和发展的基础，而法制是维护社会秩序的重要手段。法家主张"以刑去刑"，以刑罚的威慑力统治人民。

名家

名家是中国古代哲学思想流派之一，代表人物有公孙龙，主张以名（事物的本质）为核心，强调探究事物本质的重要性。名家注重逻辑的严谨，探究事物本质，辨别"实"与"名"的差异。在名家看来，语言不仅能够表达思想和推导过程，也是思辨的对象。

墨家

墨家是中国古代哲学思想流派之一，由墨子创立。墨家主张"君子道"，认为人的本性是混沌不定的，应该通过道德修养来达到自我完善。墨家强调"仁"和"信"，认为人应该以仁爱之心对待他人，并遵守承诺。墨家认为，政治实践应该建立在道德基础上，并强调忠诚。墨子在力学、光学、数学、逻辑学等方面都进行过一定的研究，已经有意识地开展了一些科学观察和实验活动。墨子是手工机械制造的能手，会造车，善造守城器械，熟悉生产技术工艺，有丰富的科学技术知识。《韩非子·外储说》记载，墨子做出的飞鹰飞上高空，几日不落。

纵横家

纵横家，代表人物有鬼谷子、张仪、公孙衍、苏秦，多为策辩之士。他们主张统一天下、安定社会、强化国家权力，并重视政治和军事实力。纵横家认为，社会秩序和政治稳定是国家的基础，而国家的实力是维护社会秩序和政治稳定的重要手段。纵横家主张"兼爱"，即平衡爱憎，并且强调实事求是，不把意志强加于事实。纵横家对中国历史和文化产生了深远的影响。

杂家

杂家是战国末至汉初的哲学学派，代表人物有吕不韦、刘安。杂家也是博采各派思想的综合学派。杂家主张结合儒家、道家、法家、墨家和名家等思想流派的优点，形成一种新的思想体系；还主张求同存异，认为不同的思想流派都有其独特的价值，并且应该结合起来，互相促进。

农家

农家，代表人物为许行。农家是先秦时期反映农业生产和农民思想的学派。它主张以农业生产为核心，强调农业生产对社会经济和国家安全的重要性。农家认为，农业是人类生存和发展的基础，而农业生产是维护社会稳定和保障国家安全的重要手段。农家主张"务实"，认为应该着眼实际，以实际效益为导向，并且强调科学技术在农业生产中的重要作用。农家对中国历史和文化产生了深远的影响。

小说家

小说家，代表人物虞初，著有《虞初周说》。小说家是先秦九流十家之一，采集民间传说议论，借以考察民情风俗。小说家认为，小说是一种艺术形式，可以通过故事情节、人物形象、语言风格等手段来反映社会、文化和人民的生活。小说家以其精彩的小说作品而闻名于世，为中国文学做出了重大贡献。

寻根探源之《易经》

《易经》是中国阐述天地世间万象变化最古老的典籍。《易经》是中国古代六经之一，也是中国最早的一部关于哲学、道德、政治、天文、占卜等方面的综合性文献。《易经》共有六十四卦，每一卦都有一个卦名、一个卦象和一段卦辞。《易经》以卦象为基础，论述了道德、哲学、政治、天文、占卜等方面的内容，被誉为中国文化的基础。自东周以来，经过孔子的研究和传述，《易经》成为诸子百家学术思想的源泉。

易经八卦图如图 5.6 所示。八卦主要包括乾卦、兑卦、离卦、震卦、巽卦、坎卦、艮卦、坤卦。《易经》经历了很长时间的传承，其传承如图 5.7 所示，主要包括先秦易学、两汉易学、晋唐易学、两宋易学、元明易学、清代易学和近代易学。

图 5.6　易经八卦图

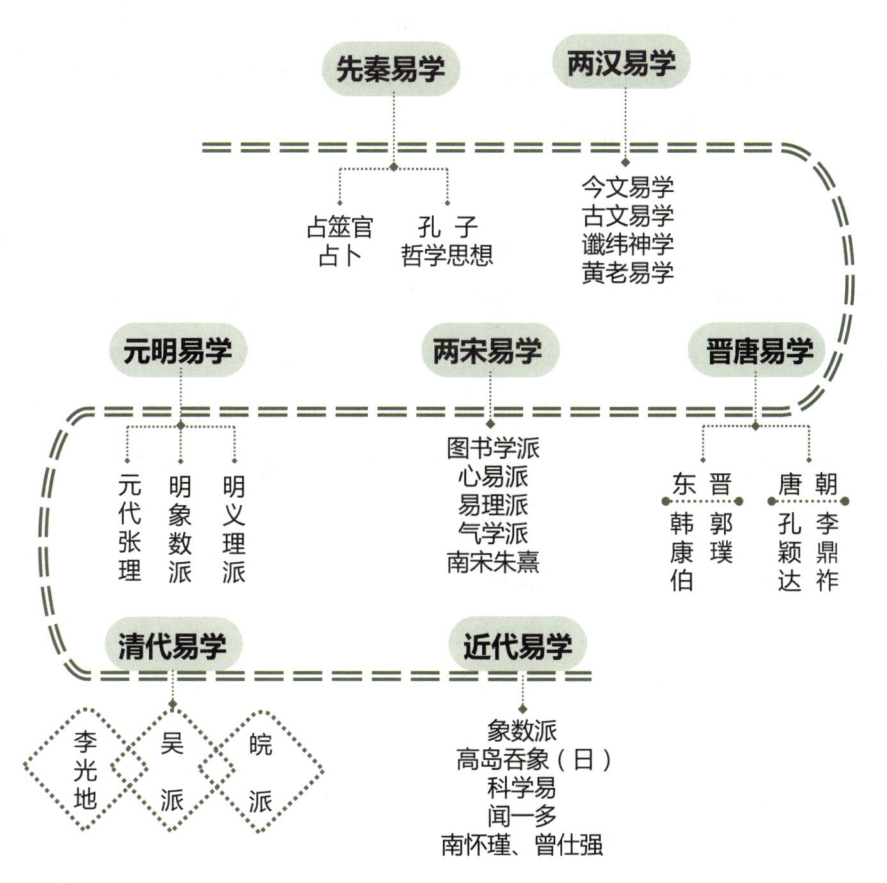

先秦易学
　占筮官　孔子
　占卜　　哲学思想

两汉易学
　今文易学
　古文易学
　谶纬神学
　黄老易学

元明易学
　元代张理
　明象数派
　明义理派

两宋易学
　图书学派
　心易派
　易理派
　气学派
　南宋朱熹

晋唐易学
　东晋韩康伯　郭璞
　唐朝李鼎祚　孔颖达

清代易学
　李光地　吴派　皖派

近代易学
　象数派
　高岛吞象（日）
　科学易
　闻一多
　南怀瑾、曾仕强

图 5.7　易经的历史传承

中医理论

中医是中国古代医学的总称，包括中医内科、外科、妇科、儿科、骨伤科等各个分科。中医认为，人体是一个整体，身体和精神应该保持平衡，才能保持健康。中医强调辨证论治，认为不同的疾病应该有不同的治疗方法。它重视预防，强调运用饮食调养、运动调理等方法来保持健康。中医在中国已有数千年的历史，对中国医学产生了深远的影响。

中医源于原始社会。春秋战国时期，中医理论已经基本形成，出现了解剖和医学分科，并开始采用"四诊"方法。中医治疗手段包括砭石、针刺、汤药、艾灸、导引、布气和祝由等。《黄帝内经》是中国传统医学四大经典著作之一，也是我国现存较早的一部医学典籍，是研究人体生理、病理、诊断学、治疗原则和药物学的医学巨著，在理论上建立了中医学上的"阴阳五行"、"脉象"、"藏象"、"经络"、"病因"、"病机"、"病症"、"诊法"、"论治"、"养生学"和"运气学"等学说。后来的中医学和养生学开始用阴阳五行解释人体生理，并出现了"医工"、金针、铜钥匙等工具和方法。中医是以汉族传统医学为基础的医学，是研究人体生理、病理以及疾病诊断和防治的一门学科。图 5.8 为中医五行学说的图解。

中医的基本思想是，人是一个小宇宙，人体与天道的运行有相似的规律。因此，中医学以阴阳五行作为理论基础，将人体看成气、形、神的统一体。它通过"望、闻、问、切"四诊合参的方法，探求病因、病性、病位，分析病机及人体内五脏六腑、经络关节、气血津液的变化，判断邪正消长，进而得出病名，归纳出证型。它以辨证论治为原则，制定"汗、吐、下、和、温、清、补、消"等治法，使用中药、针灸、推拿、按摩、拔罐、气功、食疗等多种治疗手段，使人体达到阴阳调和而康复。

中医形成了十二大学派（流派）。一、医经学派，《黄帝内经》是所有中医学派的理论之源；二、经方学派；三、伤寒学派；四、河间学派，它在发展的过程中又衍生出攻邪学派和滋阴学派；五、攻邪学派；六、滋阴学派；七、易水学派，形成了脾胃学派和温补学派；八、脾胃学派；九、温补学派；十、温病学派，由伤寒学派与河间学派所派生；十一、汇通学派；十二、火神派，大致就是从伤寒学派和温补学派的理论中衍变和发展起来的。

心位于胸中，主要功能是：
1. 主血脉，主神志
2. 其华在面
3. 开窍于舌
4. 与小肠相表里

心属火

肝位于右肋，主要功能是：
1. 主疏泄，主情志，消化，主藏血，主筋
2. 开窍于目
3. 其华在爪
4. 与胆相表里

肝属木

脾位于腹中，主要功能是：
1. 主运化，主统血，主肌肉、四肢
2. 开窍于口
3. 其华在唇
4. 与胃相表里

脾属土

← 相生
←-- 相克

肾属水

肺属金

肾位于腰部，左右各一，主要功能是：
1. 藏精，主生长发育与生殖，主水，主纳气，主骨，生髓，通于脑
2. 其华在发
3. 开窍于耳和二阴
4. 与膀胱相表里

肺位于胸中，上通咽喉，主要功能是：
1. 主气，司宣肃，通调水道，主皮毛
2. 开窍于鼻
3. 与大肠相表里

图 5.8　中医五行学说图解

四大发明

中国有着与西方国家不同的科技传统。古代中国为世界贡献了诸多发明创造，而且在哲学、天文、数学、医药、机械、冶金、陶瓷、纺织、建筑等众多方面发展出了独具特色的先进成果。中国古代创新的智慧成果和科学技术包括造纸术、指南针、火药、印刷术四大发明，对中国古代政治、经济、文化的发展产生了巨大的推动作用，经各种途径传至西方，对世界文明发展史产生了巨大的影响。

中国的造纸术是由东汉时期的蔡伦发明的，但也有考古证据表明，蔡伦只是改进了造纸术，并且将其大规模投入商业使用。据古书记载，蔡伦确立的造纸流程，是将桑树树皮、麻纤维、旧亚麻布和渔网的混合物加水煮烂，搅拌成泥，然后放入带芦苇织成的底垫的平板木筛捞取纸浆。这样可以在稍后抖掉水分，摊在阳光下晒干，生产出光滑、强韧的纸张。造纸术后来通过压制过滤、精炼和抛光的方式得到改进，这种方式可以制造出用来写字的高质量纸张。造纸术对知识的保存和信息的流通产生了巨大的影响。

古代中国四大发明之一的指南针的起源可以追溯到战国时期，它是一种广泛用于航海的指示方向的工具。古时候，它对贸易、战争和文化交流产生了深远的影响。宋朝早期，出现了一种带有磁针的指南针，小针的一端指向南方，另一端指向北方。在北宋时期，指南针被带到了阿拉伯国家和欧洲地区。

在指南针出现之前，人们依靠太阳、月亮和极星的位置来判断方向。天气阴沉或恶劣时，出行辨别方向就会变得困难。指南针出现后，人们可以轻松地在大洋上航行和探索新的地区，指南针也促进了新大陆的发现和航海业的发展。

火药是在约 9 世纪由中国炼丹师发明的，当时许多炼丹师致力于研究如何炼成长生不老的灵丹妙药，意外配出了火药。宋朝时，中国各种火药配方中的硝酸盐含量在 27%～50%。明朝时，《火龙经》中详细描述了火药在军事中的应用。此时火药的爆炸潜力得到了充分挖掘，火药配方中的硝酸盐含量已上升到 12%～91%。当时，中国人已经发明了如何用这种含硝酸盐的火药填充空心壳体来制造爆炸弹。

唐朝出现了雕版印刷术，主要用于印刷纺织品和复制佛教经典。雕版印刷术比其他的印刷术要先进几个世纪，它在 14 世纪或更早时期通过中亚传到了欧洲。中国的印刷技术在 11 世纪得到了进一步发展，北宋的毕昇发明了活字印刷术。如果要组装成千上万个单独的字模来印刷一本或几本书，活字印刷术无疑是低效且枯燥的，但如果用于印刷成千上万本书，这种方法就是极其高效和快速的。这种技术的优势在于，它可以快速地更换字型，并且可以使用各种不同的字体和字号来印刷文字。活字印刷术可以用来印刷书籍、报纸、杂志和其他文字资料。在 16 世纪，活字印刷术被带到欧洲，并在那里产生了巨大的影响。活字印刷术的发明是人类历史上的重大突破，它改变了人类传播信息的方式，为文学艺术的发展和人类文明的进步做出了巨大贡献。

第 6 章

西方科学的起源

1. 科学的思想基础

古希腊哲学是人类历史上最早的哲学思想之一，古希腊哲学家们探索了许多深奥的哲学问题，如生命、理性、宇宙和真理等。古希腊哲学家们首次提出了科学研究应该通过实验和观察来验证的思想。这个理念对科学的发展起到了非常重要的作用，它为科学家提供了一种科学研究的方法，使科学家们能够通过实验和观察来检验和证明其研究结果的可靠性。亚里士多德提出世间万物皆由土、水、火和空气"四种元素"组成。这个理论为后来的科学家提供了一个基本的框架，使他们能够更好地理解宇宙的结构和物质的形成。这些思想在某种程度上对科学的发展产生了重要影响。

还原论的鼻祖

古希腊对现代科学的一个很大贡献就是创立了早期的还原论。还原论的鼻祖是古希腊的德谟克里特，他是古希腊的一位哲学家，有"原子论创立者之一"的称号。他提出了"万物皆由无限个不可再分的基本粒子——原子构成"的理论。他认为，原子是宇宙的基本组成单位，它们是不可分割的。德谟克里特还是第一个将科学方法应用到哲学领域的人。他认为，哲学应该通过实验和观察来验证，而不是依靠猜测或想象。这使得他的哲学思想与当时传统的哲学家们有所不同，他的哲学思想为西方哲学的发展做出了巨大贡献。这种方法可以把复杂问题分解为几个简单问题的相加，极大地推动了复杂问题的解决。之后笛卡儿完善了德谟克里特的理论，并创造出还原论。牛顿用这个方法建立了第一个科学理论，即牛顿力学，它标志着现代科学的诞生。

哲学的先驱

古希腊哲学可以划分为很多学派，具体包括米利都、毕达哥拉斯、埃利亚、爱非斯、多元论、原子论、智者和犬儒八大学派。图 6.1 标示了古希腊哲学代表学派及对应人物，可以看到哲学家们密集活动于公元前 550 年至公元前 425 年。

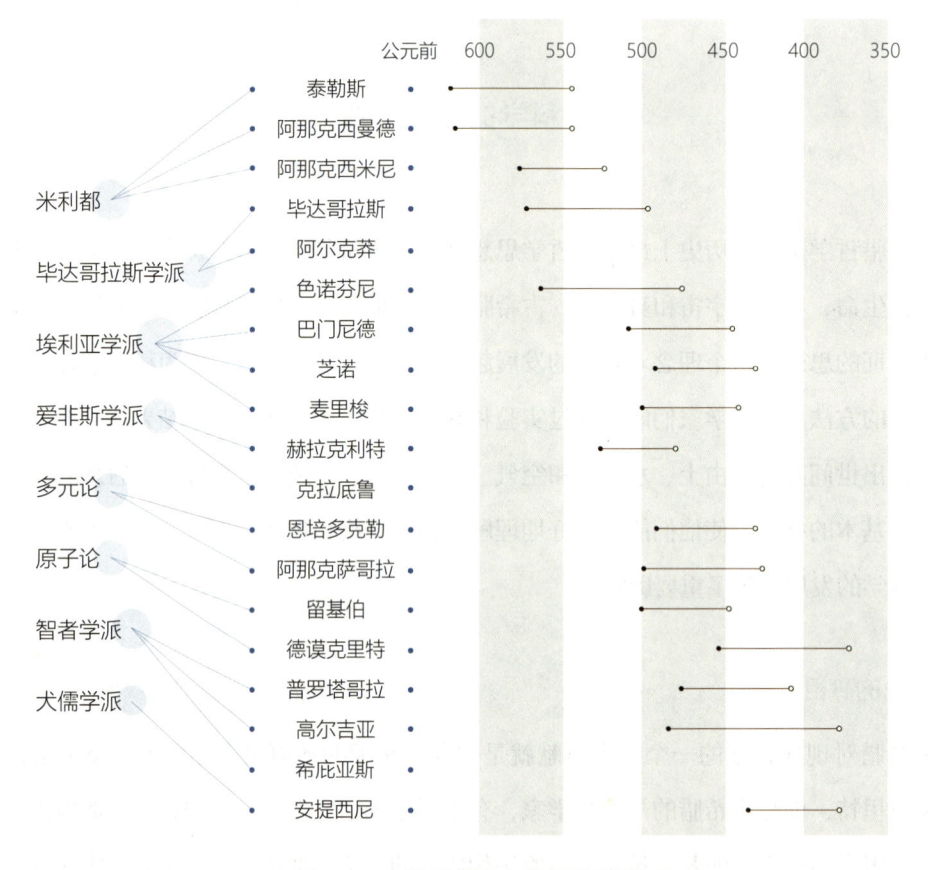

图 6.1 古希腊哲学家及哲学学派

注：本图标示了古希腊哲学代表学派及对应人物，左侧为八大学派，由蓝线连接对应的哲学家，这些哲学家的活动时间集中在公元前 550 年至公元前 425 年，黑线左端实心圆表示出生点，右端空心圆表示死亡点。

对现代科学影响最大的是古希腊三杰，他们是苏格拉底、柏拉图和亚里士多德。他们之间有着非常深厚的关系。此外，欧几里得和阿基米德是非常有影响的两位科学家。接下来，

我们对他们的基本情况略作介绍。

苏格拉底的哲学

苏格拉底是古希腊著名的哲学家，出生于公元前 469 年。他被认为是古希腊哲学史上最伟大的哲学家之一，也是西方哲学的奠基人之一。苏格拉底没有留下任何书面作品，但他的思想通过他的门徒和后人被记录下来，对后来的哲学家产生了深远的影响。

苏格拉底

（公元前469—公元前399年）

- 国籍：古希腊
- 职业：哲学家
- 代表作品：《克堤拉斯篇》《泰阿泰德篇》《智士篇》《政治家篇》
- 著名方法：教学法、反诘法

苏格拉底主要从事哲学教学和哲学研究。他提出了许多重要的哲学问题，包括"什么是知识""什么是正义""什么是幸福"等。他认为，人类应该通过思考和探究来寻求真理，并通过道德行为来追求幸福。其思想深刻影响了后来的哲学家。他的门徒柏拉图和亚里士多德都是古希腊哲学史上最伟大的哲学家之一。苏格拉底的思想也影响了西方文化的其他领域，包括政治、经济、法律和教育等。

苏格拉底生前有许多传奇故事。据说他在公元前 399 年被控告"破坏宗教"和"颠覆社会"，最终被判处死刑。但他的思想却在他死后流传了下来，并对后来的哲学家产生了深远的影响。苏格拉底的思想被认为是古希腊哲学的重要组成部分。他对人类真理的追求和对道德行为的重视，给后来的哲学家提供了重要的启示和指导。

传授知识：他以传授知识为生，30 多岁时做了一名不取报酬也不设馆的社会道德教师。他的任务就是到处找人谈话，讨论问题，探求对人最有用的真理和智慧。

提倡做人：他提倡人们认识做人的道理，过有道德的生活。他把哲学定义为"爱智慧"，他的一个重要观点是，自己知道自己无知，并认为未经审视的人生不值得度过。

受到迫害：在雅典恢复奴隶主民主制后，苏格拉底被控以藐视传统宗教、引进新神、腐化青年和反对民主等罪名，被判处死刑，终年70岁。苏格拉底主张新神，认为新神是道德善、智慧真的源泉——宇宙理性的神。这个宇宙理性的神是苏格拉底哲学追求——真正的善——的终极根据。他一生没留下任何著作，他的行为和学说，主要是通过他的学生柏拉图和色诺芬著作中的记载流传下来的。

后世影响：苏格拉底的影响是巨大的。苏格拉底关于灵魂的学说，使得精神和物质的分化更加明朗。苏格拉底明确地将灵魂看成与物质有本质不同的精神实体。在苏格拉底看来，事物的产生与灭亡，不过是某种东西的聚合和分散。苏格拉底对后世的哲学家产生了强烈的影响，他对艺术、文学和大众文化的描述使他成为西方哲学传统中最广为人知的人物之一。

柏拉图的思想

柏拉图是古希腊著名的哲学家，出生于公元前427年。他是苏格拉底的门徒，也是西方哲学的奠基人之一。柏拉图主要从事哲学教学和写作，他的许多著作被认为是哲学史上的经典著作，这些著作给后来的哲学家带来了深远的影响。

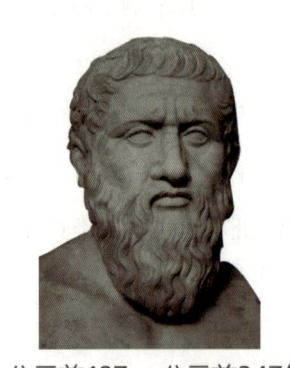

柏拉图

（公元前427—公元前347年）

- 国籍：古希腊
- 职业：哲学家
- 著名思想：理念论、理想国学说
- 代表作品：《理想国》
- 主要地位：西方哲学奠基者之一

柏拉图在他的著作中探究了许多重要的哲学问题，包括"什么是知识""什么是美""什么是正义"等。他还提出了"理性主义"的理论，认为人类的理性是人类最高的品质，应该被视为人类的本性。柏拉图还提出了"理想国"的概念。他认为，理想国是一个由理性主义者统治的国家，在这个国家里，人们能够通过探究真理来获得幸福。他的理想国理论为后来的政治理论家提供了重要的启示和指导。柏拉图的思想对古希腊哲学和西方哲学的发展产生了深远的影响。

开办学校：他在约公元前387年返回雅典，在雅典创立了柏拉图学园。这所学园成为西方文明最早的有完整组织的高等学府之一，它也是中世纪时在西方发展起来的大学的前身。学园存在了900多年，受毕达哥拉斯的影响较大，课程设置类似于毕达哥拉斯学派的传统课题，包括算术、几何学、天文学以及声学。学园培养出了许多知识分子，其中最杰出的是亚里士多德。

西方哲学奠基者之一：柏拉图承接并发展了苏格拉底的思想，其哲学体系博大精深，著作以对话录的形式留存于世。柏拉图指出，世界由"理念世界"和"现象世界"组成。理念的世界是真实的存在，永恒不变，而人类感官所接触到的这个现实的世界，只不过是理念世界的微弱的影子，它由现象组成，而每种现象因时空等因素的变化表现出暂时变动等特征。由此出发，柏拉图提出了一种理念论和回忆说的认识论，并将它作为其教学理论的哲学基础。

宇宙观：柏拉图的宇宙观基本上是一种数学的宇宙观。他设想宇宙开头有两种直角三角形，一种是正方形的一半，另一种是等边三角形的一半。通过这些三角形就合理地产生了四种正多面体，这就是组成四种元素的微粒。火微粒是正四面体，气微粒是正八面体，水微粒是正二十面体，土微粒是立方体。第五种正多面体是由正五边形形成的十二面体，这是组成天上物质的第五种元素，叫作以太。整个宇宙是一个圆球，因为圆球是对称和完善的，球面上的任何一点都是一样的。宇宙也是活的、运动的，有一个灵魂充溢全部空间。宇宙的运动是一种环行运动，因为圆周运动是最完善的，不需要手或脚来推动。四大元素中的每一种元素在宇宙内的数量是这样的——火对气的比例等于气对水的比例和水对土的比例。万物都可以用一个数目来定名，这个数目就是表现它们所含元素的比例。这种模型解释了宇宙是如何开始的，但如果它同时又假设了灵魂永恒（理念世界），则把这个"开始"理解成"世界开始"更加合理，宇宙本来就有，宇宙永恒。

观点分析：柏拉图曾在意大利南部遇到毕达哥拉斯学派的学者，这也有可能对他的哲学观点产生了影响。以下是柏拉图和毕达哥拉斯学派的一些主要的共同观点。1. 视数学为万物的本质；2. 宇宙二元论——真理（理念）世界和由影子组成的可见世界；3. 灵魂的轮回和不朽；4. 对理论科学感兴趣；5. 宗教神秘主义和道德禁欲主义。

丰富著作：柏拉图才思敏捷，研究广泛，著述颇丰。以他的名义流传下来的著作有30多篇，另有13封书信。柏拉图的主要哲学思想都是通过对话的形式记载下来的。在柏拉图的对话中，有很多是以苏格拉底之名进行的谈话，因此人们很难区分哪些是苏格拉底的思想，哪些是柏拉图的思想。

亚里士多德的思考

亚里士多德，古代先哲，古希腊人，世界古代史上伟大的哲学家、科学家和教育家，堪称古希腊哲学的集大成者。他是柏拉图的学生，亚历山大的老师。

亚里士多德

（公元前384—公元前322年）

- 国籍：古希腊
- 职业：哲学家
- 著名思想：理性、逻辑
- 主要成就：亚里士多德学派
- 代表作品：《工具论》《形而上学》《物理学》

作为一位百科全书式的科学家，他几乎对每个学科都做出了贡献。他的著作涵盖了许多学科，包括物理、生物、动物学、形而上学、逻辑、伦理学、美学、诗歌、戏剧、音乐、修辞学、心理学、语言学、经济学、政治学、气象学和地质学。他的哲学对西方几乎所有领域的科学知识都产生了深远的影响，并且仍然是当代哲学讨论的课题。亚里士多德的观点深深地影响了中世纪的科学界，特别是对物理学的影响一直延续到文艺复兴时期，直到18世纪牛顿经典力学出现颠覆了亚里士多德的理论，其在物理学上的地位才被取代。

教导大帝：公元前343年，亚里士多德受马其顿国王腓力二世的聘请，担任年仅13岁的亚历山大大帝的老师，对这位未来的世界领袖进行了道德、政治以及哲学方面的教育。正是在亚里士多德的影响下，亚历山大大帝始终对科学事业非常关心，对知识十分尊重。

创办学校：公元前335年，亚里士多德回到雅典，依然受到了亚历山大的物资和土地资助。亚里士多德创办了吕克昂学园，在此期间，他边讲课边撰写了多部哲学著作。亚里士多德讲课时有一个习惯，那就是边讲课边漫步于走廊和花园。正是因为如此，学园的哲学被称为"逍遥的哲学"或者是"漫步的哲学"，由他在这里创立的学派，得名为"逍遥派"。

哲学思想——辩证法：亚里士多德本人看中的是物体的形式因和目的因，他相信形式因蕴藏在一切自然物体和作用之内。他还认为，在具体事物中，没有无质料的形式，也没有无形式的质料，质料与形式的结合过程，就是潜能转化为现实的运动。这一理论表现出自发的辩证法的思想。亚里士多德在哲学上最大的贡献在于创立了形式逻辑这一重要分支学科。逻辑思维是亚里士多德在众多领域建树卓越的支柱，这种思维方式自始至终贯穿于他的研究、统计和思考之中。

天文：亚里士多德认为运行的天体是物质的实体，地球是球形的，是宇宙的中心；地球和天体由不同的物质组成，地球上的物质由水、气、火、土4种元素组成，天体由第五种元素"以太"构成。

物理：亚里士多德关于物理学的思想深刻地塑造了中世纪的学术思想，其影响力延续至文艺复兴时期，虽然最终被牛顿物理学取代。

生物：亚里士多德是将生物学分门别类的第一人，他专门著作（如涉及动物分类、动物繁殖等），首先发现了比较法的启发意义并理所当然地被尊称为比较法的创始人。他是详细叙述很多种动物生活史的第一人，写出了关于生殖生物学和动物生活史的第一本书，还特别注意生物多样性现象以及动植物之间的区别的意义。

科学的启蒙

欧几里得的几何

欧几里得是古希腊时期的数学家，被誉为"几何之父"。他生活在公元前 4 世纪左右，有许多著名的数学著作，其中最著名的是《几何原本》。该书收录了他所有关于几何的研究成果，并提出了许多基础性的几何定理，如直线平行定理、欧几里得定理和勾股定理。欧几里得的《几何原本》被广泛地认为是历史上最成功的教科书之一。欧几里得也写了一些关于透视、圆锥曲线、球面几何学及数论的作品。他的思想对后世的数学家产生了深远的影响，并成为西方数学的基础。

欧几里得

（约公元前330—公元前275年）

- 国籍：古希腊
- 职业：数学家
- 主要领域：几何学
- 代表作品：《几何原本》
- 主要成就：欧几里得算法、完全数

《几何原本》：欧几里得的几何学研究终于在公元前 300 年结出丰硕的果实，那就是几经易稿而最终定型的《几何原本》。这是一部传世之作，正是有了它，几何学不仅第一次实现了系统化、条理化，而且孕育出了一个全新的研究领域——欧几里得几何学，简称欧氏几何。直到今天，他所创作的《几何原本》仍然是世界各国学校里的必修课内容，从小学、初中至大学，以及现代高等学科都有他创作的定律、理论和公式的应用。

全书共分 13 卷，包含了 5 条"公理"、5 条"公设"、23 个定义和 467 个命题。在每一卷内容当中，欧几里得先提出公理、公设和定义，然后再由简到繁地证明它们，使得全书的论述更加紧凑和明快。而整部书的内容也同样贯彻了他的这种独具匠心的安排：由浅到深、从简至繁，先后论述了直边形、圆、比例论、相似形、数、立体几何以及穷竭法等内容。其中有关穷竭法的讨论，成为近代微积分思想的来源。

阿基米德的力学

阿基米德，伟大的古希腊哲学家，百科式科学家，数学家，物理学家，力学家，静力学和流体静力学的奠基人，享有"力学之父"的美称。后人常把阿基米德、高斯和牛顿并列为有史以来三个贡献最大的数学家。阿基米德曾说过：给我一个支点，我就能撬起整个地球。

阿基米德

（公元前287—公元前212年）

❖ 国籍：古希腊

❖ 职业：数学家、物理学家

❖ 主要领域：几何学、力学

❖ 代表作品：《论杠杆》

❖ 主要成就：面积及体积计算法、杠杆原理、浮力定律

阿基米德流传于世的著作有10余部，多为希腊文手稿。他的著作集中探讨了求积问题，主要是曲边图形的面积和曲面立方体的体积，其体例深受欧几里得《几何原本》的影响，先是假设，再以严谨的逻辑推论进行证明。他的作品始终融合数学和物理，不断地寻求将一般性原则用于特殊的工程上。阿基米德对数学和物理的发展做出了巨大的贡献，对社会进步和人类发展产生了不可磨灭的影响，牛顿和爱因斯坦都曾从他身上汲取过智慧和灵感，他是"理论天才与实验天才合于一人的理想化身"，文艺复兴时期的达·芬奇和伽利略等人都视他为楷模。

教育经历：公元前267年，阿基米德被父亲送到埃及的亚历山大城，跟随欧几里得学习。他在这里学习和生活了许多年，兼收并蓄了东方和古希腊的优秀文化遗产，这对其后的科学生涯产生了重大的影响,奠定了阿基米德日后从事科学研究的基础。

奠基静力学:阿基米德确立了静力学和流体静力学的基本原理,给出了求几何图形重心,包括由一抛物线和其平行弦线所围成图形的重心的许多方法。阿基米德证明了物体在液体中所受浮力等于它所排开液体的重量,这一结果被称为阿基米德原理。他还给出正抛物旋转体浮在液体中平衡稳定的判据。阿基米德发明的机械众多,有引水用的水螺旋、能牵动满载大船的杠杆滑轮机械、能说明日食月食现象的地球-月球-太阳运行模型。但他认为机械发明比纯数学低级,所以没有留下任何这方面的著作。阿基米德还采用不断分割法求椭球体、旋转抛物体等的体积,这种方法已具有现代微积分计算的雏形。

2. 古希腊文明的贡献

在自然历史领域以及各门描述科学里,近代研究者还是在延续古代研究者的工作。首先,由于重新研究了古典作家,人们逐渐产生的对独立观察的兴趣日益取代了习惯上对书本和权威的信赖。比较精密的科学的发展也大大促进了各门描述科学的发展,使得它们所积累的观察资料远远超过了古代。

另外,古代人所获得的科学知识在中世纪没有完全丧失掉。无论怎样,在古希腊流亡者或者移民的帮助下,东方同西方的古代科学保持着一定程度的连续性。人们甚至企图通过独立研究来发展这种知识。我们发现,在9—10世纪,许多阿拉伯作家在科学和医学上显示出了一定的独立性。[1]

古希腊的科学成就是在古埃及和古巴比伦知识的基础上发展起来的,古希腊科学流露出新经验主义和实用主义倾向。泰勒斯、毕达哥拉斯和亚里士多德等人发展了数学、天文学和逻辑学方面的思想,这些思想影响了西方思想、科学和哲学数百年。亚里士多德是第一个对逻辑学进行系统研究的哲学家,阿那克西曼德和恩培多克勒等古希腊哲学家发展了早期的进化论思想。此外,毕达哥拉斯的数学定理至今仍在被使用。

自然科学

数学

古希腊人已从根本上奠定了数学的基础，欧几里得更是使之臻于系统化。阿基米德和阿波罗尼奥斯对数学科学，尤其是圆锥曲线理论，做了重要的补充。接着，托勒密在《天文学大成》中提出了平面三角学和球面三角学的纲要。更晚些时候，主要借助于印度和阿拉伯，通用的数系和代数学的雏形出现了。古希腊人还曾教导世人怎样把数学运用于解答天文学和力学中的问题，在托勒密和阿基米德的著作里有大量这种应用例子。

当时的第一个著名天文学家，萨摩斯人阿利斯塔克（约公元前310—公元前230年）提出了可能是当时最有独创性的科学假说。据阿基米德的记载，阿利斯塔克认为地球每天在自己的轴上自转，每年沿圆周轨道绕日一周，太阳和恒星都是不动的，而行星则以太阳为中心沿圆周运转。阿利斯塔克关于这种理论的叙述即使曾经被写下来，也已经失传了。不过他的学说在当时好像很有名，因为根据普卢塔克的记载，斯多葛派哲学的领袖克利安西曾经说过应当控诉阿利斯塔克亵渎神圣之罪。[2]

阿利斯塔克《论日月的大小和距离》一书流传至今。这部著作第一次在科学上试图测量日、月和地球之间的相对距离。阿利斯塔克设想在上下弦即月半圆时，日、月和地球应当形成一个直角三角形，通过测量日、月和地球之间的角距，人们就可以测算太阳和月亮的相对距离。他量出的角度是87°，根据这个数字，他算出太阳和地球的距离是月亮和地球的距离的19倍。不过实际上根据这个角度算出的日、月和地球距离的比值还要大些。月亮在日食时一般都刚好遮着太阳，所以阿利斯塔克设想太阳的直径是月亮直径的19倍。他在月食时又计算了地球影子的宽度，亦即地球的大致直径，等于月亮直径的3倍。这样，他就论证说，太阳的直径一定比地球的直径大6倍到7倍。这是史上第一个把数学的方法应用于天文学的例子。

化学

化学也在亚历山大城成长。在那里，古埃及传下来的经验知识同古希腊思想碰撞，使化

学变得更加科学。但是，由于新柏拉图主义的影响，亚历山大城的化学家变成了神秘的方士。他们搜寻能够创造奇迹的物质，例如能把贱金属变成贵重金属的"哲人石"，或者能够起死回生的"长生不老药"或"万应灵药"。虽然中世纪的科学家也对实验化学做出过一些有价值的贡献，但人们的主要兴趣还在于这种炼金术。近代以来，化学在很长时间里仍基本保持着它的中世纪特征。

天文学

古希腊人在天文学方面也获得了令人瞩目的成就。正确的天文学理论已有了开端，只是有待完备。古希腊人使用的天文学方法和仪器跟近代第一批天文学家使用的在本质上是相同的，他们的研究方向也基本相同。地球的周长、它与其他天体的关系、恒星区域的形貌学、空间和时间的精确测定以及交食之类天文学事件的预测，所有这些问题都是古代，尤其是亚历山大里亚时期的人们所熟悉的，而近代的人们首先是从托勒密的著作中学到这些东西的。图 6.2 展示了黄道十二宫。黄道十二宫是占星学中描述天象图案的一种方法。黄道带被分为 12 个部分，每个部分被称为一个宫。黄道十二宫对应着十二星座①。由于地球是一个椭球体，赤道半径比极半径大，且地球的赤道面与黄道面之间有个角度，于是地球在日、月、行星引力的作用下，自转轴会发生变化，产生所谓的"岁差"。作为白羊宫第一点的春分点，本应在白羊座内，但岁差现象使得白羊宫向西移动 30 多度脱离了白羊座，因此春分点在双鱼座内。黄道十二宫起源于古巴比伦，古希腊人命名了黄道附近的 12 个星座。[3]

本轮均轮说的起源

阿利斯塔克是最早提出日心说的人，他运用数学来描述天体运行，且认为地球可能围绕太阳运行，并对太阳和月球的大小与距离做出了估计。阿波罗尼奥斯设想出了一种几何结构，可以用来解释行星和地球之间的不同距离。他指出如果行星沿圆周运动，本轮的中心则在另一个圆周均轮上面，而均轮的中心则是地球，那么行星和地球之间的距离就会有所不同；通过适当选择一些圆周，人们就可以从数量上说明行星的运动规律。另一个办法是设想天体运行的轨道都是偏心圆，轨道的中心离地球中心有一定的距离（见图 6.3）。

---

① 也有黄道十三星座的说法，在十二星座的基础上多了一个蛇夫座。

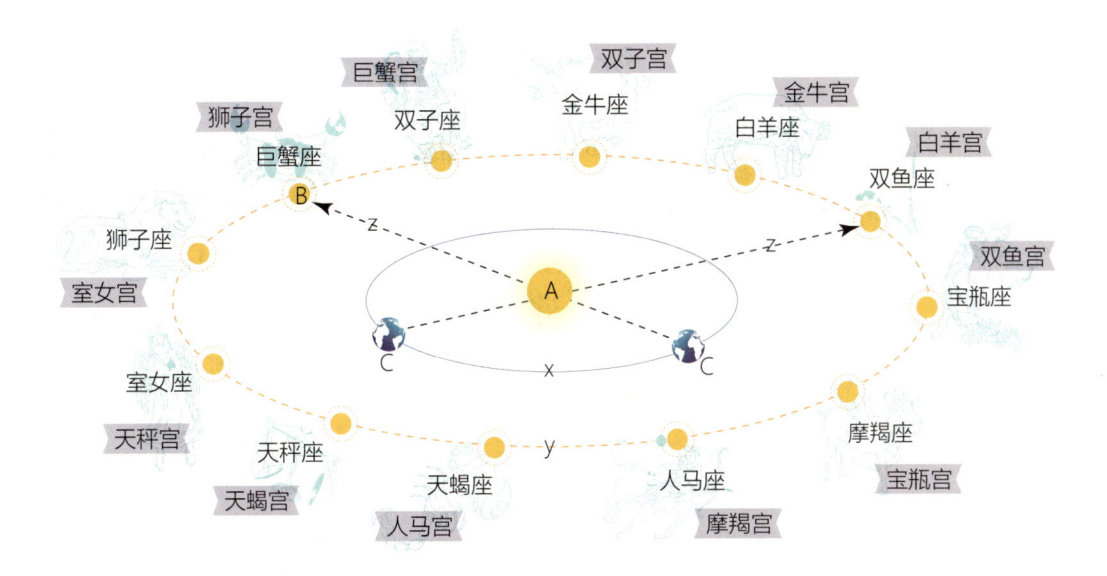

图 6.2 黄道十二宫

注：本图直观地展示了黄道和黄道十二宫。图中 A 球表示太阳的实际位置，C 球表示地球的实际位置，C 球在蓝色实线轨道 x 上以太阳为中心运动，x 是地球的实际运动轨迹。B 球共 12 个，表示古人在地球上观测并记录的太阳运动的位置，带箭头的黑色虚线 z 指示了观测记录的方式，因此这 12 个以地球为观测中心的 B 球所形成的轨迹即为黄色虚线 y 所表示的黄道，黄道十二宫表示古人所记录的太阳在黄道上的位置，而本图也对应标注了古人记录的在相应位置所观测到的星座。

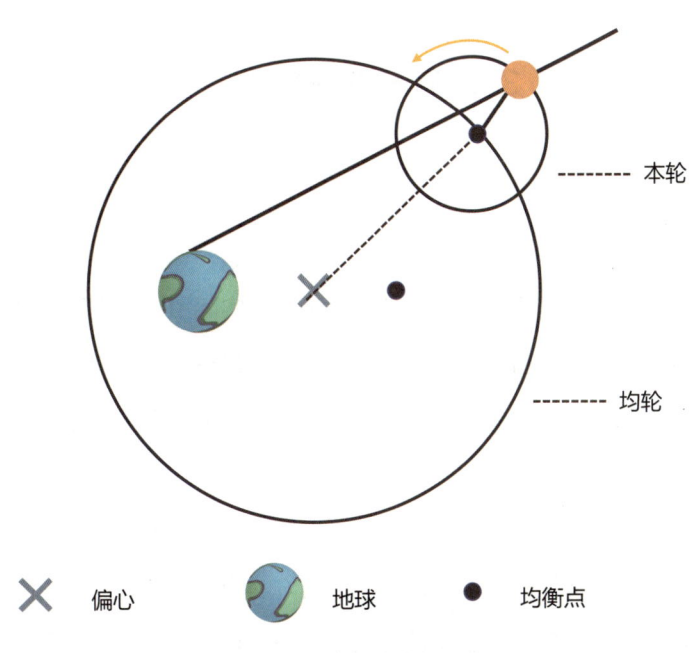

图 6.3 本轮均轮说的起源

医学的短暂兴盛

古希腊文明是最早研究医学的古代文明之一，古希腊人将医学作为治疗疾病的一种科学方法。他们的医生研究病人的症状，然后想出一些实用的治疗方法。希罗菲卢斯是实施系统性人体解剖的第一人。他看出脑是智力的来源，而亚里士多德则认为是心；他把神经和动作与感觉的机能联系起来。他也是第一个区别静脉和动脉的人，看出动脉有搏动，而静脉没有。

古希腊最著名的医生是希波克拉底，西方医学的始祖，被称作"医学之父"。希波克拉底认为，人类正如宇宙中的其他部分一样，是由四种元素——土、气、水、火组成的，这四种元素和人体中的四种体液（黑胆汁、黄胆汁、血液和黏液）相对应。当这四种体液处于平衡时，人就是健康的；失衡时，人就会得病。这种理论几乎一直延续到19世纪。今天，许多医科学生仍然遵守维护医德的"希波克拉底誓言"。

3. 古罗马文明的光辉

早期传承者

古罗马科学家强调科学的实用性——物理学必须具有实际用途，生物学必须有助于提高农业产量，代数和几何学必须结合起来提供最佳答案，以建造最令人印象深刻的圆顶和拱门。这种对科学知识的探索通常是由富有的人赞助的，他们为寻求公众声誉而成了科学文化的积极推动者。

3世纪中叶，埃及的新柏拉图主义思想家普罗提诺和叙利亚的波菲里改变了科学思想以及宗教和哲学。基督教的一神论在4世纪已经成为官方的国教。基督徒对任何与他们的宇宙观相反的科学理论都持谨慎态度，但这两种立场并不一定是对立的。实际上，几位重要的科学家都是基督徒，例如广泛撰写宇宙学著作的卡尔西迪乌斯（约375年）。

在古罗马时期，许多科学家脱颖而出，他们试图研究早期的古希腊科学，并将这一知识体系与一些新的发现和理论结合成一个适合罗马人生活方式的实用思想集（见图6.4、图6.5）。

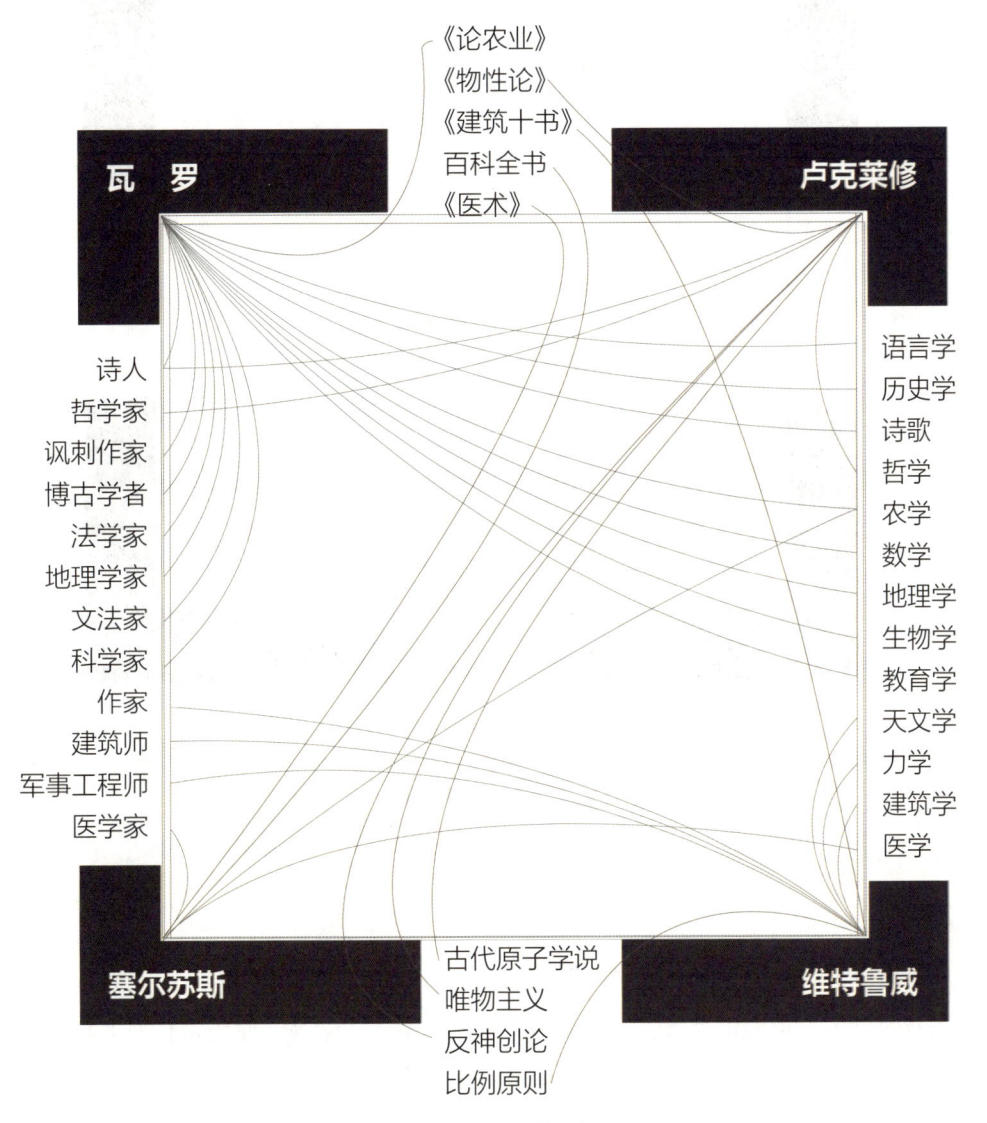

```
         《论农业》
         《物性论》
         《建筑十书》
瓦 罗      百科全书       卢克莱修
         《医术》

诗人                     语言学
哲学家                   历史学
讽刺作家                 诗歌
博古学者                 哲学
法学家                   农学
地理学家                 数学
文法家                   地理学
科学家                   生物学
作家                     教育学
建筑师                   天文学
军事工程师               力学
医学家                   建筑学
                        医学

         古代原子学说
         唯物主义
塞尔苏斯   反神创论      维特鲁威
         比例原则
```

图 6.4　古罗马科学家 1

注：图中四角分别为对应标注的科学家，上、下、左、右四边分别列举并连线标示了他们对应的著作、主要相关理论、职业和学科领域。

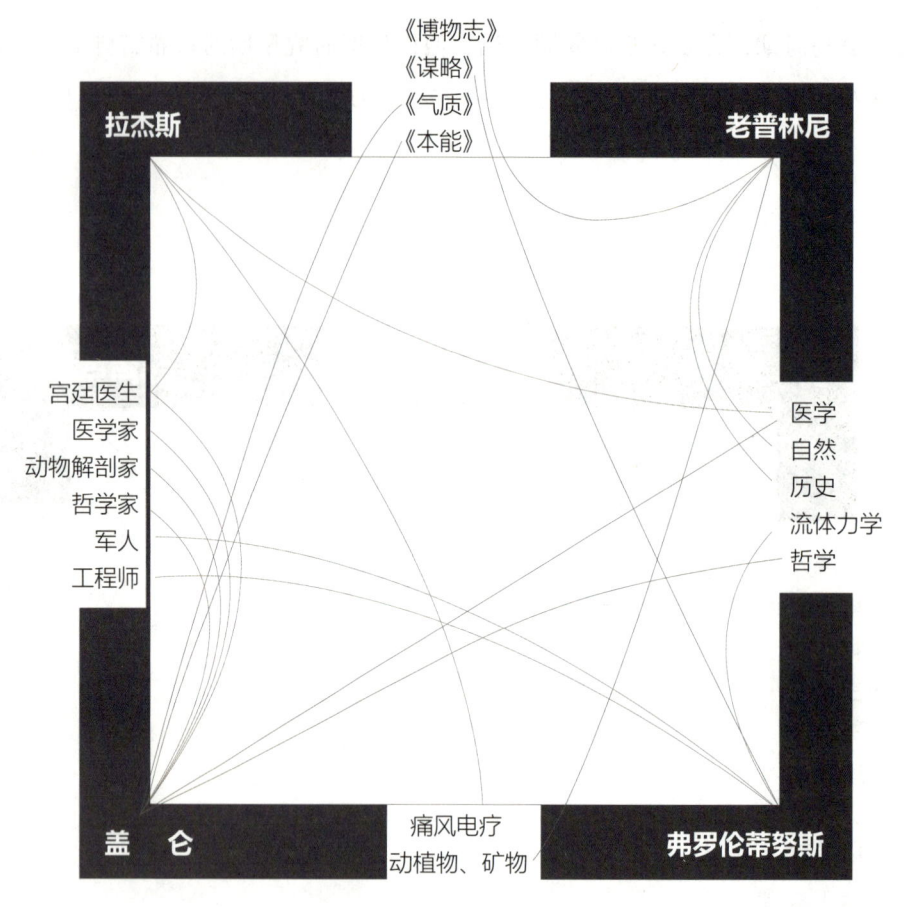

```
              《博物志》
              《谋略》
拉杰斯         《气质》        老普林尼
              《本能》


宫廷医生                      医学
医学家                        自然
动物解剖家                    历史
哲学家                        流体力学
军人                          哲学
工程师


              痛风电疗
盖 仑          动植物、矿物   弗罗伦蒂努斯
```

图 6.5　古罗马科学家 2

注：图中四角分别为对应标注的科学家，上、下、左、右四边分别列举并连线标示了他们对应的著作、主要相关理论、职业和学科领域。

瓦罗

瓦罗是古罗马最博学的人之一，他是诗人、讽刺作家、博古学者、法学家、地理学家、文法家及科学家，精通语言学、历史学、诗歌、农学、数学等，他还著有关于教育和哲学的作品。他是除奥利金外最多产的古代著作家之一，著有约 620 部作品，78 岁时已写出了 490 多篇论文和专著，主题广泛。他力图掌握全部古希腊文化并用古罗马的精神加以改造。他在著作《论农业》中谈到农业生产工具时，把奴隶看作一种生产工具。由于奴隶在生产劳动中没有兴趣和积极性，瓦罗在农业上看到了雇佣劳动比奴隶劳动优越。他在数学、地理学、生物学等其他方面的成果，通过他对后来的作家如维特鲁威、奥古斯丁等产生的巨大影响而得以延续。

卢克莱修

卢克莱修是罗马共和国末期的诗人和哲学家，以哲理长诗《物性论》著称于世。他继承了古代原子学说，特别是阐述并发展了伊壁鸠鲁的哲学观点。卢克莱修认为物质的存在是永恒的，提出了"无物能由无中生，无物能归于无"的唯物主义观点；他反对神创论，认为宇宙是无限的，有其自然发展的过程，人们只要懂得了自然现象发生的真正原因，宗教偏见便可消失；他承认世界的可知性，认为感觉是事物流射出来的影像作用于人的感官的结果，是一切认识的基础和来源，驳斥了怀疑论；他认为幸福在于摆脱对神和死亡的恐惧，得到精神的安宁和心情的恬静。

维特鲁威

维特鲁威是古罗马作家、建筑师和军事工程师，在建筑和历史上有重要地位，活跃于公元前1世纪。尽管他建了一座长方形廊柱大厅式基督教堂，但是人们对他的关注更多来自他的著作——《建筑十书》。书中记录了测量、城市规划、数学、比例原则、材料、天文学和力学等领域的内容。这是世界上第一部留存至今的完整的建筑学著作，也是现在仅存的罗马技术论著。他最早提出了建筑的三要素"实用、坚固、美观"，并且首次谈到把人体的自然比例应用到建筑的丈量上，总结出了人体结构的比例规律。

塞尔苏斯

塞尔苏斯是古罗马时期的一位医学家，编纂了著名的百科全书，其中前5卷与农业相关，但现仅存关于医学的8卷，被称为《医术》，包括医学（新旧）以及饮食、治疗和手术等主题。其中1—8卷分别讲述医学史、一般病理学、特定疾病、身体部位、药理学（第5、6卷）、手术和骨科。

拉杰斯

拉杰斯是罗马皇帝克劳狄乌斯的宫廷医生。拉杰斯提议用电鳐来治疗痛风和头痛。对于痛风，他开出的药方是，病人站在潮湿的沙滩上，用脚踩电鳐，直到从脚到膝盖都被电麻了为止。治疗头痛则要把电鳐放在头上。这个方子倒是不无道理的。电击可以促使内啡肽的释放，从而缓解疼痛。

老普林尼

老普林尼是百科全书式的著作《博物志》的作者，该书有 37 卷，内容涉及自然科学知识——动物学、植物学和矿物学等。他在序言中称，写作的目的是研究"事物的本质，即生命"。在《博物志》的写作过程中，老普林尼总共参考了 146 位罗马作家和 327 位非罗马作家的著作，从 2 000 部书中摘引了大量的材料。他的这部堪称百科全书的巨著是他多年勤奋读书的结晶。这部书为我们保存了许多已经散失的古代资料，提供了了解古代物质和精神文明的丰富史料。

弗罗伦蒂努斯

弗罗伦蒂努斯是古罗马军人和工程师，撰写了关于军事科学的作品，尤其是关于战争机器的，著有兵书《谋略》，其中有以曼陀罗酒胜敌的战例，对流体力学也提出过一些有益的见解。他做过罗马导水管监察官，曾谈到罗马的给水工程，并且在实验中发现，水由管口流出时，水流的速度既取决于管口大小，也取决于管口在水面下的深度。

盖仑

盖仑是古罗马时期的医学家，被认为是仅次于希波克拉底的第二个医学权威。盖仑是一名医生、动物解剖学家和哲学家，在开始为角斗士提供医疗援助的职业生涯后成为皇帝的医生。他一生致力于医疗实践、解剖研究、写作和各类学术活动，撰写了超过 500 部医书，并根据古希腊"四体液学说"提出了人格类型的概念，主要作品有《气质》《本能》《关于自然科学的三篇论文》。他的著作是研究早期医学问题的宝贵资料，他本人也是复杂手术的成功实践者。

> 科学的雏形

古罗马在罗马帝国时期进入了辉煌阶段，古罗马文明在经历了数百年的发展后也初具雏形，在天文占星、工程建筑、地理学、数学、医学等领域均得到了发展，具体可见图6.6。

图 6.6 古罗马文明雏形涉及领域及发明

注：本图枚举了古罗马文明发展雏形期具有影响力的技术，其中工程建筑领域发展出了较多的技术。

天文占星

罗马人吸收了古希腊人和生活在托勒密王朝的埃及人在天文学领域取得的大部分成就。在罗马时期，使用日晷测量时间确实更加准确，当时甚至便携式日晷也变得流行了，人们有时使用可更换的圆盘来应对位置的变化。公共日晷出现在所有主要城镇，它们的受欢迎程度在考古发现中得到了证明，例如来自庞贝城的 35 日晷。

在奥古斯都统治期间，人们有为期 7 天的占星周。占星术吸收了托勒密时代的埃及占星术，在罗马人中很流行，并且与许多其他古代文化一样，古人认为天体运动和星宿与人类的活动有密切的联系。皇帝经常通过占星术士向民众传递他们的决定和政策是神圣的这一信仰。

工程建筑

罗马人是伟大的工程师，他们坚持不懈地试图掌握自然环境的规律并测试物理学的极限。渡槽不仅是大型建筑工程（跨越山谷时高达 50 米，将水从源头引出 100 千米），而且采用了许多工程技巧来加快水的流速并提高纯度：倒虹吸管、旋塞阀、沉降罐、曝气级联和网状过滤器。隧道旨在为渡槽和道路提供更直接的路线，并通过精确测量进行挖掘，从而保证准确地在所需位置进出山。水车利用复杂的轮子和齿轮系统从河流中获取水力，并利用获得的能量来驱动磨粉机生产面粉。

战争和技术创新常胜的事实让罗马人试图完善古代战场的必需品，如攻城车和火炮武器。罗马武器发射的导弹比以往任何时候都更远、更准确。罗马人已经掌握扭力机的机械技术，甚至设计了拆卸火炮的方法，以便轻松地将其移动到另一个可以重建和再次使用的地方。

数学

罗马人与早期古希腊人对数学的观点一致，即认为数学与哲学保持着密切的联系。人们在对数学的研究中总是对理论的实际应用感兴趣，也倾向于关注自然现象和天文学。罗马人不仅将数学应用于建筑领域，还将数学应用于税务会计和土地调查等基本行政任务。此外，毕达哥拉斯和其他人所研究的纯数学科目被作为罗马标准教育的一部分。

罗马数字系统也许是罗马文化中最知名并且仍在现代世界中被广泛使用的内容之一。其中 I=1，V=5，X=10，L=50，1 000 用 M 表示，它是 milla / mille（千）的缩写。这一系统

同时使用加法和减法来表示数字（例如 XX =20 和 IX =9）。罗马人也使用分数，某些数字开始具有特殊意义（例如 365），甚至人也可以拥有代表数字（著名的尼禄·恺撒的代表数字为 666）。

医学

也许罗马人在医学领域的最大贡献是通过发表论文来传播医学知识，并使普通公民更容易接触到专业的医生。从镊子到伤口牵开器，装备更加完善。因为人们配备了更多的专业器械，医生在他们的手术中也变得信心满满。另一项创新是在每个军营内建立专门的医院，这样医生能够通过治疗战场上的伤员获得宝贵的经验。

药物的生产比以前更自由，药丸的制作通常使用草药，比如将提取的罂粟汁作为吗啡使用。人们通过解剖对身体进行更深入的研究，从而准确诊断出肾损伤和脊柱脱位等内伤，即使不太可能治愈。

第 7 章

东方科学的萌芽

早期文明社会的特征，如象形文字、农业灌溉和官僚士大夫统治，这些在古代中国一直存在，比在世界上任何其他地方都更加持久、绵延不断。

同巴比伦人和埃及人一样，古代中国人没有能够发展出一套完整理论，也没有把他们关于宇宙空间结构的理论建立在天文观察的数据基础之上。虽然古代中国人也没有发展出科学方法论，但《汉书·天文志》中已记载了特异的天象，西汉的落下闳也通过改制浑仪观测天体位置。

1. 从青铜到铁器

古代中国是世界上最早出现农业的国家之一，也曾是世界上农业最为发达的国家之一。黄河流域和长江流域是我们国家农业文化的摇篮，人们在长期的农业生产中积累了丰富的经验和知识，因而我国的农业生产和技术在世界上得以长期居于遥遥领先的地位。古代中国小农经济基础决定了当时的科学技术大多产生在农业领域，并且多是为了服务于农业的发展。

青铜时代的发展

在几千年的历史中，我国的农业科学技术取得了极其辉煌的成就。在夏、商、西周时代，我国的农业有了明显的进步：一是利用金属（青铜）做农具；二是开始出现了中耕除草的农具。比之木制农具，青铜农具具有轻巧、锋利的特点，对提高劳动效率起了重大作用，而且磨损以后仍可回炉再铸。因此，青铜农具的出现和使用，是商周时代文明发展有了明显进步的标志之一。中耕除草农具有钱、鏄等。

春秋战国时期是中国社会发生重大变革的时期，农业生产的发展也进入了一个新的历史时期。春秋时期，我国已经从青铜冶炼中学会了炼铁。随着冶铁业的发展，铁便开始被应用于农业生产。到战国时期，铁农具的使用就相当普遍了。铁器自此被广泛使用，牛耕逐渐被推广，社会生产力有了很大提高。出土的古代铁农具种类很多，如图7.1所示，有铁犁、铁钁、铁臿、铁锄、铁铲和铁镰。

其中最重要的是铁犁的出现。铁犁耕地虽然效率很高，但需要的动力也很大。牛耕的使用，使人从笨重的耕地劳动中解放出来，这是我国农业技术史上使用动力的一次革命。战国时期，为了解决农业灌溉的问题，人们兴建了一些大型的农田水利工程，如漳水渠、郑国渠、都江堰等。与此同时，井水也被利用起来。为了提高提取井水的效率，人们又创造了利用杠杆原理减轻劳动强度的提水工具"桔槔"。

铁犁　　铁钁(头)　　铁臿　　铁锄　　铁铲　　铁镰

图 7.1　古代铁农具

进入铁器时代

秦和两汉是种植业迅速发展的时期。这个时期的黄河流域是全国的经济重心。此时，我国在农业生产方面创造了穗选法、留种田、绿肥轮作制、嫁接、温室、天敌治虫等技术，发明了耧车、翻车等农机具。所有这些创造与发明在当时的世界上都具有最领先的地位。[1]

从图7.2（1）可知，产生于春秋战国时期的铁犁牛耕是我国古代农业最主要的生产方式，铁犁牛耕的出现推动了生产力的发展和井田制的解体，推广铁犁牛耕使得唐朝的农业迅速发展。图7.2（2）是耧车，据东汉崔寔《政论》的记载，由三只耧脚组成的耧车，就是三脚耧。三脚耧下有三个开沟器，播种时，用一头牛拉着耧车，耧脚在平整的土地上开沟播种，

科学的起源

同时进行覆盖和镇压，一举数得，省时省力。图 7.2（3）是高转筒车，是古代中国的农用工具。高转筒车提水的高度比一般筒车高。这种筒车通常在水很低而岸很高的地方使用。

图 7.2　农耕文化图

唐宋时期，水田生产工具得到了改进与更新。汉魏时期创造出来的翻车，到唐代已逐渐普及，并且传到了日本。翻车不但用于灌溉，而且还可用于排涝。到元代，翻车又有了发展，出现了牛转翻车、水转翻车，畜力和水力被运用到提水灌溉上来了。唐代还出现了一种名叫"水轮"的提水工具，原理和筒车相同，可见筒车在唐代已经被发明出来。宋元时代，筒车又被进一步改革，人们创造了驴转筒车和高转筒车。此外，这个时期人们还创造了垦田用的铁搭（四齿），平田用的田荡和平板，拔秧、插秧用的秧马，等等。

明清是我国传统农业技术深入发展与继续提高的时期。在栽培技术上，明清时期的人们创造了冬谷法、小麦移栽、甘薯留种等技术；在田间管理技术上，明清时期的人们创造了油菜打薹技术，发展了棉花整枝和烤田技术。而且从明代中期起，原产美洲新大陆的玉米、甘薯、烟草、花生等作物，相继被引进我国。

2. 物理学萌芽

在公元前 1300 年，商王盘庚迁都于殷。这个时代的特征是以陶轮制造器皿，以马匹驾驶车辆。与西方不同的是，人们种水稻而不种大麦，织丝绸而不织麻布。在公元前 1046 年，商朝为它边界上的周人所灭，后者建立了周朝。周王室四围的采邑，后来逐渐发展成为一些独立的封建领主国家，而处在中心的周王室的权力则越来越弱。在公元前 476 至公元前 221 年，那些封建领主国家争霸，战争频发。

对军事技术的研究，也促使人们探讨物理学，特别是其中关于光学、力学和防御工程的问题，具体关系可见图 7.3。人们研究了光在平面镜、凸面镜和凹面镜上的反射，从而提出了一些经验规则，把事物及其成像的大小和位置与所用镜面的曲率联系了起来。在力学方面，人们的兴趣所在主要是杠杆系统和滑车。在这里，人们也是从经验主义的角度去研究问题的。人们没有提出一套完整的光学理论，在工作中也没有运用几何学的推理方法。人们的结论是从实验中得来的，并且这些结论往往以经验规则的形式表达出来。[2]

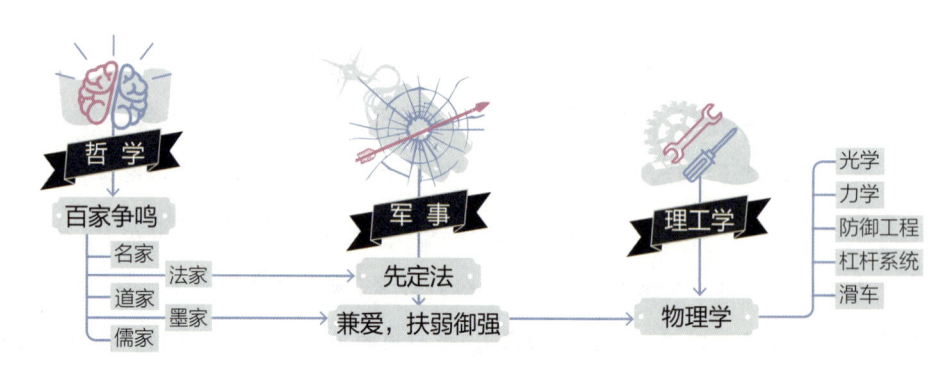

图 7.3 先秦的突出发展成就

3. 天文的故事

李约瑟在《中国科学技术史》第三卷"天学"中将对中国天文学史的叙述分为"古代和中古时期的宇宙概念""中国天文学的天极和赤道特征""恒星的命名、编表和制图""天文

仪器的发展""历代天文学和行星天文学"等几个部分。根据李约瑟的划分体系，中国古代天文学大致由三个部分组成，即天象观测、历法和宇宙理论。这三个部分在中华文明的早期已出现了萌芽。

天象观测

商周时期的王权拥有者为了巩固自己的统治，竭力鼓吹宣扬"天命观"。因此，包括占星术在内的各种占卜巫术在那时十分兴盛。殷墟出土的甲骨片都是用来占卜的，其上有不少天象记事。这就使古代的天文学带有强烈的宗教及迷信的色彩。可以说，已经成为当代科学领域中重要一环的天文学和古代看似反科学的占星术是并行发展的。

春秋战国时期，人们十分重视对异常天象的观测，也因此留下了不少宝贵的记录。在《春秋》一书中，就有自鲁隐公元年（公元前722年）至鲁哀公十四年（公元前481年）的37次日食记录。研究表明，其中有33次记录是准确可靠的。据初步统计，中国历代约有千次日食记录可查。这些日食记录的数量之多和可信度之高，在当时的世界上是无与伦比的。古人热衷于对异常天象进行观测和记录，主要基于人们坚信这些异常天象的出现是上天对人类的某种暗示。不论当年人们由这些异常天象得出多么荒唐的推论，但长年累月的观测结果给我们留下了十分珍贵的天文学遗产，为近现代天文学的研究提供了重要的资料。

历法

夏代已有天干纪日法，即用甲、乙、丙、丁、戊、己、庚、辛、壬、癸10个天干周而复始地来纪日。这时用十进位的天干来纪日，并有了"旬"的概念，这个概念人们直到今天还在使用。在此基础上，到商代人们进一步使用了干支纪日法，即把10个天干和12地支（子、丑、寅、卯、辰、巳、午、未、申、酉、戌、亥）依次组合，组成60种组合，形成了干支纪日法。天干、地支的发明影响深远，可用于历法、术数、计算、命名等各方面。中国历史上一共产生过约102部历法，这些历法对中国文化与文明产生过重大影响，比如夏历、商历、周历、西汉太初历、隋唐大衍历和皇极历等。有些历法虽然没有延续下来，但对中国历法的发展起到了推动作用。

中国从殷商时期就已经采用既考虑月相变化周期又考虑太阳回归周期的阴阳合历。当时的人们就已经知道一个朔望月长度是略大于 29.5 日的，并且已经会用闰月来调节观测的时间误差了。到了西周，圭表测量方法已比较成熟，但是具体闰年的设定还没有形成规律，主要使用由实际的观测来临时确定的方法。西周时期依然是历法发展的初级阶段。

宇宙理论

盖天说。中国人的天文测算差不多全是用代数方法进行的，这样一来，天文学就不能提供一幅宇宙布局的图景。有鉴于此，中国人的天文学技术大部分是和其宇宙理论脱离的，而他们的宇宙理论在整个历史阶段都是定性的。在汉代，有三种宇宙理论。最早的是盖天说。它认为天是个半球，或一个半球形的盖，而地则像一个方边碗，和一个凸形的方盘相似。但天不是一个规则的半球，因为"天形南高而北下"，像在棋盘上斜放着的撑开的伞。因此，随着这个半球运转的太阳到了南方，人们就看得见它，但到了北方就看不见了。太阳、月亮和行星随着天运转，但也有各自的适当运动，如蚂蚁在运转的磨盘上面那样。环绕大地的是海洋，天盖在大地边沿浸入海中，天地都由盖在它们下面的气所撑着。天离地有 80 000 华里[①]。

浑天说。盖天说在汉末已失传，继起的是秦以后（公元前 207 年以后）的史书中所记载的浑天说。据称浑天说创立于公元前 2 世纪，最早叙述和说明浑天说的是东汉的张衡。张衡把宇宙比作一个鸡蛋，地为水所载，居于天内好像蛋黄，天一半在地上，一半在地下，像蛋壳一样，而为气所浮。

宣夜说。第三种宇宙学说是宣夜说，或称无限空间说。它的起源也很早，但关于它的最早记载在汉末。按照这种理论，除了地和天体以外，宇宙无形亦无质；空间是虚空的和无限的，天体不附着于任何物之上，只浮于"元气"或"刚气"之上自由运动。无限空间说和道家有关系，浑天说则被儒家采纳。当道家逐渐转变为神秘教派以后，儒家就把道家早期的自然主义哲学吸收过来。因此，宣夜说中的一些成分也就渗入了官方宇宙论的浑天说，这在 12 世纪的新儒家那里表现得尤为显著。可是早在 4 世纪，发现岁差的专司天文历法的虞喜就认为，天虽有一个极限，但高不可测，而日月星辰则都在天的下面自由运行。

[①] 1 华里 = 500 米。——编者注

第 8 章
古代科学的成就

横向比较来看，东西方的理论在四大文明古国的时代差别还不是很大。在历史的开端，东方世界与西方世界一同在迷雾中艰难探索。为了促进人与人之间的交流，智慧的先人们首先发明了文字和数字。东方的方块层层叠叠，西方的字符弯弯绕绕，它们共同构建起了人类文明的地基。在拥有了语言和数字之后，人类开始试着丈量世界，手中样式各异的测量工具不住叩问着天有多高、地有多厚。早期科技为人类在氤氲迷雾中点亮了一盏油灯，而当人们仰望星空，苍穹之上是更辽阔的未知。人类不由得开始思考宇宙和人生，对宇宙现象做出了种种猜测性的解释和预报。

东西方默契的步伐至古希腊时期戛然而止。自从古希腊哲学诞生之后，人们在解决问题的方法上引入了还原论思维方法。在理论描述上，通过引入数学，尤其是几何理论的精确描述方法，人们极大地推动了复杂问题的解决。在无数构想与失败的实验中，经纬仪初现雏形；机械装置的水钟昼夜不停嘀嗒报时；太阳、月亮与地球在几何的构建下不再遥不可及。面对足下神秘的蓝色星球，科学家们在天文学领域的研究依旧步履不停，划分出赤道与两极；五个地带从四季如春跨入终年积雪，慵懒抖落阔叶与针叶；本初子午线划过格林尼治，聆听泰晤士河河浪拍岸。

当商业发达的西方昂首阔步向着实践与理论相结合的目标进发之时，囿于小农思维的东方世界仍在实践与理论相割裂的囚笼中徘徊不前。彼时的东方依然侧重于系统观的哲学，停留在古文明时期建立的理论学说上，仅在具体应用过程中略有一些进步。就这样，东西方的思维差距逐渐拉开，东方与西方就此走上了不同的文明发展道路。在这一章中我们将重点进行一些比较研究。

1. 古代文明的成果

文字记录文明

人类发明文字是一个重大的里程碑，它极大地推动了人类文明的发展。文字是用符号来记录语言的一种方式，它允许人们记录下自己的想法、经历和知识，并将这些信息传递给其他人。

文字的发明对科学的影响非常显著。首先，文字使得人们可以更有效地记录和传递科学信息。在文字出现之前，人们只能口头传递信息，这不仅效率低下，而且容易混淆或遗忘。文字的发明使得人们可以把科学信息记录下来，并且可以被多个人同时阅读和理解。这大大提高了科学信息的传播效率，促进了科学的发展。

其次，文字的发明促进了科学知识的积累。文字的出现使得人们可以把自己的科学研究记录下来，并且可以供后人阅读和研究。这使得人类对自然界的认识变得更加深刻，也促进了科学知识的不断积累。

最后，文字的发明还促进了科学领域的学术交流。文字的出现使得人们可以通过书面方式进行学术交流，并且可以跨越地域和时间进行交流。这使得不同地方的科学家可以相互分享科学研究的成果和经验，促进了科学的快速发展。

楔形文字

楔形文字是由苏美尔人所创，演变自象形文字。英语为 cuneiform，源于拉丁语，是由 cuneus（楔子）和 form（形状）两个单词构成的复合词。

楔形文字的雏形产生之时，多为图像符号，写于泥版上，少数写于石头、金属或蜡版上。公元前 3200 年到公元前 3000 年是楔形文字的早期发展阶段，它只被少量使用。公元前 2600 年前后，楔形文字使用量增加。公元前 500 年前后，楔形文字成了西亚大部分地区通用的商业交往媒介。楔形文字一直被使用到 1 世纪前后失传了，19 世纪以来才被陆续译解，形成了一门研究古史的学科——亚述学。

楔形文字传播的地区主要是西亚，两河流域其他民族也使用了这种文字。公元前 1500 年前后，苏美尔人发明的楔形文字已成为当时国家交往通用的文字，连埃及和两河流域各国

外交往来的书信或订立的条约都使用楔形文字。后来，由于商业的发展，伊朗高原的波斯人对美索不达米亚的楔形文字进行了改进，把它逐渐变成了先进的字母文字。

象形文字

古埃及象形文字逐渐形成于公元前 3500 年，是一种被称为圣书体的象形文字。这种文字是人类最古老的书写文字之一，多刻在古埃及人的墓穴中，以及纪念碑、庙宇的墙壁或石块上，所以被称为"圣书体"。1799 年，法军上尉皮耶-佛罕索瓦·札维耶·布夏贺在尼罗河三角洲的港口城市罗塞塔发现"罗塞塔石碑"。石碑上刻有三种文字，分别是圣书体、世俗体和古希腊文。历史学家们一直无法破译"圣书体"的内容，直到 1822 年法国学者商博良第一个理解到，一直被认为用形表义的埃及象形文，原来也是具有表音作用的，这一重大发现成为解读所有埃及象形文的关键线索。

印章文字

在公元前 20 世纪，古代印度河流域已出现文字，大多刻在石头或陶土制成的印章上，因此被称为印章文字。已发掘的印章共有 2 000 多枚。其中很多符号是象形的，可能还处在象形文字阶段，但又因有表音节和重音的符号，所以也被认为是向字母文字过渡的表音文字。

印章多用皂石、黏土、象牙和铜等制成，大多雕有不超过 20 个铭文，其上还有许多形象生动的浮雕，其题材主要是当时常见的动物，古代印度河流域人民狩猎、航行、娱乐等情景，以及宗教神话内容。

目前共发现这种文物 2 500 种左右，文字符号共有 400～500 个。这些符号一般由直线条组成，字体清晰，基本符号有 22 个。在印章上还有雕画，这种雕画和文字是什么关系还不清楚，根据学者推测，这些铭文可能是印章主人的姓名和头衔等，雕画可能是他们崇拜的事物。这些印章本身就是一种雕刻艺术，反映了当时人们丰富的社会生活和思想内容。

甲骨文

甲骨文是中国的一种古老文字，又称"契文"、"甲骨卜辞"、"殷墟文字"或"龟甲兽骨文"。我们能见到的最早的成熟汉字，主要指中国商朝晚期王室用于占卜记事而在龟甲或兽骨上刻记的文字，是中国已发现的最早的成体系的文字。

甲骨文具有对称、稳定的格局，具备书法的三个要素，即用笔、结字、章法。从字体的数量和结构方式来看，甲骨文已经是有了较严密系统的文字了。汉字的"六书"原则，在甲骨文中都有所体现。但是其原始图形文字的痕迹还是比较明显，象形意义也比较明显。2017年11月24日，甲骨文顺利通过联合国教科文组织世界记忆工程国际咨询委员会的评审，成功入选《世界记忆名录》。

甲骨文最早被河南安阳小屯村的村民找到，当时他们还不知道这是古代的遗物，只当作包治百病的药材"龙骨"使用，把许多刻着甲骨文的龟甲兽骨磨成粉末，浪费了许多极为有价值的文物。后来，晚清官员、金石学家王懿荣于清光绪二十五年（1899年）治病时从来自河南安阳的甲骨上发现了甲骨文。百余年来，当地通过考古发掘及其他途径发现的甲骨已超过154 600块。此外，在河南其他地方、陕西等地也有甲骨文出现，年代从商晚期（约公元前1300年）延续到春秋。

技术革新文明

随着时间的推移，系统的制造和实用技术逐渐形成了。在希腊语中，"技术"一词表示"如何制造事物的知识"，包括建筑等活动。

17世纪第一次出现在英语中时，它仅用于表示对应用艺术的讨论，后来这些"艺术"本身逐渐成了指定的对象。到20世纪初，除了工具和机器之外，该术语还包含了越来越多的手段、过程和想法。到21世纪中叶，技术被定义为"人类试图改变或操纵其环境的手段或活动"。甚至如此宽泛的定义也受到了观察家的批评，他们指出，区分科学探究和技术活动的难度越来越大。

从本质上讲，技术是创造新工具和工具产品的方法，而制造这些人工制品的能力是类人物种的决定性特征。其他物种也会制造用品：蜜蜂建造精致的蜂巢来存放蜂蜜，鸟类筑巢，河狸建造水坝。但这些属性是本能行为模式的结果，不能根据快速变化的环境而变化。与其他物种相比，人类不具备高度发达的本能反应，但具有系统地、创造性地思考技术的能力。

因此，人类可以以其他物种无法实现的方式创新并有意识地改变环境。猿有时会用一根棍子从树上捶打香蕉，但人们可以把棍子做成切割工具，取出一整串香蕉。在两者的过渡过程中，第一个类人物种原始人出现了。凭借制造工具的天性，人类从一开始就是技术专家，而技术的历史涵盖了人类的整个进化过程。

在使用理性能力来设计技术和改变环境时，人类已经攻破了除生存和财富生产之外的问题，而这些问题通常与今天的技术术语相关联。例如，语言技术涉及以有意义的方式操纵声音和符号；同样，关于艺术和仪式创造力的技术代表了技术激励的其他方面。

社会推动技术创新

在技术创新中，必须有社会参与的三个点：社会需求、社会资源和有同情心的社会风气。如果没有这些因素中的任何一个，技术创新就不太可能被广泛采用或成功。

人们必须强烈感受到社会需求，否则不会准备将资源投入技术创新。需要的东西可能是更高效的切割工具、更强大的起重装置、节省劳力的机器，或者使用新燃料或新能源的手段。另外，军事需求一直为技术创新提供动力，比如对更好武器的需求。在现代社会，需求是由广告产生的。无论社会需求的来源是什么，都必须有足够多的人意识到这一点，以便为能够满足需求的人工制品或商品提供市场。

社会资源同样是成功创新不可或缺的先决条件。许多发明之所以失败，是因为无法获得对其实现至关重要的社会资源——资本、材料和技术人员。列奥纳多·达·芬奇在笔记本中写满了关于直升机、潜艇和飞机的想法，但由于缺乏某种资源，这些想法很少能达到模型阶段。资本资源涉及剩余生产力和能够将可用财富引导到发明者可以使用它的渠道的组织。材料资源涉及适当的冶金、陶瓷、塑料或纺织物质的可用性，这些物质有助于实现新发明所需的任何功能。熟练技术人员这一资源意味着存在能够构建新工件和设计新工艺的技术人员。简而言之，一个社会必须充分利用合适的资源来维持技术创新。

2. 和而不同

中西哲学

中西哲学的比较有着一概而论的风险，甚至并非所有西方哲学家都承认中国哲学是真正的哲学。当然，若是以西方哲学产生的社会环境和发展模式为基准，中国的哲学思想必然与之不同。但比较的方法也会带来与众不同的视野。

其中一种视角是从中西哲学的源头开始，将老子的"道"与赫拉克利特、巴门尼德的"道"相对比。老子的"道"最为抽象，代表着有和无以及动和静的统一；相较之下，赫拉克利特和巴门尼德的"道"更具体明确，涉及一和多、对立面斗争与同一，以及现象与本质的区别。对于"道"的不同理解突显了先秦自然哲学的抽象性和古希腊自然哲学的具体性。[1]

以钱穆、唐君毅和冯友兰为代表的儒家人文主义则侧重于儒家传统价值之中天、地、人的贯通，这种贯通超越了非此即彼的二元的哲学，也超越了西方哲学中常见的人类中心主义以及对工具理性的推崇，或可在现代的语境中重新反思思想传统之不同。[2]

近年来，中西比较研究的主题也在不断拓展，包括哲学、宗教、艺术、文学、数学等方方面面，引导我们从不同角度理解文化多样性和跨文化对话。

中医与西医

1840 年，中国受西方列强侵略，随之西方医学流入中国，关于中西医谁优谁劣的争论于 1851 年开始。中国出现许多人士主张医学现代化，中医学受到巨大的挑战。同属中国医学体系的日本医学、韩国的韩医学亦是如此。中西医论争持续时间长、波及范围广，在论争过程中，中西医论争与其他论争交织进行，且学理论争与生存抗争相结合。中西医论争不仅是医学界内部的论争，更涉及西方科学与中国传统文化之间的论争，其实质是中西文化的论争。

中医中药在中国古老的大地上已经有了几千年的历史，经过几千年的临床实践，人们证实了中国的中医中药无论是在治病、防病上，还是在养生上，都是确凿有效、可行的。在西医传入中国之前，我们的祖祖辈辈都用中医中药来治疗疾病，挽救了无数人的生命。中医对疾病的治疗是宏观的、全面的。中医是相对西医而言的。在西方医学流入中国以前，中医基本不叫中医这个名字，而是有独特且内涵丰富的称谓。

2003年"非典"以来，中医经方开始呈现复苏迹象。目前在中国，中医的传统疗法仍然是治疗疾病的常用手段之一。在国际上，针灸引起医学界极大兴趣。针灸已被证实在减轻手术后疼痛、怀孕期反胃、化疗所产生的反胃和呕吐、牙痛方面是有效且副作用极低的。然而，关于它对慢性疼痛、背部疼痛以及头痛的功效，数据显示出模棱两可或者具争议性的结果。世界卫生组织认为，很多针灸和一些草药的有效性得到了科学双盲研究的较强支持，但是对于其他的传统疗法还需要进行进一步研究，而且不能忽视未经研究的传统疗法存在的危险性等问题。世界卫生组织在2002年5月26日发表"2002—2005年传统医药研究全球策略"，邀请全球180余国将替代医学纳入该国的医疗政策。

20世纪90年代，现代中医基础理论的原始创新和革命开始了。中医新哲学观涉及整体观、辩证观，以及新挖掘出的中医第三哲学观——相似观（分形论）。2018年10月1日，世界卫生组织首次将中医纳入其具有全球影响力的医学纲要。新纳入的中医传统医学的相关信息被写入第11版《全球医学纲要》第26章，该章主要阐释传统医学的分类体系。这一纲要于2022年起在世界卫生组织成员国实施。

3. 古代科学的衰落

在古希腊罗马时代结束时，科学和自然哲学为什么会发生显著衰退，科学史家长期以来一直对这个问题存在着争议。甚至关于有些事实，人们的意见也不完全一致。有人认为衰退从希腊化时代就开始了，也有人认为是到古希腊罗马时期才开始的。当然，并非所有的科学活动和自然哲学活动都在古希腊罗马时期以后就停止了。实际上，古代科学此后似乎仍有动力向前推进。图8.1为古代科学发展的时序图。

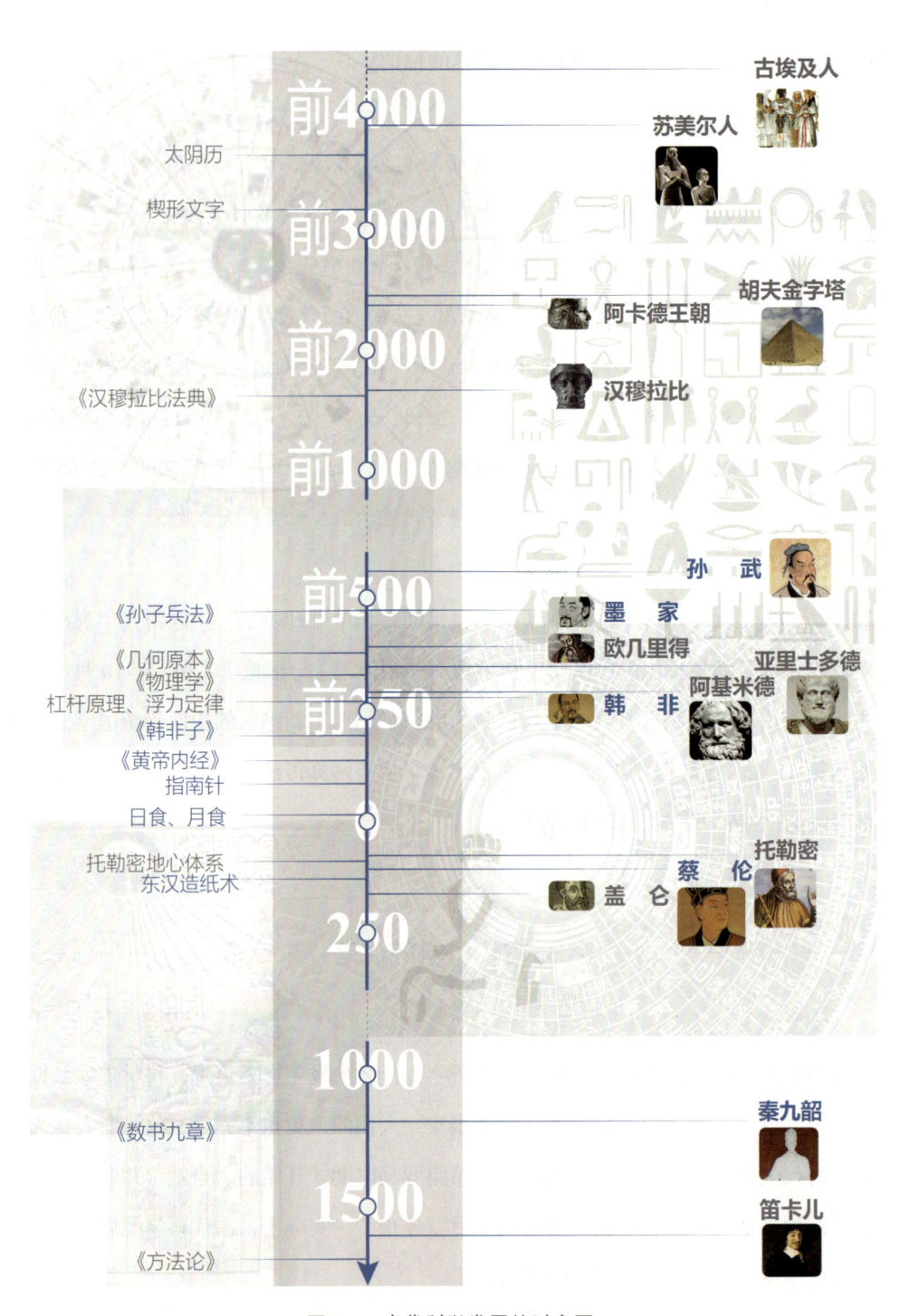

图 8.1　古代科学发展的时序图

注：以时间正序排列，图展示了公元前4000年至1500年的科学发展历程，图左边是东西方科学发展史上产生的成就，右边是东西方文明发展史上诞生的伟大科学家和关键事物。图中标蓝色的是中国的科学家及成就。

一般来说，随着时间的推移，社会的总体活力会有所降低，科学创新水平会有所下降。在这段时间，脑力劳动渐渐趋向墨守成规，人们鲜少发现新知识。在这样的背景下，一代又一代人只是热衷于进行编纂和注释。以往积极进行科学探索的那股劲头儿似乎消失了，甚至连保存过去知识的想法也没有了。不仅如此，人们甚至怀疑起知识的可靠性，巫术和种种歪门邪道开始大行其道。希腊科学成就只体现它的希腊和希腊化模式中的那些主旨和精神，而后便逐渐消失不见了。

至于为什么会发生这种衰落，人们提出过好几种猜想。

科学与社会生活的脱节。 其中一种观点认为，科学和科学活动在社会生活中没有清楚地显示其作用。科学在古代世界与社会联系甚少，组织极其松散，因而几乎不存在得到社会支持的思想条件和物质基础。科学家或自然哲学家往往难以谋生。在希腊化时代，科学和自然哲学与哲学本身的历史性分离，进一步使科学活动几乎失去了任何社会作用，从而加速了科学与自然哲学的边缘化。

科学与经济发展的分离。 另一种与上述看法有关的观点，把发生这种衰落的原因归于经济与科学和技术在古代的长期分离。在奴隶制社会，劳动力成本相对较低，人们会觉得用不着自然知识，不愿雇用科学家，也不愿向应用科学投资。换言之，自然知识没有得到应用的机会，也就无从谈起发挥科学的社会作用和得到社会支持。

不可撼动的宗教权威。 历史学家还提出了一种很有说服力的观点，认为各大宗教派别的活跃极大地削弱了古代科学传统的权威性和重要性。许多宗教派别或多或少都存在一些反智主义倾向，从而形成了宗教与传统科学知识在智识和精神上相互竞争的局面。

在当时，希腊有供奉专司人旺物丰的女神得墨忒耳的教派，埃及有供奉女神伊希斯的教派，都是信徒如云。罗马皇帝的臣属中间流行密特拉教，那是一个供奉波斯神话中光明之神密特拉并在后来转向神秘主义的教派，其信徒中传播的是些秘不外传的、不可思议的占星术和天文学知识。当然，其中最为成功的，还要数从犹太教中演化出来的新教派——基督教。313 年，基督教得到官方认可，337 年罗马皇帝君士坦丁改信基督教，391 年罗马帝国宣布基督教为国教，这些都表明了基督教会在社会化和体制化两方面都取得了极大成功。

专家学者中有人争论基督教对古代科学是否有过积极影响。基督教的神学意味很浓，注重人的宗教生命，强调神的启示、死后的生命和基督二次降临救世。所以早期的教会和教会领导人物在传教的时候，一般都会对异教文化流露出或多或少的冷漠、怀疑或敌意，对于科学和自然哲学更是如此。举例来说，奥古斯丁（354—430年）对自然哲学和古希腊的哲学观点多持有批评态度，认为它们与基督教信仰不一致。在更为世俗的层次上，教会在古代文明中组织严密，在社会的各个方面都显示出令人生畏的组织力量。教会各级领导和管理机构可以提供就职和晋升机会，这自然会吸引不少有才干的人。曾经的他们也许会投身亚历山大城的博物馆或献身于科学，但此时都不约而同地迈入了教会的大门。

为什么没有发生工业革命

技术史学家还提出过这样一个问题："古代为什么没有发生工业革命？"对于这个问题，我们可以做这样的简单回答：没有那种需要。那个时代的生产模式和以奴隶劳动为基础的经济足以按照当时的发展状况继续维持，把利润当作追求目标的资本主义观念在当时简直是不可理喻的。因此，为了利润而掌握大规模生产技术的想法是不可能存在的，工业革命也就失去了发生的契机。

在古代，人们很难想到要进行工业革命。亚历山大城在公元前3世纪末以后经历了多次重大冲击。在公元前270年至公元前75年期间，罗马共和国与埃及托勒密王朝进行了政治和军事争夺，最终罗马将领庞培夺回了亚历山大城。在这个过程中，城市大部分遭毁。基督教卫道士很可能在4世纪又大量焚烧过书籍，在约4世纪中叶甚至发生了基督教徒杀害异教徒希帕蒂亚的严重事件。希帕蒂亚是亚历山大城博物馆已知的第一位女数学家，也是该馆已知的最后一位拿薪俸的研究人员，后来连存在了7个世纪的博物馆也就此关门。此后，首批到来的伊斯兰征服者又对亚历山大城博物馆的残存部分进行了洗掠。在其他地方，信仰基督教的拜占庭皇帝查士丁尼于529年下令关闭了雅典柏拉图学园。

西方的高歌猛进

中国古代的早期科学没有形成完整的理论体系，这是因为古代中国人大都不能把理论和

实践结合起来，因为一般所谓士大夫都把实际工作看作卑贱的事。朱熹说过，唐朝医生孙思邈是一个好学深思的文人，但因为行医，就被贬入方技之列，这是十分令人惋惜的事。古代中国学者的工作主要属于纯思辨的性质，而从事制定历法和观测天文的人，则在工作中总是以经验为重，不注重著书立说和建立理论体系。

这种理论研究和经验研究相割裂的状态，差不多是具有严格等级区分的农业文明社会的一个特点。在 18 世纪产业革命以前，科学在一些商业发达的文明社会里是受到大力提倡的，如古希腊和文艺复兴时代那样的商业文明社会。

撇下踽踽前行的东方的西方一路高歌猛进，在各个领域不断寻求着突破与新生。古代科学由夏入秋，一派丰收景象。经历一整个盛夏恣意生长后的枝繁叶茂，终是硕果累累。

数学的根基深入地心，坚不可摧。欧几里得构建起筋膜，阿基米德与阿波罗尼奥斯填充其骨肉。东方世界传送锦囊，促成了通用数系和代数学的诞生。数学的力量甚至推动了天文学和力学的发展，成为解密的密钥。

天文学的收获如群星璀璨耀眼，人类仰望星空的疑惑得到了部分解答。古希腊人对恒星的运行进行了大量观察，并做了记载；人们对地球与太阳系的了解更加深入；天文学的诸多事件得到测定与预言……此时的天文学已经确立了正确理论的开端，天文学研究方法与研究方向和近代相契合。

化学变得更加科学。中世纪的炼金术幻梦亦推进了化学的成长，化学在很长的一段时间里依然保持着其古旧特性，缓慢但坚定地前行。

至此，人类已在混沌如鸡子的宇宙中行走了数千年，古代科学日渐面带倦容。也许是宗教俘获人心，也许是科学逐渐与社会发展脱离，抑或是科学的实际效益不尽如人意，古代科学衰落的原因至今仍不为世人所知。今天我们可以确定的是，古代科学燃尽了往日的冲劲，逐渐步履蹒跚、销声匿迹。科学的再度觉醒，延宕至数世纪后。在经历了混沌无知的几个世纪以后，古老的科学传统终于再次复兴，且得到了极大的发展。

第三篇

科学的形成

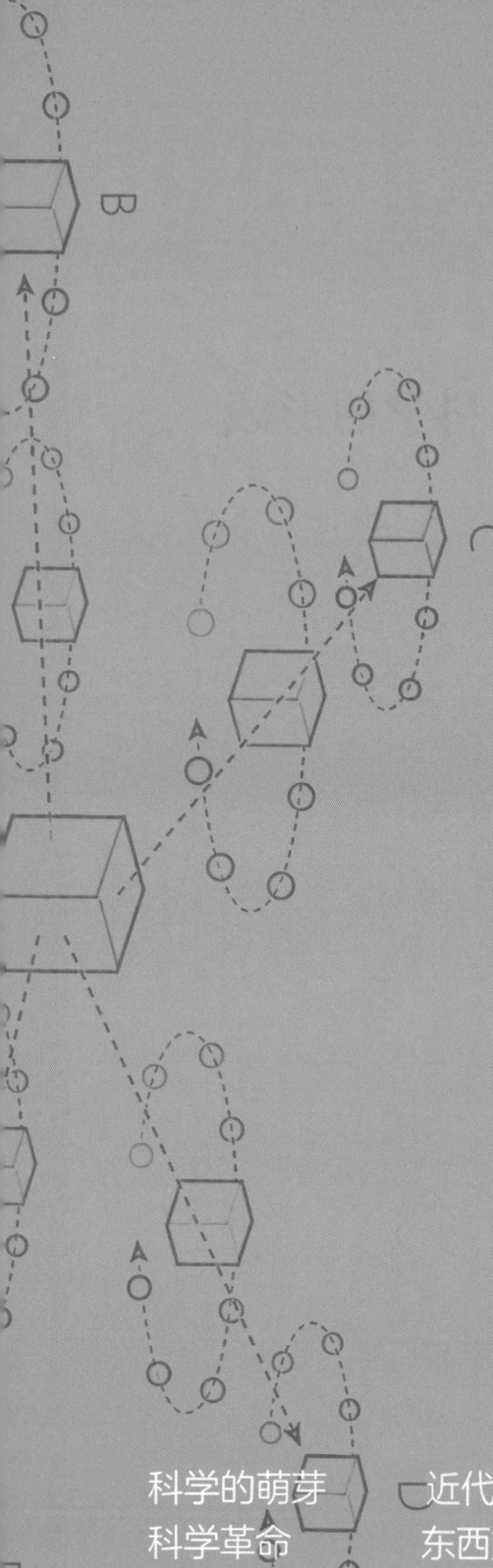

科学的起源带来了人类文明的破晓。在托勒密提出地心说之后，人类遁入了漫长且混沌的中世纪时期，科学发展步履缓慢。终于，哥白尼的日心说震碎了中世纪的虚妄面孔，伊甸园的苹果经牛顿之手改变世界，蒸汽机的轰鸣声将我们带入人类历史上第一次工业革命。东方的实用主义和西方的理性主义交相辉映，照亮了东西方科学发展的路。近代科学逐步形成。

从一个苹果落地到万有引力被发现，牛顿的经典力学如何贯穿我们的生活？从拉格朗日的方程快进到斯蒂芬孙的蒸汽机车，光学、化学、生命科学的发展怎样渗透到人们生活工作中的方方面面？浩瀚的宇宙中，人类赖以生存的地球在宇宙中经历了哪些角色的转变？遥远的日月星辰与地球之间存在着哪些联系？本篇将探索中世纪后科学的形成阶段，跨越哥白尼到第一次工业革命时期，为你一一揭晓谜底。

科学的萌芽　　　近代科学　　　　　科学学科的形成
科学革命　　　　东西方科学的发展　　近代科学的影响

第 9 章

探索与发现

16—17 世纪，人类历史上第一次颠覆性的科学革命爆发了。在这次革命中，哥白尼的"日心说"打破了人们以中世纪神学为核心的对自然的认识，建立了不同于经验哲学的新的科学体系。这也对后世的开普勒、伽利略及牛顿产生了深远的影响，为他们建立近代自然科学体系打下了坚实的基础。此后，欧洲地区在数学、物理学、天文学、生物学及化学等自然学科领域都有了突破性的发展（见图 9.1）。

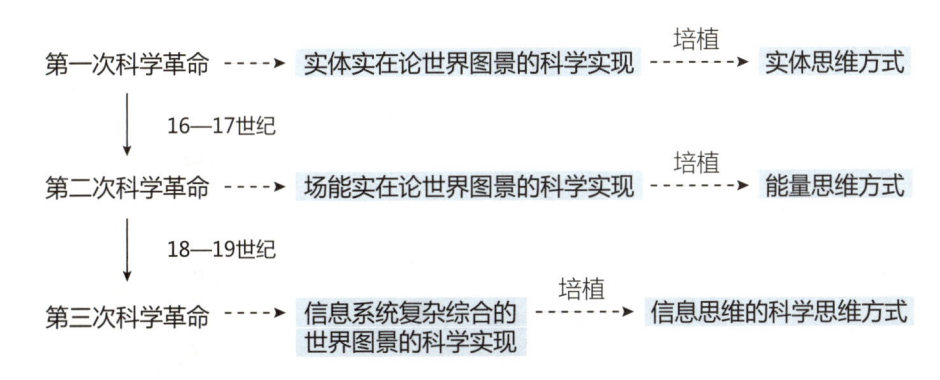

图 9.1 科学革命的发展进程

科学革命的出现推动了启蒙运动与工业革命的发展，影响了欧洲与人类社会的发展进程。1543 年尼古拉·哥白尼出版的《天体运行论》通常被认为是科学革命的起点。从 1543 年一直到 1632 年伽利略出版《关于托勒密和哥白尼两大世界体系的对话》，这段时间常被认为是科学革命的第一阶段。在这个阶段中，教会腐化正面临人们的怀疑与变革，此风潮复兴了古希腊罗马时期的旧有科学知识，被称为科学复兴。在伽利略之后，则是现代科学的兴起。艾萨克·牛顿在 1687 年发表《自然哲学的数学原理》后，科学研究的证明方法被确定，这通常被认为标志着科学革命的完成，也标志着科学从哲学体系中正式分离出来。随后，凡是采用这种科学研究方法建立的学说都被称为科学，而哲学的内涵则不断收缩。

第三篇的叙述是从哥白尼创立"日心说"到第谷体系的建立开始的。这期间，涌现出了众多科学家，如哥白尼、牛顿、欧拉等，同时也产出了一系列的科学成果，如牛顿三大运动定律、行星运动三定律等。第谷提出了一种介于托勒密和哥白尼两体系之间的折中体系，伽利略完善了"日心说"体系，开普勒提出行星运动三定律。物理学发展的一个重要标志是牛顿万有引力的发现。莱布尼茨和高斯是著名的数学家——莱布尼茨发现并完善了二进制，高斯则发明了最小二乘法。欧拉和拉格朗日在数学上也有杰出的贡献，牛顿的发现推动了后面第一次工业革命的发展，瓦特改良蒸汽机，富尔顿发明蒸汽轮船，惠特尼发展轧花机，斯蒂芬孙发明蒸汽机车，莫尔斯发明电报机（见图9.2）。

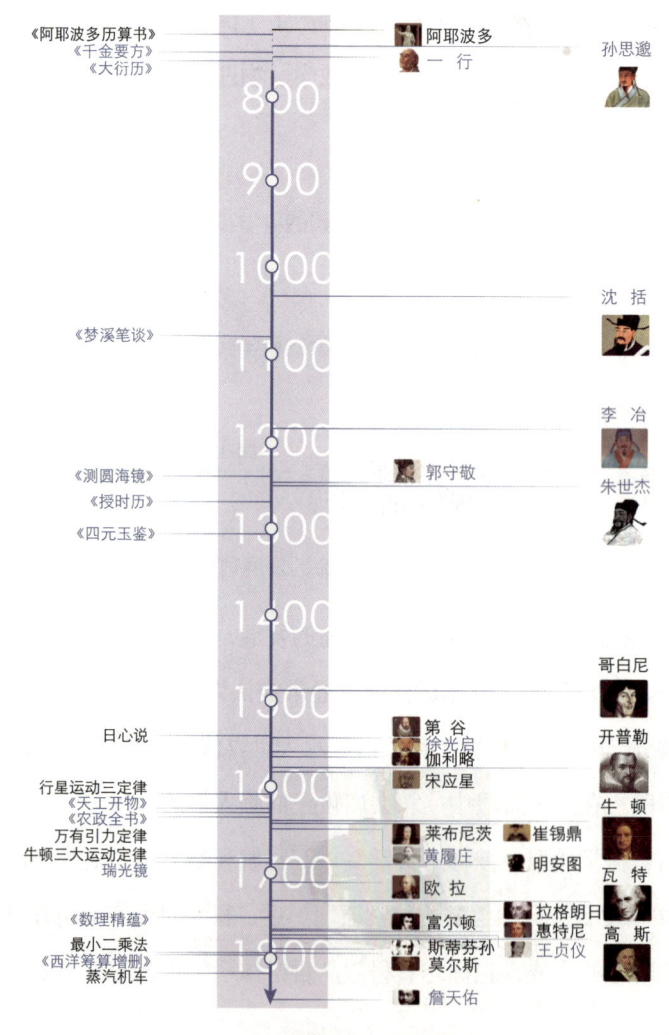

图9.2 科学形成过程中的探索发现之路

1. 从托勒密到哥白尼

正如第一篇所言，现代科学要解决的问题本质上属于"坐井观天"，所采用的研究方法本质上是"盲人摸象"。之后，人们对天文宇宙的认识以及对人类起源的认知是不断发展和不断进步的，并在前人的研究基础上看到了更加完整的世界。在这期间出现了许多著名的科学家和理论，下面我们一一介绍。

托勒密的体系

托勒密是古希腊优秀的数学家、天文学家和地理学家。他出生于埃及，青年时到亚历山大城学习，并长期居住于此，在皇家艺术宫从事天文观测和科学研究。[1]

克罗狄斯·托勒密

约90—168年

- 所处时代：古希腊
- 主要成就：地心说集大成者
- 代表作：《天文学大成》
- 身份：天文学家、地理学家、数学家

托勒密接受亚里士多德的"地球是宇宙中心"的观点，通过天文观测和总结古希腊天文学的成就，写成《天文学大成》十三卷，形成了真正的地心说理论，编制了星表，给出日月食的计算方法，等等。他借鉴了古希腊天文学家累积的大量观测与研究成果，特别是喜帕恰斯（Hipparchus，又译依巴谷）系统化地论证各种天体运动的地心学说，这些学说大多是用偏心圆或小轮体系解释的。后世把这种地心体系称为托勒密地心体系。

我们可以从图9.3中看出，托勒密认为地球是球形的，它位于宇宙中心，静止不动。每个行星和月球都在本轮上匀速转动，本轮中心又沿均轮运转，只有太阳直接在均轮上绕地球转动。不论是对太阳的均轮还是对行星、月球的均轮，地球都不位于它们的圆心上，而是偏离圆心一段距离。水星和金星的本轮中心位于地球与太阳的连线上。托勒密的著作《天文学大成》在2世纪达到了古希腊天文学和宇宙学思想的顶峰——统治了天文界长达13个世纪。

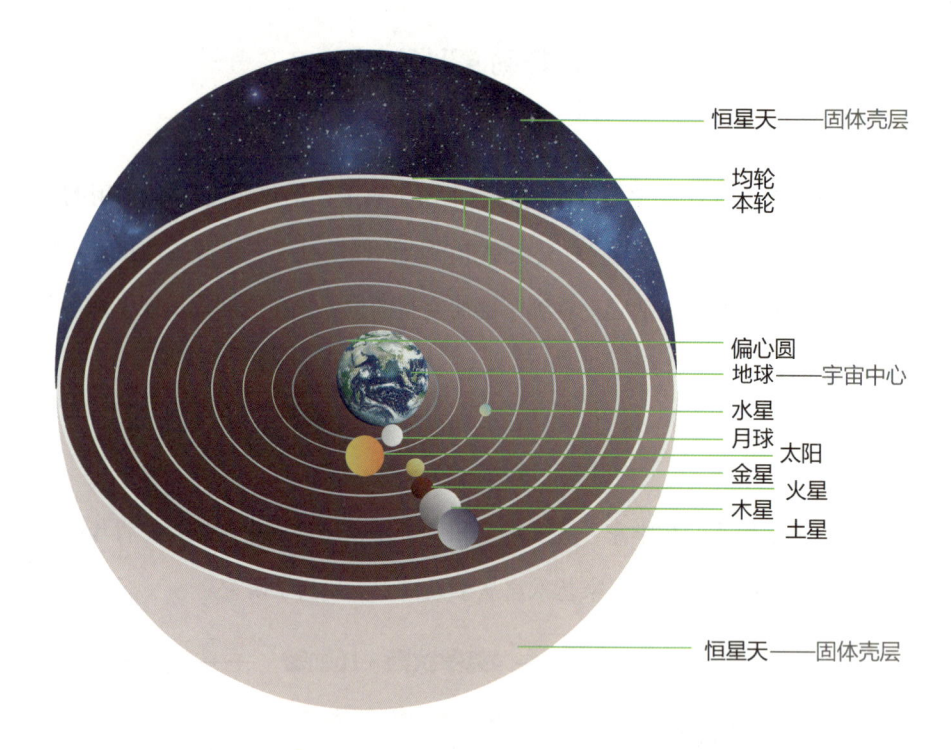

图 9.3 托勒密的地心说

注：1. 地球位于宇宙中心，静止不动；2. 每个行星都在一个称为"本轮"的小圆形轨道上匀速转动，本轮中心在称为"均轮"的大圆轨道上绕地球匀速转动，但地球不是在均轮圆心，而是同圆心有一段距离；3. 水星和金星的本轮中心位于地球与太阳的连线上，本轮中心在均轮上一年转一周，火星、木星、土星到它们各自的本轮中心的直线总是与地球、太阳的连线平行，这三颗行星每年绕其本轮中心转一周；4. 恒星都位于被称为"恒星天"的固体壳层上。日、月、行星除上述运动外，还与"恒星天"一起，每天绕地球转一周，于是各种天体每天都要东升西落一次。

托勒密的地心说对天体运动的解释是建立在所有天体以均匀的速度按完全圆形的轨道绕转的前提之下的。地心说是人类历史上第一个完整地采用科学方法表述的宇宙学说，流行了长达 1 300 年之久。[2] 事实上，哥白尼的日心说还是保留了相当多的地心说元素。首先是相同的科学表述方法。其次，宇宙空间都是有限的。最后，存在绝对静止的宇宙中心。两者的差别在于，"一个选地球为中心，一个选太阳为中心，另一个差别是一个选圆形轨道，一个选椭圆轨道"。

日心说的诞生

"日心说"理论被完整地提出来是在 1543 年，波兰天文学家哥白尼临终发表了一部具有历史意义的著作——《天体运行论》。

> 《天体运行论》中提出了一个明确的观点：太阳是宇宙的中心，一切行星都在围绕太阳运行。

日心说是一种天文学理论，提出了地球围绕太阳的轨道是一个椭圆形，而不是以前人们认为的圆形。这个理论是由波兰天文学家哥白尼在 16 世纪早期提出的。这个理论不仅改变了人们对太阳系的理解，也为科学的发展带来了重要的影响。哥白尼不仅是一个天文学家，也是一位数学家，他在许多领域都有杰出的贡献。他的日心说曾被教皇废除，但后来被证明是正确的，并得到了广泛的认可。哥白尼的这一理论为人类进入现代科学时代奠定了重要的基础。该理论认为，地球也是行星之一，它一方面像陀螺一样自转，另一方面又和其他行星一样围绕太阳运行。日心说确立太阳为行星系统的中心，这看似简单的调整，实际上是一项意义非凡的创举。哥白尼通过对天体系统的严密观测，得出大量精确的观测数据，辅以当时还在发展中的三角学的成就，对行星、太阳、地球之间的关系进行了科学详尽的分析，计算了行星轨道的相对大小和倾角等，"营造"出了一个井然有序的太阳系。哥白尼的计算不仅结构严谨，而且简单，与已经加到 80 余个圈的地心说相比，哥白尼的计算与实际观测资料能更好地吻合。因此，地心说最终被日心说所取代。

尼古拉·哥白尼

1473—1543 年

- 国籍：波兰
- 主要成就：创立日心说
- 代表作：《天体运行论》
- 身份：天文学家、数学家

哥白尼提出的以日心说为代表的天文学说是人类对宇宙认识的革命，它使人们的整个世界观都发生了重大变化。哥白尼在《天体运行论》中阐述自己关于天体运动学说的基本思想，他认为天体运动必须满足以下七点：

（1）不存在一个所有天体轨道或天体的共同的中心；

（2）地球只是引力中心和月球轨道的中心，并不是宇宙的中心；

（3）所有天体都绕太阳运转，宇宙的中心在太阳附近；

（4）地球到太阳的距离同天穹高度相比是微不足道的；

（5）在天空中看到的任何运动，都是地球运动引起的；

（6）人们在天空中看到的太阳运动的一切现象，都不是它本身运动产生的，而是地球运动引起的，地球同时进行着几种运动；

（7）人们看到的行星向前和向后运动，是由地球运动引起的。

从图 9.4 中可以看出，哥白尼认为地球是球形的，地球在运动，并且 24 小时自转一周；太阳是静止不动的，并且在宇宙中心附近；地球以及其他行星都一起绕太阳做圆周运动，只有月球绕地球运行。此外，哥白尼还描述了太阳、月球、三颗外行星（土星、木星和火星）和两颗内行星（金星、水星）的视运动。哥白尼批判了托勒密的理论，科学地阐明了天体运行的现象，推翻了长期以来居于统治地位的地心说。

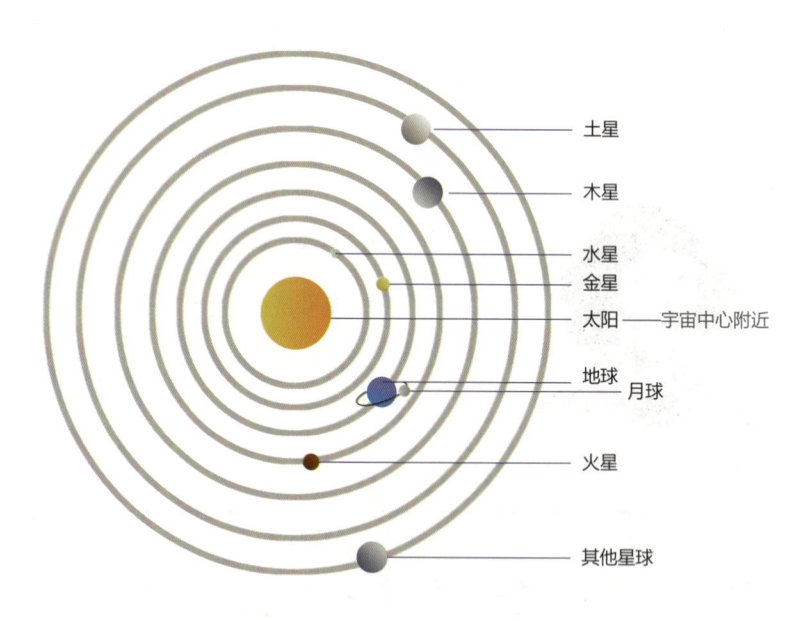

图 9.4 哥白尼日心说模型

哥白尼的伟大成就，不仅铺平了人类通向近代天文学的道路，而且开创了整个自然科学向前迈进的新时代。从哥白尼时代起，脱离教会束缚的自然科学和哲学开始获得飞速发展。

日心说成功地解释了地球、太阳、月球的周日视运动，以及太阳和行星的周年视运动，解释了行星顺行、逆行、留的现象①和岁差②。这就足以摧毁从喜帕恰斯到托勒密以来建立起的数学上极其繁复的天文学体系，成为近现代天文学和天体力学的真正出发点。

2. 第谷·布拉赫的系统

第谷·布拉赫是文艺复兴时期的"星学之王"，是科学观测的近代天文学奠基人，也是最后一位、最伟大的裸眼天文学家。在那个时代的天文学家中，第谷的名气冠绝一时。正是他的观测结果的积淀推动了开普勒和伽利略开启科学革命的进程。

第谷·布拉赫

1546—1601年

- 国籍：丹麦
- 身份：天文学家、占星学家
- 主要成就：第谷超新星、第谷天文台

天堡的遐想

1546 年，第谷·布拉赫出生于丹麦，对天文行星充满兴趣。第谷在年轻的时候，就观察到了一次超新星爆发。这一斐然的成果受到了丹麦国王腓特烈二世的重视，赐予他汶岛作为天文台台址。

于是，第谷开始在汶岛建立天堡（如图 9.5 中左侧图所示），这也是当时世界上规模最大、设备最全的大型天文台。它设置了 4 个观象台、一个图书馆、一个实验室和一个印刷厂，配备了齐全的仪器，耗资一吨多的黄金。第谷在这座岛上进行科学研究，建造了天文台，制作天文学仪器，比如象限仪、六分仪和天文钟。

使用这些仪器，第谷能够把观测精度达到肉眼的极限。他渴望达到的观测精度是 1 角分，

---

① 地球和行星绕太阳运动时，从地球上看，有时行星在天空的位置好像是停留不动的。
② 一种天文学现象，是由地球的自转引起的。

但事实上，他的星表中的许多恒星位置都不如这准确。在他最终公布的星表中，恒星位置的中位误差约为 1.5 角分。从科学的角度来审视，第谷观测的坐标系如何建立？时间和空间距离如何标定，速度怎么测量？所得数据的可靠性是如何分析的？观测的精度如何确定？这些问题都还存在深入探讨的必要。对于这些问题的探讨，有可能动摇经典力学的基础。

体系的突破

第谷在天体体系上也有着大胆的探索。他根据精确的观测数据，得出彗星的轨道非常扁长的结论，其长度远远超过地球和月球的距离。这在当时是一个非常大胆的突破，因为当时无论是亚里士多德和托勒密的地心说体系，还是哥白尼在《天体运行论》里新建立的日心说体系，都认为存在固体的天球，远处的星星是固定在一层层天球上的，宇宙的范围是有限的。

从图 9.5 中右侧图的第谷体系可以看出，第谷提出了一种介于托勒密和哥白尼两体系之间的折中体系，认为地球静止不动，居于宇宙中心；月球、太阳绕地球转动；水星、金星、火星、木星、土星绕太阳旋转，同时随太阳一起绕地球转动；而最外层的恒星天 24 小时绕地球转一周。这个体系打破了老权威和学术新星的成果，也被称为第谷体系。第谷体系是建立在极为精确的观测数据上的，能够巧妙地解释行星的轨迹，相较于托勒密和哥白尼的体系要更加精确。而第谷的数据更是揭示出了当时历法存在的误差，从而建立起新的历法——格里高利历，取代了有 1 000 多年历史的儒略历，一直被沿用到今天。

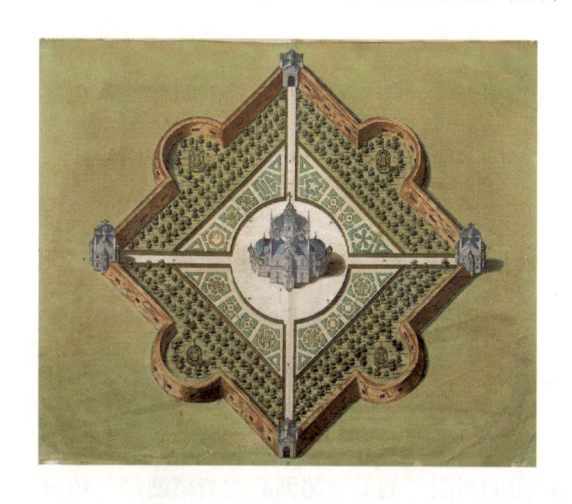

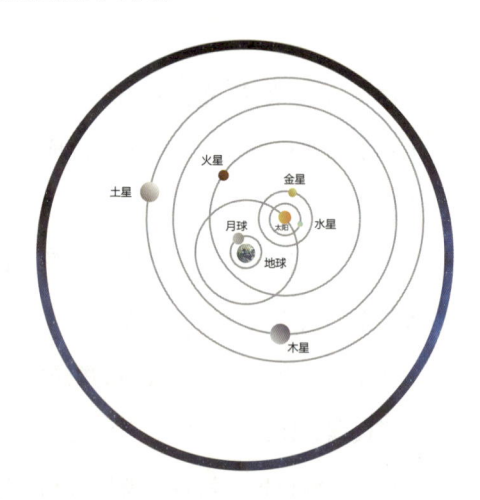

图 9.5　第谷系统详解

注：左侧图为第谷天堡，右侧图为第谷体系。

> 实际上，在第谷的假设中，地球上所有的观察者所测得的数据都是在假设地球是静止的这个前提下获得的相对运动数据。地球本身如何运动在这套体系中是无法知道的。这是本书第一篇所强调的知识相对性的含义。

3. 开普勒与天文学

约翰内斯·开普勒开始从事研究的是占星术历书。在拜第谷为师后，开普勒接替了他的工作，并继承了他的宫廷数学家职务。第谷大量极为精确的天文观测资料为开普勒的工作开展创造了条件。他从资料中发现没有任何一种圆的复合轨道能与其相符，经过多次计算，他终于发现火星的轨道是一个椭圆。

约翰内斯·开普勒

1571—1630年

- ❖ 国籍：德国
- ❖ 身份：天文学家、物理学家
- ❖ 主要成就：发现行星运动三大定律
- ❖ 代表作：《宇宙的奥秘》《世界的和谐》

开普勒经过多年煞费苦心的数学计算，将椭圆轨道这一发现推广到了其他星球上，他认为太阳是宇宙的中心，地球和其他行星一样绕太阳公转。哥白尼以其大胆的洞察力，提出了太阳系这一引领时代的全新理论，从而带来了一场科技革命。但是直到半个世纪后，德国数学家开普勒利用丹麦天文学家第谷·布拉赫提供的观测数据，才绘制出了第一张精确的太阳系地图。开普勒的辛劳巩固了哥白尼的理论。他孤军奋战，终于用第谷·布拉赫的观测数据，准确阐述了行星的运动。

从图9.6中我们可以看出，太阳位于椭圆轨道的焦点上，行星按照椭圆形的轨道绕行。开普勒有如下发现：

（1）行星运行的轨道是椭圆，太阳在椭圆的一个焦点上。

（2）行星和太阳的连线在相等的时间间隔内扫过的面积相等。

（3）行星在轨道上运行一周的时间的平方和它至太阳的平均距离的立方成正比。

这就是著名的开普勒行星运动三定律：轨道定律、面积（速度）定律和周期定律。他主张，如果一个圆锥截面的焦点可以沿着连接焦点的线运动，那么这个几何形状会使一个焦点改变或退化成另外一个。因此，当一个焦点沿着无穷大运动时，椭圆形就变成了一条抛物线；当一个椭圆的两个焦点互相融合时，就形成了圆圈。开普勒的发现使哥白尼学说的几何简单性真正体现出来了，因而为日心说奠定了不可动摇的基础。这三大定律最终使他赢得了"天空立法者"的美名。

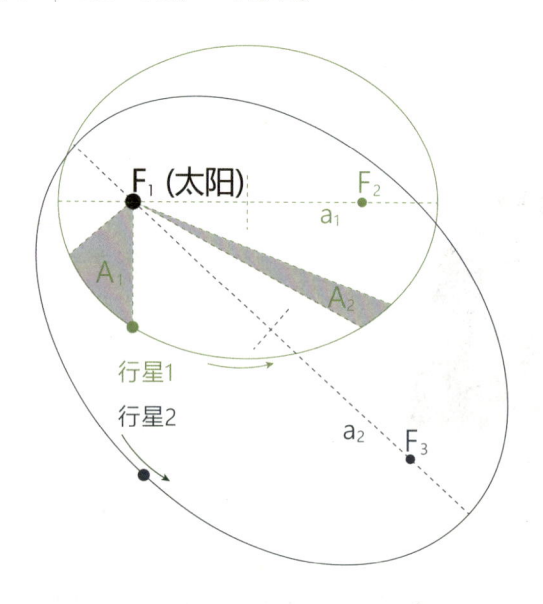

图9.6 开普勒行星运动三定律

注：F_1、F_2和F_3代表椭圆的焦点，太阳位于椭圆轨道的焦点上，行星1和行星2分别按照椭圆形的轨道绕行，A_1和A_2代表行星1在一定时间间隔内扫过的面积，a_1和a_2分别代表两个椭圆的半长轴的长度。

开普勒的三定律是天文学的又一次革命。它彻底摧毁了托勒密繁杂的本轮宇宙体系，完善和简化了哥白尼的日心宇宙体系，为日心说奠定了基础。开普勒追寻哥白尼的脚步，在新宇宙体系中发现了更多新的数学规律，从而使哥白尼天文学生效了。[3] 开普勒对天文学最大

的贡献在于他试图建立天体动力学，从物理学基础上解释太阳系结构的动力学原因。

在科学发展的过程中，没有任何模型（以及方案、数据、结论等）是永恒的，今天被认为"正确"的模型，随时都可能被新的、更"正确"的模型所取代，就如托勒密模型被哥白尼模型所取代，哥白尼模型被开普勒模型所取代一样。[4]

4. 笛卡儿主义

笛卡儿主义是勒内·笛卡儿开创的哲学和科学体系，并由17世纪的思想家（包括尼古拉·马勒伯朗士、巴鲁赫·斯宾诺莎）继承发展。笛卡儿通常被视为第一个强调运用理性思维，对自然科学发展产生重要作用的思想家。

勒内·笛卡儿

1596—1650年

- 国籍：法国
- 身份：哲学家、数学家、科学家
- 代表作：《方法论》《哲学原理》
- 主要成就：解析几何、二元论

笛卡儿认为，哲学是一个涵盖一切知识的思想体系，可以表现为心灵与肉体是两个相互独立的存在。关于现实的感觉和知觉被看成错误和幻觉的来源，可靠的真理只存在于形而上学心灵中。心灵可以和物理身体相互作用，却不存在于身体之中，甚至不存在于一个类似身体的物理平台上。至于心灵和身体如何相互作用这个问题则一直困扰着笛卡儿和他的后继者。

笛卡儿被广泛认为是西方近代哲学的奠基人之一，他第一个创立了一套完整的哲学体系。哲学上，笛卡儿是一个二元论者[①]以及理性主义者。笛卡儿认为，人类应该可以使用数学的方法，也就是理性思维来进行哲学思考。他相信，理性比感官的感受更可靠。图9.7解释了

---

① 二元论是本体论的一支，认为世界的本原是意识和物质两个实体，是试图调和唯物主义和唯心主义的哲学观点。

二元论的含义。在认识世界时，一切真理都可以用两种不同的东西来表示，这两种东西分别是心灵和物质。心灵是指人的思想和感性，而物质是指实体和物质形态。笛卡儿认为，这两者是相互独立的，而且必须通过相互作用才能产生意义。因此，笛卡儿的二元论是一种哲学理论，它提出用一种新的方法来理解人类意识和实体之间的关系。

心灵　　　物质

思考　　　外在世界
精神世界　　机械规律支配一切

灵魂——人　　动物

图9.7　笛卡儿的二元论

笛卡儿发现了四条规则。

第一条：凡是我没有明确地认识到的东西，我绝不把它当成真的接受。也就是说，要小心避免轻率的判断和先入之见，除了清楚分明地呈现在我心里、使我根本无法怀疑的东西以外，不要多放一点儿别的东西到我的判断里。

第二条：把我审查的每一个难题按照可能和必要的程度分成若干部分，以便一一妥为解决。

第三条：按次序进行我的思考，从最简单、最容易认识的对象开始，一点一点逐步上升，直到认识最复杂的对象；就连那些本来没有先后关系的东西，也给它们设定一个次序。

第四条：在任何情况之下，都要尽量全面地考察，尽量普遍地复查，做到确信毫无遗漏。

第 10 章

近代科学的形成

近代自然科学是指 16—19 世纪这一时期的自然科学，又被称为近代实验自然科学。近代科学的形成就是将人们的思想从当时的宗教中解放出来的一个过程。随着当时欧洲思想解放潮流盛行以及各个领域科学家苦心钻研，近代科学的累累硕果诞生了。例如，16 世纪天文学中哥白尼的日心说，以及后来物理学中由伽利略奠基、牛顿建立的牛顿经典力学，还有 19 世纪生物学革命中的达尔文进化论。

牛顿经典力学的建立可以说是近代科学形成过程中极具代表性的一个标志。牛顿的著作《自然哲学的数学原理》系统地论述了牛顿运动三大定律（惯性定律、加速度定律、作用力与反作用力定律）和万有引力定律，对人类认识中的物体运动进行了一个大的理论概括。这可以说是人类认识史上第一次对自然规律进行理论性的概括和综合。由此，一个以实验为基础、以数学为表达形式的近代物理科学体系（经典力学体系）形成了，它也标志着近代科学的形成。

继牛顿之后，莱布尼茨的二进制在后世的计算技术领域得到了广泛运用。机械计算机的发明为计算机的发展奠定了基础，加法器的改进推动了运算法则的发展；数学家欧拉计算出了彗星轨道，为数学的众多领域开了先河，将数学拓展至物理世界；拉格朗日促进了数学学科的独立，将天文学与力学相结合，破解了诸多天体密码……近代科学各领域理论知识的更新迭代，让星空不再遥远，宇宙不再神秘，人类不断地拓展着知识的边界。

近代科学的功绩不仅仅局限于理论上的进步，更有实践上的突破。瓦特的蒸汽机轰轰烈烈地拉动工业革命的发展；惠特尼的轧花机轧出世界历史的新篇章；斯蒂芬孙的铁路一路铺向了交通领域的未来……由此，近代科学大步流星走向了新时代。

1. 伽利略的革新

伽利略·伽利莱，意大利物理学家、数学家、天文学家及哲学家，其成就包括改进望远镜和天文观测效果，以及支持哥白尼的日心说。伽利略通过实验证明，感受到引力的物体并不呈匀速运动，而是呈加速运动；物体只要不受到外力的作用，就会保持其原来的静止状态或匀速运动状态不变。他又发表惯性原理，阐明未感受到外力作用的物体会保持其原来的静止状态或匀速运动状态不变。伽利略被誉为"近代观测天文学之父"、"近代物理学之父"、"科学方法之父"及"近代科学之父"。

伽利略·伽利莱

1564—1642年

- 国籍：意大利
- 身份：天文学家、物理学家
- 代表作：《星际使者》《关于托勒密和哥白尼两大世界体系的对话》
- 主要成就：天文观测、惯性原理、实验观测方法
- 主要发明：望远镜、摆钟、温度计

运动定律的产生

伽利略对运动基本概念，包括重心、速度、加速度等都做了详尽的研究，并给出了严格的数学表达式。尤其是加速度概念的提出，在力学史上是一个里程碑。有了加速度的概念，力学中的动力学部分才能建立在科学基础之上，而在伽利略之前，只有静力学部分有定量的描述。

根据亚里士多德的物理学，物体做匀速运动的原因是力的持久动作。但是伽利略的实验结果证明：物体在引力的持久影响下并不以匀速运动，而是每经过一定时间之后，在速度上有所增加。物体在任何一点上都继续保有其速度并且受引力影响。

这个原理阐明物体只要不受到外力的作用，就会保持其原来的静止状态或匀速运动状态不变。伽利略在研究运动学时研究过物体的匀加速运动，年轻的伽利略在比萨大学教书时，在斜塔上做了落体实验，实验结果反驳了亚里士多德。1638 年，伽利略出版《关于两门新科学的谈话及数学证明》，提出在真空中，重量不同的物体以相同的有限速度下落，推导出了均匀加速度正确的运动学规律。

他非正式地提出惯性原理和物体在外力作用下运动的规律，提出运动相对性原理（伽利略相对性）。相对性原理是为答复对哥白尼体系的责难而提出的，但原理的意义远不止于此，它第一次提出惯性参考系（惯性系）的概念，被爱因斯坦称为伽利略相对性原理，是狭义相对论的先导。这些为牛顿正式提出运动第一、第二定律奠定了基础。伽利略还提出过合力定律、抛体运动规律。在经典力学的建立上，伽利略可以说是牛顿的先驱。

伽利略是第一个提出真空概念和惯性参考系概念的人，这两个概念在牛顿力学、相对论和量子力学中都被保存了下来。后来，爱因斯坦修改了时空和物质的概念，玻尔放弃了因果律，导致随后理论之间的分歧越来越大，建立统一理论越来越难，而且产生了很多新的悖论。

日心说的发展

在天文学方面，伽利略支持日心说。他在《星际使者》和《关于太阳黑子的书信》两本书中都主张哥白尼的日心说。伽利略以观测到的事实，推动了哥白尼学说的传播。

伽利略是利用望远镜观测天体并取得大量成果的第一位科学家。1609 年，他创制了天文望远镜，并用其来观测天体，这个望远镜也被称为伽利略望远镜。

如图 10.1 所示，伽利略发现所见恒星的数目随着望远镜倍率的增大而增加；他观察到银河系是由无数个恒星组成的，月球表面有崎岖不平的现象，金星有盈亏现象[①]，木星有 4 个卫星（其实是众多木卫中最大的 4 个，称为伽利略卫星）。不仅如此，他还发现太阳黑子，并认为黑子是日面上的现象。根据黑子在日面上的自转周期，他得出太阳

[①] 金星的盈亏是哥白尼《天体运行论》中的一个预言，伽利略首次用望远镜证实了它，并为日心说提供了有力证据。

的自转周期为 28 天（实际上是 27.35 天）。

1616 年，他将第一份有关潮汐的文献整理出来。伽利略认为，地球围绕轴心自转并围绕太阳公转，导致地球表面运动的加速减速，从而引发海水潮汐式前后涌动。他的理论第一次涉及了海底大陆架的形状尺度以及潮汐的时刻等。例如，他正确地推算出亚得里亚海中途的波浪相对于到达海岸的最后一波来说可以忽略不计。但是，从潮汐形成的总体角度来看，伽利略的理论并不成立。

1632 年，他的《关于托勒密和哥白尼两大世界体系的对话》出版，激怒了教会。1633 年，他被判处终身监禁，被指定居住于佛罗伦萨郊区。他在生命的最后几年里仍努力研究。1638 年，他写成一本力学著作——《关于两门新科学的谈话及数学证明》。

图 10.1　伽利略用望远镜观测到的部分天文现象

2. 牛顿的思索

艾萨克·牛顿 1643 年出生于英国，英国物理学家、数学家、天文学家、自然哲学家和炼金术士。他阐述了万有引力和三大运动定律，奠定了世界物理学和天文学的基础，也奠定了现代工程学的基础。通过论证开普勒行星运动定律与牛顿的引力理论间的一致性，牛顿展示

了地面物体与天体的运动都遵循着相同的自然定律，为当时的太阳中心学说提供了强有力的理论支持，是科学革命的一个标志。

艾萨克·牛顿

1643—1727年

- 国籍：英国
- 身份：数学家、物理学家
- 代表作：《自然哲学的数学原理》《光学》
- 主要成就：万有引力定律、牛顿运动定律、微积分

牛顿在 1665—1666 年开始研究万有引力定律，并在 1687 年于《自然哲学的数学原理》上发表了关于万有引力定律这个问题。在开普勒行星运动定律以及其他人的研究成果基础上，他用数学方法推出了万有引力定律。牛顿把地球上的物体力学和天体力学统一到一个基本的力学体系中，创立了经典力学理论体系，正确地反映了宏观物体低速运动的宏观运动规律，实现了自然科学的第一次大统一，即将天上的星球运行和地球上的物体运动统一了起来。

图 10.2 有助于我们理解牛顿万有引力的概念。牛顿第一次把天上星球的运动与地上物体如苹果掉落的运动用同一个理论来解释。事实上，牛顿的万有引力可以解释苹果的自动掉落，但要解释月球的运动还不够。如果月球与地球之间只有万有引力而没有其他力，则月球也会像苹果一样掉落到地球表面。但苹果在月球上并不会掉落，这说明在地球与月球之间还存在一个抵抗它们进一步靠拢的离心力。离心力究竟是怎么产生的，这在过去的牛顿力学体系中没有得到很清晰地解释。另外，月球除了绕地球旋转外，它还沿着自己的某个惯性轴自转，这个导致月球自转的力矩是谁提供的？牛顿力学体系也没有能够给出解释。

除了力学领域之外，牛顿在数学领域也颇有成就。牛顿与莱布尼茨独立发展出了微积分学，并为之创造了各自独特的符号。牛顿在 1671 年写了《流数术与无穷级数》，并在这本书里指出，变量是由点、线、面的连续运动产生的，否定了自己以前认为的变量是无穷小元素的静止集合。

牛顿将古希腊以来求解无穷小问题的种种特殊方法统一为两类算法，即正流数术（微分）和反流数术（积分），反映在1666年10月的手稿《论流数》、1669年的《运用无穷多项方程的分析》、1670年的《流数术与无穷级数》、1676年的《曲线求积术》和1687年的《自然哲学的数学原理》中。

在创立微积分方面，莱布尼茨与牛顿功绩相当。这两位数学家在微积分学领域的卓越贡献概括起来就是：他们总结出处理各种相关问题的一般方法，认识到求积问题与切线问题互逆的特征，并揭示出微分学与积分学之间的本质联系；他们各自建立了微积分学基本定理，给出微积分的概念、法则、公式和符号理论，为以后微积分学的进一步发展奠定了坚实而重要的基础。

微积分成了数学发展中除几何与代数以外的另一重要分支——数学分析（牛顿称之为"借助于无穷多项方程的分析"），并进一步发展为微分几何、微分方程、变分法等，这些又反过来促进了理论物理学的发展。

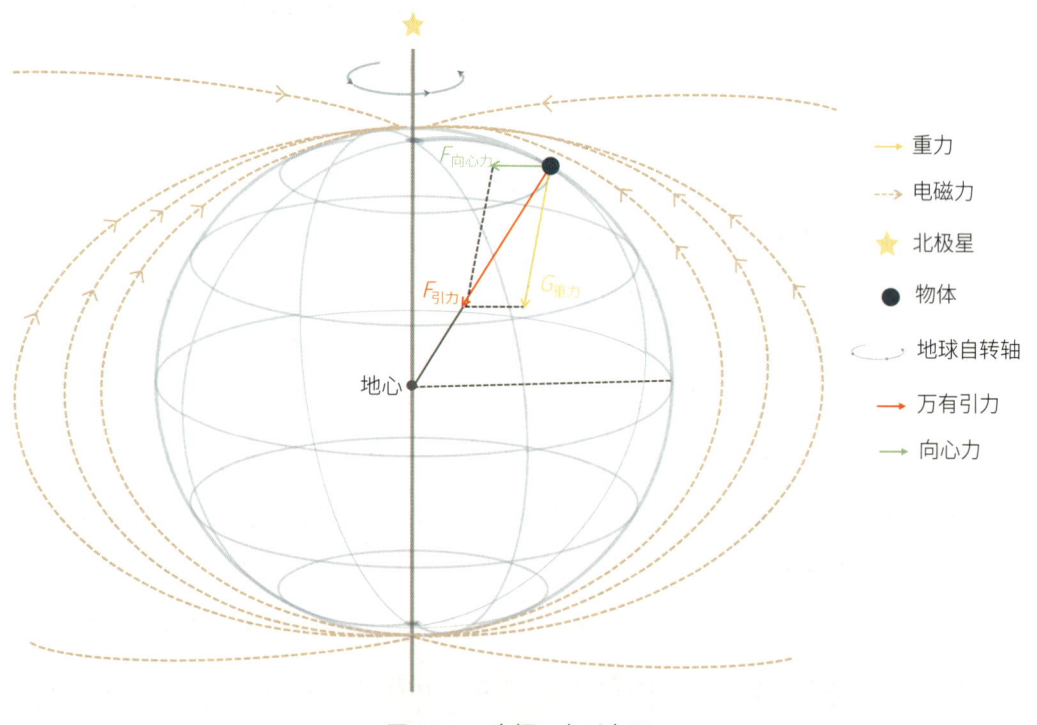

图10.2　牛顿万有引力图

牛顿是为了解决运动问题才创立这种和物理概念直接相关联的数学理论的，牛顿称之为"流数术"。它处理了一些具体问题，如切线问题、求积问题、瞬时速度问题以及函数的极大值和极小值问题等。牛顿确立了微分和积分这两类运算的互逆关系，从而完成了微积分发明中最关键的一步，为近代科学发展提供了最有效的工具，开辟了数学史上的一个新纪元。

不断的探索

牛顿的三大运动定律表明了任何物体受力后的运动规律。牛顿阐明了动量和角动量守恒的原理。他发明了反射望远镜，并基于对三棱镜将白光发散成可见光谱的观察，发展出了颜色理论。他还系统地表述了冷却定律，并研究了音速。牛顿与莱布尼茨分享了发展出微积分学的荣誉。他也证明了广义二项式定理，提出了"牛顿法"以趋近函数的零点，并为幂级数的研究做出了贡献。

《数学大师：从芝诺到庞加莱》和《数学史》两书记载：1661 年，牛顿考入剑桥大学三一学院。在基于亚里士多德学说的学院教学之下，牛顿更热衷于勒内·笛卡儿等现代哲学家以及伽利略·伽利莱、尼古拉·哥白尼和约翰内斯·开普勒等天文学家更先进的思想，并在 1665 年发现了广义二项式定理，开始发展一套全新的数学理论，这也就是现在我们所熟知的微积分学。之后，牛顿继续研究微积分学、光学以及万有引力定律。

1679 年，牛顿重新回到力学的研究中：引力及其对行星轨道的作用，开普勒的行星运动定律，与胡克和弗兰斯蒂德在力学上的讨论。《自然哲学的数学原理》在埃德蒙·哈雷的鼓励和支持下于 1687 年 7 月 5 日出版。

在该书中，牛顿阐述了在其后 200 年间都被视作真理的三大运动定律，并定义了万有引力定律。在这本书中，他还基于玻意耳定律提出了首个分析测定空气中的音速的方法。这本书的出版使牛顿成为当时最有影响力的科学家。但用现在的眼光来看，牛顿三大运动定律似乎都是针对非生命体而言的，这个问题在本书的第六篇中还会提到。

牛顿接下来开始研究光学，他认为光是由非常微小的微粒组成的，而普通物质是由较粗的微粒组成的，并推测可以通过某种炼金术来转化。后来的量子力学则认为光有波动和微粒二重性，称为波粒二象性。虽然该理论中的"微粒"光子与牛顿理论中的"微粒"差别很大，但牛顿在与神智学家亨利·莫尔接触后重新燃起了对炼金术的兴趣，并改用源于赫密斯神智学中粒子相吸互斥思想的神秘力量来解释，替换了先前假设以太存在的看法。

晚年时期，牛顿沉迷于炼金术。牛顿于1727年3月31日在伦敦辞世，于威斯敏斯特教堂举行国葬，是史上第一个获得国葬的自然科学家。

力学的变革

1687年牛顿发表《自然哲学的数学原理》，并对"力"做了新的定义。从此人们由亚里士多德的世界观转化为牛顿的世界观。

> 牛顿的世界观有两个重要的特点：粒子和"力"，物质世界的一切都源于粒子以及它们之间的作用力。

我们从图10.3中可以看出，牛顿世界观的根基是引力假说和惯性假说。地球受到太阳引力的影响，所以绕着太阳转，而地球上的事物同样也受到地球引力的影响。同时，如果没有外力的干扰，那么这种运动会一直保持下去。基于这两种假说，牛顿推导出物体的运动定律，把天上地下给统一起来了，彻底地颠覆了人们当初认知的亚里士多德的世界观。

以今天的眼光来看，牛顿当时的说法不完整。如果只有万有引力，则地球一定会落到太阳上。地球之所以绕太阳转，表明地球还受到一个离心力的作用，地球还有自转。如果把地球当作一个生命体（称为盖亚假说），这两个力就可以获得合理的解释。同时，值得强调的是牛顿的世界观中隐藏着牛顿的思维体系，他的极其严谨的数学逻辑和科学实验过程，为后世的科学研究方法提供了极大的帮助。

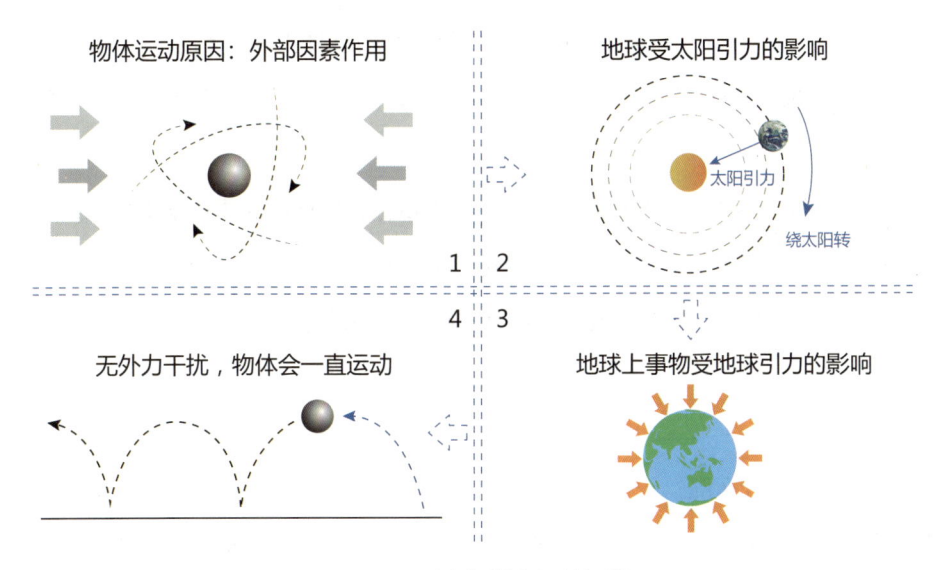

图 10.3　引力假说和惯性假说

注：蓝色虚线空心箭头顺时针地表示了 4 步逻辑推导。第 1 个图中带箭头的黑色虚线表示物体的运动，灰色的 6 个箭头表示外部因素作用；第 2 个图中的黄圆表示太阳，蓝色小球是地球；第 3 个图中黄色箭头表示引力；第 4 个图中带箭头的蓝色虚线表示初始使物体运动的因素，带箭头的黑色虚线表示物体会一直运动的轨迹。

3. 牛顿经典力学

在牛顿之前，物理学家对力的概念还知之甚浅。比如，亚里士多德对重力的看法是，所有物体都向其自然位置移动。对于一些物体，亚里士多德认为它们的自然位置是地心，因此它们向下落。伽利略的想法大不相同。伽利略提出的惯性原理表明，只有施加外力，才能改变物体速度；维持物体速度不变，不需要任何外力。伽利略总结，假若不碰到任何阻碍，运动中的物体会持续地做匀速直线运动。[1] 伽利略的想法加速了牛顿第一定律的诞生，即不施加外力，则没有加速度，因此物体会维持速度不变。第一定律其实是对伽利略所提出的惯性原理的再次陈述。[2]

伽利略斜塔实验中的物体很显然只适用于非生命体，如果换成生命体，那就会产生爬坡的主动力。所以，牛顿的第一定律也存在这个问题。[3]

笛卡儿在他 1644 年的著作《哲学原理》中以第一和第二自然定律描述了惯性定律。第

一自然定律指出，如果不考虑其他影响，每个物体将始终处于同一状态，如果它处于运动状态，它将永远保持持续运动。第二自然定律指出，所有仅依靠内部因素的运动都是直线运动。

在这两个自然定律中，笛卡儿明确指出，动态和静态是物体的两种基本状态，物体的基本状态只有受到外界因素的影响才会发生变化。笛卡儿的惯性定律有助于奠定现代动力学理论的基础。牛顿很早就意识到笛卡儿提出的状态概念的基础性。

力学初解

力的定义。力是什么呢？一些概念性定义都无法用更为基础的概念来表达力这一基础术语。比如在沃克、哈里德与瑞斯尼克合著的教科书《物理学原理》里，力被定义为造成物体加速的作用。类似地，在《西尔斯当代大学物理》教科书里，力也被定义为两个物体之间或物体与环境之间的作用。

但是，以上都没有对"作用"给出解释。在詹科利著的《大学物理》教科书里，力被定义为造成物体改变速度的影响，但是其所说的"影响"具体是什么也没有说清楚。古斯塔夫·基尔霍夫首先提议，将力定义为质量与加速度的乘积。但是根据这样的提议，第二定律只是一个数学定义式，而不是自然定律，在物理学中毫无意义。因为人们无法从数学定义中预测自然。

如果要将经典力学这个公理化的理论引入实际物理，我们必须使力的定义得出的结果符合实际物理，只有符合实际物理的定义才能被采用，即通过力的定义所推导出的结果必须符合实验测试，否则不能被接受。[4-5]

按力的作用效果，我们可以把力分为推力、拉力、支持力、阻力等；按力的性质，我们可以把力分为弹力、重力、摩擦力、电磁力等。由于力的种类如此之多，近代科学把已经发现的力分为4种类型，分别是万有引力、电磁力、强力、弱力。表10.1是关于这4种类型的力的定义和说明。没有人能够证明自然界只有这4种力，因为自然界这个概念是开放的系统，未来也不可能有人能够给出这个证明。

表 10.1　不同力的比较分析

力的种类	定义	说明	长短程力
万有引力	相互吸引的作用，存在于物体之间，强度随距离的增大而减弱	强度与质点间距离成平方反比关系	长程力
电磁力	电荷/磁体间的相互作用	强度与粒子间距离成平方反比关系	长程力
强力	存在于原子核内的核子之间，使核子结合成原子核时起作用的力	强度随核子间距离的增大而急剧减小	短程力
弱力	在放射现象中起作用的基本力	距离增大时作用急剧减小	短程力

惯性参考系。 在描述一个物体的运动时，只有相对于一个特定的物体、观察者或时空坐标，它的物理行为才能真正表现出来。这些特定的对象被称为参考系。如果选择了不合适的参考系，则相关的运动定律可能会很复杂，而在惯性参考系中，力学定律会展现出最简单的形式。从惯性参考系观察，任何匀速直线运动的参考系都是惯性参考系，否则为"非惯性参考系"。

换句话说，牛顿定律满足伽利略不变性，即在所有惯性参考系中，牛顿定律都保持不变。牛顿将第一定律建立在一个所谓的绝对时空中，这是一个独立于外部任何事物而存在的参考系。

> 绝对时空是一个具有独特地位的绝对参考系。在绝对时空中，自由物体具有保持原来运动状态的特性。这种性质被称为惯性。

因此，第一定律也被称为"惯性定律"。但从现代物理学的角度来看，并不存在一个地位独特的绝对惯性参考系，也不真正存在所谓的真空和惯性系。

惯性定律

1687 年，英国物理学家艾萨克·牛顿在伽利略等人工作的基础上进行深入研究，在他的著作《自然哲学的数学原理》中提出了牛顿运动定律，其中包括了三条定律，分别为牛顿第一定律、牛顿第二定律与牛顿第三定律（惯性定律、加速度定律、作用力与反作用力定律）。

公理 10.1：牛顿第一定律（惯性定律）

任何一个物体在不受任何外力或受到的力平衡时，总保持匀速直线运动或静止状态，直到有作用在它上面的外力迫使它改变这种状态为止。

由第一定律可以得到两个推论，第一是静止的物体会保持静止状态，除非有外力施加于这个物体；第二是运动中的物体不会改变其运动速度，除非有外力施加于这个物体。速度是向量，物体运动速度的大小与方向都不会改变。而根据牛顿第一定律，只有外力施加于物体才会改变物体的运动，否则，物体的运动会永远保持不变。这意味着，物体具有保持当前运动状态的性质，称为物体的惯性。[6]

牛顿第一定律的意义在于，通过对不受力的物体的运动状态的描绘，它给出了力的定性定义。牛顿在表述他的第一定律前，明确提出："力对物体的作用使物体改变静止或匀速直线运动状态。"

这就对力给出了定性的、科学的定义。其要点之一是力的起源：力是物体对物体的作用（牛顿第三定律进一步揭示了物体间力的相互作用性质的规律），力存在于这种作用过程之中。其要点之二是力作用的效果：使受力物体的运动状态发生变化，即产生加速度。

从图10.4中可以看出，小车在棉布表面、毛巾表面和木板表面滑出的距离是不一样的，当摩擦力越大时，小车滑出的距离越短；当摩擦力越小时，小车滑出的距离越长。并且，牛顿第一定律给出了一个没有加速度的参考系——惯性系，牛顿第一定律把"不受其他物体作用力"作为"物体继续保持静止或做匀速直线运动"的条件。这界定了牛顿力学适用于一类特殊的参考系，这类特殊的参考系就是不受力作用的物体在其中保持静止或做匀速直线运动的参考系，称为惯性系。

牛顿第一定律以不受外界作用的物体的运动状态来定义惯性参考系，这使它成为整个力学甚至物理学的出发点。同时，牛顿定义了惯性，确认了惯性是物体固有的属性，是不论物体是否受力都具有的性质。当物体没有受外力作用时，静者恒静，动者恒做匀速直线运动，这是物体惯性的表现；当物体受到外力作用时，物体的惯性表现于对外界作用的"抵抗性"。

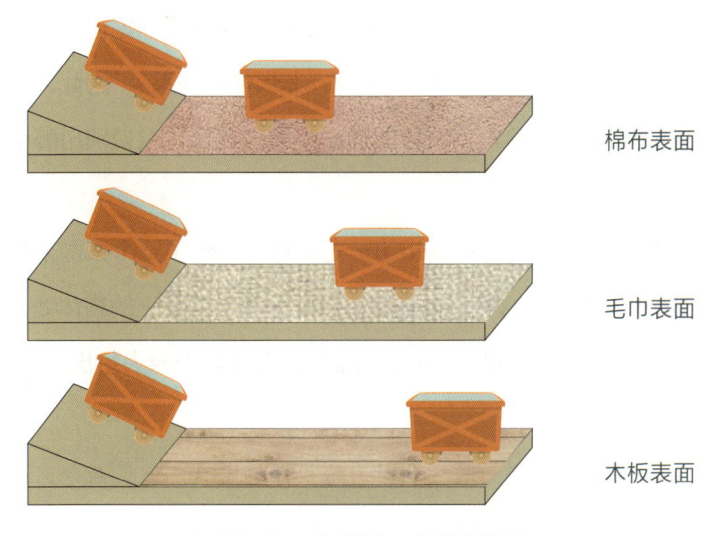

图 10.4　牛顿第一定律实验图

从最新物理学的眼光来看，牛顿运动定律是在假定地球绝对静止的前提下得出的。而我们现在知道，地球本身也是运动的，既有公转也有自转，任何转动的物体都有加速度，因此不能作为惯性系。另外，牛顿把力定义为两个物体之间的相互作用，显然就忽略了一个生命体自身可以发出力这样一种情况。因此，严格来说，牛顿研究的对象都是非生命体，或者是他把生命体当作非生命体来简化处理了。

对于牛顿运动定律的修改可以参见本书第六篇的相关内容。第一定律是物理定律，因此具有可证伪性，即做实验可以检验第一定律是否正确。在做实验时，人们必须测量物体的运动速度，但这涉及参考系的设定。因此，我们可以更详细地表述第一定律："采用某种参考系来做测量，假若施加于一个物体的外力为零，则该物体的运动速度不变。"虽然《自然哲学的数学原理》中没有具体说明对力应该如何解释，但从第一定律的内容可以推导出，牛顿认为零作用力案例可以很容易地被辨认出来。

释义 10.1：惯性参考系

如果从参考系观察，非受力物体的运动速度没有变化，那么这个参考系就是惯性参考系。

在宇宙中，有无数可能的参考系。在这些参考系中，满足第一定律的参考系被称为"惯性参考系"，其他不满足第一定律的参考系被称为"非惯性参考系"。因此，第一定律可以被视为惯性参考系的定义。通过实验观察物体的运动行为，我们可以识别出哪个是惯性参考系，哪个不是。[7]

牛顿在《自然哲学的数学原理》中提出第一定律后，列举了三个案例来描述外力与物体运动状态的关系。图 10.5 是其中的第一个案例，悬挂于两条弹簧上的物体处于平衡状态，则两个弹簧力等于物体的重力，$2F_0=W$。牛顿在这部著作中并没有对力给出严格的定义。[8]

有些学者主张使用操作定义的方法对力给出严格定义。假设两条同样的弹簧被延伸同样的距离，其各自产生的"弹力"（一种物理现象）相等，则将这两条弹簧并联，可以生成两倍的弹力；又将一物体的两边分别连接这两条弹簧的末端，使弹力方向相反，则作用于物体的合力为零，物体的运动状态不会改变。

为了对弹力给出定量描述，人们设定"标准单位力"为某特定弹簧延伸特定距离所产生的弹力，称这特定弹簧为"标准弹簧"。任意整数倍的标准单位力都可以用几条标准弹簧所组成的系统来实现，对于标准单位力的任意分数倍，可以应用阿基米德的杠杆原理来实现。弹簧系统可以用来做测量实验，比较任意力，给出测量值。如图 10.5 所示，假设悬挂于两条标准弹簧的一个物体正好能够将这两条标准弹簧延伸特定距离，则这物体的重量等于两个标准单位力。[9–10]

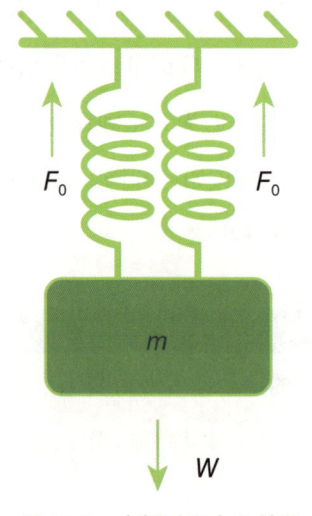

图 10.5 牛顿对于力的绘景

| 加速度定律 |

公理 10.2：第二定律（加速度定律）

物体所受到的外力等于质量与加速度的乘积，而加速度与外力同方向。

牛顿第二定律具有 6 个性质。

因果性：力是产生加速度的原因。

同体性：加速度 a 和施力 F 与同一物体某一状态相对应。

矢量性：力和加速度都是矢量，物体加速度方向由物体所受合外力的方向决定。牛顿第二定律数学表达式 $\Sigma F=ma$ 中，等号表示左右两边数值相等，也表示方向一致，即物体加速度方向与所受合外力方向相同。

瞬时性：当物体（质量一定）所受外力突然发生变化时，由力决定的加速度的大小和方向也要同时发生改变；当合外力为零时，加速度同时为零，加速度与合外力保持一一对应关系。牛顿第二定律是一个瞬时对应的规律，表明了力的瞬间效应。

相对性：自然界中存在着一种坐标系，在这种坐标系中，物体在不受力时将保持匀速直线运动或静止状态，这样的坐标系叫惯性参考系。地面和相对于地面保持静止或做匀速直线运动的物体可以被看作惯性参考系，牛顿定律只在惯性参考系中成立。

独立性：作用在物体上的各个力都能各自产生一个加速度，各个力产生的加速度的矢量和等于合外力产生的加速度。

牛顿第二定律的适用范围：只适用于低速运动的物体（与光速相比速度较低），只适用于宏观物体，不适用于微观原子。两个物体之间的作用力和反作用力在同一直线上，大小相等，方向相反（详见牛顿第三运动定律）。

从图 10.6 中可以看出，空的车厢比装满煤的车厢更容易被推动，这是因为物体加速度的大小跟物体的质量成反比。在经典力学中，牛顿第二定律主导着物体千变万化的运动和奇妙而有序的物理现象。牛顿第二定律用途广泛，它可以用来设计平缓升入云端的台北 101 摩天大楼电梯，也可以用来计算火箭从地球登陆到月球的轨迹。根据牛顿第二定律，物体的运动所出现的改变，都是源自施加于这一物体的外力。

装满煤的车厢很难被推动　　　　空的车厢则很容易被推动

关于牛顿第二定律的思考

？

图 10.6　牛顿第二定律实验图

这个理论是经典力学的一个理论核心，同时也是科学史上的一个里程碑。先前只描述自然现象的理论不再被采纳，取而代之的是这个创立了一种理性的因果关系架构的新理论。实际而言，经典力学严格的因果属性，对西方思想与文明的发展产生了很大的影响。[11]

根据现代教科书上所介绍的这三个适用范围，牛顿第二定律似乎已经被推翻了，因为惯性系只存在于我们的头脑中，任何观察者所居住的物理平台，如地球或其他星球或者航天器都不是惯性系。另外，如果只适用于远小于光速的情况，比如是光速的 0.2 倍或其他数值，这个具体的数值其实是很难确定的，一旦确定就会遭到质疑，为什么大于这个速度之后，运动规律会发生跳变，牛顿第二定律就不适用了。相同的问题也存在于宏观与微观的分界线上。因此，从根本上来说，放弃惯性系、真空和封闭孤立系统等根本不存在的假设，建立一个同时适用于生命体和非生命体、宏观和微观的等效牛顿第二定律应该是未来科学研究的重点方向。

作用力与反作用力定律

公理 10.3：第三定律（作用力与反作用力定律）

两个物体彼此之间相互作用的力总是大小相等，方向相反。

从图 10.7 中可以看出火箭升空的作用力与反作用力，这是因为当两个物体相互作用时，彼此施加于对方的力，大小相等、方向相反。[12] 牛顿第三运动定律最初描述的是作用与反作用的关系，即作用力等于反作用力。第三定律不是一种一般自然定律，它只适用于某些力，比如向心力。

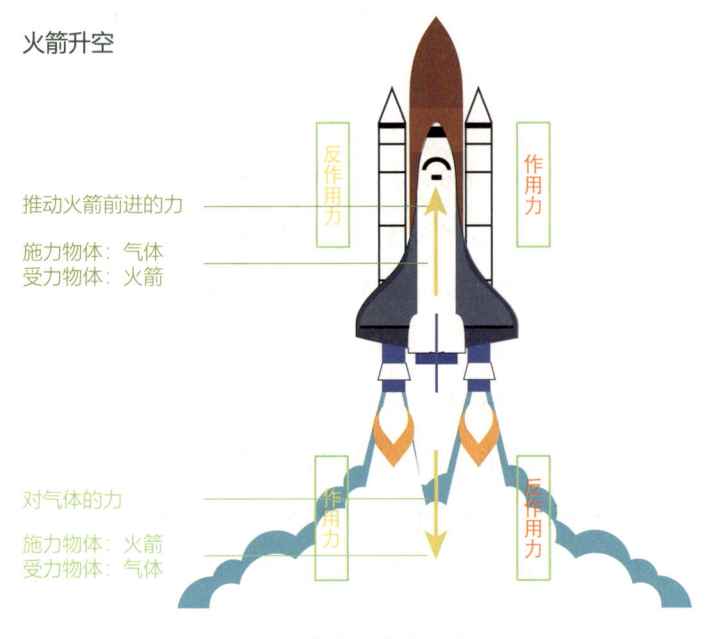

火箭升空

推动火箭前进的力
施力物体：气体
受力物体：火箭

反作用力　作用力

对气体的力
施力物体：火箭
受力物体：气体

作用力　反作用力

10.7　牛顿第三定律实验图

任何涉及物体速度的力都不是向心力，所以第三定律不能用于力学分析。例如，两个运动电荷相互作用的力不是向心力，两个移动中的物体彼此之间相互作用的力也不是向心力，第三定律不适用于这些力。[13] 牛顿第三定律是瞬时的，即作用力和反作用力同时发生。它们同时产生，同时消失，同时变化。

1687 年，牛顿正式将第三定律作为"运动定律三"提了出来。从牛顿第三定律的发现过程可以看出，牛顿从力的观点出发研究碰撞问题时，发现了作用力与反作用力定律。牛顿第三运动定律只适用于惯性系中实物物体之间的相互作用，其他情况则不适用，如在电磁场中运动的电子将受到电磁场力作用，但无法谈论电子对电磁场的反作用力；非惯性系中的惯性力无反作用力；有场参与的相互作用，其作用传递需要时间，作用与反作用的同时性不成立。

在经典力学中，第三定律成立的条件是，宏观物体做低速运动。当物体的运动速度接近光速时，作用力和反作用力的大小一般不再相等。对于接触力，该定律严格成立。对于非接触力，例如万有引力和电磁力，由于相互作用通过场以有限速度传播，我们需要考虑推迟效应。具体到引力作用，在普遍力学中，物体相距较近，相对运动速度又不大，且我们认为引力场是稳恒的，则该定律仍成立（严格说应是"近似成立"）。

至于电磁力的情形，对于电磁作用除了需考虑推迟效应外，还需考虑另一个因素。由于两个带电体系之间的相互作用是靠第三者——电磁场来传递，故参与电磁相互作用的客体不再是两个，而是三个，因而情形就变得复杂些。若将三个客体（两个带电体系和电磁场）视为一个封闭系统，由电动力学可知，当客体的运动状态发生改变时，整个系统的动量依然守恒。

在电磁现象中，对于两个带电体系在稳恒场中的相互作用，第三定律成立（严格说是"近似成立"）；对于发生在变化场中的相互作用，该定律不再成立。由于电磁现象中的多数情形为非稳恒场，故该定律在电磁现象中一般不成立。一般来说，微观粒子不再遵从该定律，但在经典的分子热运动中，对于分子之间的碰撞问题，我们仍可使用该定律。

如果说牛顿第一定律和第二定律是牛顿在总结前人工作的基础上提出的，那么牛顿第三定律完全是牛顿自己的一个伟大发现。图 10.8 集中展示了牛顿三定律，这三个非常简单的物体运动定律为力学奠定了坚实的基础，并对其他学科的发展产生了巨大影响。第一定律的内容伽利略曾提出过，后来笛卡儿做过形式上的改进，伽利略也曾非正式地提到了第二定律的内容。第三定律的内容则是牛顿在总结 C. 雷恩、J. 沃利斯和 C. 惠更斯等人的研究结果之后得出的。

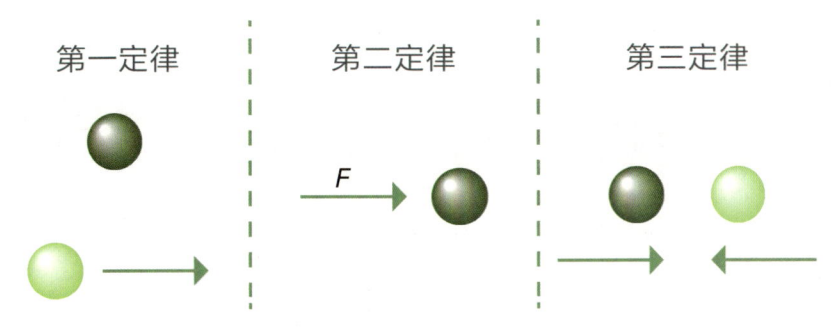

图 10.8 牛顿三定律

牛顿第一定律：任何一个物体在不受任何外力或受到的力平衡时，总保持匀速直线运动或静止状态，直到有作用在它上面的外力迫使它改变这种状态为止。

牛顿第二定律：物体所受到的外力等于质量与加速度的乘积，加速度的大小跟作用力成正比，跟物体的质量成反比，加速度的方向跟作用力的方向相同。

牛顿第三定律：每一个作用都对应着一个相等的反作用；或者，两个物体彼此之间的相互作用力总是大小相等、方向相反。

第 11 章

科学学科的形成

古代科学消亡后，人类在幽深无息的黑夜中走了几百年，神鬼怪学层出不穷，歪理邪说横行霸道。直到十六七世纪，漫长的中世纪终于落幕，欧洲在一片迷雾中终于再次燃起了灯。

文艺复兴唤醒了人的自我意识，宗教改革戳破了神学的虚假泡沫。来势汹汹的一波又一波思想解放浪潮摧毁了束缚人们思想自由发展的烦琐哲学和神学的教条权威。封建社会自此开始解体，新的社会形态走上历史舞台，这无疑为科学发展提供了经济基础和思想条件。

在生产力得到了解放、资本主义工场手工业繁荣发展和向机器生产过渡的情况下，科学开始飞速发展。欧洲各地涌现了众多科学社团和群体，志同道合的学者齐聚一堂，才智与胆识碰撞出火花。天马行空的猜想在这里破土而出，充满想象的实验在这里恣意生长，自由创新的新思潮沿着海岸线漫游。科学社团的出现，将各方科学研究力量拧成一股绳，推动了科学与技术的创新，带动了工商业的发展，促进了医学与教育的更新。

这一时期，就连捉摸不定的光也跃入了人们的手掌心，折射与波动显出其本真的形状；近代化学推翻了炼金的熔炉，将蛊惑人类百年的炼金神话付之一炬；生物学的框架日渐明朗，人类架起了观察微观世界的窗口，打开了藏有生物进化谜图的宝箱……科学的枝丫不断抽芽展叶，树冠日益繁茂，焕发新生。本章主要讲述在科学的形成阶段所延伸出的主要科学分支，具体细化为 17 世纪的科学社团，以及天文学、光学、化学、生物科学和其他分支。

1. 科学社团的形成

科学社团是 17 世纪欧洲科学研究的主要场所，与大学分而设之。科学社团是近代欧洲科学教育的先驱，标志着西方近代科学体制化的初步形成，并对近代高等教育的发展产生了重要影响。科学社团是17世纪时代精神的重要标志，它的诞生绝非偶然。

> 事实上，这个时代的鲜明特点是，绝大多数现代思想先驱都完全脱离了大学，或者只同大学保持着松弛的联系。为了培育新的精神，使之能够发现自己，就必须有新的、本质上真正互益的社会组织。科学社团正是顺应新时代的新需要而诞生的。就在这些社团里，现代科学找到了机会，受到了激励，而大学不仅在17世纪，而且在以后相当长的时间里都一直拒绝给予这些。[1]

弗兰西斯·培根在描绘"所罗门之宫"时，预见了现代科学的各种研究活动，并为其他科学家提供了启示。在16世纪下半叶，意大利、英国、法国、德国、荷兰等欧洲国家成立了致力于研究科学的业余爱好者协会和科学学会。这些组织不仅仅研究科学，还包括交流成果、反对独裁和培植新科学、新文化等功能。它们对推动西方近代科学的发展产生了重要影响。美国科学史家科恩指出，这些组织标志着西方近代科学体制化的初步形成。

> 近代科学革命的一个主要特点是科学共同体的产生，如各种科学社团所体现的科学共同体。[2]

在这些新的研究机构中，著名的有意大利西芒托学院（1657年）、英国皇家学会（1660年）、法兰西科学院（1666年）和德国柏林科学院（1700年）等。这些研究机构旨在"把先前分散孤立的科学家集合起来，以便在科学研究中相互帮助，并且使不论是政治还是商业势力都感到科学的实际重要性"[3]。

意大利西芒托学院

这个实验学院于1657年在佛罗伦萨建立，发起人是伽利略两个最杰出的门徒托里拆利（1608—1647年）和维维亚尼（1622—1703年）。美第奇家族的托斯卡纳大公斐迪南二世及乃兄利奥波尔德提供了必要的资助，他们两人都曾在伽利略的指导下学习过。在这个学院正

式建立的前十几年，美第奇弟兄俩就已创办了一个实验室，完善地配备着当时所能获得的最先进的科学仪器。1651—1657 年，各领域的科学家为了进行实验和探讨问题，定期在这个实验室里聚会，西芒托学院仅仅是这种非正式团体中一个比较正式的组织。

这些科学家在西芒托学院存在的 10 年（1657—1667 年）里做了许多有关温度和大气压的物理实验，如空气自然压力、液体凝固、固体和液体的热膨胀、抛射体实验等。1667 年，西芒托学院关闭时发表了《西芒托学院自然实验文集》，报告了实验中的一些新发现。沃尔夫指出：

> 西芒托学院的研究就下述意义而言，是严格科学的：采用精密的实验方法，所得出的结论严格限制于观察证据的必然，而不试图做思辨的遐想。这种自我约束可能主要是相互批评使然，而这种批评是成员们共同研究的自然结果。[4]

英国皇家学会

英国皇家学会是由弗兰西斯·培根的实验哲学追随者组成的一个非正式社团发展而来的。这些人约从 1645 年开始每周在伦敦聚会讨论自然问题。他们中间有著名的数学家和神学家 J. 沃利斯（1616—1703 年）、后来的切斯特主教约翰·威尔金斯（1614—1672 年）、格雷沙姆学院天文学教授塞缪尔·福斯特、德国人狄奥多·哈克，这种每周聚会的主意就是由这个德国人哈克提出的。社团专门从事一些具体的实验工作和有关自然的理论探讨，但把神学和政治排除在外。英国皇家学会正式成立于 1660 年，是英国最高科学学术机构，也是世界上历史最悠久而又从未中断过的科学学会。英国皇家学会举办了许多著名的学术会议，例如年度演讲会和科学论坛。这些活动旨在促进科学家之间的学术交流和合作，并推动相关领域的科学研究。

英国皇家学会对英国和世界科学的发展都有重要贡献。它为科学家提供了一个展示他们的研究成果和交流科学想法的平台，同时也为公众提供了一个了解科学的机会。经过 360 多年的发展，英国皇家学会仍然是英国科学界的领导者，为促进科学的发展做出了重要贡献（见图 11.1）。

英国皇家学会

图例：死亡线 ---- 事件线 ——
B C D

J.沃利斯　约翰·威尔金斯　狄奥多·哈克　罗伯特·胡克
塞缪尔·福斯特　　牛顿　哈雷
由弗兰西斯·培根的实验哲学追随者组成的社团发展而来
玻意耳
《皇家学会哲学学报》

1645年　1662年　1665年　1672年　1703年　1730年

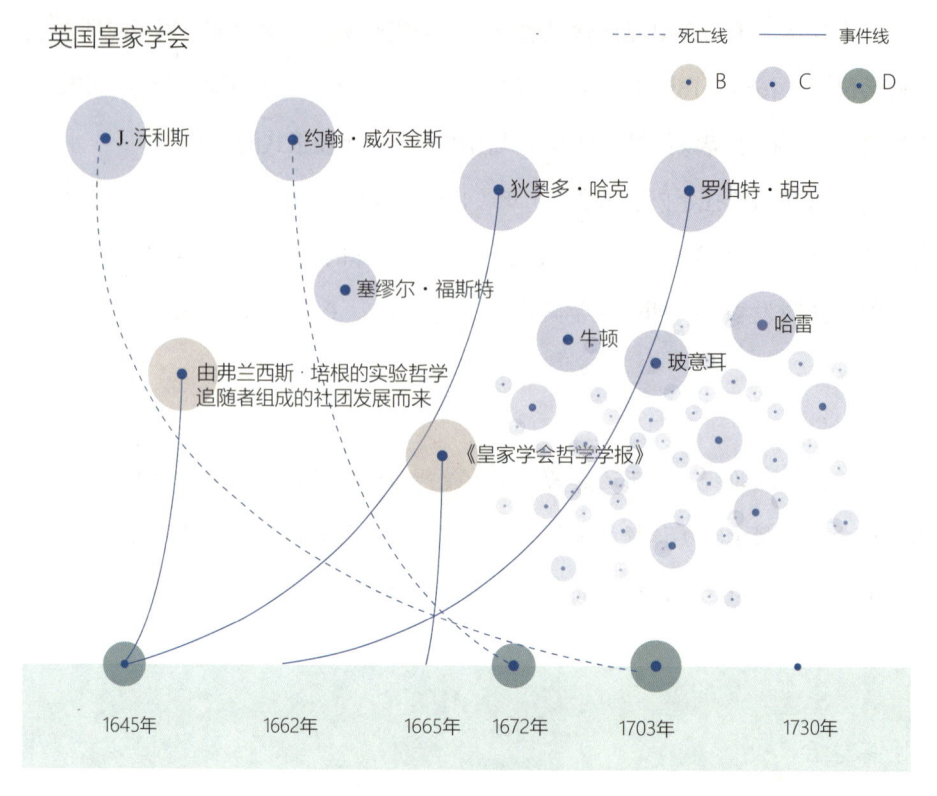

图 11.1　英国皇家学会

注：图中均为学会发展中出现的重要人物、团体、成果及对应年份。其中蓝色虚线连接的是科学家的死亡时间；蓝色实线连接的是科学家做出贡献的相应年份。图例中 B 图表示对学会发展有重大影响的成果或团体；C 图表示对学会有重大贡献的人物，其大小表示对学会贡献力量的大小，虽然并没有标注塞缪尔·福斯特做出贡献的具体时间，但其也在学会发展中占据重要地位；D 图表示事件发生时间点，其大小表示某时间点发生的重大事件的多少，而英国皇家学会的鼎盛时期基本在 1730 年结束。

皇家学会的任务和宗旨在于"增进关于自然事物的知识和一切有用的技艺、制造业、机械作业、引擎和用实验从事发明（但不插手神学、形而上学、道德、政治、文法、修辞学或逻辑），试图恢复现在失传的这类可用的技艺和发明；考察古代或近代任何重要作家在自然界方面、数学方面和机械方面所发明的，或者记录下来的，或者实行的一切体系、原理、假说、纲要、历史和实验……"[5]。

皇家学会一开始就形成一个惯例，即在学会的会议上把具体的探索任务或研究项目分配给会员个人或小组，并要求他们及时向学会汇报研究成果。学会鼓励会员开展新实验，如用化合方法生产颜料、测量空气的密度、定量比较不同金属丝的硬度、通过焙烧锑检验其质量是否增加等。因此，早期皇家学会的会议都是会员发表演说，演示实验，展示各种稀奇的东西,并进行热烈讨论。

"他们把研究的网撒得太宽,因此丧失了长期集中研究一组有限的问题带来的好处。所以说这个学会对发展科学的真正意义,与其说在于它对科学知识的积累做出了贡献,还不如说在于它对它所聚集的那些杰出人物产生了激奋性的影响……"[6]

1662年,罗伯特·胡克被任命为皇家学会的干事,职责是为每次会议准备三或四项他自己和别人的实验,以应学会的不时之需。胡克是那时皇家学会中最有才干的实验家和最有独创性、最富有想象力的发明家之一。《皇家学会哲学学报》于1665年3月由学会秘书亨利·奥尔登伯格独自出版。该学报的内容主要包括会员提交的论文和摘要、各方观察到奇异现象的报告、与外国研究者的学术通信和争论以及最新出版的科学书籍的介绍。皇家学会成为英国近代科学的摇篮。据统计,1662—1730年,皇家学会集中了全世界1/3以上的杰出科学家,产生了占世界四成的科研成果,著名科学家牛顿、玻意耳、胡克、哈雷等云集于此。[7]

法兰西科学院

法兰西科学院起源于17世纪中叶左右巴黎的一群哲学家和数学家的非正式聚会。这批人包括笛卡儿、帕斯卡、伽桑狄和费马等,他们经常在墨森的寓所聚会,讨论当时的科学问题,进行新的数学和实验研究。后来,聚会改在行政法院审查官蒙莫尔和博览群书、周游四方的塔夫诺的宅邸举行,周期比较固定。包括霍布斯、惠更斯和斯特诺在内的外国学者也都被吸引过来,最后根据夏尔·佩罗的建议,科尔贝尔向路易十四建议设立一个正规的学院(见图11.2)。

法兰西科学院的研究分为数学和物理学两部分。会员们每周在巴黎聚会两次,共同研究和讨论物理学和数学问题。在纯物理学方面,他们重做了法兰西科学院和英国皇家学会的许多实验,研究了水凝固时的膨胀力大小、某些金属焙烧时的质量增加情况、动物和植物器官的构造及功能等。在纯数学方面,他们主要讨论了笛卡儿在数学领域的工作和几何学中应用无穷小量所引起的问题。在应用力学领域,科学院指派几名会员研究工业上常用的工具和机械，旨在阐明其工作原理并改进或简化其结构。他们还设计了许多富有创造性的机械装置，如佩罗设计了一面可活动的镜子，用于控制天体的光线，让其进入固定的望远镜。这种装置实际上是现代定星镜的前身。法兰西科学院的研究为科学的发展做出了巨大的贡献，并为后来的科学家提供了重要的研究基础。

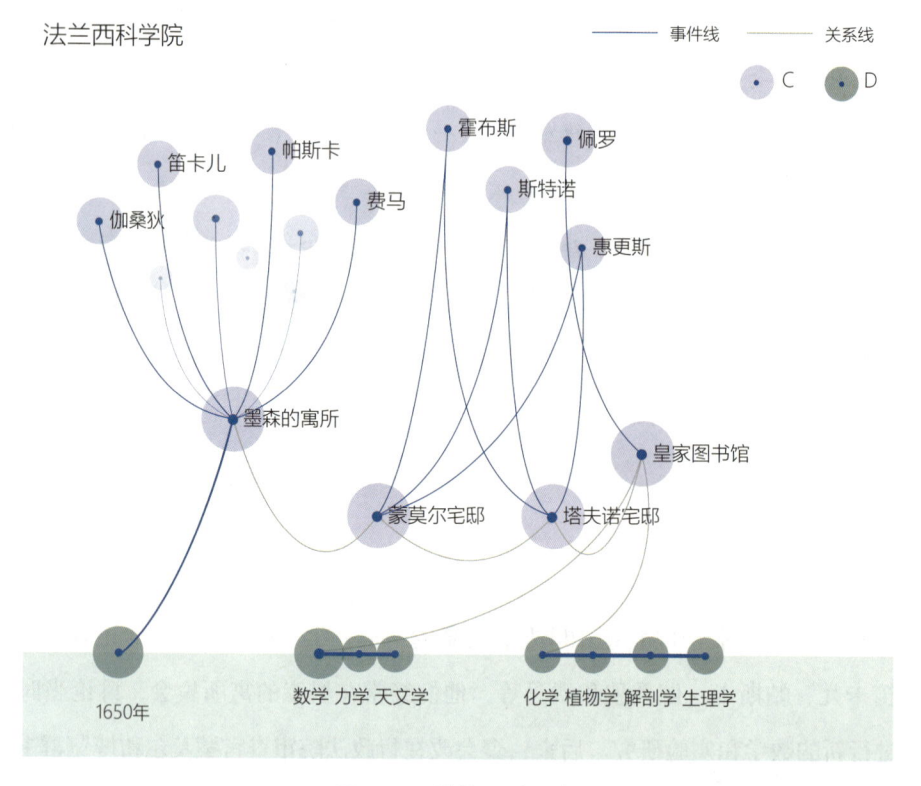

图 11.2 法兰西科学院

注：图中均为科学院发展中出现的重要人物、事件及对应年份。其中蓝色实线表示事件线，例如1650年以伽桑狄、笛卡儿、帕斯卡和费马为首的科学家聚集到墨森的寓所，促成了法兰西科学院的建立，灰色实线表示几经辗转，在更多科学家加入的情况下，他们又转移了几次地点，最终确定在皇家图书馆。而图例中 C 圆表示对学会有重大贡献的人物及地点，D 表示事件发生时间点及重大贡献涉及的领域。事件线连接当时的研究分支。

德国柏林科学院

德国柏林科学院是德国唯一能与英国皇家学会和法兰西科学院相提并论的科学社团。著名的科学家和哲学家莱布尼茨是柏林科学院的主要倡导者，柏林科学院的成员包括拉美特利、伏尔泰和拉格朗日等法国著名学者。在莱布尼茨多年精心规划下，柏林科学院在 1700 年建

立。莱布尼茨在 1670 年前后写的备忘录中建议成立一个"德国技术和科学促进学院或学会",除研究科学和技术之外,还包括进行历史、商业、档案、艺术和教育等领域的研究。他还提倡用德语取代拉丁语作为教学语言(见图 11.3)。

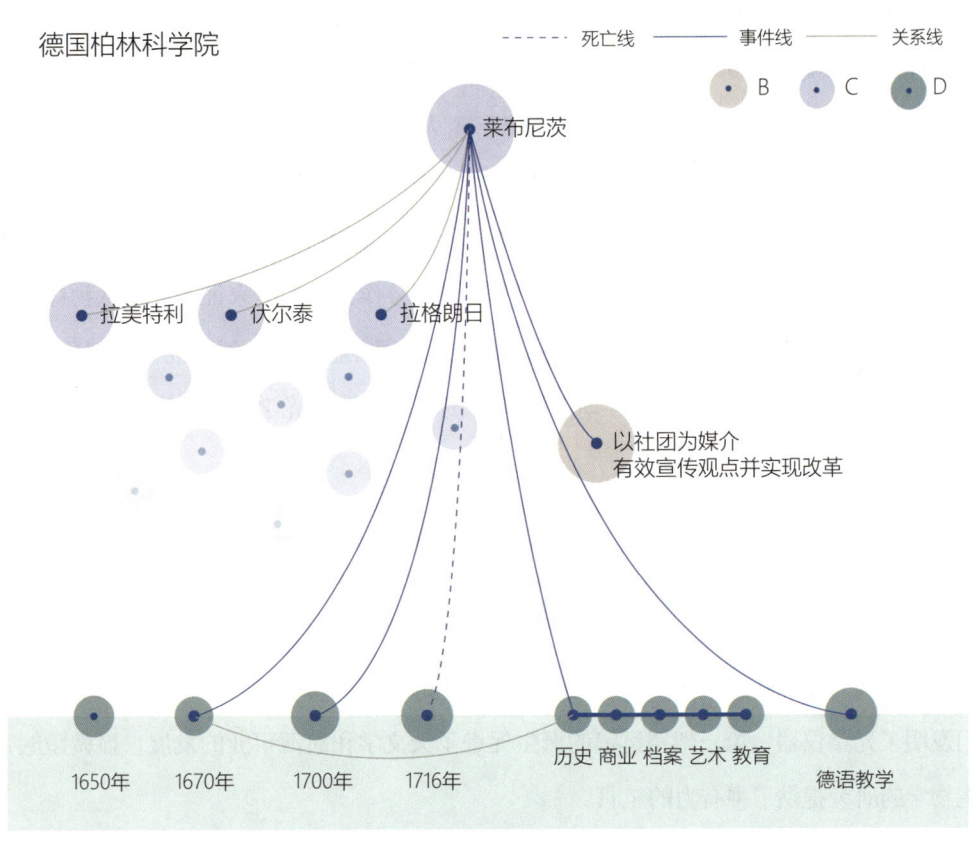

图 11.3　德国柏林科学院

注:图中均为学院发展中出现的重要人物、事件及对应年份。以莱布尼茨为核心而发展的柏林科学院的简图中,蓝色虚线连接的是科学家的死亡时间;蓝色实线表示事件线;灰色实线表示紧密关系。而图例中 B 圆表示对学院发展有重大影响的事件或团体;C 圆表示对学院有重大贡献的人物,其大小表示对学院贡献力量的大小;D 圆表示时间点及重大贡献涉及的领域。关系线连接的 1670 年时间点显示,柏林科学院的科研活动还涉及历史、商业、档案等领域。

莱布尼茨说:"如果采取了这一步骤,那么知识就会传遍全国,语言与陈腐思想的结合也就会在德国被冲破,像它们已在英国和法国为培根和笛卡儿的国语著作的影响所冲破一样。"[8]

2. 光学的发展

光学始于古埃及人和美索不达米亚人发明透镜，随后是古希腊与古印度哲学家发展了光和视觉理论，以及希腊罗马时代几何光学的发展。"光学"一词源自古希腊，意思是"看见"。中世纪伊斯兰世界的科学家在光学方面做出了重大贡献，他们探索了反射和折射，并提出了一个基于观察和实验的解释视觉和光的新系统。在早期现代欧洲，格罗斯泰斯特从四个不同的角度讨论了光，包括光的认识论、光的形而上学、光的物理学以及光的神学。格罗斯泰斯特最著名的弟子罗吉尔·培根能够用玻璃球的一部分作为放大镜来证明光是从物体表面反射而不是从物体中释放出来的。这些早期的光学研究现在被称为"经典光学"。"现代光学"一词是指在20世纪发展起来的光学研究领域，例如包括波动光学、光的干涉和衍射、激光、光的量子特性等。

光与透视

17世纪是几何光学时期，这一时期可以被称为光学发展史上的转折点。人们在这个时期发现了光的反射定律和折射定律，奠定了几何光学的基础。同时，为了提高人眼的观察能力，人们发明了光学仪器，第一架望远镜的诞生促进了天文学和航海事业的发展，显微镜的发明为生物学的研究提供了强有力的工具。

荷兰的李普希在1608年发明了第一架望远镜。开普勒于1611年发表了他的著作《屈光学》，提出了照度定律，还设计了几种新型的望远镜。他还发现当光以小角度入射到界面时，入射角和折射角近似地成正比关系。折射定律的精确公式则是由斯涅耳和笛卡儿提出的。1621年，斯涅耳在他的一篇文章中指出，入射角的余割和折射角的余割之比是常数，而笛卡儿约在1630年发表的著作中给出了用正弦函数表示的折射定律。接着，费马在1657年首先指出光在均匀介质中直线传播时所走路径取极值的原理，并根据这个原理推出光的反射定律和折射定律。综上所述，到17世纪中叶，人们基本上已经奠定了几何光学的基础。

> 粒子与波

关于光的本性的概念是以光的直线传播观念为基础的,但从 17 世纪开始,人们就发现了有与光的直线传播不完全符合的事实。意大利人格里马第首先观察到光的衍射现象,接着,胡克也观察到衍射现象,并且和玻意耳独立地研究了薄膜产生的彩色干涉条纹,这些都是光的波动理论的萌芽。17 世纪下半叶,牛顿和惠更斯等人把光的研究引向了进一步发展的道路。

1666 年,牛顿把通过玻璃棱镜的太阳光分解成了从红光到紫光的各种颜色的光谱,发现白光是由各种颜色的光组成的。这可以算是最早的对光谱的研究。1814—1815 年,夫琅禾费公布了太阳光谱中的许多条暗线,并以字母来命名,其中有些命名被沿用至今。此后人们便把这些线称为夫琅禾费暗线。实用光谱学是由基尔霍夫与本生在 19 世纪 60 年代发展起来的,他们证明了光谱学可以作为定性化学分析的新方法,并利用这种方法发现了几种当时还未知的元素,证明了太阳里也存在着多种已知的元素。图 11.4 为光谱,其中人类肉眼可见的电磁波的波长一般在 380nm～780nm。

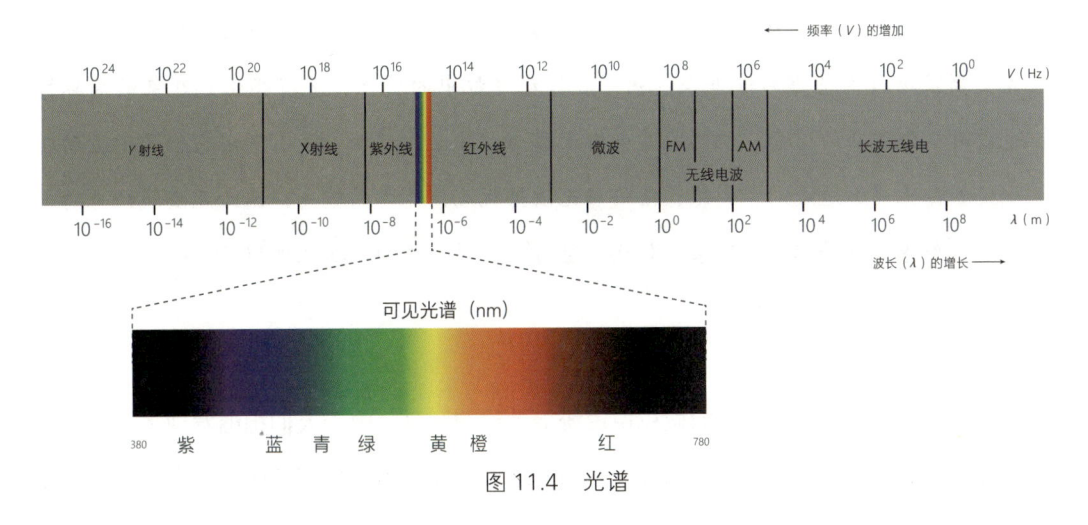

图 11.4 光谱

光的微粒说

光的性质与通过其反射可见的物质的性质相同,即粒子。法国数学家伽桑狄提出了光粒子假设,引起了牛顿的兴趣。对于微粒说,牛顿认为:

光是由一颗颗像小弹丸一样的机械微粒所组成的粒子流，发光物体接连不断地向周围空间发射高速直线飞行的光粒子流，一旦这些光粒子进入人的眼睛，冲击视网膜，就产生了视觉，这就是光的微粒说。

牛顿用微粒说轻而易举地解释了光的直线传播、反射和折射现象。它的局限是无法解释为什么几束在空间交叉的光线能彼此互不干扰地独立前行；为什么光线并不是永远走直线，而是可以绕过障碍物的边缘拐弯传播；等等。

1666年，牛顿完成了著名的三棱镜色散实验，并发现了牛顿圈（但最早发现牛顿圈的是胡克）。在发现这些现象的同时，牛顿于1704年出版了《光学》，提出了光是微粒流的理论，他认为这些微粒从光源飞出来。牛顿的结论是，正是红、橙、黄、绿、青、蓝、紫这些基础色不同的色谱，形成了表面上颜色单一的白色光。

惠更斯在1678年的《论光》一书中提出，光是在"以太"中传播的波，与声音的某些现象相似，光的传播取决于"以太"的弹性和密度。惠更斯利用他的波动理论中的次波原理，不仅成功地解释了反射和折射定律，还解释了方解石的双折射现象。但是，惠更斯没有提供足够的证据来说明光在波动过程中的特性，没有指出光现象的周期性，也没有提到波长的概念。他的次波包络面成为新波面的理论，没有考虑它们是由波动在一定相位上叠加造成的。最终，他仍然无法摆脱几何光学的概念，因此无法解释光的干涉和衍射等光波动本质的现象。相反，坚持微粒说的牛顿却从他发现的牛顿圈现象中证明了光是具有周期性的。

这一时期，在以牛顿为代表的微粒说占统治地位的同时，由于人们相继发现了干涉、衍射和偏振等光的波动现象，以惠更斯为代表的波动说也初步被提出了，因此这个时期也可以说是几何光学向波动光学过渡的时期，是人们对光的认识逐步深化的时期。

3. 化学革命

化学作为一门独立的学科形成于 17 世纪，从这以后，科学家才明确化学的任务在于揭示各种物质的组成、性质、结构及其变化的规律，并遵循这一方向开展科学实验，探索研究，提出各种观点，在争鸣中形成结论。图 11.5 展示了近代化学的发展历程。

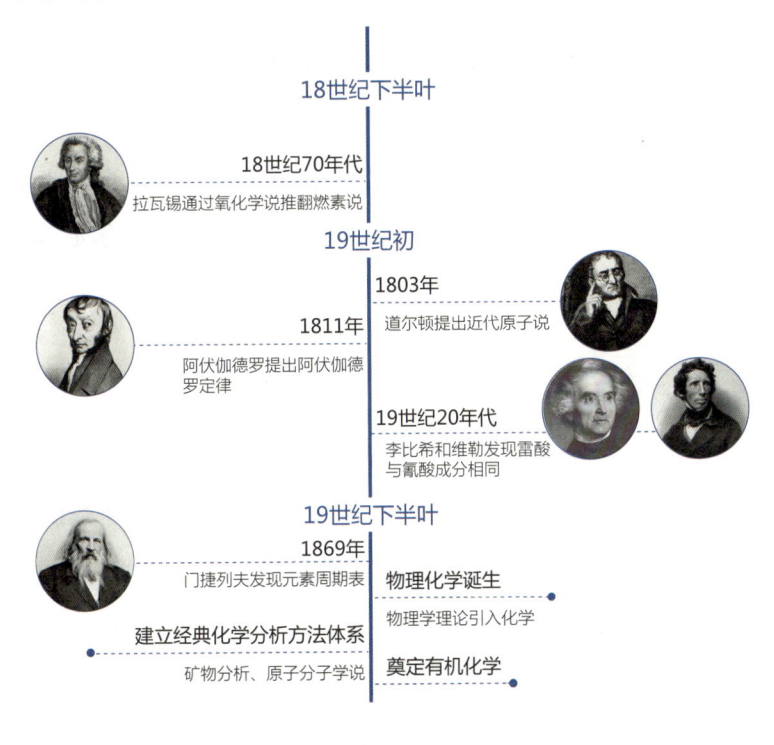

18世纪下半叶
- 18世纪70年代：拉瓦锡通过氧化学说推翻燃素说

19世纪初
- 1803年：道尔顿提出近代原子说
- 1811年：阿伏伽德罗提出阿伏伽德罗定律
- 19世纪20年代：李比希和维勒发现雷酸与氰酸成分相同

19世纪下半叶
- 1869年：门捷列夫发现元素周期表
- 建立经典化学分析方法体系：矿物分析、原子分子学说
- 物理化学诞生：物理学理论引入化学
- 奠定有机化学

图 11.5　化学革命

炼金术的启示

炼金术是中世纪一种化学哲学的思想和始祖，是当代化学的雏形。其主要目标是将贱金属转变为贵金属，尤其是转变为黄金。后来又发展出不同的研究，比如寻找一种能够治愈所有疾病、延年益寿的万能药物（例如阿佐特），寻求拥有变金术和延年益寿能力的贤者之石。

炼金术可以被认为是早期的一种化学实验技术，人们试图通过混合不同的物质来制造出一些有用的化学物质或药物。炼金术的起源可以追溯到古代中国和古印度，当时人们通过对

各种不同的矿物和金属进行实验来制造一些有用的化学物质。

炼金术的实践是相当复杂的，需要炼金术士了解化学过程，并掌握一些特定的技巧。他们需要使用炉火、大型玻璃容器、量杯和其他一系列工具来将不同的物质混合在一起。炼金术士还需要监测反应过程，并适时调节温度和混合比例。

炼金术士经过发现和实验，创造出了许多新的化学物质，这些物质后来被用于制造许多有用的药物和医疗器械。炼金术也有助于人类更好地理解化学原理。炼金术士们在实验过程中发现了许多新的化学反应，并提出了一些重要的理论。

17世纪以后，炼金术遭到了批判。虽然炼金术在现代社会中并不再被广泛使用，但它对人类历史的影响是不容忽视的。炼金术是人类探索化学原理的重要历史推动力，为化学的发展做出了巨大贡献。它的实践不仅提供了一些有用的化学物质，同时也帮助人们更好地理解了化学过程，为化学的发展积累了丰富的实践经验，为现代化学的发展奠定了基础。

炼金术士相信，"炼金术"的精馏和提纯贱金属，是一种经由死亡、复活到完善的过程，象征了从事炼金的人的灵魂由死亡、复活到完善，炼金术能使他获得享福的生活、高超的智慧、高尚的道德，改变他的精神面貌，最终实现与造物主沟通。不用说，这样的目标现在还没有达到，未来是否能达到也是存疑的。炼金术士也明白这一点，因而从各方面来做出"说明"。例如，一部炼金术著作这样解释长生之难求："由于它是人世间一切幸事中的幸事，所以我认为它只能由极少数人通过上帝的善良天使的启示（而不是个人的勤奋）获得。"

燃素说的冲破

17世纪的科学革命中没有发生根本性的变动，因此，18世纪的化学既不适合被归入经验性的培根科学，也不像经典科学那样偏重针对具体问题的研究。当时的化学研究需要进行很多的实验，这自然离不开仪器。然而化学在18世纪的前几年形成了一种得到普遍承认的被称为燃素化学的理论架构，到该世纪末，又独立发生了一次概念革命。

化学革命的历史同样符合前文我们看到的科学革命的整体模式。现代化学的起源通常可以追溯到 18 世纪晚期，以安托万-洛朗·拉瓦锡的化学的定量研究方法为标志。[9] 拉瓦锡开始以天平作为主要实验工具来进行大量化学研究。通过这种做法，拉瓦锡提出了新的观点。很快，他的定量研究方法就成为化学研究的主流。

拉瓦锡

1743—1794年

- ❖ 国籍：法国
- ❖ 身份：化学家
- ❖ 代表作：《化学基础论》
- ❖ 主要成就：元素表、氧化学说、质量守恒定律

图 11.6 展现了拉瓦锡像和他的钟罩实验图。在钟罩实验中，拉瓦锡在曲颈瓶中加入一定量的汞，加热火炉，直至 12 天后，他发现一部分银白色的液态汞变成了红色的粉末，同时容器里的空气体积差不多减少了 1/5。他再把红色粉末也就是氧化汞加热，会生成汞和氧气。而且生成的氧气的体积和密闭容器中减少的空气体积相等。拉瓦锡利用钟罩实验对硫、锡和铅在空气中燃烧的现象进行研究，目的是确定空气是否参加反应，这为拉瓦锡后来提出氧化学说和推翻燃素说奠定了基础。

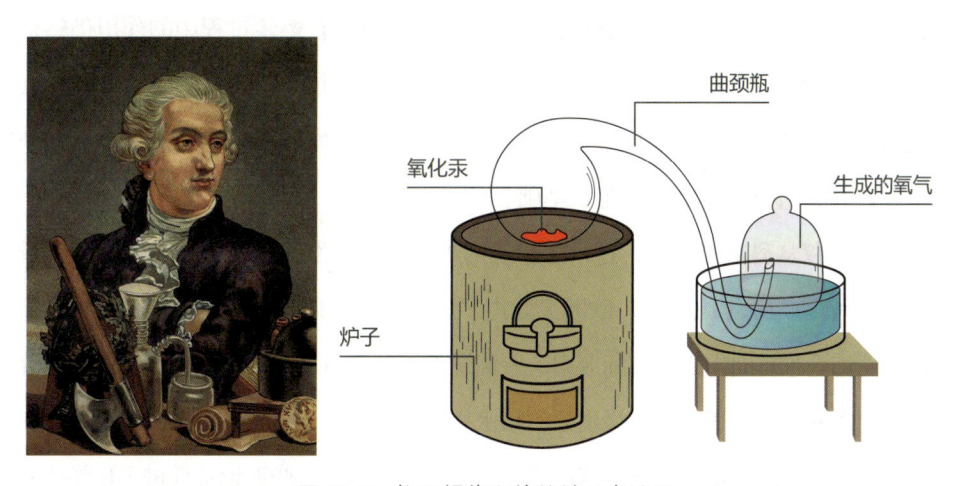

图 11.6　拉瓦锡像和他的钟罩实验图

1650 年到 1775 年是近代化学的孕育时期。随着冶金工业发展和实验研究的经验积累，人们总结感性知识，开展对化学变化的理论研究，从而使化学成为自然科学的一个分支。这一阶段开始的标志是英国化学家玻意耳为化学元素指明科学的概念。继之，化学又凭借燃素说从炼金术中解放出来。燃素说认为，可燃物能够燃烧是因为它含有燃素，燃烧过程是可燃物放出燃素的过程。尽管这个理论是错误的，但它把大量的化学事实统一在一个概念之下，解释了许多化学现象。

15 世纪，意大利人达·芬奇曾有这样的发现："物质在燃烧时，若无新鲜空气补充，则燃烧就不能继续进行，这表明燃烧与空气的存在与否有着必然的联系。"

1630 年，法国人雷伊发现金属在煅烧后会增重。他认为空气在锡烬中凝结成水分，就像干燥的沙子吸收水分一样。1664 年，英国化学物理学家胡克提出火焰是一种混合气体的理论，火焰引发了化学作用。然而，胡克忽略了空气在燃烧过程中的作用，他仍然认为物质燃烧时会放出所谓的燃素。1673 年，玻意耳提出了对燃烧的看法。他认为火是一种真实的物质，由微小的火微粒组成。根据这一观点，植物和燃料在燃烧时，大部分会变成火微粒，散失在空气中，只剩下一点点灰烬。玻意耳将这个想法应用于金属煅烧实验中，结果发现，在金属煅烧时，火微粒从燃料中散发出来，通过容器壁进入金属，与金属结合，形成重量更大的煅灰。从图 11.7 中可以看出，可燃烧物（比如炭）燃烧产生燃素，燃素附着在矿石上，矿石再与燃素反应生成金属，最终金属与氧气反应形成金属灰（铁锈）。但是，玻意耳并没有进一步研究火和空气的性质，没有取得对火和空气深入研究的成果。

因此，玻意耳的观点并没有得到广泛认可，火焰和空气在燃烧过程中的作用仍然是一个未解决的难题。后来，人们继续研究这个问题，最终发现燃烧是一个化学反应，即空气中的氧气与燃料中的物质结合，释放出能量，产生光和热。这个发现为化学发展和工业生产做出了重大贡献，并为人类文明进步奠定了基础。

这一时期不仅从科学实践上，还从思想上为近代化学的发展做了准备，这一时期成为近代化学的孕育时期。16 世纪开始，欧洲工业生产蓬勃兴起，推动了医药化学和冶金化学的创立和发展，使炼金术转向生活和实际应用，人们继而更加注重对物质化学变化本身的研究。在元素的科学概念建立后，通过对燃烧现象的精密实验研究，人们建立了科学的氧化理论和质量守恒定律，随后又建立了定比定律、倍比定律和化合量定律，这些理论都促进了化学的发展。

图 11.7　燃素说

氧化学说

18 世纪下半叶，整个化学界正在酝酿着一场重大的变革。就在拉瓦锡进入化学界的时候，化学刚刚从中世纪炼金术的桎梏中挣脱出来，开始成为真正的科学。在这场举世瞩目的科学革命中，统治化学界长达百年之久的燃素说被彻底推翻了，人们建立了以氧气为核心的科学的燃烧理论；化学物质命名一片混乱的状况结束了，代之以化学物质科学系统的命名原则以及质量守恒定律的发现。这些划时代的成就都和一个伟大的化学家的名字——安托万-洛朗·拉瓦锡，紧紧地联系在一起，他发现了氧气，提出了氧化说，掀起了18世纪的化学革命。

图 11.8 展示了拉瓦锡的氧化说代替燃素说的简要历史过程。1756 年，布莱克发现了"固定空气"（二氧化碳），证实它是一种不同的气体。这个发现是化学发展史上的重要里程碑。"固定空气"具有独特的性质，打破了将"空气"视为单一元素或实体的传统观念。此后不久，化学家利用改进的设备发现水银居然会在燃烧过程中增加重量（在一定条件下），而根据燃素说，燃烧会释放出燃素，水银应该减轻重量才对。化学家拉瓦锡以相反的观念开始了他的理论研究，认为在燃烧过程中，不是有物质被释放到大气中，而是从大气中吸收了某种物质。这就是他关于化学和燃烧的氧化理论。1787 年，拉瓦锡与他的同行编制了一套全新的化学专业术语。在拉瓦锡的新术语中，"易燃气体"是指氢气，"农神糖"指醋酸铅，"维纳斯硫酸盐"指硫酸铜。1789 年，拉瓦锡编写了一本教材《化学基础论》，书中介绍了拉瓦锡的化学理论，燃素化学完全被删除。

图 11.8 燃素说到氧化说

拉瓦锡用定量化学实验证明了氧化学说：燃烧的本质是物体与氧气的化合。他开创了定量化学时代，使化学沿着正确的轨道发展。氧化学是一门研究物质如何与氧气反应以产生电能或热能的化学分支。氧化作用是指物质与氧气反应，被氧化的物质被称为氧化剂，而氧化过程中产生的电子则被称为电子转移。在氧化过程中，氧化剂会丢失电子，而反应物则会获

得电子。这种电子转移过程可以产生电能或热能。

研究氧化学对于我们理解物质如何与氧气反应，以及如何利用氧化过程来产生电能或热能非常重要。例如，在日常生活中，我们会用各种电池来为我们的电子设备提供电能。电池是通过氧化反应来产生电能的，电池内部的阴极和阳极分别为氧化剂和反应物。

氧化学也是燃烧反应的重要基础。燃烧是指物质与氧气反应，并且产生热能。燃烧反应一般都是氧化反应，但不是所有氧化反应都会产生热能。例如，当铜与氧气反应时，会产生氧化铜，但这个反应并不会产生热能。氧化反应通常都是不平衡的。这意味着，在氧化反应中，氧化剂和反应物的比例会不断变化，直到整个反应结束。在一个完整的氧化反应过程中，氧化剂会被完全消耗，而反应物也会被完全消耗。这个过程被称为氧化还原反应。

氧化学说的出现，能够帮助人们更好地理解物质与氧气之间的相互作用，并且有助于开发出更多的应用来利用氧化过程产生电能和热能。

4. 生命科学的独立

从17世纪到19世纪中期，随着欧洲工业革命的蓬勃发展，生物学逐渐从博物学中独立出来。经典生物学时期以分门别类、观察描述为主要特点，人们从多样的生物世界中寻找统一性的理论概括，这是生物学发展过程中第一次从分析到综合的阶段。其他科学是研究物质的，即非生命体，而研究生命体的生命科学是很重要的科学分支。

命名与分类

在17世纪和18世纪的大部分时间里，命名和分类生物体主导着自然历史。1735年，卡尔·林奈出版了一本关于自然界生物基础分类的著作，他的分类方法直到今天还在被使用。到了18世纪50年代，书中出现的所有物种都有了科学的命名。林奈认为物种是被设计好的等级制度中不变的一部分。18世纪的另一位伟大生物学家布丰，将物种进行人工分类，将生命形式视为可延展的，即认为物种虽然表现出了不同的外貌特征，但可能在血统上有着共同的祖先，只是在演化过程中呈现出了这些不同特征。布丰的这一理论在进化论中有着不容小觑的关键地位。他的这一观点的提出影响了后来提出生物进化学说的拉马克和达尔文。

发现新物种

新物种的发现和描述以及标本的收集成为热爱科学的绅士们非常热衷的事情，同时也成为企业家们有利可图的事业。当时涌现了很多热衷于在全球进行科学研究和探险的生物学者。

医生、解剖学家 A. 维萨里（1514—1564 年）于 1543 年出版了《人体的构造》，他的研究拓展到了在包括人类在内的动物尸体上进行实验。哈维和其他的自然哲学家研究了血液、血管和动脉在人体中的作用。哈维于 1628 年写的《心血运动论》（一本通过解剖学研究心脏和血液在人体中作用的书籍）标志着古希腊加林医学理论的结束。与此同时，圣托里奥医生也提出了新陈代谢理论。

生物的微观世界

17 世纪早期，微观生物学萌芽开始出现。在 16 世纪，有一些透镜制造商和自然哲学家一起创制了一种简单粗糙的显微镜，罗伯特·胡克利用显微镜第一次观察到了微观世界下的生物组织结构，并于 1665 年发表了其观察论文。1670 年，列文虎克改良了显微镜，最终生产出的单一透镜可以将物体成像放大率达 270 倍。

这让科学家们观察到了精子、细菌、纤毛虫和完整而古怪多样的微观世界，同样也帮助生物学家们更清楚地观察到昆虫解剖。在显微镜的帮助下，罗伯特·胡克观察到了生物组织结构，但是直到 19 世纪，科学家们才考虑到细胞是组织生命体的基础。

随着微观世界的发展，像约翰·雷这样的植物学家开始致力于将新发现的微生物纳入新的分类，这也同时促进了古生物学的发展。1669 年，尼古拉斯·斯丹诺发表了一篇论文，讨论生物体的遗骸如何被困在沉积物层中，并在被矿化后形成化石。虽然斯丹诺在自然哲学领域有很高知名度，但是"所有化石都来源于一个有机体"的理论还是到 18 世纪才逐渐被自然学者所接受。这是由于自然哲学论和神学一直到 18 世纪末都存在着关于地球年龄和物种灭绝方面的争论。

生物的进化

19世纪，生物学在很大程度上开始和医学分开，生物学更多研究的是生物形态、生理机能和自然历史，它关心的是生命体的多样性以及各个生命体（包含生命体和非生命体）之间的相互作用。到1900年，这些领域中有了很多相互重叠的地方，而自然史（及其对应的自然哲学）在很大程度上已经让位于更专业的科学学科，即细胞学、细菌学、形态学、胚胎学和地质学。

1859年，英国博物学家达尔文《物种起源》的出版，确立了唯物主义生物进化观点，推动了生物学的迅速发展。[10]达尔文主张，生物界物种的进化及变异，系以天择的进化为基本假设，并以性别选择和生禀特质的遗传思想作为辅助。达尔文《物种起源》的出版震动了整个学术界和宗教界，强烈地冲击了创世论。达尔文在《物种起源》中提出了生物进化论学说，向"神创论"和"物种不变论"发起了一场革命，震动当世。由于进化论违反创世论，所以自问世以来，它一直是宗教争论的焦点。[11]

达尔文在1859年出版的《物种起源》一书中系统地阐述了他的进化论学说。达尔文把《物种起源》称为"一部长篇争辩"，它论证了以下两个观点。

> 物种是可变的，生物是进化的。

当时，绝大部分读了《物种起源》的生物学家都很快地接受了这个事实，进化论从此取代"神创论"，成为生物学研究的基石。即使是在当时，有关生物是否进化的辩论也主要是在生物学家和基督教传道士之间，而不是在生物学界内部进行的。

以现在的眼光来看，他的这一观点中的后半句"生物是进化的"似乎还是正确的，人类这个种族的文明进化显而易见。但前半句"物种是可变的"，比如"人是由大猩猩变异而来的"，迄今为止，还没有化石根据，也与生物学上所观察到的"两个不同种类的动物杂交形成的后代没有繁殖能力"相冲突。因此，有关物种起源的问题事实上还没有解决。

> 自然选择是生物进化的动力。

生物都有繁殖过盛的倾向，而生存空间和食物是有限的，生物必须"为生存而斗争"。同一种群中的个体存在着变异，那些具有能适应环境的有利变异的个体将存活下来，并繁殖后代，不具有有利变异的个体就会被淘汰。如果自然条件的变化是有方向的，则在历史过程中，经过长期的自然选择，微小的变异能够积累成为显著的变异，由此可能导致亚种和新种的形成。

以现在的眼光来看，"自然选择是生物进化的动力"这个观点是对的，但不够全面。自然选择是一个动力，但不是全部动力；自由意志也是生物进化的一个动力，而且对很多生物来说，其重要性有可能超过自然选择。这在"人类"这个物种身上表现得很明显。比如，有两个双胞胎，一个自强不息，一个随遇而安，很显然前者的生存能力要远高于后者。因此，正确的说法是，自然选择和自由意志是生物进化的两类动力。文明程度高的物种，其自由意志的作用也大。

5. 分支的扩展

哲学（来自希腊语，意为"对智慧的热爱"）是对一般和基本问题的系统研究，例如研究关于存在、理性、知识、价值观、心智和语言的问题。此类问题通常被提出并作为待研究或解决的问题。哲学方法包括提问、批判性讨论、理性论证和系统性陈述。

从历史上看，哲学涵盖了所有知识体系，其实践者被称为哲学家。从古希腊哲学家亚里士多德时代到19世纪，自然哲学涵盖了天文学、医学和物理学。例如，牛顿1687年出版的《自然哲学的数学原理》后来被归类为物理学书。19世纪，现代研究型大学的发展带动了学术哲学和其他学科的发展。从那时起，传统上属于哲学的各个研究领域已经发展成为独立的学科，例如心理学、社会学、语言学和经济学。

从公元前3000年开始，美索不达米亚的苏美尔城邦、阿卡德王国和亚述国家等，已经开始使用代数和几何，用于税收、商业和贸易以及天文学领域时间的记录和日历的制定。

从 12 世纪起，许多关于数学的希腊文和阿拉伯文文本都被翻译成拉丁文，这带来了中世纪欧洲数学的进一步发展。从远古时代到中世纪，数学的发现往往伴随着几个世纪的停滞。从 15 世纪意大利文艺复兴时期开始，新的数学发展与新的科学发现相互作用，并以越来越快的速度进行，一直持续到今天。这包括牛顿和莱布尼茨在无穷小微积分方面的开创性工作。19 世纪末，国际数学家大会成立并继续引领该领域的进步。

哲学的力量

"知识就是力量""读诗使人灵秀"等名言都出自培根，他是英国唯物主义哲学家，实验科学的创始人，是近代归纳法的创始人，又是给科学研究程序进行逻辑组织化的先驱。他提出的归纳法彻底打败了亚里士多德的"三段论"。培根在《新工具》中，阐述了他的科学归纳法。他认为，归纳法是从事物中找出公理和概念的妥当方法，同时也是进行正确思维和探索真理的重要工具。要获得真正的知识，归纳方法是不可缺少的。

> 我们的唯一希望乃在一个真正的归纳法。
>
> ——培根

"归纳法就是为获得真实证明的方法。归纳逻辑不是在知识问题上研究，而是对自然的权力之艺术的科学。"他指出：

> 归纳法是发现个体事物发展变化的法则的工具，是获得支配绝对现实的规律和能起决定性作用的形式的方法。

培根提出的归纳法不同于简单的枚举归纳，是一种排除式的归纳法。培根科学归纳法的特点在于，通过查阅存在表、缺乏表和程度表，人们可以利用排除法逐步排除外在的、偶然的联系，提纯出事物之间内在的、本质的联系。总之，培根归纳法就是从观察和实验的事实材料出发，通过排除法来发现周围现实的各种现象间的因果关系。培根认为科学研究应该使

用以观察和实验为基础的归纳法。其归纳法对科学发展，尤其是逻辑学的发展做出了贡献。

数学的飞跃

随着科学技术的发展，古希腊以后出现的初等数学已渐渐不能满足当时的需要了。在科学史上，这一时期出现了许多重大事件，向数学提出了新的课题。

把方程式写成诗歌

首先是哥白尼提出地动说，使神学的重要理论支柱地心说发生了根本的动摇。他的弟子雷蒂库斯见到当时天文观测日益精密，认为推算出详细的三角函数表已成为刻不容缓的事，于是开始制作每隔10°的正弦、正切及正割表。当时全凭手算，雷蒂库斯和他的助手勤奋工作达12年之久，直到死后才由他的弟子奥托完成。16世纪下半叶，丹麦天文学家第谷进行了大量精密的天文观测。在这个基础上，德国天文学家开普勒总结出了行星运动的三大定律，导致了后来牛顿万有引力的发现。

意大利科学家伽利略主张自然科学研究必须进行系统的观察与实验，充分利用数学工具去探索大自然的奥秘。这些观点对科学（特别是物理和数学）的发展有巨大的影响。在其影响下，卡瓦列里创立了不可分量原理。依靠这个原理，他解决了许多可以用更严格的积分法解决的问题。卡瓦列里"不可分量"的思想萌芽产生于1620年，他深受开普勒和伽利略的影响。不可分量原理是古希腊欧多克索斯的穷竭法到牛顿、莱布尼茨微积分的过渡。

16世纪的意大利在代数方程论方面也取得了一系列的成就。塔塔利亚、卡尔达诺、费拉里、邦贝利等人相继发现和改进三次、四次方程的普遍解法，并第一次使用了虚数。这是自古希腊丢番图以来代数上的最大突破。法国的韦达集前人之大成，创设大量代数符号，用字母代表未知数，改良计算方法，使代数学大为改观。在数字计算方面，斯蒂文系统地阐述和使用了小数，接着纳皮尔创制了对数，大大加快了计算速度。之后帕斯卡发明了加法器，莱布尼茨发明了乘法器，虽然未臻于实用，但开辟了机械计算的新途径。

17世纪初，初等数学的主要科目（代数、几何等）已基本形成，但数学的发展方兴未艾，它以快速的步伐迈入数学史的下一个阶段：变量数学时期。这一时期和前一时期（常称为初等数学时期）的区别在于，前一时期主要是用静止的方法研究客观世界的个别要素，而

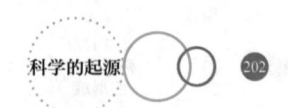

这一时期是用运动的观点探索事物变化和发展的过程。变量数学以解析几何的建立为起点，接着是微积分学的勃兴。这一时期还出现了概率论和射影几何等新的领域，但似乎都被微积分的强大光辉掩盖了。

"真正"的几何空间

17 世纪是一个创作丰富的时期，而其中最辉煌的成就是微积分的发明。它的出现是整个数学史，也是整个人类历史的一件大事。它从生产技术和理论科学的需要中产生，同时又回过头来深刻地影响着生产技术和自然科学的发展。微积分对今天的科技工作者来说，已经须臾不可离了。微积分是经过了长时间的酝酿才产生的。积分的思想，早在阿基米德时代就已经有了萌芽。16 世纪、17 世纪之交，开普勒、卡瓦列里、费马、沃利斯，特别是巴罗等人做了许多准备工作。对于微分学中心问题的切线问题的探讨，却是比较晚的事，因而微分学的起点远远落在积分学之后。17 世纪的著名数学家（主要是法国）如费马、笛卡儿、罗贝瓦尔、德扎格等人都曾卷入"切线问题"的论战。

笛卡儿和费马认为切线是当两个交点重合时的割线，而罗贝瓦尔则从运动的角度出发，将切线看作描画曲线的运动在某点的方向。牛顿、莱布尼茨的最大功劳是将两个貌似不相关的问题联系起来，一个是切线问题（微分学的中心问题），一个是求积问题（积分学的中心问题），并建立起两者之间的桥梁，用微积分基本定理（牛顿-莱布尼茨公式）表达出来。在牛顿 1665 年 5 月 20 日手写的一页文件中，有关于微积分的最早记载，但他的工作长久没有人知道，直到 1687 年才用几何的形式被摘记在他的名著《自然哲学的数学原理》中。

牛顿主要从运动学的观点出发建立微积分，而莱布尼茨则是从几何学的角度去考虑的，尤其与巴罗的"微分三角形"有密切关系。莱布尼茨第一篇微分学的文章 1684 年在《学艺》上发表，第一篇积分学的文章 1686 年在同一杂志发表。他所创设的符号远优于牛顿，故为后世所沿用。它的理论很快就得到了洛必达、伯努利家族和欧拉等人的继承和发扬光大，到 18 世纪进入了一个丰收的时期。

18 世纪的分析学以汹涌澎湃之势向前发展，其内容之丰富、应用之广泛，使人目不暇接。解析几何的产生，一般以笛卡儿《几何学》的出版为标志。这本书的内容不仅包括几何，也有很多代数的问题。它和解析几何教科书有很大的差别，其中甚至看不到"笛卡儿坐标系"。但可贵的是，它引入了革命性的思想，为开辟数学的新园地做出了贡献。《几何学》的主要功绩可以归结为三点：

（1）把过去对立的两个研究对象"形"和"数"统一起来，引入了变量，用代数方法去解决古典的几何问题；

（2）抛弃了希腊人的齐性限制；

（3）改进了代数符号。

法国数学家费马也分享着创立解析几何的荣誉，他的发现在时间上可能早于笛卡儿，不过发表很晚。他是一个业余数学家，在数论、概率论、光学等方面均有重要贡献。他已得到微积分的要旨，曾提出求函数极大、极小的方法。他建立了很多数论定理，其中"费马大定理"最有名，不过这只是一个猜想，至今仍未得到证明。

人们对概率论的兴趣，本来是由保险事业的发展而产生的，但促使数学家思考一些特殊概率问题的是赌博者的请求。费马、帕斯卡、惠更斯是概率论的早期创立者，之后经过18—19世纪拉普拉斯、泊松等人的研究，概率论成为应用广泛的庞大数学分支。

第 12 章

科学革命初现

  工业革命，又称产业革命，更准确地说是第一次工业革命，约于 18 世纪 60 年代兴起。而后发生了第二次工业革命和 20 世纪下半叶以来的第三次工业革命。在第一次工业革命期间，人类生产与制造方式逐渐转为机械化，出现了以机器取代人力、畜力的趋势。以大规模的工厂生产取代手工生产的一场革命引发了现代的科学革命。由于机器的发明及运用成了这个时代的标志，历史学家称这个时代为机器时代。

  工业革命在 1759 年前后已经开始，但直到 1830 年还未真正蓬勃地发展。大多数历史学家认为，工业革命发源于英国，当地丰富的煤矿资源成为工业化发展的土壤，以及圈地运动带来的羊毛的大规模生产，与农民涌向城市等因素结合起来，使纺织产业转向工业化。英国人瓦特改良蒸汽机之后，一系列技术革命引起了从手工劳动向动力机器生产转变的重大飞跃，随后第一次工业革命的成果自英国扩散到整个欧洲大陆，19 世纪传播到北美地区。一般认为，蒸汽机、煤、铁和钢是促成工业革命技术加速发展的 4 项主要因素。英国为最早开始工业革命也是最早结束工业革命的国家。

  在瓦特改良蒸汽机之前，整个生产动力主要还是人力、畜力、水力和风力。伴随蒸汽机的发明和改进，工厂不再依河或溪流而建，很多以前依赖手工完成的工作已由机械化生产来完成。工业革命是一般政治革命不可比拟的巨大变革，与 10 000 年前的农业革命一般，其革命影响涉及人类社会生活的各个方面，使社会发生了巨大的改变，对推动人类的现代化进程起到了不可替代的作用，把人们推向了一个崭新的"蒸汽时代"。

1. 时代背景的孕育

在尚未发生工业革命的时候，大部分西方人都在乡间居住，并以耕种和畜牧为生。他们以人力辅以牛及简单工具进行耕种，耕种的方法则仍沿用中世纪的三田制。根据这种方法，农民把土地划分出三块田，每年只在其中两块田耕种，另外的一块田则休耕，收获量不多。这时只有一小部分的西方人在城市居住，当时城市的人口平均不到 10 000 人。除了贵族与教会人士之外，大部分的城市居民为平民、商人和工匠。商人以转售和运送工匠的制品谋生，而工匠则多在家中用手动工具和机器来生产衣服和一些木制与金属制日用品，以此来维持生计。这种以人力及简单工具在坊间作业的生产方式被称为"家庭手工业制"（见图 12.1）。

工业革命前

大部分西方人居住在乡间
耕种、畜牧
三田制，年休耕1/3块田

小部分西方人居住在城市
家庭手工业制
坊间作业，生产衣服、木制与金属制品，手动工具和机器

教会人士 贵族 平民 工匠 商人

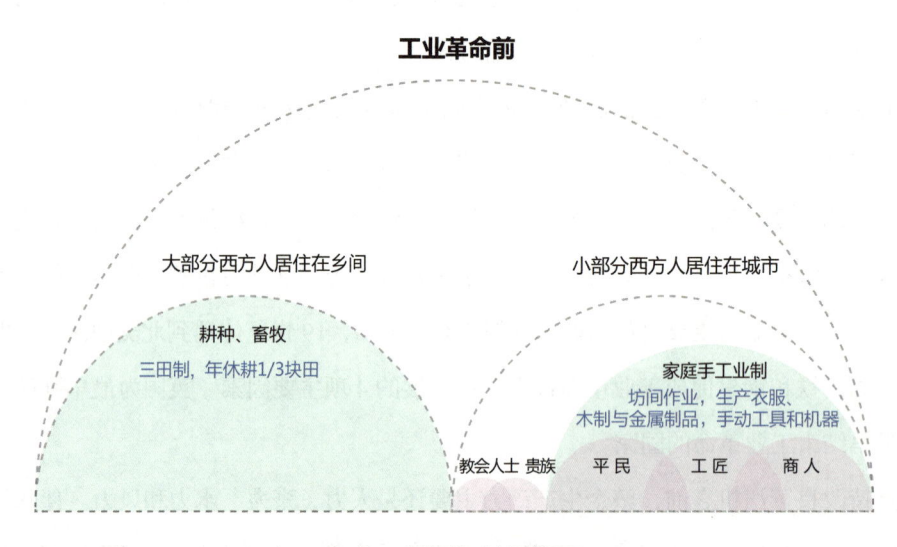

图 12.1　家庭手工业制思维导图

注：半圆表示包含关系。例如，图描述的所有事物均发生在最大半圆表示的工业革命前，其中教会人士、贵族、平民、工匠和商人均属于当时小部分居住在城市的人，而家庭手工业制是基于平民、工匠和商人的生产生活而产生的。

特权时代的结束

1623 年，英国国王詹姆士一世允许设立专利权，以保护新发明，促进了许多新发明的产生。工业革命始于英国，其展开有多种原因，如封建制度的结束就是一个明显的导火线。随

着封建制度于 18 世纪初在西方消失，贵族及大地主所享有的各种特权（如贸易类）也随之消失（见图 12.2）。这些改变推动了自由贸易的发展，形成了更大规模的市场，使工商业的发展更为蓬勃。在这种改变下，旧有的家庭式工业生产模式已不能满足贸易发展的需要，所以人们便致力于改进生产技术和生产模式以增加产量，进而引发了工业革命。

1623 年
詹姆士一世允许设立专利权，促进许多新发明的产生

18 世纪初
贵族及大地主所享有的各种特权（如贸易类）消失

18 世纪 60 年代
工业革命

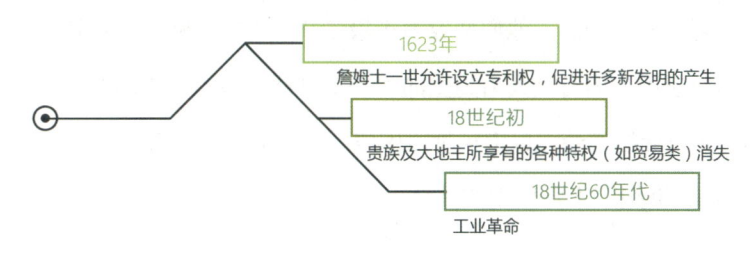

图 12.2　第一次工业革命产生背景

工业革命首先发生在英国，那里拥有丰富的浅层煤矿和铁矿资源。工业革命下产生的蒸汽机，以及利用焦煤而不是木材炼钢的冶金技术革新，使得英国的煤矿和铁矿有了广阔的用武之地。其他欧洲国家的采矿技术要到后期才能开掘较深的矿层，因此英国有机会率先发展工业革命。

此外，世界贸易的发展亦发挥着相当重要的作用。从 15 世纪发现新航路起，许多欧洲国家在亚、非、美三洲各自建立殖民地。至 18 世纪，这些殖民地不仅为它们提供原料和商品出口市场，还在某种程度上推动了世界贸易的发展。为了满足世界贸易发展引发的强劲需求，人们开始采用机器和其他方法来提高产量，即使生产得过多也可以倾销至殖民地解决。

欧洲教会的衰落

欧洲科学的发展与基督教有一定的联系。由于欧洲教会日益腐败，早期基督教作为唯一真理的观念开始受到挑战，除了催生出世俗化之外，人们对传统信仰与对世界上事物的认知产生了怀疑的心态。为了寻求何谓上帝的规律与真理，欧洲人走向重新查证历史文献、思考求真、强调人文主义的时代，进一步继承了文艺复兴和由此发展出的启蒙运动重视科学的精神，西方的技术因而得到了重大的发展。科学研究成为欧洲人探索真理的方式，那时科学家的重要发明和发现，也为工业革命的发展带来了不少重要的助益。

生产制度的革新

航海时代的殖民公司制度逐渐成熟，并扩展到其他行业，此时，资金的积聚及新机器的发明也是引发工业革命的两个主要原因。18世纪，欧洲本土的贸易蓬勃发展，使商人累积了大量财富。为了获得更丰厚的利润，他们便致力于投资开设工厂、购置原料和发明新机器。加上各类型机器的发明及应用，旧有以人力为主的生产工序逐渐被蒸汽推动的机器取代。生产工序的机械化提高了工农业的产量。以上种种原因成就了工业革命的辉煌。

工业革命的开始与18世纪下半叶出现的少量发明密切相关。在19世纪30年代人们已取得了以下重要领域的进步。

- 纺织业：从由水车到由蒸汽机驱动的机械化纺纱大大增加了工人的产量。动力织布机将工人的产量提高了40%。轧棉机使去除棉花中种子的效率提高了50%。羊毛和亚麻的纺织和编织也促进了生产率的大幅提高，但它们的促进作用没有棉花那么显著。

- 蒸汽动力：蒸汽机的效率提高，使人们只需原先1/10至1/5的燃料。固定蒸汽发动机对旋转运动的适应使其适合于工业用途。[1]高压发动机具有高的功率重量比，使其适合安在运输工具上，远距离陆上交通的火车随之诞生。1800年后，蒸汽动力迅速普及。蒸汽机改变了以往生产只能依赖人力和畜力的情况，为工业生产、交通运输提供了充足的动力。

- 钢铁生产工法：用焦炭代替木炭大大降低了生铁和锻铁生产的燃料成本，也增加了钢铁的韧性和强度。使用焦炭还增大了高炉的最大尺寸，扩大了经济规模。[2]铸铁吹塑气缸最早在1760年被使用。之后人们通过使其双重作用得到改进，从而使获得更高的炉温变为可能。钢铁业的进步，为技术革新生产各种新机器提供了必要的原材料，同时也将英国大量的煤炭资源利用了起来。工业革命首先发生在英国，与英国拥有大量的煤炭和铁资源是分不开的。

2. 革命中的科学

第一次工业革命首先发生在英国，重要的新机器和新生产方法主要是在英国发明的，其他国家工业革命的发展进程相对缓慢。在第一次工业革命时期，许多技术发明都来源于工匠的实践经验，科学和技术尚未真正结合。

蒸汽机的改良

詹姆斯·瓦特，英国皇家学会会员、爱丁堡皇家学会院士，是英国著名的发明家和机械工程师。他改良了纽科门蒸汽机，奠定了工业革命的重要基础，是工业革命时期的重要人物。他发展出了"马力"的概念以及以他的姓氏命名的功率的国际标准单位——瓦特。

瓦特

1736—1819年

- 国籍：英国
- 身份：发明家
- 主要成就：改良蒸汽机

瓦特改进了纽科门蒸汽机，使其效率大为提高，商业应用变得可行。之后，瓦特又制成复动式蒸汽机，并将其应用到棉纺织业中。瓦特蒸汽机解放了更多人力，极大地提高了生产效率，被公认为是英国工业革命最重要的发明。

在之后的6年里，瓦特又对蒸汽机做了一系列改进并取得了一系列专利：发明了双向气缸，使得蒸汽能够从两端进出，从而可以推动活塞双向运动，而不是以前那样只能单向推动；使用节气阀门与离心节速器来控制气压与蒸汽机的运转；发明了一种气压示功器来指示蒸汽状况；发明了三连杆组保证气缸推杆与气泵的直线运动。

由于担心有爆炸的风险以及泄露问题，早期瓦特都是使用低压蒸汽，后来才引进了高压蒸汽。所有这些革新结合到一起，使得瓦特的新型蒸汽机（联协式蒸汽机）的效率是过去纽科门蒸汽机的 5 倍。

从图 12.3 中可以看出，瓦特改良后的蒸汽机原理是，蒸汽推动活塞在汽缸之内做反复运动，通过连杆带动飞轮旋转，将往复运动变为圆周运动，而飞轮反过来又带动调气阀，改变活塞两次的进气与排气关系，实现机械自动换向，以此维持机器连续运行。

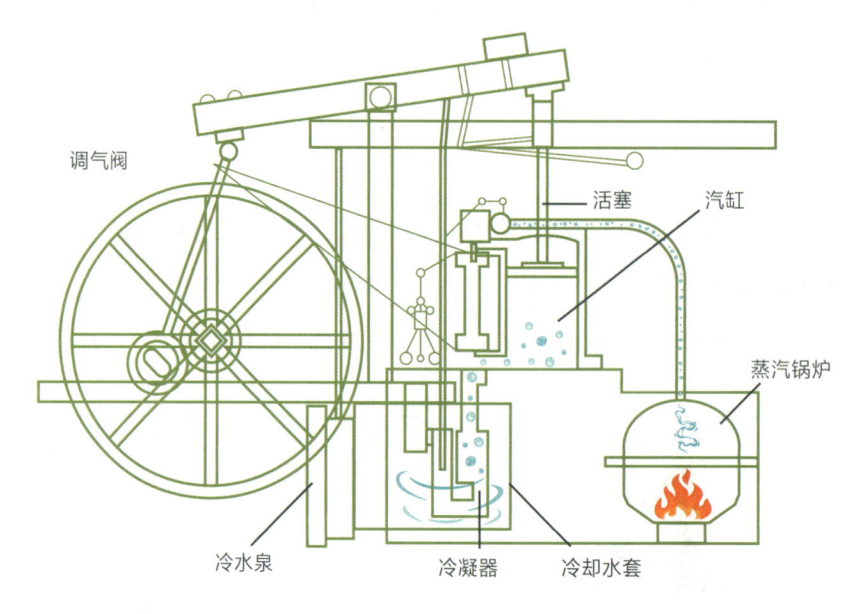

图 12.3　蒸汽机工作原理

惠特尼的轧花机

伊莱·惠特尼于 1765 年 12 月 8 日生于美国马萨诸塞州韦斯特伯勒，是活跃于美国 18 世纪末 19 世纪初的一位发明家、机械工程师和机械制造商。他发明了轧花机，联合发明了铣床，并提出了可互换零件的概念，为人类工业的发展做出了重要贡献。

惠特尼

1765—1825 年

- 国籍：美国
- 身份：发明家
- 主要成就：轧花机、铣床、可互换零件

惠特尼最著名的两项发明——轧花机（1793 年）和可互换零件的概念在 19 世纪中叶对美国产生了重大影响。在南方，轧花机彻底改变了棉花的采收方式，并重振了奴隶制。在北方，可互换零件彻底改变了制造业，为美国在内战中的胜利做出了巨大贡献。伊莱·惠特尼一生创造发明了很多机械。他提出的标准化生产的概念改变了生产力，也让传统工业走向了工业化。他对世界的影响让他成为当之无愧的杰出发明家。

平版印刷的流传

1798 年，阿罗斯·塞尼菲尔德发明了平版印刷，这是自 15 世纪凸版印刷发明以来第一种新的印刷工艺。在平版印刷的早期年代，人们使用一种平滑的石灰石，因此平版印刷的英文名称来源于古希腊的"石头"一词。人们将油基的图像放到石头表面，用酸蚀入石头，再涂上阿拉伯树胶的水溶液，其只附着在无油的表面上，然后将其密封起来。在印刷的时候，水附着在阿拉伯树胶的表面，但不附着在油性部分上，而印刷时使用的油性墨则相反。

在平版印刷发明后的几年里，这个印刷工艺用于印刷多色的图像，在 19 世纪被称为彩色平版印刷。这个时期许多精美的彩色平版印刷品和出版物现在还存放在美国和欧洲的博物馆中（见图 12.4）。

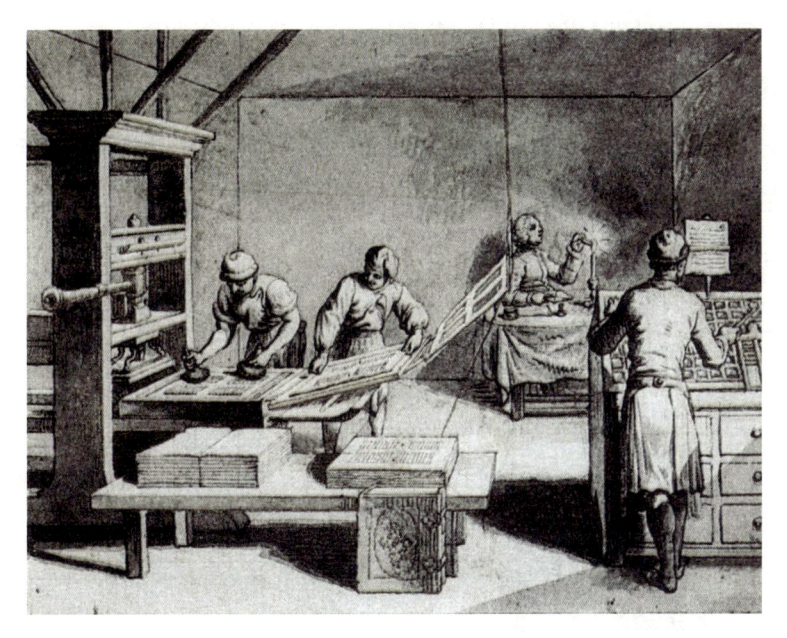

图 12.4　平版印刷技术

蒸汽轮船的起锚

1807 年，罗伯特·富尔顿建造了一种在河流上使用的蒸汽轮船，这种船还带有帆，它的最高速度是 4.5 节（8.3 千米/时）。蒸汽轮船通过将蒸汽机安装在船内，革命性地改变了航海业。蒸汽机由 3 个部分组成：蒸汽炉、汽缸和冷凝器。在蒸汽炉中，水通过燃烧过程沸腾为蒸汽。通过管道，蒸汽被送到汽缸。阀门控制蒸汽到达汽缸的时间。蒸汽在汽缸内推动活塞做功，冷却的蒸汽通过管道被引入冷凝器重新凝结为水，这个过程在蒸汽机运动时不断重复。一般的蒸汽机由 3 个汽缸组成，蒸汽机直接将活塞的上下运动转化为船轴的旋转运动。

从汽缸中出来的蒸汽还可以利用它的余热，通过推动涡轮机来提高整个驱动装置的效率。这个涡轮机也与船的螺旋桨轴相连。蒸汽从一个汽缸出来后进入下一个汽缸，这些汽缸的直径一个比一个大。这样虽然蒸汽的压力在每通过一个汽缸后不断减小，但它对每个活塞施加的总的力是相同的。

蒸汽火车的轰鸣

在 18 世纪与 19 世纪之交的英国，资本主义生产方式已有了飞速的发展。生产效率的提高使得货物运输和运河资源之间的矛盾愈发突出。铁路机车在 19 世纪被发明时，是以蒸汽机来推动的。到第二次世界大战结束时，蒸汽机车仍是最常见的机车。第一台蒸汽机车是由英国人理查德·特里维西克制造，并于 19 世纪初进行第一次上轨测试的。之后经过多年的改进，蒸汽机车的经济效益使其足以在商业上运营使用。乔治·斯蒂芬孙在 1829 年制造的火箭号便是成功在商业领域应用的蒸汽机车，从此开启了人类陆上交通的伟大变革，乔治·斯蒂芬孙也被誉为"铁路机车之父"。

斯蒂芬孙

1781—1848 年

❖ 国籍：英国

❖ 身份：发明家

❖ 主要成就：铁路蒸汽机车

1814 年，斯蒂芬孙首创在铁轨上行驶的新型蒸汽机车。1825 年，他和儿子罗伯特·斯蒂芬孙一起造出了动力一号，这是世界上第一个在公共铁路（达灵顿—斯托克顿铁路）上载客的蒸汽机车。1830 年，他又建造了世界第一条市际蒸汽机用铁路，即利物浦—曼彻斯特铁路。

蒸汽机车是靠蒸汽的膨胀作用来做功的，从图 12.5 中可以看出，蒸汽机车的工作原理也不例外。司炉工把煤填入炉膛后，煤在燃烧过程中，将化学能转换成热能，把机车锅炉中的水加热、汽化，形成 400℃ 以上的过热蒸汽。蒸汽再进入蒸汽机膨胀做功，推动蒸汽机活塞往复运动；活塞通过连杆、摇杆，将往复的直线运动变为车轮转动的圆周运动，带动机车动轮转动，从而牵引列车前进。

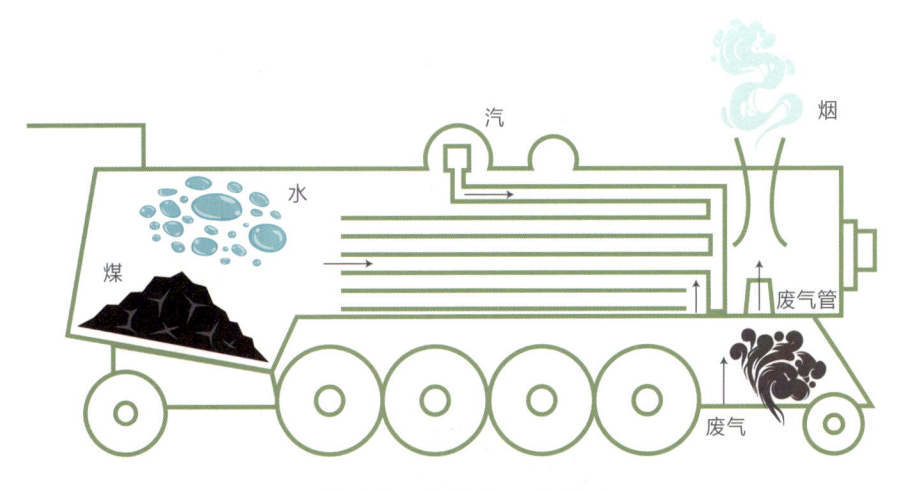

图 12.5　蒸汽机车工作原理

由斯蒂芬孙主导设计的蒸汽机车和铁路工程不仅彻底地改变了英国的面貌，也极大地推动了社会进步，改变了整个世界的历史进程。1990 年英国发行的 5 英镑钞票上，正面图案的头像就是乔治·斯蒂芬孙。

电报机与莫尔斯电码

1837 年，莫尔斯发明了电报机。欧洲的科学家在 18 世纪逐渐发现了电的各种特质。同时有人开始探索使用电来传递信息的可能。早在 1753 年，一名英国人便提出使用静电来拍发电报。他的设想是使用 26 条电线分别代表 26 个英文字母。发电报的一方按文本顺序在电线上加静电，接收的一方在各电线上接上小纸条。当纸条因静电而升起时，人们便能把文本誊录。

首条真正投入使用、运营的电报线路于 1839 年在英国出现。它是大西方铁路装设在两个车站之间用于通信的。这条线路长 13 英里（约合 21 千米），属于指针式设计，由查尔斯·惠斯通及威廉·库克发明。两人在 1837 年为发明取得了英国的专利。在美国，萨缪尔·莫尔斯在接近同一时间发明了电报，并在 1837 年在美国取得了专利。莫尔斯还发展出一套将字母及数字编码以便拍发的方法，名为莫尔斯电码。

从图 12.6 中可以看出电报机的工作原理。发报是发报机按发出信息的要求发出不同频率和波长的电流，使发射天线上的电子按照频率不断改变旋转方向，其磁力线尾巴不断断掉而弹出，其运动磁力线两端不断吸引空间自由宇丹质微粒使自己增长，在空间各个方向形成不

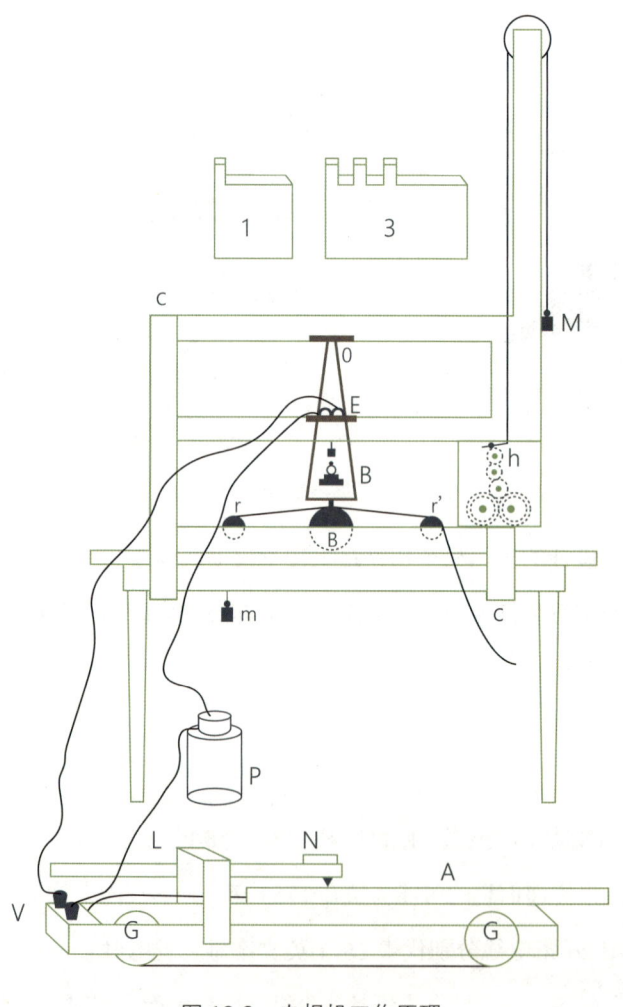

图 12.6　电报机工作原理

同频率和波长的疏密平面"波"。这种"波"碰到无线电接收天线时，会使天线上的电子受到电磁波的作用而振动，从而产生交变电流，这种微弱的电流经过放大，便成了收报机的接收信息。

3. 革命的时代影响

工业革命对 19 世纪科学发展及社会变迁产生了极为重要的影响。以前的科学研究很少用于工业生产，随着工业革命发展壮大，工程师与科学家的界限越来越模糊，更多的工程师埋头做科学研究。以前的科学家多是贵族或富人的子弟，现在则有许多来自工业发达地区的工人家庭。后者往往对化学和电学更加感兴趣，这也促进了这些学科的发展。

生活与思想的转变

圈地运动和农业技术的改良导致乡村许多剩余人口大举移入都市，为第一次工业革命的开展提供了大量的劳动力。都市化的生活，让知识传播与信息沟通更为便利。蒸汽机车发明之后，出行更加便捷，人们更加见多识广。人们的思想发生了改变，更多人开始注重个人的幸福感。也由于自由经济的兴起，世界大规模自由贸易催生了一个新富阶层。当时中产阶级参与民主政治的巨大兴趣导致欧洲各国的选举权与被选举权不断被赋予社会上更多的人群。

大量工厂的成立、工人悲惨的生活及工作环境也逐渐被人关注，许多慈善机构成立，主张以社会福利制度改善穷人生活，为其免费提供粮食及住所。由于资本主义的周期性经济危机，以及没有任何政府提供保障，许多工人在经济危机中失业，食不果腹。在这样的经济环境里，生产环境十分恶劣，工人收入微薄，有限的社会福利并没有改善工人的现状，导致了劳资双方也就是资产阶级与工人阶级的对立。

1811 年，一个名叫卢德的英国工人捣毁机器，引发了反对机械化的卢德运动。以马克思为代表的左派学说正是在这样的背景下产生的，并衍生出了共产主义的思想，其对日后的人类社会影响甚巨。在欧洲一些国家如英国，工人阶级通过与资方的有限斗争做出适当的妥协，对社会经济的破坏也不那么大，同时在一定程度上改善了自己的生活环境。英国等国通过改革实行民主，实现了社会的稳定进步。

变革与影响

第一次工业革命产生了深远而重大的影响。第一次工业革命使生产力大大提高，市场上的商品越来越丰富，从而巩固了资产阶级的统治地位。

英国率先完成工业革命，成为世界上第一个工业国家，机器生产代替了手工劳动，科学技术发挥了越来越大的作用，工厂取代手工工场，彻底改变了传统生产方式，促进了美、俄、德、意的革命与改革，开启了欧美实现工业化及现代化的进程。资本主义世界体系初步形成。

工业社会日益分裂为两大对立阶级——工业资产阶级和工业无产阶级。19世纪三四十年代，工人运动兴起，社会开始了城市化的进程；先进的生产方式和技术传播到各地，冲击着旧制度、旧思想，改变了人们的生活观念；革命加快了整体世界的最终形成，东方从属于西方、殖民侵略等情况导致民族解放运动高涨。

第 13 章

东方科学的发展

纵观古今，世界发展进程长夜漫漫，是科学技术擎起了一盏光。科学技术的发展，解开了数以千计的谜团，推动了工商业的发展。人类社会发展的列车安上了机械齿轮，配上了蒸汽车头，一路疾驰向前。科技使人们的生活变得更加高效便捷，为更有效的社会发展奠定坚实的基础。人类的发展离不开科学技术，科学技术在人们的生活中不断得到发展。不论是遵从实用主义的东方科学还是探索未知世界的西方科学，都为人类社会的革新留下了不可磨灭的功绩。

古代西方科技发展的源头，是人们运用理性探讨自然界的本质和规律。例如古希腊的自然哲学，它坚持从自然界本身去探寻对自然界的解释，从理性角度出发探索未知的世界。以此为始，往后的科学家都从这个角度深入钻研，不断地开拓挖掘，于是便有了理论化的科学知识体系，人们用演绎推理来解决未知问题，形式逻辑为人们提供了抽象思维和逻辑思维的工作基础。

西方经历了漫长的中世纪，与此同时，东方则经历了隋唐宋元明等朝代更替。隋唐时期科技文化达到了当时世界最高水平，许多方面在世界上处于领先地位，如赵州桥的建造、雕版印刷、测量子午线长度、《新修本草》颁行等就是例证（见图 13.1）。这不仅影响到亚洲文化的发展，而且促进了世界文明的进步。宋代文化具有兼容精神、创新思想、经世理念、理性态度、民族意识、平等观念等时代特点，在中国文化史上有着承上启下、继往开来的历史地位。元朝经济继续发展，人们开始运用三大发明，科技文化继续领先世界。明朝取消相权，加强君主专制主义中央集权制度。到了清朝的时候，西方则正在经历第一次工业革命。

对古代西方科学的强烈好奇心，是推动古代东方科学发展的强大动力。山野间自给自足的小农经济养成了东方人的实用主义精神。东方农学的研究，大都是关于农业生产的具体经

| 赵州桥 | 雕版印刷 | 测量子午线长度 | 《新修本草》 |

图 13.1　隋唐时期科技发展例证

验；天文学的发展则是为制定历法服务，鲜少有围绕理论问题的探讨，理论研究薄弱；偶有具有创新性的发明创造，也多是出于实践的需要。中国古代的科学技术基本上属于经验科学，缺少理论的抽象性和逻辑的系统性，故而古代科学迟迟难以过渡到近代科学的形态。

1. 唐朝之盛

唐朝（618—907 年）是中国历史上继隋朝之后的大一统王朝，共历 21 帝、289 年。同一时期，西方中世纪约从 5 世纪持续到 15 世纪，是欧洲历史三大传统划分的一个中间时期。中世纪始于西罗马帝国灭亡（476 年），最终融入文艺复兴和探索（地理大发现）时代。

中世纪发生了许多重大的事件，对发展进程产生了重要影响。

（1）作为日耳曼人一支的法兰克人，在 486 年打败高卢军队，由克洛维建立起了墨洛温王朝的统治。克洛维通过和罗马教廷的联合，占领了罗马帝国在高卢的全部领土。

（2）随着法兰克王国不断扩张，到了 6 世纪中叶，它征服了图林根、巴伐利亚和萨克森的一些部落，成为当时西欧最强大的国家，并建立了采邑制。

（3）751 年，宫相丕平成为法兰克国王，建立了加洛林王朝。在查理大帝统治期间，国力达到最盛，吞并了伦巴德王国，夺取西班牙边区，占领东巴伐利亚，征服阿瓦尔汗国，西欧大部分土地都成了法兰克王国的领土。

（4）查理大帝死后，法兰克王国发生兄弟战争而分裂。在 843 年 8 月，王国签订《凡尔登条约》，将国家分为西法兰克、中法兰克和东法兰克，近代的法国、意大利和德国的疆域就是以这个条约为基础的。

（5）日耳曼人的另外几支包括盎格鲁人、撒克逊人、朱特人在5世纪中叶进入不列颠岛，在6世纪末7世纪初，形成了7个王国，英国历史上称这一时期为七国时代。

（6）829年，威塞克斯王国吞并了其他6个王国，英格兰从此诞生。

隋末天下群雄并起，617年，唐国公李渊趁势在晋阳起兵，于618年称帝，建立唐朝，定都长安。唐太宗继位后开创"贞观之治"，为盛唐奠定基础。唐高宗承贞观遗风开创"永徽之治"。唐玄宗即位后缔造全盛的开元盛世，使唐朝达到了全盛。唐朝接纳各国来交流学习，经济、社会、文化、艺术呈现出多元化、开放性等特点，诗、书、画、乐等方面涌现出大量名家，如诗仙李白、诗圣杜甫、诗魔白居易、书法家颜真卿、画圣吴道子、音乐家李龟年等。唐朝是当时世界上最强盛的国家之一，声名远播，与亚欧国家均有往来。

文化繁荣

唐代是中国文学艺术的黄金时代。唐代作家有2 200余人，其所写的诗歌有48 900余首流传至今。诗歌的写作技巧成为那些希望通过科举考试的人的必修课，而诗歌创作的竞争也很激烈，宴会上的客人和朝臣之间的诗歌比赛很常见。唐代流行的诗歌风格包括五言、七言和近体诗，著名诗人李白（701—762年）以古诗闻名，王维（701—761年）和崔颢（704—754年）等诗人以近体诗而闻名。近体诗或律诗遵循八行或每行七个字的形式，具有固定的声调模式，要求第二和第三对联是对立的。

古文运动在很大程度上是由唐代作家柳宗元（773—819年）和韩愈（768—824年）的著作推动的。这种新的散文风格脱离了汉代骈体文体裁的诗歌传统。古文运动的作家虽然模仿骈体文，但又认为其内容往往含糊不清，缺乏口语化的语言，他们更注重清晰和精确，以使表达更直接。短篇小说和故事在唐代也很流行，其中最著名的是元稹（779—831年）的《莺莺传》，它在那个时代广为流传，到元朝成为戏曲的基础。

唐代出版了大量的百科全书。624年，欧阳询（557—641年）、令狐德棻（583—666年）和陈叔达（卒于635年）等合编《艺文类聚》。《开元占经》由唐代天文学家、长安（今陕西

西安）人瞿昙悉达于 8 世纪编撰完成。

唐太宗在位期间和之后不久，朝廷官员在 636 年至 659 年编纂了许多历代史料，包括《梁书》、《陈书》、《北齐书》、《周书》、《隋书》、《晋书》、《北朝史》和《南朝史》。《通典》和《唐徽记》虽未列入官方的《二十四史》，但仍是唐代有价值的书面历史著作。《大唐西域记》是由唐代玄奘口述、辩机编撰的地理史籍，成书于唐贞观二十年（646 年），记载了唐代最有名的高僧玄奘的西行见闻。

其他重要的文学作品包括段成式（约 803—863 年）的《酉阳杂俎》，一部有趣的外国传说和传闻合集，内容包括关于自然现象的报告、短篇轶事、神话和世俗的故事，以及各种主题的笔记。段成式的非正式叙述适合的确切文学类别或分类仍然被学者争论不休。

宗教与哲学

自古以来，一些中国人就信奉民间宗教和融合了许多神灵的道教。修行者相信道和来世是与活生生的世界平行的世界。丧葬习俗包括为死者提供他们来世可能需要的一切，包括动物、仆人、艺伎、猎人和房屋。这种理想体现在唐代艺术中，也反映在唐代的许多短篇小说中，这些短篇小说讲述了人们不小心卷入死者的境界，只是回来报告他们的经历。

佛教起源于印度，与中国的孔子大约是同一时代的，在唐代延续其影响力，被部分皇室成员所接受，逐渐汉化，并成为中国传统文化的组成部分。在朱熹（1130—1200 年）之前的时代，佛教于南北朝时期开始在中国蓬勃发展，并在盛唐时期成为主流思想。佛教寺院在中国社会中发挥着不可或缺的作用，为旅行者提供住宿，为部分穷苦的孩子提供学校教育以及为城市文人提供举办社交活动和聚会的场所。佛教寺院也从事经济活动，因为它们有足够的收入来建立磨坊、榨油坊和其他场坊。

山西五台县佛光寺建于 857 年。可以与佛教相媲美的是道教，这是一种中国本土的哲学和宗教信仰体系，其根源在于《道德经》和《庄子》。许多道士在寻找长生不老药的过程中，试图找到炼金术以及从许多其他元素的混合物中制造黄金的方法。他们尽管在这些徒劳的追求中从未实现过自己的目标，但确实为发现新的金属合金、瓷器产品和新染料做出了贡献。历史学家李约瑟将道教炼金术士的工作称为"原始科学而非伪科学"。

科学技术

医学

657 年，唐高宗（649—683 年在位）派人编修官方本草，即《新修本草》，其中包含从不同矿物、金属、植物、动物中提取的 800 多种不同药材的文字和插图。除了编纂药典，唐代还通过推行太医、国试和出版医师法医手册来促进医学学习。隋唐的医学家包括甄权（541—643 年）和孙思邈（581—682 年），前者发现了糖尿病患者的尿液中糖分过多，后者则第一个认识到糖尿病患者应避免食用含酒精和淀粉类食物。

炼金术

唐代的科学家出于不同的目的使用了复杂的化学公式，这些化学公式通常是通过炼金术实验发现的，涉及用于衣服和武器的防水防尘霜或清漆、用于玻璃和瓷器的防火水泥、用于潜水员衣服的防水霜、用于抛光青铜镜的霜，以及许多其他有用的配方。被称为瓷器的玻璃化、半透明陶瓷是唐代人发明的，在此之前已经有了许多种类型的釉面陶瓷。

代表人物

孙思邈，唐代医学家、药物学家、道士，被后人尊称为"药王"。孙思邈十分重视民间验方，不断走访，并及时记录下来，终于完成了他的著作《千金要方》。

孙思邈不仅精于内科，而且擅长妇科、儿科、外科、五官科。他首次在中医学上主张治疗妇女儿童疾病要单独设科，并在著作中首先论述妇、儿医学，声明其是"崇本之义"。他

孙思邈

581—682年

- ❖ 朝代：唐朝
- ❖ 身份：医学家、药物学家
- ❖ 代表作：《千金要方》
- ❖ 主要成就：临床医学

非常重视妇幼保健,著有《妇人方》三卷、《少小婴孺方》二卷,置于《千金要方》之首。在他的影响之下,后代医学工作者普遍重视研究妇科、儿科疾病的治疗技术。孙思邈对古典医学有深刻的研究,对民间验方十分重视,一生致力于医学临床研究,对内、外、妇、儿、五官、针灸各科都很精通,有24项成果开了中国医药学史上的先河,特别是在医德思想、妇科、儿科、针灸穴位等方面取得重要的成就。

一行,唐朝僧人,著名天文学家和佛学家,本名张遂,魏州昌乐(今河南南乐)人,谥号"大慧禅师"。他的主要成就包括黄道游仪、水运浑天仪、九服晷影算法、插值算法、《大衍历》等。

一行

683—727年

- 朝代:唐朝
- 身份:僧人、天文学家
- 代表作:《大衍历》
- 主要成就:黄道游仪、水运浑天仪、九服晷影算法

一行主张在实测的基础上编订历法。为此,首先需要有测量天体位置的仪器。他于开元九年(721年)率府兵曹参军梁令瓒设计黄道游仪,并制成木模。一行决定用铜铁铸造,于开元十一年(723年)完成。这架仪器的黄道不是固定的,可以在赤道上移位,以符合岁差现象(当时认为岁差是黄道沿赤道西退,实则相反)。

一行和梁令瓒等又设计制造水运浑象。这个以水力推动而运转的浑象附有报时装置,可以自动报时,被称为"水运浑天"或"开元水运浑天俯视图"。一行受诏改历后组织发起了一次大规模的天文大地测量工作。这次测量用实测数据彻底地否定了历史上"日影一寸,地差千里"的错误理论,提供了相当精确的地球子午线一度的长度。

从开元十三年(725年)起,一行开始编历。经过两年时间,他参考《九执历》编成草稿,定名为《大衍历》。《大衍历》后经张说和历官陈玄景等人整理成书。从开元十七年(729年)起,根据《大衍历》编算成的每年的历书颁行全国。经过检验,《大衍历》比唐代已有的其他历法更精密，开元二十一年（733年）传入日本，行用近百年。

2. 宋元突破

宋朝（960—1279年）是中国历史中上承五代十国、下启元朝的朝代，分北宋和南宋两个阶段，共历18帝、319年。宋朝是中国历史上商品经济、文化教育、科学创新高度发展的时代。有学者推算，1000年中国GDP总量占当时世界GDP总量的22.7%。此外，宋朝时期，儒学复兴，出现程朱理学；科技发展迅速，政治开明，且没有严重的宦官专权和军阀割据；兵变、民乱次数在中国历史上也相对较少，规模相对较小。北宋人口增长迅速，在1124年达到12 600万。

元朝（1271—1368年）是中国历史上首次由少数民族建立的大一统王朝。1206年，成吉思汗统一蒙古各部，建立大蒙古国。元朝时期，统一多民族国家得到进一步巩固，疆域超越历代。元朝废除尚书省和门下省，保留中书省、枢密院、御史台分掌政、军、监察三权，地方实行行省制度，开中国行省制度之先河。

9—11世纪，西欧封建制度普遍确立。但是，西欧封建社会的生产力水平还相当低。农奴庄园相当闭塞，商品经济较弱，神学僧侣控制了整个文化。东欧的封建化晚于西欧。西亚和中亚国家在五六世纪已过渡到封建社会，一度出现封建大帝国。到11世纪中期，庞大的帝国王朝实际上已经不存在了。这些封建帝国的特点是长期存在着奴隶制的残余。

中国古代的四大发明在这一时期传播到世界各地。造纸术在8世纪传到了阿拉伯，12世纪传到欧洲。印刷术12世纪传到埃及，14世纪末传至欧洲。12世纪，指南针传到了阿拉伯，以后又传到欧洲。火药在13世纪末传入欧洲。除此之外，中国的医药、文化用品、文化典籍在朝鲜、日本等国家流传。各个国家也派人来中国学习文化、技术。同时，波斯、阿拉伯、欧洲、南亚、东南亚的优秀文化也传入了中国。

东南沿海各个港口成为对外交往、进行商业贸易的地方。古老的丝绸之路在宋元时期重新成为通向西方的重要通道。除商业活动外，欧洲的传教士通过这条通道来华传教，有的受到了元朝皇帝的接见。意大利人马可·波罗来中国，到大都朝见忽必烈。他在中国住了17年，

直到 1292 年才经由泉州乘船离开中国。他写的《马可·波罗行纪》记录下了他在沿途的所见所闻。

宋元文化与社会

宋代是一个行政机构复杂、社会组织复杂的朝代。在此期间，出现了一些世界上最大的城市（开封和杭州的人口超过 100 万）。人们在城市里享受着各种社交活动和娱乐活动，还有许多学校和寺庙为人们提供教育和宗教服务。宋政府支持社会福利计划，包括建立养老院、公共诊所和贫民墓地。

这一时期，中国的宗教对人们的生活、信仰产生了很大的影响，有关灵性的文学盛行。道教和佛教的主要神祇、祖灵和中国民间宗教的许多神祇都用祭品供奉。宋朝时期，来自印度的佛教僧侣比唐朝时来的要多得多。随着越来越多的外国人到中国开展贸易或永久居住，中国出现了许多外来宗教。

宋代的视觉艺术因山水画和肖像画的进步等新发展而得到了提升，精英贵族从事艺术被视为消遣，包括绘画、作诗、写书法。诗歌和文学的发展得益于诗词形式的日益普及。人们编纂了大量的百科全书，例如史学著作以及数十篇关于技术的文章，其中包括《资治通鉴》。中国游记文学也因地理学家范成大（1126—1193 年）和苏轼的著作而流行，苏轼撰写了名为《石钟山记》的"一日游文"。

元朝时期，绘画、数学、书法、诗歌、戏剧等领域出现或延续了各种重要的艺术发展，许多伟大的艺术家和作家在今天依然享有盛名。由于那时绘画、诗歌和书法的融合，许多艺术家同时追求不同领域的艺术，但他们在某一领域的成就可能比其他领域更突出。

在元代的中国画领域，有许多著名的画家。在书法领域，许多伟大的书法家都来自元代。元代文学体裁中发展较为突出的是曲，大多数著名的元代文人都使用了曲。元代戏剧中的重要人物通过散曲的发展而闻名。元代重要的文化发展之一是将诗歌、绘画和书法整合成一种作品，当人们想到中国古典艺术时，这种类型的作品往往会浮现在人们的脑海中。元代文化发展的另一个重要方面是，白话越来越多地融入散曲和杂剧。

宋元科技

宋元的科技发展主要体现在天文学、活字印刷和数学等方面。

天文学

科学家、政治家沈括（1031—1095年）和天文学家、药物学家苏颂（1020—1101年）等博学人物推动了多种研究领域的进步，包括植物学、动物学、地质学、矿物学、冶金学、力学、磁学、气象学、钟表学、天文学、药学、考古学、数学、地图学、光学、艺术批评、液压等诸多领域。

沈括在用罗盘做实验时，第一个辨别出了磁偏角。他认为地理气候会随着时间的推移而逐渐变化。他创立了一种陆地形成理论，涉及现代地貌学所涵盖的概念。沈括也因液压发条而闻名，因为他发明了一种新的溢流箱漏壶，它在计量时间时运用更有效的高阶插值而不是线性插值。

苏颂最出名的著作是《新仪象法要》，该著作详细描述和说明了他在汴京（今河南开封）组织建造的液压动力、12米高的水运仪象台。它是配备了浑仪和浑象的大型天文仪器，两者均由早期间歇工作的擒纵机构驱动。该仪器下层有百余个小木人，各司其职：每到一定时刻，就会有小木人自行出来敲打乐器，报告时刻，指示时辰。在这部关于天文仪器的重要著作中，他描绘的星图是中国流传至今出现最早、最完整的星图之一。

活字印刷

活字印刷术的发明是印刷史上一次伟大的技术革命。北宋庆历年间（1041—1048年），中国的毕昇发明的泥活字标志着活字印刷术的诞生。他是世界活字印刷术发明人，他的发明比德国人谷登堡的金属活字印刷术早约400年。元代王祯成功改进了活字印刷术，又发明了转轮排字架。明代中期，铜活字在江苏南京、无锡、苏州等地得到了较多的应用。

数学

元代数学家在多项式代数方面取得了重要进展。数学家朱世杰使用与现代矩阵等效的系数矩形阵列求解了最多含 4 个未知数的联立方程。他使用消元法将联立方程简化为只有一个未知数的单个方程。他的方法在其 1303 年写的《四元玉鉴》中有所描述。该书开篇包含杨辉三角（后又称帕斯卡三角形），它还介绍了高阶等差级数有限项的求和。

郭守敬将数学应用于历法的构建。他是中国最早从事球面三角学研究的数学家之一。由郭守敬等创制的历法《授时历》于 1281 年作为元朝的官方历法施行。

代表人物

沈括一生致力于科学研究，在众多领域都有很深的造诣和卓越的成就，被英国科学家李约瑟誉为"中国整部科学史中最卓越的人物"。其代表作《梦溪笔谈》内容丰富，集前代科学成就之大成，在世界文化史上有着重要的地位，被李约瑟称为"中国科学史上的里程碑"。

沈括

- 朝代：北宋
- 身份：政治家、科学家
- 代表作：《梦溪笔谈》
- 主要成就：隙积术、会圆术

1031—1095 年

据现可见的最古本元大德刻本，《梦溪笔谈》一共分 30 卷，其中《笔谈》26 卷，《补笔谈》3 卷，《续笔谈》1 卷。全书有 17 目，共 609 条。内容涉及天文、数学、物理、化学、生物等各类学科，价值非凡。书中的自然科学部分总结了中国古代特别是北宋时期的科学成就。社会历史部分对北宋统治集团的腐朽有所揭示，对西北和北方的军事利害、典制礼仪的演变、旧赋役制度的弊害，都有较为翔实的记载。

郭守敬，字若思，顺德邢台（今属河北）人，元朝著名的天文学家、数学家、水利工程专家。郭守敬在天文、历法、水利和数学等方面都取得了卓越的成就。自元十三年（1276 年）起，他与许衡、王恂等奉命修订新历法，历时 4 年，编制出《授时历》，成为当时世界上最先进的一种历法，施行 360 多年。

郭守敬

- 朝代：元朝
- 身份：天文学家、数学家
- 代表作：《授时历》
- 主要成就：天文观测仪器

1231—1316年

　　《授时历》反映了当时我国天文历法的水平。它有不少创新，例如，定一回归年为 365.242 5 日，比地球绕太阳公转一周的实际时间仅差 25.92 秒，和现代世界通用的公历几乎完全相同。在编制过程中，他们创立的"三差内插公式"和"球面三角公式"是具有世界意义的杰出成就。按照《授时历》的推断，元大德三年（1299 年）八月己酉朔巳时应有日食，"日食二分有奇"。但到了那一天，"至期不食"。根据现代天文学推算，那天确实有日食发生，是一次路线经过西伯利亚极东部的日环食。只是食分太小，加之时近中午，阳光很亮，肉眼没能观察到罢了。《授时历》经受住了时间的考验。它在我国被沿用了 360 多年，产生了重大影响。朝鲜、越南都曾采用过《授时历》。

　　英国加文·孟席斯提出，郑和下西洋期间曾派遣分队到达了意大利佛罗伦萨，与教皇尤金四世进行了会面，并向欧洲传播了大量的中华古籍，包括明朝的《星历表》、元朝的《授时历》及科技专著《农书》刻印本等，进而形成了格里高利历，即今天的公历。

　　李冶，原名李治，字仁卿，号敬斋，真定栾城（今河北省石家庄市栾城区）人，金元时期的数学家。李冶在数学上的主要贡献是运用天元术（设未知数列方程的方法）研究直角三角形内切圆和旁切圆的性质。他与杨辉、秦九韶、朱世杰并称为"宋元数学四大家"。

李冶

❖ 朝代：金元

❖ 身份：数学家

❖ 代表作：《测圆海镜》

❖ 主要成就：用天元术建立二次方程

1192—1279年

所谓天元术，就是一种用数学符号列方程的方法，"立天元一为××"相当于今天的"设 x 为××"。在中国，列方程的思想可追溯到《九章算术》，该书用文字叙述的方法建立了二次方程，但没有明确的未知数概念。李冶则在前人的基础上，将天元术改进成一种更简便而实用的方法。当时，数学界出了不少算书，除了《钤经》，还有《照胆》《如积释锁》《复轨》等，这无疑为李冶的数学研究提供了条件。为了能全面、深入地研究天元术，李冶把勾股容圆（切圆）问题作为一个系统来研究。他讨论了在各种条件下用天元术求圆径长的问题，并写成《测圆海镜》12卷，这是他一生中的最大成就。

朱世杰，字汉卿，号松庭，汉族，燕山（今北京附近）人，元代数学家、教育家，毕生从事数学教育。有"中世纪世界最伟大的数学家"之誉。朱世杰在天元术的基础上发展出了"四元术"，也就是列出四元高次方程组并消元求解的方法。此外，他还发展了"垛积术"，

朱世杰

❖ 朝代：元朝

❖ 身份：数学家、教育家

❖ 代表作：《算学启蒙》《四元玉鉴》

❖ 主要成就：提出四元术，发展了垛积术、招差术

1249—1314年

即高阶等差级数求和方法，以及"招差术"，即高次内插法。他的主要著作是《算学启蒙》与《四元玉鉴》。

四元术是在天元术基础上逐渐发展而成的。天元术是列一元高次方程的方法。使用天元术时开头处总要有"立天元一为××"之类的话，这相当于现代初等数学中的"设未知数 x 为 ××"。四元术是建立多元高次方程组的方法和解法，未知数最多时可至4个。朱世杰的四元术以天、地、人、物四元建立四元高次方程组，其求解方法和现代解方程组的方法基本一致，早于法国数学家贝祖于18世纪才系统提出的消元法近500年，领先于世界，是我国数学史上的光辉成就之一。

朱世杰长期从事数学研究和教育事业，以数学名家身份周游各地20多年，四方登门来学习的人很多。朱世杰的数学代表作有《算学启蒙》（1299年）和《四元玉鉴》（1303年）。《算学启蒙》是一部通俗数学名著，曾流传海外，影响了朝鲜、日本数学的发展。《四元玉鉴》则是中国宋元时期数学发展高峰的又一个标志，其最杰出的数学贡献有发展出了"四元术"（多元高次方程列式与消元解法），另发展了"垛积术"（高阶等差级数求和）与"招差术"（高次内插法）。

唐宋元时期的科技发展如图13.2所示。

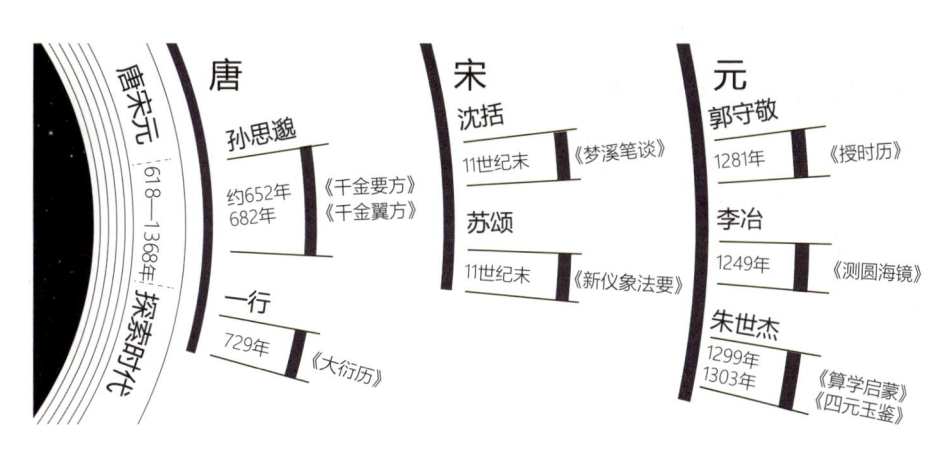

图13.2　唐宋元时期的科技发展

3. 明清之繁

明朝（1368—1644 年）是中国历史上最后一个由汉族建立的封建王朝；清朝（1616—1911 年）是由满族人建立的朝代，被普遍认为是中国的最后一个封建王朝。明朝和清朝常被合称为"明清"。

明清时期是封建社会由盛转衰的时期，这一时期皇权高度集中，封建专制主义集权加剧，资本主义萌芽出现并缓慢发展，思想受到了严格控制。明清时期常被认为是中国社会转型的重要时期，清朝末年表现得尤为明显。

明朝时期，我国手工业和商品经济发展繁荣，大量商业资本转化为产业资本，出现了商业集镇和资本主义萌芽，文化艺术呈现世俗化趋势。这一时期的科技领域代表人物就是徐光启和宋应星。

东方明清时期，西方正在经历着文艺复兴以及第一次工业革命，其中颇具代表性的人物、事件如下。

- 1543 年，哥白尼提出"日心说"。
- 1609 年，开普勒提出行星运动第一定律和行星运动第二定律。
- 1632 年，伽利略出版《关于托勒密和哥白尼两大世界体系的对话》。
- 1687 年，牛顿发现万有引力定律。
- 1687 年，牛顿发表《自然哲学的数学原理》。
- 1765 年，瓦特改良蒸汽机。
- 1795 年，高斯发现最小二乘法。
- 1859 年，达尔文发表《物种起源》。

明清文化与艺术

明代的绘画、诗歌、戏曲等蓬勃发展，尤其是在经济繁荣的长江下游地区。在这一时期，

文人创作了许多传世经典，如元末明初施耐庵撰写的《水浒传》、明代吴承恩创作的中国古代第一部浪漫主义章回体长篇神魔小说《西游记》等。《牡丹亭》是明朝戏曲作家汤显祖创作的传奇剧本，16世纪末在滕王阁首演。该剧是中国戏曲史上杰出的作品之一，与《西厢记》《桃花扇》《长生殿》合称中国四大古典戏剧。非正式论文和游记是另外的亮点。地理学家徐霞客（1587—1641年）发表了他的游记，内容涵盖地理、地质、植物等方方面面。

明代著名书画家包括张瑞图、董其昌等，沈周、文徵明、唐寅、仇英并称"明四家"，他们借鉴了宋元时期前辈的绘画技巧、风格和复杂性，又融入了自己的技巧和风格。由于明代一些群体对收藏珍贵艺术品有了巨大需求，明代著名画家可以仅靠绘画谋生。仇英曾以2.8公斤白银为价为一位富人母亲的八十寿辰画了长长的手卷。著名画家经常会有一大批追随者，他们有些是业余爱好者，在追求仕途的同时进行绘画，有些则是专职画家。

这一时期也以瓷器闻名。瓷器的主要产地是江西景德镇，以青花瓷最为著名，但也出产其他风格的瓷器。16世纪末，福建的德化瓷器厂向欧洲出口瓷器。在晚明陶瓷出口贸易中，大约16%出口至欧洲，其余的则销往日本和东南亚。瓷器上的图案显示出与绘画作品相似的错综复杂的场景。场景中的物品可以在富人的家中找到，如红木家具、绣花丝绸、玉器、象牙、景泰蓝的器皿等。

代表人物

徐光启在历法、数学、农学和军事方面都有出色的表现。

徐光启

1562—1633年

- 朝代：明朝
- 身份：科学家、政治家
- 主要成就：介绍和吸收欧洲科学技术的积极推动者
- 代表作：《几何原本》（与利玛窦合译）、《农政全书》（主持编撰）

历法方面：徐光启在天文历法方面的成就主要集中于《崇祯历书》的编译和为改革历法所写的各种疏奏。在历法书中，他引进了圆形地球的概念，介绍了经度和纬度的概念。他与他人合作根据第谷星表和中国传统星表，制作了第一个全天性星图，成为清代星表的基础。在计算方法上，他引进了球面和平面三角学的准确公式，并首先做了视差、蒙气差和时差的订正。除了《崇祯历书》全书的总编撰工作，徐光启还参加了《测天约说》《大测》《日缠历指》《测量全义》《日缠表》等书的具体编译工作。

数学方面：徐光启在数学方面的最大贡献当推和利玛窦合作翻译了《几何原本》（前6卷）。徐光启提出了实用的"度数之学"的思想，同时还撰写了《勾股义》和《测量异同》两本书。徐光启首先把"几何"一词作为数学的专业名词来使用。《几何原本》的翻译极大地影响了中国人原有的数学学习和研究的习惯，改变了中国数学发展的方向，是中国数学史上的一件大事。但直到20世纪初，中国废科举、兴学校，以《几何原本》为主要内容的初等几何学方才成为学校必修科目。徐光启在修改历法的疏奏中，详细论述了数学在天文历法、水利工程、音律、兵器兵法及军事工程、会计理财、建筑工程、机械制造、舆地测量、医药等方面的应用，还建议开展这些方面的分科研究。

农学方面：徐光启精晓农学，著作甚多，有《农政全书》《甘薯疏》《农遗杂疏》《农书草稿》《泰西水法》等。《农政全书》初稿完成后，徐光启忙于修订历书，无暇顾及，去世后该书稿由他的门人陈子龙等人负责修订，于1639年刻板付印。全书分为12目，共60卷，50余万字。该书内容包括农本3卷、田制2卷、农事6卷、水利9卷、农器4卷、树艺6卷、蚕桑4卷、蚕桑广类2卷、种植4卷、牧养1卷、制造1卷、荒政18卷，基本上涵盖了中国古代人民农业生产和生活的各个方面，治国治民的"农政"思想贯穿其中。

军事方面："求精"和"责实"是徐光启军事思想的核心，他提出"极求真材以备用""极造实用器械以备中外守战""极行选练精兵以保全胜""极造都城万年台（炮台）以为永永无虞之计""极遣使臣监护朝鲜以联外势"。徐光启特别注重火炮的制造，曾多次建议，不断上疏，希望能引进火炮制造技术。徐光启还对火器在实践中的运用，火器与城市防御，火器与攻城，火器与步、骑兵种的配合等多个方面都有所探求。徐光启撰写的《选练百字诀》《选练条格》《练艺条格》《束伍条格》《形名条格》《火攻要略》《制火药法》等条令和法典是我国近代较早的一批条令和法典。

宋应星的研究领域涉及自然科学及人文科学的不同学科，而其最杰出的作品《天工开物》被誉为"中国17世纪的工艺百科全书"。

宋应星

1587—约1661年

❖ 朝代：明朝

❖ 身份：科学家

❖ 代表作：《天工开物》

❖ 主要成就：理论应用于实践

《天工开物》记载了明朝中期以前中国古代的多项技术。《天工开物》初刊于1637年（明崇祯十年），是世界上第一部关于农业和手工业生产的综合性著作，是中国古代一部综合性的科学技术著作，有人也称它是一部百科全书式的著作。宋应星在书中强调，人类要和自然相协调，人力要与自然力相配合。它是中国科技史料中较为丰富的一部，更多地着眼于手工业，反映了中国明末出现资本主义萌芽时期的生产状况。

《天工开物》主要根植于中国的固有文化传统。"天工开物"取自"天工人其代之"及"开物成务"，体现了朴素唯物主义自然观，与当时占正统地位的理学相异。这种异端化的思想趋势反映着一种新的社会现象和时代取向。但是，个人的思想可以有异于主流，却不能超脱于时代。古代素以农业作为重中之重，所以宋应星的著作中也处处体现出贵五谷、轻金玉的思想。

清朝时期，统一多民族国家得到了巩固和发展，清朝统治者统一了蒙古诸部，将新疆和西藏纳入版图，积极维护国家领土主权的完整。乾隆年间，中国作为统一的多民族世界大国的格局确定，包括了50多个民族。清朝前期农业和商业发达，出现了大商帮，江南出现了密集的商业城市。在此基础上，道光年间人口突破4亿大关，占世界总人口10亿的近一半。清朝时期科技领域的代表人物有明安图、詹天佑、黄履庄和王贞仪。

明安图是清代杰出的数学家、天文历法学家和测绘学家，是历史上少有的多学科科学家之一。他学识渊博、研究领域广，不仅在数学研究中有重大突破，而且在天文历法、地图测绘等方面都做出了巨大贡献。

明安图

约1692—1765年

- 朝代：清朝
- 身份：数学家、天文学家
- 代表作：《历象考成》《数理精蕴》《律吕正义》等（参加编撰）
- 主要成就：对中国近代数学发展产生了深远的影响

乾隆二十四年（1759年），明安图升任钦天监监正，执掌钦天监工作。通过长期的科学实践，他成为我国杰出的天文学家、数学家和测绘学家。乾隆二十一年（1756年）、二十四年（1759年），他两次参加对新疆西北地区的地理测量工作，获得大量科学资料，为绘制《乾隆内府舆图》和《皇舆西域图志》提供了重要依据。他在天文历法领域的工作也成绩卓著，进行了大量实地观测和科学研究。

在钦天监任时宪科五官正时，他负责将汉文本的《时宪历》译成蒙文，呈清廷颁行，供蒙古使用。雍正八年（1730年），他修订编制《日躔月离表》；乾隆二年至七年（1737—1742年），他参加编纂《历象考成后编》十卷，它们反映了中西天文历象科学的新成果，成为清代编制历法的依据；乾隆九年至十七年（1744—1752年），他参加《仪象考成》一书的推算工作。他亦是杰出的数学家，将中国传统的数学与西方数学成果相结合，论证了三角函数幂级数展开式和圆周率的无穷级数表示式等9个公式，成功地解析了9个求解圆周率的公式，写成了《割圆密率捷法》一书，该书在清代数学界被誉为"明氏新法"，在我国数学史上占有重要地位。

詹天佑生于晚清时期，他是中国近代铁路工程专家，被誉为中国首位铁路总工程师。他负责修建了京张铁路等工程，有"中国铁路之父""中国近代工程之父"之称。詹天佑参与或主持修建的铁路包括京奉、京张、张绥、川汉、粤汉和汉粤川等。

詹天佑

1861—1919年

- 朝代：清朝、民国
- 身份：科学家
- 代表作：京张铁路
- 主要成就：被誉为"中国铁路之父""中国近代工程之父"

铁路的修建对近代中国产生了重要的影响：

（1）铁路促进了工矿业的发展。在铁路出现以前，近代中国的工矿产品主要是依靠骡马大车或者水路运输，运量有限，运输的成本也比较高，导致许多矿产资源无法被开采和利用。铁路的出现使得近代中国的交通运输条件大为改善，方便了资源的开发，促进了近代中国工矿业的发展。

（2）铁路带动了贸易的发展。铁路的发展将孤立的各个地方市场联结成统一的大市场，促进了贸易的繁荣。在没有修筑铁路之前，东北地区以水路为主要交通路线，辽河、松花江是主要的运输通道，东北地区所产的大豆和豆制品出口量很少，1890年出口总值白银37万两。有了铁路之后，东北的农产品出口总值连年增加，1900年有白银547万两，1910年有白银3 669万两。此外，20世纪初，京汉铁路通车。京汉铁路使汉口与河南密切联系起来，使汉口发展为全国第二大通商口岸。

（3）铁路推动了城镇的兴起。鸦片战争以后，中国沿海沿江被迫开放了一批通商口岸，由于便利的水陆交通条件、优越的地理位置以及外来因素等的影响，港口城市得以迅速发展。但相对于这些港口城市而言，中国的其他地区由于交通条件以及地理位置的限制却未能得到应有的开发。

（4）铁路的修筑促进了中国除港口城市外的其他地区的开发，使这些地区与港口城市密切联系起来，同时，也促进了人口的流动。借助铁路交通之便，农村人口逐渐流向城市，使得城市人口逐渐增加。铁路的开通，加强了城乡之间的联系与沟通，促进了商品流通以及商业的繁荣，为城镇的兴起和发展提供了必要的条件。

黄履庄是清朝初的制器工艺家、物理学家，在工程机械制造方面有很深的造诣，制有诸镜、玩器、水法、验器和造器之器等，其发明的"瑞光镜"可起到探照灯的作用。他还发明了"真画"，人物马兽，皆能自动，与真无二；他又创造了"自动戏"、"自行驱暑扇"、"验冷热器"（温度计）和"验燥湿器"（湿度计）等。他著有《奇器图略》，现已节存于《虞初新志》，奇器共有27种。

自春秋战国以来，中国就是一个车辆王国，清朝康熙年间，黄履庄潜心研制了自行车。在此后大约100年，法国人西夫拉克在1790年才制成了木制自行车，所以黄履庄是最早的自行车发明家。

黄履庄还发明了"瑞光镜"，它可以起到探照灯的作用。我国在明末时期就有与"瑞光镜"相关物件的记载，黄履庄的发明对其有很大改进，他大大增加了凹面镜的尺寸，较大的直径达五六尺。《虞初新志》记载道："制法大小不等，大者径五六尺，夜以灯照之，光射数里，其用甚巨。冬月人坐光中，遍体升温，如在太阳之下。"由于当时人们只能用蜡烛和太阳光之类的光源，凹面镜的口径大，它所能容纳的光源也就大，这就使得人们可以提高光源强度，这样光经过反射形成平行光以后，照在身上人就有"遍体生温"的感觉，亮度也大大增加了。欧洲人18世纪末才制成类似器物，比黄履庄又晚了近百年。

王贞仪是清代著名的女科学家。王贞仪撰写的《月食解》一文，精辟地阐述了月食的相关知识。她总结了中国古代数学成就和西方筹算法，写下了当时的科普书《勾股三角解》《历算简存》《筹算易知》《象数窥余》等。她是世界上唯一一个从宇宙宏观与微观结合的角度来理解"天圆地方"这个概念的人。她还弄清楚了日食、月食的形成原理，并写下了《月食解》。她著有《西洋筹算增删》一卷、《重订策算证讹》一卷、《象数窥余》四卷、《术算简存》五卷、《筹算易知》一卷。

地球是一个大圆球，站在地球"边缘"和下半球的人为什么不会倾斜和摔倒呢？这个问题对现代的人来说已是普通的常识，不用发问。可是在18世纪末，虽然我国大

多数学者也都承认地球是圆的，但他们很少考虑或回答不了这个为什么不会倾斜和摔倒的问题。唯有初出茅庐的王贞仪经过仔细研究，对这个问题做了通俗的解释。她在《地圆论》中说，地上的人都以自己居住的地方为正中，因此远看别的地方觉得那都是斜立的，似乎都该倾倒，实际都不倒，难道不是因为各地的人头上都是天，脚下都是地吗？这就是说，人们生活的地球，处于四周都是天空的空间之中，对宇宙空间来说，任何地方的人头上都是天，脚下都是地。王贞仪正确地认为，在广阔无垠的宇宙空间中，没有上、下、侧、正的严格区别。这是一个很可贵的认识。

4. 其他国家的科学贡献

阿耶波多是印度著名的数学家及天文学家。他的作品包括《阿耶波多历算书》，分4部分。书中提出了精确度达5个有效数字的圆周率近似值。此外，他还根据天文观测支持日心说，并发现了日食、月食的成因。印度在1975年发射的第一颗人造卫星就以他的名字命名。

阿耶波多受教育于柯苏布罗城，499年著《阿耶波多历算书》，全书分4部分，由100余首偈诗组成。阿耶波多在古希腊天文学家托勒密的研究基础上做出改进，用几何方法算得正弦表，在三角学史上占有重要地位。

阿耶波多研究了地球自转、月球反射光、正弦函数、一元二次方程求解、圆周率近似值（可达小数点后4位）、99.8%精确度的地球周长、恒星年的长度等。阿耶波多认为，月球与行星并不会自行发光，而会反射太阳光。此外，他解释了日食、月食的成因，说明日食是月球落在地球的阴影上造成的、月食是地球落在月球的阴影上造成的。他也讨论了地球阴影的大小和范围，并计算出了日食、月食的规模。后世的印度天文学家在阿耶波多的基础上将预测做得更加精确。

崔锡鼎（1646—1715年）是朝鲜李朝时期的政治家和数学家。他于1700年出版了《古

苏里亚克》，已知的第一部拉丁方格文献，比莱昂哈德·欧拉早了至少 67 年。

东西方明清时期科技发展对比如图 13.3 所示。

在同一时期，非洲并没有涌现出突出的科学贡献或科学家，这里不再一一介绍。

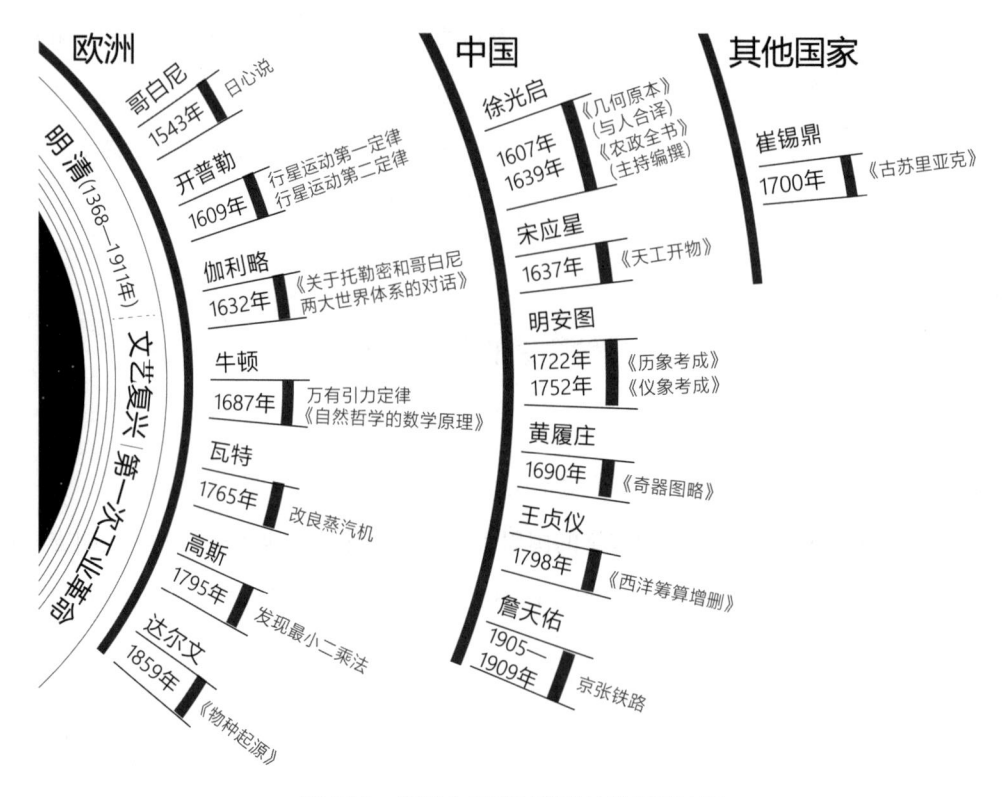

欧洲

明清(1368—1911年) 文艺复兴/第一次工业革命

- 哥白尼 1543年 日心说
- 开普勒 1609年 行星运动第一定律 行星运动第二定律
- 伽利略 1632年 《关于托勒密和哥白尼两大世界体系的对话》
- 牛顿 1687年 万有引力定律 《自然哲学的数学原理》
- 瓦特 1765年 改良蒸汽机
- 高斯 1795年 发现最小二乘法
- 达尔文 1859年 《物种起源》

中国

- 徐光启 1607年 《几何原本》(与人合译) 1639年 《农政全书》(主持编撰)
- 宋应星 1637年 《天工开物》
- 明安图 1722年 《历象考成》 1752年 《仪象考成》
- 黄履庄 1690年 《奇器图略》
- 王贞仪 1798年 《西洋筹算增删》
- 詹天佑 1905—1909年 京张铁路

其他国家

- 崔锡鼎 1700年 《古苏里亚克》

图 13.3　东西方明清时期科技发展对比图

第 14 章

近代科学之于文明

很早就有人认识到科学是一项造福人类的社会事业,但其意义是随时代发展而进一步深化的,而这也是人们不易理解的。欧洲文艺复兴时期,人文精神开始复苏,自我认知的意识开始觉醒,人们对待知识、真理、科学的态度发生了改变,持有更加积极的态度。近代科学产生于欧洲,而欧洲社会率先进入资本主义社会,二者有着密切的关系。近代科学在欧洲诞生,促进了欧洲的生产力发展,也促进了第一次、第二次工业革命的产生。当生产力发展了,生产关系就要与其相适应。当旧的、落后的封建社会生产关系不能适应历史的发展时,新的社会形态——资本主义社会便出现了。资本主义适应了科学发展、生产力的发展,能够更好地促进生产力的发展,而不是阻碍生产力的发展,它自然而然会取代封建主义的地位。

科学研究是一种社会性的行为,随着科学越来越发达,科学研究的复杂程度越高,其社会性也就越强。科学研究的不断进步要求社会对其参与度进一步提高,这促进了整个人类社会的素质提高。人类科学文化素质的提高,又进一步促使人类物质文明和精神文明进步,也促进了科学的进步。

从历史和社会学的角度来看,西方文明发展了现代科学兴起所必需的理性和制度,这或许是由于不同宗教、民族文化甚至古希腊人之间的文化因素、制度因素和跨文明相遇的独特组合。在宗教、法律和哲学/形而上学的思想上,西方是有利于现代科学的形成的。它有支持性的政治制度、财政制度和社会因素,这些都允许和鼓励人们追求科学。同时,大学被赋予了合法权利,拥有自己的规章制度来获取、传播和质疑知识,以及开发课程。

从宗教文化的角度出发,11 世纪教皇格列高利七世领导了改革,天主教会在现代科学发展中的作用至关重要。该改革旨在使教会摆脱世俗控制和对其神职人员的任命和治理的干涉,在此之前，神职人员通常由地方官员任命。这对现代科学来说最重要的意义是，它创造了教会的法律自治和与国家的分离。

由于教皇的改革，西方的大学逐步于12世纪建立。它们促成了自然主义探究的制度化。虽然许多大学都是从天主教大教堂学校和宗教团体发展而来的，但作为学术机构，它们是在未经国王或教皇授权的情况下成立的。它们最初也重视基督教的宗教戒律，但主要是教授自然法。在13世纪，西方开始采用阿拉伯数字。直到15世纪，欧洲还没有形成最先进的科学文化，但由于其法律、文化和制度的进步推动了科学发展，人们在17世纪后期建立了新的力学科学。

1. 科学形成与文明推动

知识是自由的，自身就是自由的，自然就是事物的本性。古希腊人追求这种自由的自然知识，自然哲学就是探寻自然本身，科学就源于这种追求与思考。

理性主义的古希腊

古希腊具有鲜明的人文物质：高度的理性主义。理性主义是一种思维方式，和神秘主义相对。古希腊人认为，万事万物背后是有其原因和规律的，而且这些原因和规律是可以被人的理性所把握的。古希腊之所以能创造出辉煌的哲学和科学，是因为古希腊拥有非常发达的理性主义精神。古希腊人努力地通过自己的理性去认识世界、认识自己，他们挣脱了神秘主义的思维方式，去发现规律和法则。当人有了理性的精神，就能够自主地去认识这个世界，人的地位肯定也跟别的文明里面的不一样，古希腊的人拥有崇高的尊严和对自身价值的肯定。为什么古希腊和其他文明不同，孕育出了浓厚的人文气质？

古希腊人面对的外部环境不那么严酷，不太需要强大的精神权威来塑造社会凝聚力。一个文明的精神世界往往和其现实的政治世界存在着某种对应性。古希腊的精神世界和现实政治世界一样，都是相对扁平的、多元的、包容的，精神和现实这两个世界之间具有高度的同构性。理性飞跃，即比古希腊更早的文明里面的理性力量汇集到了古希腊人那里，产生了质变的飞跃。

西方科学的形成

西方科学的萌芽产生于古希腊,从经典时期科学哲学家中的代表人物柏拉图、亚里士多德、伊壁鸠鲁等人开始,到近代17世纪弗兰西斯·培根提出科学是一个合作性的活动这一概念,西方科学逐渐形成科学共同体的雏形。科学共同体这个术语正式的定义时间是在1942年,由M.波拉尼提出。波拉尼认为这个社群由一群有探索精神的人构成,而后社会学将这个定义标准化,即"科学共同体包括了所有的科学家以及他们之间在特定领域或整个科学领域的互动和合作"。

总的来说,科学共同体包括了所有的科学家以及他们之间的互动和合作。社群之间会密切交流,通过同行评议等方式来保证研究的质量和结论的可靠性。

西方科学的进步依赖于科学界内部的互动,即产生科学思想、检验这些思想、出版科学期刊、组织会议、培训科学家、分配研究资金等。此外,许多科学研究是多元协作的,不同的人将他们的专业知识应用于解决问题的不同方面。例如,2006年一篇关于人类基因组区域变异的期刊文章是来自英国、日本、美国、加拿大和西班牙的43人合作的结果。在极少数情况下,科学家确实是在独立地工作,但是如果这项工作会对科学进步产生影响,研究最终也会使科学界参与进来。总结来说,科学共同体在西方科学中生根发芽,西方科学因为科学共同体而不断成长创新。

科学学派是科学活动的群体形式,同时也是"科学共同体"的一种特殊形式。科学学派是指一群具有相同的研究方向或共同理论观点的科学工作者,以开辟这一研究方向的杰出科学家作为学术领袖,共同进行科学研究活动而形成的集体。科学学派具有世代相继的师承关系和广泛的国际性等特点,著名的学派有哥本哈根学派、布尔巴基学派和摩尔根学派等。

哥本哈根学派是由玻尔、海森伯和玻恩于1927年在哥本哈根创立的学派。玻恩、海森伯、泡利和狄拉克是这一学派的主要成员,可见图14.1。

马克斯·玻恩	沃纳·卡尔·海森伯	沃尔夫冈·泡利	保罗·狄拉克
1882—1970年	1901—1976年	1900—1958年	1902—1984年

图 14.1　哥本哈根学派代表人物

　　哥本哈根诠释是量子力学的一种诠释。哥本哈根学派对量子力学的创造和发展做出了突出贡献，其对量子力学的解释被称为量子力学的"正统解释"。根据哥本哈根诠释，在量子力学里，量子系统的量子态可以用波函数来描述。这是量子力学的一个关键特色。波函数是数学函数，专门用来计算粒子在某位置或处于某种运动状态的概率，测量的动作造成了波函数坍缩，原本的量子态坍缩成一个测量所允许的量子态。布尔巴基学派是由一些法国数学家组成的数学结构主义团体，在20世纪30年代开始形成。他们从结构主义的角度进行数学分析，认为数学结构没有任何预先指定的特征，是一组对象的集合。他们只关注这些对象之间的关系，将数学视为结构科学。

　　各种数学结构之间存在着内在的联系，其中代数结构、拓扑结构和序结构是最基本的结构，被称为母结构，而其他结构则是由较为根本的结构交叉、复合而生成的分支结构。摩尔根学派大体是在1910年前后形成的，其产生的科学背景主要是孟德尔的遗传学理论和细胞学的发展，以及像魏斯曼等遗传学家提出的具有启发性的种种思想和理论。

　　通过这种学派承袭，西方科学逐渐树立了一种严谨、辩证的科学体系。中国的炼丹术传到西方，逐步演变为化学、医学，而占星术演变为天文学。在这些演变过程中，人们实际上是通过实验和推导不断地推翻之前的理论和假设，从而得到一种逻辑更强或者更符合当前已得信息的合理理论。或许正是因为这种不断实验、不断推翻的严谨的科学精神，让西方科学在后来实现了爆炸式的突破和发展，西方科学发展简史见图1.3。

2. 文明的传承与推动

随着自然科学技术的进一步发展，用于研究数学基础的集合论和数理逻辑也开始慢慢发展。纵观近代科学的形成，数学领域的标志性人物就是莱布尼茨，他可以说是名师出高徒，莱布尼茨是伯努利的老师，伯努利是欧拉的老师，欧拉是拉格朗日的老师，拉格朗日是柯西的老师，柯西是高斯的老师，高斯是黎曼的老师。从这些极其有名的数学家的名单中就可以看出，莱布尼茨对近代数学的影响是十分巨大的。

莱布尼茨的微积分

戈特弗里德·威廉·莱布尼茨是德国哲学家、数学家、历史上少见的通才，被誉为"17世纪的亚里士多德"。他生于德国，成名于法国，同牛顿并称为微积分的创始人。他本人是律师，经常往返于各大城镇，他的许多公式都是在颠簸的马车上产生的。

莱布尼茨

1646—1716年

- 国际：德国
- 身份：数学家、哲学家
- 代表作：《神义论》《单子论》《论中国人的自然神学》
- 主要成就：微积分、二进制、单子论、逻辑学

他和笛卡儿、斯宾诺莎被认为是17世纪最伟大的三位理性主义哲学家。在哲学方面，莱布尼茨在预见了现代逻辑学和分析哲学诞生的同时，也显然深受经院哲学传统的影响，更多地应用了第一性原理或先验定义，而不是通过实验证据来推导以得到结论。莱布尼茨对物理学和计算技术的发展也做出了重大贡献，并且提出了一些后来涉及广泛——包括生物学、医学、地质学、概率论、心理学、语言学和信息科学——的概念。莱布尼茨在政治学、法学、伦理学、神学、哲学、历史学、语言学等诸多领域都留下了著作。

莱布尼茨第一个重要的数学发现是二进制，他用数 0 表示空位，数 1 表示实位。这样一来，所有的自然数都可以用这两个数来表示，例如，3=11，5=101。他本人后来确认，中国人的《易经》六十四卦里就藏着这个奥妙。与此同时，莱布尼茨也成功研制了机械计算机，改进了帕斯卡的加法器，以便用来计算乘法、除法和开方，而当时一般人都还不太会乘法运算。

欧拉的定理

莱昂哈德·欧拉是一位瑞士数学家和物理学家，近代数学先驱之一。他被一些数学史学者称为历史上最伟大的两位数学家之一（另一位是高斯）。数学中的很多名词以欧拉的名字命名，如欧拉常数、欧拉方程、欧拉恒等式、欧拉示性数等。他的工作使得数学更接近于现在的形态。他不但为数学界做出了贡献，更是把数学推至几乎整个物理领域。此外，欧拉还涉足了建筑学、弹道学、航海学等领域。他的著作《无穷小分析引论》《微分学原理》《积分学原理》是 18 世纪欧洲标准的微积分教科书。欧拉还创造了一批数学符号，使得数学更容易被表述、推广。并且，欧拉把数学应用到数学以外的很多领域。

欧拉

1707—1783 年

- 国籍：瑞士
- 身份：数学家、物理学家
- 代表作：《无穷小分析引论》《微分学原理》《积分学原理》
- 主要成就：欧拉公式、函数符号

1735 年，欧拉解决了一个天文学难题（计算彗星轨道），这个难题经几个著名数学家几个月的努力才得到解决，而欧拉却用自己发明的方法，三天便完成了。然而过度工作使他得了眼病，并且不幸右眼失明了，这时他才 28 岁。欧拉生活、工作过的三个国家瑞士、俄国、德国，都把欧拉看作自己国家的数学家，为有他而感到骄傲。欧拉的记忆力和心算能力是罕见的，他能够复述年青时代笔记的内容，心算并不限于简单的运算，高等数学一样可以用心算去完成。19世纪伟大数学家高斯曾说，研究欧拉的著作永远是了解数学的最好方法。

高斯的计算

卡尔·弗里德里希·高斯，是德国数学家、物理学家、天文学家、大地测量学家。他16岁时预测在欧氏几何之外必然会产生一门完全不同的几何学，即非欧几里得几何学。他导出了二项式定理的一般形式，将其成功地运用于无穷级数，并发展了数学分析的理论。18岁的高斯发明了最小二乘法，并猜测了质数定理。高斯被认为是历史上最重要的数学家之一，并享有"数学王子"的美誉。

高斯

1777—1855年

- 国籍：德国
- 身份：数学家、天文学家
- 主要成就：高斯定理、最小二乘法、高斯光学、高斯分布、高斯计

据说高斯在9岁时，就发明了一种快速计算等差数列求和的小技巧，在很短的时间内计算完成了他的小学老师在黑板上给出的问题。虽然人们对该问题涉及的详细数字尚有争议，但现在人们普遍认为这个问题是计算从1到100这100个自然数之和。高斯所使用的方法是，将第1个数字与最后1个数字相加、第2个数字与倒数第2个数字相加……以此类推，可以得到50对101，所以101×50=5 050便是答案。当高斯12岁时，他已经开始怀疑《几何原本》中的基础证明了。

数学作为一种有着严谨推理过程的工具，对科学的发展有着重要的影响。数学为科学提供了一套系统的分析方法和抽象模型，能够帮助科学家更好地理解和描述世界。

这些数学家的贡献极大地推动了近代科学的发展，他们的成果在自然科学中的应用非常广泛。例如，物理学家通过数学来描述物质的运动和变化，从而推导出许多重要的定律和理论。化学家则使用数学来研究物质之间的相互作用，从而推导出许多化学方程式。天文学家也经常使用数学来研究天体的运行轨迹，从而发现许多天体的特性和规律。

3. 李约瑟难题

李约瑟难题是一个关于中国发展的问题，其主题是"尽管中国古代对人类科技发展做出了很多重要贡献，但为什么科学和工业革命没有在近代的中国发生"，最早由英国学者李约瑟在20世纪研究中国科技史时提出。1976年，美国经济学家肯尼思·博尔丁正式将这个历史问题称为"李约瑟难题"。很多人把李约瑟难题进一步推广，出现了"中国近代科学为什么落后""中国为什么在近代落后了"等问题，人们对这些问题的争论一直非常激烈。

难题的提出

19世纪初，中华文明是地球上领先的文明，而且似乎注定要保持这样的地位。中国人口最多，管理制度先进，贸易规模最大，财富最多。曾有研究者估计，1820年的中国经济占整个世界经济总量的1/3。中国利用造纸术、印刷术、指南针和火药这四个伟大发明取得了巨大的成果，没有哪个国家可以与这一时期的中国相抗衡。然而，不知何故，欧洲在短短100年内就迅速赶上了中国。

> 中国为何没有保持领先地位的问题被称为"李约瑟难题"。

李约瑟提出这种问题是有道理且有依据的，他的著作《中国科学技术史》被誉为20世纪历史学界的重大成就之一。

李约瑟认为世界历史是由中国和西方之间的辩证关系塑造的，他相信通过"科学与文明"可以进一步促进两种文化的融合。此外，李约瑟认为，这样的融合将有助于实现他概念中的"世界合作共同体"，一个"人间天堂"，其中渗透着中国传统社会所培育的人文价值观。

阿肯色大学教授罗伯特·芬雷在他的书《李约瑟〈中国科学技术史〉中的中国、西方和世界历史》中也提到了相关内容。

> 对李约瑟来说，中国和西方在价值观和社会动力上是对立的，如同欧亚半球的阴和阳。

难题的再思考

在15世纪中叶，中国似乎相信它所需要的所有科学都能够用五行、阴阳和《易经》的理论充分解释。古代的欧洲人认为中国是一个开明、繁荣的国家，几乎在各方面都超越欧洲。当时欧洲人似乎唯一占上风的领域是数学。但是如今，西方人能够以某种理由提出当时中国"没有科学"的主张，也有诸多学者对李约瑟难题的答案进行了猜想。图14.2展示了一些学者认为的可能导致李约瑟难题的原因。

西方走上近代化道路，是一系列历史事件如地理大发现、文艺复兴、宗教改革及科学革命接连发生而导致的结果，这些革命性的事件在中国都没有发生。

在欧洲，竞争激烈的生存环境促进了科学和技术的发展。与此同时，中国的经济和政治环境与欧洲有很大不同。欧洲地区的文明饱受外族侵略之扰，国家之间竞争激烈。频繁的战争也使得欧洲不同地区的科学成果得到了交流，反而促进了科技和工业的快速发展。而古代中国的文明在当时达到了世界第一的位置，没有遭受类似的竞争。此外，中国人口庞大，导致劳动力成本低廉，这也阻碍了机械化的发展。人们更愿意雇用价格低廉的工人而不是购买机器。这与欧洲的情况完全不同，在欧洲，工业革命的发展导致大量农民失业，这为工业的发展提供了大量的劳动力。中国没有经历工业革命是由于其特殊的政治和经济环境，以及文化传统的影响。

但是，目前有学者认为，李约瑟在提出问题时就已经预设了西方的科学是"先进"的，中国的科学是"落后"的。然而事实上，近代科学不仅仅是西方文明的产物，更是东方文明和西方文明交互作用的结果。这就是说，近代科学是在东西方科学的共同作用下产生的。

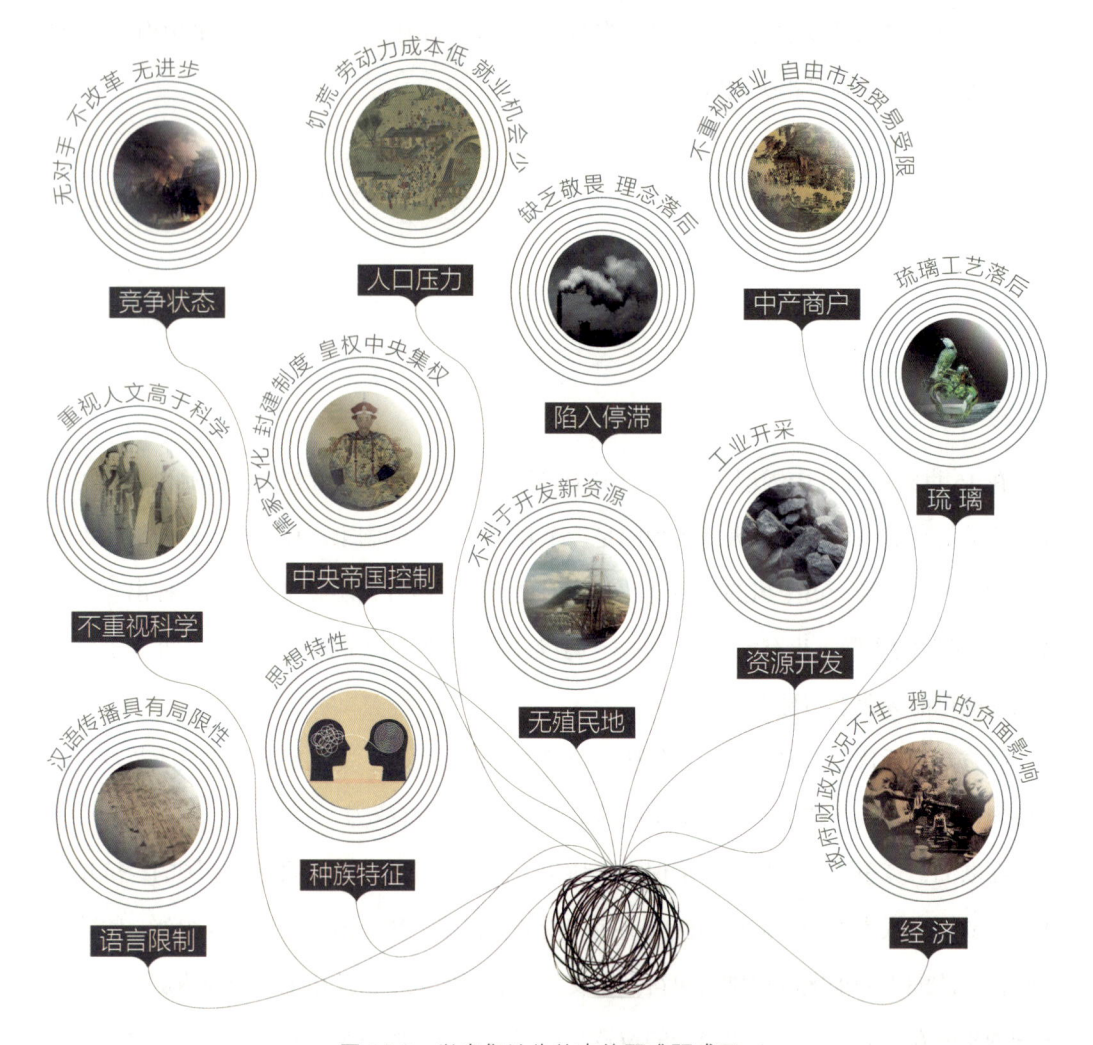

图 14.2　学者们认为的李约瑟难题成因

第四篇

科学的发展

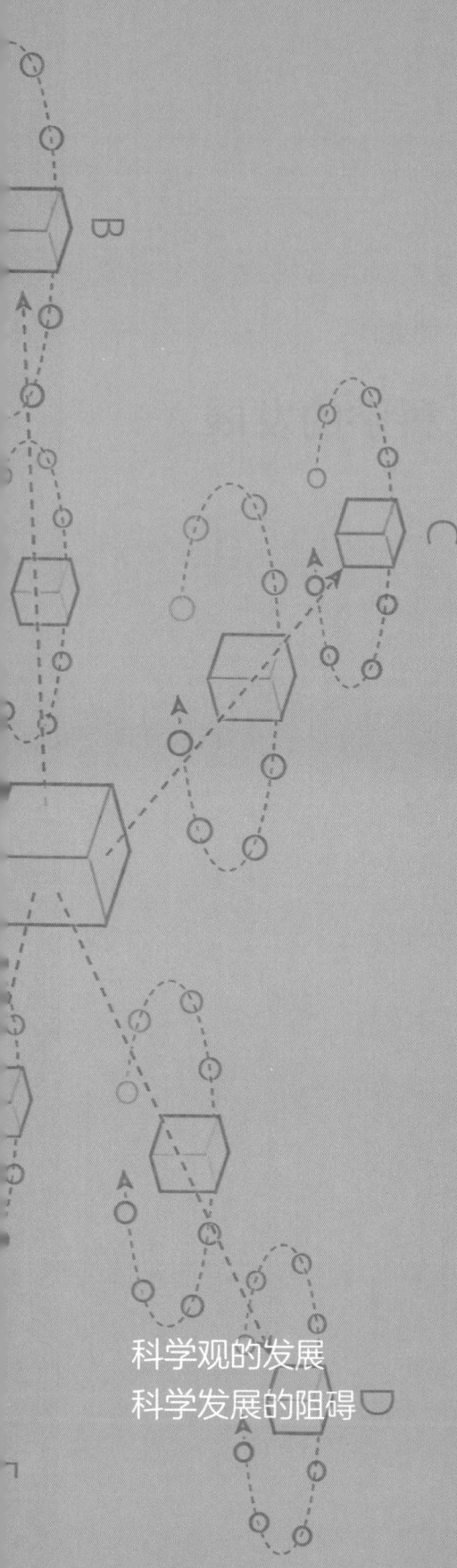

科学的发展始于科学观的改变。在牛顿之前，亚里士多德的世界观或在某种程度上抑制了近代科学的出现。但是在牛顿之后，机械论复苏，原子学说被重新拾起，新科学中的世界观逐渐崭露头角，这意味着近代科学的开端。并且，在牛顿的经典力学之后，其他的物理学说也被伟大的科学家们创立和发展，比如热力学、电磁学、光学等。这些物理学说的发展是第二次工业革命的基础，为蒸汽机、电报、印刷机等发明带来了极大的帮助。但是，近代的物理学依旧有些隐患，牛顿的力学无法解释微观世界的一些现象，在近代科学发展的后半段，量子力学的出现也将颠覆人们以往在牛顿世界观下对世界的认知。本篇将介绍近代科学的发展历程，即从牛顿力学开始到量子力学诞生的这一时间段。最后两章也将对这一时期的东西方科学发展进行比较，并讲述科学发展对文明本身的推动。

科学观的发展	学科的发展	科学革命的发展
科学发展的阻碍	东西方发展的差异	科学发展的影响

第 15 章

科学观的发展

这一章主要讲述牛顿之后机械论的复苏、拉格朗日以及哈密顿所做出的贡献还有科学在工业上的应用。这些对日后人们科学观的发展起到了十分巨大的作用，本章的概括如图 15.1 所示。

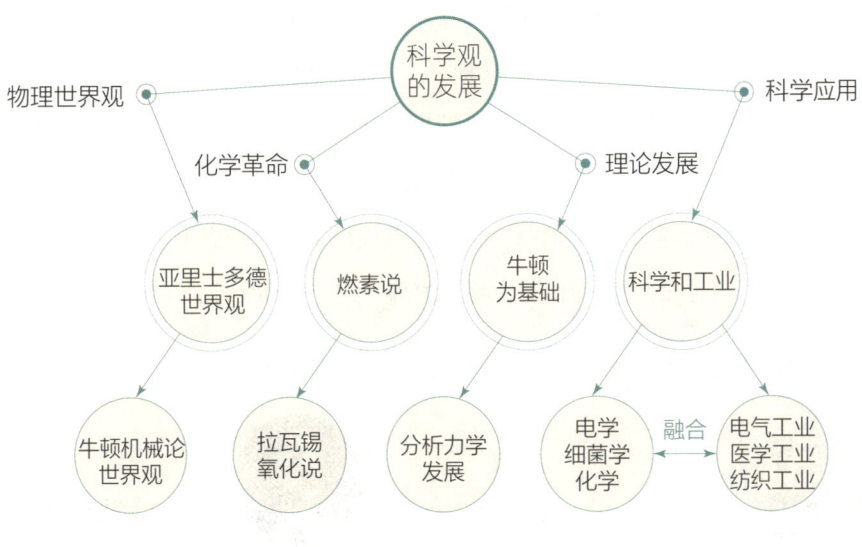

图 15.1 科学观的发展

1. 机械论的复苏

机械论是一种认为整个自然是一个复杂的机器或工艺品，其不同组件之间通过机械连接的方式结合在一起的观点。在这种观点中，一个物体或生物的行为可以用它的组成部分和外部影响来解释。作为一种形而上学的发展理论，它早在中国的诸子百家和印度的 90 多家哲学中就已存在，在古希腊哲学中也有萌芽，只是在 17—18 世纪的西欧才开始复苏。

机械论哲学

在 16—17 世纪，欧洲的知识界分成了好几个不同的派别，它们对科学和自然有着不同的看法，彼此争论和竞争，如老式的亚里士多德观点、各种各样的神秘传统观点和"新科学"——这个新科学派又被称为机械论哲学或者实验哲学。值得一提的是，笛卡儿将机械论哲学推向了极致。

新科学的诞生

新科学重新提起了几乎已被人遗忘的早在古代就出现的原子和粒子学说，在此基础上用处于运动中的物质来机械地说明自然界的活动。[1] 这种新的自然哲学倾向于通过实验来证实科学主张，而且与神秘学说不同，它还积极拥护公开的知识交流。或许那时人们的世界观就已经从旧的亚里士多德世界观开始向牛顿的机械论世界观过渡了。图 15.2 展示了亚里士多德世界观与牛顿世界观所信仰的科学信条，也就是近代科学从原来亚里士多德世界观中的地心说等观点，过渡到了牛顿的"动者恒动，静者恒静"这一形而上学的观点。

建立知识据点、升级知识体系，"世界观"的又一次脱胎换骨

亚里士多德　以地球是宇宙中心为信条

艾萨克·牛顿　以动者恒动为真理

图 15.2　新科学中的世界观

到 1700 年，这种新科学建立起自己的新型研究机构，从而压倒了在一个世纪前未曾被怀疑过的其他科学派别。这样一种"开放的"知识体系，更能得到君主和国家的广泛支持。这有助于解释为什么"封闭的"法术或神秘学说在政治上常常会遭受打击，而且相对而言总是在走下坡路。[2]

新科学中的学说

新科学的提倡者坚决捍卫原子学说和机械论哲学,以下将介绍新科学中的这两门学说。

- 新科学中的原子学说:原子论者认为,世界由两个基本部分组成,即原子和虚空。原子是坚不可摧和不可变的,并且有无数种形状和大小。它们在虚空中相互碰撞。有时多个原子可能会形成一个簇,而宏观世界中物质的多样性便是来自簇内原子的不同类型和排列方式。[3-4] 古希腊哲学中的原子概念被抛弃了几个世纪,因为它与基督教观念不相容。其间,偶有人尝试复兴原子论,但都在教会的压力下失败了。[5] 直到17世纪以后,在弗兰西斯·培根、皮埃尔·伽桑狄、罗伯特·玻意耳、伽利略·伽利莱等人的努力下,它才开始被大多数人所知和使用。[6]

- 新科学中的机械论:机械论(近代形而上学唯物主义)有广义和狭义之分,广义指用形而上学观点解释宇宙的唯物主义哲学;狭义指西方哲学史上第二种唯物主义形态,即16—18世纪的唯物主义哲学。下面将重点介绍第二种唯物主义形态,即狭义的机械论。

形而上学唯物主义,亦称机械唯物主义,是唯物主义发展的第二种形态。如图15.3所示,英国哲学家霍布斯把人比作一个钟,其中人的关节、心脏、神经对应钟里面的各个零部件。这些独立的机械零部件组成了钟这一整体,而霍布斯认为人也是如此。形而上学唯物主义是以孤立的、静止的、片面的观点来解释自然界和认识论问题的哲学学派。它承认世界是物质的,并在反对唯心主义和宗教神学的斗争中起过积极作用。[7]

霍布斯说过:

> 哲学的对象是客观存在的物质实体,物体是不依赖于人们思想的东西,它是世界上一切变化的基础。世界上除了具有广延的物体之外,不存在其他任何东西。

从这一观点出发,霍布斯论证了世界的物质统一性,批判了宗教神学和笛卡儿的二元论。

人是机器

托马斯·霍布斯
1588—1679年
英国政治家、哲学家

人 ----→ 钟
关节 ----→ 齿轮
心脏 ----→ 发条
神经 ----→ 游丝

图 15.3　形而上学唯物主义

代替亚里士多德世界观的新科学世界观

在亚里士多德世界观中，宇宙是一个比较小而舒适的空间，同时，地球在宇宙的中心。其认为宇宙充满了天然目标和目的，因此这是一个目的论、本质论的宇宙观[7]，需要有上帝或与上帝类似的存在来使宇宙保持运动。

在一台机器中，不同的零件彼此推拉，而各种零件之所以会有如此表现，原因正是其他零件所施加的作用力。同样，宇宙中的物体也开始被认为是在其他物体的推拉和外界作用力的影响下形成了其运转模式。[8] 这个机器的比喻在新世界观中占了主导地位。简言之，新科学不再需要上帝来使宇宙运转。

17 世纪新科学的发展是很多研究人员共同努力的结果。然而，将这些努力汇集在一起的，则是牛顿在 1687 年发表的著作《自然哲学的数学原理》[9]。《自然哲学的数学原理》展示了一种新的物理学，与运动的地球保持一致，建立了所谓的牛顿科学的核心，同时还提供了一个易于使用的方法，用以研究牛顿世界观。因此，亚里士多德世界观向牛顿世界观的转变就是机械论思想复苏的重要标志。[7]

复苏还是倒退

17—18 世纪的机械论，也就是我们所说的形而上学唯物主义，既有独到的特性，也具有局限性。以下是它的 4 个特性（亦局限性）。

- 机械性：它将一切运动都归结为机械运动，试图用力学来解释一切现象，甚至把人和

动物当成受力学规律支配的机器，因此也被称为机械唯物主义，它完全忽略人的主观能动性。
- 形而上学性：它认为一切事物都是相互孤立的，并且其本质上是没有联系的。
- 直观性：它在对待世界和认识方面都缺乏实用的观点。
- 不彻底性：它只在自然观上坚持唯物主义，在历史观上却陷入唯心主义，把精神看成社会发展的决定性力量。

机械论指导下的科学不断发展，改变了人们的生产方式，推动了技术革命。正当机械论蓬勃发展的时候，它的局限性显现了出来，受到科学革命的冲击和哲学家、科学家的批判，然后走向了衰落。但是，机械论在历史上推动了科学的发展，也改变了人们看世界的视角，人们不再用神学的观点去看待世界，去依附于自然，而是运用理性去改造自然。以下是在亚里士多德世界观被代替后出现的一个有趣的现象。

> 最后一位坚持"君权神授"信条的君主是英格兰国王查理一世。他直至被推翻时仍然坚持这个信条。西方世界现代历史上的重大政治革命，以及刚提到的英国革命，还有随后的美国和法国革命，都发生在亚里士多德世界观被摒弃以后，这个现象并不是巧合。

事实上，机械论在矛盾的思辨中不断丰富自己的内涵。当今世界，机械论依然是主导，科学实验室一直在用机械论的方法进行研究，机械论强大的生命力在一定意义上推动了科学的发展，改变了世界的面貌。[10]

继承与发展

机械论的继承

在牛顿以前，机械论已经在科学领域盛行，有影响力的哲学家也表现出哲学倾向。牛顿的科学纲领标志着机械论的成熟，渗透到各个学科和领域。17世纪，笛卡儿构建了科学的概念框架，但是将自然看作一个由数学原则支配的状态还没有成为现实。在牛顿时期，这种状态成为现实。在《自然哲学的数学原理》中，牛顿提出了科学纲领，试图从力学原理中推导出其他的自然现象，这也形成了机械论的科学纲领。约翰·洛克则补充了机械论的意识形态，形成了唯物主义经验论，为机械论增添了唯物主义的理论依据。

——— 约翰·洛克 ———

❖ 国籍：英国

❖ 身份：哲学家

❖ 代表作：《论宗教宽容》《政府论》《人类理解论》

1632—1704年

洛克在《人类理解论》中说，理解作为一种官能，被认为是心灵中最崇高的一种。这说明洛克肯定了主体能力的作用，对客观事物的认识有赖于正确认识主体能力本身。洛克批驳"天赋观念论"，认为认识来源于经验，并提出了著名的"白板说"[8]。

释义 15.1：白板说

白板说的理论是，人的心灵像一个白板，没有任何印象和标记，所有的知识都建立在经验之上。在知识构成方面，我们要承认主体能力的存在，从起源来看，它是"白板"。

洛克根据观念的思想来源，将经验分为两种，一种是外部经验，另一种是内部经验。洛克通过对感觉和反省的分析，认为可以在心灵的白板上书写观念，在经验的基石上建立知识的大厦。

- 外部经验：由外部客观事物引起的感觉器官的感受。
- 内部经验：心灵反省自身活动得到的观念，也叫反省观念，如思维、信仰、怀疑等。

机械论的发展

机械论的发展主要在于新思想开始逐渐进入人们的思考范围之内，它被划分为经典科学和实验科学。

- 经典科学：包括天文学、力学、数学和光学等，经典科学在研究方法上并不是实验性的，而是以数学和理论为基础。举个例子，以下是经典科学中的天文学在牛顿世界观形成之后的发展（见图15.4）[1]。

1758—1759年

哈雷彗星出现
测出地球表面曲率

金星越日圆面时间
算得日地距离

1761年和1769年

1846年

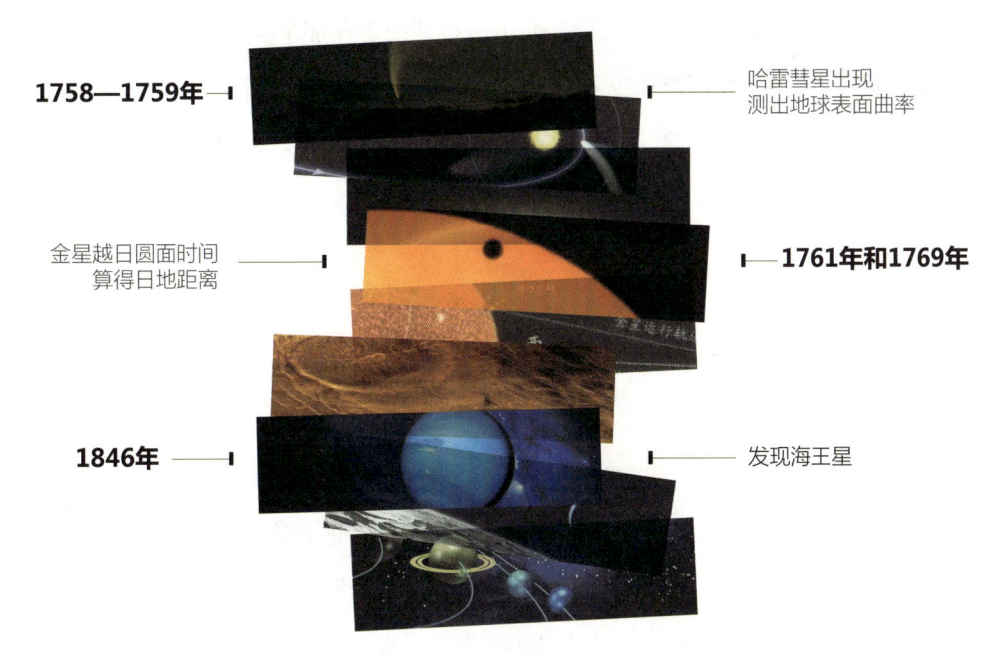

发现海王星

图15.4　经典科学中的天文学在牛顿世界观形成之后的发展

（1）1758—1759年，哈雷彗星按照预言如期回归并在预定轨道出现，科学家测出了地球表面的曲率。

（2）1761年和1769年先后两次，专门组成的国际观测小组都测出了金星越过太阳圆面的时间，并且第一次非常有说服力地计算得到了日地距离。在欧洲大陆，法国和瑞士的数学家成功地把理论力学的研究扩展到了一些技术性更强的领域，如流体力学、振动的数学描述和弹性变形等。

（3）1781年，威廉·赫歇耳凭借经验发现了天王星，可是观察到它的运行轨道很不规则，根据这一点，英国和法国的理论天文学家预言了海王星的存在。1846年，海王星这颗行星被发现。

- 实验科学（培根科学）：实验科学主要是指对电、磁和热的系统研究，它们没有古代经典科学的渊源，而是在科学革命的外围受熏陶，是作为经验主义的研究领域冒升出来的。它们之所以也叫培根科学，是因为它们正好符合培根竭力倡导的那一类科学研究风格。

经典科学在科学革命中得到了改造,而培根科学则是在那个智力普遍活跃的时代背景下形成的。同经典科学依靠理论和较多使用数学不同,培根科学通常在特征上更注重定性分析,在方法上更加倚重仪器实验。培根科学需要的理论指导不多,典型做法是搜集原始数据和资料。

2. 分析力学的奠基

在牛顿力学体系建立之后,拉格朗日、哈密顿等一批数学家对经典力学的数学形式进行了深入的探索,建立了分析力学这一学科。分析力学在牛顿力学定律的基础上,对各种力学系统做了广泛、细致、总结性的研究,不但发展出了一套针对不同情景的有力的数学工具,而且其中拉格朗日力学、哈密顿力学等表述形式在日后发展出的统计物理学、量子力学等领域意外得到了十分广泛的应用。可以说,拉格朗日力学、哈密顿力学等理论框架在整个物理学的理论发展中一脉相承。

拉格朗日

约瑟夫·拉格朗日是18世纪的杰出数学家之一,他总结了当时的数学成果,并为19世

拉格朗日

1736—1813年

❖ 国籍:法国

❖ 身份:数学家、物理学家

❖ 主要成就:拉格朗日中值定理

纪的数学研究开辟了新的方向。他在月球运动（三体问题）、行星运动、轨道计算、两个不动中心问题、流体力学等方面的成果，对天文学力学化和力学分析化产生了重要影响，推动了力学和天体力学的进一步发展。拉格朗日在数学、力学和天文学三个学科上都有重大贡献，尽管他主要是数学家，但他的研究在力学和天文学领域的目的是展示数学分析的威力。以下将介绍拉格朗日在这三个领域的主要贡献。

数学贡献

拉格朗日在 18 世纪创立的数学分析的主要分支中都有开拓性贡献。比如，他是数学分析的开拓者，同时也在微分方程以及函数的无穷级数方面做出了巨大贡献。在都灵时期，拉格朗日就在变系数常微分方程研究中取得了重大成果。图 15.5 展示了拉格朗日做出的突出贡献[12]。

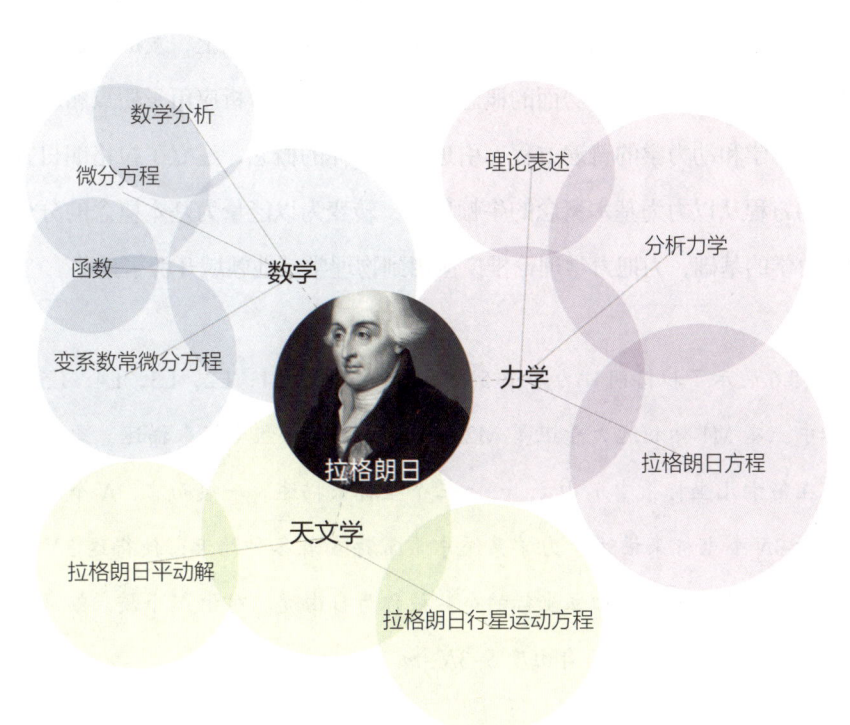

图 15.5 拉格朗日的突出贡献

（1）在牛顿和莱布尼茨以后，欧洲的数学发展分为两派。英国仍坚持牛顿的几何方法，

进展缓慢；欧洲大陆采用莱布尼茨的分析方法，进展迅速。拉格朗日以欧拉的成果为基础，从纯分析方法出发，取得了更完善的结果。

（2）1760年，拉格朗日发表了《关于确定不定积分式的极大极小的一种新方法》，这是建立变分法的代表作。他将这种方法称为"变分方法"，得到了欧拉的认可，并确立了变分法这一分支。

（3）1770年后，拉格朗日还研究了涉及高阶导数的单重和多重积分，这成为变分法的标准内容。

力学贡献

拉格朗日在天体力学的奠基过程中，有着重大的历史性贡献。拉格朗日力学是对经典力学的一种新的理论表述，着重于数学解析的方法，是分析力学的重要组成部分。拉格朗日在其名著《分析力学》中，在总结历史上各种力学基本原理的基础上，发展了达朗贝尔、欧拉等人的研究成果，引入了势和等势面的概念，进一步把数学分析应用于质点和刚体力学，提出了运用于静力学和动力学的普遍方程，引进广义坐标的概念，建立了拉格朗日方程，使力学体系的运动方程从以力为基本概念的牛顿形式，转变为以能量为基本概念的分析力学形式，奠定了分析力学的基础，为把力学理论推广应用到物理学其他领域开辟了道路。[13]

图15.6展示了拉格朗日力学中5个拉格朗日点（L1，L2，L3，L4，L5）的大致位置，其中土星M1体积远大于卫星M2。力学系统由一组坐标来描述，比如一个质点的运动（在笛卡儿坐标系中）由x，y，z三个坐标来描述。一般而言，N个质点组成的力学系统由$3N$个坐标来描述。力学系统中常常存在着各种约束，使得这$3N$个坐标并不都是独立的。力学系统的独立坐标的个数被称为自由度。对于N个质点组成的力学系统，若存在m个约束，则系统的自由度$S=3N-m$。

天文学贡献

拉格朗日在天体力学研究中，利用他在分析力学中的原理建立了各类天体的运动方程。他基于微分方程解法的任意常数变异法，建立了以天体椭圆轨道根数为基本变量的运动方程，

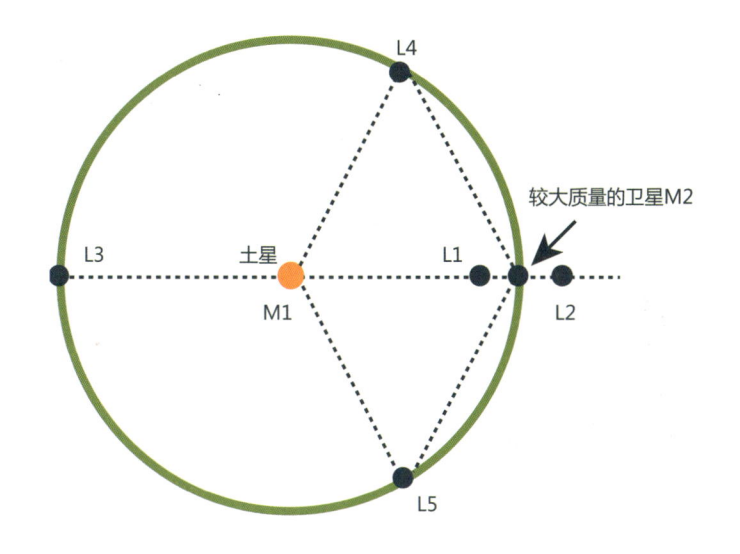

图 15.6 拉格朗日力学

被称为拉格朗日行星运动方程。这个方程被广泛应用，并对摄动理论的建立和完善起到了重要作用。

拉格朗日的重要贡献之一是在解决天体运动方程时，发现了三体问题的 5 个特解，即拉格朗日平动解。[14] 其中两个解是三体围绕质量中心做椭圆运动时，保持等边三角形的特殊情况。这个理论结果在 100 多年后得到了证实。

在天体观测中，人们发现了一些小行星，它们的位置与太阳和木星形成等边三角形。自 1907 年起，人们已发现 15 颗这样的小行星，它们被命名为希腊人群和脱罗央群，分别位于木星轨道前后 60°处的拉格朗日特解附近。自 1970 年以后，人们又陆续发现 40 多颗小行星位于这两个特解附近。这些特解是稳定的，因此附近存在这些小行星。

此外，在月球轨道前后，人们还发现了与地月组成等边三角形解处聚集的流星物质，这是拉格朗日特解的又一证明。

拉格朗日在天体力学中的贡献仅次于拉普拉斯，他创立的分析力学对未来天体力学的发展产生了深远的影响。

哈密顿力学

经典力学自牛顿创立以后，到拉格朗日创立分析力学之前，被称为牛顿力学；1788 年以后被称为拉格朗日力学;1834年,哈密顿的著名论文《一种动力学的普遍方法》发表后,它又被称为哈密顿力学。哈密顿力学是力学发展中的新里程碑,在现代力学和物理学中有广泛应用。

哈密顿

1805—1865年

- 国籍:英国
- 身份:数学家、物理学家
- 主要成就:四元数、哈密顿函数、哈密顿方程

哈密顿进一步发展了分析力学。1834年,他建立了著名的哈密顿原理,使各种动力学定律都可以从一个变分式推出。根据这一原理,力学与几何光学有相似之处。后来人们发现,这一原理又可推广到物理学的其他许多领域,如电磁学等。他把广义坐标和广义动量都作为独立变量来处理动力学方程,这种方程现称哈密顿正则方程。他还建立了一个与能量有密切联系的哈密顿函数。他解释了锥形折射现象,对现代矢量分析方法的建立做出了贡献。[14]

总体来看,在后牛顿时代——机械论复苏的标志——经典科学与实验科学各自在不同的领域快速发展,拉格朗日以及哈密顿则在牛顿的基础上继续发展分析力学。至此,我们介绍完了科学在理论上的发展,接下来介绍科学的实践性在工业上的应用。

3. 科学与工业的融合

科学和工业以及科学文化和技术文化融合在一起,一般说来是从19世纪开始的。进入19世纪后,好几项重要的新鲜事物的出现使从古希腊时代沿袭下来的科学和技术分离的传统被打破。理论科学和工业开始紧密联系起来了。当然,在许多情况下,科学和技术仍然是分离的,但是,在工业化的背景下,19世纪出现的那些应用科学的新苗头代表了历史的方向,其影响巨大,以至于20世纪便在全球发扬光大。[15]

在 19 世纪以前，应用科学是极其有限的，政府曾经支持过有用的知识和应用科学，把它们用于统治和管理。在欧洲，国家对那些被认为有用的科学的支持，直到中世纪以后才出现，比如说制图学。再晚一些，作为科学革命的一个成果，才有了国家主办的科学学会。[2]

电学与电器的尝试

电报的横空出世

法拉第于 1831 年发现电磁感应现象，之后不过几年，科学家惠斯通和他的一名合作者就研制出了第一台电报机（1837 年）。其后，惠斯通同欧洲及美国的其他科学家和发明家一起努力，创建电报工业，其推动力部分就来自铁路的发展所产生的对电报的需求。在莫尔斯的电码编制方案取得专利以后，他们的工作突飞猛进，很快就获得成功，电报同铁路一起在全世界普及开来，像极了一场通信革命。如图 15.7 所示，左边展示了国际莫尔斯电码和其对应的英文字母和数字，右边展示了莫尔斯电报机的结构。

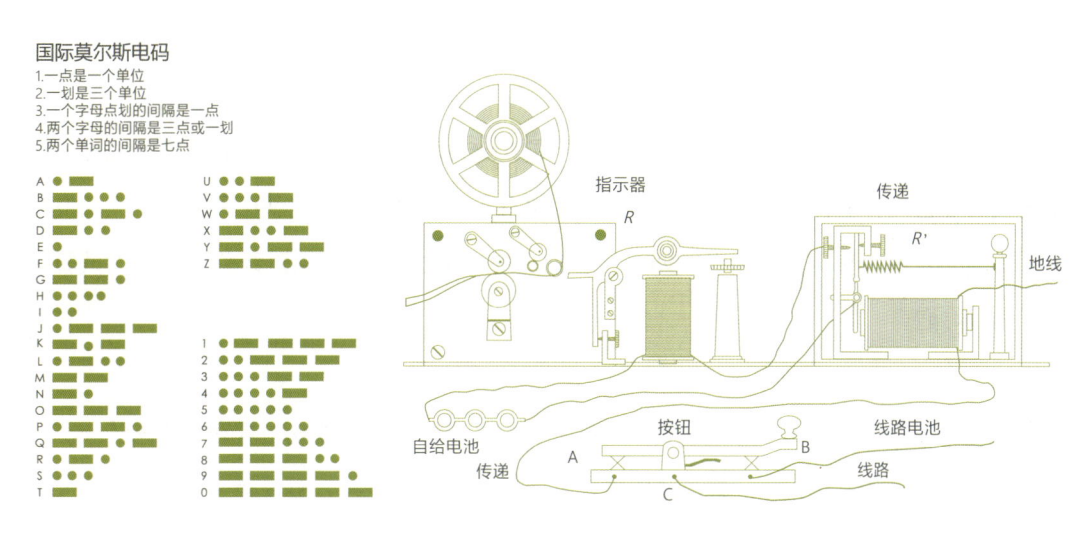

图 15.7　莫尔斯电码和莫尔斯电报机

（1）1837 年，莫尔斯电码编制出来，用点和划的组合来代表字母和数字，1844 年通过了现场试验。

（2）1854 年，伦敦和巴黎实现电报通信。

（3）1858年，第一条跨越大西洋的电报电缆铺设成功。

（4）1861年，人们在北美首次通过电报把大陆东西两侧的城市纽约和旧金山连接起来（见图15.8）。

1837年	1844年	1854年	1858年	1861年
莫尔斯	电码编译	电报通信	电报电缆	连接城市
电码编译	通过现场试验	伦敦、巴黎	第一条铺设成功	纽约、旧金山

图 15.8 电报的研发

19世纪才出现的关于电流的新科学立即就催生出若干应用科学的新兴工业，其中，电报是最能说明问题的一个例子。

电学和工业融合中的困难

虽然电报技术融合了已有的科学知识，但是，这种新技术的不断发展肯定要面临许多需要解决的难题，其中有技术上的、商业上的，也有一些社会问题。这就必须提到伟大的发明家，美国的爱迪生和英国的斯旺。两人各自独立地在1879年完全通过经验性的多次试验制成了白炽灯泡。[1]

光有灯泡本身也很难说就能建立起实际的电照明工业。再者，只有在建成了一个庞大复杂的技术系统之后，我们才能够说已经有了电照明工业，而这样一个系统要涉及发电机、输电线路、电器、测量用电量的仪器以及向用户收费的办法等。[1]

界限模糊的科学与应用

把科学和新的科学理论应用于技术和工业的另一个早期例子是无线电通信，这种应用是在理论创新之后紧跟着就出现的。图15.9是它出现的历史过程。

赫兹 实验演示电磁波的真实存在 **1887年**	**马可尼** 收发报系统获英国专利 **1896年**	**马可尼** 电报信号传过英吉利海峡 **1899年**

1894年 把电磁波用于无线电报传输，研制技术装置 马可尼	**1901年** 实现第一次无线电报传输 马可尼

图 15.9　无线电通信

（1）1887 年，赫兹用实验证实了电磁波的真实存在。

（2）1894 年，意大利的一个年轻人马可尼刚一获悉赫兹证实电磁波真实存在的消息，就立即着手研究如何把电磁波用于无线电报传输，并在翌年研制出一种技术装置，可以把电报传送 1 英里（约 1.6 千米）的距离。

（3）1896 年，马可尼搞出了一个更大、更有效的收发报系统，并首先申请到了英国专利。

（4）1899 年，马可尼第一次把电报信号传过了英吉利海峡。

（5）1901 年，在一次具有历史意义的演示中，马可尼又成功地实现了跨越大西洋的第一次无线电报传输。

这项新技术的产生带来了新的科学理论，在这里，科学和技术的界限已很难分清。因此，尽管马可尼的贡献在本质上属于技术，但他却能够凭借在电报方面的工作获得 1909 年的诺贝尔物理学奖。

这个例子的意义还在于，它说明科学研究最终会带来什么结果，以及技术会怎样变化是无法预料的。马可尼从事他的研究，原来只是希望实现在海上航行的船只能够与陆地通信这一梦想。他从没有预先想到过收音机，更不会想到在 20 世纪 20 年代首次实现了无线电广播的商业性播出后，随之发生的那些简直令人瞠目结舌的社会变化。[15]

细菌学与医学工业

19 世纪应用科学的兴起不只局限于物理学或者与物理科学有关的工业。例如，新提出的细菌学说和在19世纪50年代产生的关于微生物的观念就启发了伟大的法国科学家巴斯德（1822—1895年）认真地研究发酵过程。

巴斯德在细菌学说的基础上提出的巴斯德灭菌法，在许多工业生产中都得到了实际应用，并产生了巨大的经济价值，奶品业、葡萄酒业、制醋和啤酒生产等一系列工业都从中受益。研究家蚕疾病的相关工作也对丝绸工业产生过类似的影响；而巴斯德后来进行的医学实验又促成了接种免疫法的诞生。[11] 从此，炭疽病、狂犬病等多种疾病都可以被预防，这也宣告了真正科学的医学时代的来临。

化学与纺织工业

工业研究实验室的出现

化学也是科学研究成果在19世纪的工业中得到重要实际应用的一个领域。图15.10简单介绍了19世纪化学与纺织工业领域的一个工业研究实验室是如何出现的。

19世纪中期

1850年前：欧洲的印染工业采用的仍然是传统工艺，与科学界没有任何往来。

1856年：在德国有机化学研究的基础上，英国化学家发现紫色人造染料。不久，染色和从煤焦油中提取染料成为纺织工业必备技术。 珀金

1874—1896年：拜耳公司设立一个研究部门，到1896年，该公司科学家雇员至少有104名。

1876年：专利权问题得到解决，出现新型研究机构，即工业研究实验室。

工业研究被誉为"发明之发明"。

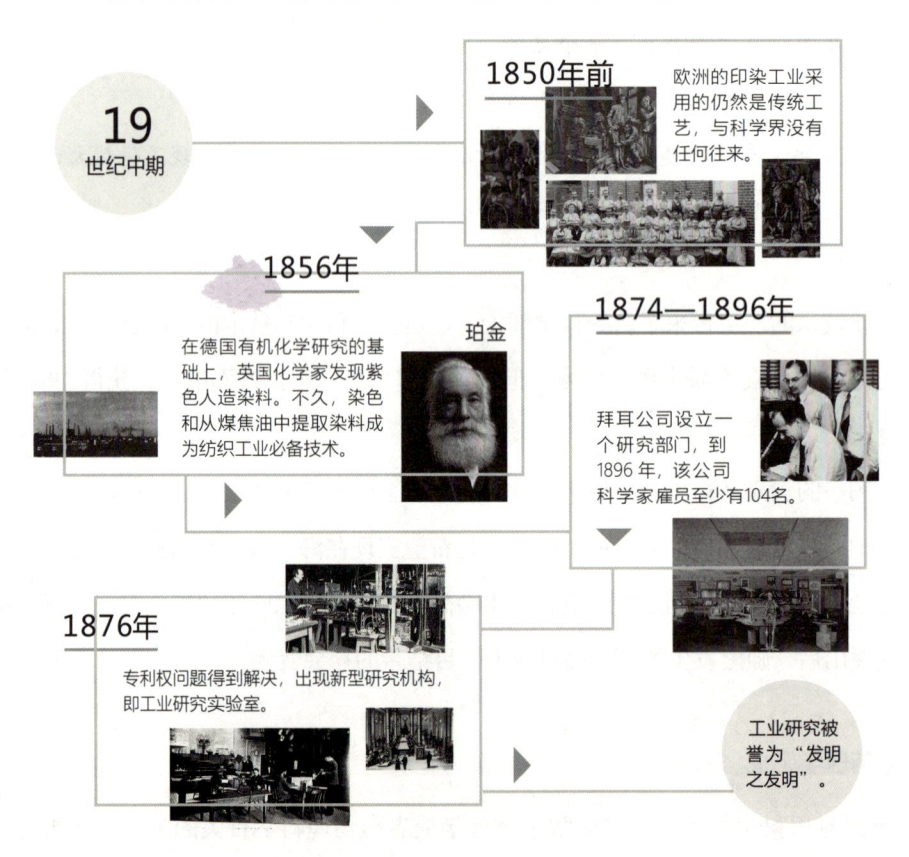

图15.10 工业研究实验室的出现

（1）19世纪中期以前，欧洲的印染工业采用的仍然是传统工艺。

（2）1856年，在德国先进的有机化学研究的基础上，英国化学家珀金发现了一种可以印染出紫色的人造染料。能够印染出漂亮织物的化学合成染料在经济上的巨大价值立即就为人们所知，不久，染色和从煤焦油中提取染料就成为纺织工业必须掌握的基本技术。

（3）1874年，拜耳公司设立了一个研究部门，聘用了第一名有哲学博士学位的化学家。到1896年，该公司的工资名册上列出的科学家雇员至少有104名[1]。

（4）1876年以后，专利权问题得到解决，竞争的重点开始转到研究和开发新的合成染料上来。结果，出现了一种将科学和技术结合起来的新型研究机构——工业研究实验室。

拜耳公司研究实验室从事的应用研究很有特点，值得在这里做一点介绍，即德国的化学工业同德国的研究型大学有着密切的联系。工业界向大学输送学生，提供从事化学前沿研究所必需的材料和设备，提供大学在研究工作中所需要的信息资料。大学则反过来为工业领域输送训练有素的毕业生，同公司搞合作项目研究。

广泛应用的系统模式

上述那种研究实验室模式在19世纪后期20世纪初期逐渐被工业界普遍采用。爱迪生于1876年在新泽西州门罗公园建立的实验室是一个早期的例子。今天，仅仅在美国，这样的工业研究实验室就有成千上万个。工业研究被人们誉为"发明之发明"[1]。

近代科学的时序规律

近代科学始于牛顿，给世界带来了非常重大的影响。在物理学上，法拉第发现了电磁感应；詹姆斯·焦耳提出了能量守恒定律；麦克斯韦完善了电磁学。

普朗克、薛定谔、海森伯、狄拉克、玻尔等科学家共同创立了量子力学；爱因斯坦创立了相对论。在化学上，拉瓦锡的氧化说推翻了燃素说；门捷列夫提出了元素周期表；居里夫人发现了元素钋和镭；卢瑟福提出了卢瑟福原子模型，直到1938年后人们才开始开发和利用原子能。

近代科学的历程中也出现了许多著名的人物和事件，比如数学天才拉马努金、生物学中的细胞学说、达尔文的进化论，1928 年亚历山大·弗莱明所研制的青霉素也是在近代科学时期出现的。天文方面，从康德的星云假说到哈勃的膨胀宇宙模型，再到伽莫夫的大爆炸宇宙论都是这一时期的成果。工业发明方面，更是出现了电报、电话、汽车、飞机等重大发明。图 15.11 便展示了这些人物和事件的时序。

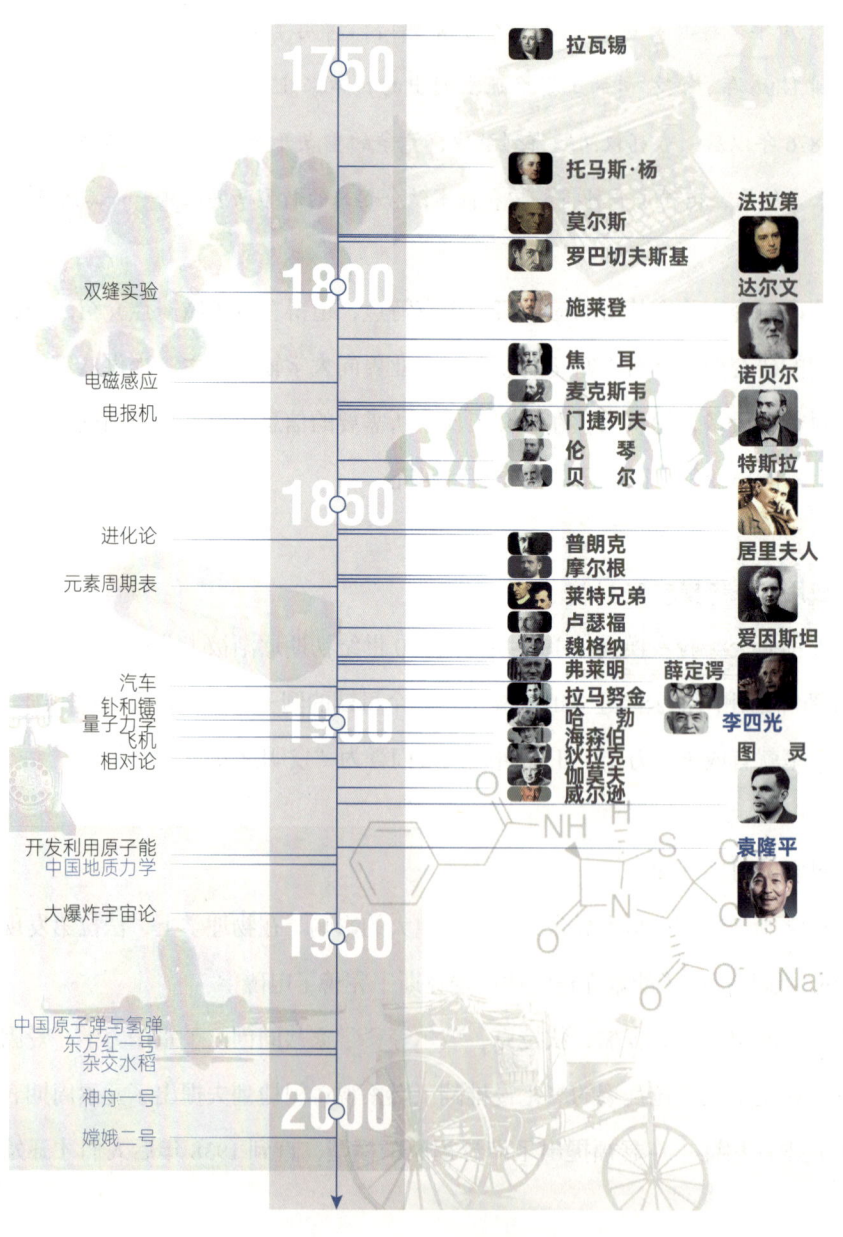

图 15.11　近代科学时序图

图 15.11 明显地展示了 1800—1900 年是近代科学爆炸性发展的一个时期，也是近代科学快速过渡到现代科学的一个阶段性时期。物理学、化学、电磁学、生物学、数学等科学领域，以及医学、电气等工业领域，都有着开拓性的创造与发展。

第 16 章

科学学科的发展

近代科学的发展体现在诸多理论学说的发展上。基于前人的栽培，近代科学的树苗破土而出，茁壮成长并吐露新芽。在主干之外，出现了很多新兴的分支，树冠日益繁茂，图 16.1 展示了这一时期各个学科的发展。

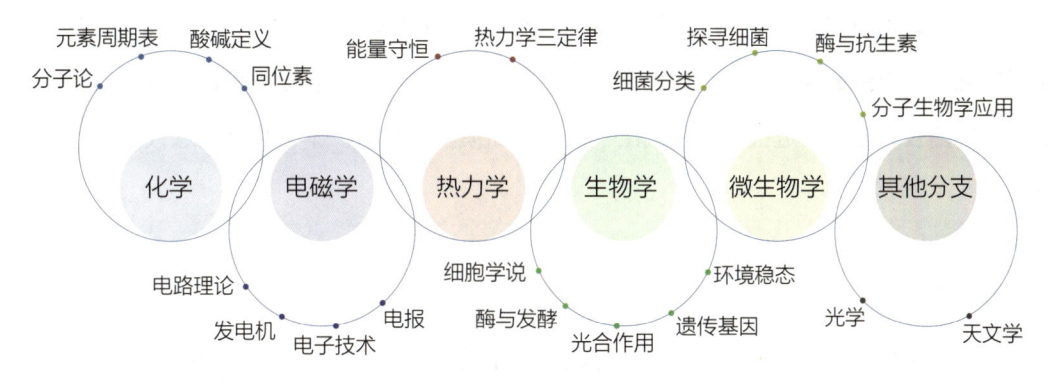

图 16.1　学科的发展

在化学领域，始自中世纪的炼金术被推翻，化学理论初出茅庐。在物质的构成方面进一步分出分子原子学，微小粒子被进一步解构；元素周期表以理论的形式将已知与未知的元素整齐罗列，进一步完善了化学的体系，并被沿用至今。

在电磁学领域，安培研究出了电流源之间相互作用力的规律；欧姆解释了电荷与导体的关联；法拉第造出了人类历史上第一台原始发电机，带动了现代科技的发展；库仑、麦克斯韦、赫兹等人为电磁理论的提出和电磁波的证明奠定了基础或做出了巨大的创造性贡献。

在热力学领域，开尔文勋爵（威廉·汤姆孙）创立了热力学温标，明确了"力"与"能量"的区别；焦耳的实验验证了能量守恒相关理论，热力学三定律从力的守恒转向能量守恒，永动机的设想被推翻。

在生物学领域，细胞学说闪亮登场，微小生物于显微镜下绚丽壮观；遗传学与进化论使人类文明向前迈进一步；微生物学的建立打开了另一个微观的神秘花园的大门；光合作用的发现使人类触摸到了植物的呼吸……生命的秘密由此开始向人类徐徐展现。

近代科学的主要分支发展速度加快，枝繁叶茂下是无数科学家的辛勤灌溉与刻苦钻研。本章将对近代科学发展出的主要学科进行介绍和探讨，研究它们是如何在17—18世纪被那些伟大科学家创立的。

1. 化学

从中世纪的炼金术到罗伯特·玻意耳于1661年出版的著作《怀疑的化学家》作为早期化学的开始，再到被尊称为"近代化学之父"的拉瓦锡提出的质量守恒定律，再到门捷列夫的元素周期表，等等，近代化学呈现出了一种不断演变的趋势。本节将介绍近代化学的演变过程。

物质的构成式

关于物质构成的原子论，最早可以追溯到古希腊和古印度。沉寂了一段时间后，原子论在近代开始复苏，关于物质的构成也引发了当时人们的讨论。

分子原子论的发展

19世纪之后，随着燃素化学的概念被清除，化学发展进入了一个高峰期，科学家对于微观的物质本质的探讨进入了新的阶段。由此，分子原子论的发展也进入了一个小高潮。图16.2展示了异丙醇分子的构成，异丙醇常被用作消毒剂、防冻剂和溶剂，其分子由3个碳原子、8个氢原子和1个氧原子组成。图16.3介绍了分子原子论的发展。

（1）1803年，约翰·道尔顿提出每一种元素只包含一种原子，而这些原子相互结合起来就形成了化合物。

异丙醇
C₃H₇OH

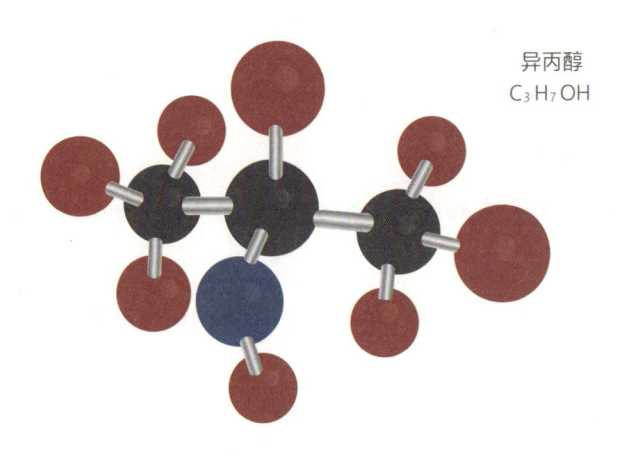

图 16.2　异丙醇分子构成

注：红色圆代表氢原子，灰色圆代表碳原子，蓝色圆代表氧原子。

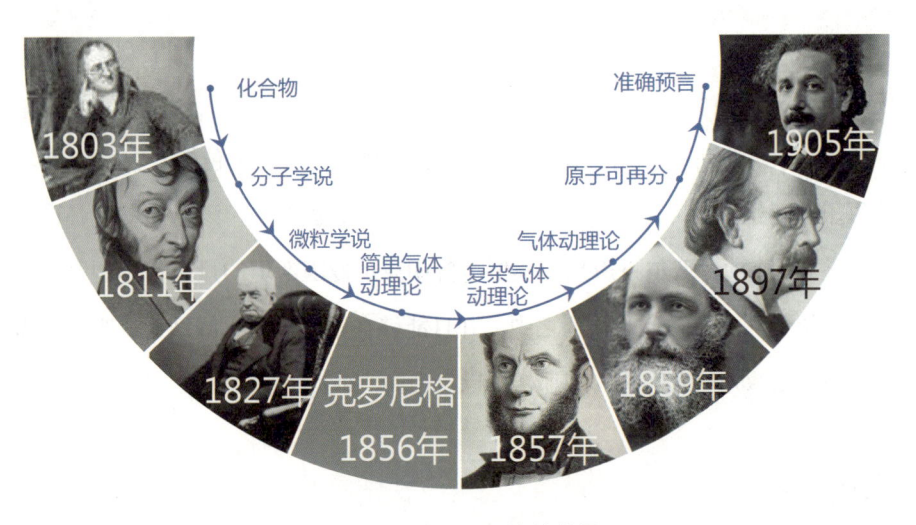

图 16.3　分子原子论的发展

（2）1811 年，阿伏伽德罗发表了分子学说，认为分子是由原子组成的。

（3）1827 年，罗伯特·布朗在使用显微镜观察水面上的灰尘的时候，发现它们进行着不规则运动，这进一步证明了微粒学说。后来，这一现象被称为布朗运动。

（4）1856 年，奥古斯特·克罗尼格提出了简单气体动理论。

（5）1857 年，克劳修斯提出了复杂的气体动理论。

（6）1859 年，麦克斯韦发表《气体动理论的说明》，第一次用概率思想建立了麦克斯韦速度分布律。

（7）1897 年，约瑟夫·汤姆孙发现了电子以及它的亚原子特性，粉碎了一直以来认为原子不可再分的设想。

（8）1905 年，爱因斯坦发表的关于布朗运动的论文给出了分子运动论的准确预言。

后来，欧内斯特·卢瑟福、菲利普·伦纳德于 1909 年用氦离子轰击金箔，根据实验结果指出：

原子中大部分质量和正电荷都集中在位于原子中心的原子核当中，带正电的氦离子在穿越原子核附近时，会被大角度反射。这就是原子核的核式结构[1]。

同位素的发现

弗雷德里克·索迪在 1913 年发现，对于元素周期表中的每个位置，往往存在不止一种质量数的原子。玛格丽特·陶德创造了"同位素"一词；约瑟夫·汤姆孙发现了稳定同位素。同年，物理学家尼尔斯·玻尔将卢瑟福模型与普朗克及爱因斯坦的量子化思想联系起来，他认为电子应该位于原子内确定的轨道之中，并且能够在不同轨道之间跃迁，吸收或者释放特定的能量，而不是像先前人们认为的那样可以自由向内或向外移动。

分子轨道论的成熟

基于前人对分子原子论的发展，价键理论以及酸碱电子理论也快速发展。后来，分子轨道论完全发展成一个成熟的科学理论。图 16.4 是分子轨道论发展的历史简略图。

（1）1916 年，柯塞尔得出结论：任何元素的原子都要使最外层满足 8 电子稳定结构。

（2）1919 年，卢瑟福在 α 粒子轰击氮原子的实验中发现质子。图 16.5 是 α 粒子散射实验的示意图，卢瑟福用 α 射线轰击金箔，发现绝大多数的 α 粒子都照直穿过薄金箔。弗朗西斯·威廉·阿斯顿使用质谱证实了同位素有着不同的质量。

（3）1920 年，施陶丁格提出了高分子的概念。

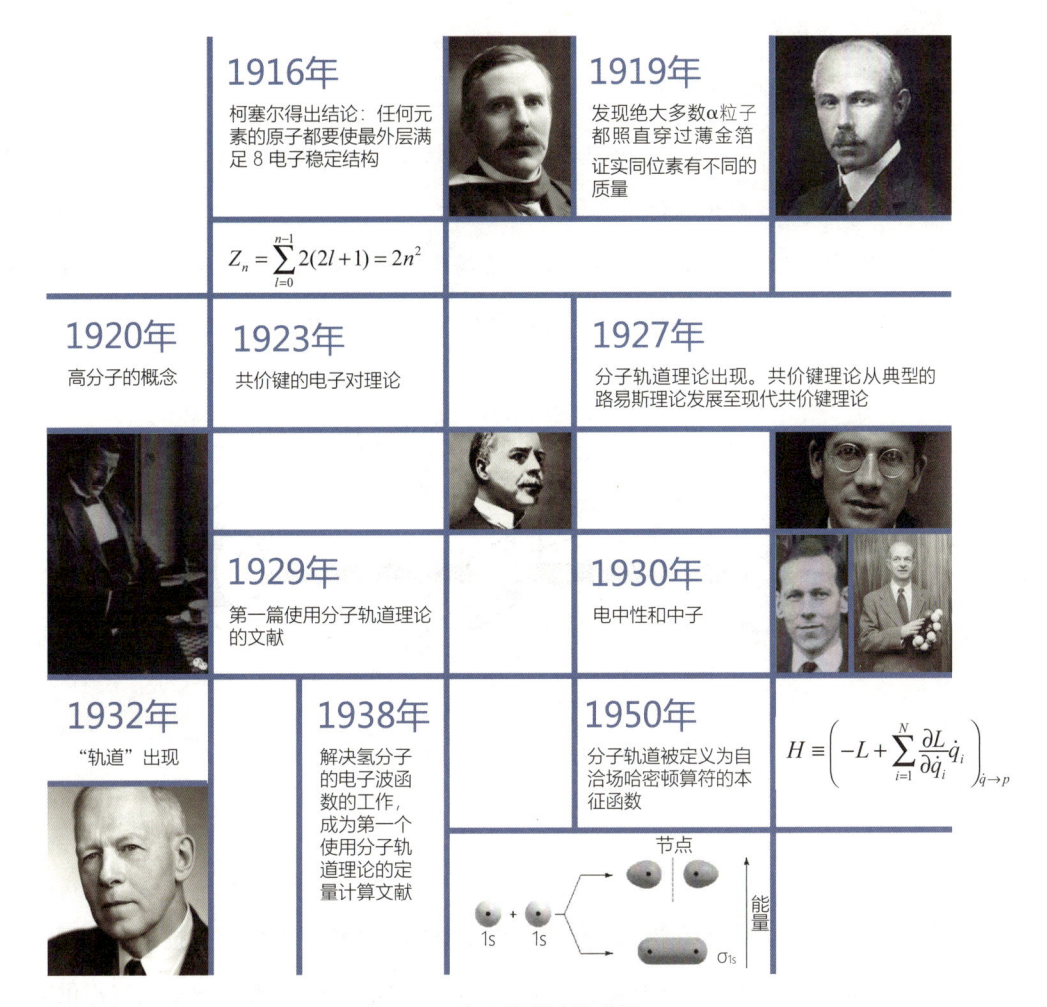

图 16.4 分子轨道论的发展

1916年 柯塞尔得出结论：任何元素的原子都要使最外层满足 8 电子稳定结构

1919年 发现绝大多数 α 粒子都照直穿过薄金箔证实同位素有不同的质量

$$Z_n = \sum_{l=0}^{n-1} 2(2l+1) = 2n^2$$

1920年 高分子的概念

1923年 共价键的电子对理论

1927年 分子轨道理论出现。共价键理论从典型的路易斯理论发展至现代共价键理论

1929年 第一篇使用分子轨道理论的文献

1930年 电中性和中子

1932年 "轨道"出现

1938年 解决氢分子的电子波函数的工作，成为第一个使用分子轨道理论的定量计算文献

1950年 分子轨道被定义为自洽场哈密顿算符的本征函数

$$H \equiv \left(-L + \sum_{i=1}^{N} \frac{\partial L}{\partial \dot{q}_i} \dot{q}_i \right)_{\dot{q} \to p}$$

（4）1923 年，吉尔伯特·牛顿·路易斯提出共价键的电子对理论，导致了原子间电子自旋相反假设的提出。

（5）1927 年，在洪特、马利肯、斯莱德和约翰·兰纳–琼斯的努力下，分子轨道理论出现了。

（6）1927 年，W. H. 海特勒和 F. W. 伦敦解决了两个氢原子之间化学键的本质的问题，使共价键理论从典型的路易斯理论发展到了今天的现代共价键理论。

（7）1929 年，兰纳–琼斯发表了第一篇使用分子轨道理论的文献。

（8）1930 年，科学家发现 α 射线轰击铍-9 时，会产生一种电中性、拥有极强穿透力的射线，詹姆斯·查德威克认定这种射线从石蜡中打出的就是中子。

（9）1932年，马利肯提出"轨道"一词。

（10）1938年，库尔森发表的使用自洽场理论解决氢分子的电子波函数的工作，成为第一个使用分子轨道理论的定量计算文献。

（11）1950年，分子轨道彻底被定义为自洽场哈密顿算符的本征函数，这就是分子轨道理论发展为一个严谨的科学理论的标志。

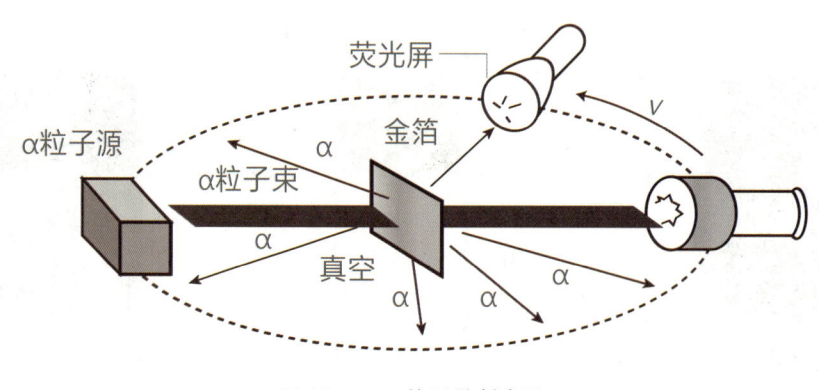

图 16.5　α 粒子散射实验

酸碱理论

吉尔伯特·牛顿·路易斯在提出共价键的电子对理论同年（1923年）提出了酸碱电子理论，该理论认为，凡是可以接受外来电子对的分子、基团或离子为酸；凡是可以提供电子对的分子、基团或离子为碱。拉尔夫·皮尔森（20世纪60年代）提出的软硬酸碱理论弥补了这种理论的缺陷。罗伯特·帕尔（1983年）将软硬酸碱理论从定性发展到了定量层面，并提出了化学硬度的概念。

新的元素

有一些化学元素很早就被利用，在人类文明的发展历程中起到了至关重要的作用。诸如人类很早就发现的金属元素金、银、铜、铁等；或者是通过冶炼发现的金属元素铅。但是直到18世纪，人们才识别出氢气、氧气和氮气，这是由之前的技术和理论壁垒所导致的。下面将介绍近代化学史中发现的新的元素。

（1）1898年，居里夫人发现了放射性元素钋和镭。

（2）1930年后，欧内斯特·劳伦斯发明了回旋加速器，基于此，伯克利的化学家以及劳伦斯-伯克利国家实验室的研究人员共发现了16种化学元素，位居世界第一。

（3）1940年至1958年，格伦·西奥多·西博格带领团队发现了包括镅、锔、锫、锎、锿、镄、钔和锘在内的一系列金属新元素。

（4）1944年，西博格提出锕系理论，预言了这些重元素的化学性质和在元素周期表中的位置。这个原理指出，锕和比它重的14个连续不断的元素在元素周期表中属于同一个系列，现在这些元素统称锕系元素。

（5）1952年，美国加州大学伯克利分校教授吉奥索带领团队首次发现了镄，而后为了纪念物理学家费米将此元素命名为镄。

元素周期表之前的元素发现

与分子原子学相辅相成的是各类元素的发现，这里介绍几位在元素周期表提出之前发现新元素的科学家（见图16.6）。

- 马丁·海因里希·克拉普罗特：1789年，他从沥青铀矿中发现了元素铀，1789年发现了锆，1803年和他人共同发现了铈。
- 约瑟夫·路易·盖-吕萨克：1808年他与泰纳尔合作分离出硼，1815年他制造出氰。
- 科尔贝：第一次用无机物人工合成了有机物醋酸。
- 威廉·克鲁克斯和克洛德-奥古斯特·拉米：他们利用火焰光谱法，分别发现了铊元素。

1845年，德国化学家科尔贝第一次用无机物人工合成了有机物醋酸。之后，这样的实验不断出现，完全否定了生命力论的观点，证明了适用于无机物的化学原理同样也适用于有机物。

元素周期表的完善

在先前那些元素和有机物不断被发现和制造后，门捷列夫于1869年总结发表了元素周

出生年		死亡年
1743	**马丁·海因里希·克拉普罗特** · 1789　从沥青铀矿中发现元素铀 · 1789　发现锆 · 1803　参与发现铈	1817
1778	**约瑟夫·路易·盖-吕萨克** · 1808　与泰纳尔合作分离出硼 · 1815　制造出氰	1850
1818	**科尔贝** · 1845　合成有机物醋酸	1884
1832	**威廉·克鲁克斯** · 1808　和克洛德-奥古斯特·拉米 　　　　分别发现了铊元素	1919

图 16.6　元素的发现

期表，至此化学发展形成体系。我们可以看一下 19—20 世纪的科学家是如何完善和填补元素周期表的（见图 16.7）。

1898年 居里夫人 · 钋、镭

1930年 劳伦斯 · 回旋加速器

1940—1958年 西博格团队 · 镅、锔、锫、锎、锿、镄、钔、锘

伯克利 · 16 种化学元素

1944年 锕系元素

1952年 吉奥索团队 · 镄

图 16.7　元素周期表的完善

2. 电磁学

18 世纪后半期，库仑将电学确立为一门数学科学。他将普里斯特利的描述性观察转化为静电学和磁静电学的基本定量法。他还发展了电力的数学理论，并发明了扭力天平，该天平在接下来的 100 年里一直被用于电力实验。

库仑用天平来测量磁极之间和不同距离的电荷之间的力。1785 年，他宣布了他的定量证明，即电和磁力的变化就像重力一样，与距离的平方成反比。因此，根据库仑定律，如果两个点电荷之间的距离增加一倍，那么它们之间的相互作用力就会减少到 1/4。图 16.8 展示了扭力天平的主要结构，天平的顶部是一个刻度盘和指针，它连接着一根细银丝，通过柱子悬挂在下部的玻璃缸内。连通细银丝的是一个平衡小球和一个带电小球 A，而带电小球 C 则被另外一条线连着，靠近带电小球 A。

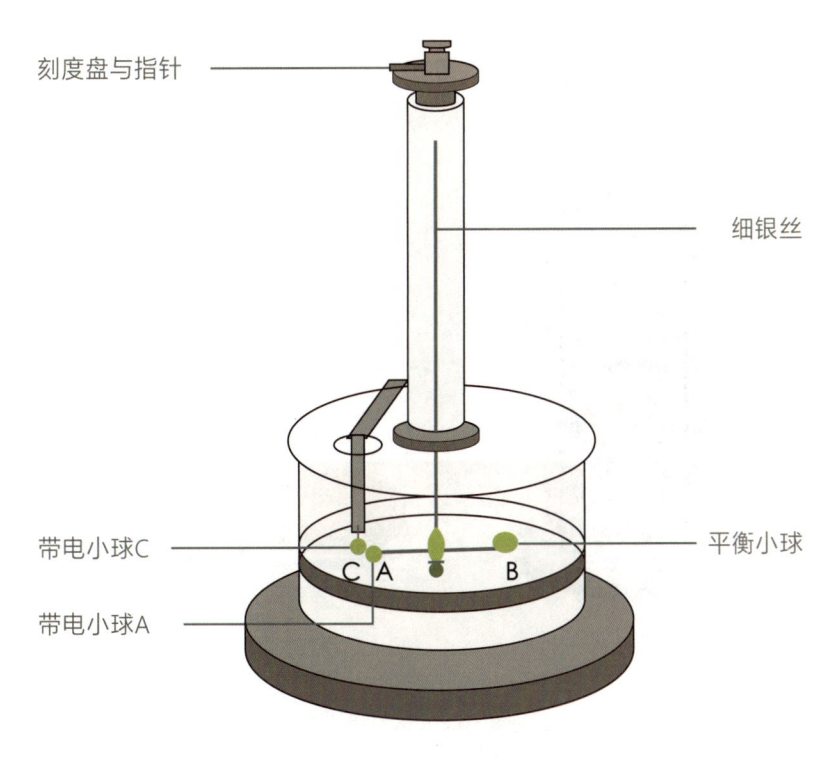

图 16.8　扭力天平

电磁学的起始与发展

伏打电堆的出现

伏打电堆是 1800 年 3 月 20 日亚历山德罗·伏打发明的世界上第一个发电器，也就是电池组。伏打电堆开创了电学发展的新时代。1800 年，英国物理学家威廉·尼科尔森得知了伏打电池后，于同年 5 月 2 日同解剖学家安东尼·卡莱尔共同研制出了英国第一个伏打电堆，即用铜币和锌板各 36 枚组成的电池组。他们发现，当将两根分别连接银片和锌片的导线放在水中时，与锌（负极）连接的金属丝上产生了氢气，而与银（正极）连接的金属丝上产生了氧气。这样，他们成了电解水的先驱。在电解理论的发展下，1807 年英国化学家戴维通过电解得到多种金属。1811 年，戴维用一组 2 000 个电磁联成的大电池制造了碳弧电极，在 19 世纪 70 年代白炽灯问世之前，它一直作为点光源供人们使用。[2] 图 16.9 为伏打电堆，其主要由银片、纸板和锌片组成。

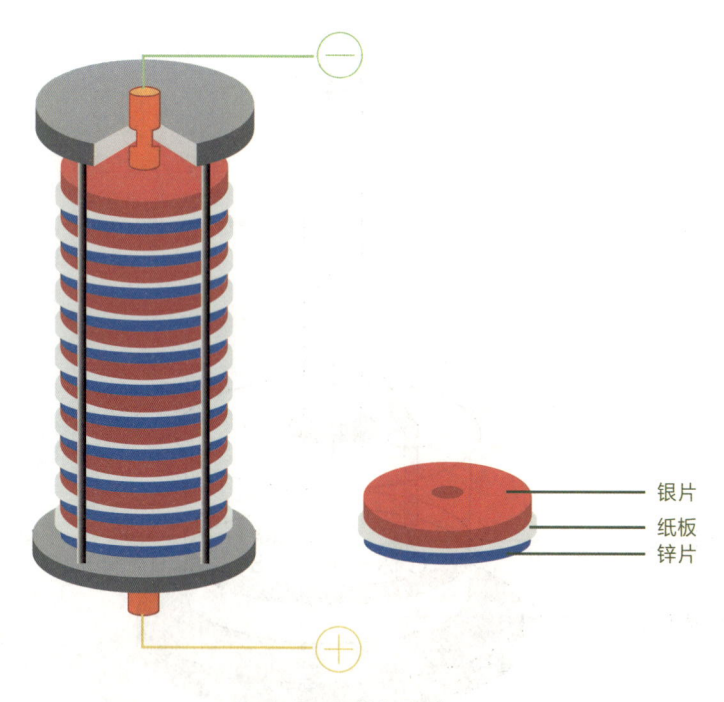

图 16.9 伏打电堆

电路理论的开始

电路的发展起始于电路理论,下面将介绍著名的安培定律和毕奥-萨伐尔定律等出现的时间和历史。

(1) 1820 年 7 月,丹麦物理学家奥斯特将导线的一端接电池正极,将导线沿南北方向平行地放在小磁针的上方,发现当导线另一端连接到负极时,小磁针立即指向东西方向,此即为电流的磁效应。

(2) 1820 年 9 月,法国的安培提出了通电线圈与磁铁相似,并在其后的 5 年之内通过对平行通电导线间相互作用力的研究得出了电流源之间相互作用的规律,提出了电能和磁能可以相互转化的观点。

(3) 1820 年 12 月,安培在总结自己的实验结果时,发现了电流之间的相互作用力,即安培定律。

(4) 同年,法国物理学家毕奥和萨伐尔通过实验测量了长直电流线附近小磁针的受力规律,发表了题为《运动中的电传递给金属的磁化力》的论文,后来人们称之为毕奥-萨伐尔定律。图 16.10 展示了毕奥-萨伐尔定律,其揭示了整个闭合回路产生的磁场是各个电流元所产生的元磁场 dB 的叠加。

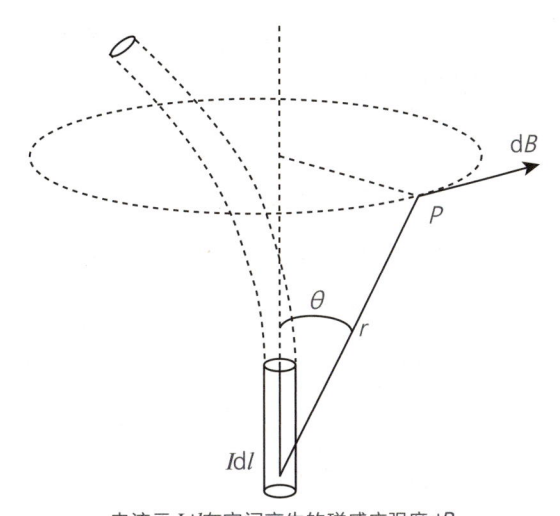

电流元 Idl 在空间产生的磁感应强度 dB

图 16.10 毕奥-萨伐尔定律

注:dl 为载流导线上的线元,dl 沿着其中电流的方向,r 为电流元到 P 点的矢径,θ 为电流元矢量 Idl 和矢径 r 间的夹角;若 I 的单位为安培,dl 和 r 的单位为米,则 dB 的单位为特斯拉;dB 的方向垂直于电流元和矢径的平面,其指向由右手定则决定,当右手四指由 Idl 经小于 θ 之角转向 r 时,伸直大拇指的指向就是 dB 的方向。

1820年，弗朗索瓦·让·多米尼克·阿拉戈观察到，电流会使未磁化的铁屑环绕着电线排列。同年，安培以定量的方式发展了奥斯特的观测。通过这个实验，安培得出了可以判断磁场中电流的力方向的右手法则。他认为，内部电流是永久磁铁和高磁化材料产生的原因，不久他从实验上定量地建立了电流之间的磁力定律。之后欧姆于1826年利用热电堆得出了电压、电流和电阻之间简单而有力的关系，这就是电路理论的开始。

安培的研究表明：两根平行的电线像磁铁一样相互吸引和排斥。如果电流沿同一方向流动，导线就会相互吸引；沿相反的方向流动，就会相互排斥。

1827年，欧姆通过实验精确地量化了一个问题，即材料导电的能力。欧姆定律指出电荷流动的阻力取决于导体的类型及其长度和直径。根据欧姆定律，流过导体的电流与电位差或电压成正比，与电阻成反比，也就是说，$I=U/R$。因此，电线的长度增加一倍时，电阻增加一倍，而电线的横截面积增加一倍时，电阻则减少一半。

迅速发展的电磁学

第一台发电机：1831年，法拉第终于取得突破性进展，他使用了一个软铁圆环，环上绕了两个互相绝缘的线圈。在其他实验的基础上，法拉第发现，第一个线圈周围磁场的变化是诱发第二个线圈中的电流的原因。他还证明，通过移动磁铁、打开和关闭电磁铁，甚至通过在地球磁场中移动电线，都可以诱发电流。在几个月内，法拉第造出了第一台原始的发电机。

不仅如此，之后新的发明和发现不断出现。

- 电的统一：1832年，法拉第根据静电和电流的各种效应，用实验证明伏打电、摩擦电、磁感应电、温差电、动物电等不同来源的电具有"同一性"，实现了电的统一。
- 单线电报：1833年，高斯和韦伯制造了第一台简陋的单线电报，通过控制电磁铁的吸引可在远距离产生听得清楚的声响。
- 楞次定律：1834年，俄国人楞次提出了确定感应电流方向的楞次定律。
- 电报机：1837年，英国人惠斯通发明了电报机。
- 高斯定理的证明：1839年，德国人高斯在格林公理及矢量分析的高斯定理基础上证明了静电学的高斯定理。

法拉第的实验

1843 年，法拉第在普里斯特利的工作基础上进行了一项实验，相当准确地验证了平方反比定律。法拉第冰桶实验是一个简单的静电学实验，用以演示导电容器上的静电感应现象。冰桶实验表明，一导电壳体内封入的电荷会在壳上感应出等量电荷，并且在导体中，电荷全部驻留在表面。它还演示了电磁屏蔽的原理，这在法拉第笼中也有应用。冰桶实验是第一个针对静电荷的精确的定量实验。[2] 法拉第冰桶实验的示意图见图 16.11，具体实验步骤如下所示。

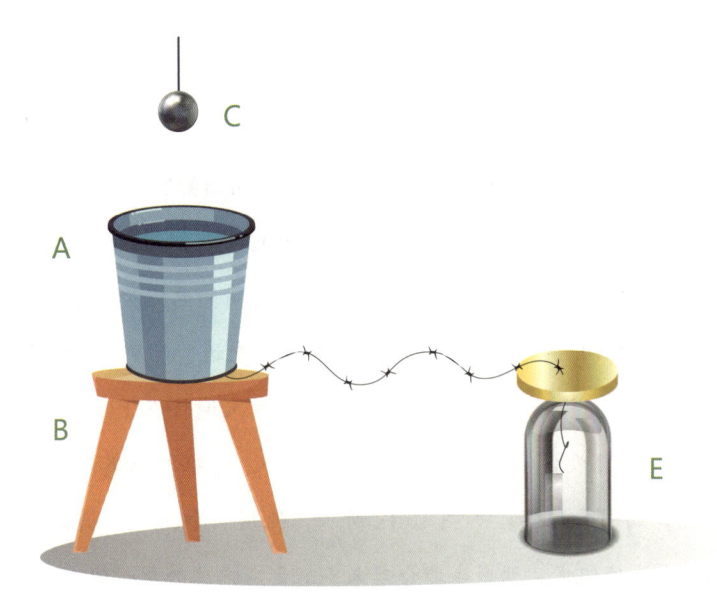

图 16.11　法拉第冰桶实验

法拉第冰桶实验的步骤：将铁桶（A）放在木凳（B）上，使其与地面绝缘。带静电的金属球（C）附着在不导电丝线上，可以延伸到桶中。敏感的电荷检测器——金箔验电器（E）接到连接管的外部。当带电小球被放入桶内而不触及它时，验电器指示电荷存在，表明球在金属容器即桶的外表面感应出了电荷。桶的内表面上感应出了异种电荷。如果球碰到桶的内表面，两物体上的电荷相抵消，表明感应电荷与球上的诱导电荷的数量级相同。

电磁学的成熟

1848 年，德国人基尔霍夫从能量角度考察，明确了电势差、电动势、电场强度等概念，使得欧姆的理论与静电学概念协调起来。在此基础上，基尔霍夫解决了分支电路问题。1856 年，韦伯和鲁道夫·科尔劳施发现电和磁的单位与光的单位在某种程度上是相似的，电磁波的速度（b）几乎完全等于光速（c）。1857 年，基尔霍夫利用这一发现证明了电扰动以光速在高导电性导线上传播。

作为对电磁学贡献最大的科学家之一，麦克斯韦提出了多个重要理论，做了多次实验，如下所述。

（1）1856 年，他提出了电磁场的能量存在于导体周围的空间以及导体本身的理论。

（2）1864 年，他发表了光的电磁理论，预测光和电磁波都是电和磁现象。麦克斯韦预言，在自用空间中传播的电磁波具有相互成直角的电场和磁场，而且这两个场都垂直于波的方向。结论是，波的运动速度等于光速，光是电磁波的一种形式。

（3）1873 年，麦克斯韦和麦克阿利斯特改进了卡文迪许在 1773 年做的同心球实验，麦克斯韦亲自设计了实验装置和实验方法，并推算出其中 q 不超过 1/21 600。卡文迪许的同心球实验如图 16.12 所示，他用两个同心金属球壳做实验，外球壳由两个半球组成，两个半球合起来正好形成内球的同心球。

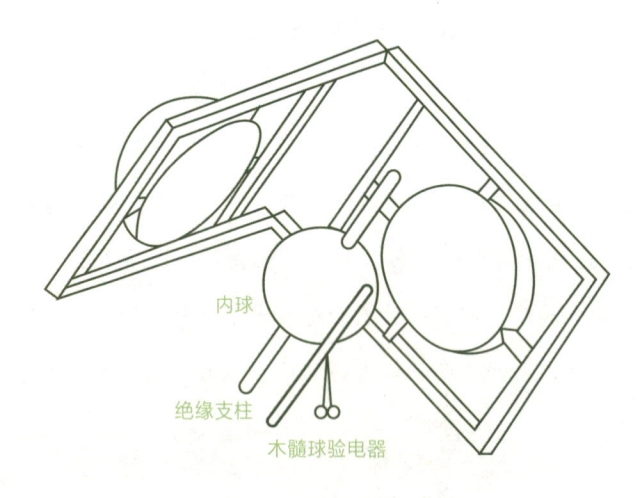

图 16.12　卡文迪许同心球实验

1876 年，美国人贝尔与他的同事试验了世界上第一台可用的电话机；1887 年，德国物理学家赫兹证明了电磁波的存在。这些就是 19 世纪以后与电磁学相关的发展进程。[1]

电流与热：19 世纪 40 年代，焦耳在法拉第研究的基础上，研究了电流和热之间的定量关系，并提出了伴随导体中电流流动的热效应理论。

3. 热力学

最早提出能量这一概念的是托马斯·杨（1807 年），同年，热机被美国人富尔顿应用于轮船，1825 年热机被用于火车。1824 年，法国人萨迪·卡诺提出著名的卡诺定理，指明了工作在给定温度范围的热机所能达到的效率极限，但受"热质说"的影响，他的证明方法存在错误之处。1831 年，科里奥利引进了力做功的概念，表示力做功转化为物体的动能。也就是说，自然界的机械能是守恒的。1836 年，赫斯提出能量守恒相关理论："不论用什么方式完成化合，由此发出的热总是恒定的。"图 16.13 是卡诺定理的证明，此定理可用以下方式针对不可逆热机及可逆热机的情形进行证明[3]。

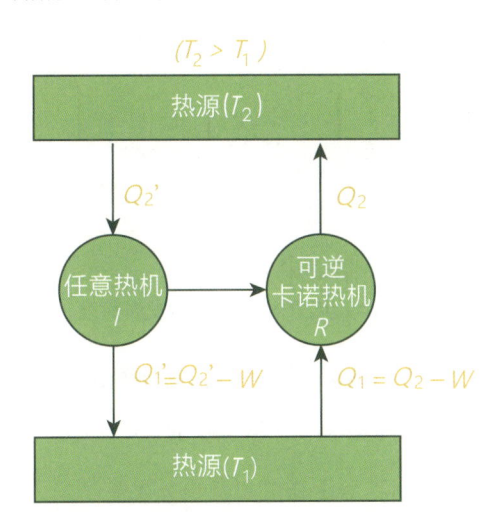

图 16.13 卡诺定理的证明

注：在两个热源之间，有可逆机 R（卡诺）和任意的热机 I 在工作，调节两个热机使所做的功相等，可逆机即从高温热源吸热 Q_2，做功 W，放热（Q_2-W）到低温热源，另一任意热机 I 从高温热源吸热 Q_2'，做功 W，放热（$Q_2'-W$）到低温热源。

准确地说，它既不会创生也不会消灭，实际上，它只改变了它的形式。

——萨迪·卡诺

能量守恒的奠基

1848 年，英国物理学家开尔文勋爵根据卡诺定理制定了热力学温标。他于 1853 年重新提出了能量的定义，将牛顿的"力"和物质运动的"能量"区分开来。在此基础上，苏格兰的物理学家 W. 兰金把"力的守恒"原理改称为"能量守恒"原理。

1840 年，焦耳建立了电热当量的概念，并在 1842 年后用不同方法测量了热功当量。到了 1850 年，焦耳的实验结果彻底推翻了"热质说"，证明了能量守恒以及能量的形式可以相互转化，这一定律后来成为客观的自然规律。能量单位焦耳（J）以焦耳的名字命名。

热力学定律之确立

热力学定律的确立，也意味着热力学的发展开始走向成熟，以下是热力学三定律的发展历程[1]（见图 16.14）。

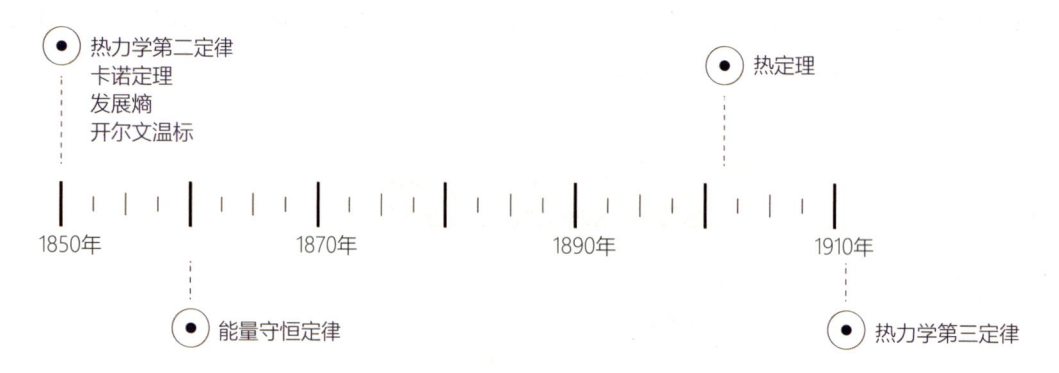

图 16.14　热力学三定律的发展跨度

（1）1850 年和 1851 年，德国的克劳修斯和英国的开尔文先后提出了不同表述的热力学第二定律，并在此基础上重新证明了卡诺定理。

（2）1850—1854 年，克劳修斯根据卡诺定理提出并发展了熵。

（3）1854 年，开尔文提出开尔文温标，并得到世界公认。

（4）1860 年，能量守恒定律被人们普遍承认，永动机被否定。

（5）1906年，德国的W.能斯脱在观察低温现象和化学反应的过程中发现了热定理。

（6）1912年，这个定理被修改成热力学第三定律的表述形式。

热力学第一定律和第二定律的确认，针对两类"永动机"不可能实现的结果给出了科学的结论，正式形成了热现象的宏观理论热力学。与此同时，在应用热力学理论研究物质性质的过程中，人们还发展了热力学的数学理论，找到了反映物质各种性质的相应热力学函数，研究了物质在相变、化学反应和溶液特性方面所遵循的各种规律。[1]

> 热力学的意义：热力学的发展主要聚焦于能量守恒定律的发展，从力的守恒到能量守恒，这对人类而言是一个非常大的迈进，此外，它否定了永动机的存在，意义非凡。

4. 生物学

生物学是对生命的科学研究。它是一门范围广泛的自然科学，有几个统一的主题将其作为一个单一的、连贯的领域整合在一起。例如，所有生物体都是由处理基因编码的遗传信息的细胞组成的，这些遗传信息可以传递给后代。另一个主题是进化论，它解释了生命的统一性和多样性。能量处理对生命也很重要，因为它允许生物体移动、生长和繁殖。最后，所有生物都能够调节自己的内部环境。生物学这一部分将介绍细胞学说的建立、酶的发现与发酵，以及光合作用等，最后也将提到遗传学的起源和发展。

细胞学说

19世纪30年代，德国植物学家施莱登和动物学家施旺提出了细胞学说，指出细胞是一切动植物结构的基本单位。魏尔肖在前人研究成果的基础上，总结出"细胞通过分裂产生新细胞"。

（1）1895 年，欧文顿发现可溶于脂质的物质更容易通过细胞膜，提出假说：膜是由脂质组成的。

（2）20 世纪初，科学家的化学分析结果指出，膜主要由脂质和蛋白质组成。

（3）1925 年，两位荷兰科学家用丙酮从细胞膜中提取脂质，铺成单层分子，发现其面积是细胞膜表面积的两倍，提出假说：细胞膜中的磷脂是双层的。

（4）1959 年，罗伯特森在电镜下看到细胞膜由"暗—亮—暗"的三层结构构成，提出假说：生物膜是由"蛋白质—脂质—蛋白质"的三层结构构成的静态统一结构。

（5）1970 年，科学家用荧光标记人和鼠的细胞膜并让两种细胞融合，放置一段时间后发现两种荧光抗体均匀分布，提出假说：细胞膜具有流动性。

（6）1972 年，桑格和尼克森提出生物膜流动镶嵌模型，强调膜的流动性和膜蛋白分布的不对称性，并为大多数人所接受。[2] 图 16.15 展示了生物膜流动镶嵌模型，其中蛋白质可以在磷脂双分子层（绿色）中流动。

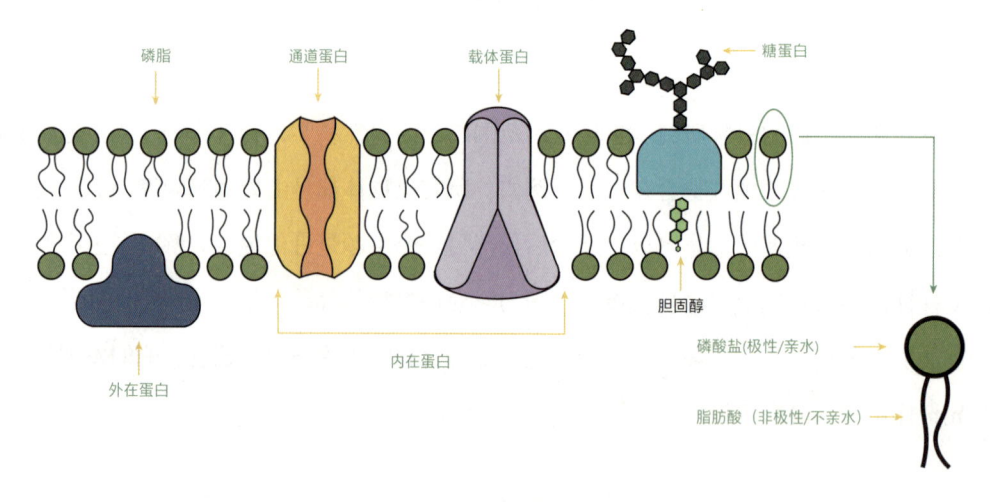

图 16.15　生物膜流动镶嵌模型

注：这是膜结构的一种假说模型。双层脂类物质分子形成了膜的基本结构的基本支架，而膜的蛋白质层和脂类层的内外表面结合，或者嵌入脂类层，或者贯穿脂类层而部分露在膜的内外表面。磷脂和蛋白质都有一定的流动性，使膜结构处于不断变动的状态。

酶与发酵

斯帕兰札尼于 1783 年通过实验证实了胃液具有化学性消化作用。巴斯德提出酿酒过程

中的发酵是由于酵母菌的存在，如果没有活细胞的参与，糖类不可能变成酒精。李比希认为引起发酵的是酵母细胞中的某些物质，但这些物质只有在酵母细胞死亡并裂解后才能发挥作用。毕希纳从酵母细胞中获得了含有酶的提取液，并用这种提取液成功地进行了酒精发酵。萨姆纳于 1926 年从刀豆种子中提取到脲酶的结晶，并用多种方法证明脲酶是蛋白质，荣获了 1946 年的诺贝尔化学奖。20 世纪 80 年代，美国科学家切赫和奥特曼发现少数 RNA（核糖核酸）也有生物催化作用。

光合作用

1804 年，法国的索叙尔通过定量研究进一步证实二氧化碳和水是植物生长的原料。1845 年，德国的梅耶发现植物把光能转化成了化学能，并储存起来。1864 年，德国科学家萨克斯证明叶片通过光合作用产生了淀粉。1880 年，美国生物学家恩格尔曼利用好氧细菌证明氧气是光合作用的产物。1897 年，人们首次在教科书中称它为光合作用。

释义 16.1：光合作用

光合作用是植物、藻类和某些细菌利用光能将二氧化碳、水或硫化氢转化为碳水化合物的过程。[4]

20 世纪四五十年代，美国的卡尔文等科学家用小球藻做实验：用 ^{14}C 标记二氧化碳，供小球藻进行光合作用，然后追踪检测其放射性，最终探明了二氧化碳中的碳在光合作用中转化成有机物中的碳的途径，这一途径被称为卡尔文循环。图 16.16 介绍了光反应和暗反应（卡尔文循环）之间的关系，卡尔文循环是光合作用里碳反应的一部分。

遗传与起源

1859 年，达尔文出版了科学巨著《物种起源》，在书中充分论证了生物的进化，并明确提出了自然选择学说来说明进化机制。他创立的进化论的影响远远超出了生物学的范围，它给予神创论和物种不变论以致命的打击，为辩证唯物主义世界观提供了有力的武器。

达尔文进化论、细胞学说、能量守恒与转化定律的发展使现代科学建立在唯物主义哲学基础之上，但唯物主义哲学无法回答基本粒子的起源和让基本粒子成为复杂结构的力的来源，

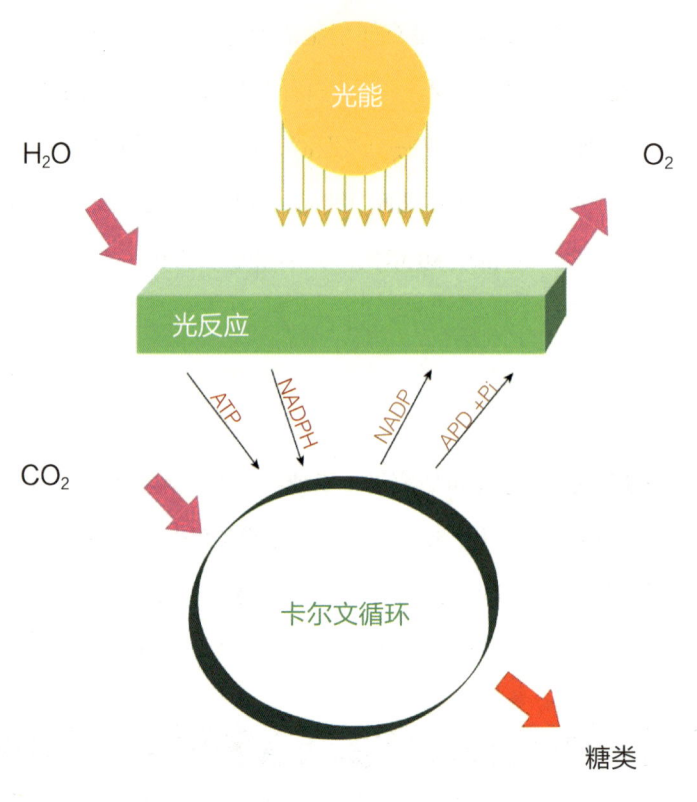

图 16.16　光反应和暗反应（卡尔文循环）

注：碳以二氧化碳的形态进入，并以糖的形态离开，整个循环利用 ATP（腺嘌呤核苷三磷酸）作为能量来源，并以降低能阶的方式来消耗 NADPH（还原型烟酰胺腺嘌呤二核苷酸磷酸），如此以增加高能电子来制造糖；其制造出来的碳水化合物并不是葡萄糖，而是一种被称为 3-磷酸甘油醛的三碳糖；要想合成 1 摩尔这种碳，整个循环过程必须发生 3 次取代作用，将 3 摩尔的二氧化碳固定。

因此，在解释生命体尤其是与意识相关的问题时遇到了障碍，现在也有人开始探索超越唯物主义的科学。[5] 这个趋势还是值得大家关注的。

"基因"一词的出现

孟德尔进行了长达 8 年的豌豆杂交实验，通过分析实验结果，发现了生物遗传的规律。1865 年他发表论文《植物杂交试验》，提出了遗传学的分离定律、自由组合定律和遗传因子学说。约翰逊于 1909 年给孟德尔的"遗传因子"重新起名为"基因"，并提出了表现型和基因型的概念。魏斯曼预言在精子和卵细胞成熟的过程中存在减数分裂过程，后来被其他科学家的显微镜观察所证实。

关于基因的实验

摩尔根用果蝇做了大量实验，发现了基因的连锁互换定律，这一定律被称为遗传学的第三定律。他还证明基因在染色体上呈线性排列，为现代遗传学奠定了细胞学基础。

遗传学的发现

孟德尔提出"遗传因子"之后，有更多的人开始研究遗传学，概述如下。[2]

（1）1903 年，萨顿在研究中发现孟德尔假设的遗传因子的分离与减数分裂过程中同源染色体的分离非常相似，并由此提出了遗传因子（基因）位于染色体上的假说。

（2）1928 年，格里菲斯用肺炎双球菌在小鼠身上进行体内转化实验，提出细菌中有转化因子。

（3）1944 年，美国科学家艾弗里和同事进行肺炎双球菌体外转化实验，确定转化因子是 DNA。肺炎双球菌的转化实验证明 DNA 是遗传物质，蛋白质不是遗传物质。

（4）1951 年，英国的威尔金斯展示了一张 DNA 的 X 射线衍射图谱。

（5）1952 年，赫尔希和蔡斯进行了噬菌体侵染细菌的实验，证明 DNA 是遗传物质。

（6）1953 年，沃森和克里克调整了碱基配对方式，制作出了 DNA 双螺旋结构分子模型。

（7）1957 年，克里克提出中心法则。

（8）1961 年，尼伦伯格和马太利用无细胞系统进行体外合成，破译了第一个遗传密码。

（9）1969 年科学家破译了全部的遗传密码。

环境稳态

贝尔纳 1857 年提出了"内环境"的概念，并推测内环境的恒定主要依赖于神经系统的调节。坎农 1929 年提出了"稳态"的概念。

释义 16.2：稳态维持机制

内环境稳态是在神经调节和体液调节的共同作用下，通过机体各种器官和系统分工合作、协调统一而实现的。人们普遍认为，神经—体液—免疫调节网络是机体维持稳态的主要调节机制。

在 19 世纪，学术界普遍认为：胃酸刺激小肠的神经，神经将兴奋传给胰腺，使胰腺分泌胰液，胰腺分泌胰液为神经调节。然而，法国学者沃泰默的论文声称，在小肠和胰腺之间存在着一个顽固的局部反射。

沃泰默的实验过程如下。[6]
（1）直接将稀盐酸溶液注入狗的上段小肠时，会引起胰液分泌。
（2）直接将稀盐酸溶液注入狗的血液循环时，不能引起胰液分泌。
（3）他把实验狗通向该段小肠的神经全部切除，只保留血管。当把稀盐酸溶液输入这段小肠后，仍能引起胰液分泌。

但他仍然坚信这个反应是一个顽固的神经反射，因为他认为，小肠的神经是难以切除得干净、彻底的。

第一个被发现的激素

1902 年 1 月，英国科学家贝利斯和斯他林看到了沃泰默的论文，用狗重复了沃泰默的实验，并大胆地跳出了"神经反射"这个传统概念的框框，设想：这可能是一个新现象——"化学调节"。也就是说，在盐酸的作用下，小肠黏膜可能产生了一种化学物质，在其被血液吸收后，随着血液流动被运送到胰腺，引起胰液分泌。[7] 为了证实上述设想，斯他林立即把同一条狗的另一段空肠剪下来，刮下黏膜，加入砂子和稀盐酸研碎，再把浸液中和、过滤，做成粗提取液，注射到同一条狗的静脉中去，结果引起了比前面切除神经的实验更明显的胰液分泌。这完全证实了他们的设想。他们把这种物质命名为促胰液素。促胰液素便是历史上第一个被发现的激素。

生理学家巴甫洛夫

巴甫洛夫，苏联生理学家，现代消化生理学的奠基人。他于 1891 年开始研究消化生理，

在"海登海因小胃"基础上制成了保留神经支配的"巴甫洛夫小胃",并创造了一系列研究消化生理的慢性实验方法,揭示了消化系统活动的一些基本规律。[8]为此,他荣获了1904年诺贝尔生理学或医学奖。20世纪初,他的研究重点转到高级神经活动方面,建立了条件反射学说。

从植物中发现的生长素

植物生长素的发现从达尔文开始。1880年,达尔文通过实验推想胚芽鞘的尖端可能会产生某种物质,这种物质在单侧光的照射下,对胚芽鞘下面的部分会产生某种影响。詹森在1910年通过实验证明,胚芽鞘顶尖产生的刺激可以透过琼脂片传递给下部。1914年,拜尔的实验证明,胚芽鞘弯曲生长是因为顶尖产生的刺激在其下部分布不均匀。温特于1928年用实验证明造成胚芽鞘弯曲刺激的是一种化学物质,他认为这可能是和动物激素类似的物质,并把这种物质命名为生长素。1934年,荷兰科学家郭葛等人从植物中提取出吲哚乙酸——生长素,简称IAA。

5. 微生物学

17世纪,荷兰人列文虎克在用自制的简单显微镜(可放大160～260倍)观察牙垢、雨水、井水和植物浸液后,发现其中有许多运动着的"微小动物",并用文字和图画科学地记载了人类最早看见的"微小动物"——细菌的不同形态。过了不久,意大利植物学家P. A. 米凯利也用简单的显微镜观察到了真菌的形态。微生物学的发展便起源于此。

生物学有四个阶段:发现阶段是细菌分类,生理学阶段是探寻细菌-生物,化学阶段是酶与抗生素-分子生物学,最后一个阶段是走向应用。

细菌分类

1838年,德国动物学家C. G. 埃伦贝格在《纤毛虫是真正的有机体》一书中,把纤毛虫纲分为22科,其中包括3个细菌的科(他将细菌看作动物),并且创用了bacteria(细菌)一词。1854年,德国植物学家F. J. 科思发现了杆状细菌的芽孢,他将细菌归于植物,确定了此后百年间细菌的分类地位。

探寻细菌

19世纪60年代,生物学开始进入生理学阶段。法国科学家巴斯德对微生物生理学的研究为现代微生物学奠定了基础。

化学家出身的巴斯德涉足微生物领域是为了治疗"酒病"和"蚕病"。他论证了酒和醋的酿造以及一些物质的腐败都是由一定种类的微生物引起的发酵过程,并不是发酵或腐败产生了微生物,著名的曲颈瓶实验无可辩驳地证实了这一点。发酵是微生物在没有空气的环境中的呼吸作用,而酒的变质则是有害微生物生长的结果。

现代微生物学之父

1865年,巴斯德在解决葡萄酒异常发酵问题时,发现加热可以杀死有害的微生物,随后发现这种方法也适用于生产安全的"消毒牛奶",牛奶的保存期在冷链中延长到了数十个小时。他本人由此被公认为"现代微生物学之父"。他也为商业化加工奶和奶制品开创了近代意义上的先河,他提出的工艺技术被称为"巴氏杀菌法"。

病原菌的发现

1882年,科赫发现了引起肺结核的病原菌,用血清固体培养基成功地分离出结核分枝杆菌,将其接种到豚鼠体内后成功引起了肺结核。1883年,科赫还在印度发现了霍乱弧菌。1897年后,他又研究了鼠疫和昏睡病,发现了这两种病的传播媒介,前者是虱子,而后者是一种采采蝇。他根据自己分离致病菌的经验,总结出了著名的"科赫原则"。

"科赫原则"主要包括4项。[9]

(1)病体罹病部位经常可以找到大量的病原体,而在健康活体中找不到这些病原体。

(2)病原体可被分离并在培养基中进行培养,可以记录各项特征。

(3)纯粹培养的病原体应该接种至与病株相同品种的健康植株,并产生与病株相同的病征。

（4）从接种的病株上以相同的分离方法应能再分离出病原体，且其特征与由原病株分离的病原体应完全相同。

在这个原则的指导下，19 世纪 70 年代到 20 世纪 20 年代成为发现病原菌的黄金时代。

土壤中的微生物

C. H. 维诺格拉茨基于 1887 年发现了硫黄细菌，1890 年发现了硝化细菌。他论证了土壤中硫化作用和硝化作用的微生物学过程以及这些细菌的化能营养特性。他最先发现了嫌气性的自生固氮细菌，并运用无机培养基、选择性培养基以及富集培养等原理和方法，研究土壤细菌各个生理类群的生命活动，揭示土壤微生物参与土壤物质转化的各种作用，为土壤微生物学的发展奠定了基石。

酶与抗生素

酶学

1897 年，德国学者 E. 毕希纳发现酵母菌的无细胞提取液与酵母一样具有发酵糖液并产生乙醇的作用，从而认识了酵母菌酒精发酵的酶促过程，将微生物生命活动与酶化学结合起来。G. 诺伊贝格等人对酵母菌生理的研究和对酒精发酵中间产物的分析、A. J. 克勒伊沃对微生物代谢的研究以及他所开拓的比较生物化学的研究方向、其他许多人以大肠杆菌为材料进行的一系列基本生理和代谢途径的研究，都阐明了生物体的代谢规律及其控制代谢的基本原理，并且在控制微生物代谢的基础上扩大利用微生物、发展酶学，推动了生物化学的发展。

免疫学

1901 年，著名细菌学家和动物学家梅契尼科夫发现白细胞吞噬细菌的作用，为免疫学的发展做出了贡献。1915—1917 年，F. W. 特沃特和 F. H. 埃雷尔观察到细菌菌落上出现噬菌斑以及培养液中的溶菌现象，发现了细菌病毒——噬菌体。病毒的发现使生物的概念从细胞形态扩大到了非细胞形态。1928 年，弗莱明发现点青霉菌能抑制葡萄球菌的生长，揭示了微生物间的拮抗关系并发现了青霉素。

> 走向应用

20 世纪 30 年代起，人们利用微生物进行乙醇、丙酮、丁醇、甘油、各种有机酸、氨基酸、蛋白质、油脂等的工业化生产。

分子遗传学的奠基。1941 年，G. W. 比德尔和 E. L. 塔特姆用 X 射线和紫外线照射链孢霉，使其产生变异，获得营养缺陷型。他们对营养缺陷型的研究不仅使人们进一步了解了基因的作用和本质，而且为分子遗传学打下了基础。[2]

抗生素的发展。1949 年，S. A. 瓦克斯曼在他多年研究土壤微生物所积累的资料的基础上，发现了链霉素。此后，人们发现的新抗生素越来越多。这些抗生素除医用外，也应用于防治动植物的病害和食品保存。[2]

基因的解析。1953 年，沃森和克里克提出了 DNA 分子的双螺旋结构模型和核酸半保留复制学说。H. 弗伦克尔-康拉特等通过烟草花叶病毒重组试验，证明 RNA 是遗传信息的载体，为分子生物学奠定了基础。其后，人们又相继发现和提出 tRNA（转运核糖核酸）的作用机制、基因三联密码的论说、病毒的细微结构和感染增殖过程、生物固氮机制等，展示了微生物学广阔的应用前景。

1957 年，A. 科恩伯格等成功地进行了 DNA 的体外组合和操纵。之后，原核微生物基因重组的研究不断获得进展，胰岛素已开始用基因转移的大肠杆菌发酵生产，干扰素也已开始用细菌生产。现代微生物学的研究将继续向分子水平深入，向生产的深度和广度发展。[2]

6. 其他分支

光学

光波动说

惠更斯在 1678 年写给巴黎科学院的信和 1690 年出版的《光论》一书中都阐述了他的光波动原理，即惠更斯原理。惠更斯原理认为，对于任何一种波，从波源发射的子波中，其

波面上的任何一点都可以作为子波的波源，各个子波波源波面的包络面就是下一个新的波面。他认为每个发光体的微粒均把脉冲传给邻近一种弥漫媒质（"以太"）微粒，每个受激微粒都变成一个球形子波的中心。

托马斯·杨对光学做出了很大贡献，特别是关于光的波动性质的研究。1801年，他进行了著名的杨氏双缝实验，证明光以波动形式存在，而不是牛顿所想象的光颗粒。该实验被评为"物理最美实验"之一。20世纪初，物理学家将托马斯·杨的双缝实验结果和爱因斯坦的光量子假说结合起来，提出了光的波粒二象性，该特性后来又被德布罗意利用量子力学引申到所有粒子上。同时提出该观点的还有菲涅耳。1849年，法国物理学家斐索利用旋转齿轮法，在实验室中测定了光速。数值虽然不太准确，但这毕竟是第一次在实验室里测定光速。此前的罗伊默和布拉德都是以天文观测为依据测量光速的。1850年，另一位法国物理学家傅科改进了斐索的方法，用旋转镜的方法准确地测定了光速，从而发现光密介质（水）中光的传播速度较慢。这就是微粒说和波动说之争中支持波动说的实验证据。

波动说认为，光是依靠充满整个空间的连续介质——以太——做弹性机械振动传播的。为了验证以太的存在，1887年，美国物理学家迈克耳孙和莫雷使用当时最精密的仪器，设计了一个精巧的实验。结果证明，地球周围根本不存在什么机械以太，因此波动说遭受了强烈的质疑。

对于光的波粒二象性，现在有两种不同的解释并存，即"波或粒子派"和"波和粒子派"。[10] 前者认为，一个物体不能同时是波和粒子，它必须是一个或另一个，视情况而定。量子不被测量时就是波，当测量量子的位置时，量子的粒子性质就出现了。后者认为，一个对象不能同时是波和粒子，但两个或更多个粒子就可以。前者的波是数学波，后者的波是物质波。这是两种不同解释的根本区别。

天文学

19世纪30年代，德国天文学家贝塞尔使用了一种叫作量日仪的新仪器，这种仪器能够精密地测量太阳的直径，也能够测量天体间的其他距离。贝塞尔用这种仪器测量两个恒星之间的距离，他月复一月地注意这些距离的变化，终于成功地测出了一个恒星的视差。他选择的恒星是天鹅座的一颗小星，叫作天鹅座61星。在贝塞尔成功后仅两个月，英国天文学家亨德森就算出了半人马座 α 星的距离。1840 年，在德国出生的俄国天文学家斯特鲁维宣布了天空中第四颗最亮的星"织女星"的视差。

星云说的开始

1754 年，康德发表了论文《论地球自转是否变化和地球是否要衰老》，对"宇宙不变论"大胆提出怀疑。1755 年，康德出版《自然通史和天体论》一书，首先提出太阳系起源的假说——星云说。

康德指出，太阳系是由一团原始星云演变来的。这团原始星云由大小不等的固体微粒组成，"天体在吸引最强的地方开始形成"，万有引力使微粒相互接近，大微粒把小微粒吸引过去形成较大的团块，团块越来越大，引力最强的中心部分吸引的微粒最多，首先形成了太阳。外面微粒的运动在太阳吸引下向中心体下落时与其他微粒碰撞而改变方向，成为绕太阳的圆周运动，这些绕太阳运动的微粒逐渐形成几个引力中心，这些引力中心最后凝聚成朝同一方向转动的行星。卫星的形成过程与行星相似。

康德的星云说发表后并没有引起人们的注意，直到拉普拉斯的星云说发表以后，人们才想起了康德的星云说。"太阳系起源"这一假说是 1796 年拉普拉斯在《宇宙体系解说》附录中提出的。他认为太阳系最初是一个灼热旋转的星云，因冷却凝缩，旋转速度加快，使星云呈扁平状，赤道部分突出。当离心力超过引力时，逐次分裂出许多环状物。土星、天王星、木星和海王星所具有的这样的环状物便是证据，这种环叫拉普拉斯环。最后星云中心部分凝聚成太阳，各个环状物碎裂并凝结为围绕太阳运行的地球和其他行星；月球和其他卫星以相同方式由行星分裂而成。这一假说自然解释了太阳系的形成和主特征不需要上帝的参与，这种遵循物质运动自身发展规律的观点是唯物论的宇宙观。这种宇宙观只能将很多复杂过程的苛刻条件归因于偶然的概率。真相究竟如何，目前还是科学探究的前沿。

1887 年，英国洛克耶根据恒星光谱的不同，提出了第一个恒星演化理论，认为恒星是不断变化的，把天体演化学由仅限于对太阳系的起源和演化的研究推进到对一般恒星的研究。洛克耶的理论成为现代恒星起源和演化学说的理论渊源。

今天人们公认的恒星起源和演化分为四个阶段，如下所示，这种认识结果与洛克耶的恒星演化理论一脉相承。[2] 图 16.17 为恒星的演化过程和演化分支，根据质量的不同，原始星云最终将变为白矮星、中子星或黑洞。

- 引力收缩阶段——恒星的幼年期；
- 主序星阶段——恒星的中年期；
- 红巨星阶段——恒星的老年期；
- 白矮星和中子星阶段——恒星的临终期。

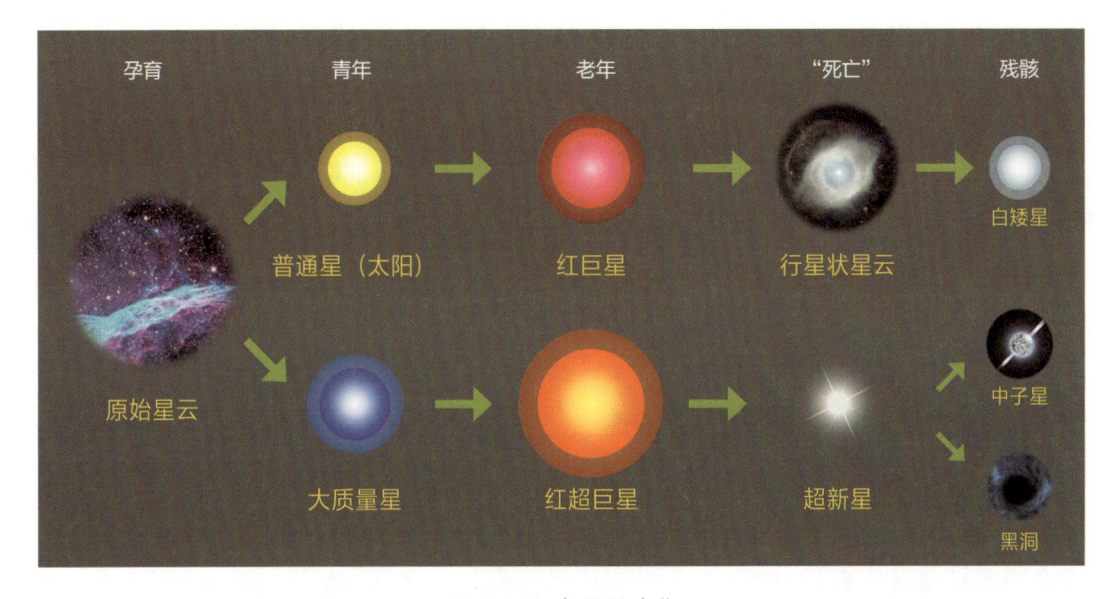

图 16.17　恒星的演化

第 17 章

科学革命的发展

第二次工业革命是指 19 世纪中期，欧洲国家、美国、日本的资产阶级革命或改革的完成，促进了经济的发展。19 世纪 60 年代后期第二次工业革命开始，人类进入了"电气时代"。第二次工业革命极大地推动了社会生产力的发展，推动工业飞速向前，对人类社会的经济、政治、文化、军事、科技和生产力产生了深远的影响，加快了人类纵横世界的脚步。图 17.1 是对近代科学革命发展的一个概括。

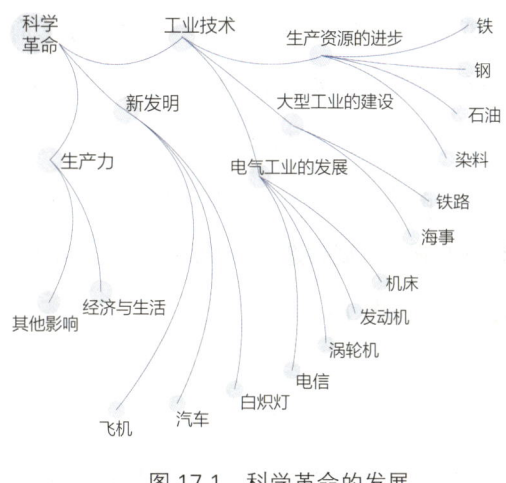

图 17.1 科学革命的发展

工业的发展拓宽了人类探索的边界。钢的冶炼使铁路更加坚固耐用，带动了整个铁路运输行业的更新换代；螺旋桨的改进与冷凝器的发明，实现了人类驶向更远的彼岸的航海梦；更加轻便高效的发动机驱动着人类更高更快更强的新生。一条条铁路蜿蜒曲折，不断延伸，千里变通途；一艘艘轮船乘风破浪，漂洋过海。

越来越多的发明为人类的生活带来了天翻地覆的变化。改良后的白炽灯点亮了欧洲的夜晚；汽车的发明和飞机的出现为人类追寻自由的身影插上了隐形的翅膀；电梯、电车、机车等发明更是深入人类生活的方方面面……

第二次工业革命使资本主义生产的社会化大大加强，垄断组织应运而生。各个资本主义国家在经济、文化、政治、军事等各方面发展失衡，帝国主义争夺市场经济和争夺世界霸权的斗争更加激烈。第二次工业革命促进了世界殖民体系的形成，使得资本主义世界体系最终确立，世界逐渐成为一个整体。

1. 工业与技术

第二次工业革命期间，自然科学的新发展开始同工业生产紧密地结合起来，科学在推动生产力发展方面发挥更为重要的作用，它与技术的结合使第二次工业革命取得了巨大的成果。第二次工业革命主要发生在英国、德国、美国、法国、低地国家（荷兰、比利时、卢森堡）、意大利和日本。特别是钢铁行业的发展，使人类在材料领域告别了棉花时代。凯利、贝塞麦、托马斯、马丁和查尔斯·威廉·西门子等发明的炼钢法，以及后来发明的电炉炼钢法，使得钢产量剧增，其价格猛跌，导致钢铁迅速在很多领域代替了铁。钢铁技术的进步，引起了一系列相关行业质的飞跃，如采煤业、机械制造业、铁路运输业、电气工业、化学工业、石油工业、汽车工业和飞机制造业等（见图1.4）。

资源的生产与利用

第二次工业革命中资源的生产与利用极为重要。本节将介绍铁、钢、石油、染料等资源的生产与利用。

铁

热风技术中来自高炉的热烟气被用于预热吹入高炉的助燃空气，该技术由詹姆斯·博蒙特·尼尔森于1828年在苏格兰威尔逊敦炼铁厂发明并获得专利。热风大大降低了制造生铁的燃料消耗，是工业革命期间开发的最重要的技术之一。生产锻铁的成本下降恰逢19世纪30

年代铁路的出现。

爱德华·阿尔弗雷德·考珀于 1857 年开发了 Cowper 炉，如图 17.2 所示。这种炉使用耐火砖作为存储介质，解决了膨胀和开裂问题。Cowper 炉还能够产生高热量，这导致高炉的吞吐量非常高。Cowper 炉今天仍在高炉中使用。热风的使用使生产生铁的成本大大降低，需求急剧增长，高炉的规模也随之增加。[1]

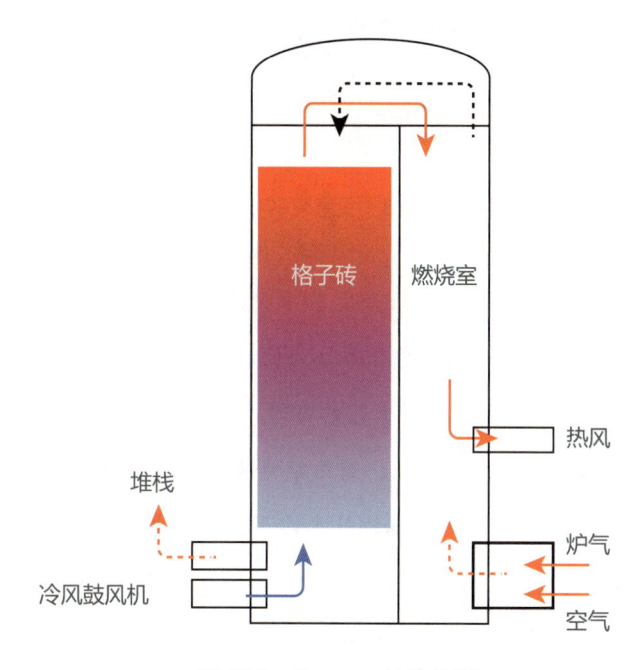

图 17.2　Cowper 炉结构图

钢

亨利·贝塞麦爵士发明的贝塞麦工艺扩大了钢铁等重要材料的生产规模，提高了生产速度，降低了劳动力需求。"酸性"贝塞麦工艺有一个严重的局限，即这种工艺需要一种稀少的物质——一种磷含量低的赤铁矿。图 17.3 展示了贝塞麦工艺中的贝塞麦转换器，其关键原理是用吹过铁水的空气进行氧化，从生铁中去除多余的碳和其他杂质，氧化也会提高铁块的温度并使其保持熔融状态。

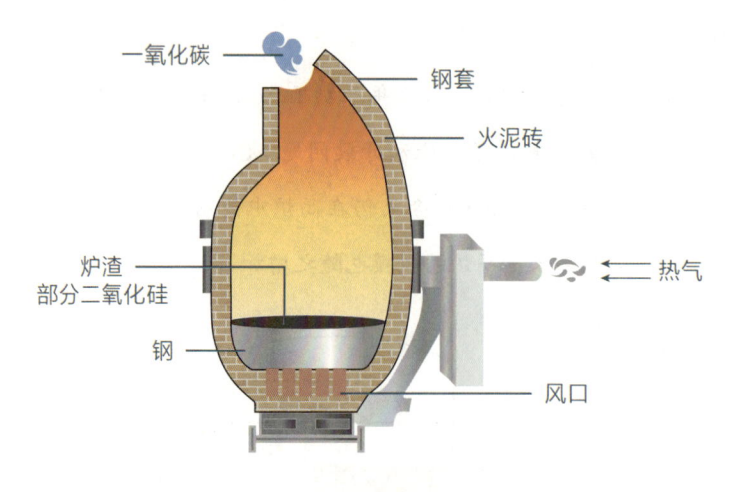

图 17.3　贝塞麦转换器

西德尼·吉尔克里斯特·托马斯开发了一种更复杂的工艺来去除铁中的磷。1878年，他与化学家珀西·吉尔克里斯特合作，为他的工艺申请了专利。约克郡的 Bolckow Vaughan Co. 是第一家使用这一专利工艺的公司。他的工艺在欧洲大陆特别有价值，那里的磷铁比例比英国高得多。在美国，虽然非磷铁在很大程度上占主导地位，但人们还是对这项发明产生了极大的兴趣。炼钢技术的下一个重大进步是西门子-马丁工艺。查尔斯·威廉·西门子爵士在19世纪50年代开发了蓄热式熔炉，在1857年声称能够回收足够的热量，从而节省70%～80%的燃料。该炉利用燃料和空气的蓄热式预热进行燃烧，在高温下运行，平炉可以达到足以熔化钢的温度。

1865年，法国工程师皮埃尔-埃米尔·马丁率先获得了西门子熔炉的许可证并将其应用于钢铁生产。西门子-马丁工艺改善了贝塞麦工艺。它的主要优点是它不会使钢暴露在过多的氮中（这会导致钢变脆），更容易控制，并且可以熔化和精炼大量废钢，降低钢铁生产成本。到20世纪初，西门子-马丁工艺成为领先的炼钢工艺。

廉价、高强度钢材的供应使得人们能够建造更大更坚固的桥梁、铁路、摩天大楼、轮船、大型高压锅炉、坦克、装甲战车和海军舰艇。

石油

石油工业，包括生产和精炼，始于 1848 年苏格兰的第一座石油厂。化学家詹姆斯·杨在 1848 年创办了一家精炼原油的小企业。他发现通过缓慢蒸馏可以从原油中获得许多有用的液体。他将其中一种液体命名为"石蜡油"，因为它在低温下会凝结成一种类似石蜡的物质。[2] 1850 年，詹姆斯·杨在巴斯盖特建造了世界上第一个真正的商业石油厂和炼油厂，利用从当地开采的页岩和烟煤提取石油，包括润滑油。

19 世纪中叶，人们进行了许多石油钻探工作，而德雷克在宾夕法尼亚州泰特斯维尔附近发现的油井被认为是第一口"现代油井"，随之引发了美国石油生产的大繁荣。在 1914 年后汽车大规模生产之前，汽油一直是炼油过程中不受欢迎的副产品，而第一次世界大战期间出现了汽油短缺。伯顿热裂化工艺的发明使汽油的产量翻了一番，缓解了短缺。

染料

英国化学家威廉·亨利·珀金于 1856 年意外发现苯胺可以部分转化为粗混合物，当用酒精提取时，会产生一种非常鲜艳的紫色物质。之后他扩大了新"紫红色"的生产。这一染料成为世界上第一种合成染料。

之后，出现了许多新的苯胺染料（有些是珀金自己发现的），生产它们的工厂遍布欧洲。到 19 世纪末，珀金和其他英国公司发现它们研发的产品使德国化学工业崛起。

大型工业的建设

铁路和海事在第二次工业革命中有了极速的发展，本节将介绍这两个大型工业设施方面的建设。

铁路

作为一种更耐用且强度更高的材料，钢逐渐取代铁成为铁路轨道的主要材料。罗伯特·福雷斯特·穆谢的第一条钢轨被运送到德比米德兰火车站，尽管每天有大约 700 列火车经过，但这条铁路似乎一如既往地完美无缺。这为 19 世纪后期世界各地铁路的加速建设奠定了基础。美国第一条商用钢轨于 1867 年在宾夕法尼亚州约翰斯敦的坎布里亚钢铁

厂制造。[3]

钢轨的使用寿命是铁轨的 10 倍以上[4]，并且随着钢材成本的下降，人们开始使用更重的轨道。这使人们能够使用更强大的机车，从而可以牵引更长的火车和更长的轨道车，所有这些都大大提高了铁路的生产力[5]，铁路成为整个工业化世界交通基础设施的主要形式。图 17.4 左边展示了 1895 年的德国铁路。

图 17.4 1895 年德国铁路和 1843 年 Great Western 轮船

海事技术

19 世纪，螺旋桨凭其优越性被海军采用。第一艘远洋铁制汽船由霍斯利炼铁厂建造，被命名为亚伦·曼比。它使用创新的摆动式发动机提供动力。这艘船是在蒂普顿使用临时螺栓建造的，为了运往伦敦而拆卸，并于 1822 年在泰晤士河上重新组装，这次使用的是永久性铆钉。

随后还有其他技术的发展，包括表面冷凝器的发明，它允许锅炉使用纯净水而不是盐水运行，人们无须在长途海上旅行中停下来清洗它。Great Western（第一艘专为横渡大西洋而建造的轮船）由工程师布鲁内尔建造，是当时世界上最长的船，长 236 英尺（约 72 米），龙骨长 250 英尺（约 76 米），第一次证明了跨大西洋轮船服务是可行的。这艘船主要由木材建造，但增加了螺栓和铁对角加强件以保持龙骨的强度。除了蒸汽动力桨轮，这艘船还携带了四根帆桅。Great Western 于 1843 年下水，并被认为是第一艘由金属而非木材建造的现代船舶，其由发动机而不是风或桨驱动，由螺旋桨而不是桨轮驱动。其外观如图 17.4 右边所示。布鲁内尔的远见和工程创新使建造大型、螺旋桨驱动的全金属轮船成为现实。

摆动式发动机最初由亚伦·曼比和约瑟夫·莫兹莱在 19 世纪 20 年代制造出来，作为一种直接作用式发动机，它旨在进一步减小发动机尺寸和重量。为了实现这一目标，发动机气缸通过耳轴固定在中间，这使得气缸本身可以随着曲轴的旋转而前后枢转。

电气工业的发展

电气化是第二次工业革命极为显著的一个特点，比如机床、发动机、涡轮机、电话、白炽灯等都在那个时代出现，以下将介绍那个时代电气工业的发展。

电气化

法拉第通过对载有直流电的导体周围磁场的研究，奠定了物理学中电磁场概念的基础。他发明的电磁旋转装置是电力在技术中的实际应用的基础。

世界上第一座现代发电站由英国电气工程师塞巴斯蒂安·德·费兰蒂在德普特福德建造。这座发电站的规模是史无前例的，它率先使用高压（10 000 伏）交流电，发电量为 800 千瓦·时，并为伦敦市中心供电，然后通过变压器"降压"，供每条街道的消费者使用。电气化促进了第二次工业革命期间制造方法的重大发展。

电气化被美国国家工程院评为"20 世纪最重要的工程成就"。交流电动机（感应电动机）于 19 世纪 90 年代开发，很快被用于工业电气化。直到 20 世纪 20 年代，工厂用电照明改善了工作条件，电气化铁路成为主要的基础设施，城市中家庭用具电气化逐渐普及。荧光灯在 1939 年的世界博览会上被商业化引入。电气化还降低了电化学产品的生产成本，例如铝、氯、氢氧化钠和镁的生产成本。

机床

机床的使用始于第一次工业革命。机械化程度的提高需要更多的金属零件，这些零件由铸铁或锻铁制成——手工加工缓慢而昂贵，且精度低。最早的机床之一是约翰·威尔金森发明的钻孔机。1774 年，在詹姆斯·瓦特的第一台蒸汽机上，钻孔机钻了一个精确的孔。螺纹标准化始于亨利·莫兹莱，大约在 1800 年，现代螺纹车床使可互换的 V 螺纹机螺钉成为一种实用商品。1841 年，约瑟夫·惠特沃斯研究出的一种创新设计被许多英国铁路公司采用，成为世界上第一个国家机床标准，被称为英国标准惠特沃斯（British Standard Whitworth）。

机床对大规模生产的重要性体现在汽车上，福特 T 型车的生产使用了 32 000 台机床，其中大部分是由电力驱动的[6]。引用亨利·福特的话说，没有电力就不可能进行大规模生产。

发动机和涡轮机

蒸汽轮机由查尔斯·帕森斯爵士于 1884 年发明。其蒸汽机模型可以产生 7.5 千瓦（10 马力）电力。帕森斯蒸汽轮机的发明彻底改变了海上运输和海战。到帕森斯去世时，他的涡轮机已被世界所有主要发电站采用。与早期的蒸汽机不同，涡轮机产生旋转动力，而不是需要曲柄和重型飞轮的往复动力。涡轮机的第一次应用是在航运中，1903 年被应用在发电上。图 17.5 揭示了涡轮发动机的工作原理，它利用旋转的机件自穿过它的流体中汲取动能。

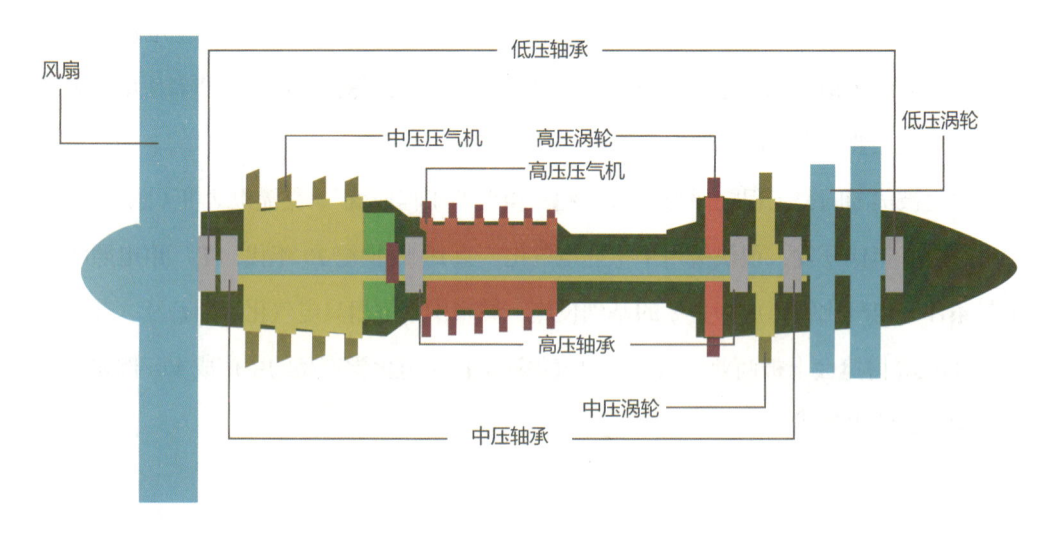

图 17.5　涡轮发动机工作原理

注：在相同的单位时间里，能够把更多的空气及燃油的混合气强制挤入气缸进行压缩燃爆动作，从而能在相同的转速下产生较自然进气发动机更大的动力输出。

第一台广泛使用的内燃机是 1876 年发明的奥托发动机，其很快被用于为汽车提供动力，沿用至今。柴油发动机由鲁道夫·狄塞尔和赫伯特·阿克罗伊德·斯图尔特在 19 世纪 90 年代使用热力学原理独立设计，其特定目的是提高效率。它在为机车提供动力之前就已在航运中

得到了应用，至今仍然是世界上最高效的原动机。

通信技术

1837 年 5 月，威廉·库克和查尔斯·惠斯通在伦敦的尤斯顿火车站和卡姆登镇之间安装了第一个商业电报系统。继而电报网络快速扩张，第一条海底电缆由约翰·沃特金斯·布雷特在法国和英国之间建造。大西洋电报公司于 1856 年在伦敦成立，负责建造横跨大西洋的商业电报电缆。1866 年 7 月 18 日，由詹姆斯·安德森爵士担任船长的 SS Great Eastern 号船在途中发生了许多次事故后成功完成了这项工作。[7] 从 19 世纪 50 年代到 1911 年，英国海底电缆系统在世界占主导地位。电话在 1876 年由亚历山大·格雷厄姆·贝尔发明，与早期的电报一样，它主要用于加速商业交易。

如上所述，历史上最重要的科学进步之一是人们通过麦克斯韦的电磁理论将光、电和磁统一起来。科学理解电力对开发高效的发电机、电动机和变压器来说是必要的。大卫·爱德华·休斯和海因里希·赫兹都证明并证实了麦克斯韦预言的电磁波现象。

意大利发明家古列尔莫·马可尼于 1897 年在英国创立了无线电报和信号公司，并于同年在索尔兹伯里平原上传输了莫尔斯电码，在公海上发送了第一个无线通信信号，并于 1901 年实现了第一个跨大西洋——从康沃尔波德胡到纽芬兰信号山——的信号传输。1904 年，马可尼在大西洋两岸建造了高功率电台，并开始提供商业服务，将夜间新闻摘要传送给订阅的船只。约翰·安布罗斯·弗莱明爵士在 1904 年实现的真空管的关键发展为现代电子和无线电广播的发展奠定了基础。李·德福里斯特随后发明的三极管可放大电子信号，这为 20 世纪 20 年代的无线电广播铺平了道路。

2. 变革中的发明

在第二次工业革命中，白炽灯、汽车和飞机等一系列发明对人们生活水平的提高和工业文明的发展起到了重要作用。

白炽灯

1850 年，英国人约瑟夫·威尔森·斯旺开始研究电灯。1878 年，他以真空下用碳丝通电的灯泡获得英国的专利，并建立了公司，给各家各户安装电灯。1874 年，加拿大的两名电气技师申请了一项电灯专利。他们在玻璃泡之下充入氮气，以通电的碳杆发光。但是他们没有足够的财力继续完善这一发明，于是在 1875 年把专利卖给了爱迪生。

1879 年，爱迪生改以碳丝造灯泡，能持续亮 13 个小时。到了 1880 年，他造出的炭化竹丝灯泡在实验室能持续亮 1 200 个小时。1906 年，爱迪生发明了一种制造电灯钨丝的方法，最终使廉价制造钨丝成为可能，钨丝电灯泡被使用至今。它的出现标志着人类使用电灯的历史正式开始。图 17.6 展示了白炽灯内部的结构，白炽灯通电后，利用电阻把内部的钨丝加热至白炽状态，从而发光。白炽灯的发明使人们的日常生活更加丰富多彩，不再日落而息，提高了各产业的生产效率，加速了各类工业、服务业的发展。

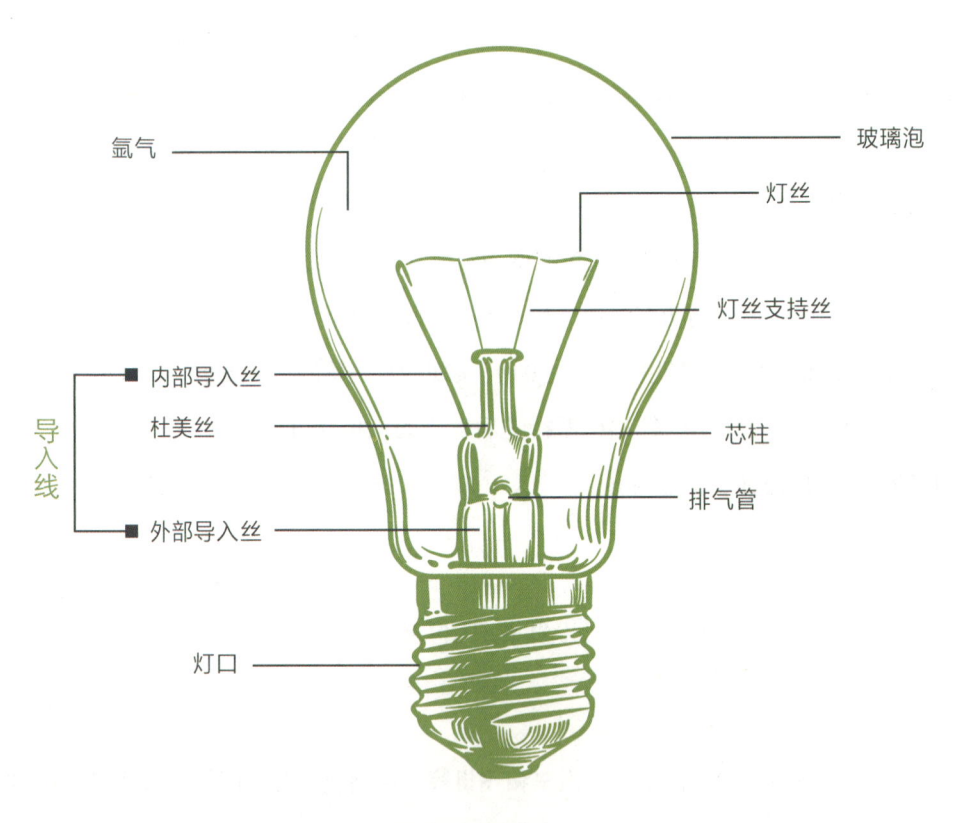

图 17.6　白炽灯

汽车

卡尔·本茨于 1879 年获得了自己研发的二冲程发动机的专利权，继而又获得了加速器系统、电池打火系统、火花塞、汽化器、离合器、变速挡和水散热器的专利。1884 年初到次年 10 月，他制成了第一辆三轮汽车，重 254 千克，单一气缸，用链条传动，最高车速每小时 18 千米，可乘坐 3 人。1886 年 1 月 29 日，本茨获得了专利权。这是世界上第一辆成功以内燃机制造动力的汽车，被认为开辟了人类交通的新纪元。这辆汽车现珍藏在德国慕尼黑科学技术博物馆，保存完好，仍可开动。其发动机和整车的某些构造，迄今仍为汽车制造业所继承。

戈特利布·戴姆勒是一名工程师，长期参与奥托公司的技术工作，对奥托发动机的研制有很大贡献。后来，戴姆勒辞职，与威廉·迈巴赫合作开办了第一家汽车工厂，1883 年研制出一台小型高速煤气、汽油两用发动机。1885 年它被装在了自行车上，世界上第一辆摩托车诞生了。1886 年，戴姆勒将马车加以改制，增添了传动、转向等必备功能，安上了一台 1.5 马力的汽油发动机，最高时速为 14.4 千米。

1886 年 7 月，本茨改用戴姆勒发动机，制造和出售"奔驰专利汽车"，成为世界上第一个出售汽车的人。第二年和第三年，本茨推出改进版二型三轮汽车，以及木轮的第三型汽车，1889 年在巴黎的世界博览会上展出。汽车的发明使人类的机动性有了极大的提高，使 20 世纪人类的视野更加开阔，更追求自由。

飞机

飞机是历史上最伟大的发明之一，有人将它与电视和电脑并列为 20 世纪对人类影响最大的三大发明。

莱特兄弟是世界航空先驱，美国飞机发明家。哥哥威尔伯·莱特（1867—1912 年），弟弟奥维尔·莱特（1871—1948 年）。他们于 1903 年设计、制造出用内燃机作动力的载人飞机"飞行者"1 号（见图 17.7），并试飞成功。这架飞机的翼展为 13.2 米，升降舵在前，方向舵在后，两副两叶推进螺旋桨由链条传动，着陆装置为滑橇式，装有一台重 70 千克、功率为 8.8 千瓦的四缸发动机。这架航空史上著名的飞机，现在陈列在美国华盛顿航空航天博物馆内。1909 年，莱特兄弟创立了莱特飞机公司，生产的飞机性能优异，而且安全。1927 年，奥维尔驾机越过了大西洋。莱特兄弟首创了让飞机能受控飞行的飞行控制系统，从而为飞机的实用化奠定了基础，此项技术目前仍被应用在所有的飞机上。莱特兄弟的伟大发明改变了人类的交通、经济、生产和日常生活，同时也改变了军事史。

1900年　　　　　　　　　　1901年

1902年　　　　　　　　　　1903年

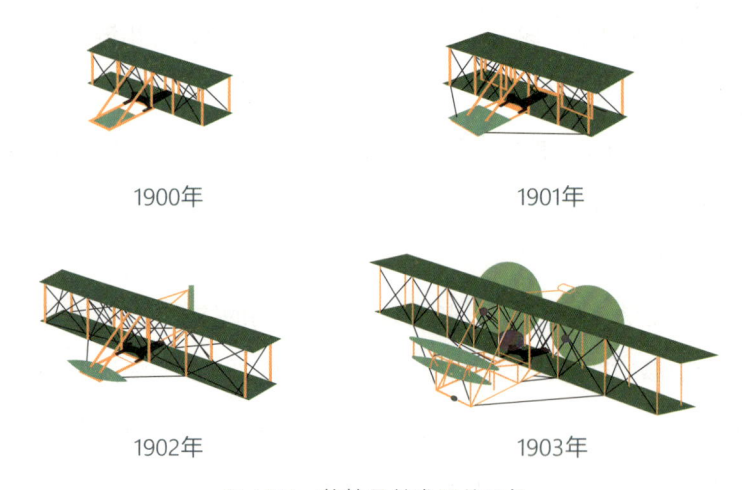

图 17.7　莱特兄弟发明的飞机

其他发明

维尔纳·冯·西门子（1816—1892年）是德国著名的发明家、企业家、物理学家、电气工程师，他的主要成就是铺设、改进海底和地底电缆、电线，修建电气化铁路，提出平炉炼钢法，革新炼钢工艺和创办西门子公司。

1847年，西门子和工程师约翰·乔治·哈尔斯克建立了西门子-哈尔斯克电报机制造公司，主要生产西门子发明的指南针式电报机，这个公司也就是后来西门子公司的前身。1866年，西门子提出了发电机的工作原理，西门子公司的一个工程师据此制造出了第一台自激直流发电机。同年，西门子还发明了第一台直流电动机。这些技术马上被产品化并投入市场。例如，电梯（1880年）、电力机车（1879年）、有轨电车（1881年）、无轨电车（1882年）等都是西门子公司利用其创始人的发明最先投入市场的。讽刺的是，直到20世纪末才开始有所发展的电动汽车也是西门子公司在1898年最先发明的。

1890年，西门子退休。此前，德皇弗里德里希三世授予其贵族称号。西门子的名字也成为电导的单位。

3. 生产力的进步

按照马克思的经典观点，社会生产力分为三个要素：劳动资料、劳动对象和劳动者。而以科学技术为核心的两次工业革命，都是通过对这三个要素的渗透和转化，而对生产力产生促进作用的。

劳动资料也就是劳动手段或生产工具。生产力的变化和发展首先是从生产工具的改变和发展开始的。对第二次工业革命而言，劳动资料的改进体现在内燃机和电力的发明和使用上。以电气、石油为动力或者燃料的发电机和内燃机的出现，直接促进了各类重工业的飞速发展，使人类在动力方面有了质的飞跃，也促进了通信工具——电话的发明。人与人之间的交流打破了地域的界限，生活生产效率大幅度提高。

其次是劳动对象。按照马克思的观点，劳动对象一般分为两类：一类是自然物或者天然物，另一类是经过人类加工而形成的原材料。通过两次工业革命，人们借助新的生产工具，使新的劳动对象被发现、被创造，其广度得到了空前的发展。

最后还有劳动者这一关键因素。劳动者是生产力中最活跃、最富有创造力的因素，既能够创造物质财富，又能够创造精神财富。其中劳动者素质的高低决定着生产效率的高低。科技进步促使社会或者政府部门主动加强对劳动者的科学文化教育，以教育的形式持续不断地提高人们的劳动效率和创造能力。总之，第二次工业革命的影响是非常广泛的，资本主义国家的需求逐渐增大，在很大程度上推动了生产力的进步，西方国家的社会发生了很大的变化，经济、军事以及生产力等各个方面都受到了非常深远的影响。这些资本主义社会的社会化更加坚固和牢靠，同时国家经济发展太过迅速，也导致了垄断组织的提前出现。

生活的影响

从 1870 年到 1890 年，经济在如此短的时间内出现了前所未有的最大增幅。由于生产力的提高，商品价格急剧下降，新兴工业化国家的生活水平显著提高。这导致了失业和工商业的巨大动荡，许多劳动力被机器取代，许多工厂、船舶和其他形式的固定资本在很短的时间内就变得过时了。公共卫生举措带来了公共卫生和卫生设施的巨大改善，例如 19 世纪 60 年代伦敦下水道系统的建设以及管理过滤水供应的法律的通过（《大都会水法》引入了对伦敦供水公司的监管，包括1852年首次提出的最低水质标准）。这大大降低了许多疾病的感染率和死亡率。

第二次工业革命末期，内燃机、拖拉机也得到了发展。蒸汽效率的提高，如三次膨胀蒸汽机的发明，使船舶能够运载更多的货物，从而大大增加了国际贸易量。1890年，有一个国际电报网络允许英国或美国的商人向印度和中国的供应商下订单，以便用高效的新轮船运输货物。再加上苏伊士运河的开通，导致伦敦和其他地方的大型仓储区衰落，中间商被淘汰了。生产力、交通网络、工业生产和农业产出的巨大增长使几乎所有商品的价格都降低了。

潮水漫延

与第一次工业革命一样，第二次工业革命期间人口实现增长，大多数政府通过关税保护本国经济。两次工业革命的广泛社会影响包括随着新技术的出现，重塑了工人阶级。这些变化导致了一个更大、越来越专业的中产阶级的产生，以及以消费者为基础的物质文化的急剧增长。

第二次工业革命中的伟大发明和创新是我们现代生活的一部分。它们一直是经济的驱动力，直到二战结束。战后时代产生了重大创新，包括计算机、半导体、光纤网络和互联网、蜂窝电话、燃气轮机（喷气发动机）和绿色革命。商用航空在二战之前就已经存在，并且在战后成为主要产业。

第18章

科学发展的波折

19 世纪，以经典力学、经典电磁场理论和经典统计力学为基础的经典物理学体系达到顶峰。科学的大山就此稳固，西西弗斯的巨石被诸位科学家齐心协力推至山顶。当时的科学家普遍认为，以牛顿力学为基础的经典力学体系是无所不能的，是物质世界的终极真理。

然而，世间没有永恒的真理，宇宙的深广、自然的庞大、微生物的神秘……世界对于人类依然是一个巨大的谜题。近代科学在无数的发现与创造中累积而成，物理学家们的不懈努力使近代物理学各个分支的基本理论体系趋于完整，物理学似乎已建成了难以突破的通天塔。正当人们陶醉于物理学所获得的巨大成就之时，西西弗斯的巨石再度滚落，给近代科学以重击。"两朵乌云"席卷而来，大有颠覆当时物理学理论体系框架之势。这两个失败的实验——以太漂移实验和黑体辐射实验使得整个经典物理学被笼罩在阴影之下。

但经典物理学的暮霭沉沉并未磨灭物理学家们的昂扬斗志，熬过黑夜、迎来破晓是使近代科学不断取得突破的推动力。破解悬挂在经典力学头上的两朵乌云成了现代科学发展的一个重要契机。经历乌龙与磨砺后，雨后开出的绚烂花朵使近代科学受益深远。这一章我们给大家讲一下有关两朵乌云的故事。

1. 乌云密布

在两朵大乌云——以太漂移实验和黑体辐射实验之外，还有数朵小乌云，如光电效应问题、原子的线状光谱问题等。随着后来 X 射线、放射性以及电子的发现，经典物理学的主导地位岌岌可危，此时的物理学上空乌云密布。

乌云下的世界

在 17 世纪诞生的牛顿力学基础上发展起来的经典力学，到 19 世纪末取得了非凡的成就。这给人们的印象太深刻了，遂使有些科学家产生了错觉，认为重大理论发现的时代已经过去。

此后，20 世纪的百年之内再没有诞生划时代的重大科学理论。英国著名的物理学家开尔文 1901 年 7 月在《哲学杂志》和《科学杂志》合刊上发表《19 世纪热与光动力学理论上空的乌云》[1]，指出了"热和光理论"中两个紧迫的问题（他自己将其比喻为"两朵乌云"）。图 18.1 为 19 世纪热与光动力学理论上空的两朵乌云——热辐射实验和迈克耳孙-莫雷实验。这两朵乌云灌溉出了现代物理学中的量子力学和相对论。

开尔文认为，第一朵乌云出现在光的波动理论上，第二朵乌云出现在关于能量均分的麦克斯韦-玻尔兹曼理论上。

图 18.1　19 世纪热与光动力学理论之上的两朵乌云

乌云的误传

1900 年，开尔文勋爵为 19 世纪物理学确定了两个问题，用他的话来说，就是两朵乌云：以太相对于大质量物体的相对运动和麦克斯韦-玻尔兹曼关于能量均分的定理。这些问题最终被狭义相对论和量子力学解决，物理学从经典力学一家独大变成百花齐放。但在现代引文

中，开尔文演讲的内容几乎总是被曲解。例如，人们通常声称开尔文关注瑞利-琼斯定律的"紫外灾难"，而他的演讲实际上根本没有提到黑体辐射。帕松于 2021 年还专门写文章纠正了这些错误并探讨了它们发生的原因。[2]

开尔文勋爵关于这两朵乌云的比喻，由于通俗易懂，经常被引用，尤其是在科普书籍和现代物理学教科书的导论部分。早在 1938 年，物理化学家索尔·杜什曼（1883—1954 年）就在他出版的教科书《量子力学原理》中写道：

> 自从开尔文勋爵在英国协会的一次演讲中提出科学地平线上存在两朵乌云以来，时间已经过去了约 1/3 个世纪。其中一个例子是迈克耳孙和莫雷的实验；另一个问题涉及经典理论无法解释黑体辐射能量分布观测结果。

就在这段文字中，杜什曼就犯了好几个错误。一是他混淆了皇家研究所和英国科学进步协会；二是他认为"第二朵乌云"与黑体辐射问题有关，而开尔文勋爵根本没有提到这个问题。随后很多文献中的错误引用可能都与这本教科书的不严谨有关。帕松在论文[2]中还列举了其他很多误引的教科书。

另外，人们通常以为，普朗克关于黑体辐射的研究与开尔文的演讲有关。事实上，1900 年普朗克关于黑体辐射的研究并没有基于开尔文对均分定理的质疑，而 1907 年爱因斯坦的比热理论是针对这个质疑提出的，因为比热是一个更传统的物理领域，而黑体辐射是一个比较新的现象。但爱因斯坦的工作是建立在普朗克研究的基础上的。正是普朗克和爱因斯坦的工作推动了量子理论的诞生，量子物理为解决开尔文的"第二朵乌云"问题做出了贡献。但现在这个问题是否能算彻底解决还值得讨论，因为，对于热的本质是什么，热交换过程中究竟有没有物质交换等问题人们还没有完全解释清楚。[3]

乌云的破局

上述文字提到了当时物理学上空的两朵乌云，下面将解释说明这两朵乌云并且揭示科学家们是如何针对这两朵笼罩在经典力学上空的乌云进行破局的。

第一朵乌云的破解：第一朵乌云是随着光的波动论的提出而出现的。德谟克里特（公元前5世纪）是第一个提出光的粒子理论的人，他假设宇宙中的一切事物，包括光，都是由不可分割的原子组成的。后来人们基本上都接受了这个学说，认为光线是由光的粒子组成的。

光的波动说

1630年，勒内·笛卡儿在其关于光的论文《世界》中认可并推广了关于反向波的描述，表明光的行为可以通过对普遍介质（发光以太）中的类波扰动进行建模来重新创建。所以笛卡儿是第一个提出光的波动理论的人，但他此时说的波是物质波，以太是产生波的介质。

艾萨克·牛顿从1670年开始，用30多年的时间，发展了他的微粒理论，认为完美的直线反射证明了光的粒子性质，只有粒子才能沿着这样的直线运动。他通过假设光粒子进入密度更大的介质时横向加速来解释折射。这巩固了粒子理论。大约在同一时间，牛顿的同时代人罗伯特·胡克和克里斯蒂安·惠更斯以及后来的奥古斯丁·让·菲涅耳从数学上完善了波的观点，表明如果光在不同介质中以不同的速度传播，折射可以很容易地解释为光波的介质依赖传播，由此提出的惠更斯–菲涅耳原理非常成功地再现了光的波动行为。

但波观点并没有立即取代射线和粒子观点，而是在19世纪中期开始主导关于光的科学思考，因为它可以解释偏振现象，而其他替代方法无法解释。19世纪60年代前期，麦克斯韦提出以太中的位移电流概念，并给出一组描述电磁场的麦克斯韦方程，从中推出电磁波在真空中的传播速度为 3×10^8 米/秒，其刚好等于当时测定的真空中光的传播速度 3×10^8 米/秒。因此，他提出：

光就是产生电磁现象的媒质（指以太）的横振动。

以太漂移实验的失败

1887年，赫兹通过实验证实了电磁波的存在，从而成功地解释了光波的性质，同时也统一了电磁以太和光以太的概念。为了验证"以太"的存在，1887年阿尔伯特·迈克耳孙与爱德华·莫雷合作在美国克利夫兰的凯斯西储大学进行了一项实验。他们使用了干涉仪装置（见图18.2），将其安装在一个漂浮在环形水槽中的石板上。根据实验设计，两束光的到达时间是不同的，通过这个实验，他们预计能够测量出地球通过以太的速度。

图 18.2 迈克耳孙和莫雷的干涉仪装置及实验原理

注：一束入射光经过分光镜分为两束后各自被对应的平面镜反射回来，因为这两束光频率相同、振动方向相同且相位差恒定（满足干涉条件），所以能够发生干涉；干涉中两束光的不同光程可以通过调节干涉臂长度以及改变介质的折射率来实现，从而能够形成不同的干涉图样。

根据以太假设，当地球绕太阳以每秒 30 千米的速度运动时，会迎面受到每秒 30 千米的"以太风"，从而对光的传播产生影响。然而，迈克耳孙-莫雷实验的结果以及后来更多更精细的实验结果都表明，无论地球运动的方向与光的传播方向是否一致，测得的光速都是相同的，没有观测到地球与设想的以太之间的相对运动。

以太漂移实验后的解决方案

1904 年，荷兰物理学家洛伦兹提出了著名的洛伦兹变换，用于解释迈克耳孙-莫雷实验的结果。他提出运动物体的长度会收缩，并且收缩只发生在运动方向上。如果物体静止时的长度为 $L0$，当它以某种速度在平行于长度的方向运动时，长度收缩为 L，他通过这个方法似乎成功地解释了实验结果，但从本质上来说，他做的是对测量结果的一种精确拟合。

1905 年，爱因斯坦在抛弃以太、以光速不变原理和狭义相对性原理为基本假设的基础上建立了狭义相对论。狭义相对论认为空间和时间并不相互独立，而是一个统一的四维时空整体，并不存在绝对的空间和时间。在狭义相对论中，整个时空仍然是平直的、各向同性的和各点同性的。

第二朵乌云的破解：下面我们再来讨论破解第二朵乌云过程中取得的成就。由于开尔文对均分定理的质疑，人们对这个定理的适用性又进行了深入的研究。人们发现，尽管均分定理在一定条件下能够对物理现象提供非常准确的预测，但是当量子效应变得显著时（如在足够低的温度条件下），基于这一定理的预测就变得不准确了。

> 对 19 世纪的物理学家而言，这种热容下降现象是表明经典物理学不再正确，而需要新的物理学的第一个征兆。均分定理在预测电磁波时的失败（被称为"紫外灾难"）导致普朗克提出了被量子化的能量包的新概念，而这一革命性的概念对刺激量子力学及量子场论的发展起到了十分重要的作用。

19 世纪下半叶，人们在研究热力学时发现，处于热力学平衡态的黑体会发出电磁辐射。黑体辐射的电磁波谱只取决于黑体的温度。黑体不仅能全部吸收外来的电磁辐射，而且散射电磁辐射的能力比同温度下的任何其他物体都强。为解决黑体辐射问题，1900 年 12 月 14 日，普朗克冲破经典物理机械论的束缚，提出了量子论，标志着人类对量子认识的开始。这一天也就成了量子力学的诞辰。1905 年，爱因斯坦受普朗克量子化思想的启发，引进光量子（光子）的概念，成功地解释了光电效应。1913 年，玻尔在卢瑟福有核原子模型的基础上建立起原子的量子理论。这些理论的核心是对波粒二象性的解释。

接下来，人们进行了大量的实验，其中最著名的一个实验是 1801 年托马斯·杨进行的双缝实验。如图 18.3 所示，一束低强度的光（这样粒子就可以一个接一个地被注入）撞击一个留有两条狭缝的不透明的表面。在表面的另一侧有一个探测屏，用来探测粒子的位置。即使探测器屏幕对粒子做出响应，被探测粒子的图案也显示出波的干涉条纹特征。因此，该系统同时展示了波（干涉图样）和粒子（屏幕上的点）的行为。从这个实验中，许多科学家认为

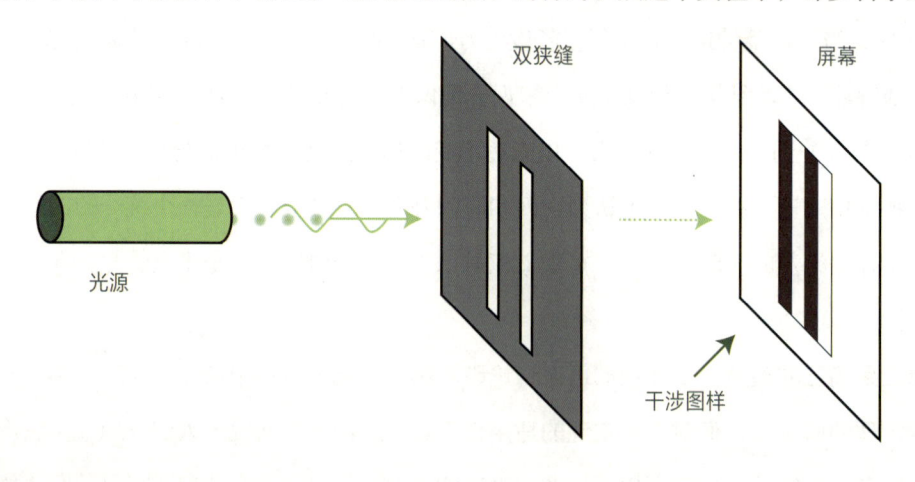

图 18.3 双缝实验

所有的量子粒子都表现出了波动性。

在人们认识到光具有波动性和粒子性的二象性之后，为了解释一些经典理论无法解释的现象，法国物理学家德布罗意于1923年提出了物质波这一概念，认为一切微观粒子均伴随着一个波，这就是所谓的德布罗意波。薛定谔看到德布罗意关于物质波的博士论文后，从中受到启发。他将电子的运动看作波动的结果，其运动的方程应该是波动方程，方程决定着电子的波动属性。1926年，薛定谔连续发表了四篇关于量子力学的论文，标志着波动力学的建立。然而薛定谔并没有指出波动方程的具体含义。玻恩指出薛定谔的波函数是一种概率的振幅，它的模的平方对应测到的电子的概率分布。海森伯从粒子的角度出发，在玻恩和约当的帮助下，提出了海森伯矩阵力学的相关理论。虽然海森伯的矩阵力学和薛定谔的波动力学出发点不同，从不同的思想发展而来，但它们解决同一问题时得到的结果是一样的，这就证明了两种体系的等价性。

1925年，泡利提出了不相容原理。1927年，海森伯提出了不确定性原理。1928年，狄拉克提出了相对量子力学，使量子力学和相对论结合起来。基于哥本哈根解释的正统量子力学到此可以说是已经建立了基本的框架，但量子力学的创始人爱因斯坦、德布罗意、薛定谔因不能接受量子力学中有太多的概率成分和不确定因素，而站到了量子力学的对立面。于是形成了以爱因斯坦为首的反对派和以玻尔为首的拥护派两大阵营。他们开始了长久的争论。1935年，薛定谔提出了著名的薛定谔猫，爱因斯坦提出了EPR佯谬（爱因斯坦-波多尔斯基-罗森佯谬），他们争论背后的本质还是如何把波和粒子的概念融合在一起，最后出现了两条不同的路线，即波或粒子派、波和粒子派[4]。

对于黑体的研究使自然现象中的量子效应被发现，而黑体作为一个理想化的物体，在现实中是不存在的，因此现实中物体的辐射也与理论上的黑体辐射有所出入。但是，我们可以观察一些非常类似黑体的物质发出的辐射，例如一颗恒星或一个只有单一开口的空腔所发出的辐射。举个例子来说，人们观测到宇宙背景辐射对应一个约3K（开尔文）的黑体辐射，这暗示宇宙早期，光是和物质达到平衡的。随着时间演化，温度慢慢降了下来，但方程式依然存在。这样，人们就开始试图用这个理论来探讨宇宙的起源，著名的大爆炸理论也是在这一基础上诞生的。

背后的代价

相对论和量子力学的诞生，标志着近代物理学进入了现代物理学的时代[5]，尤其是爱因斯坦以纯思维的方式创造了相对论的成就，物理学的研究由此形成了两条主线：一条继续以实验为主，不断改进实验技术，提高实验装置的测量精度；另一条是纯理论研究，从某些基本假设出发，采用一些新的概念，提出新的理论。由于量子力学和相对论都采用了革命性的方法，因此，后面发展出的很多新理论也基本上都采用了这种方法，比如弦理论、大爆炸理论等。尤其是对于复杂系统的研究，诞生出了数十种不同的理论。图 18.4 是对复杂性科学的宏观、跨学科的介绍。为了呈现一些不同类型的组织结构，复杂性科学的历史是沿着五个主要的知识传统发展的：动力系统理论（紫色背景）、系统论（浅蓝色背景）、复杂系统理论（黄色背景）、控制论（灰色背景）、人工智能（橙色背景）。棕色背景代表内容/学科特定的主题，说明了复杂性科学是如何应用于不同内容的。

采用这种方法的一个后果是矛盾和冲突更多了。然而，现代物理学上空的乌云数量远超 19 世纪。有人简单总结了一下，认为现代物理学乌云大致分为 62 朵，纯理论方面的乌云有 28 朵，有科学解释但缺乏合理证据的乌云有 34 朵。量子力学和相对论的建立已经过去了一个世纪，但这 100 年内，再也没有出现类似量子力学和相对论这样划时代的物理理论。我们相信，在元宇宙时代，同时考虑生命体和非生命体的统一的复杂系统理论能够成为这样的划时代物理理论。

2. 相对论的曙光

相对论是由爱因斯坦创立的关于时空和引力的物理理论，其中包括了狭义相对论和广义相对论，两者之间的不同主要在于研究对象的不同。狭义相对论描述的三维时空是平直的三维时空，即惯性参考系，也就是没有弯曲的时空；而广义相对论描述的则是弯曲的时空，即非惯性参考系。

在伽利略时代，绝对时空的概念就已经建立，即认为时间和空间是各自独立的绝对的存在。由牛顿创立的经典力学就是在绝对时空的概念基础上建立的。而爱因斯坦提出的相对

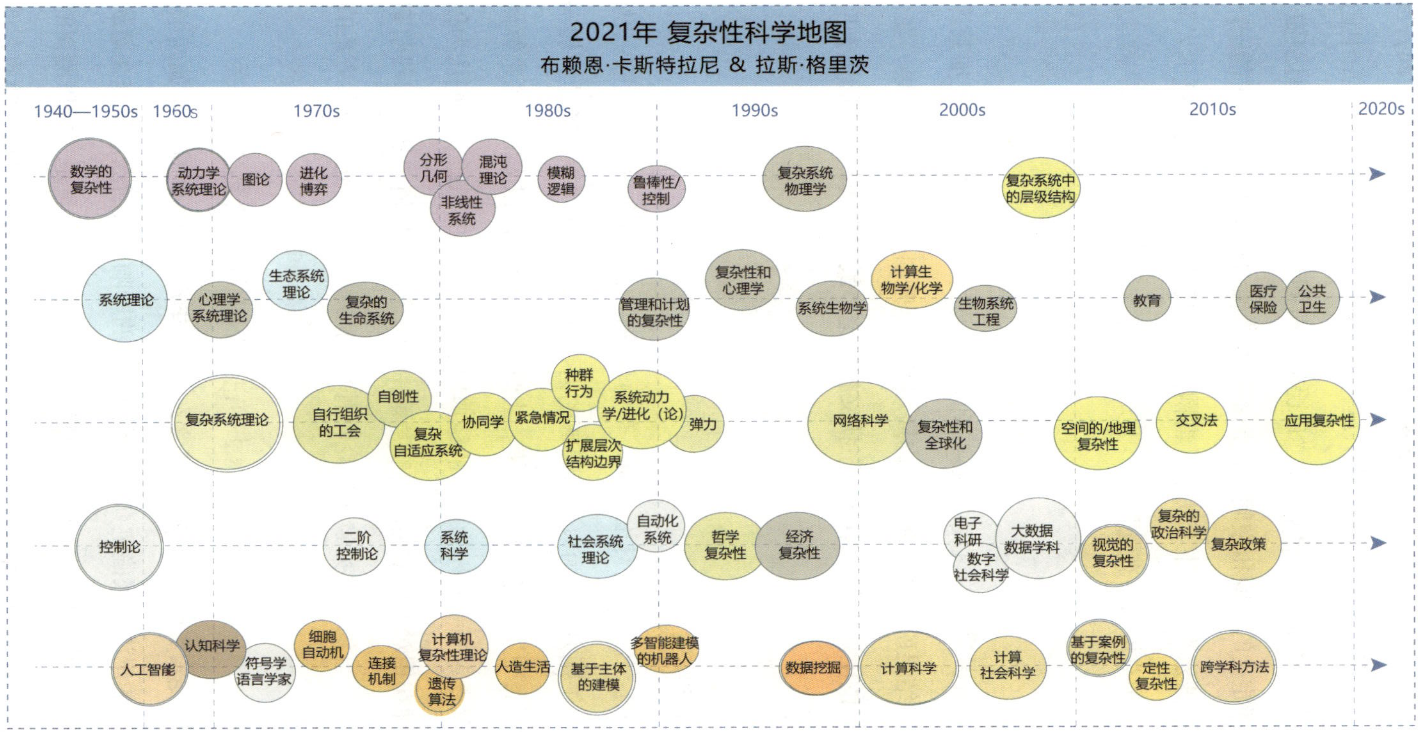

图 18.4　复杂性科学图[6]

论是建立在"四维空间"这个不同时空观上的。相对论提出，时间和空间各自都不是绝对的，绝对的是两者结合的一个整体的时空。这种概念带来的结果是，在时空中运动的观察者可以建立"自己的"参照系，可以定义"自己的"时间和空间（对四维时空做"3 + 1 分解"），而不同的观察者定义的时间和空间可以是不同的。相对论是对牛顿力学的一个修正，因为牛顿力学只能在低速宏观的条件下使用，当物体接近光速时，牛顿力学就不太准了，或者也可以说牛顿力学是相对论力学在速度远小于光速时的一个特例。

狭义的突破

狭义相对论在其发现的过程中被阿尔伯特·迈克耳孙、洛伦兹、庞加莱等科学家的理论成果和实证研究结果所支持，而后爱因斯坦基于这些科学家的实验结果，在他 1905 年发表的论文《论动体的电动力学》中介绍了狭义相对论，最后由普朗克和闵可夫斯基等科学家完成了后续的工作。

两个突破性的实验

在爱因斯坦提出狭义相对论之前，有两个理论在当时取得了巨大的成功：牛顿力学和麦克斯韦方程。牛顿力学认为只要有足够的力，物体速度就可以不断地叠加，没有上限；而麦克斯韦方程则表明光速是一个固定值。当时，人们试图用以太的概念来解释经典力学中的相对性原理和以麦克斯韦方程为核心的经典电磁理论之间的矛盾。他们认为以太是一个绝对的参考系，光速在相对于以太运动的参考系中具有不同的数值。然而，科学家一直没有找到以太存在的证据。直到斐索实验和迈克耳孙-莫雷实验出现，光速与参考系的运动无关才被证明。

迈克耳孙-莫雷实验在前文和图 18.2 中已经介绍，此处介绍斐索实验。

斐索实验：斐索实验是阿曼德·斐索在 1851 年进行的一项实验，如图 18.5 所示。斐索使用了一台特制的干涉仪来确定介质运动对光速的影响，从而测定了光在运动的水中的相对速度。根据当时流行的理论，穿过运动介质的光会被介质拖着走，所以测得的光速就是它与介质的相对速度和介质的速度之和。尽管斐索在实验中观察到了拖拽效应，但该效应比预期要弱得多，因此这一实验在当时引起了一些争议。后来，阿尔伯特·迈克耳孙与爱德华·莫

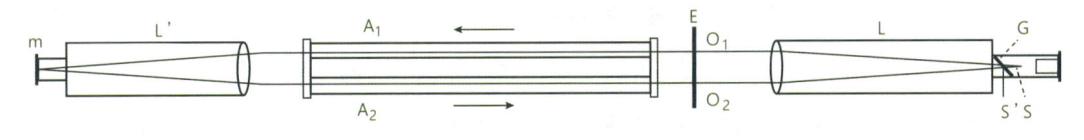

图 18.5 斐索实验

注：从右侧光源 S 发出的光线被分光镜 G 反射后成为发散光，经透镜 L 聚焦为两束平行光。两束光线在分别通过狭缝 O_1 和 O_2 后进入管道 A_1 和 A_2。两个管道分别按照箭头所指的方向通入水流。在透镜 L 焦点处放置的平面镜 m 在图中最左侧。最终两束光线会在图中最右侧 S 处会聚，形成干涉条纹。

雷在 1886 年重复了斐索的实验，并提高了实验的精度，从而证实了斐索的结果。

两个实验的成果

斐索实验和迈克耳孙-莫雷实验表明了光速与参考系的运动无关。两个实验结果否定了以太假说，表明了相对性原理的正确性。1892 年，通过用麦克斯韦-洛伦兹方程组来替换麦克斯韦-赫兹方程组，洛伦兹假设了电子的存在并将之从以太的概念中分离出来，这一成果成了洛伦兹以太理论的基础。直到后来爱因斯坦提出了狭义相对论，并发表了对时空的全新定义：所有的时空坐标在所有参考系里面都是等价的，并且不存在所谓"真实"的和"表面"的时间。同时他还废除了以太这一概念。他的理论也基于两个基本假设：狭义相对性原理和光速不变原理。

释义 18.1：狭义相对性原理与光速不变原理

狭义相对性原理：在不同的惯性参考系中，一切物理规律都是相同的。不同时间进行的实验验证了同样的物理定律，这正是相对性原理的实验基础。
光速不变原理：真空中的光速在不同的惯性参考系中都是相同的，即光速同光源的运动状态和观察者所处的惯性系无关。

狭义相对论，是仅描述平直线性时空（指没有引力的时空，即闵可夫斯基时空）的相对论理论。狭义相对论将"真空中，光速为常数"作为基本假设，结合狭义相对性原理和上述时空的性质可以推出洛伦兹变换。同时，在狭义相对论中，会出现时间膨胀这样一种物理现象：在两个相同的时钟之间，拿着第一个时钟的人会发现第二个时钟的运行速度比他自己

的时钟慢。这种现象通常被描述为对方的时钟"慢下来",但这种描述只在观察者的参考系中是正确的。任何本地时间(观察者在同一坐标系中测量的时间)都以相同的速度前进。时间膨胀效应适用于任何解释时间速度变化的过程。在狭义相对论中,时间膨胀效应是相互性的:从任何一个时钟观测,人们都觉得是对方的时钟走慢了(假定两者在观测对方时都没有加速度),双生子佯谬就是基于时间膨胀效应的一个思想实验。

爱因斯坦指出,1895年的洛伦兹理论(或者说麦克斯韦-洛伦兹电磁学)以及斐索实验都对他形成自己的电磁学和光速不变原理的观点产生了不可忽略的影响。他在1909年和1912年的时候均说过,他从洛伦兹的静态以太理论中借用了前述概念。但他发现,这些概念组合在一起之后,以太就成了一个没有意义的东西了。

双生子佯谬

双生子佯谬是由法国物理学家朗之万在意大利博洛尼亚大学召开的第四届世界哲学大会上提出的。大意就是假设有一对双生兄弟,一个登上宇宙飞船做长程太空旅行,另一个则留在地球。结果当旅行者回到地球后,他发现自己比留在地球上的兄弟更年轻。这个结果似乎与狭义相对论矛盾:狭义相对论所探讨的是物体惯性参考系的相对运动,比方物体 A 为观察者,观察到物体 B 等速率远离自身;相反,物体 B 也会认为物体 A 等速率离开自身。根据狭义相对论,物体 A 会认为物体 B 的时钟走慢了,物体 B 也会认为物体 A 的时钟走慢了。

狭义相对论指出所有惯性系的观测者都有同等意义,没有任何一个参考系会获得优待。因此,根据狭义相对论,旅行者预期回到地球后会看见比自己更年轻的双胞胎兄弟,这与他兄弟的观点正好相反。实际上,旅行者的期望是错误的,因为他没有意识到自己的观测平台不满足狭义相对论的条件。宇宙飞船在旅途中一直经历着加速和减速,所以旅行者并不处于惯性系中。相反,留在地球上的兄弟在整个航程中都处于惯性系之中,所以只有他的观测结果才适用于狭义相对论。[7] 当然,这里是把地球当作静止的物体,忽略了它的运动所带来的相对较小的加速度。更精确的理论甚至还应该考虑地球本身也是非惯性系。如果进入这个精度等级,则狭义相对论中关于惯性系的假设,对人类观察者来说,其实都是不

存在的。图 18.6 是根据闵可夫斯基的闵氏几何所绘制的双生子佯谬图，这对双生子的轨迹存在差异：飞船的轨迹在两个不同的惯性框架之间平分，而位于地球的双生子则停留在同一个惯性框架中。

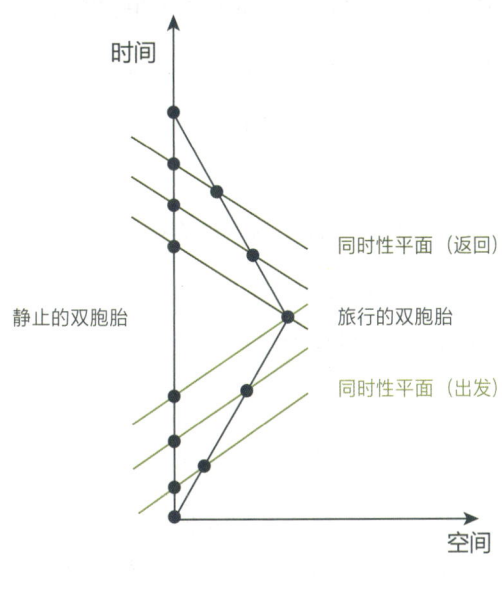

图 18.6 双生子佯谬

注：纵轴代表时间，横轴代表空间，由于静止一方始终为惯性系，因此其世界线为竖直的（与纵轴重合）；而旅行一方始终为非惯性系，因此其世界线为图中的折线。

广义的延伸

广义相对论被诸多物理学家认为是爱因斯坦最伟大的理论，甚至超过了他于 1905 年发布的关于原子假说、光量子假说和狭义相对论等的开创性论文。在牛顿力学中，超距作用被视为一种现象，根据牛顿万有引力定律的推论，万有引力就是一种超距作用。简单来说，超距作用的定义就是两个不同空间的物体无须物理接触即可移动、更改或以其他方式影响对方。但是牛顿万有引力定律只提到两粒子相互直接作用于对方的引力，并没有解释引力的传递过程，而且这个定律与时间无关，意味着瞬时直接的超距作用。

而在广义相对论中，这样的"超远距离作用"被认为是不可能存在的，也就是说广义相对论是反对超距作用说的。爱因斯坦将牛顿用于解释超距作用的引力定律替换成了时空弯曲，即引力是物质和能量在弯曲时空中的运动效应。广义相对论认为，物质和能量会弯曲时空，而弯曲的时空会影响物质和能量的运动轨迹。物体运动的最快速度是光速。这颠覆了人类的时空观和引力观。广义相对论还指出，时空的几何结构可以通过爱因斯坦场方程来描述。爱因斯坦场方程将时空的几何特性与物质和能量的分布联系起来，它描述了时空的弯曲程度如何与物质和能量的分布相关联。同时引力的产生还会制造"引力波"，并且引力越强的地方，时间的流速就越慢。现代黑洞的概念到宇宙大爆炸模型都是建立在广义相对论的基础之上的，它成为主流科技界的世界观。

但在量子力学中，量子纠缠也已经被主流科技界接受为一种超距作用[8]，对于采用量子纠缠是否可以实现信息的超光速传输还在争论过程中[9-10]，所以，量子力学的世界观与相对论世界观还是存在明显不同的，也与经典力学不同。

1915年11月25日，36岁的爱因斯坦在普鲁士科学院报告了《基于广义相对论对水星近日点运动的解释》[11]，而后在1916年第7期的《物理年鉴》上发表了《广义相对论基础》[12]一文，对广义相对论做了系统的阐释，这标志着广义相对论的诞生。广义相对论以其深刻的物理思想、抽象的数学工具和精确的实验验证，成为物理学史上划时代的杰作。

广义相对论有两个基本原理，一是等效原理：惯性力场与引力场的动力学效应是局部不可分辨的[13]。二是广义相对性原理：所有的物理定律在任何参考系中都取相同的形式。

3. 量子的大厦

量子力学主要描述微观世界的事物，与相对论一起被认为是现代物理学的两大基本支柱，如原子物理学、固体物理学、核物理学和粒子物理学以及其他相关的理论学科，都是以量子力学作为基础的。

在上文提到的第二朵乌云中，也就是出现在关于能量均分的麦克斯韦-玻尔兹曼理论上的问题中，黑体辐射理论出现的"紫外灾难"最为突出。量子理论是在普朗克为了克服经典理论

解释黑体辐射规律的困难而引入能量子概念的基础上发展起来的，而爱因斯坦提出了光量子假说，运用能量子概念使量子理论得到了进一步发展。玻尔、德布罗意、薛定谔、玻恩、狄拉克等人先后提出电子自旋概念，创立矩阵力学、波动力学，进行波函数的物理诠释以及提出不确定性原理和互补原理，为解决量子理论遇到的困难进行了开创性的工作。最终，1925年到1928年形成了完整的量子力学理论，这一理论与爱因斯坦的相对论并肩，成为现代物理学的两大理论支柱。

量子力学的诞生

量子力学是描述原子和亚原子尺度的物理学理论。该理论形成于20世纪初期，彻底改变了人们对物质组成成分的认识。微观世界里，粒子不是台球，而是嗡嗡跳跃的概率云，它们不只存在于一个位置，也不会从点A通过一条单一路径到达点B。根据量子理论，粒子的行为常常像波，用于描述粒子行为的"波函数"可以预测一个粒子可能的特性，诸如它的位置和速度，而非确定的特性。物理学中有些怪异的概念，诸如纠缠和不确定性原理，就源于量子力学。

1894年，普朗克开始研究黑体辐射。在研究黑体辐射时，普朗克发现，如果认为原子在发射和吸收辐射时不是连续的，而是一份一份的，那么，每份电磁辐射的能量和频率之间存在正比关系（$E=h\nu$）。但是当时，人们都认为光是波，根据电磁理论和波动光学，电磁辐射应该是连续的，对此普朗克百思不得其解。但是利用这个假设和玻尔兹曼熵的公式，普朗克得到了一个新的黑体辐射公式，而且这个假定帮助他得出了与实验数据很符合的理论曲线。在研究报告中，普朗克根据黑体辐射的测量数据计算出了普适常数，后来人们称这个常数为普朗克常数，也就是普朗克所谓的"作用量子"，而将最小的不可再分的能量单元称作"能量子"或"量子"，这被认为是普朗克提出量子假说的开端。1900年12月14日，普朗克在柏林科学院召开的一个会议上宣布了这个结果，量子就这样诞生了。[14]

奠定量子力学的科学家们：19世纪末，经典力学和经典电动力学在描述微观系统时的不足越来越明显。量子力学是在20世纪初由马克斯·普朗克、尼尔斯·玻尔、沃纳·海森伯、埃尔温·薛定谔、沃尔夫冈·泡利、路易斯·德布罗意、马克斯·玻恩、恩里科·费米、保罗·狄拉克、阿尔伯特·爱因斯坦、康普顿等一大批物理学家共同创立的。

不确定性原理

不确定性原理（也叫测不准原理）是量子力学的一个基本原理，由德国物理学家海森伯于 1927 年提出。如图 18.7 所示，里面的 Δx 和 Δp 指的是标准差。该原理表明微观粒子的某些物理量（如位置和动量、方位角和动量矩，以及时间和能量）不可能同时有确定的值，并且这些量中的一个越确定，另一个的不确定性就越大。

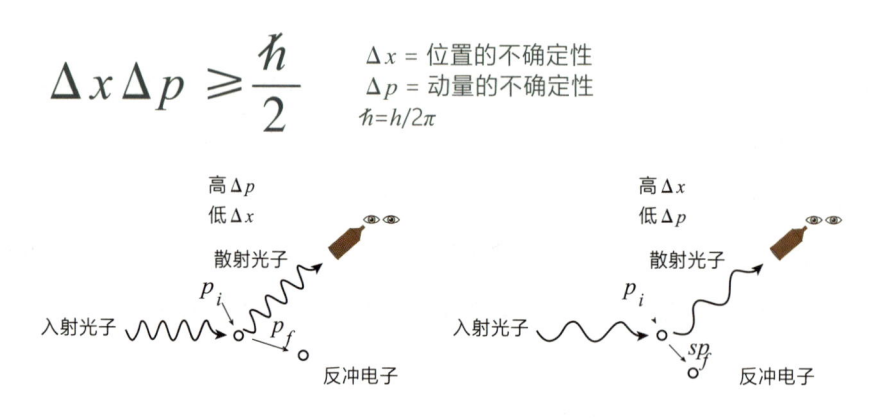

$$\Delta x \Delta p \geq \frac{\hbar}{2}$$

Δx = 位置的不确定性
Δp = 动量的不确定性
$\hbar = h/2\pi$

图 18.7　不确定性原理

不确定性原理主要有三种不同形式的表述。[15]

（1）顺序测量不确定性原理：不可能在测量位置时完全不搅扰动量，反之亦然。

（2）联合测量不确定性原理：不可能对位置与动量做联合测量，即同步地测量位置与动量，只能做近似联合测量。

（3）制备不确定性原理：不可能制备出量子态具有明确位置与明确动量的量子系统。

不确定性原理的意义：不确定性原理引发了科学家们对世界、微观世界概率问题的思考，也引发了诸多对上帝、因果论、宿命论等的哲学思考。科学家比如爱因斯坦就拒绝接受不确定性原理，提出了"爱因斯坦狭缝问题""爱因斯坦光盒"等思想实验来挑战不确定性原理。

1935 年，爱因斯坦、波多尔斯基和罗森发表了 EPR 佯谬，以分析相隔很远的两个粒子的量子纠缠现象，如图 18.8 所示。爱因斯坦发现，测量其中一个粒子 A 会同时改变另一个粒子 B 的机会分布。然而，狭义相对论不允许信息以超过光速的速度传播，测量一个粒子 A 不应瞬间影响另一个粒子 B。这个悖论促使玻尔对不确定性原理的看法发生了重大变化，他推断不确定性不是由直接测量动作产生的。[16]

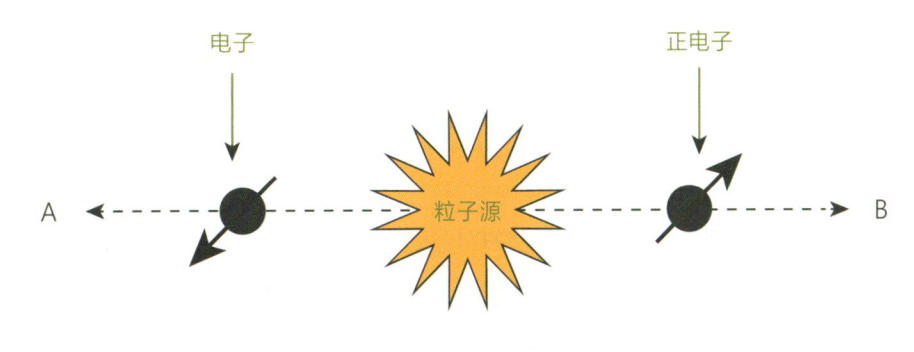

图 18.8　EPR 佯谬

从这个思想实验中，爱因斯坦得出了影响深远的结论。他相信"自然基础假设"：对物理现实的完整描述必须能够从定域数据中预测实验结果，因此这种描述包含的信息比不确定性原理（量子力学）所允许的要多，这意味着也许完备描述中有定域隐变量，而这在今天的量子力学中是不存在的。因此，他推断出量子力学是不完备的。

薛定谔的猫

薛定谔的猫是奥地利物理学家埃尔温·薛定谔于 1935 年提出的一个思想实验。通过这个思想实验，薛定谔指出了将量子力学的哥本哈根解释应用于宏观物体所产生的问题及其与物理学常识的矛盾。在这个思想实验中，由于先前事件的随机性，猫会处于生死叠加的状态。

薛定谔是这样描述实验的。[17]

实验者甚至可以建立一个相当荒谬的案例。将一只猫放在一个封闭的钢制容器中，并安装以下装置（必须注意确保该装置不会被容器中的猫直接干扰）：将极少量的放射性物质放置在盖革计数器内，一小时内至少有一个放射性物质原子衰变的概率是 50%，它根本不衰变的概率也是50%；如果发生衰变事件，则盖革计数管会放电，并通过继电器激活锤子，从而打破装有氰化氢的烧瓶。一个小时后，如果没有发生衰变事件，猫就活下来了；如果发生衰变，那么就会触发机制，氰化氢挥发，导致猫立即死亡。用来描述这整个事件的波函数竟然出人意料地表达了活猫和死猫半纠合的一个状态。

像这个典型例子一样的众多案例里，原本局限在原子领域的不确定性，通过巧妙的机制转化为宏观的不确定性，只有打开盒子直视才能解除。人们很难天真地接受采用这种广义模型作为实体量子特性的准确表示。就其本身而言，它并不意味着任何不明确或矛盾的含义。但是，抖动或失焦的照片与雾云堆积的快照之间实际上存在着很大的差异。

思想实验表明，除非进行观察，否则没有什么是确定的，但这将微观不确定性原理变成了宏观不确定性原理，其中客观规律不依赖于人类意志，猫是活的也是死的，这违背了逻辑思维。[18] 爱因斯坦和一些非主流物理学家不认可这个理论的结果。爱因斯坦认为，量子力学只是对原子和亚原子粒子行为的合理描述，这是一种唯象理论，它本身并不是终极真理。正如他的一句名言："上帝不掷骰子。"他否定了薛定谔的猫的非本征态之说，并认为一定有一种内在机制构成了事物的真实本质。

"薛定谔猫"状态不仅具有理论意义，而且具有实际应用的潜力。例如，多粒子"薛定谔猫"态系统可以作为未来高容错量子计算机的核心部件，也可以用来制造极其灵敏的传感器和原子钟、干涉仪等精密测量设备。

"薛定谔猫"很好地阐述了量子力学的不确定性，而这对传统物理学家来说难以接受。对传统的物理学家来说，只要找到了事物之间的联系，就能在每时每刻确定事物之间的相关物理数据。就如海森伯提出的不确定性原理阐述了人无法预知一个微观粒子未来的状态。

奇妙的量子纠缠

量子纠缠是量子力学中的现象，当几个粒子相互作用时，每个粒子的特性被合成为一个整体，人们无法单独描述每个粒子的特性，只能描述整个系统的属性。这个现象被称为量子纠缠。

如果分别测量两个纠缠粒子的物理性质，如位置、动量、自旋、极化等，你就会发

现量子相关现象。例如，假设一个零自旋粒子衰变为两个沿相反方向分开的粒子。如果在特定方向测量一个粒子的自旋，结果是向上自旋，那么另一个粒子的自旋必定是向下自旋；如果结果是向下自旋，那么另一个粒子的自旋必须是向上自旋。目前尚未发现传递信息的机制，但即使两个粒子之间的距离很远，当一个粒子被测量时，另一个粒子似乎会知道测量的发生和结果。上面提到的EPR佯谬就论述了这一现象。薛定谔后来也发表了几篇关于量子纠缠的论文，并提出了"量子纠缠"这一术语。

随着量子理论的发展，量子纠缠已经被科学界广泛认可，并且人们在一些前沿领域开始研究和应用量子纠缠，比如量子加密通信：使用量子密钥分发（QKD）来加密信息。在QKD中，关于密钥的信息通过随机偏振的光子发送。这限制了光子，使得其仅在一个平面中振动。如果这时候窃听者测量信息，那么量子状态会坍塌，没有人能够解密这种信息，除非他们有确切的量子密钥。又比如量子计算机：使用以叠加的状态存在的量子比特，如果它们不被测量，量子位可以同时为"1"和"0"，这将极大地提高计算机的运行速度[19]。

量子力学的影响

量子力学的发展革命性地改变了人们对物质的结构以及其相互作用的认识。量子力学得以解释许多现象并预言新的、无法直接想象出来的现象，这些现象后来也被非常精确的实验证明。除通过广义相对论描写的引力外，至今所有其他物理基本相互作用均可以在量子力学的框架内描写（量子场论）。

量子力学并没有支持自由意志，只是认为微观世界物质具有概率波等存在不确定性，不过其依然具有稳定的客观规律，不以人的意志为转移。它也否认宿命论。第一，这种微观尺度上的随机性和通常意义下的宏观尺度之间仍然有着难以逾越的距离；第二，这种随机性是否不可约简难以证明，事物是由各自独立演化所组合的多样性整体，偶然性与必然性存在辩证关系。自然界是否真有随机性还是一个悬而未决的问题，对这个鸿沟起决定作用的就是普朗克常数，统计学中的许多随机事件的例子，严格来说实为决定性的。

第 19 章

东方科学的发展

东西方的文化差异在科学上表现为，西方的感悟在于对唯一真理的不断探究，而东方的智慧在于和谐共存。这一差异在近代科学史中通过科技发展速度的不同十分具象化地体现了出来。其中最为显著的差异体现在近代西方对科学、宇宙观、世界观的感悟。

四大文明古国之一的中国在人类科技发展史册上留下了绚烂一笔：指南针促进了远洋航行，迎来了地理大发现的时代；造纸术和活字印刷术，推动了科学文化的传播和交流，深刻地影响了世界历史的进程；火药推动了欧洲火药武器的发明，加速了欧洲封建制度的解体；《本草纲目》使人类医学迈进了一大步；地动仪为监测地震发生提供了先例……经历百年的故步自封与兵荒马乱后，中国的科技再次崛起，"两弹一星"震惊世界，杂交水稻消灭饥饿，更有蛟龙入海、神舟飞天，人类对世界的真容更近一步。

儒家思想是先秦诸子百家学说之一，开放包容、经世致用。周公及三代礼乐乃后起儒学之先导，周礼制定之地洛邑成周乃中国儒学之祖庭，几千年来为历代儒客所尊崇。儒家思想也被称为儒教或儒学，由孔子创立，后来以此为基础逐渐形成了完整的儒家思想体系，影响深远。

1. 科学的进步

科学技术对一个社会的影响是深远的。明治维新之后，日本走上富民强国的道路，20 世纪初就跻身发达国家之列，与此同时，中国也开展了洋务运动，引进并发展西方先进技术，为后来的国防事业打下基础。

中国近现代科技

中国的科技发展历史悠久，直到 16 世纪中叶中国一直处于世界科技舞台的中心。3 300 多年前，甲骨文中记录了日食。距今约 2 500 年的《周礼·考工记》准确地描述了 6 种铜锡合金及其不同用途。1 世纪初，西汉时期，中国人发明了造纸术；105 年前后，中国科学家蔡伦改进了造纸术，使造纸术在中国迅速传播。3 世纪前后，中国人发明了瓷器；11 世纪造瓷技术传到波斯；1470 年前后从波斯经阿拉伯传遍意大利和整个欧洲。到了唐代，中国科学家发明了火药，其在 9 世纪首次被用于战争。

11 世纪中叶，宋代的科学家发明了活字印刷术。16 世纪末，中国医学家李时珍撰写了《本草纲目》，这一著作成为中国古代医学的代表作。至此，中国古代科学发展达到顶峰，四大发明相继登上历史舞台。

英国著名科学家李约瑟博士认为：

中国在 3 世纪到 13 世纪之间保持一个西方所望尘莫及的科学知识水平。

近现代，李四光、邓稼先、钱学森、袁隆平等一大批科学家为中国的建设事业做出了巨大的科学贡献。

李四光（1889—1971 年），字仲揆，原名李仲揆，湖北黄冈人，蒙古族，地质学家、教育家、音乐家、社会活动家，中国地质力学的创立者、中国现代地球科学和地质工作的主要领导人和奠基人之一，是新中国成立后第一批杰出的科学家和为新中国发展做出卓越贡献的元勋。

李四光创立了地质力学，并为中国石油工业的发展做出了重要贡献；他早年对蜓科化石及其地层分层意义有精湛的研究，提出了中国东部第四纪冰川的存在，建立了新的边缘学科"地质力学"和"构造体系"概念，创建了地质力学学派；提出新华夏构造体系三个沉降带有广阔找油远景，开创了活动构造研究与地应力观测相结合的预报地震途径。

"两弹"的成功研制

20 世纪 50 年代中期，面对国际上严峻的核讹诈形势和军备竞赛的发展趋势，为了保卫

国家安全、维护世界和平，中国开始创建核工业。但1959年，在苏联撤走在华专家以及国内恶劣的经济环境影响下，中国原子能事业陷入了困境。1962年，中共中央成立了专门委员会，迅速组织全国各科研、生产部门协作攻关。经过多年的聚力攻关，在众多科研人员的协作下，原子弹核试验准备就绪。1964年10月16日15时，巨大的蘑菇云在新疆罗布泊荒漠腾空而起，中国第一颗原子弹爆炸成功（见图19.1）。

```
1955年 → 1959年 → 1962年 → 1964年
创建核工业   原子能事业陷入困境   原子弹核试验就绪   第一颗原子弹爆炸成功
```

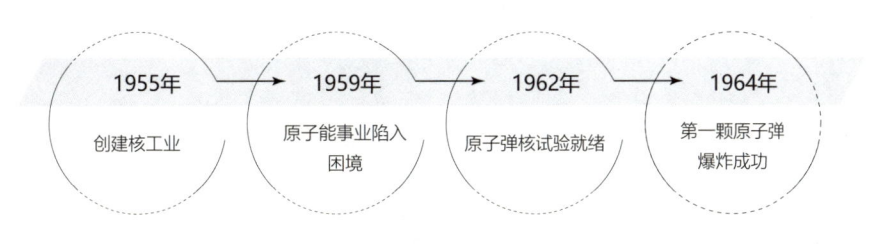

图 19.1　中国原子弹发展过程

"东方巨响"震惊了世界。新中国第一颗原子弹爆炸成功，是中国在国防建设和科学技术方面取得的一项重大成就，它代表中国科学技术当时所能达到的新水平，有力地打破了超级大国的核垄断和核讹诈，提高了中国的国际地位。同时，中国政府郑重宣布，在任何时候，任何情况下，中国都不会首先使用核武器。中国著名的核物理学家邓稼先（1924—1986年）是中国第一颗原子弹和氢弹的设计者之一，并在核能研究和应用中发挥了重要作用。

人造地球卫星的成功研制

东方红一号（代号DFH-1）是20世纪70年代初中国发射的第一颗人造地球卫星。东方红一号发射成功，开创了中国航天史的新纪元，使中国成为继苏、美、法、日之后世界上第五个独立研制并发射人造地球卫星的国家。设计中国的第一颗人造卫星的幕后功臣是中国航天之父钱学森，他是中国航天事业的奠基人之一，是"两弹一星元勋"。

东方红一号卫星于1958年提出预研计划，1965年正式开始研制，1970年4月24日在酒泉卫星发射中心成功发射。东方红一号卫星重173千克，由长征一号运载火箭送入近地点441千米、远地点2 368千米、倾角68.44度的椭圆轨道。卫星进行了轨道测控和《东方红》乐曲的播送。东方红一号卫星工作28天（设计寿命20天），于5月14

日停止发射信号。东方红一号卫星仍在空间轨道上运行。

杂交水稻的培养与推广

袁隆平（1930—2021年），汉族，生于北京，江西省九江市德安县人。他是享誉海内外的著名农业科学家，中国杂交水稻事业的开创者和领导者，"共和国勋章"获得者，中国工程院院士，被誉为"杂交水稻之父"。

袁隆平1964年开始研究杂交水稻，1966年在菲律宾国际水稻研究所培育出奇迹稻（IR8），1974年育成第一个杂交水稻强优组合南优2号，1975年研制成功杂交水稻制种技术，从而为大面积推广杂交水稻奠定了基础，1985年提出杂交水稻育种的战略设想，为杂交水稻的进一步发展指明了方向。

1997年，袁隆平又提出了旨在提高光合作用效率的超高产杂交水稻形态模式和选育技术路线，开始了"中国超级杂交水稻"的研究。这是一道世界级难题，通过攻关研究，2000年实现了第一期大面积示范亩产700公斤的指标，比现有高产杂交稻每亩增产50公斤左右，尤其1999年在云南永胜还创造了亩产高达1 137.5公斤的高产新纪录。第一期超级杂交稻的推广面积为3 000万亩。

2020年11月2日，在湖南省衡阳市衡南县清竹村进行的袁隆平领衔的杂交水稻双季测产达到了亩产1 530.76公斤，其中早稻619.06公斤，第三代杂交水稻晚稻品种"叁优一号"911.7公斤，超过了1 500公斤的预期目标。比数字更重要的意义在于，这次测产充分展示了第三代杂交水稻更加契合实际生产的特点，有利于进一步保障国家粮食安全。

神舟系列飞船上天

神舟飞船是中国自行研制、具有完全自主知识产权、达到或优于国际第三代载人飞船技术的空间载人飞船。翱翔于太空不仅展现出我国强大的实力，也在改变着我们的生活。"风云""北斗"让我们的生活更便捷，超过2 000项航天技术成果助力智慧城市等加速发展。神舟飞船提高了我国在世界的国际地位和国际影响力，神舟发射标志着我国跻身太空俱乐部，

和发达国家的科学技术差距慢慢缩小。

北京时间1999年11月20日早上6点，神舟一号无人飞船在酒泉卫星发射中心发射升空。时隔近23年，在2022年6月5日10时44分，搭载神舟十四号载人飞船的长征二号F遥十四运载火箭在酒泉卫星发射中心点火发射，约577秒后，神舟十四号载人飞船与火箭成功分离，进入预定轨道；6月5日17时42分，它成功对接于天和核心舱径向端口，整个对接过程历时约7小时。这次任务标志着中国空间站转入建造阶段后首次载人任务正式开启。

北京时间2022年9月2日0时33分，神舟十四号航天员陈冬、刘洋、蔡旭哲密切协同，完成出舱活动期间全部既定任务；陈冬、刘洋安全返回问天实验舱，出舱活动取得圆满成功。

嫦娥二号探月卫星上天
嫦娥二号是中国探月计划中的第二颗绕月人造卫星，也是中国探月工程二期的技术先导星。嫦娥二号任务的圆满完成，标志着中国在深空探测领域突破并掌握了一大批新的具有自主知识产权的核心技术和关键技术，为后续实施探月工程二期的"落"和"回"以及下一步开展火星等深空探测奠定了坚实技术基础，中国在从航天大国迈向航天强国的进程中又跨出了重要的一步。

嫦娥二号卫星共搭载了7种探测设备，包括CCD立体相机、激光高度计、γ射线谱仪、X射线谱仪、微波探测仪、太阳高能粒子探测器和太阳风离子探测器，有效载荷总重约140千克。

2010年10月1日，嫦娥二号在西昌卫星发射中心发射升空；2010年10月6日，嫦娥二号被月球捕获，进入环月轨道；2011年8月25日，嫦娥二号进入拉格朗日L2点环绕轨道；2012年12月15日，嫦娥二号工程宣布收官。

日本近现代科技

日本近现代是指从 19 世纪后期至 21 世纪初期，它先后经历了明治时代、大正时代、昭和时代和平成时代。

明治时代（1868—1912 年）共存在 44 年，由明治天皇当政。明治时代经过王政复古大号令及戊辰战争后，拥戴朝廷的诸藩成立了明治新政府。新政府积极引入欧美各种制度及废藩置县等，这些改革被称为明治维新。一方面，新政府确立国家制度，如设立帝国议会及制定大日本帝国宪法；另一方面，政府又以培植产业及加强军力（富国强兵）为国策推进，急速地发展成近代国家。此外，日本经过一系列国内外的战争，成了列强中的一角。

文化上，日本从欧美引入了新的学问；艺术上，带有未曾在日本出现过的个人主义小说，文学开始出现，与江户时代以前不同的文化展开了；宗教上，以往神佛合流的现象改变了（神佛分离），出现了打压佛教（废佛毁释）等运动。

大正时代（1912—1926 年）是日本大正天皇在位的时期，是短暂而相对稳定的时期。该时代的根本特征是大正民主主义风潮席卷文化的各个领域。大正前期为日本自明治维新以后前所未有的盛世，由于当时第一次世界大战结束，民族自决浪潮十分兴盛，民主自由的气息浓厚，后来人们称之为"大正民主"。

昭和时代（1926—1989 年）是日本天皇裕仁在位期间使用的年号。昭和是日本年号中使用时间最长的。昭和时代前期，日本走上了军国主义的黑暗道路，先后发动了侵华战争和太平洋战争，使许多国家受到了深重的伤害，也给日本带来了毁灭性的灾难。二战后日本经济获得了快速恢复和惊人的高速增长。1989 年 1 月 7 日，昭和天皇病逝，昭和时代自此结束。

平成时代（1989—2019 年）。日本第 124 代天皇裕仁病逝后，55 岁的皇太子明仁登基，于次日起改元"平成"，这标志着平成时代的开始。2019 年 4 月 30 日明仁正式退位，由皇太子德仁继位，开启了令和时代（2019—）。

日本近现代涌现了一批杰出的科学家，如长冈半太郎、关孝和、石原纯、仁科芳雄、汤川秀树、朝永振一郎等（见图 19.2）。

长冈半太郎（1865—1950 年）是长冈市人，明治、大正和昭和时期的著名原子核物理学家，被称为日本物理学之父。他提出一种"土星模型"结构，即围绕带正电的核心有电子环转动的原子模型。他证明了亚洲人在自然科学方面也是有天赋的。

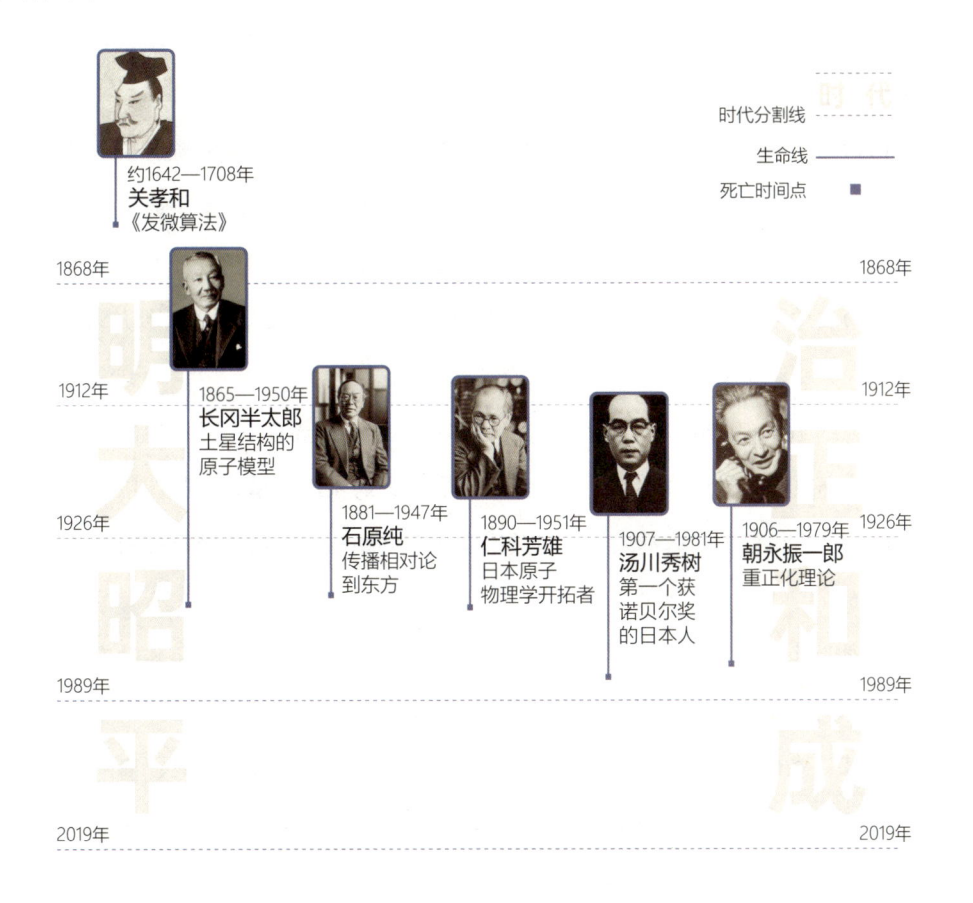

图 19.2　日本近现代有影响力的科学家及代表性成就

长冈半太郎的研究论文是《关于磁偏角的实验与研究》。这是他的外籍老师诺德在去日本之前就开始研究的课题。1887 年，德国物理学家赫兹首先发表了关于电磁波的发生和接收的实验论文，这一成功的实验证明了电磁波的存在。长冈半太郎得知这一消息后，立即重做实验，并在许多人面前进行介绍。1889 年他所写的关于磁偏角的研究论文在世界上受到普遍重视，一跃成为世界物理学界的知名人物。

1893 年，他因关于磁气歪现象的研究获得了理学博士的学位，同年到德国留学 3 年。1896 年回国后，他成为东京帝国大学（现东京大学）教授，一方面担任应用数学和理论物理学的教学工作，另一方面继续进行他的研究，对磁偏角和岩石弹性波以及日本全国各地的重力进行测定工作，对地磁、海啸、地震和火山等现象也进行了研究，在地震学分野也有很多业绩，这些研究工作使日本的物理学达到了世界先进水平，也为日本的防震防灾工作提供了可靠的理论数据。1900年，他在欧洲的国际物理学会议上第一次发表了关于磁偏角的论文。

1917年，日本创立理化学研究所，长冈半太郎任理化学研究所所长和物理学部长，从此对同生产相结合的科研工作产生了兴趣。他指导当时物理学中的主要课题"原子光谱的研究"，并继续在光谱实验研究的基础上，发展了自己的原子核结构的理论。他在数学物理学领域也有不少贡献，编辑整理了《椭圆积分表》等各种数值表和计算表。

关孝和（约1642—1708年），字子豹，日本数学家，代表作有《发微算法》。他出身武士家庭，曾随高原吉种学过数学，之后在江户任贵族家府家臣，掌管财赋，1706年退职。他是日本古典数学（和算）的奠基人，也是关氏学派的创始人，在日本被尊称为算圣。

关孝和改进了朱世杰《算学启蒙》中的天元术算法，开创了和算独有的笔算代数，建立了行列式概念及其初步理论，完善了中国传入的数字方程的近似解法，发现了方程正负根存在的条件，对勾股定理、椭圆面积公式、阿基米德螺线、圆周率进行了研究，开创了"圆理"（径、弧、矢间关系的无穷级数表达式）研究、幻方理论、连分数理论等。

关孝和一生出版的著作非常多，重要著作包括《授时历经立成》《四余算法》《星曜算法》等，其他著作有《解见题之法》《解隐题之法》《解伏题之法》《开放翻变之法》《提术辩议之法》《病题明致之法》《方阵之法·圆攒之法》《算脱之法·验符之法》《求积》《球阙变形草》《开方算式》《八法略诀》《关订书》《宿曜算法》《天文数学杂著》。这些著作展示了关孝和在数学和天文学领域的丰富贡献。

石原纯（1881—1947年），日本物理学家和诗人，明治十四年（1881年）生于东京本乡，东京帝国大学理科大学毕业。他曾在东北帝国大学（现东北大学）任教并获理学博士学位，之后长期从事相对论研究，对量子理论的初期发展做出过重要贡献。石原纯写过多本关于理论物理和相对论的书籍，让汤川秀树受益匪浅。石原纯的好几本书曾被翻译成中文在中国出版。此外，在日本，石原纯还是一个颇有名气的诗人。

1911年石原纯留学德国，在爱因斯坦和阿诺德·索末菲（1868—1951年）联合指导下研究相对论。其间他和1914年诺贝尔物理学奖得主马克斯·冯·劳厄（1879—1960年）也有来往。石原纯于1915年回到日本，把爱因斯坦和相对论介绍到日本和亚洲。他于1919年发表的著名论文《万有引力和量子力学论》，是第一部在东方介绍爱因斯坦相对论的著作。

仁科芳雄（1890—1951年）出生于日本冈山县的庄町，毕业于东京帝国大学，主要从事原子核物理学理论及实验研究，以及宇宙射线研究，是日本原子物理学的开拓者。他是继长冈半太郎和石原纯之后在国际上较有影响力的日本理论物理学家。

仁科芳雄于1918年毕业于东京帝国大学工学部电气工学科，后加入理化学研究所，师从长冈半太郎。仁科芳雄于1921年赴欧洲留学达8年之久，先后在英国剑桥大学、德国哥廷根大学和汉堡大学，以及丹麦哥本哈根大学访学。在哥本哈根，他在玻尔的指导下学习和研究理论物理。其间，海森伯和狄拉克也在玻尔的指导下从事量子力学研究。仁科芳雄的主要成就是1928年与瑞典的奥斯卡·克莱因（1894—1977年）共同导出关于X射线康普顿散射（Compton scattering）的"克莱因–仁科公式"。仁科芳雄在1929年回到东京帝国大学，于1931年建立了"仁科实验室"，进行核物理和宇宙射线的研究。他对量子力学在日本的传播和发展做出了重要贡献。后来，仁科芳雄是第一个接受并支持汤川秀树新粒子学说的物理学家。

1937年，他首次在日本建成了23吨的回旋加速器，翌年开始建设200吨的回旋加速器，于1944年完工。1941年5月，他曾受日本内阁密令，负责代号为"Ni"的原子弹研究计划，该计划后因他所研制出的热扩散设施在1945年4月美军的一次空袭中被炸毁而夭折。

在宇宙射线研究方面，他在清水隧道内进行宇宙射线观测，探究宇宙射线强度和高层气温的关系，并在威尔逊云室中测定宇宙线粒子质量，以这方面的研究而著名。1946年获日本文化勋章。1948年，理化学研究所解体，改成立株式会社科学研究所，仁科芳雄任第一代董事长和社长。同年他当选为日本学士院会员，翌年被推举为日本学术会议副议长。

此外，他还担任过科学技术行政协议会委员、联合国教科文组织日本协会会长和外资导入委员会委员等职，1951年1月10日因肝癌在东京去世。他所建立的科研所对日本科学的发展有很大影响，日本大部分杰出的物理学家都与他的学派有密切关系。为了纪念他，月球上一环形山以他的名字命名。日本在1990年2月6日发行的邮票也绘有他的画像。

汤川秀树（1907—1981年），日本著名物理学家，博士学位，毕业于京都帝国大学（现京都大学）和大阪帝国大学（现大阪大学）。他曾任京都帝国大学、东京帝国大学教授，1949年任哥伦比亚大学教授。1949年，因在核力的理论基础上预言了介子的存在，汤川秀树获得了诺贝尔物理学奖。1955年他返回日本。他从电磁理论中得到启发，于1935年提出了关于核力的"介子理论"。他也是第一个获得诺贝尔奖的日本人。

在大阪帝国大学工作不久后，汤川秀树于1935年提出介子理论，以"论基本粒子的相互作用"为题，发表了介子场论文。当时，量子电动力学正处于草创阶段，人们已逐渐认识到，电磁相互作用可以看作在荷电粒子之间交换光子，光子是电磁场的"量子"，它以光速运动因而静质量为零。参照这一理论，汤川秀树把核力设想为带有势函数$U(x,y,z,t)$的特定场中的相互作用，这种场导致了所谓U量子，U量子是核强相互作用时交换的粒子，其静质量约为电子的200倍（后来命名为"介子"），即质子和中子通过交换介子而相互转化。

他预言，核力及β衰变的媒介存在新粒子即介子，还提出了核力场的方程和核力的势，即汤川势的表达式。按照这一理论，质子和中子通过介子可以带正、负电荷或者是中性的，一个介子可以转化为一个电子和不带电的轻子（中微子）。即质子和中子通过交换介子而互相转化，核力是一种交换介子的相互作用。1937年，C.D.安德森等在宇宙射线中发现新的带电粒子（后被认定为μ介子）之后，C.F.鲍威尔等人于1947年在宇宙射线中发现了另一种粒子，被认定是汤川秀树所预言的介子，命名为π介子。

朝永振一郎（1906—1979 年）毕业于京都帝国大学和东京帝国大学，日本理论物理学家。1965 年，时任东京教育大学教授的朝永振一郎因重正化理论获得诺贝尔物理学奖。

1965 年，朝永振一郎因在量子电动力学基础理论研究方面的成就，与施温格、费恩曼共同获得了诺贝尔物理学奖。他还当选了日本学士院院士，获得日本文化勋章以及多个国家的科学院荣誉院士称号。1957 年 5 月，朝永振一郎曾率领日本物理代表团来中国访问并进行学术交流。

朝永振一郎最大的研究成果为重正化（Renormalization）理论与中子研究，并且因为重正化理论而获得诺贝尔物理学奖。朝永振一郎也写过不少有关科学普及的著作。

其他国家的科技

与此同时，其他国家例如印度也涌现了一批杰出的科学家，如斯里尼瓦瑟·拉马努金。他是英国皇家学会院士，是印度最著名的数学家之一。他沉迷数论，尤爱牵涉 π、质数等数学常数的求和公式，以及整数分拆。他惯以直觉（或称为数感）导出公式，不喜欢做证明，而他的理论在事后往往被证明是对的。他所留下的尚未被证明的公式，启发了几位菲尔兹奖获得者的工作。1997 年，《拉马努金期刊》创刊，用以发表有关"受到拉马努金影响的数学领域"的研究论文。

拉马努金在数学领域发现和证明的公式和定理包含高度合成数的性质、整数分割函数和它的渐近线、拉马努金 θ 函数。他在伽马函数、模形式、发散级数、超几何级数和质数理论等领域也有发现。

拉马努金的猜想：虽然拉马努金提出的很多命题都有资格被称为拉马努金（的）猜想，但其中一个特别有影响力，所以"拉马努金猜想"通常指的是它。拉马努金猜想断定了拉马努金 θ 函数的大小。这里说的 θ 函数的生成函数是模判别式 $\Delta(q)$（模形式理论中一种典型的尖形式）。这个猜想在 1973 年终于被证明，可由皮埃尔·德利涅证明的韦依猜想推论得出，其化简步骤相当复杂。

2. 思想的发展

春秋战国至秦汉时期思想的变化趋势：战国之所以形成"百家争鸣"的局面，从根本上看是由其时代特征决定的。许多思想家基于不同的立场和角度发表不同主张，因而形成"诸子百家"。客观上，政治分裂加上各诸侯国支持，进而出现"百家争鸣"局面。至秦汉发展为思想专制，这反映了由分裂到统一的要求，最主要的还是基于君主专制中央集权的需要。明清时期思想最显著的时代特征是封建专制思想的空前加强和反封建民主色彩思想的出现。这恰恰也正是明清时期政治上封建制度衰落、经济上商品经济发展的反映。

中国古代哲学思想的发展，从根本上讲是生产力发展的结果，是伴随着自然科学的发展，人们对自然认识的不断加深而发展的。荀子的"人定胜天"表现出人们战胜自然的能力的增强；秦汉、魏晋南北朝时期王充、范缜的唯物主义思想则表现出封建制度确立后生产力发展、科技进步的巨大成就。同时，我们也应注意到哲学发展与社会政治和阶级关系变动有着密切的关系。春秋战国时期，奴隶制逐渐解体，封建制度逐渐形成。

中国的儒释道思想

中国古代哲学以道家思想为主，道家思想研究的是人与自然的规律，讲究人与自然和谐共生。孔子研究社会管理，强调人与社会的和谐。后来佛教从印度传入中国，佛教强调人与自己的内心和谐。因此，东方儒道佛三家哲学的核心思想是和谐共存。这种不同的哲学思维对社会的发展有重要影响。太极、中庸都在指明一个特点，即没有唯一标准。这跟西方信奉的唯一真理完全相反。所以，中华文明至今仍屹立不倒，是因为中国古代哲学一开始就研究人与人之间的关系、人与自然之间的关系，这使得这个群体（中华民族）从未分离过，牢牢地凝聚在一起，它的文明也延续至今。

一个比较重要的方向就是用中国的和谐哲学作为现代科学的基础，构建出一个万统论。万统论的应用，可以让大家意识到东方哲学对构建人类命运共同体的作用，从而把东方哲学的世界观和价值观作为联合国需要推行的共同价值观。这样的结论也已经被西方的一些哲学家和思想家意识到了。当代著名的哲学家施太格缪勒在《当代哲学主流》一书中也曾写道：

"未来世代的人们有一天会问：20世纪的失误是什么呢？"对这个问题他们会回答说：在20世纪，一方面唯物主义哲学（它把物质说成是唯一真正的实在）不仅在世界上许多国家成为现行官方世界观的组成部分，而且即使在西方哲学中，譬如在所谓身心讨论的范围内，也常常处于支配地位；但是另一方面，恰恰是这个物质概念始终是使这个世纪的科学研究者感到最困难、最难解决和最难理解的概念。[1]

东方的工匠精神

热衷于技术与发明创造的"工匠精神"是每个国家活力的源泉。中国自古就是一个具有创新传统和工匠精神的国度。先秦的鲁班、李冰是以心灵手巧和创新精神而成就事业的标杆人物。三国时期的"名巧"马钧虽不善言辞，却心灵手巧，擅长解决实际的技术难题。宋代的韩公廉是将工匠传统与天算知识结合的工程师。明朝的宋应星没能考中进士，却撰写出《天工开物》，这本书被外国学者誉为"中国17世纪的工艺百科全书"。

今人常以"工匠精神"形容对作品的极致雕琢，榫卯结构的传统东方民居就是最具代表性的对工匠精神的注解。早在7 000多年前，河姆渡文化中就已出现榫卯，这种精巧的建筑技艺代代相传，既考验着匠人的手艺，又蕴含着道法自然的建筑智慧。

举世闻名的赵州桥是隋代著名的桥梁工匠李春的伟大杰作，这是一座空腹式的圆弧形石拱桥，其构想精妙、技艺精湛，是中国现存最早、保存最好的巨大石拱桥。而在欧洲，类似的敞肩拱桥直到19世纪才出现，比我国晚了1 200多年。

东方传统中体现出的工匠精神，并不是单一技艺的简单化重复，对于工程质量的监督与控制同样体现了古人的非凡智慧。西汉初年补编的《周礼·考工记》中就详细记载了"匠人"对"建国""营国""沟洫"的设计要领，可以说是中国最早的由官方颁布的建筑规划设计准则；宋崇宁二年（1103年），李诫在《木经》的基础上编成的《营造法式》颁行，它是我国古代最完整的建筑技术书，对建筑设计和施工中的石作、木作、雕作等13个工种的选料、规格、设计、施工、流程、质量都进行了详细的记载，并逐一制定规范。条章俱在，稽参众智，字字句句简明扼要，易于实施之余，也便于节制开支、质检验收，堪称中国最早的"国家质量标准"。

时光流转，朝代更迭。作为匠人作品的宫殿楼宇可能早已化作尘土灰烬，但是匠人们尊重自然、敬畏手艺、高度专注的静谧气质，与道法自然的中国传统如出一辙。

第 20 章

当代科学之于文明

当代科学之于文明的发展体现在东西方在技术、哲学、科学方法、传统的差异之上：蓝色海洋环绕群岛所哺育出的西方文化，是征战在外、跋涉十年返乡的英雄奥德修斯；是为人文信仰献出生命的复仇王子哈姆雷特；亦是漂流至陌生岛屿自力更生的鲁滨孙……这些西方文学中坚韧不拔、为心中信念之火而燃烧生命的人物形象，是西方文化精神最深刻的缩影。

而在绿色田野铺就的山岭间耕种出的东方文化，是安知鱼之乐的庄子，是醉捞水中月的李白，亦是吟啸徐行的苏轼……与西方的隐忍执着不同，东方的坚韧有如蒲苇，大有自得其乐的恣肆畅意。千年铸就的东方文化精神，是讲求中庸与调和的温润，是竹林煮酒、流觞赋诗的安然。

西方科学传递了古希腊的理性火炬，东方科学则继承了儒家的感性衣钵。在研究方法上，西方以理性经验为引、以实验为舟，不断追寻客观规律；东方则不拘于思辨与玄虚，于实修实证中洞察万物之真相、生命之真相。在思维上，西方信奉"存在即合理"，而东方则讲求"天人合一"，追求和谐与融合……两者之间并无优劣之分，东西方共同为近代科学的形成做出了独特的贡献。

值得注意的是，"近代科学"诞生于数世纪以前的欧洲文艺复兴时期，人们常常把文艺复兴时期伟大的思想家（如伽利略、达·芬奇或牛顿）视为第一批"真正的科学家"。但即便如此，我们也不应忘记，人类的文明涵盖了东方和西方。世界各个文明都产生和积累了大量知识，人们从这些科学知识中了解和解释世界，且这一过程往往伴随或受到技术发展的刺激。

1. 追求真理的道路

科学传统主要表现在两个方面，一个是科技传统，另一个是精神传统。科技传统是指将实际经验和技能一代代传下来，使之不断流传和发展；精神传统是指把人类的理想和思想理论传下来，并发扬光大。前者体现的是工匠传统，主要表现有师父带徒弟，多局限于经验和技术的传承；而后者体现的是学者传统，主要表现为对理论建构及理论普遍意义的追求（见图 20.1）。

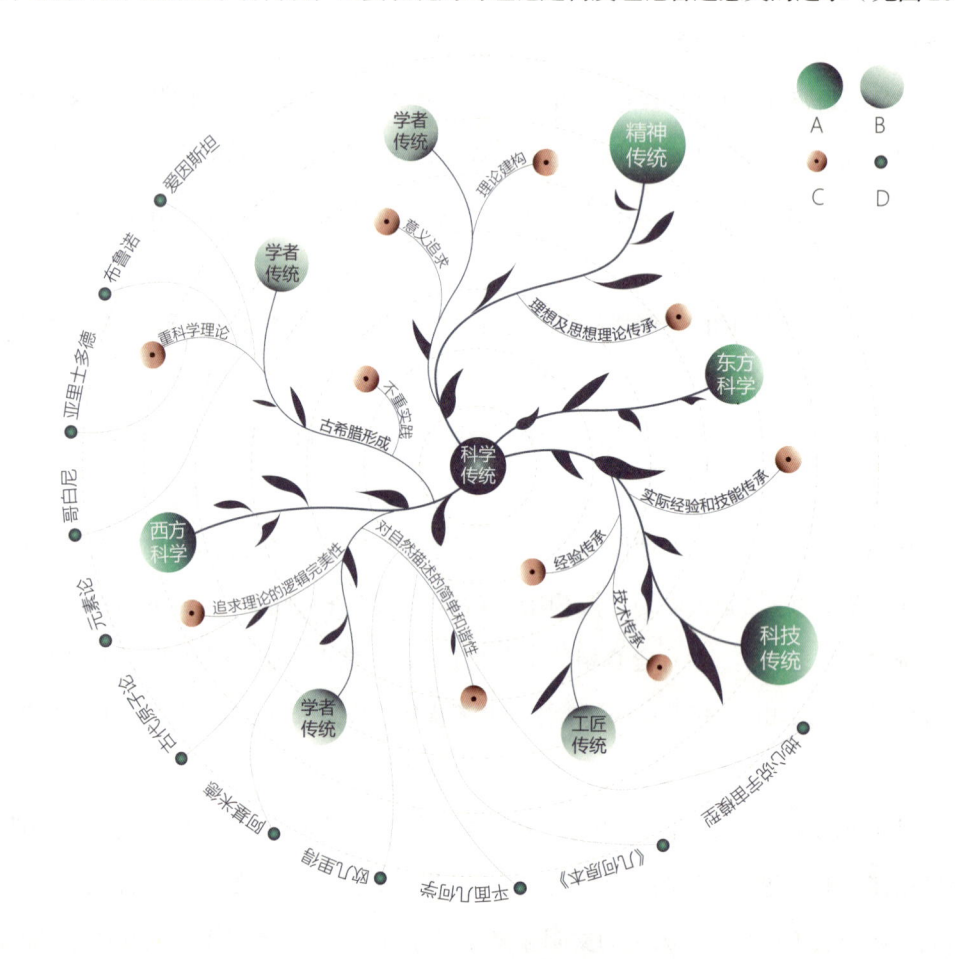

图 20.1　西方科学在科学传统中的发展内涵

注：图中以树形图的形式，从科学传统角度出发，以科学传统为核心，分析了西方科学的发展内涵。图例中 A 圆表示第一分支层级；B 圆表示第二层级；C 圆由分支连接对应层级，表示对应内容的细分总结；D 圆由分支连接对应内容，表示对此内容的人、事、物举例。具体请结合本节内容阅读。

西方科学中，占主导地位的思想是古希腊形成的"学者传统"，主要特征是重"学"（科学理论）不重"术"（实践），追求真理，蔑视权贵，轻视功利。西方的学者传统不以追求实用为最高目标，而是以追求真理为最高目标，为追求真理可达到忘我的境地，有的甚至付出生命的代价也在所不惜。

古希腊自然哲学家、原子之父德谟克里特就曾经宣称："宁肯找到一个因果解释，不愿获得一个波斯王位。"亚里士多德也曾说过："吾爱吾师，吾尤爱真理。"后来的哥白尼为坚持太阳中心说，遭到教皇的残酷迫害，终身沦为囚徒，也没有放弃对真理的追求；再后来的布鲁诺甚至为了追求真理而献出了生命，他为宣传太阳中心说，被教会活活烧死。近代的爱因斯坦宁愿当科学家，也不愿当以色列总统。这种对科学真理的执着追求，在东方众多乐意依附权势和权威的知识分子看来，也许是不可思议的。

学者传统的另一个特征是追求理论的逻辑完美性和对自然描述的简单和谐性。前者要求理论建立中逻辑推理的严密性，后者要求理论对自然描述的统一性与简单性。

古希腊自然哲学家先后提出了元素论、古代原子论；创立了托勒密地心说宇宙模型，发明了一整套描述宇宙星球绕地球运动的数学计算方法；构建了以欧几里得《几何原本》为标志的公理化体系，通过一系列的定理、定律，形成了以演绎为主的形式逻辑系统，欧几里得平面几何学至今仍显得完美无缺；阿基米德浮力定律的发现，体现了古希腊物理学的辉煌；阿基米德发现浮力定律的欣喜若狂，更折射出了古代希腊先哲们追求真理的执着精神。

当然，古希腊自然哲学家提出的许多观点，尤其是亚里士多德的一些观点，先后被近代科学理论所取代，但它的理性与逻辑的科学传统却被传承下来，以至于今天的理论自然科学要追溯自己的一般原理产生和发展的历史，都可以在古希腊人那里找到胚胎和萌芽。

西方哲学思想

哲学研究者普遍认为西方哲学思维受古希腊文明的影响。古希腊文明如今已不完整，但它的影响是深远的，类似美国这种只有几百年历史的西方国家，则完全活在古希腊哲学思维里。美国人的哲学思维跟古希腊哲学思维很相似，那么古希腊哲学思维是怎样的呢？古希腊哲学思维是在真理论的基础上发展起来的，而真理论的特点是——研究事物的最终答案。

哲学的讨论

科学理论建立在哲学基础之上，主要涉及本体论、认识论和方法论等哲学问题。不同的哲学回答将构建出不同的科学理论。例如，经典力学建立在唯物主义哲学基础上。根据东方二元共存哲学观点，物质和意识是同时产生和消失的。然而，长期以来，还原主义的分析方法取得了巨大的成功，他们倾向于二元对立，即要么选择物质，要么选择意识，导致唯物主义和唯心主义的对立。但这两种哲学的本体论都是不完备的。为了弥补这个缺陷，人们引入了新的概念来替代，这导致了对于复杂系统的多种解释，目前已有 67 种不同的解释方法。对于"解释宇宙和人生所有问题的万统论是否可能"，本身也是一个哲学问题。更详细的介绍见后文第 27 章。

系统的眼光

从亚里士多德到笛卡儿时期形成的还原论思维，帮助牛顿构建了系统的牛顿力学体系，标志着现代科学的诞生。随后，经过很多科学家的共同努力，牛顿力学上升为经典力学。19 世纪后半期，人们应用经典力学原理来研究生命，生命科学中的各种学科也随之发展起来。20 世纪 20 年代至 50 年代，人们逐渐认识到，对生物体来说，整体大于部分，单纯的还原论方法似乎是不够的，必须与整体方法相结合。因此，人们发展了一般系统论[1]。这种看待世界的方法被称为系统观。系统思维是一种理解世界复杂性的新方式，它从整体和关系的角度来看待世界，而不是将世界分解为多个部分。我们是否可以利用系统观来构建复杂系统的统一理论，这个问题将在第六篇做详细讨论。

2. 推动文明的力量

法拉第的感应

迈克尔·法拉第在电磁学及电化学领域做出了许多重要贡献。法拉第虽然没有接受足够的正式教育，却成为历史上最具有影响力的科学家之一。实际上，他确实也时常被认为是科学史上最优秀的实验家之一。他详细地研究载流导线四周的磁场，想出了磁场线的点子，因此提出了电磁场的概念。他还观察到磁场会影响光线的传播，于是找出了两者之间的关系。他发现了电磁感应的原理、抗磁性、法拉第电解定律。他发明了一种电磁旋转机器，也就是今天电动机的雏形。由于法拉第的努力，电磁现象开始在科技发展中具有实际用途。

法拉第

1791—1867年

- 国籍：英国
- 身份：物理学家、化学家
- 代表作：《电学实验研究》
- 主要成就：交流电之父、电磁感应学说、电解定律

法拉第的贡献

法拉第最早的化学成果来自担任戴维助手的时期。他花了很多心血研究氯气，并发现了两种碳化氯。法拉第也是第一个通过实验观察气体扩散的学者，此现象最早由约翰·道尔顿发表，并由托马斯·格雷姆及约翰·洛施密特揭露了其重要性。法拉第成功地液化了多种气体，研究过不同的钢合金。为了光学实验，他制造出多种新型的玻璃，其中一块样品后来在历史上占有一席之地，因为有一次当法拉第将此玻璃放入磁场中时，他发现了偏振光的偏振平面受磁力造成偏转并被磁力排斥。

1821年，在丹麦物理学家汉斯·奥斯特发现电磁现象后，戴维和威廉·海德·沃拉斯顿尝试设计一部电动机，但没有成功。法拉第在与他们讨论这个问题后，继续工作并建造了两个装置以产生他所称的"电磁转动"的现象：由线圈外环状磁场造成的连续旋转运动。他把导线接上化学电池，使其导电，再将导线放入内有磁铁的汞池之中，则导线将绕着磁铁旋转。这个装置现称为单极电动机。这些实验与发明成为现代电磁科技的基石。

  1867年8月25日，法拉第在位于汉普顿宫的家中去世。法拉第在多个化学领域中都有所成就，发现了诸如苯等化学物质，发明了氧化数，将氯等气体液化。他找出了一种氯的水合物的组成，这个物质最早在1810年由戴维发现。法拉第也发现了电解定律，以及推广了许多专业用语，如阳极、阴极、电极及离子等，这些词语大多由威廉·惠威尔发明。由于这些成就，很多现代的化学家视法拉第为有史以来最出色的实验科学家之一。

麦克斯韦的统一

  詹姆斯·克拉克·麦克斯韦在电磁学领域的功绩是实现了物理学自艾萨克·牛顿后的第二次统一。在1864年发表的论文《电磁场的动力学理论》中，麦克斯韦提出电场和磁场以波的形式以光速在空间中传播，并提出光是引起同种介质中电场和磁场中许多现象的电磁扰动，同时在理论上预测了电磁波的存在。此外，他还推进了气体动理论的发展，提出了彩色摄影的基础理论，奠定了结构刚度分析的基础。世人普遍认为，在19世纪物理学家中，麦克斯韦对20世纪初物理学的进展影响最为巨大。他的科学工作为狭义相对论和量子力学打下了理论基础，是现代物理学的先声。

麦克斯韦

1831—1879年

- 国籍：英国
- 身份：数学家、物理学家
- 代表作：《电磁通论》
- 主要成就：麦克斯韦方程组、经典电动力学

麦克斯韦的贡献

麦克斯韦大约于1855年开始研究电磁学，在潜心研究了法拉第关于电磁学的新理论和思想之后，坚信法拉第的新理论中包含着真理。于是，他抱着给法拉第的理论"提供数学方法基础"的愿望，决心把法拉第的天才思想以清晰准确的数学形式表示出来。他在前人成就的基础上，对整个电磁现象做了系统、全面的研究，凭借高深的数学造诣和丰富的想象力接连发表了三篇电磁场理论论文：《论法拉第的力线》《论物理的力线》《电磁场的动力学理论》。他对前人和他自己的工作进行了综合概括，将电磁场理论用简洁、对称、完美的数学形式表示出来，经后人整理和改写，成为经典电动力学主要基础的麦克斯韦方程组。

据此，1865年他预言了电磁波的存在，认为电磁波只可能是横波，并计算出电磁波的传播速度等于光速，同时得出结论——光是电磁波的一种形式，揭示了光现象和电磁现象之间的联系。1887年，德国物理学家赫兹用实验验证了电磁波的存在。麦克斯韦于1873年出版了科学名著《电磁通论》，系统、全面、完美地阐述了电磁场理论。这一理论成为经典物理学的重要支柱之一。在热力学与统计物理学方面，麦克斯韦也做出了重要贡献，他是气体动理论的创始人之一。1859年他首次用统计规律得出麦克斯韦速度分布律，从而找到了由微观量求统计平均值的更确切的途径。1866年他给出了分子按速度的分布函数的新推导方法，这种方法是以分析正向和反向碰撞为基础的。他引入了弛豫时间的概念，发展了一般形式的输运理论，并把它应用于扩散、热传导和气体内摩擦过程。1867年他引入了"统计力学"这个术语。

麦克斯韦是运用数学工具分析物理问题和精确地表述科学思想的大师，他非常重视实验，由他负责筹建的卡文迪许实验室在他和以后几位主任的领导下，发展为举世闻名的学术中心之一。麦克斯韦于1879年11月5日因胃癌在剑桥逝世，享年48岁。

诺贝尔的炸药

阿尔弗雷德·贝恩哈德·诺贝尔是瑞典著名发明家、企业家、化学家、化学工程师、武器制造商和黄色炸药发明者。他曾拥有主要生产武器的波佛斯公司及一座炼钢厂。他在遗嘱中提出利用其庞大财富创立诺贝尔奖。

诺贝尔

- 国籍：瑞典
- 身份：发明家
- 主要成就：诺贝尔奖、硅藻土炸药

1833—1896年

诺贝尔的贡献

1850年，他前往巴黎，向硝化甘油的发明者阿斯卡尼奥·索布雷洛学习。1859年，他的哥哥鲁维·艾马纽接管了父亲的产业。等诺贝尔返回瑞典后发现，他父亲的工厂已经破产，他便投身于炸药研发，主要是关于如何安全地生产和使用硝化甘油炸药。诺贝尔奖于1895年确立，这源于诺贝尔当时写下的遗嘱，奖金来自他的大部分财产。自1901年至今，该奖项已授予许多杰出的先生和女士，他们的杰出成就表现在物理、化学、医学、文学领域，以及致力于推动世界和平。

居里夫人的镭

玛丽·居里是波兰裔法国籍物理学家、化学家，是放射性研究的先驱，是首位获得诺贝尔奖的女性，也是获得两次诺贝尔奖（物理学奖、化学奖）的第一人及唯一的女性，亦是目前唯一一位获得两种不同学科诺贝尔奖的女性。她与丈夫皮埃尔·居里一起移葬先贤祠，成为第一位凭自身成就入葬先贤祠的女性。

居里夫人

- 国籍：法国
- 身份：物理学家、化学家
- 代表作：《论放射性》
- 主要成就：发现放射性元素镭和钋、测定放射性元素的半衰期

1867—1934年

居里夫人的贡献

居里夫人即玛丽·居里，是一位原籍为波兰的法国科学家。她与她的丈夫皮埃尔·居里都是放射性的早期研究者，他们发现了两种放射性元素。为了纪念她的祖国波兰，她将一种元素命名为钋，另一种元素命名为镭，意思是"赋予放射性的物质"。之后，居里夫人继续研究镭在化学和医学上的应用，为了制得纯净的镭化合物，她历时四载，从数以吨计的沥青铀矿的矿渣中提炼出100毫克氯化镭，并初步测量出镭的相对原子质量是225。1903年，居里夫人因对放射性的研究获得诺贝尔物理学奖。

1910年，她的名著《论放射性》一书出版。同年，她与别人合作分离出纯金属镭，并测出它的性质。她还测定了氡及其他一些元素的半衰期，发表了一系列关于放射性的重要论著。鉴于上述重大成就，1911年她又获得了诺贝尔化学奖，成为历史上第一位两次获得诺贝尔奖的伟大科学家。

这位饱尝科学甘苦的放射性科学的奠基人，因多年艰苦奋斗积劳成疾，患恶性贫血症，于1934年7月4日不幸与世长辞。她为人类的科学事业献出了光辉的一生。世人对居里夫人的认可在一定程度上受其次女在1937年出版的传记《居里夫人传》的影响。

"她一生中最伟大的功绩——证明放射性元素的存在并把它们分离出来——之所以能够实现，不仅仅是靠大胆的直觉，而且也靠着在难以想象的、极端困难的情况下工作的热忱和顽强。这样的困难，在实验科学的历史中是罕见的。居里夫人的品德力量和热忱，哪怕只有一小部分存在于欧洲的知识分子中，欧洲就会面临一个比较光明的未来。"

爱因斯坦的相对论

阿尔伯特·爱因斯坦是20世纪最重要的科学家之一，一生总共发表了300多篇科学论文和150篇非科学作品。他创立了现代物理学两大支柱之一的相对论，也是质能方程（$E=mc^2$）的提出者。爱因斯坦的人物介绍可见下图，他在科学哲学领域也颇具影响力。因为"对理论物理的贡献，特别是发现了光电效应的原理"，他荣获1921年诺贝尔物理学奖，这一发现使量子理论的建立踏出了关键性的一步。

```
┌─────────────── 爱因斯坦 ───────────────┐
│                                        │
│                    ❖ 国籍：美国        │
│                                        │
│     [肖像]         ❖ 身份：物理学家    │
│                                        │
│                    ❖ 代表作：《非欧几里得几何和物 │
│                      理学》《统一场论》《我的世界观》│
│                                        │
│    1879—1955年     ❖ 主要成就：诺贝尔物理学奖、狭 │
│                      义相对论、广义相对论        │
└────────────────────────────────────────┘

## 爱因斯坦的贡献

1905年被誉为"爱因斯坦奇迹年"，这一年爱因斯坦发表了6篇划时代的论文，分别为《关于光的产生和转化的一个试探性观点》《分子大小的新测定方法》《热的分子运动论所要求的静液体中悬浮粒子的运动》《论动体的电动力学》《物体的惯性同它所含的能量有关吗》《布朗运动的一些检视》。同时，他利用业余时间开展科学研究，于这一年在物理学三个不同领域中取得了历史性成就，特别是狭义相对论的建立和光量子论的提出推动了物理学理论的革命。翌年1月15日，他以论文《分子大小的新测定法》取得了苏黎世大学的博士学位。

1915年，他又建立了广义相对论，解释了四维时空同物质的统一关系，认为时空不可能离开物质而独立存在，空间的结构和性质取决于物质的分布，它并不是平坦的欧几里得空间，而是弯曲的黎曼空间。根据广义相对论的引力论，他推断光在引力场中不沿着直线而是沿着曲线传播。在1919年，这一理论由英国天文学家在日食观察中得到证实，当时全世界都为之震动。1938年，他在广义相对论的运动问题上取得了重大进展，从场方程推导出物体运动方程，进一步揭示了时空、物质、运动和引力之间的统一性。20世纪60年代以来，由于实验技术和天文学的飞速发展，广义相对论和引力论的研究受到了重视。

1917年，爱因斯坦在《论辐射的量子性》一文中提出了受激辐射理论，这一理论成为激光的理论基础。爱因斯坦因在光电效应方面的研究被授予1921年诺贝尔物理学奖。瑞典科学院的公告中并未提及相对论，原因是认为相对论还有争议。
```

图灵的计算

艾伦·麦席森·图灵是英国计算机科学家、数学家、逻辑学家、密码分析学家和理论生物学家，他被誉为计算机科学与人工智能之父。图灵对于人工智能的发展有诸多贡献，例如图灵曾写过一篇名为《计算机器和智能》的论文，在其中提出了一种用于判定机器是否具有智能的测试方法，即图灵测试。至今，每年都有图灵测试的比赛。

图灵

1912—1954年

- 国籍：英国
- 身份：科学家
- 代表作：《论数字计算在决断难题中的应用》《机器能思考吗？》
- 主要成就：计算机科学之父、图灵测试、人工智能

图灵的贡献

图灵在普林斯顿大学度过了1937年和1938年的大部分时间，在邱奇的指导下学习。1938年，他获得了博士学位。他的论文介绍了超计算的概念，即在图灵机上加了预言机，让研究图灵机无法解决的问题变得可能。1939年，图灵被英国皇家海军聘用，并在英国军情六处监督下从事对纳粹德国机密军事密码的破译工作。两年后，他的小组成功破译了德国的密码系统，从而使得军情六处对德国的军事指挥和计划了如指掌。但是军情六处以机密为由隐瞒了图灵小组的存在和成就，将其所得情报据为己有。后世科学家估计，图灵小组的杰出工作，使得盟军至少提前两年战胜了轴心国。

1945年到1948年，图灵在英国国家物理实验室负责自动计算引擎（ACE）的研究工作。1949年，他成为曼彻斯特大学计算机实验室的副主任，负责最早的真正意义上的计算机——曼彻斯特一号的软件理论开发工作。在这段时间，他继续做一些比较抽象的研究，如"计算机器和智能"。图灵在对人工智能的研究中，提出了一个叫作图灵测

试的实验，尝试定出一个判定机器是否能思考的标准。1952年，图灵写了一个国际象棋程序。可是，当时没有一台计算机有足够的运算能力去执行这个程序，他就模仿计算机，每走一步要用半小时。他与一位同事下了一盘，结果程序输了。后来美国新墨西哥州洛斯阿拉莫斯国家实验室的研究组根据图灵的理论，在ENIAC计算机上设计出了世界上第一个电脑程序的国际象棋——洛斯阿拉莫斯国际象棋。

3. 差异与发展

如果说西方科学的研究方法是理性的，那么东方科学相对来说则以感性为主。从春秋战国的诸子百家到罢黜百家、独尊儒术，儒学地位的上升使哲学得到进一步的发展，儒学对科学发展也有潜移默化的作用，因为哲学是科学的指导。

科技的发展必然受到其社会文化背景的深刻影响。中国古代科学家成长于儒家文化的氛围中，他们的人格品质、价值观念、学识素养受到了儒家思想的熏陶，在思维方式上以辩证和整体思维为主要特征。

中国人的整体观念根源于对自然界的朴素认识，根据自然界的本来面目，把它当作整体来观察人与自然。个体与社会不可分割、互相影响、相互对应，人们把这些都放在关系网中，从整体上综合考察其有机联系。这种整体性和综合性，其渊源可追溯到《周易》。《周易》以代表大地的乾坤二卦作为起始，将象征万事万物的其余六十二卦置于其后，以天地为准则，将天地间的道理普遍包容在内，从整体上把握宇宙和万事万物，形成了概括天地间的世界体系，体现了一种系统的整体性。

这种思想传承已久，对中国社会的影响可谓深远。以中医为例，《黄帝内经》是中国最早的医学典籍，其典型的特征就是整体性模式。它不但把人看成一个整体，还把天、地、人看成一个整体，提出了保持健康的四大平衡，即动与静的平衡、阴与阳的平衡、酸与碱的平衡以及最重要的理智与情感的平衡。中医把人的身体结构看作自然界的一个组成部分，提出了"天人相应"的医疗原则，将五行与人体的五脏联系起来，讲究整体的辨证论治。

> 多数学者认同,西方科学的研究方法强调自然与人的独立,专注于自然;而东方科学的研究方法强调天人合一,注重相互关系。[1] 有的学者通过比较西方文艺复兴运动和中国独尊儒术来讨论东西方科学发展中思维方式的不同及其影响。[2]

从文艺复兴到现代科学的发展中可以看出,无论是哲学家还是数学家,都站在理性的前提下,以人工实验代替主观臆想,以逻辑的方法来揭示自然的客观规律,使西方科学在继承古希腊科学理性精神的基础上,获得了进一步发展。而东方科学注重实用性,侧重感性和对具体事物的研究。

东西方科学的研究方法没有好坏之分,尽管现代科学产生于欧洲。其原因包括对西方科学发展起"促进作用"的文艺复兴运动,以及对东方科学发展起"阻挠作用"的科举制度等。虽然研究方法不同,但目的是一致的,东西方科学都是对自然界规律的一种探索和把握。就像语言有数百种表达方式,但其最终要表达的意思却是一致的。现代科学虽然起源于欧洲,但并不能因此就否定中国传统科学的价值,在继承和发展上,东西方科学都有贡献。

起源的不同

东西方哲学都受到了传统神话自然观的影响,但由于认知世界的视角不同、知识的兴趣点不同,各自形成了截然不同的认知风格和哲学特点。

古希腊第一位自然哲学家泰勒斯认为,尽管自然界千姿百态、千变万化,但总是由某种最基本的东西产生,这个东西就是世界的本原。这个东西不是精神性的理念,也不是人们想象性的产物,它存在于自然本身,万物的基始是水。在泰勒斯以后,古希腊自然哲学走上了从自然本身寻找合理解释的轨道。几乎在同一时代,东方著名的思想家老子也对万物的本源做出了阐述。

> 老子在《道德经》中说:"道生一,一生二,二生三,三生万物。万物负阴而抱阳,冲气以为和。"

与泰勒斯相同的是,老子从多元论的宇宙观发展为一元论的宇宙观,但所给出的世界之源——道——含义复杂,难知所云。

科学产生的基本支柱包括思维内容的自然性和思维方式的理性。具体而言，首先，科学产生的前提必须是关注自然，把人作为研究客体世界的主体。古希腊的自然哲学最大的特点就是关注自然，强调主客二分，而中国传统哲学则关注人事胜过关心自然本身。当孟子对人性的内在美德进行理论探讨时，欧几里得正在完善几何学，正在奠定欧洲自然科学的基础。其次，古希腊自然哲学坚持通过逻辑推理演绎命题，通过归纳方法来提炼客观规律，用数学手段揭示事物的质和量的关系，与此相对应，中国传统哲学则仅仅满足于对事物做简单笼统的现象描述和经验总结。

一般而言，科学传统体现在认识世界和改造世界两个方面，因此我们也可以将科学传统划分为学者传统和工匠传统。F. 梅森在《自然科学史》导言里写道："科学主要有两个历史根源，首先是技术传统，它将实际经验与技能一代代传下来，使之不断发展。其次是精神传统，它把人类的理想和思想传下来并发扬光大。"

古希腊的学者传统与工匠传统是以联合或部分联合的形式发展的，古希腊时期的经济繁荣主要表现在手工业、商业上，手工业、商业与工匠传统是联系在一起的。手工业、商业的发达产生了不少富豪之家，科学传统开始从工匠传统转入学者传统，甚至有不少人既是工匠又是科学家，这就导致了古希腊学者传统与工匠传统的自发结合。学者考察自然，工匠改造自然，相互促进、相互影响，共同推动了科技的发展。而古代中国的学者与工匠则来自不同阶层，学者多来自统治阶层，工匠则来自劳动者阶层，这之间形成了一种人为的屏障。

研究方法的区别

文艺复兴时期，在西方逐步兴起一种新的思辨方法，即通过系统的实验找出可能的因果关系。这种实验思想的崛起是科学进步的最重要的标志，它以经验为基础、实验为手段、逻辑为方法来揭示自然的客观规律，使西方科学在继承古希腊科学理性精神的基础上，获得了长足发展。如果说古希腊自然哲学主要特征是猜测思辨，近代科学则已经从哲学中摆脱出来，成为一门"实学"。从此，任何科学的思想和理论都必须接受实验的检验。而此时的中国，其科学传统仍旧局限于思辨玄想和虚幻玄妙，喜欢谈论亦是亦非，既不可证实也不能证伪的理念，使得古代许多精彩的思想和理念始终处于胚胎阶段。

> 近代科学发展表明：科学需要哲学的指导，但哲学替代不了科学，如对自然的认识仍停留在思辨玄想的阶段，科学就会止步不前。

思维的分歧

东西方不同的哲学、历史及研究方法传统，直接决定了科学发展的不同走向，而研究中所体现的思维差异则间接加剧了这种不同。

西方学者普遍认为，所谓"科学真理"都是相对的，它是特定时代的产物、特定阶段认识水平的反映，科学的理论和认识永远不会停留在一个水平上。近代科学家培根之所以专门撰写《新工具论》一书，主要是针对古希腊亚里士多德《工具论》一书进行批判。与西方不同的是，东方人对传统的理解、对历史的评价总是用赞许的目光和态度，期望在继承中发展，而不是在批判中进步。"笺注经书"的学术传统则是典型的代表。这种学术思维方式制约了学术思想的自由发展，遏制了思维的个性化。

有学者将东方的思维方式归纳为4点。

（1）国民的整体科技意识不强。
（2）国家在科技方面的研究和开发投入严重不足。
（3）科技成果转化率低，且科研效率不理想。
（4）科技体制与市场经济发展要求不适应，需要改革。

以上所述主要是外部因素，而科学本身的因素则在于学术思维和学术方法的不一致。具体而言，受科技运动的影响，东方传统的科学研究方法有了长足的发展，但学术思维方式或学术氛围则受到中国传统思维方式的长期影响，从实质上来说没有太大的变化。从表面上看东方是在使用西方最先进的技术，但指导思想仍旧是东方式的。穿一双不合脚的鞋子走路，必定走不长。

首先，东方未来科技的发展应受改良后的东方思维方式的指导。从达尔文"适者生存""优胜劣汰"的观点出发，存在即是合理的。东方传统思维方式之所以会产生、发展并

且影响东方科技上千年，必有其合理的地方。譬如东方传统思维方式的典型代表老子的道家学说，其中的"无中生有"的宇宙观与现代"宇宙大爆炸"理论不谋而合，对世界科技发展做出了前瞻性的预测。另外，东方传统哲学中"天人合一"的思想是人与自然和谐发展的思想源流，是当代可持续发展理念的基础。经过剔除糟粕、吸取精华，东方传统的思维方式有了指引东方科技发展的能力。

其次，东方未来科技的发展应该是具有时代特征的，即人文与科学相结合、学科交叉的发展途径和人与自然、社会的和谐共处。一般意义上的科学采取"价值中立"的原则，轻视人文传统，科学技术被理所当然地认为是利用自然、征服自然的工具，却得到了自然无情的报复，也限制了自身的发展。所以未来科学与人文的沟通和弥合势必带来学科的健康发展。目前学科交叉的现状为东方科技的发展勾画了一个蓝图，学科从最初的混沌到后来的分门别类，再到未来的融合，在一定意义上遵循着自然发展的规律。人与自然、社会的和谐是我们从事各项活动的终极目标，而科学是一种思想，更是一种手段，是帮助人类与自然和谐相处的手段之一。

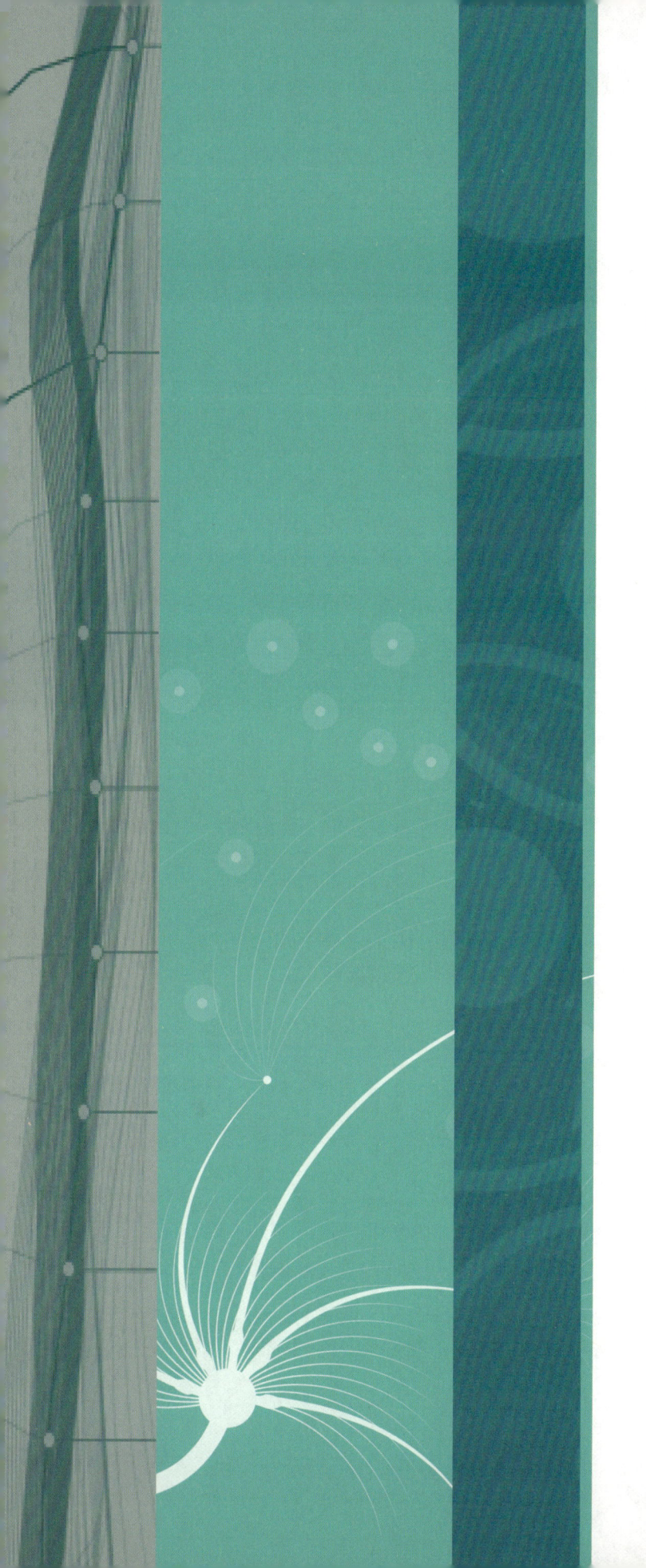

第五篇

科学的分化

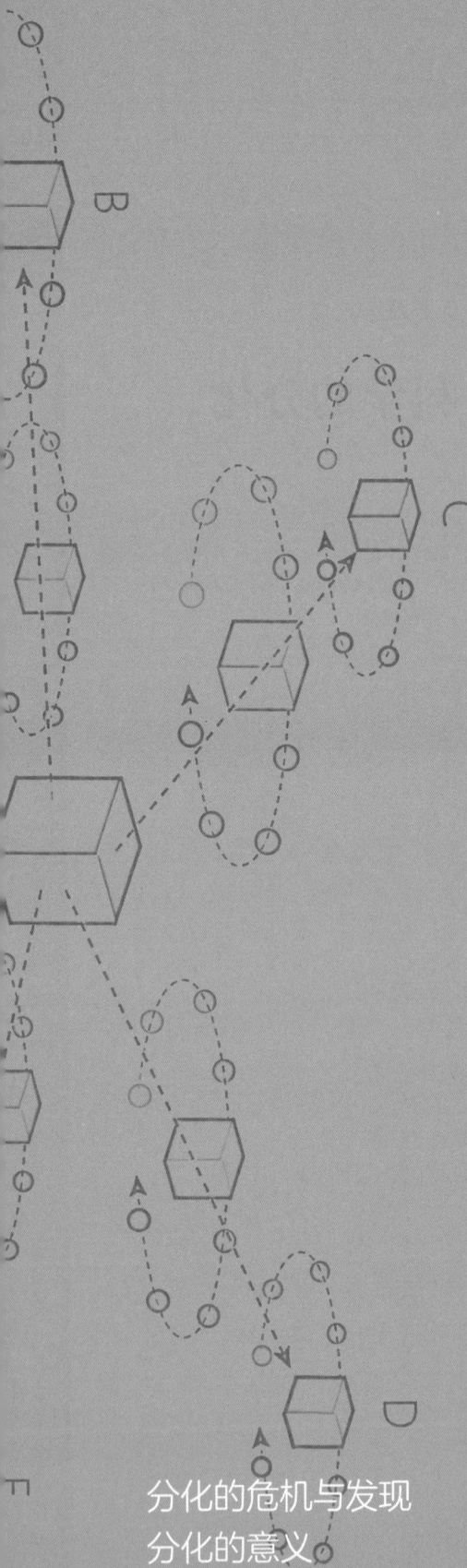

17世纪以来,天文学、力学、物理学、化学、生物学等各门具体自然科学逐渐从自然哲学中分化出来,并建立起了各自独立的学科范式与研究目标,开始了人类知识体系在学科意义上的分化过程。

19世纪前后,随着自然科学的迅速发展以及社会生产力发展水平不断提高,社会结构发生了深刻变革,社会现实问题日渐复杂,从而催生了人文与社会科学领域的许多学科,诸如社会学、经济学、法学、政治学等学科纷纷从哲学中分化出来,并确立了各自独立的学科地位。这一篇共分4章,主要是围绕科学的分化介绍一些基本概念,让大家了解关于本体论、认识论和方法论的一些知识,能够认识到哲学和科学的分化,从工匠和学者的角度理解科学变得专业化的过程,同时也可以在研究体系分化的层面上有所收获。

分化的危机与发现　　　　分化的学科　　　　分化的研究观
分化的意义

第 21 章

分化的危机与发现

采用还原论思维来解决存在的问题（两朵乌云），最后的结果是产生了相对论、量子力学、各种各样的生命科学等学科，以及大爆炸理论、弦理论等。它们能够解决一些问题，但互相之间越来越对立，结论越来越荒唐，与经典力学越来越不兼容，统一似乎是不可能了，这已经成为科技界的主流观点。东方哲学因为不喜欢这种思维，所以贡献比较少。这一篇的思路是讲还原论的问题，为了解决两朵乌云，引发了现在的 62 朵乌云，未来还可能产生更多乌云（见图 21.1）。

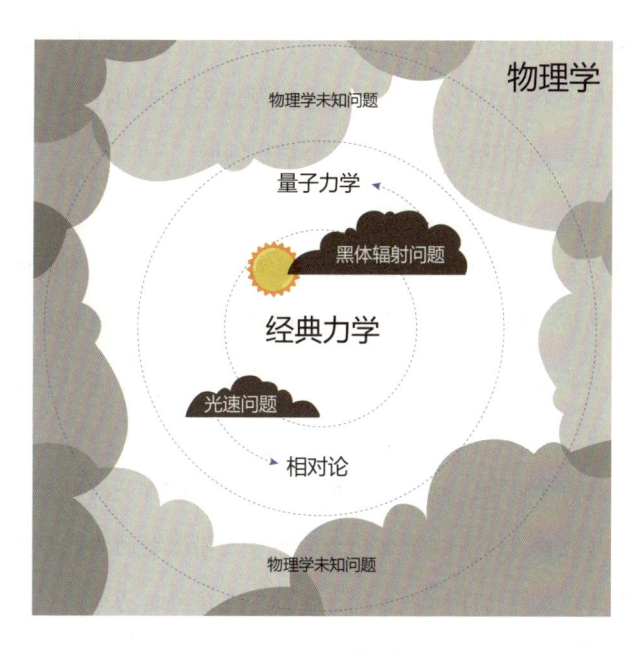

图 21.1 物理学乌云

注：此图整体表示物理学，乌云表示未解决的问题，围绕经典力学画出 3 个虚线蓝圈，从小到大表示从古至今大致划分的每一时期物理学的发展。物理学每发展一段时间，就有更多无法解释的问题出现，像乌云一样笼罩在物理学上空。

1. 经典力学引发的分化

大约到了1895年，以经典力学、电磁学和热力学为三大支柱的经典物理学，结合成一座雄伟的建筑和动人心弦的"美丽殿堂"，达到了它的巅峰时期。但是在科学研究体系内部所产生的矛盾及乌云引发的分化是不可避免的。

体系内部的矛盾

当时人们所知道的一切物理现象，几乎都可以从经典物理学理论中得到完美的解释。这使不少物理学家以为物理学的基本原理都已经被发现了，物理学理论已接近最终完成，今后只能在一些细节上做点儿补充和修改，或者把已知的物理常数测得更加精确一些，物理世界的任何奥秘没有什么是不能揭穿的，甚至太阳的历史在开尔文看来也是"可以根据牛顿和焦耳的那些原理"做出追溯和预测的。

美国著名物理学家迈克耳孙在1888年的一个学术会议上谈到光学的状况时，就认为科学的共同体结构由共有一个范式的人组成，这个问题近来已成为社会学研究的一个重要课题，并强调范式支配的首先是一群研究者而不是一个学科领域。

力学。在力学方面，与机械观相联系的绝对时间、绝对空间的概念以及关于质量的定义，都已受到批评；牛顿对于引力的本质问题也采取了回避的态度。而牛顿力学的理论框架实际上必然要把引力当作一种瞬时传递的超距作用，这与20世纪发展起来的相对论是根本对立的。

热力学。在热力学方面，熵增原理揭示的与热现象有关的自然过程的不可逆性，反映出热力学原理与经典力学和经典电动力学原理之间深刻的内在矛盾，而统计力学中引入的概率统计思想以及热力学规律的统计性质，已使经典力学的严格确定性出现了缺口。

光学与电磁学。在光学和电磁学方面，作为光波与电磁波的传播媒介的"以太"，其令人难以理解的特殊性质以及关于它的存在的检测，都使科学家们费尽心血而一筹莫展。根据电磁学理论，可用空间坐标的连续函数描写的场，是具有能量的不能再简化的物理实在，这又与经典力学把运动的质点看作能量的唯一载体的观点严重背离。

总之，与当时那种盲目乐观的保守观点相反，19 世纪末的经典物理学远未达到协调、自洽、完善的地步。潜存于其理论体系内部的种种矛盾，已经在孕育着根本性的变革。正是在这种形势下，在世纪之交的很短时间内的一系列物理学新发现，把经典物理学推向了危机，揭开了一场伟大变革的序幕（见图 21.2）。

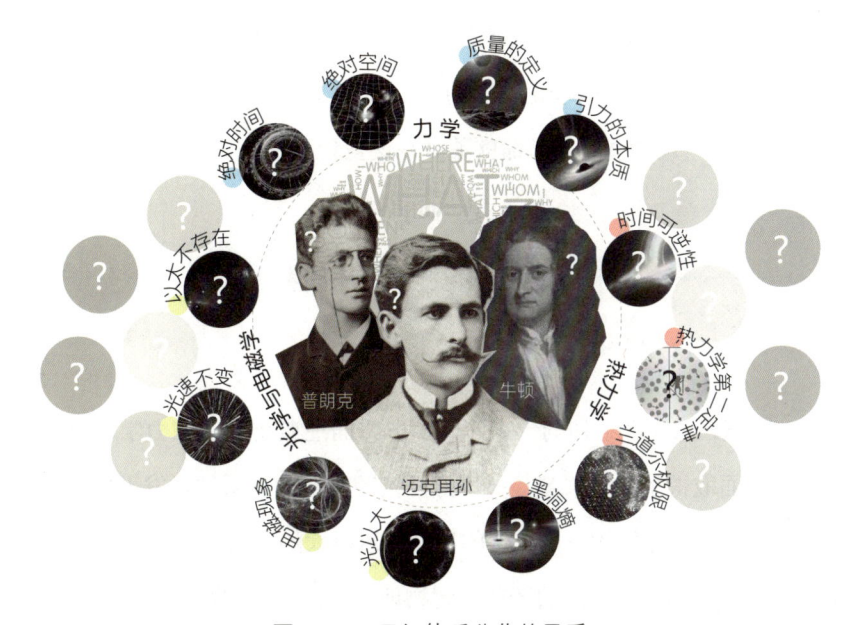

图 21.2　已知体系分化的矛盾

注：图中展示了当时乃至今天仍存在的已知科学体系，通过不断深入研究分化出来的一些无解问题，这些矛盾中带有蓝圆标的是力学相关问题，红圆标的是热力学相关问题，黄圆标的是光学与电磁学相关问题。

乌云引发的分化

19 世纪，英国著名物理学家开尔文在回顾物理学所取得的伟大成就时说："物理大厦已经落成，剩下的只是一些修饰工作。"他在 1901 年曾发表过题为《19 世纪热与光动力学理论上空的乌云》的文章，其中所说的第一朵乌云，主要是指迈克耳孙-莫雷实验结果和以太漂移说相矛盾；第二朵乌云，主要是指热力学中的能量均分定理在气体比热以及热辐射能谱的理论解释中呈现了与实验不符的结果，其中黑体辐射理论出现的"紫外灾难"最为突出。

物理学发展到 19 世纪末期，可以说达到了相当完美、相当成熟的程度。一切物理现象似乎都能够从相应的理论中得到令人满意的解释。以经典力学、电磁学和热力学为三大支柱的经典物理大厦已经建成，而且基础牢固，宏伟壮观。

以现代时空观角度来看，正是这两朵看起来不怎么重要的乌云彻底将物理学的大厦推倒，并重新构建起来了。黑体辐射问题的解决造就了量子力学，光速问题的解决造就了相对论。量子力学和相对论的建立已经过去了一个世纪。这 100 年内，再也没有出现类似量子力学和相对论这样划时代的物理理论。然而现代物理学上空的乌云数量远超 19 世纪。据统计，现代物理学乌云大致有 62 朵，纯理论方面的乌云有 28 朵，有科学解释但是缺乏合理证据的乌云有 34 朵。或许下一场物理学的革命就蕴藏在这些乌云里。

2. 新兴的危机与机遇

危机。19 世纪末至 20 世纪初的十来年间，一方面经典物理学在力学、电磁学和热力学、分子运动论三个方面取得了重大成就，另一方面接踵而至的一系列新发现揭示了经典物理学的局限性，给当时占统治地位的形而上学的自然观以巨大的冲击。

物理学的新发现和旧原理之间的矛盾引起物理学家认识上的严重分歧，这种分歧不是细节上的分歧，而是基本的、主导思想上的分歧。一些人感到惊慌失措，觉得没有任何东西值得信任，认为我们永远无法知道 X 射线等现象的本质。法国科学哲学家雷伊在 1907 年出版的《现代物理学家的物理学理论》一书中也描述了当时的这种情绪。他说传统机械论的破产，确切些说，它所受到的批判，造成了如下的论点：科学也破产了。[1] 物理学失去了一切教育价值，物理学所代表的实证科学的精神成为虚伪的、危险的精神。开尔文则抱残守缺，竭力否定新的发现和新的学说，他宣称 X 射线是一场"精心策划的骗局"，说镭的热量是从周围环境中得到的，认为元素嬗变理论是巧妙地捏造出来的，否定镭是单一的元素。同样，门捷列夫也宣称，"承认原子可以分解出电子只会使事情复杂化"。正是在这种形势下，一个被雷伊称为"批判学派"的科学群体出现了。马赫、庞加莱、迪昂以及英国数学家皮尔逊等人，大体上可划归批判学派，他们以清醒的头脑思考着这场变革。

机遇。 另一些具有批判眼光的物理学家既承认危机的存在，又立意进取，表现出对物理学未来发展前景的信心。皮尔逊在1892年出版的《科学的规范》一书中引用库辛的话："批判是科学的生命。"

> 皮尔逊说："在我们这个本质上是科学研究的时代，怀疑和批判的优势不应被视为绝望和没落的征兆，应该说它是进步的保障之一。"

皮尔逊继马赫之后亦逐一审查了经典力学的基本概念和定律，而且在《科学的规范》"机械论的极限"一节中，提出了力学定律对微观过程是否适用的问题。两个粒子相对运动的定律对于两个分子、两个化学原子、两个初始原子以及两个以太单位是否适用？他抱怨这个问题还没有得到充分的注意。

这个学派最有影响力的代表人物庞加莱在1905年出版的《科学的价值》一书中列举和分析了能量守恒定律等经典物理学5个基本原理与新的实验事实之间的矛盾，给出了数学物理学"有着严重危机的迹象"的断言[2]，但是他认为，危机的存在应被看作好事，是物理学将要进入新阶段的征兆，它预示着一种行将到来的变革（见图21.3）。

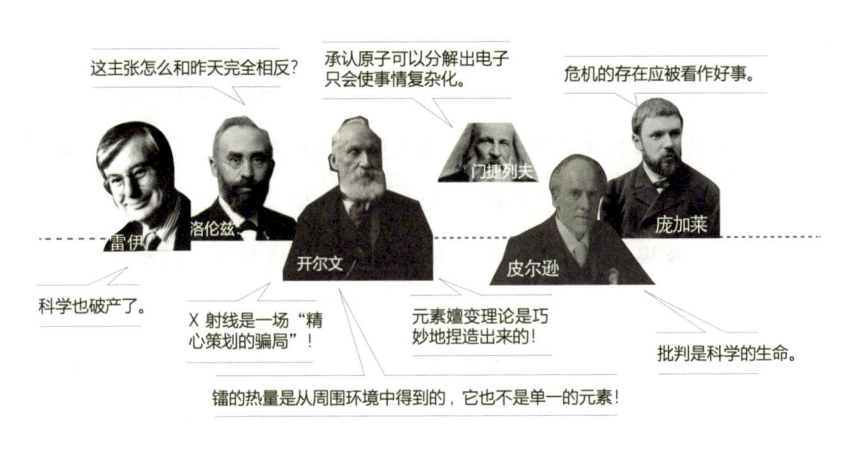

图21.3 面对乌云，科学家们众说纷纭

因此，科学理论是一种对现象的描述和解释，是有时代和技术局限性的。随着人类观测能力的提升，更全面的数据一定会带来更完备的描述和解释，产生相对更正确的理论，所以科学的本质一定是进步的，一定是推陈出新的。

庞加莱曾表达了对未来科学发展的乐观态度。他指出，我们已经发现了阴极射线、X射线、铀射线和镭射线，未来一定还会有更多新的发现。他相信，过去的成果已经不少，但未来的收获将更加丰富。

对于数学物理学，他充满信心地说："在这个疑云重重的时期，我们可以充分地发挥我们的能动性。也许我们将要建造一种全新的力学，我们已经成功地瞥见它了。在这个全新的力学中，惯性随速度而增加，光速会变为不可逾越的极限。"

庞加莱的洞察力启发了许多富有创造精神的年轻人，引领他们走向新物理学的大门。

X射线的揭秘

现代物理学革命的序幕，可以说是X射线的发现揭开的；而X射线的发现，源于对阴极射线的实验观察与研究。阴极射线是在研究真空放电现象中发现的。

起源。早在19世纪30年代，法拉第利用一个只有千分之几个大气压的低压真空管进行放电实验时，就观察到了在阴极周围的辉光区域和紫色的阳极光柱之间存在黑暗部分，即法拉第暗区。

进展。1859年，德国物理学家普吕克尔利用盖斯勒管进行真空放电实验，发现正对阴极的玻璃管壁上发出绿色的荧光，利用磁铁可以改变荧光的位置。10年之后，他的学生希托夫发现，放电起源于阴极，并以直线运动；由此推断荧光是这种射线撞击玻璃管壁而产生的。德国物理学家戈德斯坦则把这种射线称为"阴极射线"，并证明这种射线与阴极的材料无关。

突破。德国物理学家伦琴在维尔茨堡大学也对阴极射线进行了实验研究，并意外地获得了一项轰动世界的发现。在利用克鲁克斯管进行放电实验时，为了排除外界对放电管的影响，他用黑色纸板把放电管套起来；当接通高压电流后，他意外地发现离放电管1米远的涂有亚铂氰化钡的荧光屏发出了闪光，切断电流荧光就立即消失；把荧光屏移到2米远时，荧光依然出现。他在放电管和屏之间放上各种物品，包括书、铝片、木板、砝码等，发现这些东西似乎都是半透明的，在屏上能显示出它们的阴影图像。

这些现象使伦琴感到惊异和困惑，因为这些现象是无法用阴极射线的性质做出解释的。如图 21.4 所示，实验已经证实，阴极射线是不能透过玻璃管壁的，即使在空气里，它也只能穿过几厘米远。经过连续几个星期的反复实验，伦琴确信这是一种具有强穿透力的新的射线，由于这种射线的本质尚未为人所知，他便把它称为 X 射线。

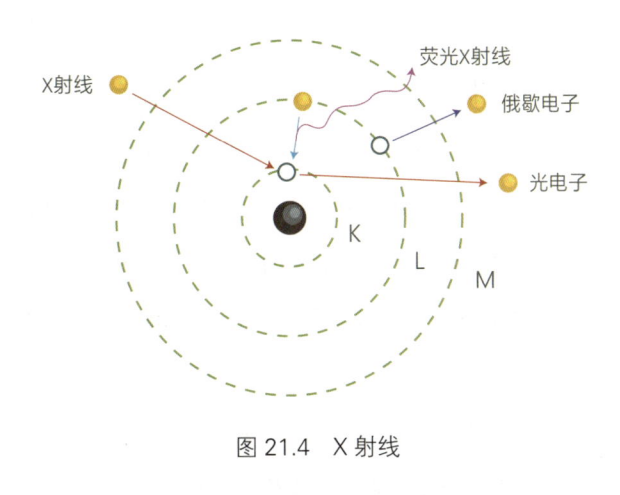

图 21.4　X 射线

1895 年 12 月 28 日，伦琴向维尔茨堡物理学医学学会递交了他的论文《论一种新的射线》，随后又发表了具有重大科学价值的论文《关于 X 射线性质的进一步观察》，介绍了 X 射线的穿透本领以及它不受磁场影响的重要性质，还指出它可能是从玻璃物质中被激发出来的二次射线。伦琴的发现迅速传遍了全世界，并引起了一股研究 X 射线的热潮。它首先被应用于人体透视，为医学诊断提供了一个有力的新手段。

X 射线的发现，揭示出物理学还有亟待探索的未知领域。之后一系列的新发现接踵而至，把经典物理学急速推入"危机"之中。所以，X 射线的发现，揭开了现代物理学革命的序幕。伦琴凭这一发现荣获 1901 年首届诺贝尔物理学奖。

天然放射性

X 射线发现后一直到 20 世纪 60 年代，甚至有人利用 X 射线大剂量照射，为女性去除体毛，后来这些女性的皮肤不同程度地出现了皱纹、色斑、感染、溃烂和皮肤癌；1930—1960

年，医学界将 X 射线透视当作最时髦的诊断和治疗手段，一些病人由于受到高剂量的积累照射，诱发了白血病、骨肿瘤、肝癌等恶性肿瘤。随着越来越多的 X 射线伤害事件发生，人们才真正认识到这种射线的危害。

贝可勒尔。1896 年 1 月 20 日法国科学院的例会上，庞加莱展示了伦琴的论文和 X 射线照片。这件事大大激励了在场的物理学家贝可勒尔。贝可勒尔一直在研究荧光现象，他推想，感光必定是由他所使用的铀盐自身发出的某种神秘射线所致，这使他转而研究铀盐的不同状态、温度、放电等对这种辐射的影响。

结果证明，这些因素对铀盐的辐射均无影响。只要有铀元素存在，就有贯穿辐射产生，而且纯金属铀的辐射比铀化合物强许多倍；铀辐射不但能使底片感光，还能使气体电离变成导体。5 月 18 日他向法国科学院报告说，这种辐射是铀原子本身的作用；只要有铀元素的存在，就会产生辐射，这种辐射与 X 射线有根本区别。不过由于贝可勒尔只限于他所熟悉的铀的研究，认为别的已知物质不大可能发出更强的辐射，所以他后来的工作进展不大。

居里夫人。下一步重大进展是居里夫人和其丈夫皮埃尔发现了镭元素的存在。

卢瑟福。继镭之后，一些新的放射性元素如钋等也相继被发现，并吸引了物理学家卢瑟福投入这一研究工作。放射性研究中最惊人的成果是元素嬗变的发现。卢瑟福和英国化学家索迪一起，通过对钍射气放射性的变化以及镭、铀等放射性强度变化规律的研究，揭示出放射性是原子的自发变化；1902 年，卢瑟福和索迪提出了放射性元素的嬗变理论，1903 年又做了进一步的修改。他们指出："放射性既是原子现象，又是产生新物质的化学变化的伴生物。"

1898 年，卢瑟福用强磁铁使铀射线偏转，发现射线分为方向相反的两股，他区分了两种射线的贯穿本领。

放射性原子是不稳定的，它们自发地放射出各种射线和能量，衰变成另一种放射性原子，直至衰变成一种稳定的原子为止，每一种放射性原子的放射性强度都按指数规律随时间不断衰减，即它们在单位时间内有一定的衰变概率，这种概率只同放射性物质本身的特征有关，而同其他任何因素无关。卢瑟福和索迪提出了以铀、镭、钍为母体元素的衰变链，他们还提出了"原子能"的概念，认为一般原子和放射性原子一样，都潜藏着这种能量。居里夫妇测量出 1 克镭 1 小时放出的热量为 100 卡，远大于普通化学反应

释放的能量。

元素嬗变理论是一个革命性的理论,证明一种元素的原子可以变成另一种元素的原子。这个理论虽然受到了门捷列夫和开尔文等科学泰斗的激烈反对,但终因不断被实验证实而得到了科学界的承认。

带电的粒子

关于阴极射线本性的激烈争论,最终导致了电子的发现。1897年,约瑟夫·汤姆孙通过测定阴极射线粒子的电荷,证明它们与氢离子的电荷相同,并计算出它的质量只有氢离子质量的千分之一。他将这种带一个负电荷的粒子命名为"电子"。"电子"一词最初是由爱尔兰物理学家斯托尼于1891年提出,用以表示电荷的最小单位。这一发现使人类认识到了第一个基本粒子,打开了现代物理学研究领域的大门,标志着人类对物质结构的认识进入一个新的阶段。在世纪之交,攻击原子内部和"分裂原子"成为科学领域中一个激动人心的探索目标。

普吕克尔根据阴极射线会引起化学反应这一性质,最早提出阴极射线是一种类似于紫外线的以太波。这个观点于1892年得到了赫兹的支持,成为德国大多数物理学家认同的观点。1871年英国物理学家瓦莱根据阴极射线被磁场偏转的事实提出这种射线是由带负电的粒子组成的设想。

法国物理学家佩兰于1895年通过使阴极射线进入法拉第筒的实验,测得阴极射线带负电,认为阴极射线是带负电的粒子流。

英国物理学家约瑟夫·汤姆孙于1897年对阴极射线进行了周密的实验考察,用磁场使阴极射线发生偏转而进入法拉第筒,证明负电荷确实来自阴极射线。图21.5展示了约瑟夫·汤姆孙的实验,他通过阴极射线在电场和磁场中分别发生偏转时对偏转量的测定,计算出了阴极射线的荷质比e/m和速度v,发现其荷质比的数值大约是氢离子的1 000倍,而其速度大约在10^9厘米/秒的数量级。约瑟夫·汤姆孙还用不同的阴极和不同的气体做实验,发现所测荷质比都不变,从而表明来源于不同物质的阴极射线的粒子都相同。1897年4月30日,约瑟夫·汤姆孙向英国皇家研究院报告了自己的工作,随

后又以《阴极射线》为题发表了论文，指出阴极射线粒子比普通原子小，必定是"建造一切化学元素的物质"，也就是一切化学原子所共有的组成成分。

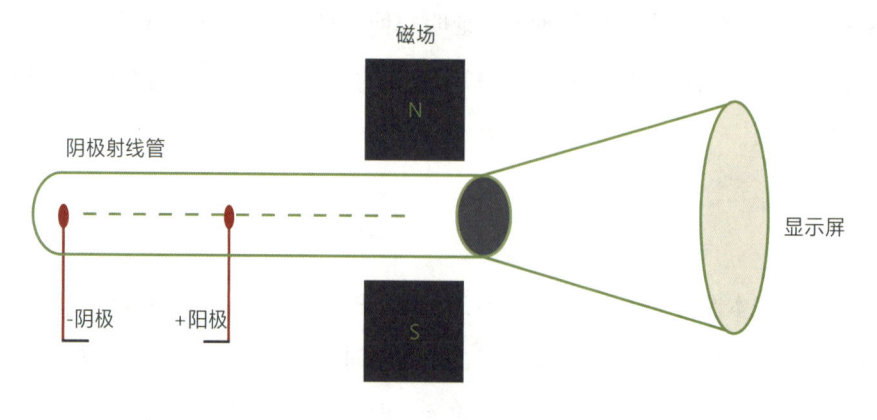

图 21.5　电子的发现

微观世界与宇宙空间

狭义相对论。紧接三大发现之后，爱因斯坦于 1905 年建立狭义相对论，发动了一场关于时空观的革命。

在瑞士伯尔尼，爱因斯坦去找贝索讨论某个问题，他们用各种不同的观点来讨论。突然爱因斯坦清楚了这个问题的关键所在：不同速度的地方的时间是不一样的，时间会因相对速度而改变。这是一种新的观念，可将这个矛盾解开。5 个星期后，狭义相对论就写成了。

麦克斯韦在 1873 年发表了电磁学说的基本公式。他证明电磁波的速度可以根据空间中电磁的电容率及磁导率计算出来，继而发现电磁波的速度与光速完全相同。

如图 21.6 所示，根据麦克斯韦方程推导，爱因斯坦发现了单向光速是个常数且与光源的运动无关（光速不变原理）。此外，他又把伽利略相对性原理直接推广为狭义相对性原理，由此得到了洛伦兹变换，继而建立了狭义相对论。这是科学领域的一大杰作，并且对世界有很大的影响。

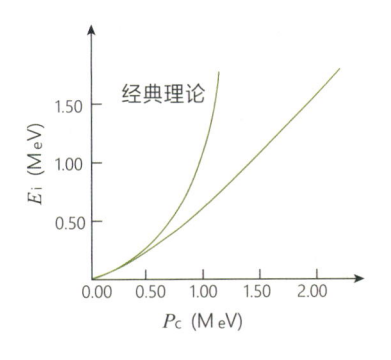

图 21.6　狭义相对论

波粒二象性。1911 年卢瑟福发现原子核后，对原子稳定性的研究推动了 1913 年玻尔量子论的建立。玻尔理论的基础是普朗克的量子论和爱因斯坦的光量子假说。1900 年，普朗克在研究黑体辐射问题时，提出了著名的量子论。该理论指出物质吸收和发射能量是不连续的。这种能量的最小单位叫能量子，简称量子。1905 年，爱因斯坦引用普朗克的量子论并加以推广，用于解释光电效应，提出了光量子假说。当能量以光的形式传播时，其最小单位是光量子（简称光子），实验证明，光子的能量与光的频率成正比。能量及其他物理量的不连续性是微观世界的重要特征。

玻尔理论不但回答了氢原子稳定存在的原因，而且还成功地解释了氢原子和类氢原子的光谱现象。当氢原子从外界获得能量时，电子就会跃迁到能量较高的激发态，处于激发态的电子不稳定，就会自发地跃迁回能量较低的轨道，同时将能量以光的形式发射出来。两个轨道即两个能级间的能量差是确定的，且轨道的能量是不连续的，所以发射出的光的频率有确定值，而且是不连续的，因此得到的氢原子光谱是线状光谱。

但是，玻尔的原子模型无法说明多电子原子的光谱，甚至不能说明氢原子光谱的精细结构。

量子力学。1925—1926 年，海森伯、薛定谔等建立了量子力学，这是第二次大突破。1925 年，海森伯和玻恩、约当一起建立起矩阵力学；1926 年，薛定谔基于量子性是微观体系波动性的反映找到了微观体系的运动方程，从而建立起波动力学，还证明了波动力学和矩阵力学的数学等价性；狄拉克和约当随后发展了变换理论，给出量子力学简洁、完善的数学表达形式。

量子力学和狭义相对论的结合产生了相对论量子力学。狄拉克、海森伯和泡利等人的工作发展了量子电动力学。

20世纪30年代以后形成了描述各种粒子场的量子化理论——量子场论，它构成了描述基本粒子现象的理论基础，证明了微观世界粒子的运动。质能方程的提出和对原子核的认识直接导致了40年代人们对原子能的利用。50年代后，人们又进一步深入粒子物理的研究。将对小宇宙的认识用到大宇宙，结合爱因斯坦于1915年建立的广义相对论，人们的视野扩展到了广阔无垠的宇宙空间。

新事物与"复杂性"

在20世纪上半期，物理学主要研究的是自然界天然存在的"物"之"理"，例如各种金属和非金属晶体，它们成为固体物理研究的对象。

20世纪60年代初期，固体物理部门已成为美国物理学会中最大的部门。二战后，欧洲也出现了大型的固体物理学家社群，特别是在英国、德国及苏联。在美国及欧洲，固体物理因在半导体、超导现象、核磁共振现象等方面的研究而成为重要的研究领域，图21.7展示了固体晶体晶格。固体物理的研究对象往往不只是固体，其为20世纪七八十年代凝聚态物理学的发展奠定了基础。凝聚态物理学主要研究固体、液体、等离子体及其他复合物。固体物理学通常被认为是凝聚态物理学的分支，专注于具有固定晶格的固体的性质。

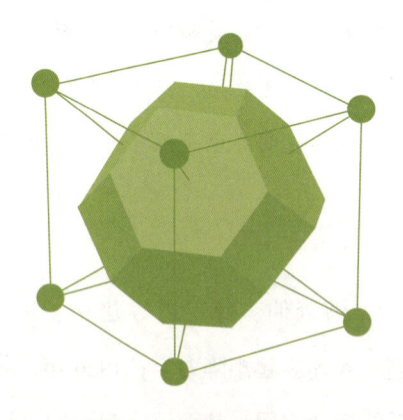

图 21.7　固体晶体晶格

20世纪下半期，固体物理逐渐演变为含义更广的凝聚态物理，液体物理也包括在内。物质除气、液、固三态外，尚存在"等离子体"这第四种态，宇宙空间和天体的大部分以等离子体态存在，因此等离子体物理与天体物理有密切的关系。

20世纪50年代末期，由于空间技术和空间物理学的发展，工程师和科学家发现，只使用已有的原子物理学知识来解决空间科学和空间技术问题已经不够了，必须对原子物理进行新的实验和理论探讨。问题一旦涉及大量粒子（多体）的复杂体系，复杂所带来的不仅是量的改变，在质上也产生了新的规律。例如，非线性动力学和混沌，即使在经典力学范畴，也出现了许多新的现象。

这种"复杂性"也与科学上尚未解决的"生命现象"有联系，正日益受到新一代物理学家的重视。与上述趋势相对应，物理学不仅是自然科学基础研究中最重要的前沿学科之一，而且已发展为一门应用性极强的学科，并且继续向其他学科渗透。

3. 高新技术中的物理学

谈及高新技术，在国际和国内方面，有人将21世纪高新技术的发展总结为：以信息技术为先导，以新材料技术为基础，以新能源技术为支柱，在宏观领域向空间及海洋技术发展，在微观领域则向生物技术开拓。如核物理的发展，特别是中子物理和裂变的研究实现了核能的释放。激光的发明及其在光通信等方面的应用，半导体物理和固体物理、纳米材料、集成电路微型计算机的飞速发展，使我们进入各种各样的高新技术汇合起来的信息和新能源时代。这就是物理学的第三次重大突破引发的第三次产业或技术革命。

根据上述三次物理学的重大突破和相应发生的三次产业或技术革命，对人类历史发展进程和逻辑进行合理推断，人们会自然地联想到：有没有"第四次物理学重大突破"？有没有与之伴随的更新的技术革命？若有的话，它们会是什么面貌，有什么特点？目前，虽然已经有些不同的说法，但是这个命题现在还是一个未解之谜，它要等待几代人去探讨。

在浅谈高新技术和现代物理的联系这一庞大的课题时，我们就以前面提到的材料、信息、能源为主干，对它们同近代物理的联系做一些介绍。

发现新材料

这部分主要包括新型固体材料，比如金属、陶瓷、半导体、复合材料等。在半导体方面值得一提的是量子阱和超晶格。近年来，利用分子束外延（MBE）和化学气相沉积（CVD）可以制成极薄的半导体层，形成量子阱和超晶格，这相当于能人为生成不同"子能级"，可以制成不同要求的器件，如特殊的高速集成电路等。

另外，如氮化镓（GaN）等宽禁带半导体在国外和国内受到重视，因其在可见光区域、紫外区有很高的量子效率和很低的暗电流，特别是负电子亲和势（NEA），氮化镓器件作为直接的光阴极材料有很大的发展潜力。

近年来迅猛发展的纳米科技在化学、生物医学、材料学、电子学等领域取得了一系列令人瞩目的成果。碳纳米材料的研究，如碳纳米管和足球面状的富勒烯（C_{60}）已成为当前国际上最活跃的前沿领域之一。作为二维材料的石墨烯的成功研制荣获2010年诺贝尔物理学奖，石墨烯、碳纳米管和足球面状的富勒烯结构如图21.8所示。

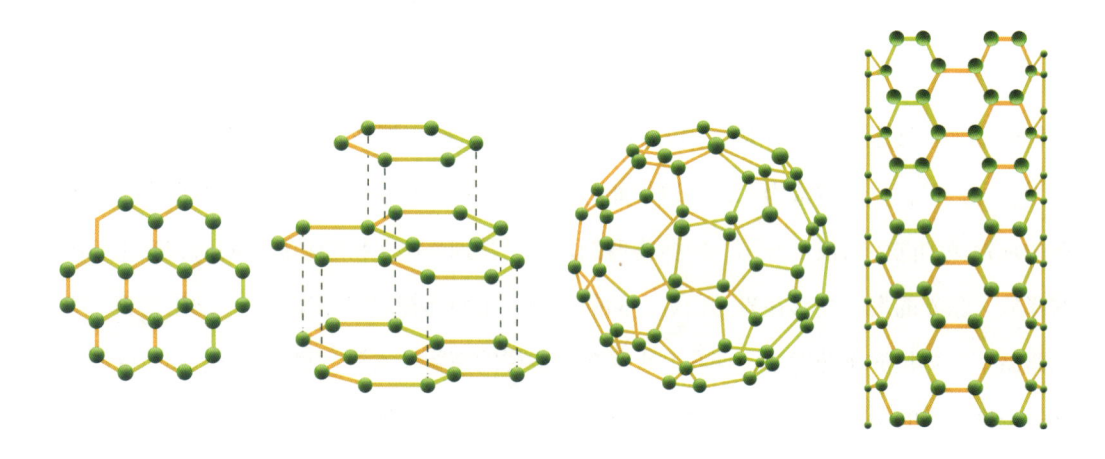

图 21.8　石墨烯、碳纳米管和足球面状的富勒烯

目前，石墨烯在场效应管、太阳能电池、传感器、触摸屏、液晶显示屏和微电子器件等领域已得到初步应用。历史上每一次碳的同素异形体的发现都促进了人类对自然的认识。作为二维材料的代表，石墨烯更是开辟了二维纳米材料的研究新领域，以它为主的复合材料可作为太阳能电池、显示屏、超级计算机部件和交通工具用器件等。

作为非晶态的固体的玻璃，近年来已远远超出我们常规应用的采光范围，而向特殊功能性器件开拓，例如非晶态的合金，它也是一种金属，又被称为金属玻璃。从原子结构角度看，它有着"长程无序，短程有序"的特点。目前已包括2 000多种不同基材，如铜、铁、稀土等物质经特殊处理后制成具有特殊性能的材料和部件。例如，利用其磁性，法拉第效应器件可用于超高电压下的高空远程电性能传感器应用等。近年来出现一种兼有纳米尺度特征和非晶结构的新型功能材料，即二者相结合的纳米金属玻璃，兼具二者的优点，可制成特殊催化剂、高效绿色节能材料和多种电器电子部件等。

信息与变革

已经大为普及的信息技术是有线、无线通信和计算机技术，值得强调的是，光学的研究，特别是各种波长的电磁波的应用是当今最重要的发展领域之一。

激光。1960年激光一经问世，就以极快的速度发展，并在各行各业得到广泛应用，至少同核技术"并驾齐驱"或更有普及之势。激光同时也是近代物理学研究的一个热点。支撑着今天信息社会通信网络基础的就是激光通信技术。高能量密度的光束自然也会是具有破坏性的光线武器，现在这已成为现实。

量子信息。近20年来，量子物理与信息科学、计算机科学交叉形成了新的学科，已受到各个发达国家的重视，发展很快。量子信息主要包括量子计算、量子通信和量子密码学。其目标是利用量子观念及其衍生的量子特性进行信息存储、处理、计算和传送，有可能为突破传统计算机芯片的尺度极限提供新的启示和革命性的解决方案，同时必将促进相关量子信息器件（如单光子源、单光子探测器、量子中继器等）的发展。

光纤。1966年，华裔科学家高锟提出用细玻璃丝代替比它粗万倍以上的铜线，利用光传输信息，他后来被称为"光纤之父"，并获得了2009年的诺贝尔物理学奖。到目前，光纤通信已普遍应用，而且由于其精度高、微型化和适用于恶劣环境等优点，已实现了相当程度的商业化。图21.9展示了电磁波不同波长下的应用，如短波应用在X光领域，长波广泛用于电台，可见光则是人类可看见的电磁波。

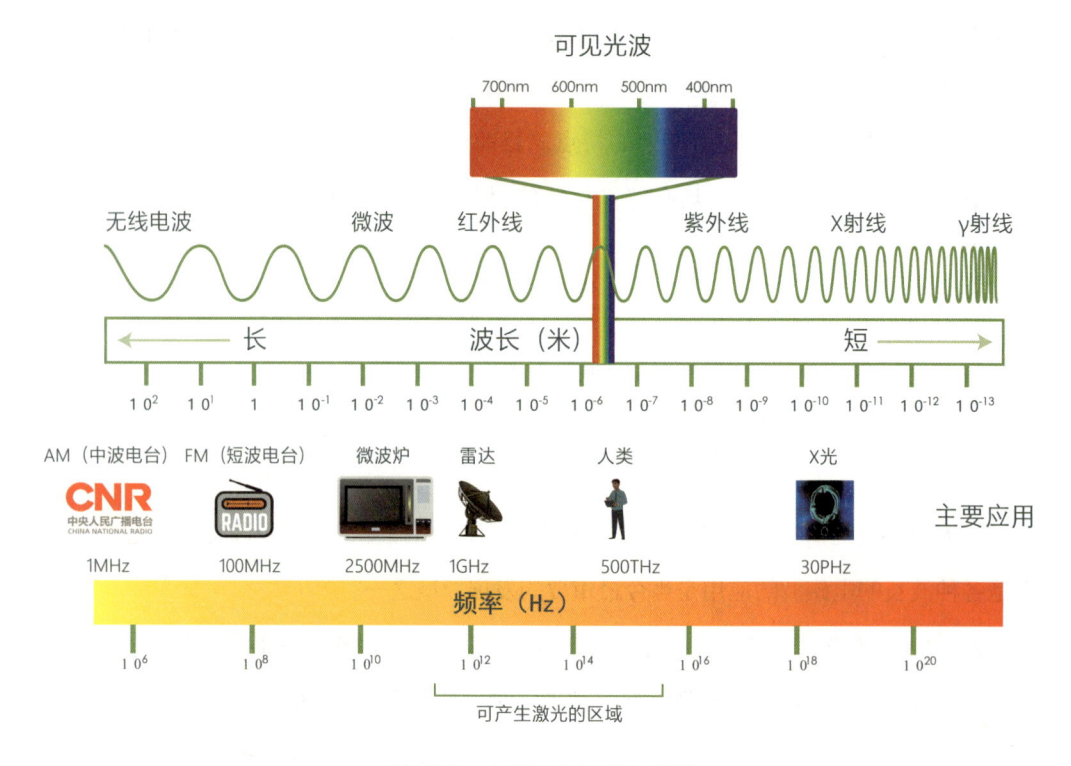

图 21.9　电磁波的波长与应用

光源。在大科学装置的光源方面，国内从 20 世纪后期已先后启用运行在真空紫外区的合肥同步辐射（HESYRL）与北京同步辐射（BSRF），可覆盖 0.01～22keV 的 X 射线区和更低的能区，目前已有 500 多个用户在许多领域使用，发挥了巨大的作用。上海光源（SSRF）是一台第三代中能同步辐射装置，也是迄今为止我国最大的大科学装置之一，可提供从红外光到硬 X 射线的各种同步辐射光，目前已经建成并在积极完善中。说到第四代光源——相干光源，即自由电子激光是完全相干辐射，最近几年也有长足发展。

寻找能源

回顾人类发展的历史，每一次高效新能源的利用，都会使社会进入一个新的时代，带来一次新的飞跃。从 20 世纪中期以来，重核裂变原理的和平及军事利用已经是众所周知的课题。另一方面，近年国外发生的核电站泄漏事件影响了人们对核能的态度，但正确认识和继续发展、利用这一成熟的技术仍然是极为重要的。这是人类在地球上含碳类（煤与石油等）

燃料资源储量有限的情况下必须应对的。增加能源的低碳比例，发展其他能源，当然是迫在眉睫的。

核聚变。 以太阳释放出巨大能量为原理的轻核氘-氚等的核聚变，比核裂变释放的能量还要多数倍，而其辐射却要少得多。另外，核聚变燃料可以说是取之不尽、用之不竭的。由于这些特点，多年来各发达国家投入巨大的人力财力进行可控核聚变研究，包括我国在内的多个国家都预期在 2050 年前后争取进入实用阶段。为了加快发展速度，国际上也从较为保密转变为广泛的国际合作。

进入 21 世纪以后，科技界的一大新闻就是中国加入 ITER。ITER 是国际热核实验堆的英文缩写，是一项研究热核聚变的国际合作的大规模科学工程。快中子反应堆研究方面近些年来发展很快。国外已有约 10 座快堆电站，我国近几年已初步建成实验型快堆。如果说现在通用的核燃料只能用 100 年，那么新一代反应堆的燃料资源可供人类使用成千上万年。截至 2020 年底，全国总装机达到 22 亿千瓦，可再生能源装机 9.3 亿千瓦，占总装机的比重为 42.4%。其中水电 3.7 亿千瓦，风电 2.8 亿千瓦，光伏发电 2.5 亿千瓦。

多能源开发。 在当前强调环保，包括减少二氧化碳排放的形势下，开发太阳能、化学能和风能等各种大中小型非化石（煤、石油）的能源十分重要，并已呈现全面开花的局面。各国都在尽量挖掘可能的能源，一些国家已经开发出利用垃圾发电等。

在这方面，重要的是探索开发新材料和器件，以提高转化效率和便于储存等。所谓利用电化学原理的各种燃料电池被认为是氢能利用的最终解决方式，是当前开发的热点。国内近几年来已经实现足够功率且只排水的"零排放"燃料电池，已试用于汽车。国外已开发出千瓦级固体高分子燃料电池，以用于家庭。如图 21.10 所示，尽管火电仍占据目前发电量的一半，但是其他能源譬如太阳能、风能、水能等也发挥了极大的作用，在乐观的情况下，再生能源的总比重超过火电指日可待。

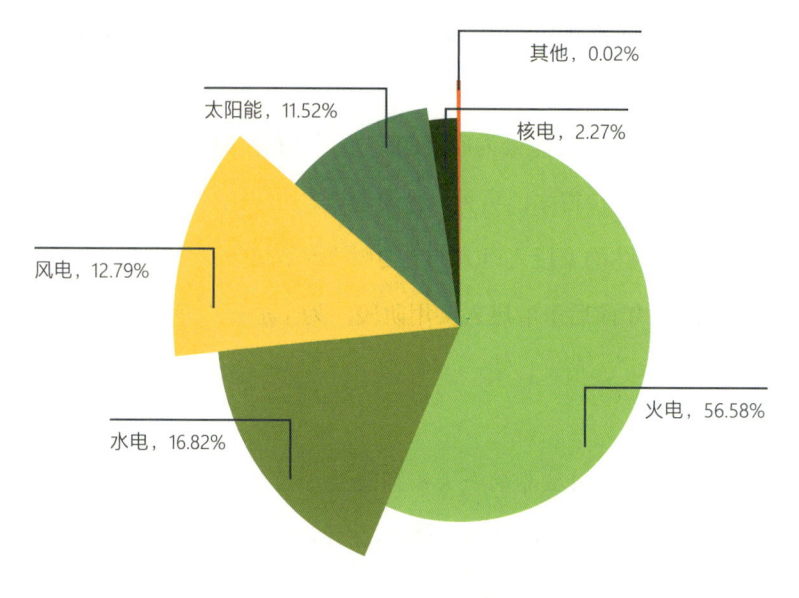

图 21.10　再生能源比重持续上升

4. 探索生命

对生命奥秘的探索是科学的重大课题之一，人类对此有着长久不衰的兴趣，并且从某种意义上说，这种兴趣必将是永恒的。因为作为生命界的一员，人类永远不可能穷尽自身的奥秘。由于生命体的复杂性，对生命奥秘的探索有赖于相关自然科学学科，如物理学、化学、数学等的发展。

因此，真正意义上对生命奥秘的科学探索是从 19 世纪的细胞学说开始的，并在 20 世纪取得了一系列惊人的成就，尤其是 20 世纪中叶以来从分子层次上对生命遗传秘密的探索，使生命科学成为自然科学的最前沿领域之一。现在，科学界已普遍接受这一观点：21 世纪将是生命科学的世纪。

细胞学说

在科学史上，首先把生命界统一起来，并提出了科学的生命定义的是 19 世纪的施莱登和施旺。他们创立了细胞学说，从而揭开了生命科学的新纪元。细胞在生命科学中的地位相

当于无机界的原子,细胞学说则相当于化学中的原子论。细胞这一名称是17世纪英国化学家胡克首先提出的。他在用显微镜观察软木的时候,发现了其中像蜂房一样的微小结构,于是就用"细胞"这个词来描述这种细微结构,这个词也一直沿用至今(见图21.11)。

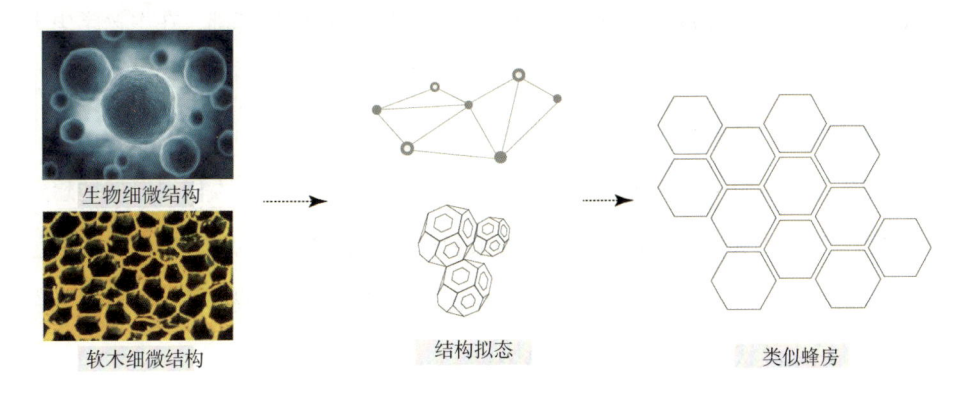

图 21.11　细微结构图解

1759年,德国的沃尔夫通过精确的实验观察证明成体动物的肢体和器官是在胚胎发育过程中从一片简单的组织发展起来的,存在一个真正的有机体的发展过程,即形体上的分化过程。不过他没有解决形体分化的途径问题。

18世纪末19世纪初,德国诗人歌德认为,有机界的多样性是由共同的原型所组成的。德国自然哲学家、生物学家奥肯根据自然哲学思想和不确切的观察,提出由球状小泡发展成的纤毛虫是构成生命的共同单位。学者们寻找动植物原型的思想,虽然更多的是思辨性的猜测,但对19世纪细胞学说的提出具有一定的积极影响。19世纪30年代,随着消色差显微镜的问世,人们能够直接观察到有机细胞的详细情况。1831年,英国植物学家布朗在兰科植物叶片表皮细胞中发现了细胞核。不久,捷克生理学家普金叶等人又观察到了动物细胞核。

细胞学说创立于19世纪30年代末。它的创立应归功于德国植物学家施莱登和动物学家施旺。1838年,施莱登发表《植物发生论》,认为植物中普遍存在的结构是细胞,细胞是组成植物的基本生命单位。1839年,施旺发表《动植物结构和生长相似性的显微研究》,用大量资料证明,动植物有机体的结构原则上是相同的,它们的一切组织都是由细胞发展而来的,细胞是一切生物的基本单位。这打破了动植物的界限,把二者在细胞基础上统一了起来。施旺还首先提出了"细胞学说"这一名词。之后,又经过一大批科学家的努力,人们正确阐明了动植物细胞分裂的过程，证明了它们遵循着共同的规律，从而使细胞学说趋于完善。

遗传定律

在遗传学领域取得突破的是孟德尔，他的实验奠定了遗传学的基础，在生物学史上具有开创性的意义。遗传定律被命名为孟德尔定律，在科学史上被称为"孟德尔的再发现"，孟德尔被公认为遗传学的奠基人。

染色体的出现。孟德尔所说的"遗传因子"究竟在什么地方呢？人们很自然地想到了染色体。1879年，德国的弗勒明发现用碱性苯胺染料可以把细胞核里的一种物质染成深色，这种物质被称为染色质。1882年，弗勒明指出细胞分裂时染色质聚集成丝状，然后又分裂为数目相等的两半，后来丝状染色质被称为染色体。

1883年德国的鲁克斯指出染色体是遗传物质。1904年美国的萨顿指出，染色体同遗传因子一样都是成对的，分别来自父本与母本。1906年贝特森等发现，豌豆的一些特征常同另外一些特征一块遗传，从不分开，证明萨顿的猜想是有道理的。

1909年丹麦的约翰逊提出用基因来代替遗传因子的概念。萨顿提出了关于遗传因子在染色体上的假说。最终用实验证实萨顿猜测的是美国生物学家摩尔根。他提出的基因理论使遗传学研究进入了细胞的层次，人们从而创立了细胞遗传学。

摩尔根的补充。1908年，摩尔根开始进行果蝇实验。在果蝇实验中，摩尔根发现了一个奇怪的现象，几乎所有的白眼果蝇都是雄性的，白眼的遗传特征总是伴随着雄性个体遗传。通过对这种现象的深入研究，他提出了基因连锁的概念，证明了萨顿的一条染色体上存在多个基因的猜测。

1915年，摩尔根出版《孟德尔遗传机制》，总结了果蝇实验的研究结果。他用大量确凿的实验资料证明染色体是基因的载体，并且借助数学方法，精确确定基因在染色体中。至此，遗传学中的定性描述逐渐附属于定量实验的方法。

1916年，摩尔根发表了《进化论评论》。他认为："孟德尔的遗传理论是解释达尔

文自然选择的根据，孟德尔的遗传变异比达尔文所提的缓变要明显和不连续，孟德尔的变异用确定形式被遗传。"

摩尔根充实了孟德尔的理论，补充了达尔文进化论中留下的空白。1926年，摩尔根出版《基因论》，系统阐明了基因理论，从此，基因被看作染色体上占有一定空间的遗传单位实体。摩尔根认为基因在遗传中起着重要的作用，它负责亲代到子代的性状传递。同时，基因还是个体发育的依据，从基因到性状，属于胚胎发育的全部范围。

摩尔根的遗憾。限于当时的科学水平及认识能力，人们对于基因作为一个实体的内容还是不清楚，但是摩尔根科学地预见基因是一个化学实体。现代遗传学的科学实践已经证实了摩尔根的理论预言。

摩尔根的《基因论》开创了细胞遗传学的新时期，并为日后研究基因的结构和功能奠定了理论基础，为遗传学的发展树立了新的里程碑。由于对现代遗传学的突出贡献，他于1933年获得了诺贝尔生理学或医学奖。

DNA 的载体

摩尔根的基因理论虽然证明了染色体是基因的载体，并指出基因是一种有机的化学实体，然而，对于基因到底由什么物质构成，或者说遗传物质到底是什么，摩尔根并没有阐明，实际上他当时也无法阐明，因为这个问题的解决有赖于生物化学更进一步的发展。直到20世纪40年代后期，人们才把遗传物质基础锁定在DNA上，而这期间经历了一番艰难的探索过程。

1868年，瑞士化学家弗里德里希·米歇尔从病人伤口脓细胞中提取了一种被称为"核质"的物质，这被认为是最早的核酸发现。后来，科赛尔及其学生琼斯和列文确定了核酸的基本化学结构，证实核酸是由多个核苷酸组成的大分子。核苷酸由碱基、核糖和磷酸组成，其中碱基有腺嘌呤、鸟嘌呤、胞嘧啶和胸腺嘧啶四种，核糖有核糖和脱氧核糖两种。根据他们当时的粗略分析，他们错误地推断核酸由含有不同碱基的四个核苷酸连接而成，这就是著名的"四核苷酸假说"。这个假说在20世纪20年代后成为核酸结构研究的主导观点，持续了20多年，对理解核酸的复杂结构和功能造成了阻碍。虽然当时核酸是在细胞核中发现的，但由于其结构过于简单，很难想象它在复杂多变的遗传现象中扮演什么角色。甚至有些科学家在蛋白质结构被阐明后认为蛋白质可能在遗传中起主要作用。

事实上，最后确认核酸为遗传物质基础，是根据生物学家们对肺炎双球菌的研究成果。1928年，英国微生物学家格里菲斯证明，在正常的肺炎双球菌中含有一个"转化因子"，它能使无膜、无传染性的突变体转变为有膜、有传染性的正常型。1944年，加拿大裔美国医生和医学研究人员奥斯瓦尔德·阿弗里德·赫尔辛格等人进行了一系列实验，证明DNA是细胞内遗传信息的携带者。他们通过转化实验，证明了DNA的转移能力和遗传特性。

这个实验结果一公布，立即得到人们的认可。一场全力以赴搞清DNA结构的竞赛就在世界上许多个实验室中激烈地展开了。最后在这场竞赛中胜出，发现DNA双螺旋结构的是两位年轻的科学家——沃森和克里克。

双螺旋的结构

20世纪50年代，主要有三个科研小组在研究DNA的结构，分别是鲍林、威尔金斯和罗莎琳德·富兰克林以及沃森和克里克。

沃森是美国生物学家，克里克是英国物理学家。1951年他们在剑桥相遇后，共同认识到探索DNA分子结构是解开遗传之谜的关键，于是开始合作。

克里克与沃森认为：当时的X射线晶体衍射技术水平尚不足以清晰显示生物大分子较为复杂的三维图像，仅靠数学计算难以确定大分子中所有原子的准确位置。如果设想DNA分子呈螺旋状，则可以依据X射线衍射图上的几组数据，先构建出分子模型的基本形态，再不断调整其中原子排列的位置，直到其与真实分子的衍射图十分接近为止。此时得到的即应是DNA的实际立体结构模式。

如图21.12所示，DNA是一种长链聚合物，其组成单位称为核苷酸，而糖类与磷酸借由酯键相连，组成长链骨架。每个糖单位都与4种碱基里的一种相接，这些碱基沿着DNA长链所排列而成的序列，可组成遗传密码，这也是蛋白质氨基酸序列合成的依据。

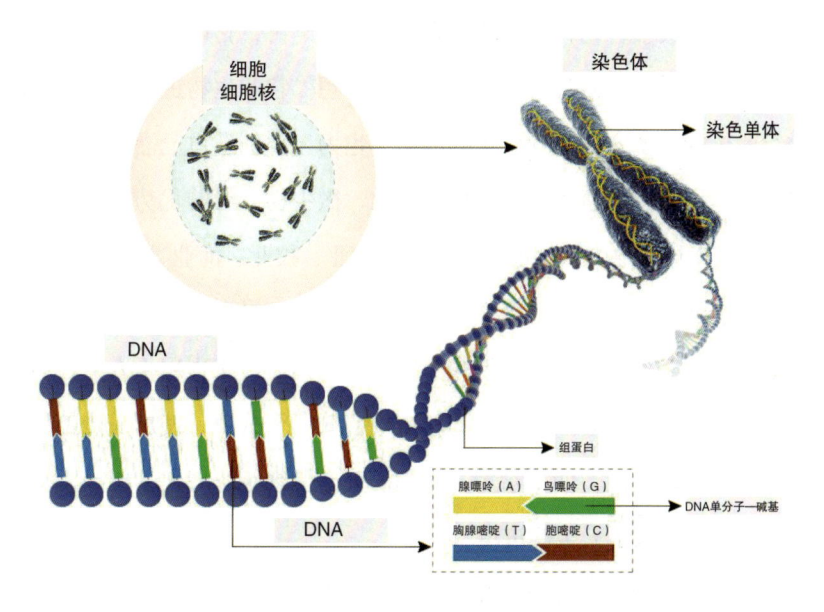

图 21.12　DNA 双螺旋结构

沃森和克里克把他们的研究结果和威尔金斯小组提供的 DNA 照片，一起发表在 1953 年 4 月出版的英国《自然》杂志上。这个成就使沃森、克里克和威尔金斯三人共同获得了 1962 年诺贝尔生理学或医学奖。

沃森和克里克在给《自然》杂志的信里，提出了 DNA 的双螺旋结构以及关于遗传物质 DNA 的复制机制。DNA 分子能够准确地复制自己，通过亲代 DNA 分子的复制生成子代 DNA 分子，使得 DNA 所贮藏的遗传信息一代一代地往下传，这是 DNA 分子的一个重要的生物学作用。

可以说，1953 年 DNA 双螺旋结构的发现，是分子生物学中划时代的事件，是突破性的进展，奠定了分子生物学的基础。从此人们开始从分子角度来研究生命科学。

遗传工程

在分子生物学的研究基础上，一个新的研究领域——遗传工程出现了。所谓遗传工程就是指用人工的方法，把不同生物的核酸分子提纯出来，在细胞体外进行切割，使之重新搭配和重新组合；之后，再放到生物体中，以便把不同生物的遗传性状彼此结合起来，从而创造出生物的新物种。这一复杂过程就被称为遗传工程。

前景。遗传工程打破了各物种之间的界限。从理论上讲，它可以把任何不同的物种都结合起来，实现古希腊神话中"狮身人面兽"之类的幻想。它使生物进化中形成的同类互相交配繁衍后代进行遗传的传统方式受到巨大的冲击，也为人类创造自己需要的生物新物种提供了可能性。另外，遗传工程甚至可以把动物、植物、微生物三者的优势都结合起来，使之按照人们的意愿和目的发展，这会极大地促进工业、农业、牧业、渔业、医学等部门的发展。

忧虑。现代遗传学的发展也给社会学家带来了忧虑：一是担心创造出的优越的新物种在智慧和能力上会超过人类，进而可能统治人类；二是认为遗传工程用于人类之后，会带来伦理道德等一系列问题；三是担心遗传工程的新成果会被用于战争，使用遗传工程制造的细菌、病毒可能成为毁灭人类的手段；四是希望又害怕研究出使细胞不老化的机制，从而实现人类"长生不死"，同时也就结束了人类的进步。

应该说，遗传工程领域的研究没有社会学家所想象的那么可怕，但从长远的眼光看，它的研究应当引起人们的高度警惕。

1997 年，英国罗斯林研究所培养出了克隆羊"多莉"。图 21.13 展示了多莉的诞生流程，多莉有三个母亲：一个提供 DNA，一个提供卵子，一个代孕。研究者先从 1 只怀孕的 6 岁白脸芬多斯母羊中取出乳房细胞，然后给乳房细胞低营养食物，使细胞停止分裂，进入静止状态；从黑脸的苏格兰羊中取出未受精的卵细胞，将其细胞核去除，将先前处理过的乳房细胞的细胞核植入该卵细胞，并以电流刺激进行细胞融合，组成一个含有新遗传物质的卵细胞，此卵细胞在试管中不断分裂，从而形成胚胎。当胚胎生长到一定程度时，研究者将其植入代孕母羊的子宫内发育，最终成功分娩。

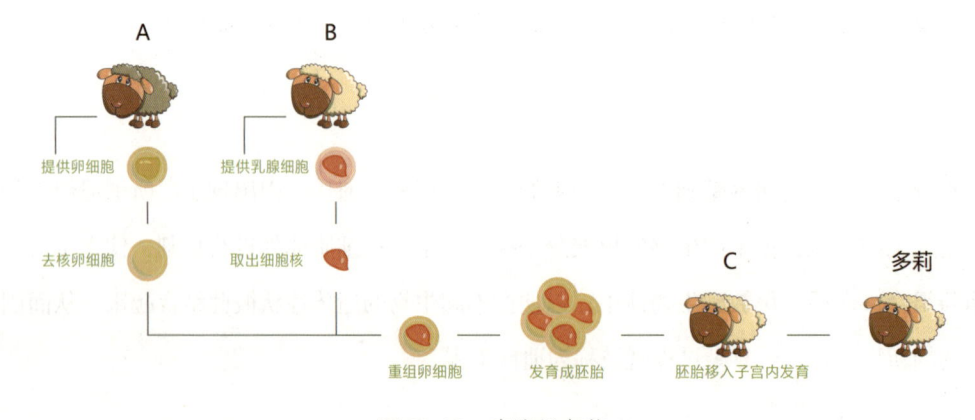

图 21.13　克隆羊多莉

政策。此研究在世界引起了轰动。从技术上说，人类已经能够复制自身。世界各国首脑纷纷坚决反对"克隆人"，全世界出台禁止克隆人政策。

2000年，中、美、英、法、日、德6国科学家同时宣布，人类基因组工作草图已经绘制完成。这项启动于1990年、耗资巨大的多国合作的科学研究工程，被人们称为生命领域的"阿波罗登月计划"，它最终试图给人们提供一份人类的"人体说明书"。这是现代遗传学上最伟大的事件。有了这份"人体说明书"后，人类许多现在被认为是绝症的疾病都将被攻克。那时，人类的预期寿命将大大延长，并且也完全有可能揭开衰老的奥秘。2021年5月，《科学美国人》刊登了一篇文章，提到新研究表明人类的寿命可能在21世纪末22世纪初达到150岁。然而，人类寿命的预测是复杂的，受到遗传、生活方式、环境和医疗技术等多种因素的影响。预测未来几十年或几个世纪的人类寿命是具有挑战性和不确定性的。目前，还没有确切的方法可以知道人类在未来的寿命会是多少，这需要进一步的研究和科学发展来获得更准确的结论。

人类探月工程

目前只有美国、苏联和中国成功把探测器送到月球表面，而且只有美国成功派出宇航员登陆月球表面。美国阿波罗登月计划共执行了6次载人登月任务。苏联月球2号于1959年9月撞击月球，是首个登陆月球的探测器。

苏联探月事迹

苏联月球1号从距离月球表面5 000多千米处飞过，在飞行过程中测量了月球磁场、宇宙射线等数据，这是首个抵达月球附近的探测器。1959年，苏联成功发射了月球2号探测器，它是第一个成功到达月球表面的航天器，在撞击月球前，向地球发送了月球磁场和辐射带的重要信息。

1959年，苏联又发射了月球3号探测器，它从月球背面的上空飞过，向地球发回了约70%月背面积的图片，这是人类首次获得月球背面的图片，使人类第一次看到月球背面的景象。1966年，月球9号成为第一个实现受控软着陆的航天器，而月球10号则成为第一个环月飞行的航天器。

1970年，苏联发射了携带月球车1号的月球17号探测器，它成功降落在月球的雨海区域。随后，世界首个月面巡视探测器——月球车1号开始进行月面巡视考察。它在月球上工作了 301 天，行走 10.54 千米，考察了 8 万平方米的月面，在 500 多个地点研究了月壤的物理和力学特性，在 25 个地点分析了月壤的化学成分，发回 2 万多个测量数据。1973 年，苏联又成功将月球车 2 号送上月面，并进行了更大范围的月面巡视考察。

美国 6 次载人登月

这一事件发生在美苏冷战军备竞赛时期，技术优势享有至高无上的地位，是保障国家安全的必然需要，也是意识形态先进的基本象征。如图 21.14 所示，从 1969 年到 1972 年，美国共完成 6 次载人登月，共有 12 名宇航员登上月球，带回约 382 千克月球土壤和岩石样品。

1969—1972 年

时间点

阿波罗 11 号宇航员阿姆斯特朗和奥尔德林登陆月球静海
● 第一次近距离拍摄了月球的照片
1969 年 7 月 20 日

阿波罗 12 号
用带回的超 32 千克月球岩石样本研究月球的历史和构成
1969 年 11 月 19 日

阿波罗 14 号登月，进行两次太空行走
● 采集了 42 千克的物质，首次使用手推车来运输岩石
1971 年 2 月 5 日

阿波罗 15 号宇航员首次驾驶月球车
在月球上穿越更远距离，收集约 77 千克的月球岩石标本
1971 年 7 月 30 日

阿波罗 16 号登月
● 带回 90 多千克岩石，宇航员在月球度过 71 小时
1972 年 4 月 21 日

阿波罗 17 号降落在月球金牛座利特洛峡谷
2 名宇航员停留工作了 3 天，采集了 110 千克的岩石
1972 年 12 月 11 日

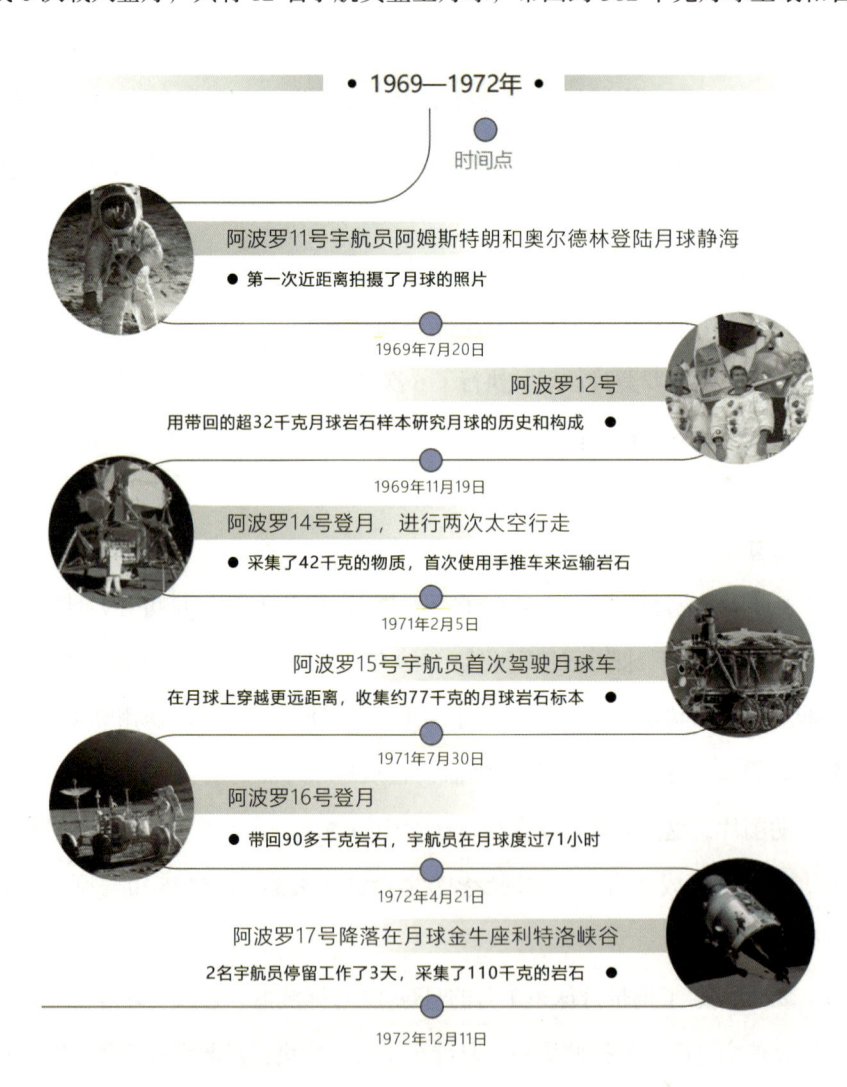

图 21.14 美国载人登月

6次探月的进程如下。

第一次：1969年7月16日，宇航员尼尔·阿姆斯特朗、巴兹·奥尔德林和迈克尔·科林斯搭乘阿波罗11号宇宙飞船进入太空。1969年7月20日，阿姆斯特朗和奥尔德林在登月舱"鹰号"中成功降落在月球表面，人类第一次近距离拍摄了月球的照片。阿姆斯特朗的声音通过电视传到了世界的各个角落，完成了人类历史上第一次登月任务。伴随这次成功，太空竞赛进入加速阶段。

第二次：1969年11月14日，宇航员查尔斯·康拉德和艾伦·宾搭乘阿波罗12号宇宙飞船进入太空。他们成功降落在月球表面，并进行了多项科学实验和勘测任务。1969年11月19日，阿波罗12号任务总共带回来超32千克的月球岩石样本，科学家利用这些月球岩石研究月球的历史和构成。

第三次：1971年1月31日，宇航员阿兰·谢泼德、斯图尔特·罗斯和爱德加·米切尔搭乘阿波罗14号宇宙飞船进入太空。他们在月球上进行了两次太空行走，并收集了42千克的物质，首次使用手推车来运输岩石。

第四次：1971年7月26日，宇航员大卫·斯科特、阿尔弗雷德·沃登和詹姆斯·欧文搭乘阿波罗15号宇宙飞船进入太空。他们进行了三次太空行走，并使用一辆月球车进行了广泛的探索和科学研究。他们一共收集了约77千克的月球岩石标本，使用科学仪器模块中的全景相机、伽马射线光分计、绘图相机、激光高度计、质谱仪以及任务后发射的子卫星等设备对月球表面环境进行了详细的研究。

第五次：1972年4月16日，宇航员约翰·杨、查尔斯·杜克和托马斯·马修斯搭乘阿波罗16号宇宙飞船进入太空。他们在月球上进行了三次太空行走，并采集了90多千克的岩石。宇航员约翰·杨和查尔斯·杜克在月球上度过了71小时，创造了世界纪录。与此同时，这个机组的第三名成员托马斯·马修斯乘坐指挥船绕轨道航行。

第六次：1972年12月7日，宇航员尤金·塞尔南、哈里森·施密特和罗纳德·埃文斯搭乘阿波罗17号宇宙飞船进入太空。他们是最后一次登月任务的成员，进行了三次太空行走，并采集了110千克的岩石。

这六次登月任务为人类提供了宝贵的科学数据，使人类更加深入了解月球，对太空探索和科学研究做出了重要贡献。

探月对美国有着重大的意义。政治上，它使美国在航天的许多方面确立了领先地位，获得极大声誉；科学上，它使人类对月球及近月空间有了首次直接的研究和认识；技术上，人们取得了多项重大突破，不仅为后续航天计划奠定了基础，而且许多技术后来广泛用于国民经济领域；人们在工程管理方面也取得了一系列宝贵的大型工程计划和管理经验。

中国探月进程

中国探月计划是中国国家航天局启动的第一个探月工程，主要任务皆以中国神话中的著名人物"嫦娥"命名，被称为嫦娥工程。如图 21.15 所示，中国嫦娥工程整体可以分为"探""登""驻"三大步骤，概称"大三步"，分别指无人探月、载人登月、长久驻月。中国目前处于无人探月阶段，该阶段又分为"绕""落""回"三个阶段。

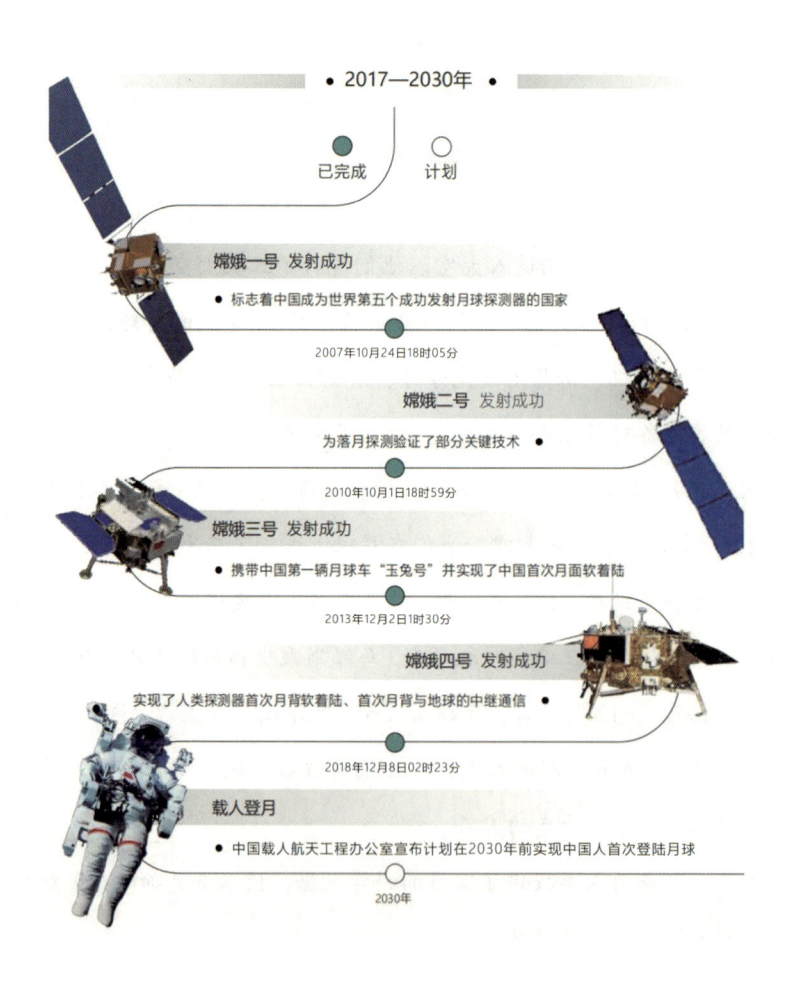

图 21.15　中国探月进程

一期工程"绕"。一期工程于2004年启动，中国先后在2007年和2010年发射了嫦娥一号、二号。中国还发射了月球轨道器/硬着陆器，在距离月球表面2 000千米的高度绕月飞行，进行月球全球探测。

二期工程"落"。二期工程于2013年启动，当年12月中国发射了嫦娥三号，2018年发射了嫦娥四号。月球软着陆器/巡视器降落到月球表面，释放一个月球车，进行着陆区附近局部详细探测，着陆器还携带天文望远镜，从月亮上观测星空。

三期工程"回"。三期发射的卫星为嫦娥五号。2019年启动，2020年11月24日4时30分，长征五号遥五运载火箭尾焰喷薄而出，全力托举嫦娥五号向着月球飞驰而去。23天后的12月17日凌晨，在闯过月面着陆、自动采样、月面起飞、月轨交会对接、再入返回等多个难关后，历经重重考验的嫦娥五号返回器携带月球样品成功返回地面。

在载人登月方面，中国探月工程总设计师明确中国将在2030年前后实现。美国"阿尔忒弥斯"计划被视为美国重返月球的第一步，是在两年后送宇航员登月的预演。

寻找地外文明

尽管地外文明是否存在的问题目前尚无定论，但与其相关的探讨，已成为科学史领域的重要研究课题。

17世纪之初，天文学家开普勒、伽利略利用望远镜对月球进行观测，讨论月球的居住可行性。对地外文明的讨论开始成为最受关注的科学问题之一，随着天文望远镜的观测精度提升，专业的天文学家将时间几乎全都用于火星研究上。

20世纪70年代，由于搜寻地外文明计划（简称SETI）一无所获，与其相对的另一种试图接触地外文明的实践手段——主动向地外文明发送信息（简称METI）被提上日程，并在科学界引发颇多争议。[3] 图21.16展示了1974—2003年，以美国为首的国家，针对多种目标星体在METI上所做的4次比较有影响力的探索，探索时间由最初的3分钟增加到上百分钟，发射信号中的信息量也逐渐增加。

伴随着METI的进行，从理论上探讨"地外文明是否存在"开始在科学界引起广泛讨论，由于缺乏合理的证据，这一讨论被称为"费米悖论"。中国科幻作家刘慈欣在其创作的科学

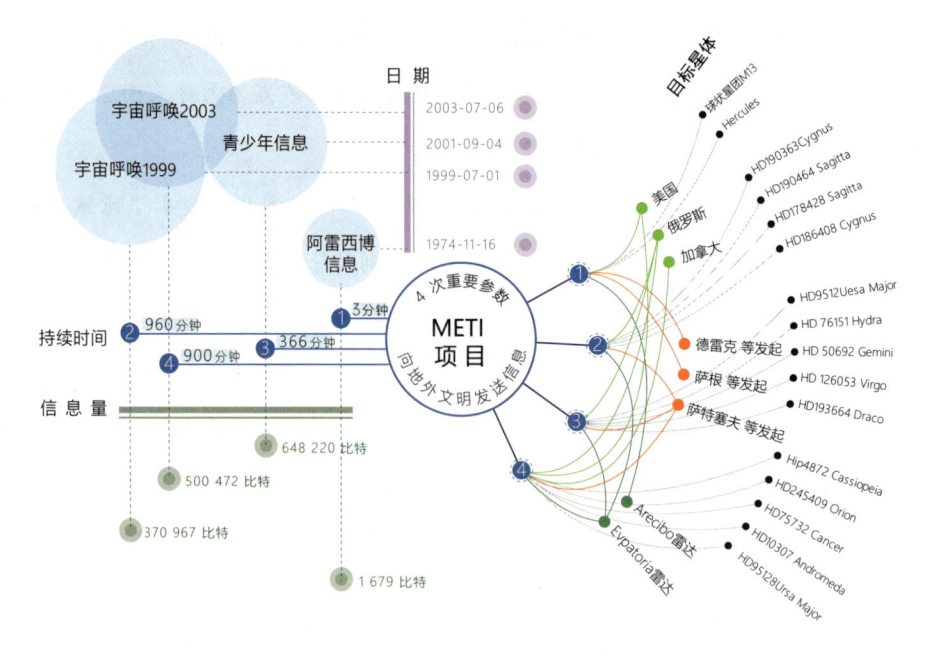

图 21.16　METI 项目

注：图中为 METI 4 次比较有影响力的探索的具体数据表现。蓝色圆标 1、2、3、4 分别表示 4 次信息发送，分别为"阿雷西博信息""宇宙呼唤1999""青少年信息""宇宙呼唤2003"，用半透明蓝色圆表示，其大小对应发射信息的持续时间长短，时间在 4 个大圆下方已标出。其对应发射时间由紫色部分表示，具体信息量见蓝色虚线连接的左下方淡绿色部分。右半部分蓝色圆标 1、2、3、4 连线对应发射国家（亮绿色）、发起人员（橙色）及所用雷达（深绿色）。右边最外侧连线表示 4 次信息发送分别对应的目标星体。

小说《三体》系列中[4]，对费米悖论提出了自己的一种解释——黑暗森林法则。首先，根据原作描述，宇宙社会学基本公理如下。

- 生存是文明的第一需要。
- 文明不断增长和扩张，但宇宙中的物质总量基本保持不变。

如果上面的两条假定成立，那么随着科学技术的爆炸和资源的限制，宇宙将成为一个弱肉强食的世界。

中国在寻找地外文明方面也做出了努力。2020 年 9 月，"中国天眼"正式启动了对地外文明的搜索，搜索方式主要是共时巡天观测和系外行星目标观测。作为目前世界上最大、最

灵敏的射电望远镜，"中国天眼"在搜寻地外文明上被寄予厚望。这也是"中国天眼"五大主要科学目标之一。在对"中国天眼"2019年的共时巡天观测进行数据处理时，科研团队发现了两组地外文明可疑信号。2022年，科研团队又从系外行星目标观测数据中发现了一个可疑信号，而可疑信号是某种射电干扰的可能性也非常大，有待进一步证实和排除，这可能是一个漫长的过程（见图21.17）。

图21.17　中国天眼

第 22 章

分化的学科

科学发展过程中存在着两种相辅相成的力量。它们贯穿于科学发展的全过程，体现在科学发展每一阶段之中。一种是科学的"分化力"，即科学本身在科学传统、科学方法、科学观以及科学学派等方面不断进行"分化"，这种分化机制促使科学的研究方式、方法、传统等方面不断发展，对科学的进程产生积极深远的影响；另一种则是科学的"整合力"，即科学自身在分化的同时也在不断整合。科学的分化是科学整合的基础，科学的整合是科学分化的发展和提升。科学的分化性和整合性是科学进程两种辩证统一的运动形式。

在古代，科学知识以哲学的形式组成一个整体，后来逐步分化出数学、天文学、力学等科学。15 世纪以后，近代科学开始了专门分化过程，相继建立了经典力学、化学、生物学、生理学等基础科学。这个分化过程同时也包含着整合，如牛顿力学就是天体力学和地面力学的统一。

19 世纪中叶，科学的发展向人类揭示了各种自然现象和自然过程之间的联系，使科学的整合成为发展的主要趋势，出现了自然科学中电动力学、热力学、进化论等新的整合以及社会科学中历史唯物主义的整合。20 世纪以来，科学的整合趋势继续加强。一方面，由于人类对整个世界的集合认识，出现了愈分愈细的分支学科，如物理学分化为相对论、量子力学、统计物理学、原子物理学等；另一方面，又在同一认识基础上实现了科学的新的整合。这种整合的具体表现如图 22.1 所示。

这一发展趋势还特别表现为自然科学、社会科学和演绎科学的密切联系和广泛合作。20 世纪，科学的发展进入人类对世界统一性有崭新的认识阶段。

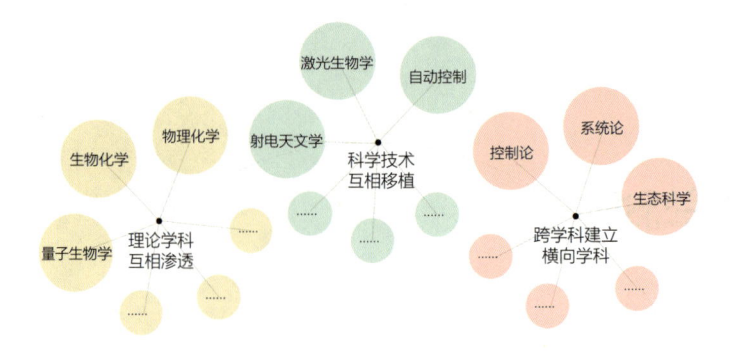

图 22.1　学科整合的具体表现

注：图中列举了三个学科整合的具体表现，黄色对应理论学科渗透后产生的边缘学科，蓝绿色对应科学和技术互相移植后产生的新兴学科，红色对应跨学科建立的一些横向学科。

1. 分类的方法

面对如此众多的学科，要想妥善地处理好当代科学高度综合、分化、交叉、互相渗透的网状结构与实用线性分类体系的关系，需要做大量研究、论证。[1]

古代学科的分类

真正的学科分类是从亚里士多德开始的，他将知识划分为生产、理论和实践三部分，如图 22.2 所示。

理论性的知识即所谓的纯粹理性，在亚里士多德时代，大致是指几何、算术、逻辑之类严谨的学科[2]；实践性知识涉及行动，譬如伦理学、政治学和经济学；第三类生产性知识涉及制造事物的范畴，比如艺术、修辞学、农业等。

300 多年前，培根曾经提出两个关于科学的梦想：一是用科学的力量来征服宇宙；二是通过科学知识认识世界的真面目。前者是技术的发展问题，后者是基本科学的研究问题。

有人说东西方在科学发展的侧重点上各有不同。东方的科学发展更多是以技术解决问题，例如中国古代的四大发明；而西方在基本科学的原理上更具有传承性，同时也在发展技术力量。这个说法是不严谨的。

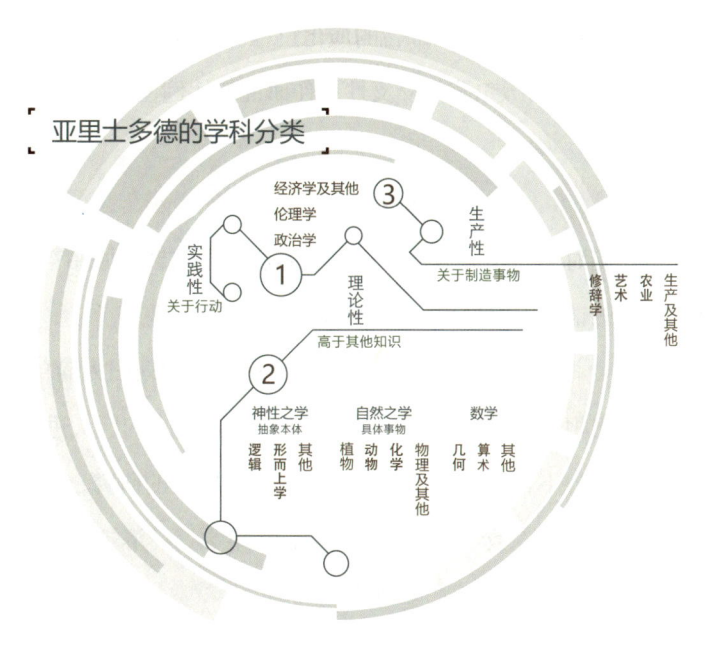

图 22.2　亚里士多德的学科分类方法

说起传承，严格意义上说，西方的近代科学不是来自古希腊，而是来自同时期的中国和阿拉伯世界。火药和各种火器是中国人发明的，先传到阿拉伯世界，再传到南欧、西欧。早期原创发明永远比后期改良发明重要。

中国科学院原院长路甬祥在《自然》中提到，在 15 世纪之前的数百年里，中国的科技水平曾遥遥领先于欧洲。李约瑟博士提出，从雪花的形状到绘图的艺术、造纸、养蚕，包括火药，都是首先由中国人发现或发明的，中国的四大发明影响了世界的发展进程。古代中国的天文记录至今仍为天文学家在研究天体物理现象时所使用。中华文明同其他悠久的人类文明一样，是近代科学技术的重要源泉。

清华大学文一教授在《科学革命的密码》中提到，西方的力学其实就是基于计算火炮的弹道，西方的化学基于研究改良中国发明的火药，以及为了制造大炮研制更优良的钢材。经济基础决定上层建筑。没有任何依据说，经济发达的古代中国没有科学，而古希腊有科学。

现代的学科划分为自然科学、社会科学、应用科学三大类，基于学科三分法的学科建设是综合性大学的一个新课题。

学科发展是一个持续动态的过程。从最初的整合，到后来随着科学技术的不断发展而高度分化，学科发展经历了综合、分化到综合的演化过程。学科之间的交叉融合成为学科发展的一个主要趋势，近 25 年，诺贝尔奖中交叉性合作研究的比例已接近一半。

形而上学的缺点

形而上学，在古希腊时期是指研究存在和事物本质的学问，是原始哲学的一个门类，指在无法用经验证据证明的情况下对世界本质的猜测。

形而上学思维方式：把自然界的各种事物分解，把复杂的划归为简单的"形式"，通过分析、比较和归纳，得出相应的结论。这种方法是人类认识史上的巨大进步。

在这种思维方式的指导下，人们对自然科学进行分门别类的研究，形成了一些独立的学科，如力学、物理学、天文学、数学、化学、医学、军事学、经济学等纷繁复杂的分支。

现代科学的分支

如图 22.3 所示，现代科学有三大分支，即自然科学、社会科学、应用科学。每一个分支都包括各种专业化而又相互重叠的科学学科。自然科学与社会科学皆为经验科学[3]，即它们

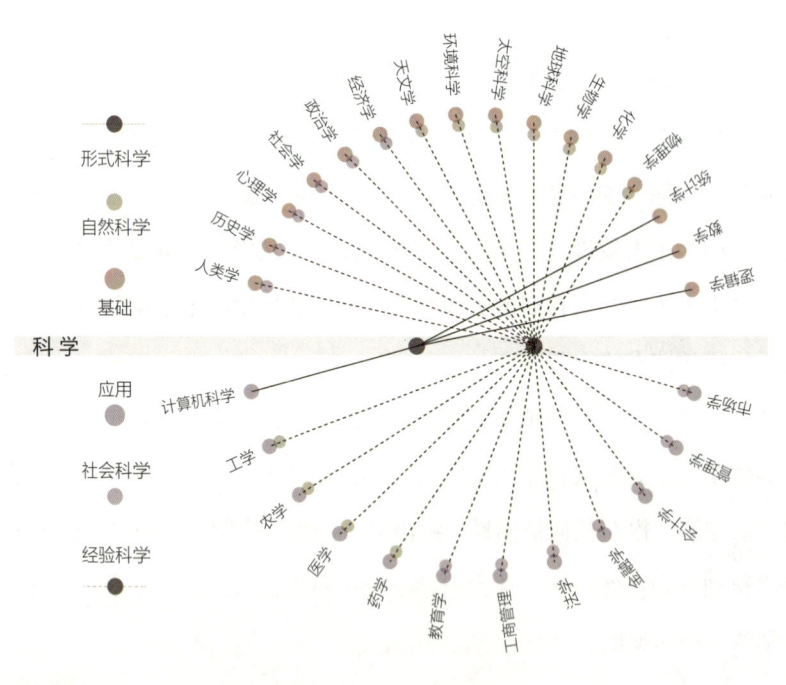

图 22.3　科学的分类

的知识建立在经验证据的基础上，能够由其他研究者在相同条件下检验其有效性。

自然科学

自然科学是研究自然界和自然现象的科学领域。它包括物理学、化学、生物学、地球科学等学科，致力于研究自然规律和自然现象的起源、演化、结构和功能等方面。

社会科学

社会科学是研究人类社会和人类行为的科学领域。它包括心理学、经济学、社会学、政治学、人类学等学科，研究人类的思维、行为、社会组织、社会关系、文化等方面。

应用科学

应用科学是将科学知识应用于实际问题解决和技术创新的科学领域。它包括工程学、医学、农学、计算机科学等学科，通过应用自然科学和社会科学的知识和方法，解决现实生活中的问题，促进社会和经济的发展。

2. 形式科学

形式科学

形式科学是指主要以抽象形态的形式系统为研究对象的科学。它包括数学[4]、系统论、理论计算机科学以及人工智能[4]。

数学发展史

数学起源于人类早期的生产活动，为古代中国六艺之一，亦被古希腊学者视为哲学之起点。数学最早被人们用于计数、天文、度量甚至是贸易。

萌芽时期

在人类社会初期，数学的成就以古巴比伦、古印度、古埃及和古代中国的数学成就为代表。图 22.4 展示了萌芽时期各个国家的数学发展。

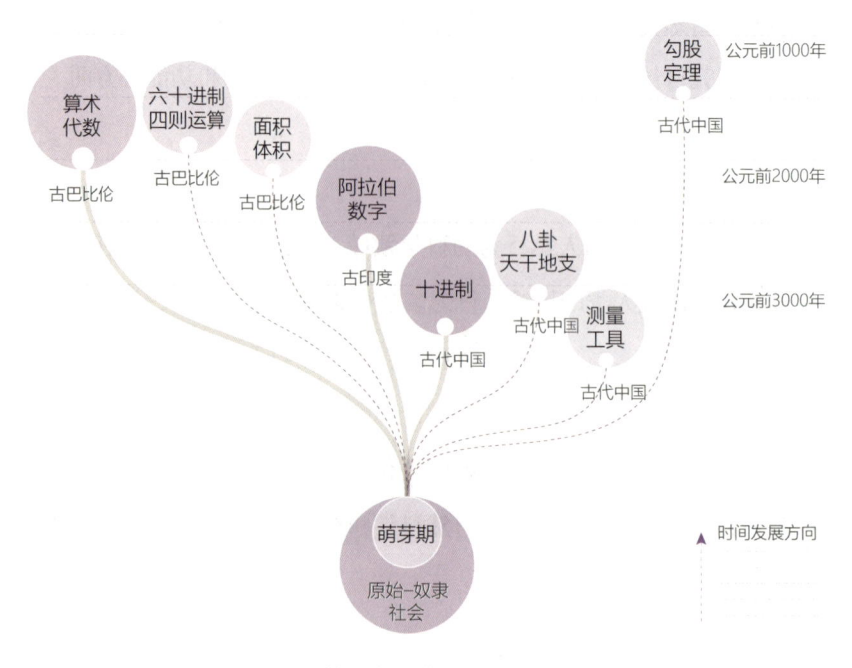

图 22.4　数学发展萌芽时期的重要成就

约公元前 19 世纪，位于幼发拉底河和底格里斯河两河流域的一个文明古国巴比伦王国建立了 60 进位制的计数系统，掌握了自然数的四则运算，广泛运用了分数，能进行平方、立方和简单的开平方、开立方运算，它迈出了代数发展的第一步。

印度次大陆上最早的文明是印度河流域文明，在公元前 2600 年—前 1900 年，印度的数学家发明了"印度-阿拉伯数字"，后来被欧洲人称作"阿拉伯数字"。

中国是最早使用十进位制计数法的国家。早在 3 000 多年前的商代中期，人们就用甲骨文记载了一套十进位制数字和计数法。与此同时，殷人用十个天干和十二个地支组成六十甲子，用以纪日、纪月、纪年。人们还用阴、阳符号构成八卦，表示八种事物，后来发展为六十四卦。

春秋战国之际，筹算已普遍应用，其计数法是十进位制。数的概念从整数扩展到分数、负数，人们建立了数的四则运算的算术系统。

几何方面，4 500年前就有测量工具规、矩、准、绳，有圆方平直的概念。公元前1100年前后的商高知道"勾三股四弦五"的勾股定理；春秋末战国初的墨子在《墨经》中给出了一些数学定义，包含许多算术、几何方面的知识和无穷、极限的概念。[5]

初等数学时期

在人类历史上，这一时期包括发达的奴隶社会和整个封建社会时期。这个时期，外国数学发展的中心先在古希腊，后在古印度和阿拉伯国家，之后又转到西欧诸国。这一时期的中国数学独立发展，在许多方面居世界领先地位。图22.5展示了初等时期的数学发展。

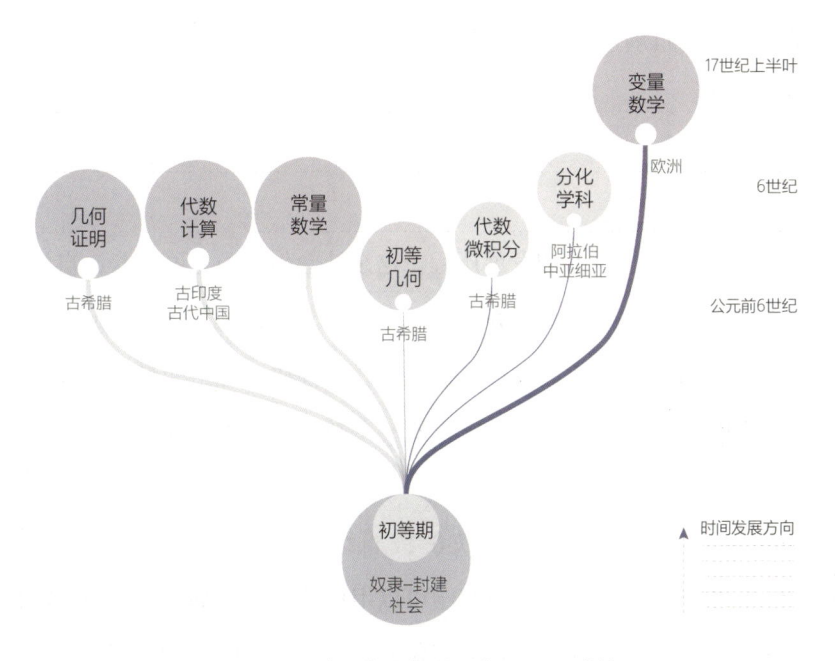

图22.5 数学发展初等时期的重要成就

公元前6世纪到公元前3世纪是希腊数学的古典时期。这一时期，古希腊在初等几何方面取得了辉煌的成就，不仅创造了逻辑推理的演绎方法，而且使几何形成了系统的理论；在数的研究方面使算术应用过渡到理论讨论，建立了整除性理论和数论。希腊数学的第二个时期，即亚历山大里亚时期的数学特点是基础研究与应用紧密结合，几何学开始了定量研究，阿基米德求面积与体积的计算方法接近于微积分的计算方法。丢番图发展了巴比伦的代数，采用了一整套符号，使代数发展到了一个新阶段。

从 9 世纪开始，阿拉伯和中亚细亚地区成为外国数学发展的中心。阿拉伯数学起着承前启后的作用，阿拉伯人大量搜集、翻译古希腊的著作，并把这些著作和印度数码、计数法及中国的四大发明传到欧洲。他们发展了代数，建立了解方程的方法，得到了一元二次方程的求根公式，并把三角学发展成了一门独立的、系统的学科。

在中世纪的欧洲，随着文艺复兴的发展，数学开始繁荣。人们汲取了古希腊和东方数学的精华，取得了许多重要成就。在代数方面，韦达等系统地使用符号，使代数产生巨大变革。意大利数学家得到三次、四次方程的公式解法。韦达得到根与系数之间的关系定理。笛卡儿引入了待定系数原理。帕斯卡得到了指数是正整数的二项式展开定理，牛顿又把指数推广到了分数和实数。直到 17 世纪上半叶，初等代数的理论和内容才完善，接着向高等数学——变量数学过渡。

变量数学时期

图 22.6 展示了变量数学时期的发展历程。这是社会生产力急剧增长，自然科学蓬勃发展的时期。变量数学是以笛卡儿的解析几何为开端的。1637 年，笛卡儿通过引进坐标把几何曲线表示成代数方程，然后通过方程来揭示曲线的性质；并把变量、函数引进数学，把几何和代数密切地联系起来，这是数学史上的一个转折点，也是变量数学发展的第一个决定性步骤。

第二个决定性步骤是牛顿和莱布尼茨在 17 世纪后半叶各自独立地建立了微积分。力学问题的研究、函数概念的产生和几何问题可以用代数方法来解决等促使了微积分的产生。17 世纪，人们还创立了概率论和射影几何等新的数学学科。17 世纪的另一特点是代数化的趋势，古希腊数学的主体是几何学，三角学从属于几何学，代数问题也往往要用几何方法论证。17 世纪代数比几何占有更重要的地位，几何问题常常反过来用代数方法去解决。

18 世纪是变量数学发展阶段。在 18 世纪，微积分产生了若干新科目，如微分方程、变分法、级数论、函数论等，形成了广阔的分析领域。18 世纪的数学有三个特征。第一个特征是数学家从物理学、力学、天文学的研究中发现并创立了许多数学新分支，如变分法、常微分方程、偏微分方程、微分几何和高等代数等。第二个特征是几何论证方法在 17 世纪被代数的方法代替，到 18 世纪又被分析方法代替了，代数也变成从属于数学分析。第三个特征

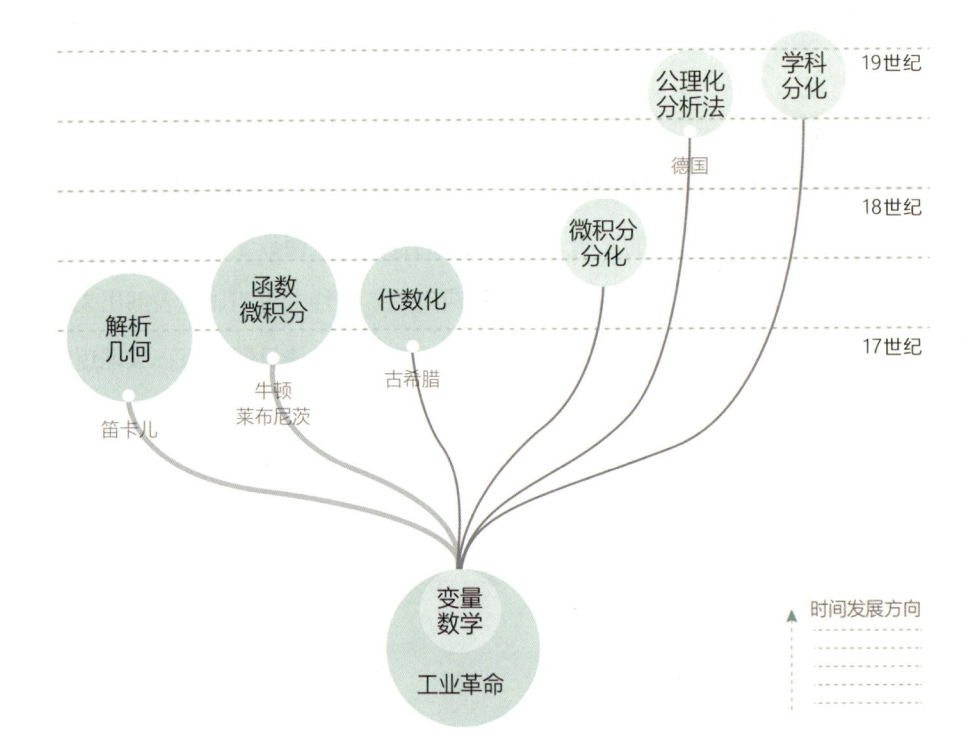

图 22.6　变量数学时期的显著发展特点

是直觉性和经验性。19 世纪，在德国数学家的倡导下，人们对数学进行了一场批判性的检查运动。这场运动不仅使数学奠定了坚实的基础，而且产生了公理化方法和许多新颖学科。

近代数学时期

近代数学时期是数学全面发展和成熟的阶段，数学的面貌发生了深刻的变化，绝大多数分支在这个时期都已形成，数学整体上呈现全面繁荣的景象，内容不断充实、扩大，方法不断地更新。

19 世纪是几何复兴时期，继罗巴切夫斯基几何之后，又出现了非欧几何、黎曼几何、画法几何、射影几何、微分几何和拓扑学。在代数方面，人们开创了抽象代数，产生了以方程论为主要内容，包括行列式与矩阵理论、二次型和线性变换在内的高等代数。

19 世纪末，关于数学基础的讨论形成了三大学派，即以罗素为代表的逻辑主义学派、以布劳维尔为代表的直觉主义学派和以希尔伯特为代表的形式主义学派。这三大学派对数学基础进行了深入的考察。集合论、数理逻辑、罗素悖论、哥德尔定理的出现深化了数学基础研究。

现代数学时期

图 22.7 展示了现代时期的数学发展。在第二次世界大战以后，科学技术的发展突飞猛进，原子能的利用、电子计算机的发明、空间技术的发展，促使数学发生剧烈的变化。数学的三大特点——高度的抽象性、体系的严谨性和应用的广泛性，更明显地表露出来。纯粹数学不断向纵深发展，集合论的观点渗透到各个领域，公理化方法日臻完善，数理逻辑和数学基础已成为整个数学大厦的基础，而现代数学理论的三大支柱是泛函分析、抽象代数和拓扑学，代数拓扑和微分拓扑成为数学的主流。

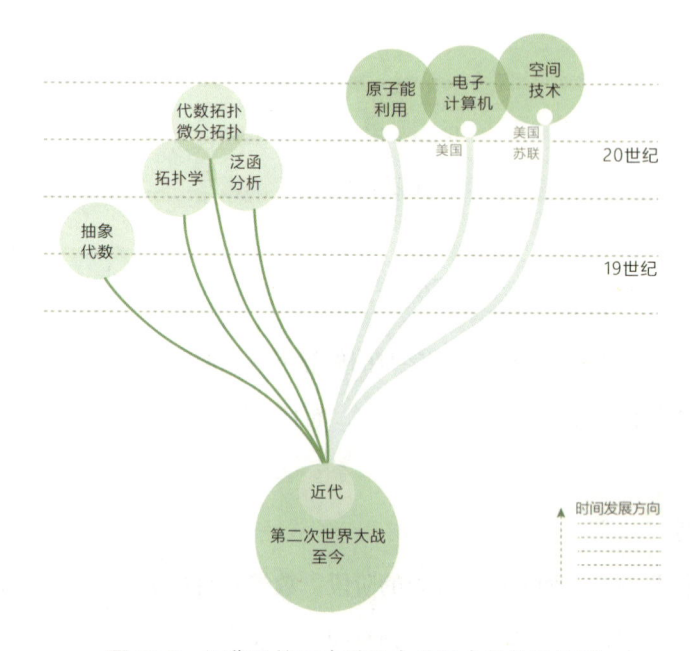

图 22.7　近代及第二次世界大战至今的数学发展

20 世纪的数学出现了新的趋势。一是不同分支交错发展，多种理论高度综合，数学逐步走向统一的趋势。自从克莱因用"群"的观点统一了当时的各种度量几何，许多数学家试图提出各种不同的方案来统一整个数学。1938 年，法国布尔巴基学派提出"数学结构"的观点，试图统一整个数学；1948 年，爱伦伯克和桑·麦克伦提出用范畴和函子理论作为统一数学的基础。

二是边缘学科、综合性学科和交叉学科呈现与日俱增的趋势。现代数学在代数、几何、

分析等原有基础学科的邻接领域产生了一系列的边缘学科。综合性学科是以多学科的理论知识和方法对特定的数学对象进行研究的学科。数学与其他学科产生了许多交叉学科，如计算物理学、生物数学、经济数学、数理语言学等。这正是科学研究不断深入、扩大所引起的，也是现代数学进展的重大标志。

20世纪60年代以后，数学界的思想异常活跃，出现了多种新思潮——非标准分析、模糊数学、突变理论和泛系理论等。现代科学技术和生产实践将向数学提出更多、更复杂的新课题，必将产生许多更深刻的数学思想和更强有力的数学方法，数学将向更高、更广、更深的领域去探索、去开发，成为分析和理解世界上各种现象的工具和手段。

计算机科学发展史

计算机是20世纪最先进的科学技术发明之一，对人类的生产和社会活动产生了极其重要的影响，并以强大的生命力飞速发展。它的应用领域从最初的军事科研应用扩展到其他各个领域，遍及一般学校、企事业单位，成为信息社会中必不可少的工具，也推动了全球信息化的进程。计算机的发展要从17世纪说起。

莱布尼茨之梦

戈特弗里德·威廉·莱布尼茨被誉为17世纪的亚里士多德，他在数学史和哲学史上都占有重要地位。在数学上，莱布尼茨更是早于牛顿发表微积分论文。值得一提的是，二进制系统也是莱布尼茨在1679年设计的，并出现在他1703年发表的文章《论只使用符号0和1的二进制算术，兼论其用途及它赋予伏羲所使用的古老图形的意义》中。

虽然在莱布尼茨所在的时代，人们还没有计算机的概念，但天才莱布尼茨一直有一个梦想。他对将一种普遍的人工数学语言和演算规则进行一种百科全书式的汇编有着完美的构想，但他对这个构想并没有进行太多的研究，而符号逻辑也是后来经过戈特洛布·弗雷格以及伯特兰·罗素等人的发展才逐渐完善。

逻辑学与数学的桥梁

乔治·布尔，英格兰数学家和哲学家，数理逻辑学先驱。他致力于推动莱布尼茨构想的

发展，试图将亚里士多德的三段论与代数相结合，最终发明了布尔逻辑运算。布尔逻辑运算阐述了二进制的运算法则。他的研究成果成为逻辑学与数学的桥梁，一劳永逸地证明了逻辑演绎可以是数学的一个分支。

数理逻辑的奠基人

弗里德里希·路德维希·戈特洛布·弗雷格，德国著名数学家、逻辑学家和哲学家。他是数理逻辑和分析哲学的奠基人，被公认为伟大的逻辑学家。

他于1879年出版的《概念文字》标志着逻辑学史的转折。《概念文字》开辟了新的领域。这部著作被誉为"也许是自古以来最重要的一部逻辑学著作"。概念文字实际上是一种逻辑语言，所以从这个观点看，概念文字是我们今天使用的所有计算机程序设计语言的前身。

在书中，弗雷格先确定了基本概念和标号，如命题（"断定／判断"）、全称量词（"普遍性"）、蕴涵（"条件性"）、否定和等号；然后他声明了9个形式化的命题作为公理，并在语法上证明了100多个形式陈述。所以概念文字实际上是弗雷格借鉴传统逻辑自然语言与算术的形式语言创造出来的，奠定了逻辑学日后发展的基础。

希尔伯特的问题

大卫·希尔伯特是19世纪末20世纪初最具影响力的数学家之一。他提出了大量的思想观念，例如不变量理论、公理化几何、希尔伯特空间，被称为伟大的数学家。

1900年，希尔伯特在巴黎的国际数学家大会上做了题为"数学问题"的演讲，提出了著名的"希尔伯特的23个问题"，这也是留给20世纪数学家们的挑战。

在23个问题中，与图灵机相关的主要是下面三个。

1. 数学是完备的吗？也就是说，面对那些正确的数学陈述，我们是否总能找出一个证明？数学真理是否总能被证明？
2. 数学是一致的吗？也就是说，数学是否前后一致？会不会得出某个数学陈述又对又不对的结论？数学是否没有内部矛盾？
3. 数学是可判定的吗？也就是说，是否能够找到一种方法，仅仅通过机械化的计算，

就能判定某个数学陈述是对是错？数学证明能否机械化？

希尔伯特问题对 20 世纪数学的发展起了积极的推动作用。在许多数学家的努力下，希尔伯特问题中的大多数在 20 世纪得到了解决。[6]

图灵的设想

艾伦·麦席森·图灵是英国计算机科学家、数学家、逻辑学家、密码分析学家和理论生物学家，他被誉为计算机科学与人工智能之父。

图灵设计了一个能够模拟"机械计算"的简单到不能再简单的机器，如果这个机器能够完全模拟出整个计算过程，那么它就可以计算所有可被计算的问题。因此，如果一个问题不能被这个机器计算，那它就是不可判定的问题。这个机器就是图灵机。

图灵机由一个虚拟的机器替代人类进行数学运算。如图 22.8 所示，它有一条无限长的磁带，磁带分成一个一个的小方格，每个方格有不同的颜色。有一个机器头在磁带上移来移去。机器头有一组内部状态，还有一些固定的程序。每个时刻，机器头都要从当前磁带上读入一个方格信息，然后结合自己的内部状态查找程序表，根据程序将信息输出到磁带方格上，并转换自己的内部状态，然后进行移动。

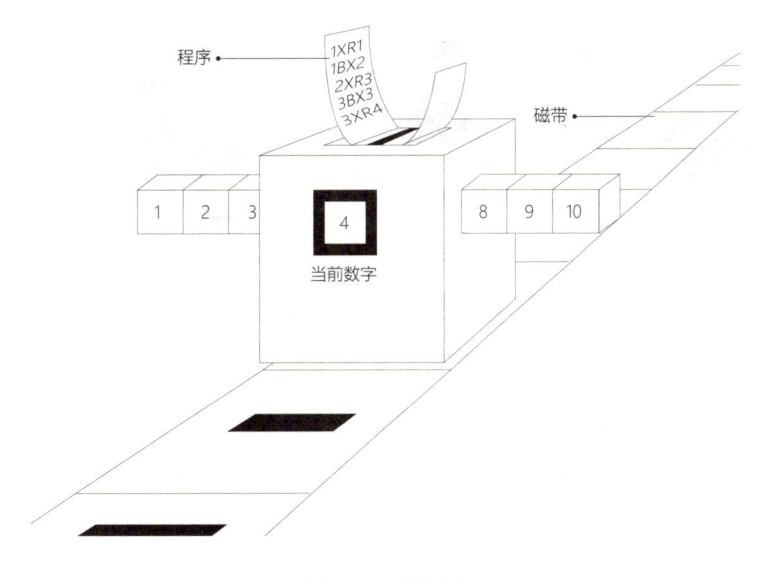

图 22.8　图灵机

图灵机相当于通用计算机的解释程序，这一点直接促进了后来通用计算机的设计和研制工作，图灵自己也参加了这一工作。在给出通用图灵机的同时，图灵就指出，通用图灵机在计算时，其"机械性的复杂性"是有临界限度的，超过这一限度，就要靠增加程序的长度和存贮量来解决。这种思想开创了后来计算机科学中计算复杂性理论的先河。

图灵测试

图 22.9 展示了图灵测试的基本流程。图灵测试由图灵提出，指测试者在与被测试者（一个人和一台机器）隔开的情况下，通过一些装置（如键盘）向被测试者随意提问。在进行多次测试后，如果机器让平均每个测试者做出超过 30% 的误判，那么这台机器就通过了测试，并被认为具有人类智能。根据人们的大体判断，实现能够通过图灵测试的技术涉及以下课题：自然语言处理、知识表示和自动推理。"机器学习图灵测试"一词来源于图灵于 1950 年发表的一篇论文《计算机器和智能》，其中 30% 是图灵对 2000 年的机器思考能力的一个预测，我们已远远落后于这个预测。[7]

图 22.9 图灵测试

图灵测试的提出被公认为是人工智能学科兴起的标志，如今它虽然不能说是人工智能的终极目标，但至少是该领域的核心目标之一。[8] 关于图灵测试的哲学之争，并不仅仅局限在机器能否思考这个问题上。在机器能否思考这个问题的背后是图灵对人类思维之本质的刻画，或者说是图灵对人类智能的明确界定。

冯·诺伊曼结构

约翰·冯·诺伊曼是理论计算机科学与博弈论的奠基者,在泛函分析、遍历理论、几何学、拓扑学和数值分析等众多数学领域及计算机科学、量子力学和经济学等领域都有重大贡献。如果说图灵机是计算机的理论数学模型,那冯·诺伊曼结构就是计算机的工程逻辑模型。

冯·诺伊曼在 1945 年 6 月发表了一篇题为《关于离散变量自动电子计算机的草案》的论文,第一次提出了在数字计算机内部的存储器中存放程序。[9] 这篇论文即计算机史上著名的"101 页报告",是现代计算机科学发展中里程碑式的文献。文中明确规定用二进制替代十进制运算,并将计算机分成五大组件,这一卓越的思想为电子计算机的逻辑结构设计奠定了基础,已成为计算机设计的基本原则。该结构被称为冯·诺伊曼体系结构,也被称为普林斯顿结构,其是所有现代电子计算机的范式。

冯·诺伊曼提出了计算机制造的三个基本原则,即采用二进制逻辑、程序存储执行、计算机由 5 个部分组成(见图 22.10,这 5 个部分包括运算器、控制器、存储器、输入设备、输出设备)。不断追求逻辑的简洁性和形式美,是计算机科学研究的永恒目标。逻辑简洁性、数学和谐性和形式美的理念在冯·诺伊曼的自动机理论中表现得淋漓尽致。[10]

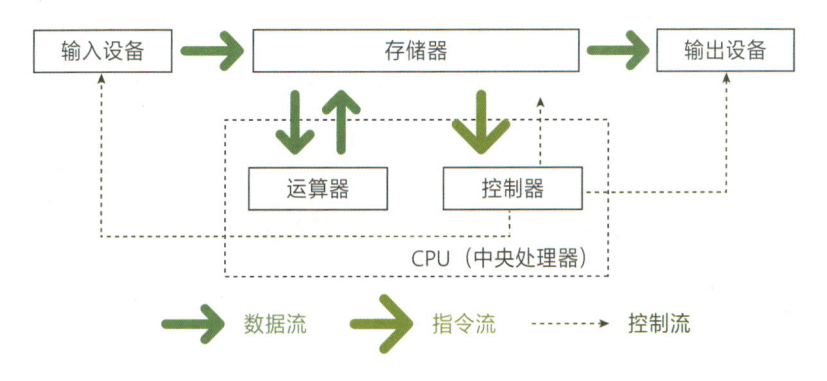

图 22.10　冯·诺伊曼体系结构

ENIAC

ENIAC 全称为电子数值积分计算机(Electronic Numerical Integrator And Computer),是世界上第一台通用计算机。它是图灵完全的电子计算机,能够重新编程,解决各种计算问题。二战期间,美国陆军弹道研究实验室为了计算弹道,资助宾夕法尼亚大学穆尔电气工程学院研制 ENIAC,1946 年 2 月 15 日它被正式投入使用。

1943 年 4 月 9 日，年轻的埃克特的搭档——时年 36 岁的莫奇利，被委任为 ENIAC 项目顾问，最终出色地完成了 ENIAC 的总体设计，与主要负责工程实现的埃克特并称为 "ENIAC 之父"。[1]

就这样，ENIAC 带着空前的计算能力来到了世上，计算一条弹道仅需 30 秒，速度是人的 2 400 倍。

香农信息论

克劳德·埃尔伍德·香农，美国数学家、电子工程师和密码学家，被誉为信息论的创始人。

19 世纪，在"电通信"时代，通信发生了根本性的变化，电报、电话出现，使得通信速度如"闪电"一样，信息可跨越高山、大河、沙漠、海洋。第二次世界大战对通信的需求与信息技术的高速发展，使科学家迫切希望解决通信工程中的可靠性和有效性等问题。信息论就是在这样的背景下开启了这两个方面的定量研究。

通信问题的定量研究就是用数学方法建立一个模型，找出最基本的定量关系。如图 22.11 所示，各种通信系统可分为信源、发送器、信道、接收器和信宿等 5 个部分，通信的基本问题可归结为精确地或近似地在接收端重现发送端的消息。

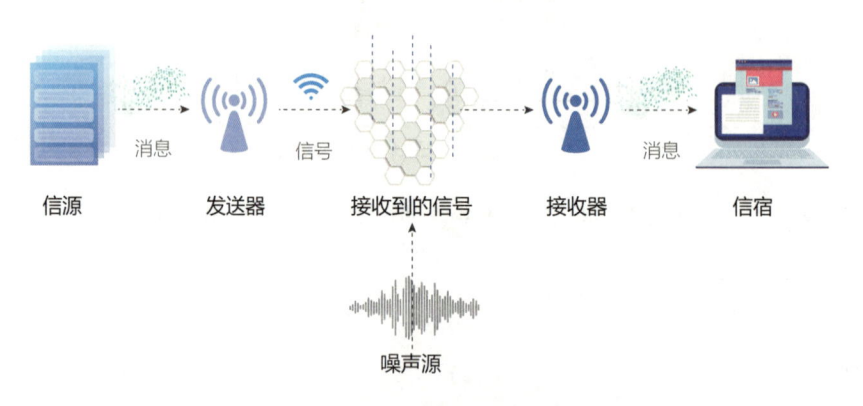

图 22.11 通信系统模型

注：从左到右由带箭头的黑色虚线指示通信流程。

1948 年，香农在《贝尔系统技术学报》上分两期发表了论文《通信的数学理论》，标志

着现代信息论的正式诞生。香农公式为信息通信提供了理论基础，从 1G（第一代移动通信技术）、2G（第二代移动通信技术）一直到 5G（第五代移动通信技术），这些都离不开香农公式。香农因此被很多人誉为"信息论之父"。同时，香农也是数字电路的创始人，是计算机科学的奠基人之一。

数字电路

1937 年，香农在其硕士论文《继电器和开关电路的符号分析》中提出，将布尔代数应用于电子领域，能够构建并解决任何逻辑和数值关系，该论文被誉为有史以来最具水平的硕士论文之一。

香农证明了布尔代数和二进制算术可以简化当时在电话交换系统中广泛应用的机电继电器的设计。香农对这些概念进行了扩展，这也就是我们今天熟知的逻辑电路。香农的这篇论文发表之后，用电子开关模拟布尔逻辑运算成了现代电子计算机的基本思路，香农的工作成为数字电路设计的理论基石。

计算机是人类理性思维最伟大的作品，是人类迄今为止最伟大的发明成就，是登峰造极、至高无上的终极工具。计算机处理器和软件代表着人类设计的最精巧繁复的作品。人类将它们作为利器，了解这个世界乃至人类自身，距离真正的人工智能已经不是遥不可及了。

3. 自然科学

自然科学是一门以观察和实验的经验证据为基础，对自然现象进行描述、理解和预测的科学。同行评审和研究结果的可重复性等机制被用来确保科学进步的有效性。

自然科学有三个主要分支：物理科学、生命科学和地球科学。生命科学也被称为生物学，而物理科学又细分为物理学、化学等，地球科学分为地质学、气象学和天文学等。

现代自然科学接替了更经典的自然哲学方法，通常可追溯到亚洲的道家传统和西方的古希腊。伽利略、笛卡儿、培根和牛顿讨论了以有条理的方式使用更数学化和更具实验性的方法的好处。

物理学的发展

古希腊、古罗马时期。图 22.12 展示了古代和中世纪时期的物理学发展历程。在古希腊和古罗马的物理学中，发展最早的实际上是静力学，其真正代表人物是阿基米德。他发现了杠杆原理、浮力定律，发明了后来以他名字命名的螺旋抽水机。更重要的是，他将欧几里得几何学和逻辑推理用于解决物理问题，这为经典物理学的兴起在方法上提供了指引。至于亚里士多德的物理学，实质上大部分是由错误判断、逻辑集合而成的几个概念。他将宇宙分成天上和地上两种截然不同的领域，将运动分为"自然的"和"非自然的"两类，"非自然运动"需要恒常的外因等。此外，泰勒斯观察到琥珀吸引现象；毕达哥拉斯可能知道某些音程的数字比例；欧几里得探讨了凹面镜的反射现象；托勒密发现光线入射角和折射角成比例，他构建的洋葱式宇宙模型（托勒密体系）对中世纪影响颇大。

图 22.12　古代和中世纪的物理学

中世纪时期。随着古希腊和古罗马文明的衰落，慑于社会压力、政治迫害和早期教会神父的反理智偏见，剩下少数的科学家和哲学家流向了东方。大量科学经典传入阿拉伯国家，被译成阿拉伯文保存下来。但物理学方面，唯有光学在阿拉伯得以发展。这个时期相当于中国的隋唐和宋初。阿尔·哈增发展了光反射和折射知识，对眼睛进行了解剖研究，创立了至今仍被沿用的一些术语，如"角膜"等。13—14 世纪，一些学者在评注亚里士多德运动观时，提出并发展了"冲力说"，为 16—17 世纪的科学革命奠定了基础。

科学革命时期。 16—17 世纪，一场伟大的科学革命在欧洲兴起。它是文艺复兴的产物。大批阿拉伯文的古希腊和古罗马文献的翻译，激起了人文主义，激发了新兴市民探讨现实世界和自然界的热情。此时，东西方都积累了大量的通过工艺传统获得的科学知识；这场革命首先起于天文学，继而是力学、光学。科学开始带着功利目标，脱离哲学和工艺而独立。科学研究的目的也在于了解自然事物之"如何"，而不是去讨论它"为什么"。

科学革命使世界科学走上了一个前所未有的巅峰。科学知识内容大大扩充，科学研究已变得相当系统，并分成不同派别，一直延续至 20 世纪。

近代物理学。 爱因斯坦创立的相对论经常被视为近代物理学的范畴。一般认为，1895 年 X 射线的发现是 20 世纪近代物理学开始的标志。近代物理学的两大基石，即相对论和量子论彻底改变了物理学的理论基础，其中包括空间、时间、质量、能量、原子、光、连续性、决定论和因果关系等在经典物理学中已牢固确立的概念，在 20 世纪 30 年代之前掀起了一场新的科学理论革命。

图 22.13 展示了自 1895 年以来近代物理学的发展历程。

19 世纪末 20 世纪初，人们获得了关于 X 射线、放射性、镭等的一系列惊人发现。

1905 年爱因斯坦提出著名的质能方程，量子论由初期解决辐射问题进入物质本体之中，从而打破了原子不可分的古老观念，人们对物质的认识从宏观深入原子内的微观世界中。

1932 年，查德威克发现中子，C. D. 安德森发现了正电子。如图 22.14 所示，原子由两个区域组成。第一个是微小的原子核，它位于原子的中心，包含被称为质子的正粒子和中性、不带电的中子。原子的第二个、更大的区域是电子"云"，即围绕原子核运行的带负电荷的粒子，这些电子绕着原子核的中心运动，就像太阳系的行星绕着太阳运行一样。

1938 年，O. 哈恩和 F. 斯特拉斯曼发现铀分裂，即重原子核裂变现象。

1942 年，人们实现了原子核链式反应。在 E. 费米领导下，人们建成了第一座原子反应堆。

1945 年，人们制成了第一颗原子弹，从此揭开了原子能时代的序幕。

近代物理学

1895年，X射线
1905年，质能方程（$E=mc^2$）
19世纪末20世纪初，狭义相对论和广义相对论
1923年，波粒二象性
1932年，中子与正电子
1945年，原子弹
21世纪，物理学分化

图 22.13　近代物理学

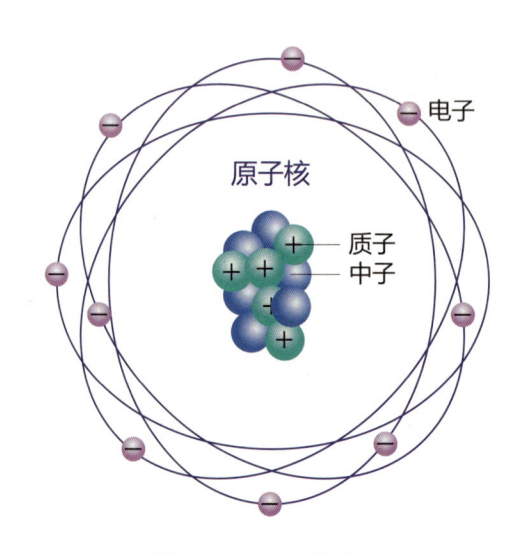

图 22.14　原子结构图

从 1932 年发现中子、正电子开始，粒子物理学成为 20 世纪中期以后的热门课题。新粒子的性质、结构、相互作用和转化成为该学科的主要研究内容。中国著名的物理学家、诺贝尔奖获得者丁肇中发现了一种新的亚原子粒子"J 粒子"，并且强调实验和理论工作同样重要。物理学在传统意义下分化出高能物理学、原子核物理学、等离子体物理学、凝聚态物理学、复杂系统的统计物理、宇宙学和各种交叉学科。其教学方法、实验装置、解决问题的复杂性以及技术应用等方面都有极大的演变与发展。

1956 年，杨振宁与同是华裔物理学家的李政道共同提出了宇称不守恒定律，因而共同

获得了 1957 年诺贝尔物理学奖，成为华人诺奖最早得主。宇称不守恒是指在弱相互作用中，互为镜像的物质的运动不对称。

在微观世界里，基本粒子有三个基本的对称方式：一个是粒子和反粒子互相对称，即对于粒子和反粒子，定律是相同的，这被称为电荷（C）对称；一个是空间反射对称，即同一种粒子之间互为镜像，它们的运动规律是相同的，这叫宇称（P）；一个是时间反演对称，即如果我们颠倒粒子的运动方向，粒子的运动是相同的，这被称为时间（T）对称。

但是，在宇称守恒定律被李政道和杨振宁打破后，科学家很快又发现，粒子和反粒子的行为并不是完全一样的。图 22.15 展示了宇称不守恒定律的概念图。吴健雄博士在极低温度（绝对零度以上 0.01 开尔文）的磁场中观测钴 60 衰变为镍 60，以及电子和反微子的弱交换作用，果然电子及反微子均不遵守宇称守恒定律。

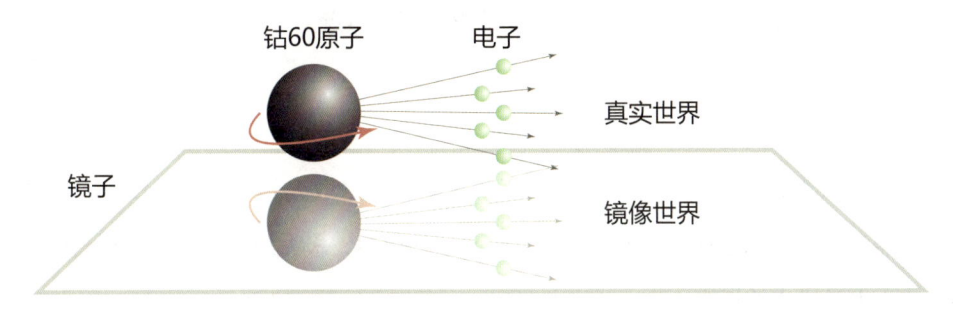

图 22.15　宇称不守恒

1954 年，杨振宁同米尔斯创立了"杨–米尔斯规范场论"，揭示出规范不变性可能是电磁作用和其他作用的共同本质，从而开辟了用此规范原理来统一各种相互作用的新途径。目前在人类物理研究领域中，一共有 7 位科学家在杨振宁提出的理论的基础上获得诺贝尔奖。

简单点儿说，在人类目前的物理科学范畴内，宇宙中存在 4 种基本原力，它们可以解释人类可以探索到的从宏观到微观的所有领域的物理规律。如图 22.16 所示，这 4 种基本原力分别是万有引力、电磁力、强相互作用和弱相互作用。爱因斯坦曾想统一引力和电磁力，但花费了大半辈子都没有成功，而杨振宁凭借着杨–米尔斯规范场论，除了无法统一引力之外，已经完全统一其他三种力了。

| 电磁力 | 强力 | 弱力 | 引力 |

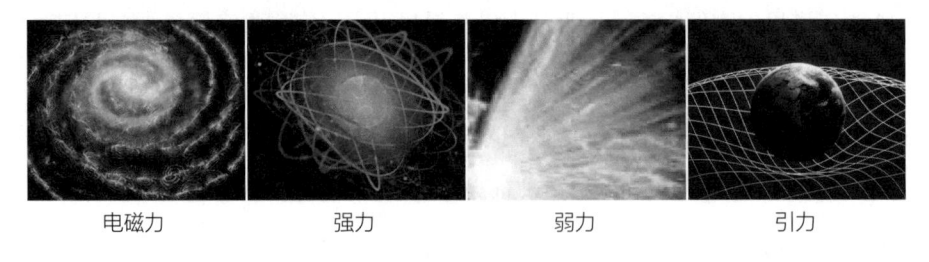

图 22.16　基本四大力

物理学家不断发现新现象、新方法，实验设备和装置也不断更新，如强子对撞机、直线对撞机、相对论重离子对撞机、同步辐射光源、激光核聚变及其点火装置，甚至还有由众多国家联合参与建设和研究的国际热核实验堆等。人类在认识自然界的历史长河中，当前最感兴趣的两个领域是宇宙的形成和粒子的分化与组合。其中，暗物质、暗能量的研究，以及物理学与生命科学的交叉领域都将成为 21 世纪的物理研究热点。

化学的发展

自从有了人类，化学便与人类结下了不解之缘。钻木取火、用火烧煮食物、烧制陶器、冶炼青铜器和铁器，都是化学技术的应用。正是这些应用，极大地促进了当时社会生产力的发展，成为人类进步的标志。

化学的萌芽时期。从远古到公元前 1500 年，人类学会在熊熊的烈火中由黏土制出陶器、由矿石烧出金属，学会用谷物酿造出酒、给丝麻等织物染上颜色，这些都是在实践经验的直接启发下经过长期摸索而来的最早的化学工艺，但还没有形成化学知识。图 22.17 展示了各个时期化学的发展。

炼丹和医药化学时期。约从公元前 1500 年到 1650 年，化学被炼丹术、炼金术所控制，而后记载、总结炼丹术的书籍也相继出现。人们在炼制过程中不断地探索，用人工方法实现了物质的相互转变，总结了许多物质发生化学变化的条件和现象，为化学的发展积累了丰富的实践经验。

近代化学的孕育时期。从 1650 年到 1775 年，随着冶金工业的发展和实验室经验的积累，人们总结了感性知识，进行化学变化的理论研究，使化学成为自然科学的一个分支。这一阶段开始的标志是英国化学家玻意耳为化学元素指明科学的概念。特别是燃素说、认为化学反

概率推理

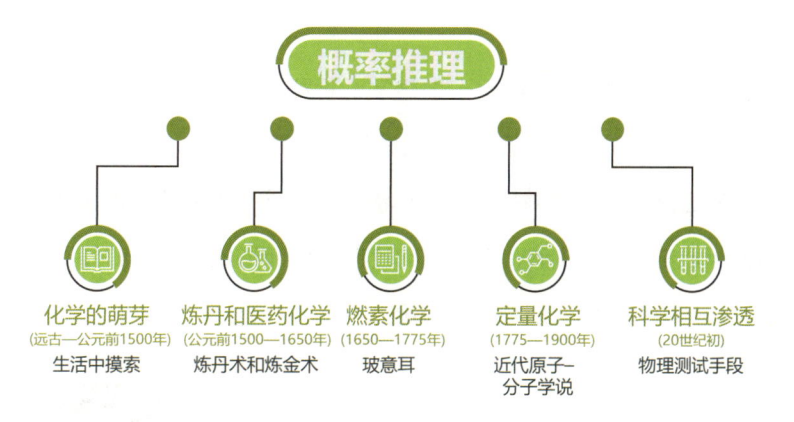

化学的萌芽	炼丹和医药化学	燃素化学	定量化学	科学相互渗透
(远古—公元前1500年)	(公元前1500—1650年)	(1650—1775年)	(1775—1900年)	(20世纪初)
生活中摸索	炼丹术和炼金术	玻意耳	近代原子-分子学说	物理测试手段

图 22.17 化学的发展

应是一种物质转移到另一种物质的过程、化学反应中物质守恒，这些观点奠定了近代化学思维的基础。这一时期不仅从科学实践上，还从思想上为近代化学的发展做了准备，因此这一时期成为近代化学的孕育时期。

近代化学发展的时期。这一时期指 1775 年到 1900 年。拉瓦锡用定量化学实验阐述了燃烧的氧化学说，开创了定量化学时代，使化学沿着正确的轨道发展。19 世纪初，英国化学家道尔顿提出了近代原子论，接着意大利科学家阿伏伽德罗提出了分子学说。从人们开始用原子-分子论来研究化学，化学才真正被确立为一门科学。

现代化学时期。20 世纪初，物理学的长足发展、各种物理测试手段的涌现，促进了溶液理论、物质结构、催化剂等领域的研究，尤其是量子理论的发展，使化学和物理学有了更多的共同语言，解决了化学上许多未决的问题，物理化学、结构化学等理论逐步完善。同时，化学又向生物学和地质学等学科渗透，使过去很难解决的蛋白质、酶等结构问题得到了深入的研究，生物化学等得到了快速的发展。

生物学的探索

虽然生物学的概念作为单一领域出现于 19 世纪，但生物学在传统医学时期就已经出现，并可以根据自然史追溯到古埃及医学及希腊罗马时代亚里士多德和盖伦的工作。中世纪时，穆斯林医生及学者贾希兹、阿维森纳、伊本·苏尔、伊本·贝塔尔及伊本·纳菲斯进一步发展了它。自然神学的重要性不断提升，在一定程度上回应了机械论学说的兴起，鼓励了博物学的发展。

生物学的奠基时期。图 22.18 展示了生物学不断发展的奠基时期。希波克拉底（约公元前 460—前 377 年）为古希腊伯里克利时代的医师，被西方尊为"医学之父"，是西方医学奠基人。希波克拉底建立希腊医学并提出了四体液学说，他认为人体是由血液、黏液、黄胆汁、黑胆汁 4 种体液组成的，4 种体液在人体内的比例不同而形成了不同的体质。四体液学说既是一种病理学说，又是最早的气质与体质理论。

图 22.18　生物学的奠基时期

古希腊学者亚里士多德（公元前 384—前 322 年）描述了 500 多种动物并予以分类，将动物分成有血动物和无血动物，他还对一部分动物做了解剖，观察胚胎发育。他著有《动物志》《动物的结构》《动物的繁殖》等，这是最早的动物学研究成果。老普林尼（23—79 年）阐述了自然知识，其著作《博物志》被认为是西方古代百科全书的代表作。

544 年左右，在遥远的东方，人们也对生物学的奠基做出了贡献，诞生了《齐民要术》，《齐民要术》是中国保存得最完整的一本介绍古代农牧情况的巨著，由北魏官员贾思勰所著。1543 年，近代人体解剖学建立。《本草纲目》[12] 是一部集中国 16 世纪以前本草学大成的著作，万历二十四年（1596 年）在金陵（今南京）正式刊行，作者为中国历史上最著名的医学家、药学家和博物学家之一——李时珍。

生物学的建立。如图 1.5 所示，生物学逐渐从博物学中独立出来。经典生物学时期以分门别类、观察描述为主要特点，人们从多样性的生物世界寻找统一性的理论概括。这是生物学发展过程中第一个从分析到综合的阶段。

1543 年，安德烈·维萨里发表《人体的构造》，书中详细地介绍和研究了解剖学，更附

有他亲手绘制的人体骨骼和神经的插图。这也是他被称为"解剖学之父"的原因之一。哈维首次把实验方法应用于生物学，其于 1628 年出版的《心血运动论》一书中的观点从根本上推翻了统治千年的关于心脏运动和血液运动的经典观点，提出血液是循环运行的，心脏有节律的持续搏动是促使血液在全身循环流动的动力源泉。17 世纪到 20 世纪，从列文虎克发明显微镜，观察到微生物，再到摩尔根进行深入基因层面的研究，这一时期已经初见现代生物学的前景。

现代生物学的发展。20 世纪初，对孟德尔作品的重新发现使摩尔根和他的学生在遗传学方面取得进展。到 20 世纪 30 年代，群体遗传学和自然选择相结合，形成了"新达尔文主义"。新的学科得到了快速发展，特别是在沃森和克里克提出 DNA 双螺旋结构之后。随着分子生物学的中心法则的建立和遗传密码的破译，生物学被明显地分为有机体生物学（主要研究生物体及其所在的群体）、细胞生物学及分子生物学。到 20 世纪末，一些新学科，如基因组学和蛋白质组学则打破了这一趋势，有机体生物学家使用了分子生物学的技术，而分子生物学家和细胞生物学家也调查了基因和环境的关系以及自然生物体的遗传。

蓬勃发展的天文学

天文学的起源可以追溯到人类文化的萌芽时代。远古时候，人们为了指示方向、确定时间和季节，自然就会观察太阳、月亮和星星在天空中的位置，找出它们随时间变化的规律，并在此基础上编制历法，用于指导生活和农牧业生产活动。从这一点上来说，天文学是最古老的自然科学学科之一。早期天文学的内容就其本质来说是天体测量学（见图 22.19）。

萌芽时代。2 世纪，古希腊天文学家托勒密提出了地心说，认为宇宙中的天体，包括太阳，围绕着地球运转。16 世纪，波兰天文学家哥白尼提出了新的宇宙体系理论——日心说。1609 年到 1610 年，意大利天文学家伽利略首次将望远镜用于天文观测，先后观察到了月球表面有山脉地形、有 4 颗卫星围绕木星旋转、金星也有盈亏（地心说无法解释金星的盈亏现象）以及太阳上面有黑子。

近代的天文发现。17 世纪英国物理学家牛顿提出了万有引力定律，创立了经典力学，促

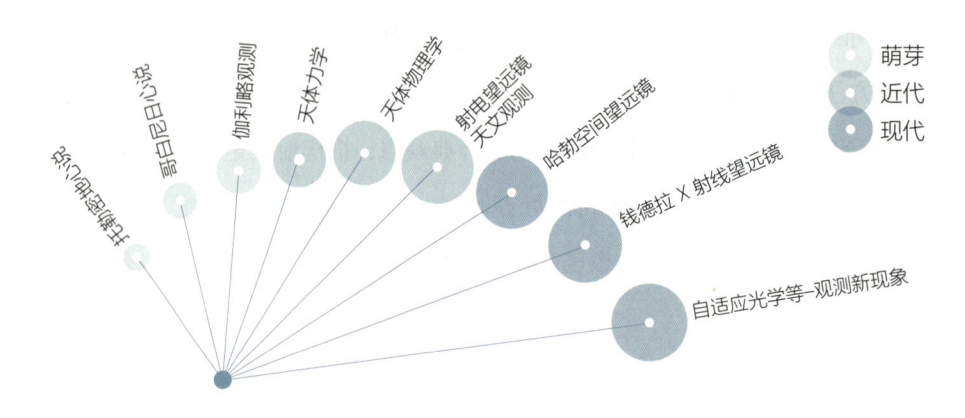

图 22.19　天文发展史上的重要节点

使天体力学这一新的天文学分支诞生，使天文学从单纯描述天体的几何关系和运动状况进入研究天体之间的相互作用和运动原因的新阶段。1846 年海王星的发现，消除了人们对天体力学理论性的怀疑，使哥白尼的学说由 300 多年来的假说变为事实，这在天文学史上是一次巨大的飞跃。

19 世纪中叶，分光术、测光术和照相技术的发明，使天文学家可以进一步深入地研究天体的物理性质、化学组成、运动状态和演化规律，从而更加深入问题的本质，由此，也产生了一门新的分支学科——天体物理学。这是天文学的又一次重大飞跃。20 世纪 20 年代，美国天文学家哈勃测定了 M31 星系的距离，确定了 M31 是我们所在的银河系之外的星系，使人们的视野从太阳系、银河系延伸到更为遥远的宇宙空间。第二次世界大战结束以后，射电望远镜开始被广泛应用于天文观测，开启了除可见光以外的电磁波谱的一个新窗口，并在 20 世纪 60 年代取得了被称为"天文学四大发现"的新成就。

现代的技术发展。随着人类技术水平的不断提高，空间天文学得到了迅速发展，具有代表性的是 20 世纪 90 年代哈勃空间望远镜、钱德拉 X 射线望远镜等一系列空间望远镜被送入太空，使得人类可以突破地球大气层的阻隔，到地球以外观测来自天体的紫外线、红外线、X 射线、γ 射线等波段的辐射，天文学进入了全波段发展的新时代。与此同时，自适应光学等新技术促使地面上的望远镜口径和分辨率不断提高，这些望远镜与空间天文卫星一道，积累了大量的观测资料，从而使人类发现了活动星系核、伽马射线暴、X 射线双星、引力透镜、暗物质与暗能量等一大批新的现象和天体。

4. 社会科学

社会科学是指以社会现象为研究对象的科学，其任务是研究并阐述各种社会现象及其发展规律。

如图 22.20 所示，社会科学所涵盖的学科包括经济学、政治学、法学、伦理学、历史学、社会学、心理学、教育学、管理学、人类学、民俗学、新闻学、传播学等。社会科学是在 18—19 世纪形成的，其形成的直接原因是欧洲社会大变革。它是工业革命和城市化进程的产物，也是近代西方自然科学和技术革命发展的产物。在社会革命过程中，人们需要对社会发展规律做出解释，而自然科学的发展又直接促使人们对社会的研究采取各种自然科学的研究方法，最终使社会科学产生。

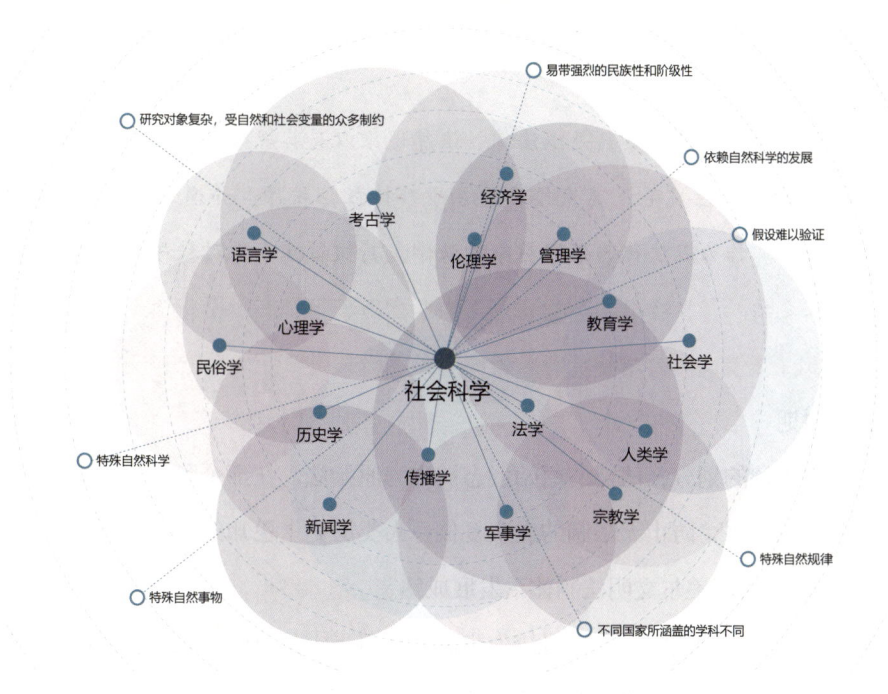

图 22.20　社会科学涵盖的学科及其特点

注：中间的深蓝色实心点表示社会科学总体，分散的稍浅蓝色实心点学科均属于社会科学，由实线连接。蓝色空心点为社会科学的一些特性，由虚线连接。这些学科互相影响，形成庞大的社会科学体系。

社会科学的呼唤

社会物理学的诞生。 近代自然科学首先是从天文学革命开始发展的。哥白尼、布鲁诺和开普勒发动的天文学革命，确立了全新的宇宙图景，将宇宙当成一个自然的体系。这种理论直接对宗教的统治和压迫提出了挑战。物理学的发展最终推动了牛顿力学的产生，经典力学阐明的力的作用规律表明世界是一个相互联系的整体。这种力的相互作用的观点促使人们对社会进行类似的研究，力图找到社会运动中普遍的力，于是便产生了所谓的社会物理学。

新兴的科学领域。 从炼金术转变而来的化学，不仅恢复了古代的原子论，也启发了社会科学家们把各种复杂的社会现象还原为统一的社会基本元素。类似于经济学家将财富和价值还原为人类劳动，这就是这一理论的应用。19世纪自然科学获得了三大成就，即细胞学说、能量守恒与转化定律和生物进化论，这些自然科学的伟大成就以及各种实证科学提供的思维方法和研究方法，使人们摆脱了传统的思维方式，向新的科学研究领域迈进。

法学的发展

法学是关于法律的科学，是以法律、法律现象以及其规律性为研究内容的科学。法律作为社会的强制性规范，其直接目的在于维持社会秩序，并通过秩序的构建与维护，实现社会公正。作为以法律为研究对象的法学，其核心就在于对秩序与公正的研究，是秩序与公正之学。

原始部落时期

根据法学家庞德的划分，法律的原始形态被称为原始法。在那个阶段，人类使用法律是为了维持部落间的和平，防止无限制的血亲复仇。人类历史上已知的第一部成文法典是《乌尔纳姆法典》，它代表苏美尔文明法制体系发展成熟。

法律的继承性在原始法阶段表现得较为突出，部落当中具有仲裁人身份的成员往往是部落的文职官员后裔。原始法所采取的判决手法首先是劝解、罚款，少量法典还允许私人决斗。

原始部落生活同样需要规则的约束，原始审判原则中一些自由色彩较强的做法，也较大地影响了后代法律的理性化。随机性较强、准确性和理性判断不起多大作用的判决方式，一直被延续到欧洲中世纪。

希腊罗马时代

时间到了古希腊和古罗马时期。在希腊古典时代，不同地方部落间的法律条文开始随着商业贸易的扩大而逐渐扩大影响。申诉判决时要考虑两个不同地域的人对法律的不同理解。这可以被视为西方法律精神中平等精神的滥觞。

虽然柏拉图和亚里士多德等思想家都在自己的著作中不同程度地涉及了对法律概念的界定和对其必要性的阐释，但由于希腊城邦分立的政治特性，不同地域间的交流和商业贸易又极为分散和不稳定。因此，制定统一的影响力较大的公共法律是没有多大意义的。

在罗马帝国时代，帝国疆域不断扩大，罗马最终形成了一个超部落的多民族国家形态。罗马帝国皇帝均欣赏和理解希腊斯多葛自然哲学流派，而斯多葛学派注重理性和自然意志，重视逻辑思维和实用主义。就这样，罗马法在官方的推崇下得以迅速发展。

从部落时代开始，罗马人便开始引用传统为事务仲裁提供依据。到了公元前450年左右，《十二铜表法》的出台标志着罗马社会的第一部成文法形成。《十二铜表法》又称《十二表法》，因为刻在12块铜牌上得名。《十二铜表法》被认为是现今"成文法"的始祖，也是欧陆法系中"罗马法"的源头。

公元前27年罗马帝国建立，此后罗马法的论据和例证又增加了很多凭借，比如元老院会议的决议和皇帝出台的敕令、省区高级长官的告示和罗马法律顾问的解答等。在罗马帝国后期，皇帝的敕令成了帝国唯一的法律根源。以查士丁尼总结的《民法大全》为标杆，罗马法走向鼎盛时期。在西欧，《民法大全》在中世纪复兴，作为私法被"采用"或仿效。《民法大全》中的公法内容被各世俗国和罗马教廷作为法律的依据。复兴后的罗马法是法学研究者研究民法学时不可或缺的重要文献资料之一，深刻地影响了西方法律世界。

中世纪的成形时期

从罗马帝国崩溃到17世纪启蒙运动，西方法律经历了两大发展阶段，这两个阶段可以按照人文主义思潮和资本主义萌芽的兴起来做划分。第一阶段的代表托马斯·阿奎纳是经院哲学的突出代表人物，同时也是神学法律思想的集大成者。他所著的《神学大全》是经院哲学的集大成之作，其中所蕴含的"教会法"和"神赐律法"思想是当时欧洲法律正统性的源头。

在日后罗马帝国与基督教共同统治欧洲的时代来临时，神法思想维持着社会的稳步运转。直到 13 世纪初，欧洲人才从阿拉伯地区的法学家那里继承了源自上古时期的法学著作《学说汇纂》的手抄本，于是社会兴起了一股复兴罗马法的热潮。

到了文艺复兴时代，马基雅维利的君权至上思想、让·博丹的国家主权理论更是丰富了欧洲的法律内容，使得法律改编和续造的第一目的不再是追求法律本身的完善公正，而是要满足世俗国家的政治需要。至此，世俗法与神法并立，如同世俗政府同教会相互辉映一般，为欧洲法律的延续和发展做出了独特的贡献（见图 22.21）。

图 22.21　希腊罗马时代法律著作

第 23 章

分化的研究观

科学研究一般是指在发现问题后，经过分析找到可能解决问题的方案，并利用科研实验和分析，对相关问题的内在本质和规律进行调查研究、实验、分析等一系列的活动，为创造发明新产品和新技术提供理论依据。科学研究的基本任务就是探索、认识未知和创新。

早在古希腊时代，以阿基米德和希帕克为代表的亚历山大里亚学派和以柏拉图为代表的雅典学派，在知识的获取途径上就产生了分歧。前者认为知识来源于经验，而后者则认为知识只能通过思辨得到。至 16、17 世纪之后，培根和洛克等人相信，世界上的知识只能来源于感觉经验，他们被称为"经验主义者"；而笛卡儿、斯宾诺莎和莱布尼茨等人则认为，人们获得客观知识的唯一途径是理性的逻辑推导，他们被称为"理性主义者"。经验主义方法论和理性主义方法论是 17 世纪科学革命以来的两大科学方法论，对以后的科学观产生了深刻的影响，并形成了"归纳主义"和"演绎主义"两种科学方法论[1]。

科学观指的是对科学基本的、总体的看法。它把科学作为探究和反思对象，提出各种各样的看法，从而形成不同的科学观。科学观的分化既可以从本体论、认识论、方法论这三方面来理解，又可以从哲学和科学分化的角度来分析。

1. 哲学和科学的分化

哲学以具体科学为基础，具体科学需要哲学世界观和方法论的指导。哲学是关于世界观的学说。哲学是研究世界基本和普遍的问题的学科，是关于世界观的理论体系。

世界观是关于世界的本质、发展的根本规律、人的思维与存在的根本关系等普遍基本问题的总体认识。方法论是关于人们认识世界、改造世界的方法的理论。从理论的角度看，世界观是对整个世界的根本看法和根本观点，是从整个世界的科学原理中总结、抽象、概括出来的。

归纳与总结

"归纳总结规律科学观"的诞生是人类的一大进步，有力地推动了现代科学的发展。伽达默尔说过，"一切科学都包含着解释学的因素"，科学的事业同时也是解释学的事业，科学的发展体现着解释学的普遍性。"归纳总结规律科学观"就是对事实进行归纳总结之后所得到的理论。

图 23.1 展示了古希腊亚里士多德在《动物志》[2] 和《论植物》中的观点。

亚里士多德
古希腊哲学家
(公元前 384—前 322 年)

《动物志》
"自然界由无生物进展到动物是一个积微渐进的过程，因而由于其连续性，我们难以觉察这些事物间的界限及中间物隶属于哪一边。在无生物之后首先是植物类，从这类事物变为动物的过程是连续的。"[3]

《论植物》
"这个世界是一个完整而连续的整体，它一刻也不停顿地创造出动物、植物和一切其他的种类。"

图 23.1　亚里士多德在《动物志》和《论植物》中的观点

他认为生命的演化应该是这样的路径：非生命 → 植物 → 动物（这被后人称为"伟大的存在之链"），这也大致符合我们基于现代科学的认知。达尔文进化论中微小变异的连续累积似乎也与亚里士多德积微渐进的生命演化观如出一辙。

也谈人文主义

释义 23.1: 人文主义

人文主义是一种对人类精神层面的思考，倾向于对人的个性的关怀，注重强调维护人类

的人性尊严，提倡宽容的世俗文化，反对暴力与歧视，主张自由平等和自我价值，是一种哲学思潮与世界观。

"人文主义"一词来自拉丁语的 humanus，意为"以人为中心"，与基督教对立，持有反对任何以神为中心或者出发点的人生与哲学态度。

人文主义在西方文化中的发展，分为西塞罗时代的人文主义、文艺复兴时期的人文主义和 18 世纪德国的人文主义。

西塞罗时代

西塞罗是西方文化史上第一个意识到人文主义内容及其价值的人，成功地阐释了古希腊文化的知识与精神成果，使自然法同罗马法相结合。他提出了自然法思想和国家理论，认为国家是人民的事务，是人们在正义的原则和求得共同福利的合作下所结成的集体；理想的政体应是"混合政体"，即以当时罗马元老院为首的奴隶主贵族共和国。

自然法思想。西塞罗认为，实在法就是高于法律的适用于一切民族的永恒的自然法。自然法是与自然即事物的本质相适应的法，其本质为正确的理性。所以，自然法效率高于实在法。实在法必须反映和体现自然法的要求，体现正义和公正。据此，西塞罗还提出了"人人平等"的主张，这种主张也影响了日后罗马法的面貌。

国家理论。西塞罗认为理想政体应该是混合政体，他继承了亚里士多德的理论，将政体分为以执政官为代表的君主制、以元老院为代表的贵族制和以保民官为代表的民主制。他主张在这三种政体基础之上加以综合，继而建立一种"混合政体"。在国家的管理方面，他综合了柏拉图和亚里士多德的观点，既强调法律的作用，也重视国家管理中人的因素。

文艺复兴

文艺复兴是 14—17 世纪在欧洲发生的一场精神运动，它通过复兴古代希腊、罗马的文明和艺术的形式，带来了欧洲艺术与科学的革命，让人们表达自己的思想，进行创造。这一运动兴起于意大利各城市，在 15—16 世纪迅速向北蔓延。

究竟是什么促使了这场精神运动呢？答案是基督教，当时的基督教是罗马帝国的国教，基督教的教义凌驾于个人的自由意志和思想之上，僵硬的社会状态致使思想和创造力匮乏。

随着社会生产力的发展，西欧产生了资本主义的萌芽，文艺复兴运动随之慢慢兴起。

文学。文艺复兴这一概念的阐述源于 13 世纪晚期的佛罗伦萨，特别是在但丁、彼特拉克以及乔托的作品诞生的时代。但丁一生写下了许多学术著作和诗歌，其中最著名的是《新生》和《神曲》[4]，体现出了新思想的曙光。彼特拉克是人文主义的鼻祖，被誉为"人文主义之父"。他第一个发出复兴古典文化的号召，提出以"人学"反对"神学"，是文艺复兴时期用人文主义观点研究古典文化的最早代表。彼特拉克创作了许多优美的诗篇，其代表作是抒情十四行诗诗集《歌集》。

艺术。文艺复兴时期艺术领域以米开朗琪罗、拉斐尔和达·芬奇这"绘画三杰"的作品最为突出（见图 23.2）。米开朗琪罗是雕塑家、画家、建筑师和诗人。他的代表作《大卫》雕像生动准确地表现了人体的健美和力量。拉斐尔是画家和建筑师，他笔下的众多圣母没有神圣的宗教色彩，而是温柔、典雅、充满人情和母爱的女性。他们出生于资产阶级家庭，深受艺术思维新观念的影响。达·芬奇以《蒙娜丽莎》和《最后的晚餐》等作品闻名于世。

米开朗琪罗·博那罗蒂
1475—1564年

拉斐尔·桑西
1483—1520年

列奥纳多·达·芬奇
1452—1519年

图 23.2　绘画三杰：米开朗琪罗、拉斐尔、达·芬奇

这些经历使他们注定要站在反宗教、反封建的行列中，把人们的精神思想从封建神学的桎梏中解放出来，这是他们共同的艺术目标。在他们眼里，艺术作品是理性与经验的结合，肩负着传播知识、记录历史的责任。

自然科学。在自然科学领域，波兰天文学家哥白尼在 1543 年出版了《天体运行论》，提出了与托勒密的地心说体系不同的日心说体系，引发了一场近代意义上的科学革命，成为近代自然科学诞生的标志性事件。意大利思想家布鲁诺在《论无限、宇宙和诸世界》[5]《论原因、本原和太一》[6]等书中宣称，宇宙在空间与时间上都是无限的，太阳只是太阳系的中心而非宇宙的中心，他勇敢地捍卫和发展了哥白尼的太阳中心说。德国天文学家开普勒通过对其师丹麦天文学家第谷的观测数据的研究，在1609年的《新天文学》[7]和1619年的《世界的和谐》[8]中提出了行星运动的三大定律。

文艺复兴，复兴了什么呢？"文艺复兴"表示"重生"的意思，它是指古代艺术与文化的再生，是人道主义的复兴。在中世纪，上帝是一切事物的出发点。文艺复兴的核心是人文主义精神，人文主义精神的核心是提倡人性，反对神性，主张人生的目的是追求现实生活中的幸福，倡导个性解放，反对愚昧迷信的神学思想。文艺复兴运动，强调知识创新和社会进步是人类智慧的贡献，而非上帝的作用。达尔文进化论的出现对神创论造成了巨大冲击，将科学与宗教从分化与脱离推向对立。尼采关于"上帝已经死亡"的宣言揭穿了基督教的虚设性，20世纪弗洛伊德的精神分析学说对宗教的道德主宰地位有着摧枯拉朽的震撼，物理学与化学领域有关物质成分相同性的发现使人类彻底摆脱了上帝，完成了对自然的回归。

在文艺复兴时期，各个领域都有无可比拟的进展。绘画、建筑、文学、音乐、哲学与科学都以空前的速度蓬勃发展，极大地推动了社会历史的进程，预示了中世纪"黑暗时代"的结束，也表明了人类对自由平等的美好社会的不懈追求。而西方文明在近现代崛起，主要依靠的是科技，可以说文艺复兴为西方文明的崛起打下了坚实的基础。

18世纪的德国

大概在1780年，德意志开始了伟大文化的鼎盛时代，浪漫主义运动从德国席卷全欧洲。这是贝多芬、歌德和弗里德里希·席勒的时代，是康德、黑格尔、费希特和其他许多人的时代。德意志人的思想向理性时代的"枯燥的抽象"提出挑战，并形成了哲学、文学、音乐等新主题。

康德。康德是启蒙运动的代表人物，他指出启蒙运动的核心就是人应该自己独立思考，进行理性判断。他强调人的重要性，提出人就是人，不是达到任何目的的工具，即"人非工具"。他坚信主权属于人民，自由和平等是人生来就有的权力，但同时坚持人要自律，自由和平等只能在法律的范围之内。

康德最出名的著作是他的三大批判——《纯粹理性批判》、《实践理性批判》和《判断力批判》，这构成了他整个哲学体系的核心内容。在批判时期，他的研究重点转向了哲学，集中于对人性的探讨。

康德的主要理论成果有三个方面。

(1)《纯粹理性批判》：在人的认识能力方面的探讨，为科学知识奠基，解决认识论问题，即知识问题（理论理性）——知。

(2)《实践理性批判》：在人的欲望能力方面的探讨，研究人类道德原理及其基础自由意志，即解决道德哲学问题、意志问题（实践理性）——意。

(3)《判断力批判》：在人的情感能力方面的探讨，体现为美学（审美）和目的论问题，即情感问题——情。

歌德。在歌德生活的时代，在文学创作和理论批评中张扬自由、表现个性的呼声与传统的文学观念之间的冲突日益尖锐。歌德基于自己对文学特征的深刻体会，沿着前人的方向继续探索，终于在创作理论上完成了从"类型说"到"个别说"的转换，转换的重要标志便是从个别出发的创作主张的提出。歌德从理论上对"类型说"给予了有力的否定。这里所传达的基本精神，同样贯穿在歌德的其他不少言论中。[9]

长篇诗剧《浮士德》是歌德人生理想探索的结晶，是他以毕生心血完成的伟大作品，在世界文学中占有极其重要的地位，是世界文学四大名著之一。其思想主题，是通过浮士德不断否定过去、不断追求真理的人生经历，宣传勇于实践、积极进取、自强不息的精神；宣传摆脱中世纪的精神枷锁，克服人类内在和外在的矛盾，创造资产阶级理想王国的启蒙思想。

在歌德生活的中晚期，即18世纪90年代至19世纪30年代，在德国乃至整个西欧和俄国，弥漫着一股消极浪漫主义的逆流。不少人鼓吹艺术必须从诗人的内心世界出发，拒绝接近生活和反映生活。面对这股极其有害的文艺思潮，歌德坚定不移，力挽狂澜，表现出对现实主义原则的坚持。基于对文艺与现实的审美关系的正确而深刻的理解，歌德总是一再告诫作家"要面向现实"，善于到浩瀚无际的生活海洋中汲取创作的素材。歌德认为，生活中到处有诗，关键在于作家是否善于不懈地探求和发现。

贝多芬。贝多芬，古典主义音乐时期德国著名作曲家，维也纳古典乐派代表人物，被后世誉为"乐圣"，集古典之大成，开浪漫之先河。他在器乐创作领域取得了空前的成就，最具影响力的作品就是 9 部交响曲，其特征可分为四类，如图 23.3 所示。

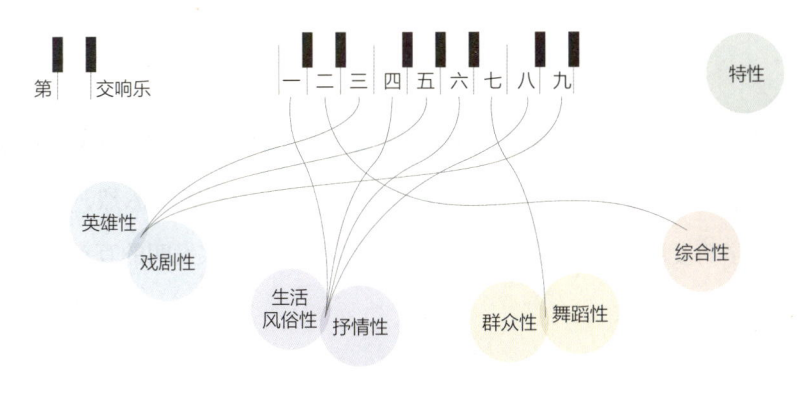

图 23.3　贝多芬 9 部交响曲的特性

注：图中每个琴键对应标注了贝多芬交响乐的序号，从左到右第一至第九交响乐分别以黑色实线连接其对应的特征性质。

其中第一、二部为早期作品，第三至第八部为中期作品，第九部为晚期作品。他最重要的贡献是交响曲创作上的发展与创新——使交响曲规模及结构扩大，如《英雄》第三交响曲中的展开部；使交响曲思想内涵提升，表达人生哲学，如《合唱》第九交响曲；使交响曲乐章数目、性质和曲式变得自由，加入谐谑曲；加入标题及人生的尝试；英雄性的风格。这些都使古典时期的交响曲发展到了顶峰。

在 40 岁的时候，贝多芬的耳聋越来越严重了，几乎只有一点儿感知了，在《第九交响曲》首演时，他已经什么都听不到了。这一作品是他倾尽十年心血创作的，是他一生的写照。他失去母亲，失去爱情，患上耳聋，但他还是鼓起勇气站了起来，没有向命运低头。一个不幸的人，世界没有给他任何的快乐，但他却把快乐带给了全世界，他的灵魂充满了对人生的无限向往和追求。贝多芬启动了畏惧、敬畏、恐怖、痛苦的杠杆，唤醒了无限的渴望，而无限的渴望正是浪漫主义的精髓。

这个时期的人文主义因对启蒙思想的"抽象的知性"的反抗而出现；而启蒙思想则是对文艺复兴时期的人文主义的反省而做的凝敛、收拢与沉淀。启蒙思想就是从文艺复兴时期人文主义的那种个体生命的追寻中收拢回来，沉淀为知性的精神。

2. 科学的专业化

科学家是指使用科学方法做研究，并且在一定的领域取得重要影响或者贡献的科研工作者。16 世纪晚期和 17 世纪，关于工匠-学者问题的讨论变得愈发激烈，科学家的职业也逐渐形成，在科学的发展过程中也发生了分化，科学理论与技术发明的互动关系也随之发生变革。[10]

工匠精神

工匠主要追求实践上的成功，而学者主要追求思想上的理解。工匠与学者的一刀切式的二元划分导致社会阶层阻隔，双方无法跨越这种边界向对方学习、互通有无。工匠和学者的界限划分得很明确。

> 提到工匠，你能想到什么？木匠、铁匠、泥瓦匠……长期从事农业生产的人为农夫，长期使用斧头等工具的人为工匠。

"士农工商"的"工"，"匠心独运"的"匠"。我们所看到的新奇，于他们都是日复一日的寻常。荀子说："人积耨耕而为农夫，积斫削而为工匠。"[11]可见，工匠专注于某一领域并在这一领域持续深耕。中国自古以来就是一个工匠大国，不仅有像庖丁那样手艺出神入化的工人，也有鲁班、李春、沈括这样的世界级工匠大师。

工匠是需要掌握技艺的。技艺使得工匠的劳动不再是简单重复，而成为一种意义的展现。不只居于"庙堂"者可以展现世界和存在的意义，磨剪子抢菜刀的人也可以在其中寻找归属。这种展现和寻找归属都是对奥秘的探索，对真理的靠近。工匠经过长时间的技术积累，在技术成果上固然出色，但是却没有深究其理论体系，没有攀登到前人没有攀爬到的高度，没有走过前人没有走过的道路。

要实现这些，我们必须掌握扎实的知识体系，深入理解，而不是靠突然出现的巧合。学者正具备这些理论体系，但是技术工艺与工匠相差甚远，往往出色的构思无法实现，缺乏实际应用价值，而工匠做出的东西应用广泛，但很难突破现有技术。

工匠对技艺的改进更偏向于应用价值，如 17 世纪的枪炮工程师虽然根据抛物线理论计算出火炮倾角与目标范围之间的关系，但是由于缺乏关注科学理论的动力，在处理弹道中的空气阻力的影响方面还不成熟，所制作的火炮缺乏稳定性，这些缺点使得工匠的技艺改进非常困难。

尽管一些技术发明者没有形成自己的理论，但是对科学发展有极大的推动作用，体现在如图 23.4 中的几个方面。

1. 迫切问题 可用理性的系统分析解决
2. 技术信息 积累以供科研
3. 工艺设备 曾为生产，现为科研
4. 仪器设备 科研所需

图 23.4　技术发明对科学的推动

可见，工匠不仅仅是技艺的传承者，在技艺成果上做出贡献，也为学者在学术领域的呈现做了充分的铺垫。没有工匠在技艺上的付出，学者在科学研究上免不了受到重重阻碍，因为学者也需要依赖工匠的经验研究成果。

学者见解

学者，顾名思义，系指具有一定学识水平，能在相关领域表达思想、引领文化潮流并提出见解的人。

从狭义上说，科学领域的学者是指从事某种学术研究的人。文艺复兴之前工匠和学者的分界为森严壁垒，工匠从实际的生产生活中获取知识，追求实践上的成功，而学者大都接受过大学教育，获取知识，追求思想上的理解，往往有看似很完美的设想却无法实现（见图 23.5）。

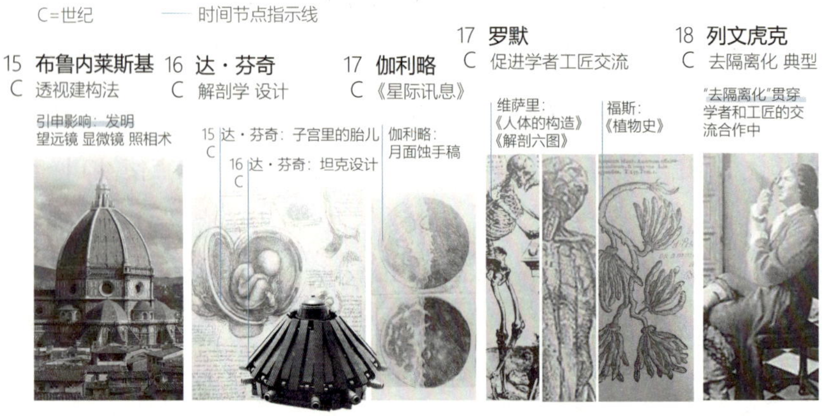

图 23.5 学者的影响

注：图中从时间分割的角度简单总述了几个学者的影响和作品，以他们几个为代表性案例来说明学者们的影响，下文将详细介绍关于他们和其他工匠、学者的故事。

布鲁内莱斯基。15 世纪初，布鲁内莱斯基首先从建筑制图方法中发明了透视建构方法，随后他的好友、人文主义学者阿尔贝蒂将其理论化。透视法的发明使得西方绘画风格焕然一新。另外，科学研究方面也因此受益，比如解剖学及其他观察性和描述性科学，可以完整而精确地将人们所观察到的事物用图形记录下来。在三维空间中，他人得以再次核验它，甄辨其普遍的有效性。在近代科学的历史上，透视法的出现是其第一阶段的标志，望远镜和显微镜的发明是其第二阶段的标志，照相术的发明是其第三阶段的标志。

达·芬奇。阿尔贝蒂和布鲁内莱斯基的合作模式在此后的学者与工匠中间被不断复制。16 世纪初，站在列奥纳多·达·芬奇背后是的帕多瓦大学解剖学教授马坎通尼奥。如果不是他英年早逝，他们原本计划合著的解剖学书籍也许会顺利出版，而不是留下达·芬奇上百份凌乱的手稿。

伽利略。17 世纪初，伽利略的画作《星际讯息》中的月面蚀刻画在很大程度上得到了奇高利的指导，而且奇高利也受到了伽利略的影响——在他的《圣母升天图》中，月亮表面不再像典型的中世纪绘画那样呈现为一个光洁无瑕的圆盘，而是第一次被画上了环形山。

罗默。17 世纪中期，丹麦天文学家罗默为了设计出完美形状的齿轮，做了大量的科学研究，可是他对当时的工艺水平和制作材料并不了解，这种完美形状的齿轮只能是空中楼阁。缺乏工匠的技艺与经验，成为制约科学发展的重要因素。科学知识处在严格的社会阶级阻隔中，这种隔离状态阻碍了思想、实践与科学技术的交流，但是它并没有阻碍学者和工匠之间合作的热情。

不仅如此，维萨里的《人体的构造》和《解剖六图》在木刻大师斯蒂芬的辅助下，其中思想在细致的插图的辅助下得以充分诠释。莱昂哈特·福斯的著作《植物史》在他的插画家朋友斯派克林、迈尔和福美尔的帮助下，在当时大获成功。可见，在整个文艺复兴时期，各种合作案例不胜枚举。

工匠的实验方法为近代科学提供了新的表现工具，如透视法和科学插图，成了科学知识论证、传播和宣传的新手段，引发了一场"视觉革命"[12]。透视法在绘画中实现了均匀连续的数学空间，加快了精确的建筑、机械制图的出现，让远距离技术交流和传播成为可能。同时，自然学家开始依赖精细的图像来记录观察对象，促使人们更加关注具体的自然物，重视个人的经验研究。十六七世纪，学者的性质发生了变化，科学的专业化进程尚处于萌芽阶段，学术刊物的发表权和学会的会员权利对所有人开放。

列文虎克。他是一个从工匠到学者的典型例子。他没有接受过正规的大学教育，却利用空闲的时间做磨透镜的工作，并用之观察自然界的细微物体。他通过友人的介绍与英国皇家学会建立了联系，并在英国皇家学会的《哲学学报》上发表了多篇论文。这种"去隔离化"不仅贯穿在学者和工匠的交流合作中，也体现在个人学养和情操的塑造上，是文艺复兴独特的时代精神。在文艺复兴时期，天才总是尝试跨越学科和阶级的界限，享受在未知的知识领域从爱好者到行家的过程，导致学者和工匠的身份变得模糊。

如图 23.6 所示，在传统西方思想中，理论知识和技术发明长期处于对立状态，与生产制作相关的技术技艺被划到廉价、低等的范畴，而纯粹的理论知识被视作高级的活动，但这种分离的局面随着时间的推移开始发生巨大的改变。在这一时期，两者的分化并非简单的二元划分，学者对工匠的歧视也开始逐渐消失，学者和工匠相互借鉴、学习、融合，从而推动了近代科学的产生。

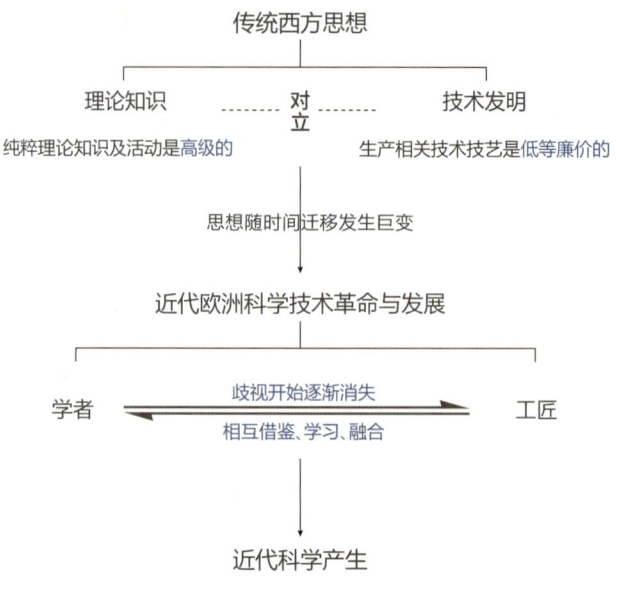

图 23.6 传统西方思想到近代科学

职业科学家

科学家最初的含义是以经验为根据寻找自然界规律的人,但这只是广义上的概括,这个词适用于在社会科学和自然科学各学科中进行科研活动的人。

释义 23.2: 职业

职业被称为人的社会位置。在社会分层中,职业是指依人们参加社会劳动的性质和形式而划分的社会劳动活动集团。[13]

职业科学家有这样一些特点:他们从事科学研究这项特殊的工作,需要专门的知识或者技能,以创新探索知识为目标追求极端专业化的知识含量,具有较高社会地位。越来越多的科学家靠科学工作谋生,科学成果在公众的心目中扮演了越来越突出的角色。前赴后继的科学家们在世界科技史上树立了一座又一座丰碑,极大地改变了世界的面貌,并推动着社会的发展。

雏形

中世纪后期的欧洲,科学家职业化的雏形才刚刚显现,当时出现了许多大学,为科学家职业化的形成提供了条件。"一旦把大学教师具有的学术传统和实验研究与探索精神结合起来，就会形成真正的现代意义上的科学研究"，大学教师和学者对某一门学科有兴趣，并通过授课获得工资，这种现象的出现具有非常重要的意义，为科学家的社会身份和未来的职业化铺平了道路。不只是在大学校园，在 15 世纪，以达·芬奇为代表的很多艺术家也开始呈现职业化的特点，他们在科学上不断探索并接受各种实际生产生活的训练，其社会角色又可以是建筑师、工程师，这同样也是科学家角色形成的基础。

但是上述两类人员并不是真正意义上的职业科学家，因为在古代科学中缺乏体制化。科学的体制化指的是在近代自然科学产生和发展的过程中，科学摆脱了那种只是少数有钱人或有闲人凭兴趣和爱好所从事的业余活动的状况，人们开始建立科学的专门组织和机构，出版用于交流和发表科学成果的书刊，创办培养科学家和工程师的专门学校，从工程师中分化出来的技师也成为专门的职业。

开端

科学家角色在社会中不断演化。在科学家职业发展的过程中，科学研究的学术组织起着极为重要的作用，是连接科研"个体户"与政府的桥梁。1660 年英国皇家学会成立，成为科学界交流聚会的场所。1665 年，英国皇家学会创立了刊物《哲学学报》，并定期发表各种新颖的发明和传播新理论。至此，英国皇家学会奠定了近代科学的基础，伴随着体制化的推进，成为科学家体制化的开端。此外，《哲学学报》开创了科学学会创办科学期刊的先例。到了 18 世纪，几乎所有的科学学会开始效仿，这种由国家科研机构组织出版重要刊物、发表重大科研成果的形式一直延续至今[14]。体制化的出现为科学家职业化提供了充分的认可，图 23.7 展示了各个行业会员的数量，参加学会的不仅有科学家，还有士兵、船员和门外汉。科学家的比例随着时间推移不断上升，其中非实用科学家人数的增幅于 1953 年达到了 20%。图 23.8 展示了 1868 年英国科学社团的会员人数，可见动植物学和农业是当时的主要研究方向。

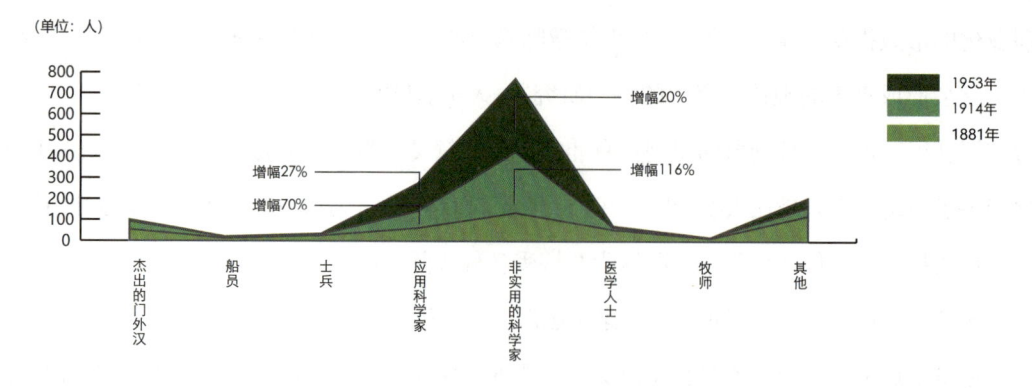

图 23.7 英国皇家学会各行业会员的数量

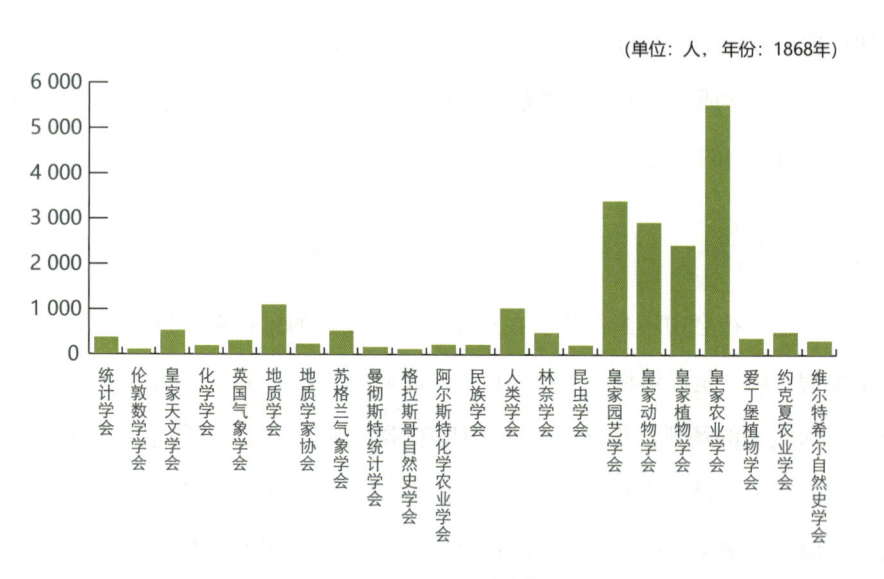

图 23.8 英国科学社团的会员

成熟

18世纪到19世纪是科学家职业发展的重要阶段，科学家和其余爱好者出于对科学的兴趣与热爱，成立了许多出色的研究机构，随着它们对社会发展的贡献越来越大，逐渐得到了政府的接纳和支持。

19世纪，在德国科学家变成一种专门的职业。本·戴维认为："世界上所有的德国科学家不是大学教师，就是大学里的研究学者。"德国大学经过改革，将教育同科研相结合。到了19世纪末，科学家的专业化和职业化得到了广泛的认可，自此，他们所从事的工作被公

认为职业科学家。1821 年，德国建立了皇家职业学院，随后发展为今天的柏林工业大学，这所学校为培养高级技术人才创立了导师制，为培养研究生和高级科研人员设立了研究纯粹科学和精密工程的研究学院。

到了 20 世纪 20 年代，新工具和新方法不断涌现，科学家相互启发并互相竞争发明的优先权，互相尊重以及诚恳辩论，使科学思想百花齐放。科学研究的发展也偏向到美国。归功于美国的大学以及研究院的建制，经过几个世纪的发展、积累和蜕变，科学家的职业化在这里得到了前所未有的发展。美国的高等院校提供了完善的培养环境，成为当代科学发展的摇篮，并使得一大批研究生成为科学发展的主力军。伴随着科学家规模的扩大，科学家的职业化现在已经完全成熟了。[10]

相较于其他发展历史悠久的职业，科学家职业化的历史很短，却成了社会发展不可缺少的一股力量。尽管社会不需要科学家的研究为社会提供产品，但这些研究却间接地丰富了产品，让科学家职业化变得不可或缺。

职业的分化

早期很多科学家在其职业生涯中涉足多个领域，并取得了显著成就。然而，随着科学的不断分化，"全能型"科学家的数量逐渐减少，更多的科学家开始专注于特定领域的研究。以物理学为例，阿西莫夫对理论物理科学家和实验物理科学家进行了定义：一些物理学家只会应用数学工具来解决问题，他们被称为理论物理学家。另外一些物理学家致力于在特定条件下进行精确的测量。也许他们试图准确测量某些化学反应中释放的热量；或者他们可能试图测量亚原子粒子分裂并释放能量的精确方式；又或者他们可能试图了解大脑在某些药物作用下微弱电势的精确变化。在这些工作中，他们可以被称为实验物理学家。

但我们很难给出一致的结论，回答在科学发展中是理论科学家还是实验科学家做出的贡献更大。在科研活动中，实验科学家和理论科学家相互合作，共同进步。

实验科学家

科学实验是指根据一定目的，运用一定的仪器、设备等物质手段，在人工控制的条件下，观察、研究自然现象及其规律性的社会实践形式。它是获取经验事实和检验科学假说、理论真理性的重要途径。它不仅包括仪器、设备、实验的物质对象，还包括背景知识、理论假设、数据分析、科学解释，以及实验者之间的协商、交流和资金的获取等相关社会因素。其性质不只是物质性的，还是文化性的和社会性的。

科学实验可以分为六个步骤，如图23.9所示。

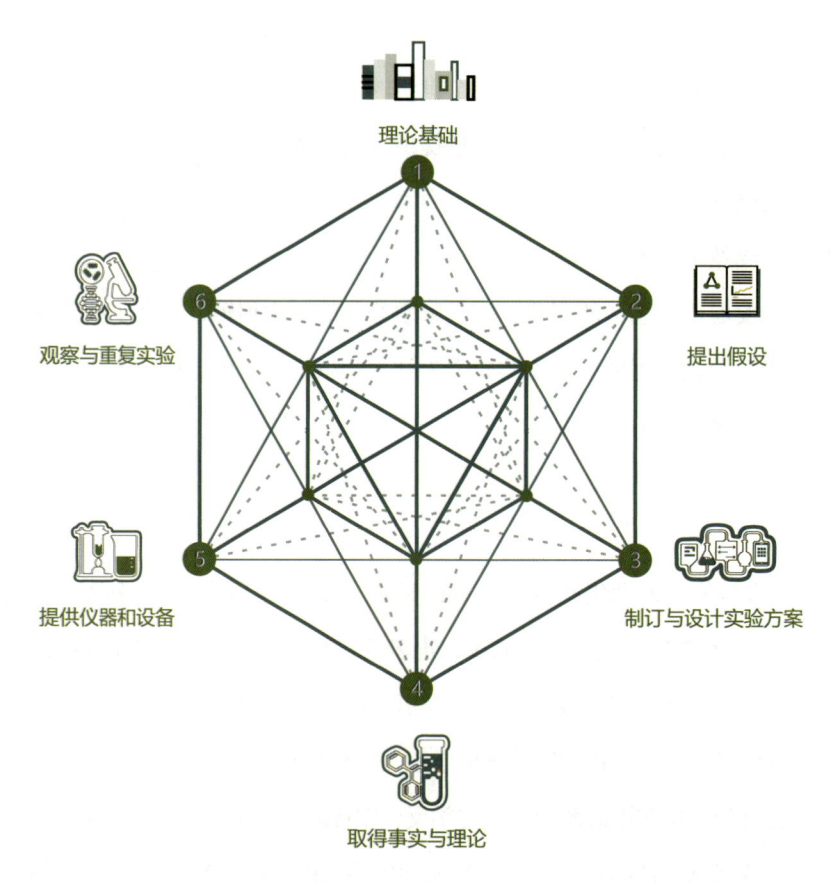

图 23.9　科学实验的六个步骤

1. 科学家必须掌握问题的有关理论基础。
2. 提出假设。
3. 精心制订与设计实验方案。
4. 为科学研究提供所需的仪器和设备。
5. 观察与重复实验。

6. 对实验中获得的数据做进一步的加工、整理，从中提取出科学事实或某种规律性的理论。

第谷·布拉赫。 16 世纪，著名的丹麦天文学家第谷·布拉赫曾在哥本哈根附近的汶岛上从事天文观测 20 余年，他以高精度的观测数据成为推动近代天文学发展的奠基人之一。1572 年 11 月 11 日，第谷注意到仙后座天区突然出现一颗新的亮星，便使用他自己制造的仪器对亮星进行了监测。当时它比金星光亮，随着光度转暗，至两年后的 1574 年 3 月，它已经无法再被肉眼看到。

新星的出现也否定了亚里士多德的天体不变学说，因为自古人们就认为月球轨道以外的天体永不改变（亚里士多德学派世界观中的基础公理之一 —— 天体不变）。其他观察者都认为该现象的出现是因为大气层中有东西。该学说推动了新兴研究领域的诞生。基于距离地球大约一万光年的超新星爆发这一事件，第谷在 1573 年出版了其第一部著作《论新星》，而这颗超新星也被命名为第谷超新星（SN 1572）。

阿斯顿。 制作更好的仪器、做更多的观察和测量是实验科学家的目标。1922 年获得诺贝尔化学奖的英国物理学家弗朗西斯·威廉·阿斯顿就是一个典型的例子。阿斯顿从伯明翰大学毕业后，来到了卡文迪许实验室，改进当时他做阳极射线研究的气体放电实验装置，用来测定同位素及其原子量。在卡文迪许实验室初期，阿斯顿已经通过实验证明了氖的两种同位素的存在。后来由于一战爆发，他的研究中断了 5 年。1919 年，他重回实验室，继续对氖的同位素进行研究。很快，他成功研制出第一台质谱仪。随后，阿斯顿使用质谱仪测定了几乎所有元素的同位素。阿斯顿在 71 种元素中发现了 202 种同位素。

阿斯顿运用质谱仪对众多元素进行了同位素研究，不仅指出几乎所有的元素都存在同位素，而且还证实自然界中的某元素实际上是该元素的几种同位素的混合体，因此该元素的原子量也是依据这些同位素在自然界占据的不同比例而得到的平均原子量。

在他荣获 1922 年的诺贝尔化学奖后，他仍然坚持在实验室工作，对质谱仪做进一步的改进和完善，后来又制成了 3 台质谱仪，其倍率达 2 000 倍，精度达十万分之一。

实验是自然科学的基础，理论如果没有实验的证明，就没有意义。在实验推翻了理论以后，人们才可能得到新的理论，而理论是不可能推翻实验的。

其他实验物理学家代表有伽利略（经典力学奠基人）、卢瑟福（利用实验解答原子结构和发现质子）、法拉第（发现法拉第电磁感应定律）、亨利·卡文迪许（测出万有引力常量，发现氢气）、焦耳（能量守恒定律）等。

理论科学家

杨振宁。如图 23.10 所示，杨振宁将物理科学理论发展分为四个阶段：

1. 实验；2. 唯象理论；3. 理论架构；4. 数学表达。

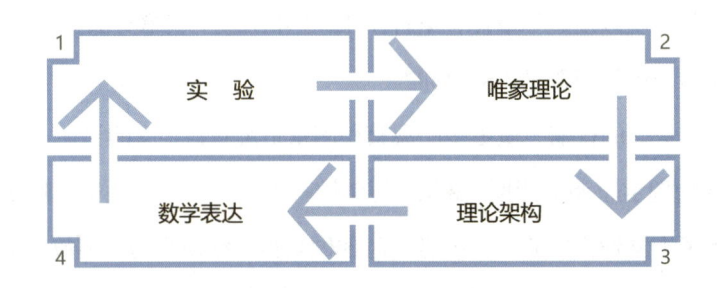

图 23.10 物理科学理论发展的四个阶段

第一个阶段是实验，或者说是与实验有关系的一类活动；第二个阶段从实验结果中提炼出一些理论，叫作唯象理论；唯象理论成熟了以后，如果把其中的精华抽取出来，就成了理论架构——这是第三阶段；第四个阶段，理论架构要跟数学发生关系。

所谓唯象理论，是指在解释物理学中的物理现象时，不用其内在原因，而是用概括实验事实得到的物理规律。唯象理论是实验现象的概括和提炼，但人们仍无法用已有的科学理论体系做出解释。通过观察、可控制的实验来寻找真实的数据，是现代科学的第一步。但是如何在大量的观察结果和数据中找到重点来解释我们见到的现象，是唯象物理学家的工作重点。一般来说，在某个新现象产生后，科学家开始建立各种模型，来模仿我们看到的事物。[15]

但是仿真的模型能经得起时间的考验吗？如何判断模型的正确与否呢？一般来说，这些理论在各个地方被证实为有效，且经过长时间的考验，则被认为是可以信赖的。基于"实验唯象学"（phenomenological theory）建立"数理理论架构"，是科学理论追求的终极目标。根据实验现象及其内在逻辑联系建立的关于局部问题的假设和假说，被称为"实验唯象学"。

杨振宁从物理学角度对科学之美进行了诠释与解读。他将物理科学理论的发展分为实验、唯象理论、理论架构与数学四个阶段，认为这四个发展阶段都有美的存在，且美的性质不尽相同。

其他理论物理学家代表有霍金（研究黑洞、虫洞）、麦克斯韦（提出电磁场理论，把电磁学发扬光大）、玻尔（利用理论证明原子光谱）、普朗克（提出量子论）等。

3. 研究体系的分化

科学研究体系的分化，促进了探索新的科学技术途径的应用研究和发展研究，让科学研究体系变得更有层次，也分化出了科学共同体，为自然科学的发展提供了一种极为有效的探索途径。科学共同体模式转向公共科学，其具备无私利性以及独创性，致力于探索共同的目标。

体系的层次化

如图 23.11 所示，我们通常将其分为基础研究、应用研究和发展研究三个层次，科学研究体系就是这些类型的组合所形成的科学研究活动的整体。这三个研究层次的出现就是科学研究体系分化的表现形式。

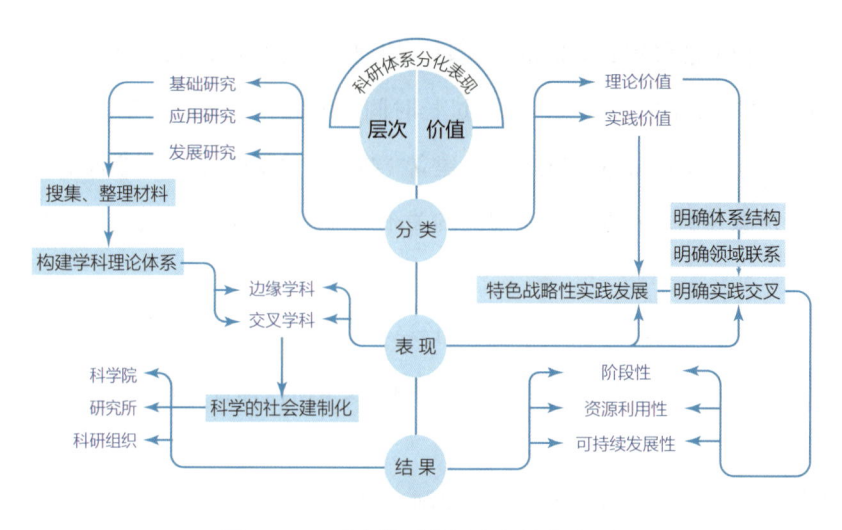

图 23.11　研究体系的层次与价值表现

科学研究体系的分化是在 20 世纪后出现的。随着科学进入"大科学"时代，各门科学逐渐从搜集、整理材料的阶段发展到构建学科理论体系的阶段。这导致了很多边缘学科和交叉学科的涌现。科学的社会建制化使得构建合理的科学研究体系成为各国建立适合自己国情的科学发展战略的重要组成部分。能否建立适当比例的科学研究体系将影响一个国家的科学技术发展格局和科学发展速度，进而影响一国经济整体目标的实现。因此，对科学研究体系做合理的划分成为理论和实践中的重要内容。科学研究体系的分化有重大的理论和实践价值，可以帮助国家选择基础、应用和发展研究的合理比例，从而做出实事求是的适宜选择。[1]

科学共同体

在科学治理中，科学共同体作为谋求特定利益的科学家组成的社会团体，具有组织性、地方性、民间性、科学性等特征，是科学治理的重要参与者和学术权威，在科学评价、决策咨询、科学传播等领域发挥着重要的作用。[16]

在近代实验科学产生之前，古希腊就出现了以亚里士多德和伊壁鸠鲁为代表的自然哲学学派，但由于当时的科学研究多是出于个人的业余爱好，他们或是对自然现象做直观的观测，或是对其进行大胆的假设，有些人也建立了自己的私人实验室，但规模很小，实验设施也很简陋，因此，研究组织形式以个体为主。

到 19 世纪以后，由于实验科学的兴起和科学共同体的出现，科学获得了长足的发展。

前者为自然科学的发展提供了一种极为有效的探索途径，使得自然科学的发展建立在精确的实验基础之上，客观性更强了。后者则使科学研究的组织形式发生了改变，由个体研究过渡到了集体研究，出现了科学共同体的组织研究形式。随着科学共同体的出现以及实验室制度的建立，在某一学科领域的学术带头人以及志同道合的群体开展共同的科学研究，进而在科学的研究领域中逐步分化出形式各异的科学研究学派。

共同体模式

自 1942 年迈克尔·波兰尼在《科学的自治》中提出"科学共同体"的概念后，这一概念在科学社会研究中已被普遍接受和使用。[17] 波兰尼主张：

> 今天的科学家不能孤立地实践他的诉求。他必须在一个机构的框架内占据一个明确的席位。[18]

共同体模式强调了共同职业的特点。科学共同体的研究揭示了"科学本质上是一项社会性的事业，它的特征是通过科学家群体而不是通过科学家个人表现和阐发出来的。只有融入整个科学群体中，科学家个人的活动才能成为科学事业的一部分，才能对科学的历史产生影响"。但 C. 卡特尔和埃尔文·维恩伯格明确对科学共同体的存在提出了质疑，他们认为科学共同体是个很模糊的概念，并否认仅存在被他们称为"英国式"的波兰尼模式。

罗伯特·默顿在《科学界的规范结构》[19]中秉承了自由主义的立场，将科学家描绘成绅士形象，并从共同职业的行业文化研究中清晰地提出了普遍主义、公有主义、有组织的怀疑主义、无私利性以及稍后增加的独创性和谦恭的默顿模式。

> 托马斯·库恩在《科学革命的结构》中写道："假如我重写此书，我会一开始就探讨科学的共同体结构，这个问题近来已成为社会学研究的一个重要课题……科学共同体由共有一个范式的人组成"，并强调"范式支配的首先是一群研究者而不是一个学科领域"。[20]

库恩的模式不仅主张符合研究形式、共同信念、共享价值和公有范例等范式要求，更强调由接受共同的教育和训练、探索共同的目标、开展共同的交流和具有共同观点的"学有专长的实际工作者组成"。他将科学共同体的结构等同于按照学科分类的大小同行分层系统，认为每个微观共同体，即小同行仅有约 100 个科学家，强调了共同学科的特点。波兰尼、默顿和库恩的模式存在不同的研究目的和研究视角，引发了对科学共同体模式的争鸣，但均主张构成人群为科学家。[17]

4. 科学家的传承

科学发展不仅仅是科学理论和技术手段的不断更新，还包括科学知识、科学传统、科学文化在一代又一代科学家之间传承、发展的过程。所谓名师出高徒，处于世界前沿的科学家往往有着明显的师生传承关系。接下来，我们举两个例子，来展示这种传承。

阿里·考夫曼

数百年来，以欧洲大学为学术中心并向全世界辐射，形成了近现代科学传承的"道统"。我们可以感受到科学是如何随时间而逐渐演进的。图 23.12 展示了阿里·考夫曼的师徒传承关系。

阿里·考夫曼是一位以色列裔美国计算机科学家，以在体积可视化和虚拟现实方面的工作而闻名。考夫曼博士是纽约州立大学石溪分校计算机科学系的杰出教授和系主任，也是计算机图形学顶级期刊 TVCG 的创始主编，他还是该大学视觉计算中心的主任。（石溪分校培养了 7 位杰出的诺贝尔奖获得者，其中包括我们熟悉的杨振宁先生。）

但不为大众所熟知的是，阿里·考夫曼的祖师爷居然是著名科学家艾萨克·牛顿。一位计算机博士的祖师爷是一位数学、物理学大师，虽然在牛顿的年代还未有计算机的出现，但是科学家的传承依旧在延续。

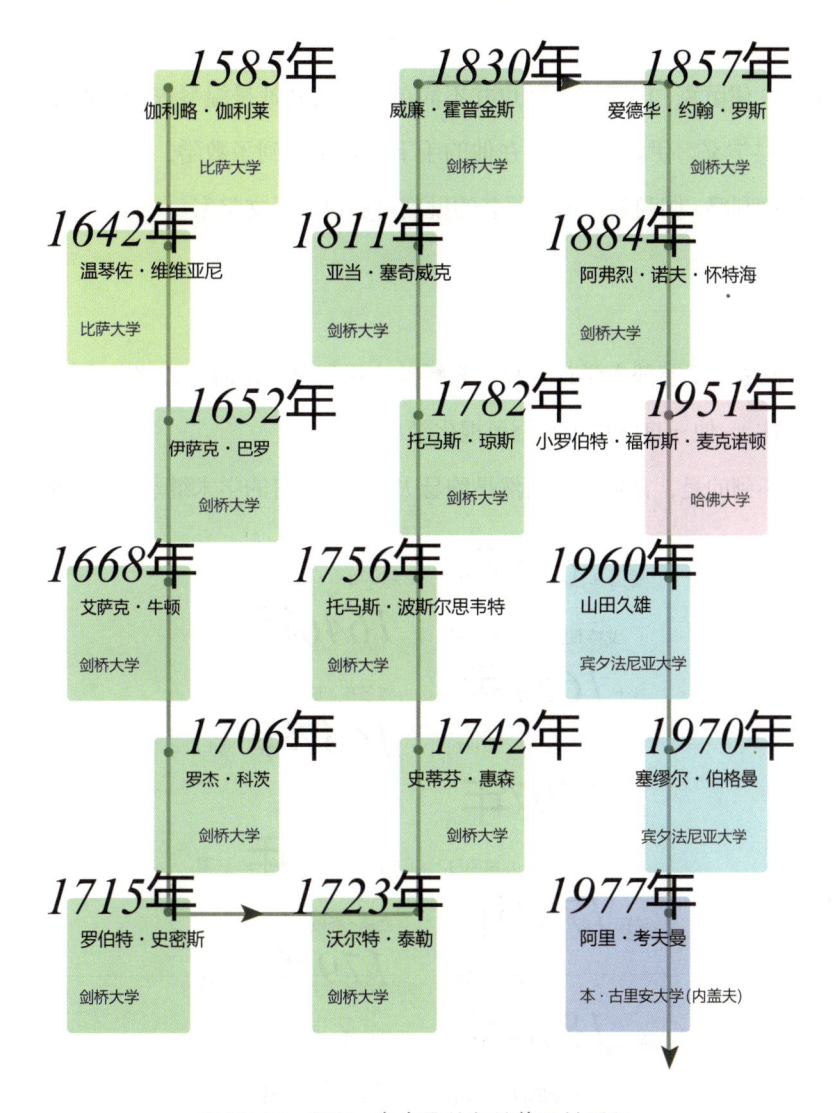

1585年	1830年	1857年
伽利略·伽利莱 比萨大学	威廉·霍普金斯 剑桥大学	爱德华·约翰·罗斯 剑桥大学

1642年	1811年	1884年
温琴佐·维维亚尼 比萨大学	亚当·塞奇威克 剑桥大学	阿弗烈·诺夫·怀特海 剑桥大学

1652年	1782年	1951年
伊萨克·巴罗 剑桥大学	托马斯·琼斯 剑桥大学	小罗伯特·福布斯·麦克诺顿 哈佛大学

1668年	1756年	1960年
艾萨克·牛顿 剑桥大学	托马斯·波斯尔思韦特 剑桥大学	山田久雄 宾夕法尼亚大学

1706年	1742年	1970年
罗杰·科茨 剑桥大学	史蒂芬·惠森 剑桥大学	塞缪尔·伯格曼 宾夕法尼亚大学

1715年	1723年	1977年
罗伯特·史密斯 剑桥大学	沃尔特·泰勒 剑桥大学	阿里·考夫曼 本·古里安大学(内盖夫)

图 23.12　阿里·考夫曼的师徒传承关系图

而牛顿也并非单打独斗，他也是在巨人的肩膀上才能看得更远，在前辈的传承下才有了如此伟大的成就。或许大家对伊萨克·巴罗这个人并不熟悉，但他的学生艾萨克·牛顿却无人不知晓。伊萨克·巴罗是牛顿的伯乐，在 1669 年辞去教授一职后便推举牛顿继任。千里马常有，而伯乐不常有。

伊萨克·巴罗（1630—1677 年）是英国著名的数学家，他比较重要的科学著作是《光学讲义》和《几何学讲义》，《几何学讲义》更是成为英国标准几何教材。

不仅如此，伊萨克·巴罗的老师也并不简单，他的老师是温琴佐·维维亚尼，意大利著名的数学家、科学家。伊萨克·巴罗在他的手下才真正学到了数学，而温琴佐·维维亚尼的老师，居然是伽利略·伽利莱，那位著名的批判日心说的天文学家。

尤金·富姆

尤金·富姆是西蒙菲莎大学计算科学教授兼应用科学学院院长，多伦多大学计算机科学系教授（已退休）。他一直深耕于数据可视化领域。

令人意想不到的是，富姆教授居然是约瑟夫·拉格朗日的学术继承者（见图 23.13）。

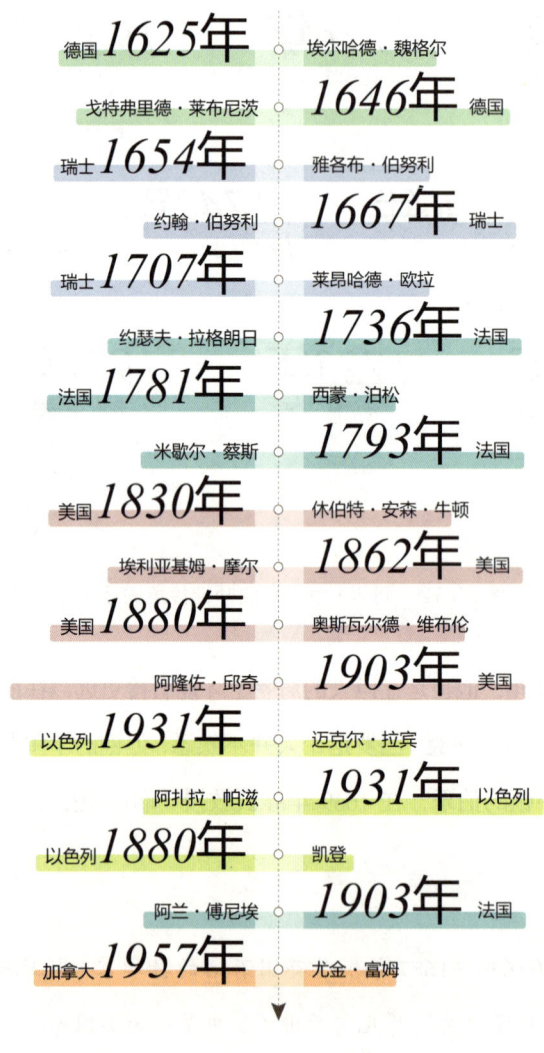

德国 *1625年*		埃尔哈德·魏格尔
戈特弗里德·莱布尼茨	*1646年* 德国	
瑞士 *1654年*		雅各布·伯努利
约翰·伯努利	*1667年* 瑞士	
瑞士 *1707年*		莱昂哈德·欧拉
约瑟夫·拉格朗日	*1736年* 法国	
法国 *1781年*		西蒙·泊松
米歇尔·蔡斯	*1793年* 法国	
美国 *1830年*		休伯特·安森·牛顿
埃利亚基姆·摩尔	*1862年* 美国	
美国 *1880年*		奥斯瓦尔德·维布伦
阿隆佐·邱奇	*1903年* 美国	
以色列 *1931年*		迈克尔·拉宾
阿扎拉·帕滋	*1931年* 以色列	
以色列 *1880年*		凯登
阿兰·傅尼埃	*1903年* 法国	
加拿大 *1957年*		尤金·富姆

图 23.13　尤金·富姆的师徒传承关系图

拉格朗日 18 岁时用意大利语写了第一篇论文，内容是用牛顿二项式定理处理两函数乘积的高阶微商，他又将论文用拉丁语写出，寄给了当时在柏林科学院任职的数学家欧拉。拉格朗日在 19 岁时，以他的老师欧拉的研究结果为依据，通过纯分析方法求变分极值，发展了欧拉变分法，为变分法奠定了理论基础。

欧拉 13 岁时作为全校年龄最小的学生进入了巴塞尔大学，主修哲学和法律，但是每周都会跟当时欧洲最优秀的数学家，也是他父亲最好的朋友约翰·伯努利学习数学。

约翰·伯努利是雅各布·伯努利的弟弟，他大多数的时间都在研究刚刚发现的微积分。在那个时代，他们不但最先研究微积分，而且是最先应用微积分于各种问题的数学家。雅各布·伯努利的数学几乎是无师自通的。1676 年，他到荷兰、英国、德国、法国等地旅行，结识了莱布尼茨、惠更斯等著名科学家，从此与莱布尼茨一直保持通信联系，探讨微积分的有关问题。

由上述这两个例子可见，科学家之间的传承不仅仅局限于专业领域的指导，而且在数学到计算机、计算机各个子领域中都存在传承；在学术上有较强原创性成就的大师和他们的学术品格往往能够吸引年青一代，并且这也是形成创新团队和学术谱系的重要条件。

第 24 章

分化之于文明

科学的出现不是一帆风顺的,而科学一旦产生突破,则会推动生产力发生质的变化。这也让很多国家和地区纷纷效仿,引进科学技术。图 24.1 整理了科学分化主要事件的时序图,贯穿了古今中外。

学术界一般把近代科学的源头定在古希腊。古希腊时期传承下来的自然哲学传统(也被称为理论传统或理性精神)是近代科学发展的思想基础。此外,还有当时的工匠传统,这种传统在中世纪后期和文艺复兴时期进化为实验传统或实证精神。自然哲学传统与工匠传统是近代科学的两个主要源头。[1]

自然现象的推动。人的理论传统和实践传统实际上是人类传统的两种表现。人类的理性精神和实证精神本是人类精神的一部分,因此人类在科学发展的过程中扮演着核心角色。尽管我们承认自然界在科学认知中的作用,但人类对科学的追求可能在很久以前就已萌芽。如图 24.2 所示,面对自然现象,如日出日落、月相变化、星空有序、四季更替、自然灾害等,人类都具有本能的求知欲和认知需求。正是在与自然相互作用的过程中,人类逐渐形成了促进近代科学诞生的理论和实践传统,从而推动了近代科学的发展。

珀尔曼在一一列举人的因素在科学诞生过程中所起的作用之后,总结认为,科学并非单纯的技术或者由少数学者创造或服务的方程组。它是人与环境相互作用的动力学体现,源自人类对生存的努力、天然好奇心和对世界秩序的探索。科学像艺术和政治一样,反映了人类的事业。

在考察科学发展的历史时,我们也发现了近代科学起源的一些特点。这些特点有很多,但我们只提供几个我们认为有趣的。

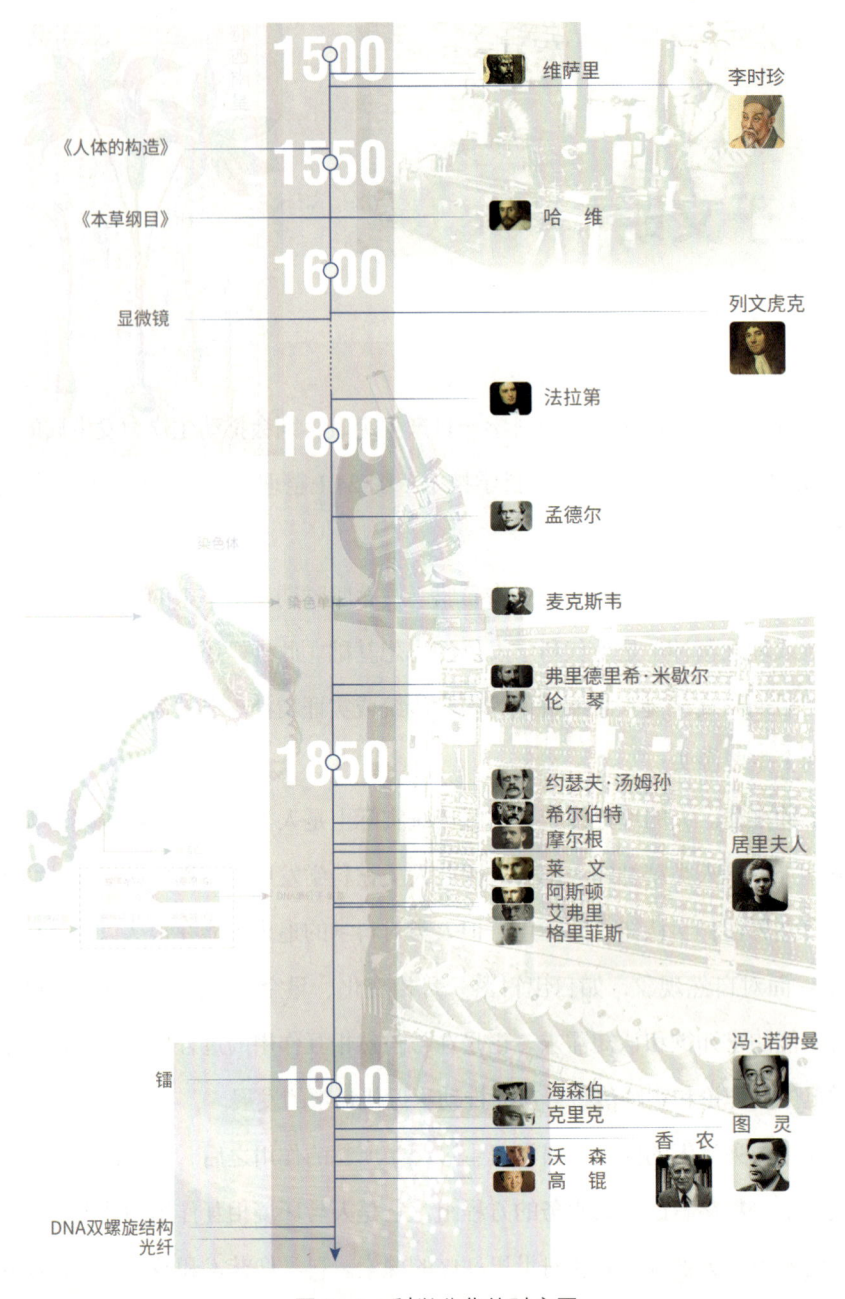

图 24.1　科学分化的时序图

- 其一，科学的起源必须以温饱、闲暇以及兴趣为前提条件。
- 其二，人在认识到自然有规律可循之后，能够借助理性洞察自然的奥秘，借助理性的批判形成科学知识。

雷电燃烧→火　　　　　　星空→天文学　　　　　　生老病死→医学

图 24.2　自然现象引发人的本能求知欲和探索

赖兴巴赫指出，知识的本质是概括，发现的艺术在于正确概括。概括是科学的起源，也是解释的本质，解释就是概括。波普尔谈到科学是关于隐蔽实在世界的实在知识，虽然困难，但仍然是可以获得的，无须神的启示。

东西方的近代科学起源。近代科学在西方社会和文化中诞生，而没有在更早的东方文明中出现，这个现象引发了人们的疑惑。爱因斯坦等人已经从思维方式、实验方法等角度对这个问题给出了一些答案，但这仍然是一个有争议的问题。

有人说，东方文明没有发展出近代意义上的科学。不难看出，不同的文化和不同的社会结构，导致中国在近代的科学技术上落后于其他国家。

仔细分析可以发现，现代西方的科学、工业革命与现代艺术，其实都是在中国科技和思想上发展而来的，"文艺复兴"的本质就是在欧洲文明中出现了一个融合中华文化的全新思潮，中华文明对世界文明做出很大的贡献。《墨经》是战国时期思想家墨子的一部重要著作，其中记载了许多几何概念。例如"平，同高也"，意思是平行线之间的距离相等；"圆，一中同长也"，意思是圆有一个中心，圆上每一点到这个中心的距离相等。《经说》云："行，行者必先近而后远。远近，修也；先后，久也。民行修，必以久也。""修"指空间距离的长短。意思是，物体运动在空间里必由近及远。其所经过的空间长度一定随时间而定。这里已有了路程随时间而变的朴素思想，也隐隐地包含了速率的观念。

"地恒动不止而人不知，譬如人在大舟中，闭牖而坐，舟行不觉也。"这句话非常惊人地描述了一种客观与主观的偏差，是完全脱离了当时人们的实际生活经验而得出的想法，已经初具相对论的框架模型了。这是对机械运动相对性的十分生动和浅显的比喻。

科学范式实际上奠定了科学发展的轨迹，重实验、重观测。因此，科学的发展是叠加式的，说白了就是后人是在前人的基础上发展的，兼容而不是推翻。

1. 古代文明

人类有文字记载的文明史，起于 5 000 多年前。从那时起，人类对自然界的探索就开始了。在现在世界公认的文明古国，人们能看到早期科学思想知识的萌芽。只是那时的科学不成体系，更没有理论指导，主要是以神话和猜想的形式出现。

人类的历史就是一部关于饥饿的生物觅食的记录。哪里食物丰富，人们就到哪里安家。尼罗河流域一定很早就声名远扬了。人们从非洲内陆、阿拉伯沙漠、西亚纷纷涌入埃及，宣称他们拥有那里肥沃的土地，这些入侵者共同形成了一个新的民族。

埃及。尼罗河流域的古埃及是人类文明的发祥地之一。公元前 3000 年前后，上埃及国王美尼斯统一埃及。从此，埃及历史开始有文字可考。到公元前 332 年被马其顿国王亚历山大征服为止，埃及共经历了 31 个王朝，第三王朝到第六王朝文化最为繁荣。闻名世界的金字塔就是在这一时期建造的。古埃及在数学、医学、农业、天文学方面曾达到非常高的水平，为自然科学发展做出过重要贡献。

埃及人是杰出的农夫，他们建造了庙宇，后来为希腊人所仿造。这些庙宇是如今教堂的雏形。他们创制了一种历法，被证明是计算度量很有效的工具，经过几次修改后一直被沿用至今。然而最重要的一点是，埃及人学会了如何将语言保存下来以造福后代。他们发明了文字书写的艺术。

在早期，埃及人就发明了图形文字，经过长时期的演变形成由字母、音符和词组组成的复合象形文字体系。复合象形文字多刻于金字塔、方尖碑、庙宇墙壁和棺椁等一些神秘的地方。后来为了书写，又发展出简略的象形文字，被称为僧侣体。古埃及盛产纸草。有了文字和书写工具，就有了文化的延续。

美索不达米亚。世界上的另一个文明发祥地位于今伊拉克境内的幼发拉底河和底格里斯河一带，古希腊人称之为"美索不达米亚"，意为"两河之间的土地"。这一地区环境优美，据传是《圣经》中伊甸园的原型。挪亚方舟曾在亚美尼亚的山脉中找到了停泊处，而这两条河正是在这皑皑白雪的群山中开始它们的行程的。它们缓缓地流过南方平原，直至最后来到泥泞的波斯湾。它们使西亚从干燥的不毛之地变成了肥沃丰饶的田园。

尼罗河河谷因为食物充足而吸引了八方来客。在这"两河之间的土地"，北方群山的山民和南方沙漠漂泊至此的部落，都试图宣称这一地区是自己的独有财产。山民和沙漠游牧民之间的对抗导致了无尽的战争。从公元前3000年前后苏美尔城市国家形成到公元前64年为古罗马所灭的3 000多年间，虽然占统治地位的民族多次更迭，但其文明一直得到了很好的发展和延续，并创造了丰富多彩的物质和精神文明，有些一直应用至今。如分圆周为360度，分一小时为60分，1分为60秒，以7天为一星期；分黄道带为12个星座等。

古印度。古印度也是世界古老文明的发祥地之一，位于南亚次大陆，在今天的印度、巴基斯坦和孟加拉国境内，主要是印度河和恒河流域。今日南亚次大陆素称印度次大陆。它位于亚洲的南部，北枕喜马拉雅山，南接印度洋，东临孟加拉湾，西濒阿拉伯海，北广南狭。这里一面临海，一面靠山，有着天然封闭的地理环境，境内地形复杂，地理条件极为悬殊。西北部的印度河发源于冈底斯山以西，流入阿拉伯海；中北部的恒河发源于喜马拉雅山南坡，流入孟加拉湾。印度河和恒河所形成的冲积平原，土壤肥沃、气候湿润。

印度是一个不容易直观把握的国度。直到殖民地时期，印度从未形成过高度统一的中央集权制国家，而是大小王国林立。甚至从来没有统一的语言，各民族和各部落所使用的语言和方言超过150种。而且由于印度次大陆本身就是世界三大人种（尼格罗种、蒙古利亚种和高加索种，分别是黑种人、黄种人和白种人）的汇集处，加之累遭外族入侵、占领和殖民统治，所以印度人种繁多，血统混杂，素有"人种博物馆"之称。

除了种族、民族繁多之外，古印度还存在根深蒂固的种姓制度，全部印度人被分为4个等级的种姓，等级从高到低是：婆罗门、刹帝利、吠舍和首陀罗。婆罗门即僧侣，从事文化教育和祭祀活动；刹帝利即武士、王公、贵族等，从事行政管理和打仗；吠舍即平民，从事商业贸易；首陀罗是所谓贱民，从事农业、各种手工业劳动。古印度种姓世袭，而且不同种姓之间不得通婚。

印度是一个神秘的国度。此地到处笼罩着宗教气氛，处处有神庙，村村有神池，而且与上述文化多样性相伴随。印度人信奉的宗教极多，同宗教还有许多教派。在印度，婆罗门教即印度教最为流行，而发源于此地的佛教却不太流行。相反，墙里开花墙外香，佛教在东亚和东南亚拥有广大信徒。印度人的历史也笼罩在云里雾里，古代印度人不注意记述自己的历史，他们喜欢讲神话故事，后世历史学家只得从神话故事中发掘、考究印度的年代历史。

古希腊。古希腊自然哲学将自然界视为一个整体，并将自然科学纳入哲学范畴，这一思想在小亚细亚西岸中部的爱奥尼亚地区首次出现，由泰勒斯等哲学家兼科学家开创。毕达哥拉斯学派将数学引入自然哲学，认为数是万物的本原，并试图用数学关系解释自然现象。该学派将数学抽象化和理论化，以数的概念来探索世界物质的本质，同时提出了地球和天球的宇宙模型，为希腊天文学的发展奠定了基础，如图 24.3 所示。

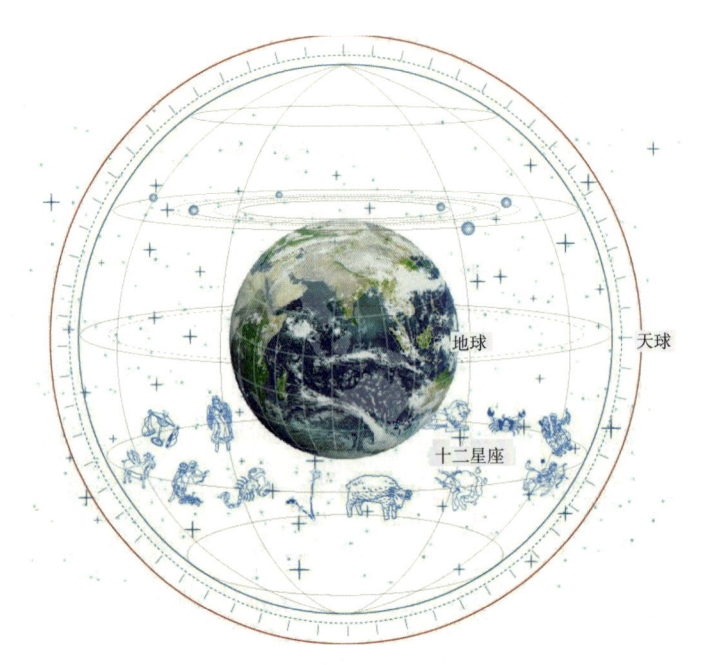

图 24.3　古希腊两球宇宙论

米利都学派和毕达哥拉斯学派代表了前苏格拉底时期两种不同的思想传统，显示出当时的哲学并没有形成统一的共识，而是分为不同的派别。除了这两个学派，还有原子论者和变化学派等其他重要的前苏格拉底自然哲学学派。

在前苏格拉底时期的哲学中，变化学派是一个重要的学派，也被称为流变学派或流派。

这一学派的代表人物包括赫拉克利特和希波克拉底。变化学派强调世界的本质是永恒不断变化的，一切都是流动不息的。他们认为世界上的一切事物都是由一个普遍的基本物质构成的，这个基本物质通过不断的变化和运动而表现出不同的现象。这种观点对后来的哲学和科学产生了深远的影响，特别是自然哲学和形而上学。

原子论者如留基伯和德谟克里特将世界想象为由原子组成，认为原子是物质最小的、不可分的粒子。原子论者假定原子在虚空中所取形状、位置、运动和排列的不同是我们看到的周围物体显示出差异的根本原因。[2] 然而，原子论者面临着一个难题，即如何解释原子的混乱状态形成有序的自然界，因此原子论也被贴上了无神论的标签。

古希腊灿烂的科学文明，在重视现实利益的罗马人那里没有被继承下来，欧洲的古典文化开始没落。476 年，西罗马帝国灭亡，欧洲进入封建社会时期，也就是西方所谓的中世纪的开始。

通常，历史上把西罗马帝国灭亡到 1640 年英国资产阶级革命开始这 1 000 多年称为中世纪。而科学史上稍有不同，中世纪一般是指古希腊、古罗马文明结束到欧洲文艺复兴这 1 000 多年的时期。在这期间，欧洲的科学技术成就几乎是一片空白。因此也有人称之为"黑暗的中世纪"。不过有学者认为，欧洲真正黑暗的时期是 11 世纪之前的 500 年，而此后已有了学术复兴的迹象。但是欧洲的科学文明从古希腊的辉煌高峰跌落下来，走进这个长达千年的低谷，这样巨大的反差自然是发人深思的。要想了解欧洲的科学技术是如何在中世纪的黑暗中摸索前进的，还得从基督教在欧洲的兴起说起，因为基督教是中世纪欧洲的思想主宰。

2. 澳大利亚文明

澳大利亚有先进的科学技术（尤其是在农业、生物技术、天文学、医学、地学、矿业等领域）、世界一流的大学和著名的科研机构，在一些基础研究及应用研究方面具有较强的优势（见图 24.4）。

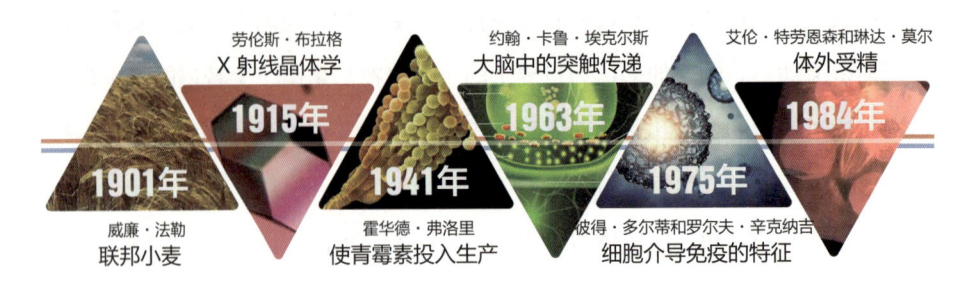

图 24.4 澳大利亚科学突出贡献

1901 年：联邦小麦。威廉·法勒培育出了一种能够抵抗真菌锈病和干旱的联邦小麦品种。他在农业方面的成果显著提高了澳大利亚全国小麦收成的质量和作物产量，为此他获得了"小麦之父"的称号。

1915 年：X 射线晶体学。劳伦斯·布拉格最著名的成就是对 X 射线衍射的研究，以及据此提出的布拉格定律。布拉格定律给出了受到电磁辐射和粒子波照射时，晶体内原子平面间隔与在该平面上产生最强反射的入射角之间的关系，可以用于测定波长和晶体的点阵间隔。劳伦斯·布拉格和他的父亲亨利·布拉格发明了利用 X 射线分析晶体结构的技术，此项新技术的应用为稍后 DNA 双螺旋结构的发现奠定了基础。他们因此于 1915 年共同获得了诺贝尔奖。

1941 年：青霉素开始投入生产。1939 年，霍华德·弗洛里和恩斯特·伯利斯·柴恩调查自然产生的抗菌物质，重复了弗莱明的工作。他们提纯的青霉素成功通过了人体试验，1941 年被成功用于治疗病人。1945 年以后，全世界广泛应用了青霉素，并及时投入生产以救助二战伤员。弗洛里于 1945 年获得了诺贝尔奖。

1963 年：大脑中的突触传递。约翰·卡鲁·埃克尔斯发现了神经细胞膜外围和中部与兴奋和抑制有关的离子机制并因此获得 1963 年诺贝尔生理学或医学奖。

1975 年：发现细胞介导免疫的特征。彼得·多尔蒂博士与他的同事罗尔夫·辛克纳吉预言了组织相容性抗原在免疫识别领域所扮演的角色，尤其是其对受病毒感染细胞的识别功能。两人于 1996 年共同获得诺贝尔生理学或医学奖。

1984 年：体外受精。体外受精是一项复杂的技术，可用于帮助生育或防止遗传问题，同时协助受孕。在体外受精过程中，医生会从卵巢中采取（取出）成熟卵子，并将其放在实

验室里授精。然后会将受精卵（胚胎）或卵子（胚胎）移植回子宫中。一个完整的体外受精周期大约需要三周。首例冷冻胚胎试管婴儿在墨尔本出生。其中所使用的体外受精与胚胎移植技术是由艾伦·特劳恩森博士与琳达·莫尔博士研发的。

3. 欧洲文明

古代希腊、罗马时期都曾出现过辉煌灿烂的科学文化，如德谟克里特的原子学说、阿基米德的物理学原理、毕达哥拉斯的数学定理，以及托勒密的宇宙模型等。但随着西罗马帝国的灭亡，灿烂辉煌的古希腊罗马的学术传统被一扫而光，人们所能做的只是摧毁古典文化。恩格斯把这个时期称为"中世纪的黑夜"。

16世纪以后，工场手工业兴起了；最初是在佛罗伦萨，随后是在弗兰德尔。圈地运动使英国迅速得到了发展。这种经济模式加速了贸易发展，从而引发了地理大发现，而工场手工业催生了资本主义经济。同时，中国四大发明的传入大大推动了欧洲科学技术的进步，出现了一批商业城市，形成了一个以地中海为中心的贸易区。在中世纪欧洲经济迅速发展的同时，人们的思想也得到了解放。

正如科学史家们所公认的，中世纪欧洲是人类由古希腊罗马科学的高峰降落下来，再沿着近代知识的斜坡挣扎上去所经过的一个"阴谷"。然而在基督教统治的漫长黑夜中，科学并没有被彻底扼杀。它在疯狂的镇压和扫荡面前反思着自己的过去，并为未来缓慢而顽强地积累着巨大的潜能。历史的辩证法恰恰在于：

> 宗教把科学全面纳入神学体系的努力，促使古希腊科学的成果和探索精神得到最广泛的传播，经院哲学家对基督教信条虔诚而烦琐的探讨使得理论争辩艺术和逻辑方法日趋完善。在历史发展的进程中，凡是合乎必然性的东西都会成为现实，凡是不符合历史发展必然性的东西都会消失。

正如基督教统治的衰落不可避免一样，近代科学在文艺复兴这个资产阶级思想文化革命

的条件下,"一下子重新兴起,并且以神奇的速度发展起来",乃是历史的必然。正是——也仅仅是——在这个意义上,可以说中世纪欧洲是近代科学的摇篮。

4. 西亚文明

在中世纪时期,西欧的文化和历史知识相对滞后,因为基督教神学导致了文化的停滞和知识的匮乏。相比之下,中世纪时期的阿拉伯史学却非常发达[3],不仅在当时远远超越了西方史学,而且在阿拉伯文学、艺术、哲学以及自然科学等领域也有着卓越的成就。从宏观的角度来看,在世界历史学的发展中,中世纪阿拉伯史学独树一帜,具有承先启后、继往开来的重要历史地位。

开始时,阿拉伯人的科学文化基础是很薄弱的。因此,他们就尽可能多地吸收世界各地的科学文化,尽量学习古希腊、古罗马、古埃及、古代中国和古印度的科学技术。

在技术方面,阿拉伯人从中国学会了造纸术,从印度学会了农业技术。通过这些学习,阿拉伯人为人类做出了一个重大贡献,那就是阿拉伯在各文明地区间架起了一座桥梁,使世界各地特别是东西方的科学文化得以融合。这是世界科学文明的第一次大的交流和融合。

提起阿拉伯,大家首先会想到我们现在天天用的阿拉伯数字。不过,阿拉伯数字的直接创造者并不是阿拉伯人,而是印度人。阿拉伯数字是阿拉伯人从印度学去后,加以改造而成的。特别是0这个符号,首先是印度人创立的。阿拉伯人经过学习,创新形成了阿拉伯数字符号。欧洲人从阿拉伯人那里学去了阿拉伯计数法,并从希腊、罗马学去了代数和几何学方面的知识,才逐步创立了现代数学体系。

在古代阿拉伯人的科学成就中,不能不提的是他们的炼金术。古代阿拉伯的炼金术是在七八世纪发展起来的。据考证,阿拉伯人是从中国学到炼金术的,他们的炼金术士曾把炼金的主要原料之一硝石称为"中国雪"。

炼金术不是近现代科学的一门学科,因此也不能称为科学。但近代化学脱胎于它,人类许多的化学知识都来自炼金术,尤其是炼金术的炼金过程直接导致了近代化学实验方法的产

生。也许我们可以把炼金术称为"前科学"或"准科学"。

阿拉伯炼金术士所用的原料有汞、硫、硫化汞、硝石、雄黄等。19 世纪以前化学家们知道的酸和碱,阿拉伯炼金术士们几乎都知道。他们还制成了蒸馏器,完成了对许多无机物质的分析,还研究和制造了数百种药品。他们还会制造少量的硫酸、硝酸,甚至知道王水的作用。

5. 中国文明

公元前 221 年,秦始皇统一中国,结束了中国 500 多年诸侯纷争的局面。先秦那种百家争鸣的学术氛围也随之结束。在从秦到清的 2 000 多年中,虽然朝代不断更替,还有几次外族入主,但总体上中国封建社会是比较稳定的,整个国家也是分少合多。中国古代的科学技术在这种社会背景下缓慢地发展着,经过盛唐,在宋时达到高峰,明清时期逐步衰落。

在这 2 000 多年的大部分时间里,中国科学技术是领先于西方的。当欧洲处于黑暗的中世纪时,中国的科技却迎来了唐宋的繁荣,颇有风景这边独好的味道。李约瑟在其巨著《中国科学技术史》[4]的序言中说:

> 中国的这些发明和发现往往远远超过同时代的欧洲,特别在 15 世纪之前更是如此。

不过,中国的科学技术走的是一条注重实践经验的道路,因而在科学成果上也是实用型多,理论型少,这一点与作为西方科学源头的古希腊不同。由于地理位置的原因,古代中国的科学技术基本上没有受到外来科学文化的影响,因而发展了一套独立的科技体系,主要有数学、农学、医学、天文学这四大学科以及建筑、纺织、陶瓷等技术。

农学。总体上来说,中华文明是一种农业文明,农业一直以来是整个社会发展的基础,关乎国计民生。历朝历代的统治者也都比较重视农业技术的应用,这样就形成了独特的中国农学思想和知识体系,而农书就是这种思想和知识体系的具体体现。中国古代比较著名的农书有《氾胜之书》《齐民要术》《陈敷农书》《王祯农书》《农政全书》。其中,贾思勰(6 世纪）所著的《齐民要术》，系统总结了古代农业生产的经验和技术，对中国农业的发展起到了重要的推动作用。

天文学。中国古代的天文学并不完全是现代意义上的天文学，还包含着一些地理学方面的知识。因此，它实际上是一门观天测地的学问，取得了非常大的成就，主要表现在历法、宇宙观、天象观测等方面。

中国古代的天文学成就包括阴阳历法的制定、天象观测、天文仪器的制造和使用以及构造宇宙理论。大概到了汉代，中国形成了自己独特的天文和历法体系，特别是在天象观测记录的丰富性、完整性方面，中国一直走在世界各文明古国的前列。

医学。在中国古代科学技术的农、天、数、医这四门学科中，最具中国特色的要数中医药学了。第一，其从哲学思想、理论基础到实践应用，是一脉相承、自成体系的；第二，它直至现代都没有被西医所取代，显示出了强大的生命力，而其整体和辨证论治的思想在现代医学中已成为备受关注的焦点。在从秦到清的这2 000多年时间里，中医药学取得了许多重大的成就，在临床和药学方面表现得更为突出，其代表有三。

其一，医圣张仲景在《伤寒杂病论》中，总结了伤寒发展规律和辨证论治法则，为中国古代医学开创了理论与临床实际相结合的典范。

其二，华佗精于外科，以发明全身麻醉的"麻沸散"、擅长外科手术和设计发明健身的"五禽戏"而著称于世。

其三，李时珍和东方医药巨典《本草纲目》，把中国古代药物学推向了高峰，对中国和世界的医药学及多种学科的发展都有深刻的影响。李约瑟称李时珍为"中国博物学中的无冕之王"。

科技。说到中国古代的科学技术，自然不能不说古老的四大发明：指南针、造纸术、印刷术、火药。这不仅仅是因为四大发明是中国古代科学技术繁荣的标志和中国人聪明智慧的体现，更重要的是，它在一定程度上改变了人类近代文明史的进程。换句话说，如果没有中国古代的四大发明，也许人类社会不是今天这样的。

中国的四大发明通过阿拉伯人传到欧洲之后，对欧洲的资本主义发展和近代科技革命产

生了巨大的影响，从而影响了人类文明的进程。马克思对火药、指南针和印刷术曾有过这样的评价："这是预告资产阶级社会到来的三大发明，火药把骑士阶层炸得粉碎，指南针打开了世界市场并建立了殖民地，而印刷术则变成了新教的工具。总的说来，它们变成了科学复兴的手段，变成了精神发展创造必要前提的最强大的杠杆。"

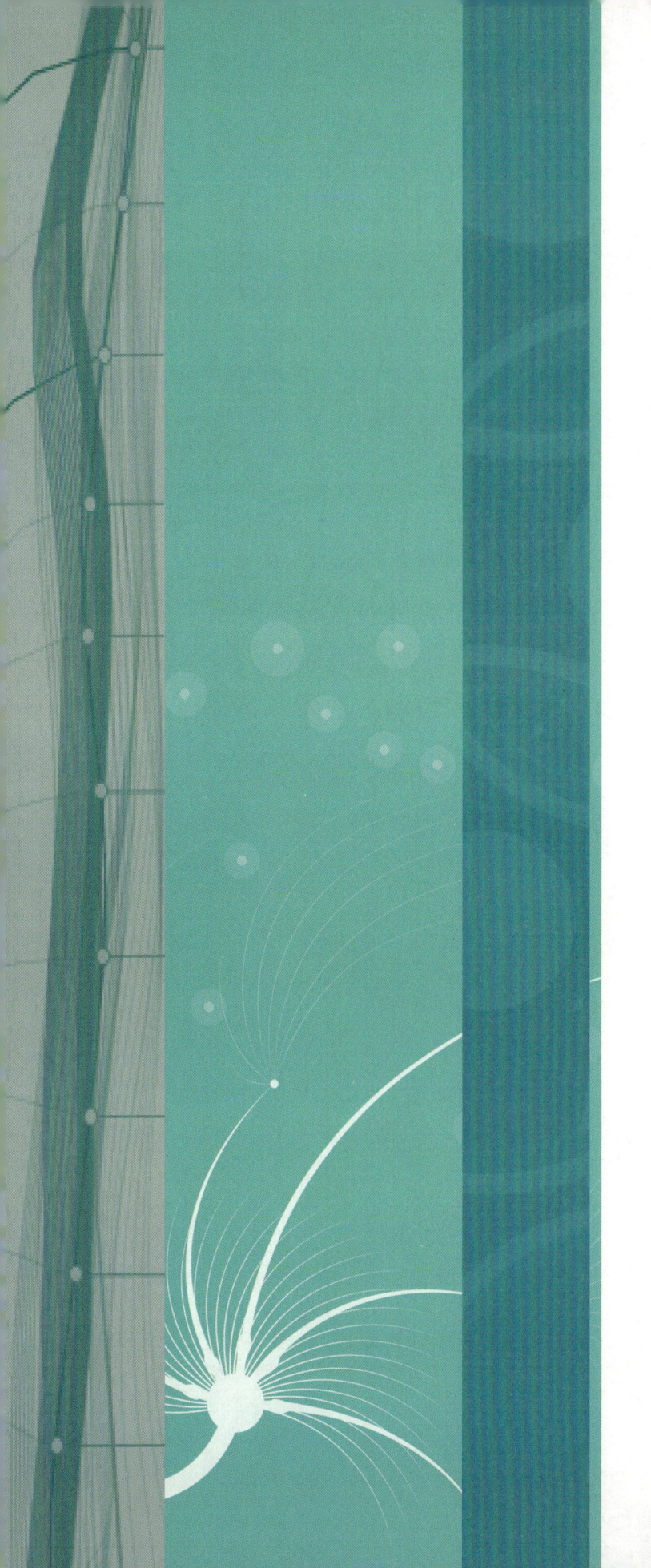

第六篇

科学的融合

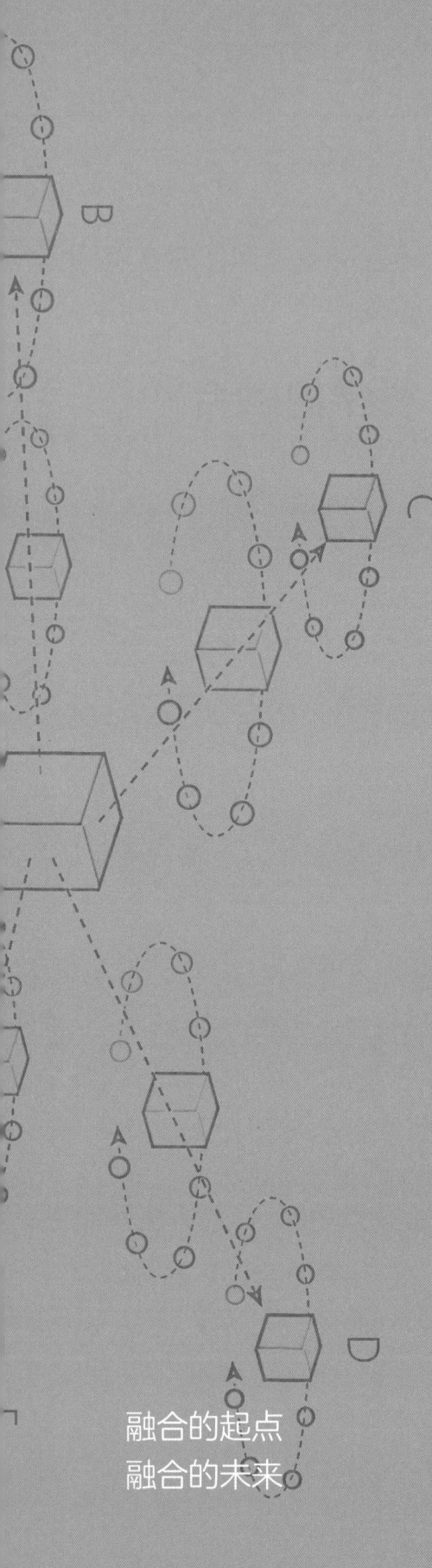

虽然还原论思维让现代西方科学取得了突飞猛进的发展，但也暴露出了不少问题，因此还是有少数科学家希望建立一个统一的理论。这一篇我们将重点介绍为了建立统一理论而做出努力的科学家和他们的理论，特别是以复杂系统理论为代表的几种理论。需要注意的是，不同理论之间的冲突主要体现在哲学层面，西方的哲学偏冲突，如唯物主义与唯心主义的不可调和，而东方哲学总体上强调天人合一，是和谐的。我们认为东方哲学可以为统一理论做出贡献，我们提出的万统论就是在做这样一种努力。最后，我们将提供对元宇宙时代未来发展趋势的一个预测。

融合的起点　　　　　融合的进展　　　　　　融合的尝试
融合的未来

第 25 章

融合的起点

从前面的各章中，读者已经清楚，现代的西方科学是在亚里士多德到笛卡儿的还原论基础上建立起来的。在亚里士多德以前，东西方的理论基本上是基于整体论创建的。基于还原论的经典力学发展到 19 世纪末几乎达到了完善的地步，但将其应用于有机体或生命系统时，人们还是发现了局限性。因此，有很多科学家开始强调整体论的重要性。

整体论与还原论应该互补。整体论和还原论是人类认识事物的两种方式。按照西方二元对立的逻辑，谁优谁劣、谁对谁错，这两派经常要争论一番。而东方哲学基本上立足于共存逻辑，这种争论相对要温和得多。根据我们提出的同时相对性公理[1]，整体论和还原论都是人们分别心的产物，是共同产生、共同消亡的。因此，两者应该相互交流，共同进步，不断提高人类对所观察现象的认知水平，深化人类的世界观。如果我们把这两种方法割裂开来或对立起来，则两者不可避免都存在局限性，这需要我们去克服。

整体论强调整体先于部分而存在，正如古希腊哲学家亚里士多德的名言"整体大于它的各个部分之和"，在中国古代也有与之相对应的思想。如图 25.1 所示，《易经·系辞上传》中

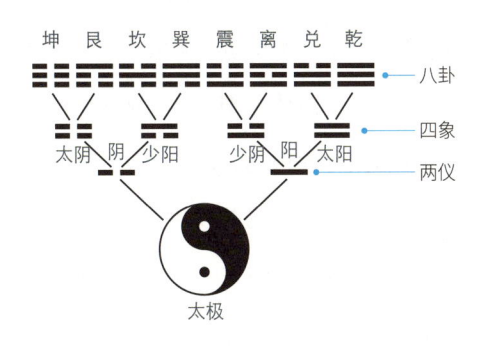

图 25.1　四象生八卦

说："两仪生四象，四象生八卦。"在我们解决问题时，全局性才是问题的出发点和落脚点。无论是在古代中国还是西方，整体论都是朴素的整体论。由于测量技术的落后，很多细节问题也无法深究，整体论解决具体问题的能力无法显现。

还原论认为，复杂的系统、事物、现象可以通过将其分解为各部分之组合的方法，加以理解和描述。把复杂的生命实体、过程等需要认识的事物分解为可分析的基本单位，如细胞，像组装仪器一样，先研究组成的部分，再层层组合，形成整体认识。正如笛卡儿在《谈谈方法》一书中所提出的：

> 把我所考察的每一个难题，都尽可能地分成细小的部分，直到可以而且适于加以圆满地解决的程度为止。[2]

还原论的优缺点。这种方法确实可以极大地帮助我们认识复杂的系统，让我们找到解决问题的着力点，推动了很多问题的解决。还原论还有一个优点就是，每次预言失败或者实验结果发生重大偏差时，人们能够根据逻辑和理论推导回溯到问题的起点，调整之前的理论预设或假定，并建立起更加完善的新理论，再做出新的预言，以实现理论创新，甚至推动科学革命。从表面上看，只要时间足够，还原论看似能够解决一切问题。例如，将复杂的高级运动还原为原始的低级运动，将广阔无垠的宇宙还原为粒子的构成。但是，在面对复杂的事物，尤其是生命体时，人们发现还原论存在严重的问题[3]，各个组成部分组合在一起后，无法真正准确反映事物的整体特征，这容易导致人们"只见树木，不见森林"。

克服还原论缺点的百花齐放。平庸的直觉允许每个人在有生命和无生命之间划清界限，如石器时代的人们所相信的那样，所有能动的生物都可以毫无例外地被视为生命体，而那些不能动的石头、草和树则被视为非生命体。但是，随着科学技术的进步，生命体与非生命体的界限越来越模糊。自从生命体被分为植物、动物和人之后，除了石头仍被认为是非生命体，草和树已经被划入了生命体的范畴。微生物的发现进一步拓展了生命体的范围。现代科学家提出了100多种生命的定义，这些定义多数关注生命能繁殖、存在代谢现象等属性，但直到现在也没有真正搞清楚生命与非生命的本质区别。[4]而生命体又存在活着和死亡两种状态，这两种状态的本质区别在哪里？目前尚未有明确答案。这也是为什么与生命系统有关的理论有

67 个之多[5]，如图 25.2 所示。

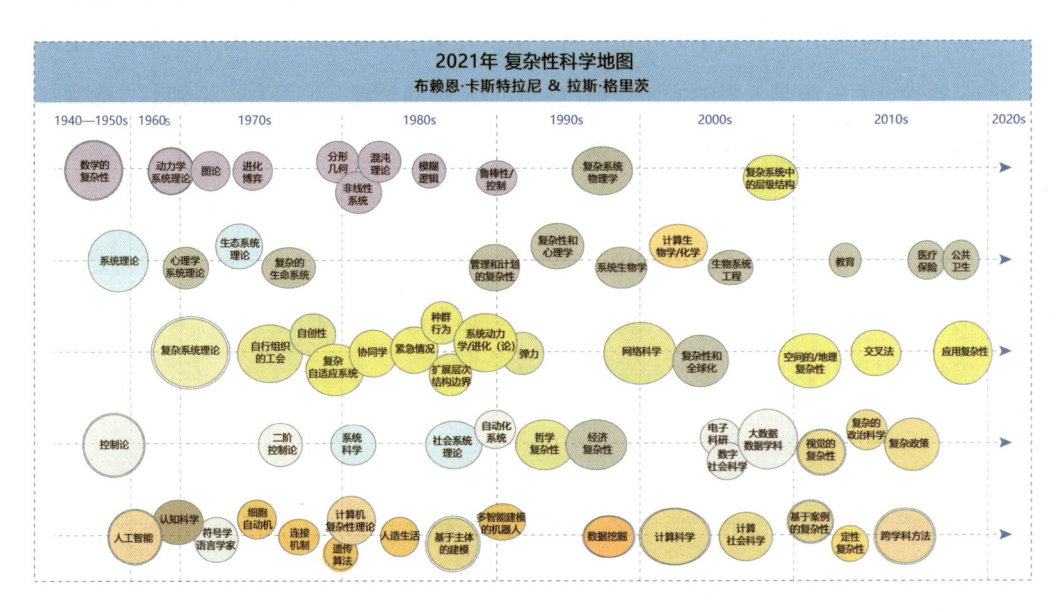

图 25.2 用于解释生命现象的各种复杂系统理论

1. 发展的瓶颈

乌云扩散。对于同一个复杂系统，有如此多的不同理论可以采用，应用不同理论获得的结果有时会有很大差别，这就导致现代科学中出现了很多悖论。[6] 为了解决 19 世纪末的两朵乌云——热辐射实验和迈克耳孙-莫雷实验，人们创立了量子力学和相对论，随后用这种从基本概念甚至基本假设都重新构建的方法，创立了各种不同的复杂系统理论。[7] 有人重新梳理了当下我们头顶上的乌云，至少有 62 朵之多。[8]

各种理论均非重大突破。当今，很多新理论、新概念长期无法得到验证。例如，弦理论没有找到相关理论的支撑；暗物质经过七八十年的寻找也没有明显的进展；对意识现象的研究已经有 100 多年，但没有明显的进展；粒子物理标准模型中的最后一个粒子（希格斯玻色子）找到了，但最新的实验测量对这个模型越来越否定。[9] 在 20 世纪，尽管科学的发展表面上看起来很热闹，但大家公认一个事实，即没有诞生像牛顿力学这样的重大理论。现在的基本公理、基本概念的分歧已经严重阻碍了科学的进步，如果有人能够在统一理论方面取得一

些突破，有可能是这样一种性质的科学进步。

在第一篇中我们已经讲到了，在现代科学中，大家还没有意识到区分宇宙和世界这两个概念的重要性。对有限与无限的本质差别没有给予足够的重视，更没有意识到对立面共存的公理，以及生命体与非生命体的本质差别。在现代科学中，比如经典力学、量子力学和相对论，使用的很多基本假设其实是不成立或无法验证的。在实际中，使用这些基本假设时，人们也不考虑假设中的条件是否真的满足，比如说惯性参考系、真空、完全静止的以太、封闭或孤立的系统。同时，生命体与非生命体的差别、信息对生命体的影响等，人们也都没有考虑到。因此，经典力学中的很多定理都需要修改。[10]

2. 局限与对策

可检验的系统必须是有限时空的。由于科学知识十分强调可验证性，因此它必须限定在人类可以观测的时空范围之内。随着技术水平的提高，人类的观测范围发生了巨大的变化，通过望远镜可以看得越来越远，而通过显微镜可以看到越来越细微的存在（如图25.3所示）。但是，不管科学如何进步，技术如何发达，人类所能观测到的时空范围总是有限的，这个属性似乎不会改变。

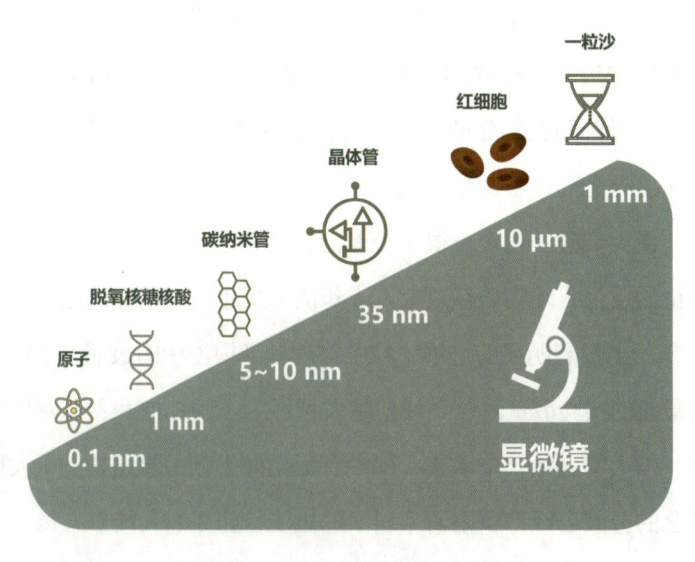

图 25.3　人类观测范围的变化情况

因此，如果我们定义世界是人类可以观测到的最大时空，那么世界总是一个有限的时空系统，在世界范围之内的所有系统都是有限的。而宇宙则超出人类的观测能力之外。宇宙的空间是否有界是一个无法通过现有的科学方法回答的问题。凡是暂时无法用科学观测手段验证的问题，我们都称之为哲学问题。

从哲学这样一个思想科学的角度来说，认识是不断发展的。我们出生在时空的某一个点，扮演着无尽时空中短暂的一瞬间。有些人倾其一生追求人生的价值，追求自然的真谛；有些人倾其一生追求名利。不管怎样，存在即有其合理性。每个事物都是宇宙时空的一部分，唯有通过科学的验证才得以分辨，正所谓时空无尽，思考长存。但对于哲学问题来说，我们一般有两种方式加以对待。

- 不予回答，因为它们在很多情况下与我们的生活无关。
- 如果必须回答，则答案本质上是个选择问题，无论选什么答案，别人都是无法证伪的，只能表明选择者的信仰。

宇宙时空究竟是有限的还是无限的，古往今来有过很多的猜想和理论。从亚里士多德的地心说到哥白尼的日心说，再到今天的宇宙大爆炸模型（如图25.4所示）[11]，人们大多选择了有限的宇宙观，而佛教创始人释迦牟尼是轴心时代最明确选择了无限的宇宙观的人，现在的科学界也有一些人提出了无限宇宙的模型。[12—14]

针对有限系统建立科学理论已经隐含了爱因斯坦所说的局域性，基于局限性假设所推导的系统控制方程，发现了不遵守局域性特性的量子纠缠。我们认为量子纠缠本质上是生命体之间的心识纠缠，它也有局域性，只是与无生命体之间的局域性不同而已。

我们感觉，佛教的无限宇宙模型既可以绕开宇宙起源这个无法回答的难题，也可以兼容宇宙大爆炸理论的所有观测结果。它还具有将其他几个科学中存在的模型，如无限宇宙模型、循环宇宙模型和多宇宙模型等，实现统一的特性。因此，我们把这个观点上升为一个公理。

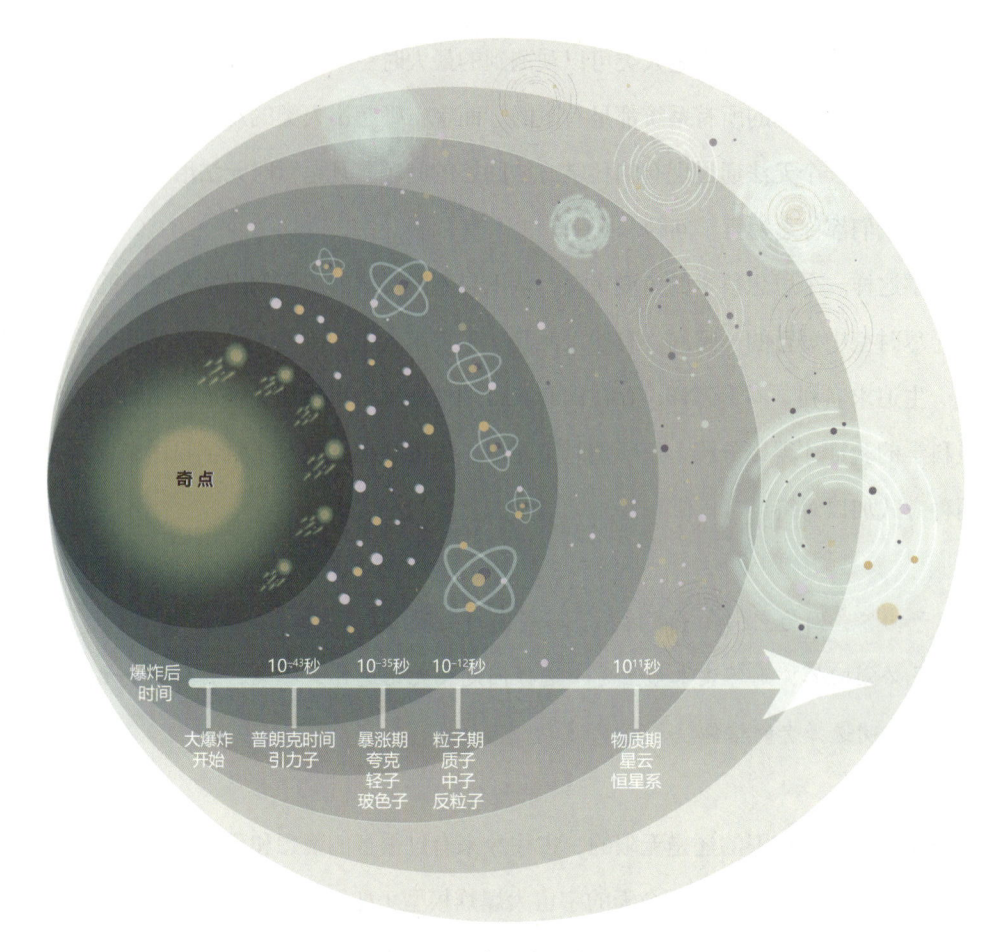

图 25.4　宇宙大爆炸模型

公理 25.1: 无限宇宙和有限世界公理

宇宙无边无际、无始无终，世界有边有际、有始有终，宇宙由无限多个世界构成。[15—16]

在前文的科学定义中，我们特别强调了科学只能研究有限时空这个局限性。科学研究本质上是"坐井观天"，其所采用的观测方法则是"盲人摸象"。

如果我们相信，所有的相互作用都是随着距离的增大而逐渐衰减的，这个特性就是爱因斯坦所强调的"局域性"。[17] 那么，当我们研究的系统足够小，保留的环境足够大且环境以外的物体对于系统行为的影响可以忽略时，我们就有可能找出系统内一些物体运动变化的规律。我们可采用图 25.5 的科学研究模型原理进行探索。在找到规律之前，我们从认识论的角度，已经选择了相信：世界的运行是有规律的，这个规律是可以被人类认识的，人类利用这个规律是可以预测未来的。

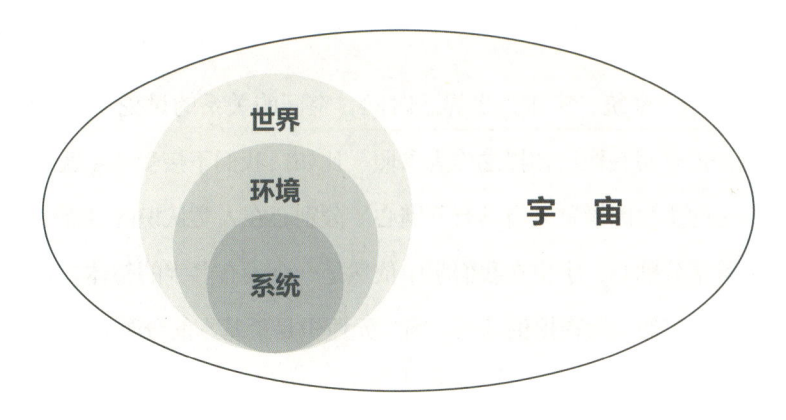

图 25.5　科学研究模型的原理示意图

科学研究立足的基本假设如图 25.6 所示，图中归纳了科学研究方法的局限性。通过对未来要发生事件进行预报，如同天气预报或灾难预警一样，人类可以更好地做出应对准备，降低风险。

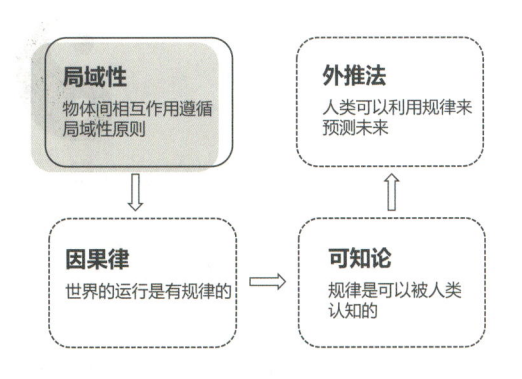

图 25.6　科学研究立足的基本假设

比如说，如果能够准确预报台风、地震、火山喷发等灾害，我们就可以减少人员伤亡及财产损失。然而，2022 年 1 月 14 日发生的南太平洋岛国汤加一座海底火山喷发就未能得到及时预报，这也表明现代科学还有很大的进步空间。

根据科学研究方法的局限性，我们意识到了人类对世界运行规律认知的局限性，这也可以用一个公理来表示。

公理 25.2: 有限能力公理

由于宇宙时空的无限性、人类寿命和所观测空间的有限性，人类不可能认识整个宇宙，对于世界的认知能力也是有限的。[18]

从前文关于科学、系统、宇宙、世界、时间、空间的关系的讨论中，我们还可以知道，要定义一个概念，需要将其他已知概念作为参照。比如，我们不接受"A 就是 A"这样的定义形式。概念产生的主要因素是人类具有分别心。分别心在人类认识的过程中起到了重要作用，如果我们消除了分别心，宇宙在我们眼中依然是一个没有名字的整体。如果我们要给一个物体命名，需要相应的参照物提供基准，而二元逻辑是最基本的分类方法。图 25.7 给出了《道德经》中所说的万物产生过程。

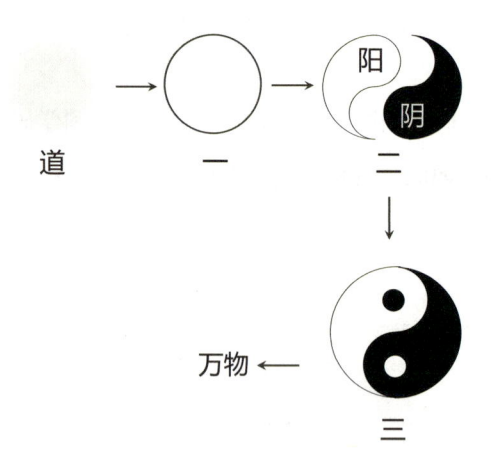

图 25.7 《道德经》中的万物产生过程

如果我们把宇宙的本体称为道，那么这个道究竟是否存在就很难说，因为"道可道，非常道"。东方哲学常常用成对的概念来描述事物，例如六祖慧能在《坛经》中告诉他的弟子们，今后说法时要"出语尽双"。东方哲学选择用"本质是无（或空），现象是有"来回答宇宙本体这一哲学问题，这样就统一了两种不同的观点，而西方哲学则喜欢把这两个概念对立起来，即要么是有，要么是无，两者不允许混淆。这是东西方哲学的一个显著区别。如果要描述有，我们可以用阴阳这一对概念来划分属性。两种不同属性的物体结合时会产生新的事物，就像男人与女人结合会生出孩子一样，这一原理正是万物生成的根源。西方的复杂系统理论把这种性质称为涌现。

万物都是分别产生的。如把宇宙分为人类和自然，再把人类按照地域划分，这种划分可以基于不同的国家和地区，或依据不同民族来划分，一直划分到不可再分的每一个人为止。现在，我们已经习惯于在每个人一出生时就为其取一个名字，然后办理身份证件，用于区别于其他人。对于自然，我们也可以根据观察到的情况，将其分成土地、矿物、空气、水、植物、动物等，甚至给每个物体——大如星球或小如粒子——如分子、原子、电子、质子、中子、夸克等单独命名。尽管望远镜视野之外的星球我们目前还没有看到，但几乎所有人都相信，宇宙中存在着众多未知星球。

然而，在现代物理学中，对于6种夸克（上、下、粲、奇异、顶和底夸克），6种轻子（电子、缈子、陶子、电中微子、缈中微子和陶中微子）和4种玻色子（光子、胶子、W粒子和Z^0粒子），以及被称作"上帝粒子"的希格斯玻色子之外是否还有更小的粒子，目前科技界有两种不同的观点。一种是相信没有，他们认为这些就是不可再分的基本粒子；而另一种是相信有，研究者认为随着技术的进步，这些粒子还可能再分成更小的粒子。在这两派之间，我们选择开放的态度，即这些粒子仍然是可以再分的。即使可以再分，人类能够观测到的粒子总是具有有限的体积和质量的，而不是无限小的。

另外，即使我们在相当长的一段时间内对这些粒子无法再分，也不能排除宇宙中还有很多我们没有观察到的其他粒子。这里，我们引入"以太"来表达这个观念。

释义 25.1: 以太

我们把人类还没有观测到的微小粒子的集合称为以太，它是物质的本质属性。

释义中以太的概念是我们重新定义的。这个概念曾在电磁波理论中使用过，但没有明确的定义，导致人们对它的属性有不同的猜测，于是爱因斯坦就把它删除了。但从本体论完备性的角度来说，承认有非物质的心识，同时需要有物质属性的以太存在。

基于定义一个概念时通常需要有至少一个其他概念作为对比的现象，我们也可以根据逻辑归纳法提出如下公理，作为一切知识的基础。

> **公理 25.3：同时相对性公理**
>
> 不存在独立于人类视见的存在。人类能够描述的每一种存在都是相对存在，因为存在概念本身就依赖于其他概念，至少是它的对立面或互补（如不存在）。[19]

根据这个公理，我们应用逻辑的演绎法，马上可以得出一个有趣的结论。

如果一本字典对它的每个概念都给出解释，则这本字典一定是在逻辑上形成自循环的。或者，这本字典把一些基本概念作为约定俗成的概念不予解释，这个结论也可以看作哥德尔不完备性定理的应用。[20] 如果把不包含逻辑自循环的理论称为自洽，则任何语言想要实现自洽都不能完备，即必须保留几个不予定义的概念或永远保留定义新概念的空间。对于任何一个科学理论也是如此，它们总需要引入几个不予证明的基本假设作为公理。这是科学语言的特征。逻辑自洽和完备性是一对不能同时具备的属性。想要自洽必须放弃完备，想要完备必须放弃自洽。在 20 世纪 30 年代，爱因斯坦与玻尔曾就量子力学究竟是不是一个完备的理论争论得不可开交。

我们的结论是，所有的科学理论都不可能是完备的。

3. 广义不确定性

同时相对性公理本身是从有限的观察中推广得出的，但也是由二元逻辑是最基本的逻辑系统这样一个事实所决定的。根据这个公理，我们可以得出所有的一元论哲学观点（如上帝创造世界的有神论、世界的本质是物质的唯物论和世界的本质是意识的唯心论）都可能与这个公理冲突。如果要回答宇宙是否存在这个问题，我们可以从哲学的角度用"本质是无（或空），现象是有"这一对概念来回答，这样就有可能避开违背这个公理的陷阱。印度的佛教（真空妙有）和中国的《道德经》（无中生有）就选择了这个技巧，而西方的主流哲学和宗教似乎都没有意识到这一点。[21]

如果问宇宙中有什么，古人曾经有很多猜测和理论，见前文第二篇。从主体上来说，西方的宇宙模型起源于古希腊哲学，认为宇宙是有限的。东方哲学中佛教的宇宙学说，特别强调了宇宙是无限的而世界是有限的这个属性。随着观测范围的扩大，西方哲学的宇宙模型不断改变，从地心说到日心说，再到现在的宇宙大爆炸理论，而佛教的宇宙模型几乎没有改变过。这两种观点之间还有一个根本区别在于是否意识到所有的概念都是相对的，佛教哲学早就提出了"出语成双"的观点，而西方哲学往往就究竟是"A"还是"不是A"争论不休。

可知论与不可知论的统一

现在，我们可以回答，我们只能知道世界内有什么（可知论），但还不能知道世界之外有什么（不可知论），佛教也经常强调，佛也有一些不愿意回答的问题，这就是佛教著名的"十四无记"。[22] 如果再追问世界中有什么，我们可以根据物体是否具有内部力让其做主动运动来划分生命体和非生命体。在提出运动这个概念时，我们头脑中已经有了静止这个相对概念。有观测结果必须要有观察者，有创造物必须要有创造者，这些都体现了同时相对性公理的核心思想。目前的经典力学和相对论在宏观描述宇宙时选择了可知论，而量子力学在专注于微观世界时选择了不可知论。这就是三个理论在认识论上的差别。但是，我们认为它们都没有抓住要害。

心物必须是二元的

根据同时相对性公理，如果我们要定义物质，必须有非物质的概念。既然被认为是非物质的，那么我们就无法用肉眼进行直接观察。因此，我们把前面在时空定义中提到的心识视为生命的本质属性，它是非物质的存在。这样，我们就很自然地为笛卡儿提出的身心难题提供了一个二元论的回答[23]。尽管笛卡儿也主张二元论，但对为什么是二元论没有解释清楚，使得其观点没有被当时的主流科学界和哲学界所接受。值得注意的是，关于物质与心识的二元论与一元论并非完全冲突的。在回答宇宙的本质是有还是无时，选择有或者无，这是一元论。而这里的二元论则是在选择了有的态度之后，再来回答有什么的选择。一元论和二元论是在两个不同层级上的问题，为了清晰地理解二者的关系我们可以借用《道德经》中的概念，一元论可以看作在"道生一"的层级上，强调事物的统一性，而二元论则是在"一生二"的层级上，强调事物之间的区别和对立。

一元论导致本体论不完备

在近代西方哲学的发展历程中，唯物主义和唯心主义两大阵营一直处于相互对立和激烈争论的状态。大部分科学家基本上选择了唯物主义作为自己的哲学基础。但本体论一直处于不完备的状态（见图 25.8），且如今关于此的讨论仍在继续。牛顿力学无法解释力的来源，继续保留了上帝和以太的概念。麦克斯韦基于物质属性的以太场统一了电力和磁力。普朗克和爱因斯坦改变了经典力学中能量是物质的一种属性的观点，提出了能量以离散的量子形式存在，并把能量作为一种与物质并列的独立存在，实际上这已经过渡到二元论的立场上了。然后，在相对论中，爱因斯坦进一步发展了场的概念，并通过场概念和时间空间概念的物质化替代了以太的作用，量子力学也接受了能量的独立存在和场的物质化。但还是不能解释为何宇宙会加速膨胀，为此我们又分别引入了暗物质和暗能量来修补相对论。即使有了物质和能量这个基本的二元模型，有关信息的现象也很难解释清楚。因此，在 20 世纪 90 年代，有人提出了信息也是一种宇宙中的独立存在，并构建了信息 – 能量 – 物质的三元模型。[24—25] 这

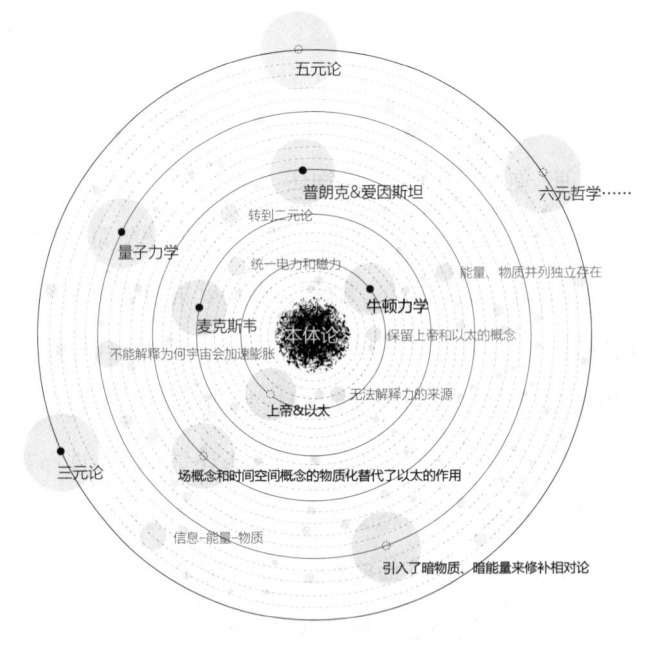

图 25.8 不完备的本体论

注：中心不完整的黑球为不完备的本体论，以其为核心发展的观点和学说层层发散，黑色虚线为发展中，黑色实线为具备一定影响力的发展成果，这些观点和结论都由蓝色透明圆表示。圆心由实心黑点定位的是著名学说、理论、人物；圆心由空心白点定位的是影响力较弱的观点，蓝色字体表示发展过程中遇到的问题和发现。

样，基于唯物主义一元论哲学而发展起来的现代科学为了解释观测到的现象，目前已经拓展到了五元，按照这个逻辑，还可能存在暗信息。难道我们真需要六元的哲学才能解释所有观察到的现象吗？这六元之间真的相互独立吗？这些都是科学界现在遇到的问题。根据同时相对性公理，我们认为二元论哲学就足够了。

几种本体论模型的比较

图 25.9 是几种不同的世界本质模型。（a）唯物主义，认为世界统一于物质，但其无法回答第一推动力的问题；（b）唯心主义，认为精神（意识、观念）是世界的本原，但它无法解释巧妇可以为无米之炊的悖论；（c）虽然基督教讨论了上帝和物质，但与历史记录不符；（d）信息–能量–物质三元模型，试图将三者作为宇宙的基本要素，但三者之间是否独立无法证明；（e）拓展宇宙大爆炸模型，即为信息–能量–物质–暗信息–暗能量–暗物质的六元模型，但六者之间是否独立值得怀疑；（f）心识–以太模型，主张心识和以太构成基本要素，这一模型逻辑上自洽，理论上开放，可以兼容现有的所有观察结果。

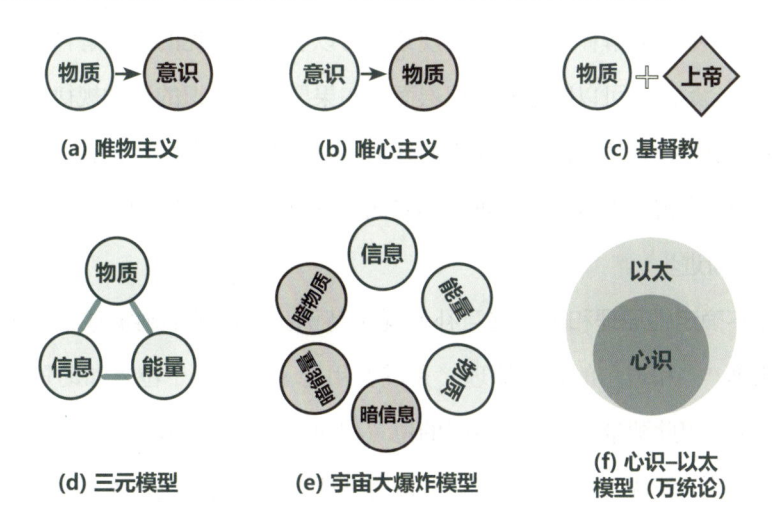

图 25.9 几种不同的世界本质模型

根据同时相对性公理、无限宇宙公理和有限能力公理，我们尝试推导出一个广义不确定性原理。

公理 25.4: 广义不确定性原理

如果一个人想清楚地知道某件事，他需要将所有的不确定性归因于其他事物，例如该事物的互补。[26]

证明：每个物体都处于宇宙这个大网之中，宇宙中的其他物体都对这个物体产生影响。如果我们把可以测量物体之外所有物体的影响归结到某个概念之上，或者忽略这个影响，则我们就可以认为了解了关于这个物体的知识。因此，任何关于某个物体或系统的知识都隐含着这种由忽略其他物体影响所带来的不确定性。这个不确定性是我们真正无法知道的不确定性。所以，我们把这个原理称为广义不确定性原理。

利用广义不确定性原理可以找出每个理论的不确定性的隐藏之处。如果用这个广义不确定性原理来检验现有的宗教、哲学和科学理论，它们似乎都符合这个原则，我们还没有找到反例。我们撰写本书的一个目的也是希望用这个公理来寻找每个理论的不确定性的隐藏之处，比如基督教中的上帝、唯物论中的基本粒子、唯心论中的意识等。在我们提出的万统论中，以太、心识和宇宙是最终不确定性的藏身之处。比如说，我们要探究世界的起源，可以假设宇宙本来就存在；如果要解释可见物体的现象，可以引入不可见的场来解释；如果要解释场内的物质为什么会运动，可以归结到心识层面；如果要了解心识的运动规律，则需要了解其与禅定的关系。通过禅定达到的最高境界的开悟可以帮助我们全面认识我们居住的世界，但还是无法了解整个宇宙。用这样步进推理的方法，可以让知识不断增多，认识更加深入，并推动科学技术不断进步。[27]

海森伯的不确定性原理和玻尔的互补原理是特例。从广义不确定性原理来看，海森伯的不确定性原理[28—29]和玻尔的互补原理[30]是其在用光子测量量子位置和动量这个具体问题上的应用。如果采用此测量方法，则量子的位置和动量很难同时被测准。如果因为现在的测量手段存在局限性，就认为它今后也不可能测得准或者量子的轨迹根本不存在，这显然是一种缺乏经验依据的猜测。但如果随着技术的发展，改用其他测量方法，则有可能测得更加准确。这个测量误差在宏观粒子轨迹测量系统中也存在，只是影响比较小，可以忽略而已。最近，有人已经测量到了量子轨迹，部分地证明了这个猜想。[31]所以，如果用广义不确定性原理替代海森伯的不确定性原理，有望消除宏观和微观之间的跳变。

4. 力学的纠偏

基于我们新提出的心身模型[32]，我们会发现经典力学中大多数定理都没有被准确地表达出来。其中一些定理可修正如下。[33]

牛顿第一定律的原始版本：任何物体在所受外力相互抵消时，该物体要么保持静止，要么继续做匀速直线运动。

牛顿第一定律的修订版：没有生命的物体在所受外力相互抵消时，要么保持静止，要么继续以恒定速度直线运动，除非它受到外力的作用。有生命的物体可以在自己的内力作用下做任意运动。

牛顿第二定律的原始版本：物体的动量随时间的变化率与所施加的净力成正比，并与外力同方向。或者，对于质量恒定的物体，物体上的净力等于该物体的质量乘以加速度。

牛顿第二定律的修订版：对于质量恒定的无生命物体，物体的动量随时间的变化率与施加的净力成正比，或者物体上的净力等于物体的质量乘以加速度。对于有生命的物体，受力分析中还需要考虑心识和身体相互作用产生的意念力（内力）。

牛顿第三定律的原始版本：当一个物体对第二个物体施加力时，第二个物体对第一个物体施加的力大小相等，方向相反。

牛顿第三定律似乎对无生命的物体和有生命的物体都有效，所以不需要修改。

万有引力定律的原始版本：宇宙中的每一个物体都会受到一个力的吸引，这个力与物体质量的乘积成正比，与物体之间距离的平方成反比。

万有引力定律的修订版：世界上的每一个物体都会吸引其他物体。任意两个物体之间的引力大小与物体质量的乘积成正比，与物体之间距离的平方成反比。对于一个有生命的物体，它自身可以产生抵抗或加强其他物体对它吸引力的主动力。

热力学第一定律（能量守恒定律）的原始版本：能量既不能被创造也不能被消灭；能量只能在各部分物质之间进行传递，或者从一种形态转移或改变为另一种形态（见图25.10）。

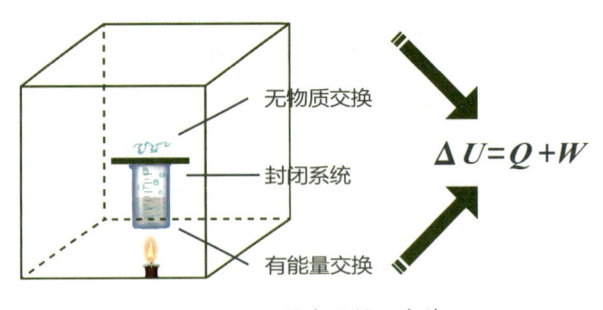

图 25.10　热力学第一定律

热力学第一定律的修订版：对于给定的恒定质量的无生命物体，其能量在任何物理或化学过程中都是守恒的；它的能量只能在无生命的物体之间进行传递，或者从一种形态转换为另一种形态。但对于有生命的物体，内力也可以做功，从而导致系统内的总能量增加，但这部分增加的能量需要其消耗环境中的其他物质来平衡。

生命体可以产生主动力，这种主动力可以通过驱动物体运动来做功，增加系统内物体的能量。在这种情况下，我们可以说生命体可以产生能量，但产生能量的代价究竟是什么？根据我们目前的直观经验，在相同能量的情况下，不同的人付出的代价可能不同。为什么有些人的能量转化效率高，而有些人比较低？人类通过训练能够达到的最高效率大概是多少？这些都是未来需要研究的问题。由于能量是物质的一种属性，而且我们无法测量以太的质量和能量，如果一个物体被分解成以太，我们不能证明质量和能量的守恒，只能根据前面的大粒子分解过程外插推测，继续认为其遵守质量和能量守恒。因此，这条定理必须增加一些条件。此外，由于能量不是独立存在的，它是物质的一种属性，不能说它是在物理或化学过程中产生或被破坏的，而是随着物质的运动和变化，能量也会发生变化，但总能量守恒。而且，不仅能量，质量和动量都应该守恒。通过这三个守恒定律可以确定粒子的轨迹。因此，这条热力学第二定律需要大幅度修改。

热力学第二定律的原始版本：任何孤立系统的熵总是增加的。孤立系统总是向无序随机的热平衡状态演化，即系统的熵最大状态（见图 25.11）。

热力学第二定律的修订版：任何没有生命体的孤立系统的熵总是增加的。也就是说，

没有生命体的孤立系统会自发地向热平衡状态演化，即系统的熵最大状态。

热力学第二定律只适用于没有生命的物体，而对生命体来说，这一定律是无效的。为了解决这个问题，一些人对有生命体的系统引入了负熵。在修订版本中，可能不需要负熵的概念，当然，这只是一个猜测，还需要更深入的研究来确认。同时，如何计算生命体的熵也是一个具有挑战性的问题。我们认为，本质上只要利用质量、动量和能量守恒这三个定律，就可以解决问题。[34]

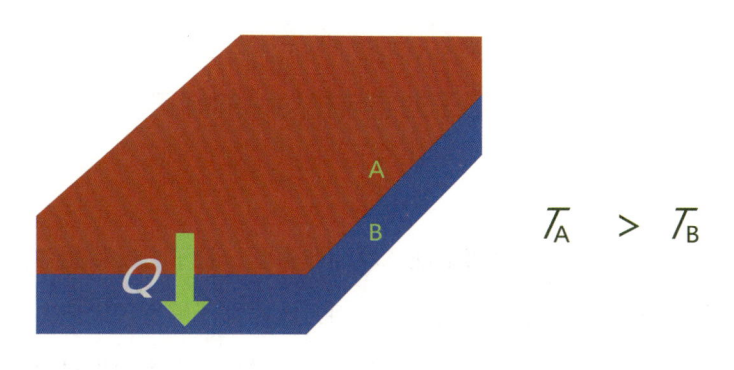

图 25.11　热力学第二定律

热力学第三定律的原始版本：当温度接近绝对零度时，系统的熵趋于零（见图 25.12）。

热力学第三定律的修订版：当温度接近绝对零度时，孤立系统的熵接近一个恒定值。而我们实际所针对的系统本质上都是开放系统，因此，绝对零度就像绝对静止、绝对真空、惯性参考系一样是一种理想状态，实际上是不存在的。

由于绝对零度只是人类的一个假设，在实验室中永远无法达到，因此我们将其视为一个定义或公理，而不是一个已被证明的定理。此外，对于开放系统，其温度很难降至绝对零度，因此将其限制在孤立系统中更为合理。绝对零度和孤立系统都是存在于人脑中的抽象概念，而不是真实的物理存在。

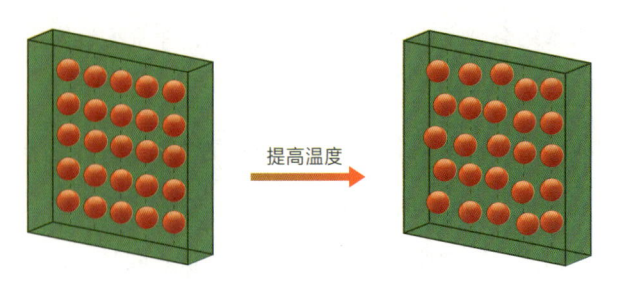

图 25.12　热力学第三定律

5. 量子力学与相对论的修正

从上一节的介绍中，读者可以清楚地了解经典力学、量子力学和相对论中存在的一些基本假设与实际应用场景存在不一致的情况。而万统论则能够发现经典力学相关定理中存在的问题并进行修正。本节将在万统论的视角下，探讨量子力学和相对论的基本假设中存在的问题。

量子力学的问题

如果应用万统论来审视量子力学的三个基本假设，我们会发现其中存在不少问题。由于经典力学难以解释异常的原子和分子稳定性、异常的低原子和分子比热、紫外灾难以及波粒二象性这四种现象，量子力学诞生了。通过对一些简单实验的研究，人们提出了如下的量子力学基本原理，它们可以被看作量子力学的基本假设。[35]

第一个原理"狄拉克的剃刀"是由英国量子物理学家狄拉克在 20 世纪 20 年代提出的[36]，目的是避开诸如"一个系统如何能突然从一种状态跳到另一种状态"或者"系统如何决定跳转到哪个状态"之类的棘手问题。在图 25.13 中我们可以看到，在"狄拉克的剃刀"中，量子力学仅在物理学范畴解释有关量子力学实验产生的实验结果。这当然是夸大其词。量子力学的能力被随意限制，这与其他理论有很大不同。

第二个原理"态叠加原理"是量子力学数学公式的基础。态叠加原理更明确了只有

在给定状态或条件下，微观系统才可被视为叠加状态且有无数种叠加方式（如图 25.13 所示）。但这是没有必要的。众所周知，线性是一种特殊或理想的情况，而非线性则更为普遍。这意味着在真实的物理系统中，控制方程不一定是线性的，态叠加原理也不一定成立，因此，在线性或复杂系统中应用量子力学原理时，仍存在一些模糊和需要进一步研究的领域。我们需要扩展它，以便预测在特定类型的观测之后一个系统会跳转到哪些可能的状态，以及系统进行特定跳转的概率。这取决于当前的测量方法。而系统的任何测量都是由操作员使用设备进行的。显然，测量过程中的所有因素，例如测量方法、设备、操作员如何操作设备以及操作员如何解读测量结果，都会影响最终的测量结果。系统的性能也可能受到该测量过程中的影响或干扰。宏观系统和微观系统之间没有本质上的差异，只有定量上的差异，也就是说测量过程对宏观系统性能的影响可以忽略，而在当前技术条件下，测量过程对微观系统性能的影响可能是显著的。[37] 奥地利物理学家薛定谔曾就态叠加原理和不确定性原理提出过著名量子力学思想实验：薛定谔的猫。

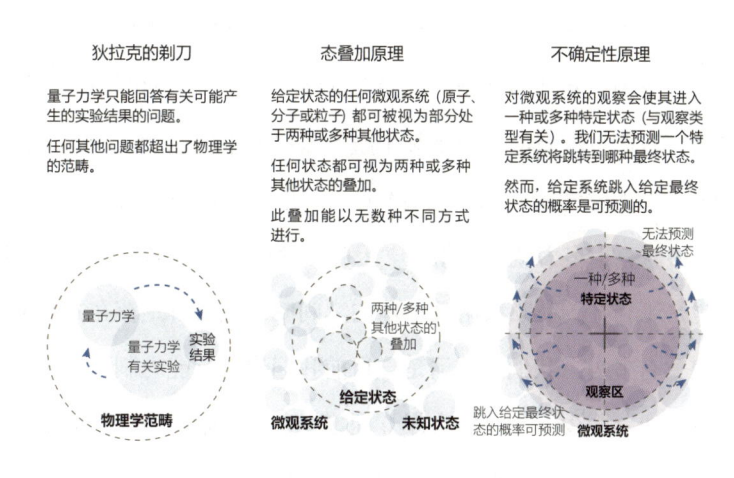

图 25.13　量子力学的三个原理

注："态叠加原理"中蓝色圆表示不同的状态，"不确定性原理"中蓝色小箭头表示很多种最终状态发生的可能，蓝色圆表示不确定的不同的状态，紫色圆框表示特定状态及观察区。

相对论的问题

如果应用万统论来审视相对论的基本假设，我们会发现其中存在不少问题。我们以狭义相对论的两个基本假设[38-39]为例子来讨论。

1. 在所有惯性参考系中，所有物理定律都是相同的，即具有相同的数学表达式。
2. 在所有惯性参考系中，真空中的光速相同（约为 $3×10^8$m/s），无论观察者或光源的运动如何。

采用了狭义相对论的两个基本假设后引发的后果[40]：

1. 相对论中没有绝对长度或绝对时间。
2. 时间间隔（或长度）测量取决于进行测量的参考框架。

首先，这些都与经典概念认知完全不同。现在我们知道[41]，作为观察者的我们，以及我们使用的观测仪器，必须由某个星球或航行器来承载，我们才可以测量其他物体相对于我们的运动，但在这个体系中，我们无法知道承载我们的星球或航行器是如何运动的。如果承载我们的星球也在自转或围绕其他星球旋转，如地球就是一个典型的例子，则任何大地坐标系都不是惯性参考系，我们也没有能力控制某个航行器只做平移运动。因此，真正的惯性参考系，即匀速运动的小球的参考系（如图 25.14 所示）是不存在的。当我们将这个基本假设应用到非惯性参考系中时，很多力就被忽略了。因此，使用这个基本假设会带来测量误差。

其次，真空也是不存在的。从太阳到地球的空间中，空气肯定存在，其他未被直接观测到的粒子和物体究竟有多少，我们并不清楚。目前我们也没有能力制造一个真空的箱子，把各种微小粒子都抽干净。至少对于宇宙大爆炸理论中预测的暗物质和暗能量，我们还没有有效的方法把它们从一个封闭容器中抽出来。因此，我们无法测量真空中的光速。如果不是真空，光子在传播过程中不断地与其他粒子发生碰撞，其速度究竟有多大损失我们也无法了解。所以，把一个充满暗物质和暗能量的空间称为真空或者当作真空来对待，与真实情况有很大差别。

由于狭义相对论的两个基本假设都存在问题，就容易推导出比较荒唐的结论。运动的长度和时间会随着坐标系的运动速度发生改变，这是因为光不管在什么介质中都要保持常速

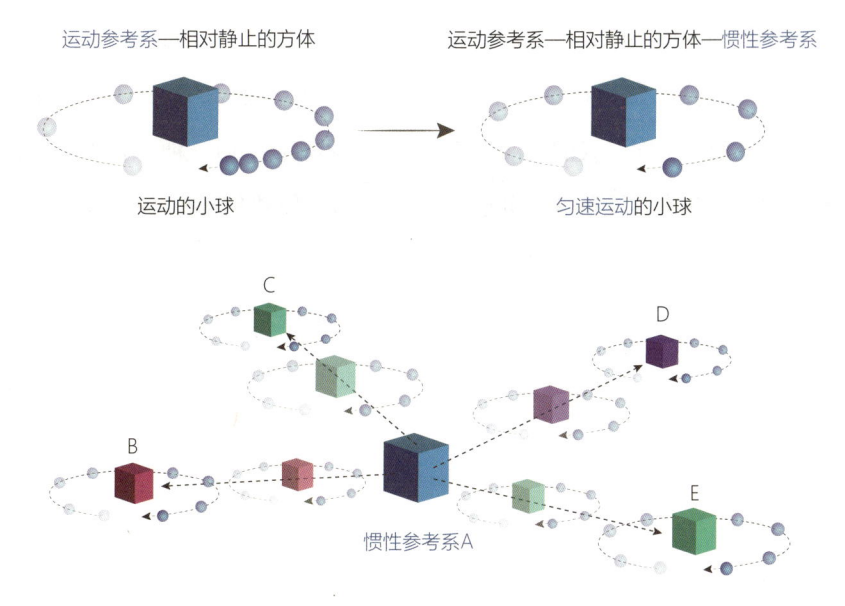

图 25.14 惯性参考系

注：B、C、D、E 参考系以 A 为参考系，若 A 做匀速直线运动，则 B、C、D、E 也是惯性参考系。

的运动，我们只好改变距离和时间的度量方式来满足这个结果。实际上，时间和长度的度量是我们人类约定的，只有与坐标系没有关系，它们才有相互比较的意义。过去，时间和长度的测量装置容易受到环境参数改变的影响，因而我们不断地改进测量装置，让这种影响变小。为了比较两个物体的运动，我们必须确保时间的同步性。如果我们换一种假设，即任何基本物理量都不随坐标系的运动而发生改变。[42—43] 那么，依据大地坐标系来描述其他任何物体相对于我们的运动时，物理规律的数学表达形式即便在不同的坐标系中发生一些改变也没有问题，只要它们背后的基本物理意义，如质量守恒、动量守恒或能量守恒没有改变就可以。

基于我们的大量直观观察和实验数据，经典力学通常将大地坐标系当作一个绝对静止的坐标系，以描述其他物体相对于观察者的运动；在这种相对运动中，其他坐标系如果有旋转运动，经典力学也可以分析，但地球本身的运动对整个系统描述的影响必须忽略。与经典力学不同，量子力学和相对论都采用一组无法验证的基本假设，通过"否定的否定即肯定"的辩证法思维来解释一些现象，或通过插值法计算来预报一些现象。但这牺牲了我们对基本概念的理解。所以，有人形容量子力学教授面对学生对于背后原理的提问时，总是回答，"不要问，只管按我给你的公式计算即可"。[44]

那么，在不同的坐标系中，究竟保持基本物理量，如质量、长度、时间等不变，而让物理定律的形式发生改变（伽利略变换），还是为了保持物理定律的形式不变，让基本物理量发生改变（洛伦兹变换）呢？我们觉得，前一种选择明显优于后一种。菲普斯[45]和萨托[46]也持这种观点。只有把基本假设和基本概念先统一，才有可能把不同的理论进行统一。

第 26 章

融合的进展

本章重点介绍西方科学家从还原论走向整体论过程中所做出的努力。科学家们引入了不同的假设和不同的概念,并在此基础上建立了各种不同的理论。科学的融合虽经历了复杂性数学、系统论、控制论和人工智能等并形成了复杂系统论,但其还原论的色彩仍然很重。若要将已有理论进行整合,需从本体论模型和基本概念入手,这样就很自然地引出了我们的万统论的思路。

诺贝尔奖。2021 年诺贝尔物理学奖颁发给了三位物理学家,以表彰他们"对我们理解复杂物理系统的开创性贡献"。其中两位是真锅淑郎和克劳斯·哈塞尔曼,他们提出"对地球气候进行物理建模",量化其可变性并可靠地预测全球变暖;剩下一位是乔治·帕里西,因为他"发现了从原子到行星尺度的物理系统内的无序和波动的相互作用"。这说明了复杂系统理论的重要性。三位诺贝尔奖得主照片如图 26.1 所示。在那之后,布赖恩·卡斯特拉尼和拉斯·格里茨将所有复杂系统的理论绘制成一张科学地图[1],如图 25.2 所示。他们将这些理论分为五类,本章将简要地介绍每一类的基本情况。

真锅淑郎
1931年至今

克劳斯·哈塞尔曼
1931年至今

乔治·帕里西
1948年至今

图 26.1　三位 2021 年诺贝尔物理学奖得主

1. 科学与数学

科学起源于数学，数学早于科学产生。2 000 多年前，四大文明古国和古希腊便已存在数学。公元前 300 年前后，古希腊数学蓬勃发展，产生了真正成体系的欧几里得几何。随着数学的蓬勃发展，科学的萌芽产生了，但在 14 世纪至 16 世纪欧洲发生的思想文化运动后，伽利略等人努力制定了科学研究的规范，才使真正意义上的科学得以产生。用我们今天定义，科学只有 400 多年的历史，而数学却有几千年的历史。数学的进步是科学诞生的重要土壤。这一章主要介绍科学与数学的关系。

数学是一种语言

生命体之间的交流需要催生了语言。人类为了更好地沟通交流，发明了语言文字，然后用语言文字来描述所观察到的现象，希望从众多的现象中找出一些规律，进而通过这些规律，对未来即将发生的事情做出预报，并根据这个预报做出相应的准备或应对措施，从而降低风险，由此，科学应运而生。过去，人们认为人类是宇宙中最有智慧的生物，具有无穷的潜力，可以揭示宇宙运行的所有规律。所以，在历史上有不少人号称自己"无所不知，无所不晓"。但经过历史的检验，最后证明这些"万能的人"都没有达到预期。随着人类的理性思维不断发展，人们也越来越意识到自己的渺小和宇宙的广阔。因此，人们对科学理论的要求越来越高，凡是不满足科学标准的理论都被视为伪科学。

人类的语言可以按照是否精确分为两种：一种是自然语言，用于定性描述；一种是数学语言，用于定量描述。前者偏重于正确性，后者偏重于精确性，图 26.2 对两者各自的特征进行了比较。定量描述需要用到实数，其本质上是为了精确描述而产生的，但如前所述，完备和一致是矛盾的，要一致就要放弃完备，要完备就要放弃一致。在实数的描述方面，人类选择了完备性，因此出现了三个特殊的数字（后面会略做介绍）。在用到这三个特殊的数字时必须十分小心，因为很多悖论就隐含其中。在科学理论方面，我们应该选择一致而放弃完备。

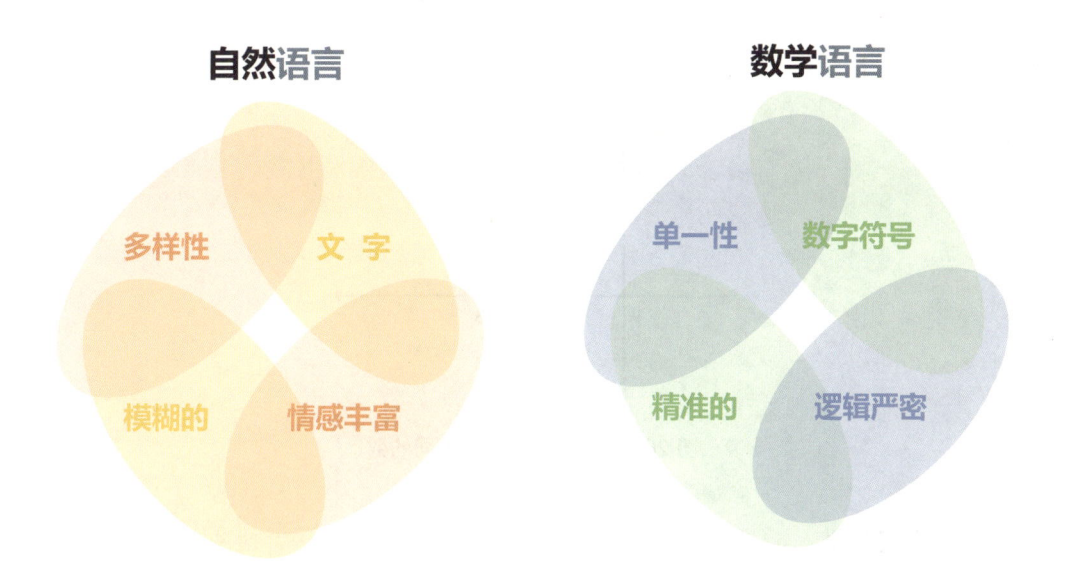

图 26.2　自然语言和数学语言的比较

0 的特殊性

在数学中，自然数是用于计数和排序的数字，它是离散的。其中表示事物个数的数是"基数"，表示次序的数是"序数"。自然数中有一个特殊的数，就是 0。0 是在 1 之前的整数。它与其他自然数的性质略有不同，其他数的含义都是确定的，如 1、2、3 等，而 0 这个数包含不确定性。0 既不是正的，也不是负的，或同时是正的和负的。在大多数文化中，0 是在负数出现之前被识别出来的。0 在加、减、乘、除和指数运算中都有一些特殊的性质。[2]

实数

在数学中，实数是一个连续量的值，可以用来表示直线距离。17 世纪，勒内·笛卡儿引入了形容词 real [3]，它区分了多项式的实根和虚根。实数包括所有有理数，例如整数 –5 和分数 4/3，以及所有无理数，例如 $\sqrt{2}$。无理数中包括超越数，如 e、π。除了表示距离外，实数还可以用来表示时间、质量、能量、速度等。实数集用符号 R 或 $\Re$ 表示。[4] 图 26.3 显示了实数轴中各种不同的数。

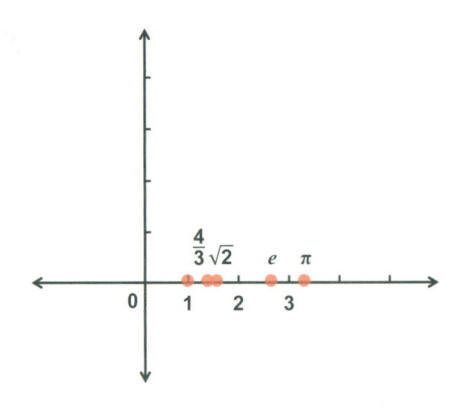

图 26.3　实数轴中各种不同的数

无穷大与无穷小

　　无穷小亦称无穷小量，是一个比任何标准实数都更接近零的量，但它不是零。无穷小的概念最早是由埃利亚学派讨论的。古希腊数学家阿基米德在《关于力学定理和方法》一书中首次提出了逻辑上严格的无穷小定义。英国数学家约翰·沃利斯在他 1655 年的著作《圆锥曲线论》中介绍了表达式 $1/\infty$，表示 ∞ 的倒数，可用无穷小概念符号表示。符号 ∞ 后来被大家称为无穷大。在实数中，无穷大 ∞ 和无穷小 ε 是两个特殊的数字，与其他实数的确定性不同，这两个数字代表了很多的不确定性。任何运算若涉及这两个符号任意一个都必须引起高度重视。很多悖论都是由于对 0、∞ 和 ε 这三个特殊数的不当应用产生的。[5] 图 26.4 显示了这三个特殊数的特殊性。

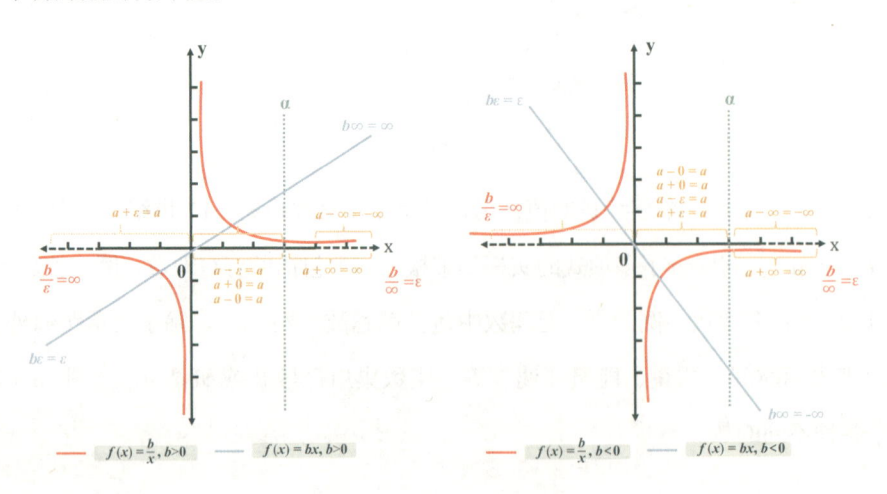

图 26.4　三个特殊的数

既然数是人类发明的一种语言，它已经存在，究竟把它定义为客观的还是主观的取决于我们要处理的问题，这个不是本质的问题。

复杂性数学

复杂性数学是指所有与复杂性有关的数学理论。它们包括动力系统理论、图论、进化博弈论、分形几何、非线性系统、混沌理论、模糊逻辑、鲁棒控制理论、复杂系统的物理学、复杂系统中的层次结构等。在本节中，我们将简要介绍几个具有代表性的理论和几位重要的贡献者。

典型复杂性数学

实数动力系统理论。该理论也称非线性动力学，主要由用于分析微分方程和迭代映射的方法构成。[6]这一种理论借鉴了分析、几何学和拓扑学——这些领域又起源于牛顿力学——因此也许应该被视为科学中的自然发展，而不是一些科普中所介绍的科学革命或范式转变。一个给定的确定性动力系统可以被证明具有混沌（或稳定）解的事实并不一定意味着该系统所描述的现象也有同样的行为。这将取决于数学模型的质量。

实数图论。该理论是对图的研究。图是用来模拟对象之间成对关系的数学结构。在这种情况下，图形由顶点（也称为节点或点）组成，这些顶点由边（也称为连接或线）连接。图可以划分为无向图和有向图，前者边对称地连接两个顶点，后者边不对称地连接两个顶点。图是离散数学的主要研究对象之一。

分形。在数学中，分形是一类通常具有"分数维"的复杂几何形状。其中"分数维"是数学家费利克斯·豪斯多夫在 1918 年首次提出的概念。[7]不同于古典几何或欧几里得几何的简单图形——正方形、圆形等，分形能够描述许多形状不规则的物体或自然界中的空间不均匀现象，如海岸线和山脉。"分形"一词源于拉丁语 fractus，由出生于波兰的法裔美国数学家 B. B. 曼德尔布罗特（1924—2010 年）提出，他还发展了自然界的"粗糙和自相似"理论，因此被认为是"分形之父"。对他而言，分形是一种粗糙或碎片化的几何形状，可以细分为多个部分，每个部分（至少大约）都是整体的缩小副本。

分形图像可以通过计算机分形技术即分形生成程序生成。图 26.5 就是计算机生成的三维

分形图。由于蝴蝶效应，单个变量的微小变化可能会产生不可预测的结果，该图对建筑和植物进行了分形描绘，分形图极具价值的结构和规律之美使它被广泛应用，特别是在艺术设计、影视作品、视觉工程、器械及印刷品制作中。

建筑和植物的结构（计算机生成的三维分形图）

绿植的不同分形图

图 26.5　三维分形图

分形是应用数学中的一个理想工具，用于模拟从物理对象到股市行为的各种现象。自 1975 年引入分形概念以来，应用数学产生了一种新的几何学体系，对物理、化学、生物学等领域产生了重大影响。

混沌理论。这是一门跨学科的科学理论，也算一个数学分支，主要研究动力系统中对初始条件高度敏感的基本模式和确定性规律，该系统被认为具有完全随机的无序和不规则状态。混沌理论指出，在混沌复杂系统的明显随机性中，有潜在的模式、互联性、恒定反馈回路、重复性、自相似性、分形和自组织。图 26.6 所示的蝴蝶效应是混沌理论的一个基本原理，它描述了确定性非线性系统中一种状态的微小变化如何造成系统状态的巨大变化（这意味着该系统对初始条件非常敏感）。关于这种行为的一个比喻是，一只蝴蝶在巴西拍打翅膀，可能会在美国的得克萨斯州引发龙卷风。

图 26.6　洛伦茨奇异吸引子中的蝴蝶效应

初始条件的微小差异，例如由于测量误差或数值计算中的舍入误差而产生的差异，可能会导致动力系统的结果大不相同，因此通常不可能对其进行长期预测。即使这些系统是确定的，这种现象也可能发生。这意味着它们未来的表现遵循独特的规律，完全由它们的初始条件决定，不涉及任何随机因素。换句话说，这些系统的确定性并不能使它们具有可预测性。这种行为被称为确定性混沌，或简称混沌。爱德华·洛伦茨将该理论概括为混沌：

"现在决定未来，但近似的现在并不近似地决定未来。"

混沌行为存在于许多自然系统中，包括流体流动、心跳、天气和气候等。它也会自发地发生在一些带有人工成分的系统中，比如股票市场和道路交通。这种行为可以通过混沌数学模型来分析，或递归图和庞加莱映射等分析技术来研究。混沌理论在许多学科中都有应用，包括气象学、人类学、环境科学、计算机科学、工程学、经济学、生态学和流行病危机管理等。该理论为复杂动力系统、混沌边缘理论和自组装过程等领域研究奠定了基础。

总体特色。复杂系统科学是一门交叉学科,将物理学、计算机科学和数学的研究与信息和通信技术、流行病学、经济学等多个领域的应用联系起来。发现复杂系统的结构和动力学规律是现代科学面临的最大挑战之一。这类系统通常存在不同层次的自组织,每个层次决定下一个层次的行为。复杂系统最重要的特性之一就是,我们不可能根据对其组件特性的了解来预测其整体行为。理解和预测这类系统的行为在社会经济、生物或技术领域都非常重要。复杂系统科学不仅提供了一种回答开放性问题的方法,而且还推广了一种新的语言和概念,有助于解决许多当前的问题或紧迫的问题。

复杂性数学家

朱尔斯·亨利·庞加莱。他是法国数学家、物理学家、天文学家、工程师和科学哲学家,经常被描述为一个博学者,在数学领域被称为"最后的普遍主义者"。动力系统的定性理论来源于庞加莱关于天体力学的著作,更引人注目的是,以周期性扰动摆为例,庞加莱证明了由于同宿轨道的存在,自由度 $n \geq 2$。随后,他开发的方法在其著作中得到了详细描述。作为杰出的数学家和物理学家,他对纯数学和应用数学、数学物理和天体力学做出了许多开创性的贡献。

三体问题是天体力学中的基本力学模型,指三个质量、初始位置和初始速度都是任意的可视为质点的天体,在相互之间万有引力的作用下的运动规律问题。如图 26.7 所示,三个任意天体被视为三个理想模型,通过它们可进行运动规律的探索和研究。庞加莱针对三体问题进行了深入研究,成为第一个发现混沌确定性系统的人,这为现代混沌理论奠定了基础,他也被认为是拓扑学领域的创始人之一。拓扑学是研究几何图形或空间在连续改变形状后还能保持不变的一些性质的学科,它只考虑物体间的位置关系而不考虑它们的形状和大小。如图 26.8 所示,在一个正方体变为圆锥、球体、八面体和四棱锥后,它们还存在一些共同性质吗?再比如,将这 5 个几何体放置于同一桌面上,它们之间的位置关系如何?如果球体一直在滚动,它不停变化的位置对其他几何体有什么影响?假如将这些几何体放在不同维度空间,甚至看作宇宙中不同天体,那么也可以运用拓扑学来展开研究。

图 26.7 三体问题

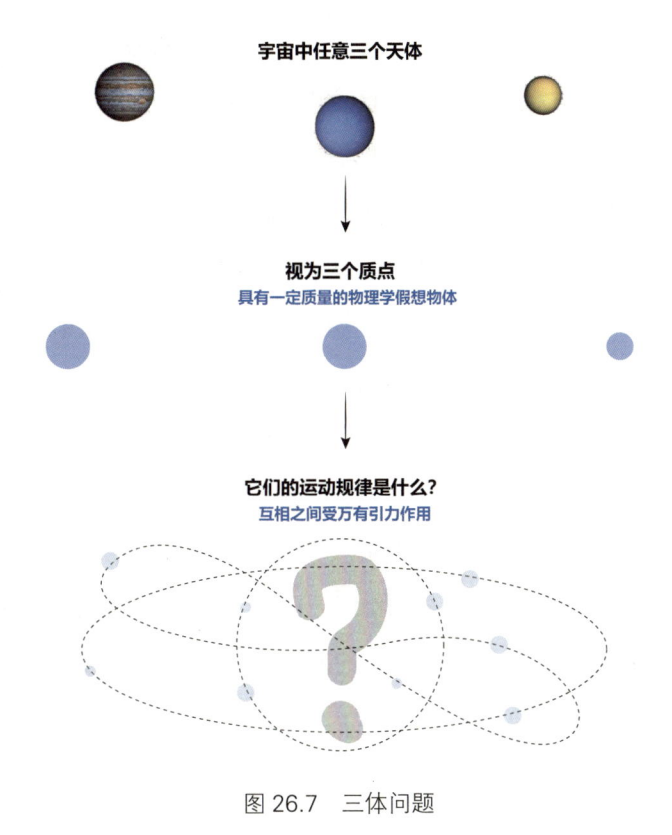

注：从上至下，第一个箭头指向的三个蓝色圆代表质点，第二个箭头指向的黑色虚线代表可能的运动轨迹，蓝色透明小圆点代表被当作质点的研究对象。

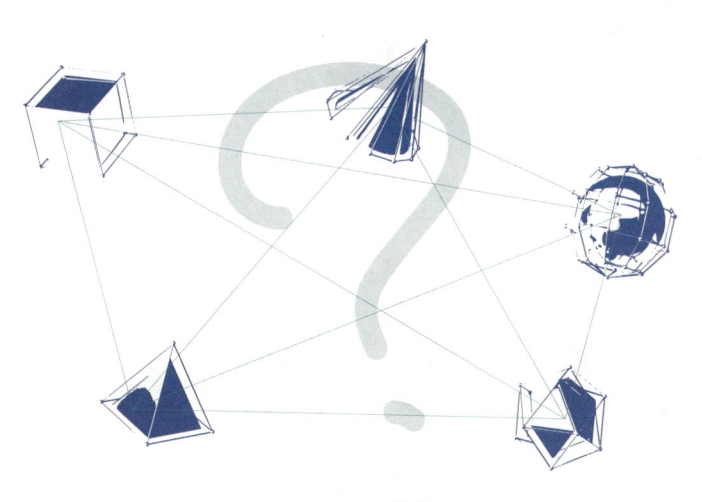

图 26.8 拓扑学

庞加莱明确指出了关注物理定律在不同变换下的不变性的重要性，并率先提出了现代对称形式的洛伦兹变换。庞加莱发现了剩余相对论的速度变换，并在 1905 年写给亨德里克·洛伦兹的信中记录了他的发现。这些发现使其能够揭示麦克斯韦方程组的完美不变性，这是狭义相对论形成过程中的重要一步。1905 年，庞加莱进一步指出，引力波是从物体中发出的，并按照洛伦兹变换的要求以光速传播。物理学和数学中使用的庞加莱群是以他的名字命名的。

20 世纪初，庞加莱提出了著名的数学问题——庞加莱猜想，如图 26.9 所示。这一猜想是拓扑学中具有基本意义的命题，有助于人们更好地研究三维空间，加深了人们对流形性质的认识：任何一个单连通的、闭合的三维流形一定同胚于一个三维的球面。（如图 26.10 所示，同胚亦称拓扑等价，即拓扑空间范畴中的同构，是指两个拓扑空间存在一一对应的开集，也就是说，两个流形可通过弯曲、延展、沿同一条缝隙剪切等操作互相转换并保持连续性。而流形是一个局部具有欧几里得空间性质的空间，在数学中可用于描述复杂的几何形体。）随着时间的推移，庞加莱猜想成为数学中著名的未解决问题之一，直到 21 世纪初才由俄罗斯数学家格里戈里·佩雷尔曼解决。

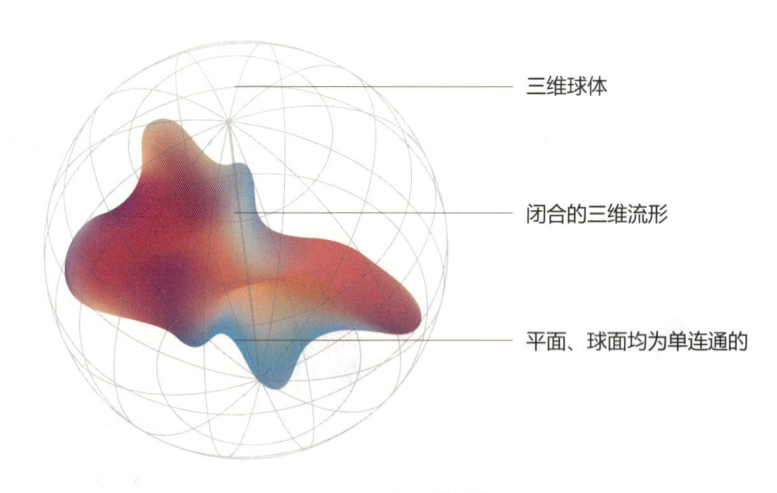

图 26.9　庞加莱猜想

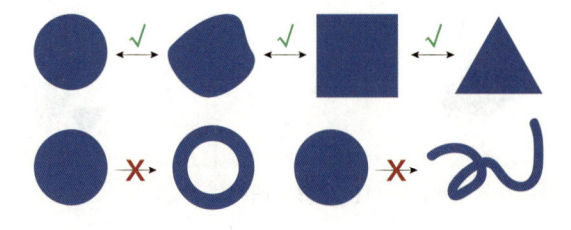

图 26.10　同胚

科尔莫戈罗夫-阿诺德-莫斯。苏联的众多科学家对复杂性数学领域做出了巨大贡献。尤其值得一提的是，在动力系统研究领域，苏联科学家对庞加莱提出的不可积性和混沌现象的"逆转"——科尔莫戈罗夫-阿诺德-莫斯（KAM）定理。在1954年的阿姆斯特丹国际数学家大会（ICM）上KAM定理被宣布。这一定理证明了哈密顿流的准周期运动的正测度集存在于不变环面上，这些运动可以被视为足够接近完全可积系统。20世纪50年代末，美国数学家斯梅尔提出了一种研究动力系统的拓扑学方法，推动了动力学系统理论的进步。这三位动力学系统论贡献者的照片如图26.11所示。

朱尔斯·亨利·庞加莱
1854—1912年

科尔莫戈罗夫
1903—1987年

斯蒂芬·斯梅尔
1930年至今

图26.11 动力学系统论的三位主要贡献者

埃尔德什和雷尼。在图论的数学领域，ER随机图模型（有两个）是与生成随机图或随机网络演化密切相关的模型。其中一个模型是以匈牙利数学家保罗·埃尔德什和阿尔弗雷德·雷尼的名字命名的，他们在1959年首次提出该模型。同一时期，埃德加·吉尔伯特提出了另一个模型[8]，且独立于埃尔德什和雷尼的模型。在埃尔德什和雷尼的模型中，固定顶点集上具有固定边数的所有图都具有相同的可能性；在吉尔伯特提出的模型中，每条边都有一个固定的存在或不存在的概率，与其他边无关。这两个模型可以在概率方法中用于证明满足各种性质的图的存在性，或者为几乎所有图的某种性质提供严格的定义。

巴约。亚内尔·巴约-扬是一位美国科学家和活动家，专注于复杂系统的研究，被认为是复杂系统科学领域的奠基人。他在该领域引入了基本的、严谨的研究方法，且致力于推动现实世界的应用和教育项目的发展。巴约研究复杂系统的统一属性，并将其作为回答世界基本问题的系统策略。他的研究重点是将复杂系统概念形式化，并将其与日常问题联系起来。特别是，他研究了不同尺度下的观测、系统描述的形式属性、结构和功能、信息作为物理量，以及真实系统复杂性的定量属性之间的关系。他的复杂系统理论已应用在多个领域。如图 26.12 所示，他将多层级表示重整化群的推广，解决了微积分和统计学在研究非线性和网络系统对集体行为的依赖性时的局限性。

巴约——复杂系统科学领域的奠基人

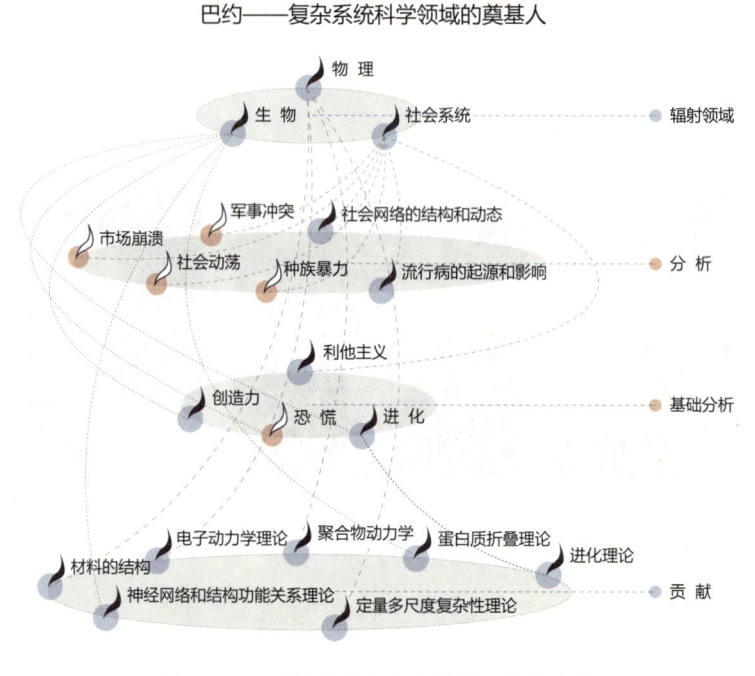

图 26.12　巴约的复杂系统科学工作的应用

注：图中四层椭圆表示巴约的复杂系统科学工作应用相关的四个层级。其中蓝色圆图形组表示某研究领域，红色圆图形组表示某现象或事件。第一层级为工作应用所辐射的领域，第二、三层级只对所列分支进行了分析。第四层级为在不同领域取得的成绩。

2. 科学的结构

科学理论的提出是逐步进行的。亚里士多德引入了逻辑有效性概念，欧几里得发展了公理数学。[9] 在牛顿时代，人们清楚地阐明了假设，并用逻辑推理证明了定理。此后，每一种科学理论都由四部分组成：

（1）公理；（2）定律；（3）逻辑推理方法；（4）现象。

现在大家都知道，演绎法比归纳法相对可靠。因此，有人认为，从归纳中推导出来的结论应该被称为公理或假设；也经常有科学家选择没有任何观察证据，且暂时没有被证伪的存在陈述作为公理。定律一般是基于公理进行逻辑推导而得来的。定律的证伪意味着对其背后公理的证伪。因此，判断一个理论是否科学，主要需要以下三个步骤：

（1）明确概念是否清晰；
（2）检查定律是否推导正确；
（3）判断公理的真实性。

因此，证伪理论是一项系统性工作。图 26.13 给出了科学理论的组成部分和证伪科学理论的步骤。

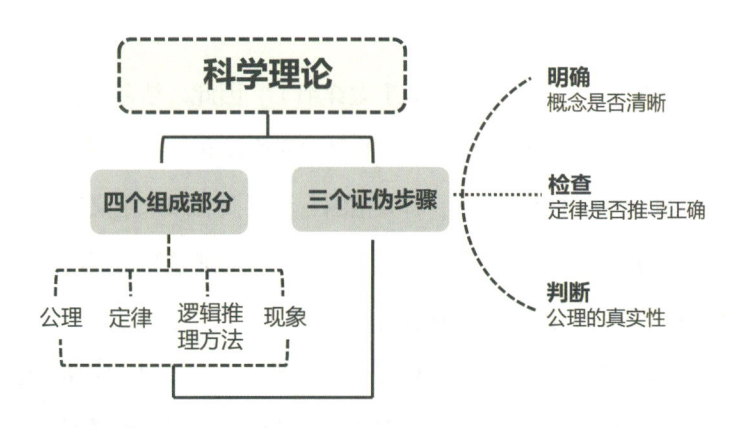

图 26.13　科学理论的四个组成部分和三个证伪步骤

2014 年，著名理论物理学家埃利斯通过使用系统方法，提出了将理论视为科学的标准。标准包括四类[10]：

（1）令人满意的结构；
（2）内在解释力；

（3）外在解释力；

（4）观察和实验支持。

我们认为这些标准太复杂了，其中许多标准很难操作，例如令人满意、简单、美观、与其他科学的关联性和可扩展性的标准。在《如何呈现科学理论》一文中，莫德林[11]认为物理理论呈现的规范应具体说明以下六个方面的内容：

（1）基本物理本体论；

（2）时空结构；

（3）数学项目；

（4）法理学；

（5）数学虚构；

（6）衍生本体论。

我们非常同意他的意见，但这些标准似乎太详细了。因此，结合埃利斯的标准和莫德林的要求，我们制定了一套基于一般系统论方法的科学理论标准。

（1）定义明确。这是指对研究对象、研究范围、重要概念和未定义概念进行明确的界定。未定义的概念是被视为理所当然的概念。在定义一个系统的对象和范围时，涉及其背后的本体论，为了便于理解该理论，应该明确地指出本体论。[12]

（2）逻辑自洽。每一种科学理论至少有四个组成部分——公理、定律、逻辑推理方法和现象。公理通常被称为基本假设，创造者不需要提供严格的证明，但最好是从有限的观察中通过逻辑推理和归纳获得的结论。在选择和使用公理时，应尽量少用没有观察基础的存在陈述，最好不用无法观测验证的存在陈述。所谓的逻辑一致性是指公理可以从观察到的现象的归纳中推导出来。如果未来有人能用其他公理证明这个公理，它就变成了一条定理。比如说，梅亚茨发现，在古典概率论中，所有的科尔莫戈罗夫公理都可以从他的概率定义和他提出的两个更基础的公理中导出来。[13]构建科学理论时，选择公理应该尽可能少。定律一般是基于公理，通过逻辑推导得出的。因此，公理的选择实际上是科学家构建反映其哲学信仰的科学

理论的起点。

（3）未被证伪。该理论不应包含违反公理和定理的反例或悖论，没有定义的概念是合理的，每一条定理的逻辑推导过程都是正确的。

科学是持续改进的。 图 26.14 给出了三个科学标准的简单比较。因为公理是从观察到的有限现象中归纳出来的，所以这样构建的理论能够解释我们所观察到的现象。在理想情况下，它应该能够解释所有观察到的现象，但实际上只能解释部分现象，对于异常现象，则需通过引入更多公理和推导更多定理来改进和完善理论，这是一种非常有效的方法。如果一个理论是这样构建的，并通过观测得到验证，那么它通常具有预测未来的外推能力。如果发现某些预测不尽如人意，我们可以进一步改进理论的公理和定理。

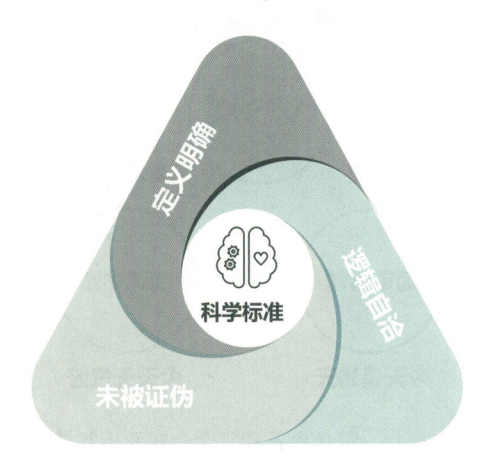

图 26.14 科学标准

证伪也是相对的。 公理或定理的证伪受限于当前的知识和技术。因此，判断一个理论是科学的还是不科学的，其结果是随着时间和技术变化而变化的。一个在当前被认为是科学的理论在未来也有可能被证明为伪科学，曾经被认为是伪科学也可能被证实为科学，尽管这种概率很低。

逻辑推理的应用

逻辑推理的概念

西方现代科学在近代得到快速发展的一个重要原因是逻辑推理的广泛应用。逻辑学是研究正确的推理或好的论据的学科，是亚里士多德最早提出的一种产生新知识的方法。[14]它通常在更狭窄的意义上被定义为演绎有效推理或逻辑真理的科学。从这个意义上说，它相当于形式逻辑，是一门形式科学[15]，研究结论如何以主题中立的方式从前提中得出，以及哪些命题仅在使用它们所包含的逻辑词汇时才是正确的。逻辑学是以各种基本概念为基础的，它主要研究由一组前提和结论组成的论证。前提和结论通常被理解为句子或命题，并以其内部结构为特征。简单命题自身不包含其他子命题，对其结构进行分解时，只能分解出词项而不能分解出命题。如图 26.15 所示，复合命题通常包含两个或两个以上的简单命题。复合命题的真实性不仅取决于简单命题的真实性，还取决于连接词的选择是否恰当。

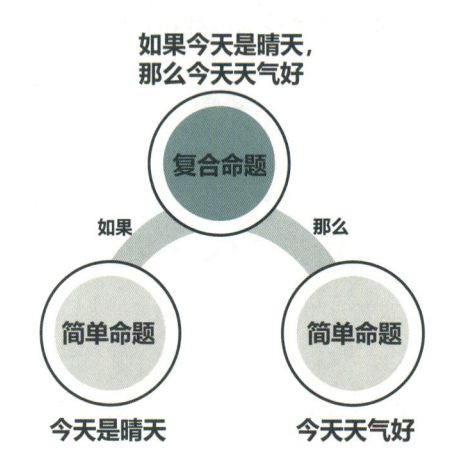

图 26.15　简单命题和复合命题的相互关系

常用的逻辑推理方法主要有三种[16]：

（1）演绎推理；（2）归纳推理；（3）溯因推理。

演绎推理是一种通过某种规则，仅基于前提的真实性就可以确定结论的真实性的推理。示例：下雨时，外面的东西会被淋湿。草在外面，因此，下雨时草会被淋湿。数学逻辑和哲学逻辑通常与这类推理联系在一起。

归纳推理试图支持某个确定的规则。它是以个别性或者特殊性陈述为前提推出一般性陈述的结论的推理，也就是说，在得到很多的例子支撑后就被认为是一个结论。示例：下雨的

时候，草被淋湿了无数次，因此，下雨的时候，草总是被淋湿。这种类型的推理通常与经验证据的概括有关。虽然它们可能具有说服力，但这些论点在演绎上并不总是有效。

溯因推理有时也被称为最佳解释推理，是一种从结果中寻找原因的推理，它需要选择一组令人信服的前提条件。当给定一个真结论和一条规则时，这种方式试图寻找一些可能的前提，这些前提如果也是真的，则可以支持该结论，尽管其前提不是唯一的。示例：下雨时，草会变湿。草是湿的。因此，可能下雨了。这种推理可以用来生成新的假设，而这些假设又可以通过额外的推理或数据来检验。诊断学家、侦探和科学家经常使用这种推理方法。

三种逻辑推理方法的比较。在这三种逻辑推理方法中，演绎推理的可靠性最高，溯因推理明确强调了一种可能性，可靠性最低，归纳推理的可靠性也是需要我们十分小心评估的。（见图 26.16）

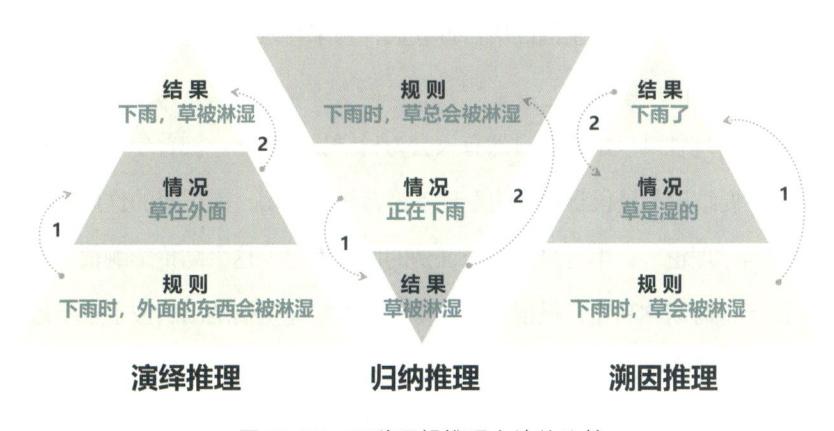

图 26.16　三种逻辑推理方法的比较

归纳推理与演绎推理的共性与特性。所谓归纳推理是从有限的个别事例到无限的普遍概括的推理，比如从对诸多乌鸦的观察中得出"天下乌鸦一般黑"的结论。与其相反，演绎推理则是从一般陈述到具体事例。在历史上，对这些推理的研究主要在两个层面上进行。第一个是个体层面，它关注一个人怎样使用这些推理来获得知识，这是认识论、认知心理学、逻辑学的核心问题之一，尽管这些学科的研究思路各有不同。第二个是群体层面，它关注在科学理论的构建和演进中怎样运用这些推理，这是科学哲学、科学史等领域研究的问题。尽管在两个层面上，这两种推理存在众多细节上的差别，但二者仍有根本上的同质性，所以我们有必要再对逻辑推理是否可靠的问题做一些深入的讨论。

释义 26.1: 归纳过程

由于经验科学往往从观察到的具体现象出发，通过概括和抽象逐渐得到一般性理论，这一过程很自然地被看作一个归纳过程。

对归纳法优缺点的争论

培根、穆勒等哲学家曾试图整理出一套"归纳逻辑"或"科学归纳法"，他们认为通过系统地搜集和整理观察材料，然后对假说进行评价和筛选，就可以得到可靠的科学理论。但休谟很快发现了这种方法存在的问题。他指出既然归纳是从已知事例中概括出一般结论，那这就是一种"扩大知识的推理"，因为结论也包括了未来事例，所以超出了过去已知的范围。除非未来和过去是一样的，否则这种结论就不能保证正确。[17]但怎么证明未来和过去一样呢？事实上，这是不可能证明的。而且我们的生活经历告诉我们，未来与过去肯定是不同的。因此，归纳证明始终面临着潜在反例的风险。

既然归纳法的合理性难以论证，自然有人会为科学另找依据。波普尔写了《科学发现的逻辑》[18]一书，其主要结论却是科学假说的发现不符合任何逻辑，而逻辑的作用只是对假说进行证伪。所谓的"科学理论"只不过是尚未被证伪的假说而已。这个结论影响很大，在挑战众多自称"科学"的学说时堪称利器，但很多人觉得把归纳法完全扫地出门似乎过于极端。

归纳被称为"科学的光荣，哲学的丑闻"，因为它明明是个好东西，就是说不清道理何在。图 26.17 给出了四位哲学家关于归纳法的辩论。培根和穆勒创立了科学归纳法；休谟发现了归纳法存在的问题；波普尔发现归纳的合理性是难以证真的，认为所有的"科学理论"只不过是尚未被证伪的假设。

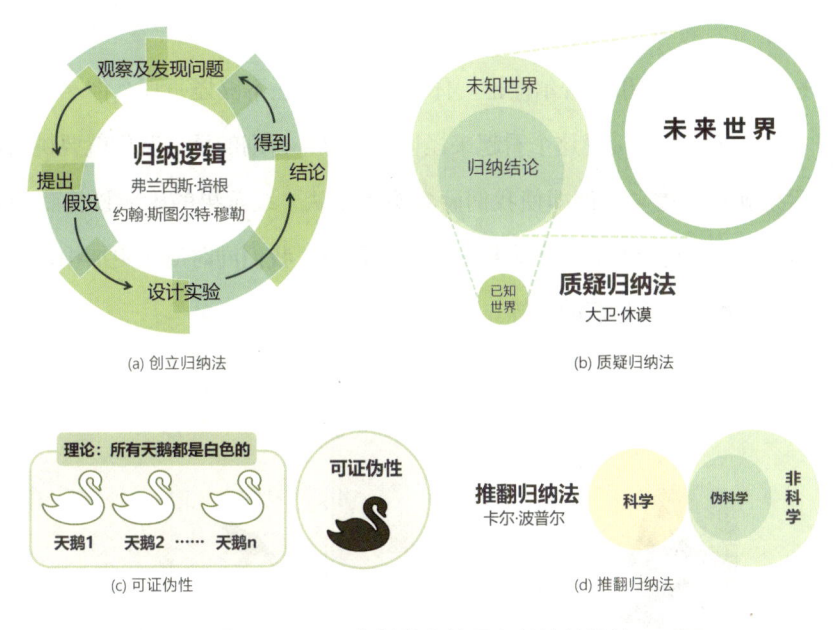

图 26.17　四位哲学家关于归纳法的辩论

提高归纳法可信度的方法

作为对休谟和波普尔观点的回应，很多学者指出，归纳结论的正确性不该被看成绝对的真或伪，而应被视为一个程度问题。归纳就是根据证据增加或减少对一个陈述的置信程度的过程。比如说"乌鸦是黑的"这个陈述，每当看到一只黑乌鸦时，我们对这个陈述的置信程度会上升，而如果看到一只白乌鸦时，我们的置信程度会下降。这就是说，对"是 A 就是 B"这种陈述而言，每当我们看到 A 的一个实例，如果它也是 B，那么它就是陈述的正例，否则就是反例，而我们的置信程度会相应调整。到此为止似乎没毛病，但德国的逻辑学家亨普尔（1905—1997 年）发现了一个问题：根据经典逻辑，陈述"是 A 就是 B"和它的逆否陈述"不是 B 就不是 A"等价，即两个陈述说的是一回事。那就是说，这两个陈述的正例和反例是一样的。例如，一个红苹果既不是黑的也不是乌鸦，所以它就是"不是黑的就不是乌鸦"的正例，也就是"乌鸦是黑的"的正例。也就是说，每当你看见一个红苹果，你对"乌鸦是黑的"的置信程度就应该增加。这就是有名的"亨普尔悖论"，又称"乌鸦悖论"。[19]

亨普尔悖论

图 26.18 介绍了亨普尔和亨普尔悖论。你如果觉得这还不够怪，那么你一定是个哲学家，因为亨普尔本人就建议我们接受这个看起来怪怪的结果；否则的话，我们就要挑战逻辑等价性标准，那后果就更严重了。但即使我们硬着头皮承认，红苹果的确应该使我们更加相信"乌鸦是黑的"，那怪事也没有完，因为根据同样的理由，我们同时应该更加相信"乌鸦是白的""乌鸦是金子做的""天是蓝的"等。

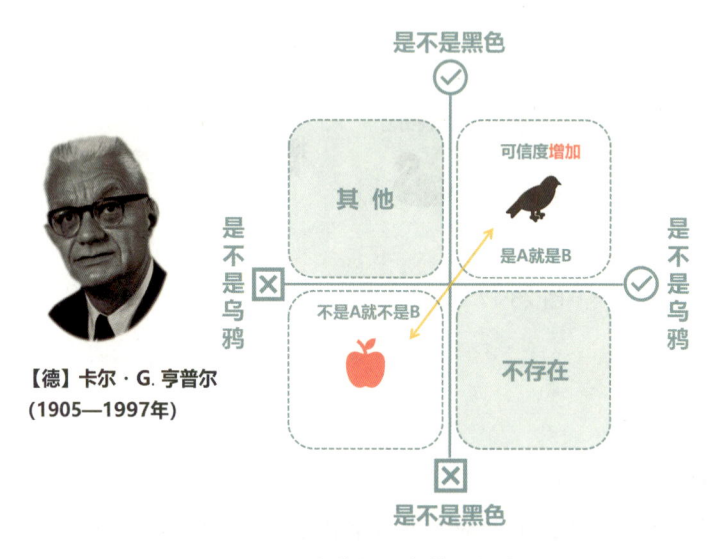

图 26.18　亨普尔和亨普尔悖论

黑山羊的笑话

如果"黑乌鸦"带来的"霉气"多少还可以赖到哲学家头上，那下面的"黑山羊"就完全没法让他们背锅了。一个出处不详的笑话说，一位天文学家、一位物理学家和一位数学家坐火车进入苏格兰后，在窗外见到一只黑色的山羊。天文学家说："苏格兰的山羊是黑的！"物理学家纠正说："应该说有一些苏格兰山羊是黑的。"这时数学家说："你们都错了。正确的说法是，在苏格兰，至少有一只山羊，且这只山羊至少有一面看起来是黑的。"这个笑话八成是物理学家编出来讽刺天文学家的不严谨和数学家的过分严谨的，但它同时展示了归纳的另一个问题：即使对同一个观察结果来说，也存在多种概括的可能性。如图 26.19 所示，基于同样的观察，不同的观察者可以提供差别很大的描述。

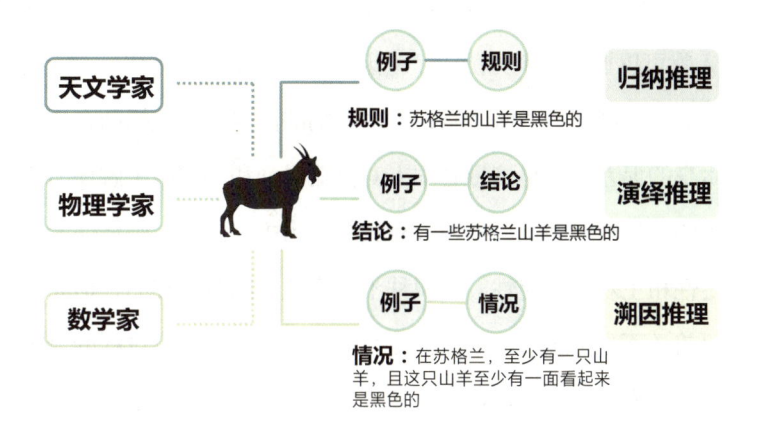

图 26.19　观察苏格兰山羊中揭示出的逻辑问题

必须谨慎对待通过逻辑推理获得的新知识。比如说对上面的场景，"苏格兰的山羊是黑的""欧洲的山羊是黑的"和"苏格兰的动物是黑的"，这三个归纳结论与观察的逻辑关系是一致的，都是在"对象 a 是范畴 A 的一个实例"的条件下将"a 是 B"推广到"A 是 B"。当一个对象同时属于多个群体时，选择哪个做概括就是个问题了。这个选择显然不是任意的，但又没有一个标准答案。比如说在描写某人做了某事（可能是好事也可能是坏事）时，我们可以用各种标签来指代这个人，如某省人、某校毕业生、某公司雇员、某行业从业者都是可以的，但在读者心中产生的印象多少会有所不同，正是因为这些标签会引导人们朝特定的方向进行归纳。因此，对于应用逻辑推理所产生的新知识，我们一定要注意这个推理方法的可靠性。

陈述的可证伪性

陈述的三种类型

判断一个陈述（命题）的真假是逻辑推理的一个重要环节。根据陈述的性质，可以将其分为事实陈述、普遍陈述、存在陈述三种类型（见图 26.20）。事实陈述是可以证伪的，其正确与否取决于测量仪器和观察者的解读。普遍陈述和存在陈述各有两种类型：一种是可以证伪的，即样本空间有限；一种是不可证伪的，即样本空间无限。

1. 事实陈述。这种类型是观察或测量的具体描述。例如，"史密斯的身高是 1.75 米"，这种陈述看似是很精确的，但它出错的概率很高，如果另外一个人去测量得到的结果可能是 1.76 米，这个人就可以说第一个人测错了。因此，即使是事实陈述，对于同一现象，不同的人给出的结果可能是不同的。对测量结果产生影响的因素主要包括两个方面，一是测量者所用的测量仪器本身的误差，二是测量者本人对仪器操作和测试结果解读所带来的误差。如果我们把与人无关的称为客观因素，把与人有关的称为主观因素，则任何一个测量结果中同时包含客观不确定性和主观不确定性。这两种不确定性是同时存在的，但要单独量化是很困难的，至少我们目前还不具备这样的条件。但我们可以通过对测量过程的分析，对整个系统的测量误差范围做一个相对保守的估计。比如说，依据当下的技术手段，对于史密斯的身高更准确的描述是"史密斯的身高是 1.75 ± 0.01 米"。

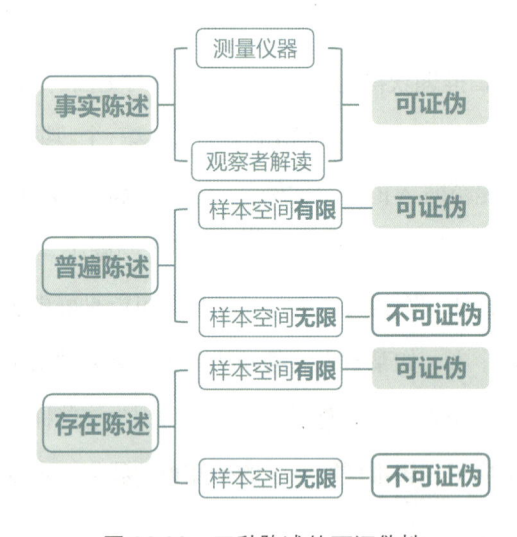

图 26.20　三种陈述的可证伪性

2. **普遍陈述**。这种类型是通过多次观察，然后依据逻辑归纳给出普遍性的陈述，这些陈述被波普尔称为普遍陈述。例如，"所有的天鹅都是白色的"和"所有的人都有两条腿"，这种从有限现象观察到普遍规律概括的思维方法称为归纳法。然而，归纳法不是绝对可靠的，如果在使用这种陈述时再用概率论对其正确性进行估计，就可以降低误导风险。

3. **存在陈述**。这种类型往往是猜测性的陈述，它从诞生时就不依赖于对现象观察的经验，很多情况下与现象观察相反。例如"独角兽存在"或"上帝创造了宇宙"，波普尔将这些类型的语句称为存在陈述。波普尔拒绝可验证性标准主要有三个原因：第一，他不认为一些"存在"的陈述，如"独角兽存在"是科学的，即使他不能确切地证明它们是谎言；第二，他不认为普遍的说法是科学的，例如"所有的天鹅都是白色的"，因为他认为这些说法永远无法得到确凿的证实；第三，可验证性标准本身无法验证。

基本假设离不开无法验证的普遍陈述和存在陈述。我们认为，普遍陈述是不可或缺的，它们是基本假设的来源，但存在陈述应该尽可能避免。然而，无论普遍陈述还是存在陈述，它们所利用的技巧是一致的，都取决于对全体样本空间的测量是否可能。如果是可能的，则通过对全体样本的测量可以对普遍陈述证真，对存在陈述证伪。如果是不可能的，则对普遍陈述证真和对存在陈述证伪。但这两件事都不可能做到。由于宇宙超出人类的观测范围，因此对于宇宙属性的任何普遍陈述和存在陈述都是无法证明的，这与科学要求的可验证性不符，这就是我们强调科学只能局限在世界范围之内的根本原因。在我们所观测到的世界范围之内，证明这两种陈述的方法都是存在的。

证伪陈述的两种方法

在世界范围内，任何陈述都可以判断真假，判断方法有两种：观察法（实验法）和逻辑推理法（理论法）。对于由于各种限制而暂时无法进行实验验证的陈述，我们可以始终使用理论法判断（见图26.21）。

图 26.21 判定陈述真假的方法

根据这个标准，我们将理论分为两类，即科学的和非科学的。所有非科学的理论都被称为伪科学。科学是人们对客观世界的正确认识，而科学理论则是对这种正确认识的系统总结。未经科学方法探索、论证，未下定论的理论，都不能被视为科学的，而是非科学的。任何形而上学的理论，只要符合科学标准，就是科学理论。

为什么存在伪科学？

在科学发展的过程中，出现伪科学是不足为奇的。科学的发展就是不断探索的过程，也是不断发现错误、改正错误的过程，实践论中说"去伪存真"就是这个意思。伪科学并不等同于迷信。科学家不是凭"臆测"进行研究的，而是以大量实验事实和深刻的数理辩证逻辑推理为基础，当某一理论或观点暂时无法得到充分证明时，科学家会依据综合科学知识做出合理猜想（这是一种科学的"灵感"），例如哥德巴赫猜想。但猜想未经证明前，科学界从来不将其作为理论的根据，它只能是猜想或进一步研究的方向。

科学的目的是寻求真理。在科学的世界里，也有经不起科学标准检验的理论存在。这些理论严格来说也是伪科学。但如果人们创立这些理论的目的是纯粹的，不以这个理论作为谋取个人利益的工具，而且也是愿意接受别人检验的，我们一般仍然将其当作科学理论对待。例如，现在的宇宙大爆炸理论、弦理论、超心理学等都属于这种性质。经过一段时间后，其中有些理论经过修正完善成为科学的理论，将得到绝大多数人的接受。

此外，即便是著名的科学家，也不可能精通每个学科领域，何况是普通人。在这种情况下，想从"真科学"中去分辨那些竭力伪装成科学的"伪科学"，可不轻松。因此，有人会趁机蓄意杜撰、散布虚假的知识欺骗大众，以得到金钱或其他利益，这种以虚假的科学面目出现的主张、信仰或做法，我们也称之为伪科学。

伪科学的危害

伪科学不仅可能对自己、家人、朋友造成危害，甚至对整个社会都有非常严重的危害。比如古代的"长生不老药"其实是催命药，秦始皇、汉武帝、唐太宗都深受其害。近代的永动机、水变油等违反物理基本定律（能量守恒）的一些项目，就是利用伪科学行骗的例子。从某种意义上来说，伪科学给国家和人民的生命、财产造成了巨大损失。

伪科学的特征。一般来说，如果某个人想用伪科学搞欺骗，他们会使伪科学具有如下一些比较明显的特征。

（1）伪科学爱讲故事，而真正的科学用的是数学或实验。

（2）伪科学喜欢起骇人听闻的标题，而科学通常都有一个缓慢的知识积累过程。但现在的很多媒体记者为了吸引读者的关注，把一个比较正常的科学发现夸大成非常劲爆的发现，这已经接近伪科学的范畴。

（3）伪科学往往夸大单一因素的影响力，而科学的观点是"一个结果的发生常常是由多种原因共同决定的"。

（4）伪科学常常缺少实验描述，而科学是以观察和数学为中心，通过搜集各种观察和实验数据，再运用数学工具进行分析和处理，从而得出可靠的结论并形成完整的理论体系。

（5）伪科学喜欢混淆因果关系，而科学则需要有更多的证据来支持它的结论。在科学研究中，需要严格地排除干扰变量，确定自变量和因变量的关系，而不会用简单相关性来推导出因果关系。

（6）伪科学常采用笼统的描述，科学会对研究的概念先下一个具体的"操作性定义"，而不会只是笼统描述一个概念就开始对其研究。

如何甄别伪科学

以上特征有利于帮助读者鉴别科学和伪科学。当然，最可靠的方法还是掌握上一节所说的科学标准，严格按照三条标准来检验。通得过的就是科学，通不过的就是伪科学。判断中医、道学、佛学是不是科学的问题也一样，我们先要明确这些理论指的究竟是什么，再来判断这些理论是不是科学。由于过去这些理论都不是按照西方现代科学的公理体系来表述的，因此，我们不能用西方的公理化体系来评判这些理论。

不能以某件具体的事情作为甄别标准。比如闹得沸沸扬扬的"熟鸡蛋返生"事件，现在可能有很多人会直接说这个是永远不可能的，凡是这类技术都是伪科学。事实上，我们不能这样简单化地处理。把鸡蛋煮熟是破坏了生鸡蛋的分子结构，如果未来通过某种物理和化学的方法能把这些被破坏的分子结构都修复了，也算是实现了"熟鸡蛋返生"，这并不违反科学原理。只是在这个过程中，我们需要付出较多的心血来完成这项工作。《写真地理》杂志 2020 年 22 期发表了《熟鸡蛋变成生鸡蛋（鸡蛋返生）——孵化雏鸡的实验报告》，该文章作者根本没有做实验，整个过程都是编造的，这根本连伪科学都算不上，纯粹就是行骗。

伪科学存在的社会基础。弗兰西斯·培根是实验科学的创始人，也是近代归纳法的创始人。他曾经写下了一部非常有影响力的著作——《新工具》[20]，他在书中提出了人类认识上存在着四种"虚假的偶像"（Idola，中文一般翻译为"幻象"或者"假象"），分别是种族、蜗居、市场以及剧场。人们只有打倒这四种"偶像"，才能认识到真知识。伪科学被广泛接受有以下四种社会心理基础：

1. 源于无知。人们常被伪科学欺骗的关键原因是看不清伪科学的本质，很少做哲学思考，追问事物的本质。即使是一些很有名的科学家或社会人士，有时候也会为一些伪科学家站台或支持一些伪科学项目。2019 年 5 月 23 日，《南阳日报》在头版刊发的题为《水氢发动机在南阳下线，市委书记点赞！》的报道称，水氢发动机在河南省南阳市正式下线，这意味着车载水可以实时制取氢气，车辆只需加水即可行驶。此事随即引发各界巨大的质疑，最后被证明是一场骗局。这位书记因为自己的科学素养不够而上当受骗，还闹了一个笑话。

2. 源于对"权威"的过度崇拜。一个社会如果形成了一种过度崇拜权威的风气，则势必迷信盛行，那时讲真话或传播科学知识的人，反倒有可能成为另类。如此发展下去，必然带来社会的混乱和倒退，形成社会发展过程中的"黑暗时代"。在人类社会发展史中是不乏这种教训的。过度崇拜权威是伪科学有市场的另一种社会心理基础。社会心理学家指出，社会本身就是一种模仿。模仿或者观察学习是社会成员获得某种行为方式的途径。

比如说 2020 年 2 月，新型冠状病毒感染疫情流行初期，某机构的专家对外公布"中成药双黄连口服液可抑制新型冠状病毒"。文章发布后被多家权威媒体转载。该消息传出后，多个网上平台的"双黄连口服液"出现抢购潮，很快售罄。但人们最后发现，这个信息发布前连最基本的动物实验也没有做，更没有做过任何一次人体治疗试验。

3. 源于自身"心理防卫"的需要。心理防卫是心理学中经典精神分析理论所使用的一个术语，它是指人类在进化的过程中，以及个人在社会化的过程中获得的一种机能。其含义是，当人在追求某个目标失败时、在某种欲望没有得到满足时、在遭受挫折时，会自动或主动地采用一些办法来安慰自己，为自己的不成功甚至是失败寻找"恰当的""合理的"理由，以获得自身心理平衡。在某种情况下，这种状态是伪科学骗子最容易利用的弱点。因此，很多人

选择相信迷信或者相信伪科学，往往源于自身心理防卫的需要。但如果一个人过度陷入这种阿Q式的自我防卫当中，也是一场人生悲剧。

4. 源于"自我效能感"不足。自我效能感是对自己达成某一目标的能力的主观评估。自我效能感强的时候，人们对自己将要做的事情有较高的自信，觉得成功的把握较大；反之，自我效能感弱的时候，人们就显得信心不足，感觉成功的把握不大。然而，追求成功是人们普遍具有的一种行为倾向。于是，当人们在自我效能感不足的时候，也就是在感到无助、力量不足时，例如生病了、生意场上不顺、在热衷于追求晋升的职场上遇挫，他们会试图借助某种神秘的力量为自己助力，以提高自信心。这就使得一些伪科学有了被接受和被使用的心理基础。

从以上对伪科学被广泛接受的社会心理基础分析可知，某个人会被伪科学欺骗，主要源于他的无知和内心的贪婪。如果想不被伪科学伤害到，一是要提高自己的科学素养，追求对事物本质的思考，掌握判断科学和伪科学的标准；二是要减少自己贪婪的欲望，对任何事情都保持理性的思考。希望这本书也能起到一些这方面的作用。

保护民众不受伪科学欺骗是政府的职责。科学是一套逻辑自洽并能够预报未来运行发展趋势的理论，它可以有效地提高人类应对未来风险的能力，而伪科学有可能产生误导的作用。比如说，科学可以预报未来在某时某地会发生大地震，而伪科学专家说，根据我们的理论，地震根本不会发生。一旦地震发生，那些相信伪科学专家的人可能会遭受生命财产的重大损失。反之，如果没有地震而错误地预测有地震，也会造成人心恐慌，影响大家的正常生活。图 26.22 展示了几个被判定为伪科学的例子，它们究竟是不是伪科学，还希望读者利用自己所掌握的科学标准重新核实。因此，向其他人传播的任何一个理论，必须经得起科学标准的检验。这应当是政府的一项职能，以保护民众不被伪科学专家所欺骗。

概率论可以解决精确性与正确性之间的矛盾。在缺乏足够信息的情况下，我们可能无法判断一个陈述是否完全正确。此时，为了量化这种不确定性，我们可以引入一个参数来表示这种情况的真实程度。例如，"所有人都有两条腿"这句话的真实性很高，但也存在一些例外。将普遍陈述或存在陈述排除在科学理论之外是不现实的，因为建立科学理论时使用的大多数假设都基于这两种陈述，特别是作为公理（假设）表达的普遍陈述。我们可以应用这一标准来检验现有理论中的基本假设，人们很容易发现经典力学和达尔文进化论是基于普遍陈

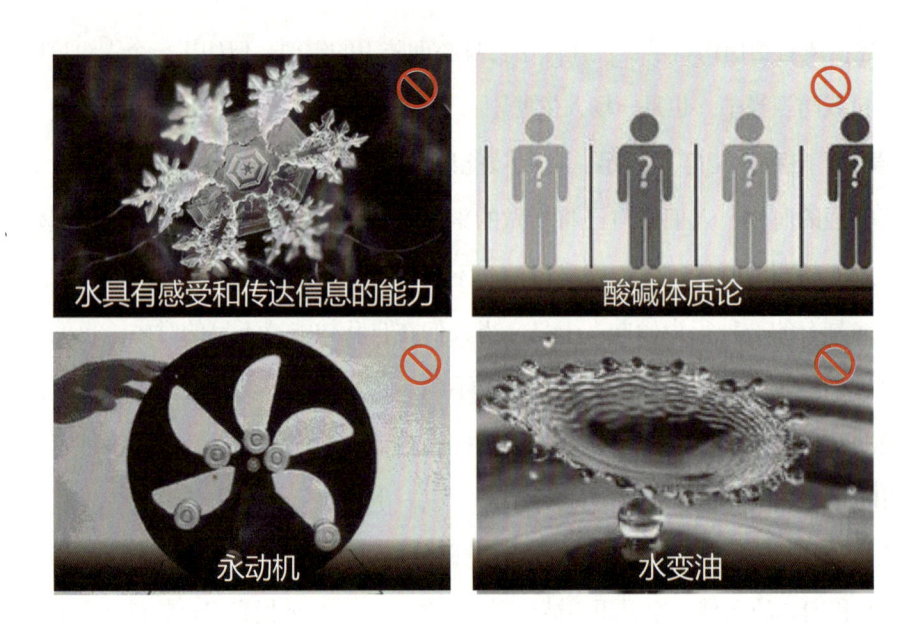

图 26.22　网上报道过的几个伪科学例子

述的,而相对论和量子力学主要是基于存在陈述的。图 26.23 是对四个理论基本假设的判定结果,这个图揭示了现有科学理论的基础都是很不扎实的。

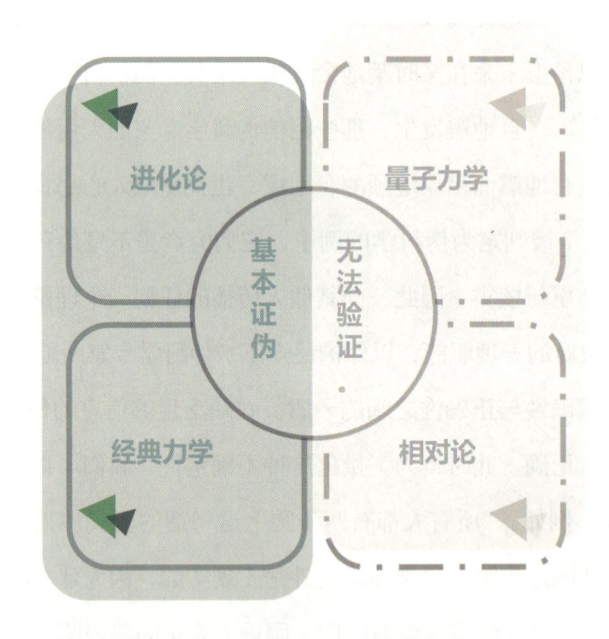

图 26.23　四个理论基本假设的判定结果

1. 进化论的基本假设：

（1）物种是可变的，生物是进化的。这是普遍陈述，前半句与绝大部分观察不符合，后半句基本符合，但由于对所有生物的观察不可穷尽，这个陈述是不可以证真的。

（2）自然选择是生物进化的动力。这是普遍陈述，现在的观察可以证明这不是唯一因素，比如人类在文明规则体系下确定的弱者的生存，就是一个明显的反例。

从严格意义上来说，这两个基本假设都已经被证伪。

2. 经典力学的基本假设：

（1）时间和空间是绝对的，长度和时间间隔的测量与观测者的运动无关，物质间相互作用的传递是瞬时到达的。

（2）一切可观测的物理量在原则上可以被无限精确地加以测定。

从本质上来说，这两个基本假设都已经被证伪。

3. 量子力学的基本假设：

（1）微观体系的运动状态由相应的归一化波函数描述；

（2）微观体系的运动状态波函数随时间变化的规律遵从薛定谔方程；

（3）力学量由相应的线性厄米算符表示；

（4）力学量算符之间有确定的对应关系；

（5）全同多粒子体系的波函数对任意一对粒子交换而言具有对称性。

这五个基本假设都是针对抽象物体或系统的，而不是针对物理世界的具体物体的。根据马扬茨概率学的观点[21]，它们都是无法直接测量的。另外，每个假设都严格规定了数学关系，相当于整个理论都是基本假设。

4. 相对论的基本假设：

（1）在所有惯性系中，物理定律有相同的表达形式；

（2）在所有惯性系中，真空中的光速都是一个常数，与光源运动无关。

这两个假设都是普遍陈述，由于观察者是无法测量自己所处的平台的运动的，因此，惯性参考系在物理上是不存在的，这两个假设也就无法通过实验验证。

现有科学中存在的主要问题。由于在现有的科学理论中没有对宇宙和世界这两个概念做出区分，所有的基本假设都是针对整个宇宙而言的，因此本质上所有这些基本假设都是不可证伪的。经典力学依赖于惯性参考系、真空、绝对静止的以太坐标系、封闭或孤立的系统，相对论依赖于真空、封闭或孤立的系统、惯性参考系，量子力学依赖于惯性参考系、真空、封闭或孤立的系统等，这些条件在物理上都是不可能存在的，因此是无法验证的。基本假设所需的条件本质上是不存在的，但实际中不管条件是否满足，一律使用。通过这个大胆尝试，每个理论都似乎解决了一些问题，也都推动了技术的发展。但这些理论中显然还存在很多问题，如果要构建一个万统论，就必须找出这些问题并加以解决。图26.24总结了现有科学中存在的主要问题。

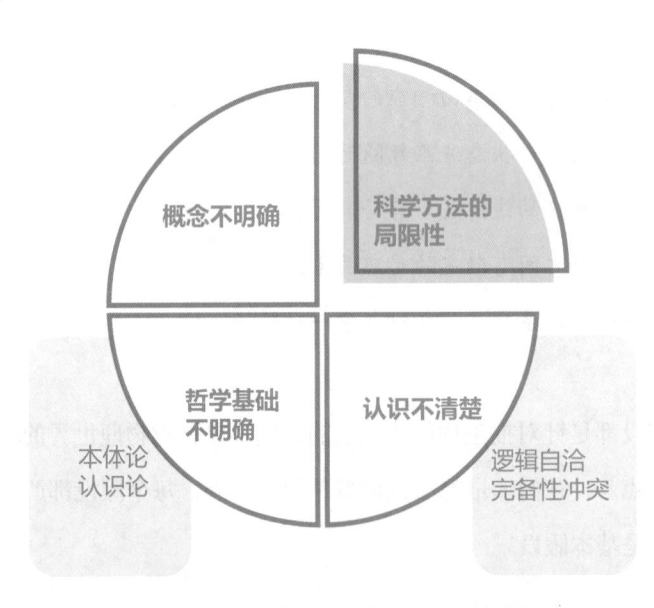

图 26.24　现有科学中存在的主要问题

宇宙大爆炸理论面临的挑战。根据该理论，我们现在可以观察到的显物质和显能量只有 4%，通常它们是无法分开计算的，对于暗物质和暗能量来说，它们就可以分开计算，分别是 23% 和 73%，但这种猜想经过数十年的研究目前还没有结果。[22] 一种解决方案是相信这个猜想，继续寻找；另一种解决方案就是质疑这个猜想，另外建立新的理论，崔维成提出的基于佛教哲学的宇宙模型就是这样一种尝试。[23—26] 当然，这个宇宙模型在科学上是否站得住脚，还需要时间的检验。

在科学领域，革命性的方式不可取。特别是正统的量子力学，彻底放弃了经典力学所坚持的本体论和认识论的这种"革命性"的方式，我们认为不可取。经典力学中有许多存在陈述的观点，比如"微观世界的运行本质上是随机的，决定论的概念在量子世界中不再有效，量子轨迹不可测量"。后来，总有人可以提供一些原理来支持这些主张，比如海森伯的不确定性原理[27—28] 和玻尔的互补原理。[29] 然而，在以后的阶段，人们总会发现这样一种理论是不充分的，必须引入新的难以理解的概念来挽救这种理论，例如波函数崩塌和重新解释测量的作用。由于这种理论处理的对象在我们可观测的世界范围之内，所以随着技术的发展它还是可以证伪的。最近的实验表明，"每个完成的量子跳跃的演化都是连续的、连贯的和确定的"，并且量子轨迹可以测量。[30] 另外，如果不使用这些假设，玻姆的发现有可能解释所有基于确定性世界观和量子轨迹的存在而观察到的量子现象。[31] 图 26.25 是正统量子力学与玻姆力学的比较图。

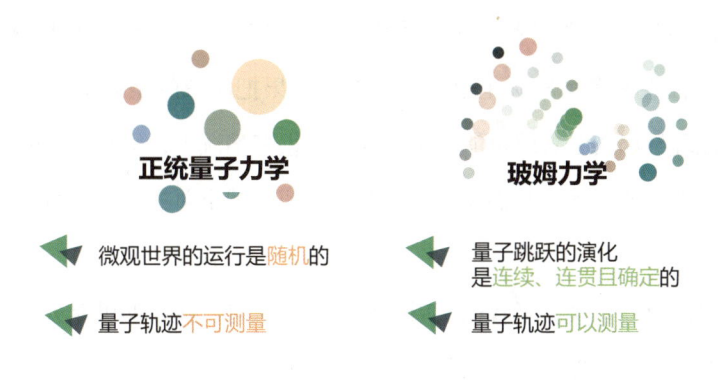

图 26.25　正统量子力学与玻姆力学的比较

构建基本假设。根据科学的现状，我们的观点是普遍陈述和存在陈述都可以用来做基本假设，但必须将其限定在世界范围之内，这样就给其他人证真或证伪提供了可能。如果故意选择不可证伪的或者与日常生活经验完全相反的假设，则不应该鼓励。任何一个科学理论都是建立在基本假设的基础上的，选择什么内容作为基本假设体现了创造者的哲学信仰。如果一个陈述没有被证伪，那么它可以被认为是真实的陈述；如果一个陈述被证伪，那么我们可以采取两种措施：一种是放弃这个陈述，另一种是修改这个陈述，消除被证伪的部分。一般来说，应首选普遍陈述作为假设，因为其与现有观察结果一致。

很多理论冲突是概念不清造成的。在确定一个陈述的真实性时，需要有明确的概念定义，因为每个陈述都由几个概念组成，每个概念的定义又依赖于其他概念的定义。例如，物理学传统上被定义为运动中的物质的理论。因此，我们需要对物质和运动进行定义。目前，物质的定义具有挑战性。[32—33] 为了描述运动，我们必须采用某种坐标系，如时空中的惯性参考系。同时，我们需要定义时间和空间。在这个过程中，许多概念逐渐变得清晰，也可能会出现一些混淆。例如，当提到贝尔定理时，有些人错误地认为该定理证明了存在比光更快的通信的可能性。但贝尔定理的实际含义是某些类型的隐变量理论（局部隐变量）与量子力学的预测是不相容的。虽然实验中对贝尔不等式的违反表明量子纠缠涉及非局部相关性，但它并没有提供比光速更快的信息传输方式。对此，贝尔本人也进行了一些澄清，实际上，他所指的是"局部因果关系"的缩写[34—36]。

目前，对许多概念，如宇宙、世界、物质、场、心、能量、时间、空间、信息、熵、意识和生命都需要仔细研究。说到惯性参考系，现在所有的理论几乎都采用了这个基本假设，但根据哥德尔定理，在观察者所在的系统中，观察者是无法知道自己所处的平台是如何运动的，因此，惯性参考系实际上是不存在的。如果把所有的坐标系都当作非惯性参考系，则基于同样原理导出的公式就可能完全不同，在很多情况下，解析解可能都不存在。最经典的问题，比如地球的运动对我们观察月球的轨迹或地球上单摆的运动有何影响就很值得研究[37—42]。

逻辑证伪也可能存在错误。当我们使用逻辑推理方法时，在后期可能会发现结果是错误的。实验方法也存在这种可能性，这表明由于各种因素，实验没有正确进行。一个著名的例子是冯·诺伊曼[43]首先提供的"不存在隐变量"的证明，几十年来，这一证明一直是哥本哈根诠释的关键支持。后来，人们发现冯·诺伊曼的线性假设是相当简单或"愚蠢"的[44]，而玻姆证明了具有隐变量的量子理论是可能的。[45]

精确性与正确性

对陈述真实价值的判断是暂时的，这取决于当前的知识和技术水平。因此，这个判断结果是我们的相信程度，这个程度会随着时间的推移而改变。因为知识是一个相对的概念，在确定特定陈述的真实价值时，我们认为前面给出的广义不确定性原理是适用的。[46]

> 如果一个人想要清楚地知道某事物，他需要将所有不确定性归因于该事物的互补。

如何应用广义不确定性原理？例如，如果我们想知道一个有限系统（如世界），就必须将所有的不确定性归因于无限系统（如宇宙）。其他成对概念还有物质/场、场/心识、心识/禅定、禅定/世界和世界/宇宙。最终，假设宇宙是未知的，包含不可约的不确定性，而给定世界的不确定性总是可以减少的。这一原理可以解决爱因斯坦和玻尔之间的哲学争论。[47] 哥本哈根对微观世界选择不可知论，对宏观世界选择可知论，与其对量子力学的解释不同，我们对宇宙（无限）选择不可知论，对任何世界（有限）选择可知论，包括微观世界。[48] 海森伯不确定性原理[49]是这一广义不确定性原理的一个非常具体的例子，它取决于测量方法。如果改变粒子位置的测量方法，则可获得更准确的测量值。速度和动量都是衍生变量，它们的测量值准确与否取决于位置的测量精度。图 26.26 比较了广义不确定性原理与海森伯不确定性原理。

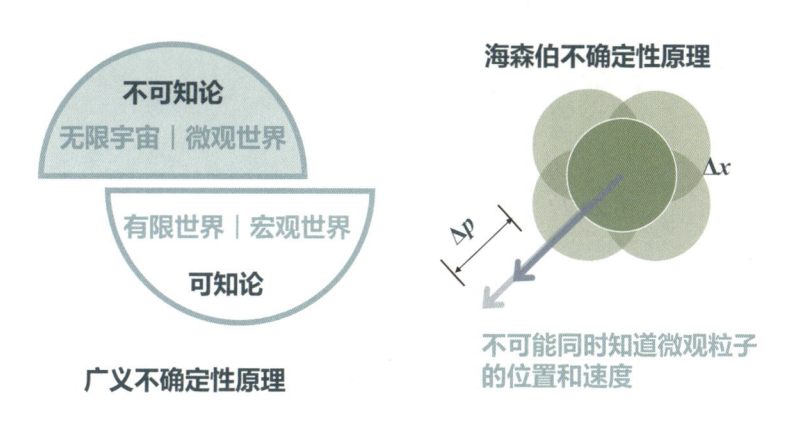

图 26.26　广义不确定性原理与海森伯不确定性原理的比较

我们实际遇到的系统问题往往是复杂的，对于影响规律中的许多信息甚至影响因素都没有全部掌握，这使得系统存在不确定性。另外，测量也不可能做到覆盖全部，在这种信息不完全的情况下，描述事件受到了下列公理的制约。

公理 26.1: 精确性-正确性平衡公理

精确性和正确性是矛盾的，在给定信息的前提下，陈述越精确，信息含量越高，但可能越不正确。[50]

精确性-正确性平衡公理的示意图如图 26.27 所示。因此，我们正确的做法是在保证正确的前提下，尽可能地追求精确。但很多尝到数学甜头的科学家往往过分强调量化，过分追求精确，这就导致一些现代科学理论不断地面临修正的困境。最典型的就是宇宙大爆炸理论[51—52]，现在的说法与刚提出时已经有了很大差别。我们相信，再过十年，宇宙大爆炸理论与今天的说法也会有很大的区别。与之相反，基于东方哲学的佛教、《易经》、《道德经》和中医等理论体系，从诞生到现在没有发生颠覆性的改变，当然它们经常被指责的一个问题就是量化不够。如果从精确性-正确性平衡公理角度来看，我们可以认为，诞生于古希腊哲学的西方现代科学比较专注于精确性，而诞生于东方哲学的这些理论体系则更注重正确性。今后，我们应该在概率统计论方法的指导下，在保证正确性的前提下尽可能地追求精确。

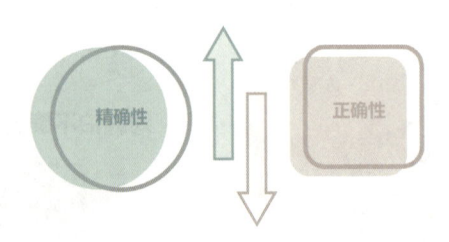

图 26.27　精确性-正确性平衡公理的示意图

3. 一般系统论

系统理论是对系统的跨学科研究，即由相互关联、相互依存的部分组成的内聚群体，这些部分可以是自然的，也可以是人为的。每个系统都受空间和时间的限制，受其所处环境的影响，由其结构和目的所定义，并通过其功能进行表达[53]，如图 26.28 所示。如果一个系统表现出协同效应或涌现行为，那么它的功能可能会超过其各部分之和。

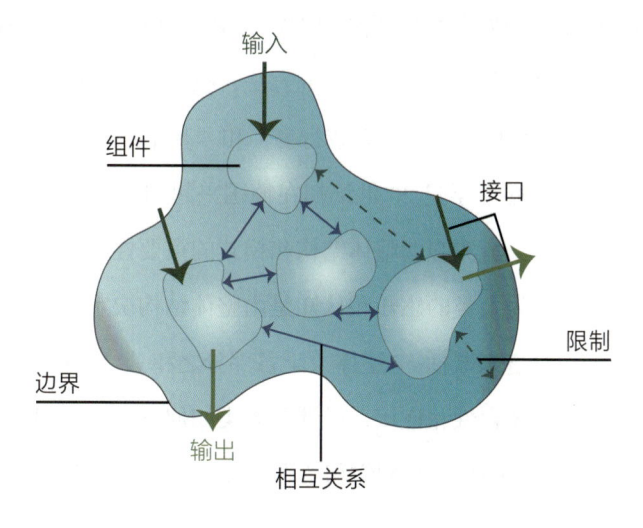

图 26.28　系统示意图

更改系统的一部分可能会影响其他部分或整个系统，但我们可以预测这些行为模式的变化。对学习和适应的系统来说，其增长和适应程度取决于系统与环境的互动程度。一些系统支持其他系统，维护其他系统，以防止发生故障。系统理论的目标是对系统的动力学、约束、条件进行建模，并阐明可识别的原则（如目的、度量、方法、工具），并将其应用于其他系统的各个嵌套级别，以及实现优化的公平性的广泛领域。

一般系统论是运用逻辑和数当方法考察一般系统的理论，旨在提炼出适用于各种系统的基本概念和原则，而不是局限于某一知识领域的概念和原则。它将动态或主动系统与静态或被动系统区分开来。主动系统是在行为和过程中相互作用的动态结构或组件。被动系统是正在处理信息或数据的静态结构和组件。例如，当一个程序存储在光盘中时，它是被动的数据集合，而当它在内存中运行时，它是主动的系统。一般系统论涉及系统思维、机器逻辑和系统工程等核心概念，它是一个跨学科的实践，专门研究具有相互作用组件的系统，其适用于生物学、控制论等多个领域。

系统心理学

系统心理学是应用心理学的一个分支，专注于研究人类在复杂系统中的行为和经验。它受到系统理论和系统思维的启发，并以罗杰·巴克、格雷戈里·贝特森、H. 马图拉纳和其他人的理论工作为基础。这是心理学中的一种研究方法，在这种方法中，群体和个人被视为体内平衡的系统。这一领域的替代术语是"系统行为"和"基于系统心理学"。[54]

格式塔心理学。格式塔心理学是20世纪初在德国兴起的心理学流派，其主要代表人物有韦特海默、考夫卡等。这一流派强调整体结构和模式的重要性，相较于关注单个元素，更注重整体的认知过程。它认为人类的感知和认知是由整体结构决定的，而非单一元素的组合。这种观点有时可以用一句格言来概括："整体大于各部分之和。"格式塔原则包括接近性、相似性、图形背景、连续性、闭合性和连接，描述了人类如何感知与不同对象和环境相关的视觉效果。格式塔心理学对后来的认知心理学和心理治疗产生了深远影响。

系统生态学

系统生态学是一种基于系统分析、综合和建模的正式程序的生态系统研究方法。其核心目标是发展并检验生态系统组织理论，检测和管理涌现特性，并预测其对环境干扰的反应。它涉及数学生态学和模拟建模，重点是在人类生态学和应用生态学的生态系统管理方面。

大约在1960年，计算机技术开始应用于工程领域。控制论、一般系统理论以及整体论和生态系统的概念已经经历了几十年的讨论和发展。因此，在为复杂数学模型找到计算机化解决方案的驱动下，系统生态学逐渐形成。通过与计算机技术结合，系统生态学发展出了一系列强大的生态系统分析工具，并提出了生态系统发展的假设。

今天，系统生态学涉及两个兼容且重叠的愿景，可以作为软系统和硬科学来讨论。在图26.29中，我们能看到软系统和硬科学的联系与区别。软系统愿景认识到生态系统的巨大复杂性，我们想要完全了解生态系统是不切实际的。生态系统经历着不断的进化，但其行为可以从许多同样有效的角度进行观察、假设和测试，涉及不同的细节层次。这种方法的背景知识包括控制论、一般系统论、认识论、人类学、工业管理和进化论等。而硬科学愿景则寻求所有生态系统共有的可靠的自然法则，其强大程度足以预测平衡趋势，但在缺乏经验证据的情况下，这可能很难快速获得。其背景知识包括热力学、进化遗传学以及种群和营养相互作用的数学描述。为了验证想法，这两种观点都需要计算机模型、实验和实地观察的相互补充和验证。在图中向上延展的亮蓝色部分展示着这两种愿景的融合，这一融合持续推动着适应性生态系统管理、复杂生态系统理论、恢复力理论、生态工程、生态经济学、景观生态学以及对生态系统崩溃警告和生物多样性功能的实证研究等学科领域的进步。[55]

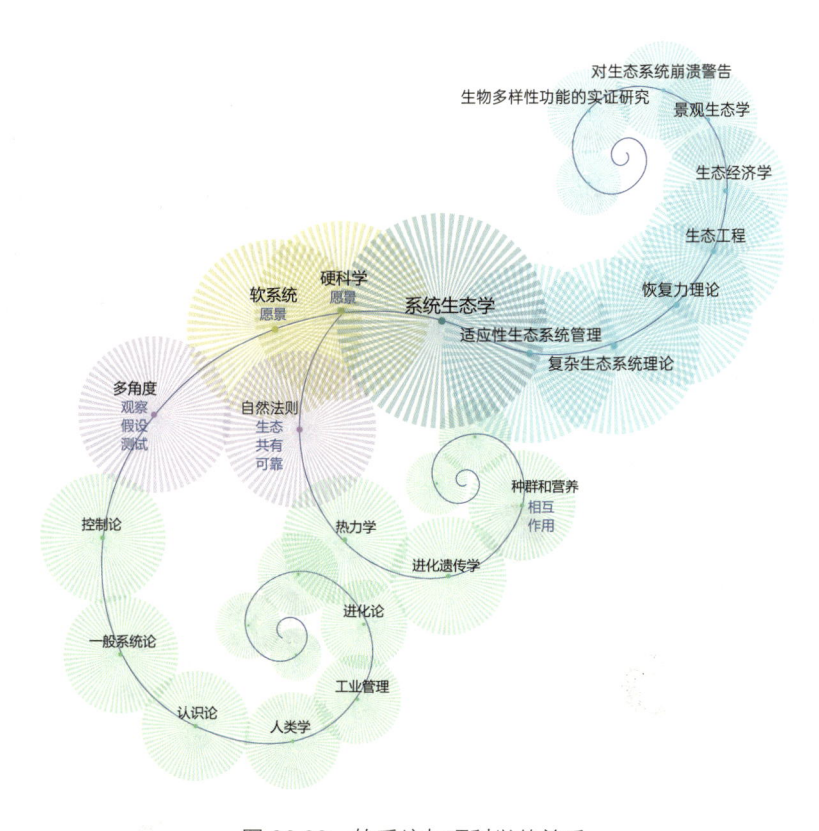

图 26.29　软系统与硬科学的关系

注：每个放射状圆都表示一个理论或学科，从蓝色圆表示的系统生态学向左右两边出发，右边表示由系统生态学推动的理论学科，左边两个黄色圆是系统生态学分出的愿景，即软系统和硬科学。硬科学的向下分支延伸到紫色圆的自然法则，其中包含均为绿色的热力学、进化遗传学等，而软系统的向下分支延伸到紫色圆的多角度，其中包含均为绿色的控制论和一般系统论等。

系统生物学

系统生物学是复杂生物系统的计算和数学分析与建模。它是一个以生物学为基础的跨学科研究领域，侧重于生物系统内的复杂的相互作用，采用整体方法（整体论而非更传统的还原论）进行生物学研究。特别是从 2000 年起，这个概念在生物学中被广泛应用于各种场合。人类基因组计划便是生物学中应用系统思维的一个例子，它在遗传学领域开创了新的合作方式，为研究问题提供了新的视角。系统生物学的目标之一是建模和发现突现特性，即细胞、组织和生物体作为一个系统运行的特性，其理论描述只能使用系统生物学的技术。这些通常涉及代谢网络或细胞信号传导网络。

理论创始人

系统生物学体现在许多学科的实践者的工作中。例如，在生物学家卡尔·路德维希·冯·贝塔朗菲、语言学家贝拉·H.班纳蒂和社会学家塔尔科特·帕森斯的工作中；在霍华德·T.奥德姆、尤金·奥德姆的生态系统研究中；在弗里乔夫·卡普拉的组织理论研究中；在彼得·圣吉的管理学研究中；在理查德·A.斯旺森著作中的人力资源开发中；在教育工作者德博拉·哈蒙德和阿方索·蒙托里的作品中。在这里我们将对几位科学家略做介绍，如图 26.30 所示。

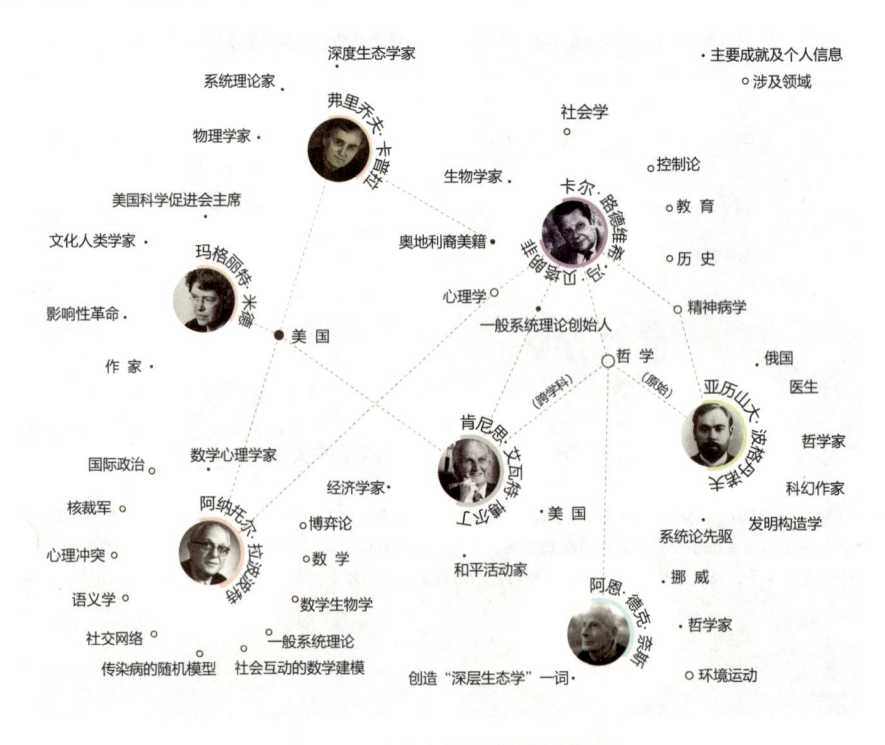

图 26.30 系统生物学的理论创始人

注：黑色虚线连接了科学家之间的共性。

卡尔·路德维希·冯·贝塔朗菲（1901—1972年）是奥地利裔美籍生物学家，被称为一般系统理论（GST）的创始人之一。贝塔朗菲提出，经典热力学定律可能适用于封闭系统，但不一定适用于生物等"开放系统"。他在1934年发表的生物体随时间增长的数学模型至今仍在使用。在1968年出版的基础著作《一般系统论：基础、发展和应用》中，他提出的一般系统理论的概念受到了广泛关注。韦科维茨（1989年）曾评价他："在20世纪的思想史上占有重要地位。他的贡献超越了生物学，扩展到了控制论、教育、历史、哲学、精神病学、心理学和社会学。他的一些崇拜者甚至相信，这一理论有朝一日将为所有学科提供一个概念框架。"

亚历山大·亚力山德罗维奇·波格丹诺夫（1873—1928年）是俄国医生、哲学家、科幻作家。波格丹诺夫曾接受过医学和精神病学方面的培训。他对科学和医学非常感兴趣，涉猎领域从宇宙系统理论到通过输血实现人类复兴的可能性。他还发明了一种叫作"构造学"的原始哲学，现在这一理论被认为是系统理论的先驱。

玛格丽特·米德（1901—1978年）是美国文化人类学家，曾经担任过美国科学促进会主席。在20世纪六七十年代，米德经常在大众媒体上担任作家和演讲者的角色，是现代美西方文化中人类学的传播者，也是一名经常引起争议的学者。她还是一位在西方文化传统背景下扩大性习俗的支持者，她的报告详细描述了南太平洋和东南亚传统文化对性的态度，影响了20世纪60年代的性革命。

肯尼思·艾瓦特·博尔丁（1910—1993年）是一位出生于英国的美国经济学家、教育家、和平活动家和跨学科哲学家。他出版了36本著作，发表了112篇文章。博尔丁是两部经典著作的作者：《图像：生活和社会中的知识》（*The Image: Knowledge in Life and Society*, 1956年）和《冲突与防御：通论》（*Conflict and Defence: A General Theory*, 1962年）。他是一般系统理论的联合创始人，也是许多正在进行的经济学和社会学知识项目的创始人。对博尔丁来说，经济学和社会学是社会科学的一部分，专门研究人类及其关系（组织）的方方面面。博尔丁率先提出了一种进化（而非均衡）的经济学方法。他强调，人类的经济和其他行为是嵌入一个更大的互联系统中的。为了理解我们行为的结果，无论是经济上的还是其他方面的，我们必须首先研究并发展对整个系统的生态动力学的科学理解，即我们所生活的全球社会。博尔丁认为，如果没有致力于正确的社会科学研究和理解，人类这一物种很可能会灭绝。但他也持乐观态度，相信我们的进化之旅才刚刚开始。

阿纳托尔·拉波波特（1911—2007年）是美国数学心理学家。他对一般系统理论、数学生物学、社会互动的数学建模和传染病的随机模型做出了贡献。他将自己的数学专业知识与心理学见解结合起来，研究博弈论、社交网络和语义学。拉波波特还将这些理解扩展到心理冲突的研究中，涉及核裁军和国际政治。他的自传《如履薄冰》（*Skating on Thin Ice*）于2001年出版，其内容包括一篇歌颂他的成就和思想的文章、一篇职业概述，以及学者和家人的推荐信，让我们能够了解阿纳托尔·拉波波特这位科学家。哲学家和物理学家马里奥·本格称拉波波特是一位多面手。本格的工作与他的理论相得益彰，因为他们的研究适用于解决现实生活中的问题，强调对数学的运用，以及"避免整体的空谈"。

弗里乔夫·卡普拉（1939年—）是奥地利裔美籍物理学家、系统理论家和深度生态学家。1995年，他成为加州伯克利生态素养中心的创始主任。他是舒马赫学院的教员。卡普拉的著作丰富，包括《物理之道》（1975年）、《转折点》（1982年）、《不寻常的智慧》（1988年）、《生命之网》（1996年）、《隐藏的联系》（2002年），他还是《生命的系统观》（2014年）的合著者。

阿恩·德克·奈斯（1912—2009年）是一位挪威哲学家，他创造了"深层生态学"一词，是20世纪末环境运动中一位重要的知识分子和鼓舞人心的人物，也是哲学领域的贡献者，出版了多部作品。奈斯引用了蕾切尔·卡森1962年的著作《寂静的春天》，认为这本书对他的深层生态学观点产生了重要影响。奈斯将他的生态愿景与甘地的"非暴力"结合在一起，并多次参与直接行动。奈斯坚称，虽然二战后早期的西方环境团体提高了公众对当时环境问题的认识，但他们基本上没有洞察他所说的这些问题的潜在文化和哲学背景，也未能预防或解决这些问题。奈斯认为，20世纪的环境危机是由现代西方发达社会中某些未被承认的、未被表达的哲学预设和态度造成的。因此，他区分了他所说的深层生态思想和浅层生态思想。与西方企业和政府中盛行的功利主义和实用主义不同，他主张对自然的真正理解，即欣赏生物多样性的价值，理解每一种生物都依赖于自然界复杂的相互关系网中其他生物的存在。

4. 复杂系统理论

复杂性正在成为一种后牛顿范式。从一个统一的角度来看，在物理、工程、环境、生命和人文科学的交叉点上，由几个亚单元组成的系统中发生的大量现象揭示了自然界的复杂性和相互依赖性。长期以来，人们普遍认为，将这类系统视为复杂系统是由不完整信息引起的，这与大量变量和参数的存在有关，然而这些因素掩盖了潜在的规律性。近年来，挑战这一观点的实验数据和理论突破已经面世，这表明复杂性恰恰植根于物理学的基本定律。这一认识为系统地研究复杂性开辟了道路，它今天已经发展成了一个高度跨学科、快速发展的科学分支。该学科领域融合了非线性动力学、统计物理学、概率和信息理论、数据分析和数值模拟等概念和工具。[56]

传统上，基础科学探索的是非常小和非常大的事物，这两者都超出了人类的日常认知范畴。然而，复杂系统的独特性在于，它与一类具有根本重要性的现象有关，在这些现象中，系统和观察者可能在可比的时间和空间尺度上演化。

在这一研究领域中出现了许多理论，包括自组织、自动生成、复杂适应系统、协同学、涌现、群体行为、等比例边界缩放、系统动力学/进化、弹性、网络科学、复杂性和全球化、空间/地理复杂性、交叉性、应用复杂性。出于篇幅的考虑，我们仅对其中的三个理论展开介绍。

复杂性理论

自组织理论。 自组织是由少数或多个组件组成的系统中的空间、时间、时空结构或功能的自发形成，这种形成通常呈现出一种目的性。在物理学、化学和生物学中，自组织现象主要发生在远离热平衡的开放系统中。然而，自组织现象也可以在许多其他领域中找到，如经济学、社会学、医学、技术。

我们日常生活中的许多物体，如家具、房屋、汽车、电视机、电脑，都是人造的。而在有生命的世界中，生物在没有人类干预的情况下生长，并获得其形状和功能，动物王国有很多这样的例子。人们越来越认识到，人脑甚至也可以被视为一个自组织系统；人类活动的许多表现形式也是一样的，例如在经济学和社会学中。此外，自组织的过程也可以在无生命的世界中找到，如云层、行星系统、星系等的形成。一个基本问题是，自组织有一般原则吗？在无生命的世界中，我们可以为大量现象找到积极的答案。到目前为止，在动物世界中，我们至少可以获得一些见解。在生物学（也许还有其他领域）中有一个争议：在每一个个案中，是否有一般原则，还是说我们需要特殊的规则和机制？

自组织的概念早在古希腊哲学中就有相关讨论了。[57] 近代以来，德国哲学家伊曼纽尔·康德和德国哲学家谢林都讨论过自组织，前者特别讨论了行星系统的形成，而后者的观点相对模糊。之后，罗斯·艾什比[58]和海因茨·冯·福斯特[59]在其二阶控制论中讨论了自组织。热力学中也对自组织进行了讨论。[60—61] 协同学作为一个跨学科领域也对自组织现象进行了系统研究[62]，该领域涉及自组织的数学基础以及这些现象的实验研究。目前正在发展的领域"复杂性"[63]在一定程度上也与自组织有关。

自动生成理论。1972 年，智利生物学家 H. 马图拉纳和弗朗西斯科·瓦雷拉在《自动生成和认知：生命的实现》[64]一书中引入了"自动生成"一词，以描述生命体（如细胞）自我维持的化学过程。从那时起，这一概念也被应用于认知、系统论、建筑学和社会学领域。在此书中，他们解释道："自动生成机器是一种被组织（定义为一个整体）为组件生产（转换和破坏）过程网络的机器，这些组件包括：通过相互作用和转换不断再生和实现产生它们的过程（关系）网络；构成它（机器）的方式是将其实现的拓扑域定义为这样一个网络，这个网络是它们（组件）存在的空间，并作为一个具体的统一体存在。"他们将"由自动生成系统定义的空间"描述为"自包含的"，这是一个"不能用定义另一个空间的维度来描述"的空间。然而，"当我们提到我们与一个具体的自动生成系统的交互时，我们将这个系统投影到我们的操作空间上，并对这个投影进行描述"。

自动生成只是当前几种生命理论中的一种，这些理论还包括提博尔·甘蒂的化学子[65]、曼弗雷德·艾根和彼得·舒斯特[66—68]的超循环、罗伯特·罗森的（M, R）系统[69]和斯图亚特·考夫曼的自动催化集[70]，类似于弗里曼·戴森[71]的早期提议。所有这些理论（包括自动生成）都在埃尔温·薛定谔的著作《生命是什么？》[72]中获得了启示。但刚开始，这些理论之间似乎没有什么共同点，主要是因为学者之间没有交流，也没有人在他们的主要出版物中提及任何其他理论。实际上这些理论之间有很多的相似之处，例如甘蒂和罗森

的。[73] 直到近期，几乎没有人再试图比较不同的理论。[74] 然而，也有一些人对自动生成这个术语在其原始语境中的使用提出了多种批评，他们试图定义和解释生命以及其各种扩展用法，例如将其应用于一般的自组织系统，特别是社会系统。[75] 批评人士认为，该概念及其理论未能定义或解释生命系统，并且由于使用的极端语言是自指性的，且没有任何外部参照，因此它实际上是为了证实马图拉纳的激进建构主义或唯我论认识论[76]，或者丹尼洛·佐洛[77]所称的"荒凉神学"。一个例子是马图拉纳和瓦雷拉的断言："我们看不到我们看不到的不存在。"[78] 事实上，这句断言的前半句是正确的，而后半句是错误的，"我们看不到的"究竟是否存在，目前我们无法判断。如果一个人对此类现象做出主观判断，那也是个人的信仰，而不是科学证据。此类断言在现代科学中还有不少。比如，达尔文的基本假设："生命是进化的，物种是可变的。"前半句可能是正确的，后半句可能不完全是正确的。玻尔和海森伯的断言："在微观世界中，一切都是不确定的，这种不确定性是微观粒子的固有属性，不是由我们观测水平的高低决定的！"这也应该看作他们的信仰，而不是他们给出了科学的证明。我们没有人能够穷尽微观世界中的一切。爱因斯坦断言："在所有惯性系参考中，物理定律有相同的表达形式；真空中的光速都是一个常数，与光源运动无关。"这也应该看作他的信仰，而不是他给出了科学的证明，因为人类除了在脑海中想象惯性参考系和真空以外，无法从物理上创建真空和惯性参考系，也因此，科学没有能力检验这个断言的对错。根据拉泽托和巴里的观点，尽管《自动生成和认知：生命的实现》一书对生物学产生了影响，但其在主流生物学中的影响被证明是有限的。拉泽托和巴里认为，自动生成概念通常不被用作生命的标准。

　　协同学理论。协同学是赫尔曼·哈肯于20世纪70年代创立的一个跨学科研究领域，研究物质，通常由许多单独的部分组成。[79] 它将注意力集中在自发上，即新品质的自组织出现上，这些品质可能是结构、过程或功能。协同学处理的基本问题是，是否存在自组织的一般原则，而不考虑系统各个部分的性质。尽管单个部分的种类繁多，可能是原子、分子、神经元（神经细胞），甚至是社会中的个体，但只要关注宏观尺度上的质量变化，对大类系统来说，这个问题可以得到积极的回答。这里的"宏观尺度"指的是与单个元素的尺度相比较大的空间和时间尺度。"协同工作"可能发生在系统的各个部分之间、系统之间甚至各学科之间。协同学的特点是实验和理论之间的强烈相互作用。

正在进行实验或理论处理的系统受到控制参数的影响，这些参数可以从外部固定，也可以由所考虑的部分系统生成。外部控制参数的一个例子是输入气体激光器的功率。内部生成控制参数的一个例子是人体中的激素或大脑中的神经递质。当控制参数达到特定临界值时，系统可能变得不稳定，并生成新的宏观状态。在这种不稳定点附近，可以识别一组新的集合变量：阶参数。至少在一般情况下，它们服从低维动力学，并从宏观上表征系统。根据从动原理，顺序参数决定了可能仍受波动影响的单个零件的行为。这些波动的起源可能是内部的，也可能是外部的。由于各个部分的合作使得顺序参数的存在反过来决定了各个部分的行为，因此我们谈到了循环因果关系。在临界点附近，单阶参数可能会经历非平衡相变（见分岔），这种相变通常伴随着对称性破坏、临界减速和临界波动。

如图 26.31 所示，协同学与其他学科有很多联系，例如复杂性理论（至少目前可能是其最相关的部分）、动力系统理论、分岔理论、中心流形理论、混沌理论、突变理论、随机过

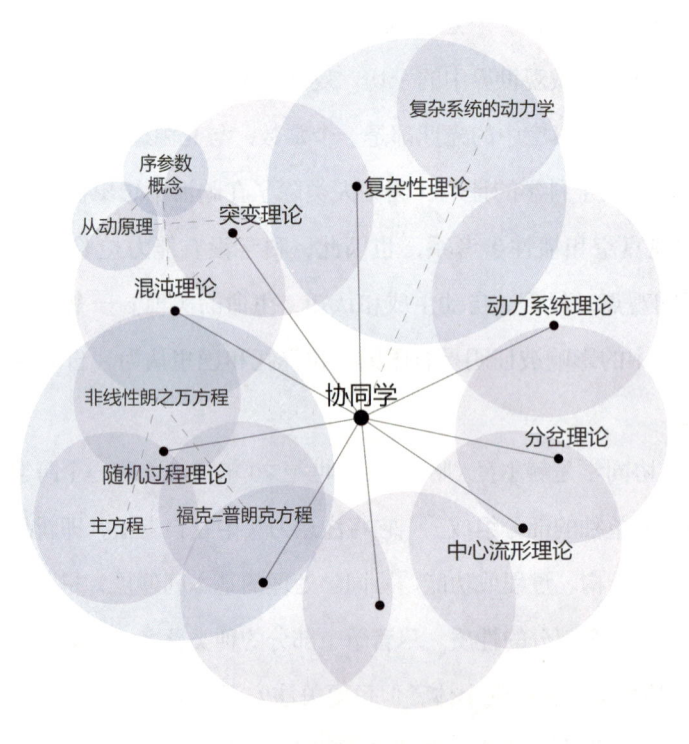

图 26.31　协同学与其他学科的关联

注：中心黑点表示协同学，每个圆代表一个学科。由实线连接分散出去的黑点表示协同学关联学科，由虚线连接的交叉学科属于包含它的大圆所标注的学科。

程理论。这些联系体现在包括非线性朗之万方程、福克-普朗克方程、主方程。特别是通过序参数概念和从动原理建立了与混沌理论和突变理论的联系。根据这一概念,在接近不稳定时,即使是复杂系统的动力学也仅由少数变量控制。

复杂系统论专家

在复杂系统论领域中,涌现出了众多专家人物,本节将对其中四位做简略介绍(见图 26.32)。

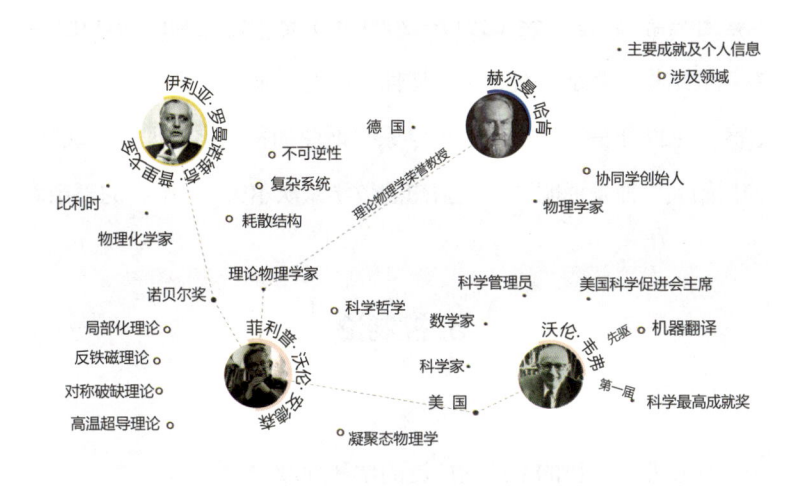

图 26.32　复杂系统论的专家及成就

注:黑色虚线连接了科学家之间的共性。

沃伦·韦弗(1894—1978 年)是美国科学家、数学家和科学管理员。他被广泛认为是机器翻译的先驱之一,也是为科学研究提供支持的重要人物。韦弗很早就认识到物理和化学的工具和技术可以极大地促进生物知识的进步,并充分利用其在洛克菲勒基金会担任的职位,积极识别、支持和鼓励那些多年后因在遗传学或分子生物学方面的贡献而获得诺贝尔奖或其他荣誉的年轻科学家。他对提高公众对科学的理解有着强烈的个人使命感。他曾于 1954 年担任美国科学促进会主席,1955 年担任该协会董事会主席,还是众多董事会和委员会的成员或主席,也是《雅顿之家声明》的主要作者。《雅顿之家声明》是 1951 年发布的一份原则宣言,是制定该协会目标、计划和程序的指南。韦弗于 1957 年被美国国家科学院授予公共福

利奖章。1965 年，他由于对提升公众对科学的理解所做出的杰出贡献，荣获了第一届科学最高成就奖，并获得了联合国教科文组织卡林加奖。

菲利普·沃伦·安德森（1923—2020 年）是美国理论物理学家和诺贝尔奖获得者。安德森对局部化理论、反铁磁理论、对称破缺理论（包括 1962 年一篇讨论粒子物理学中对称破缺的论文，促进了大约 10 年后标准模型的发展）和高温超导理论做出了贡献，并通过他关于涌现现象的著作对科学哲学做出了贡献。安德森还负责命名某一领域物理学，该领域物理学现在被称为凝聚态物理学。

伊利亚·罗曼诺维奇·普里戈金（1917—2003 年）是一位比利时物理化学家和诺贝尔奖获得者，以其在耗散结构、复杂系统和不可逆性方面的贡献而闻名。

赫尔曼·哈肯（1927 年—）是德国物理学家、斯图加特大学的理论物理学荣誉教授。他被称为协同学的创始人。他是证明了四色猜想的数学家沃尔夫冈·哈肯的表亲。

5. 控制论

控制论是一个涉及监管和目的系统的广泛的学科领域。

控制论的核心概念是循环因果关系或反馈，将其中观察到的行动结果作为进一步行动的输入，以支持对特定条件的追求和维持，或破坏。

控制论的由来

控制论是以循环因果关系的一个例子命名的，即操纵船舶的例子。在这个例子中，舵手在不断变化的环境中保持稳定的航向，根据观察到的结果不断调整方向。循环因果反馈的其他例子包括恒温器等技术装置（其中加热器的动作响应测量的温度变化，将房间温度调节在设定范围内）；生物学上的例子，比如通过神经系统协调意志运动；社交互动过程的例子，如对话。控制论关注的是反馈过程，比如如何引导，包括在生态、技术、生物、认知和社会系统中，在设计、学习、管理、对话等实践活动中，以及控制论本身的实践中。控制论的跨学科和"反学科"特征意味着它与许多其他领域交叉，因此它既有广泛的影响，也有不同的解释。

控制论作为一门学科起源于 20 世纪 40 年代许多领域之间的交流，包括人类学、数学、神经科学、心理学和工程学，如图 26.33 中的层级 A 所示。最初的发展通过梅西会议和比率俱乐部等会议得到巩固。在 20 世纪 50 年代和 60 年代控制论的发展最为突出，它是计算机、人工智能、认知科学、复杂性科学和机器人等领域的先驱，且与并行发展的系统科学密切相关，如图 26.33 中的层级 B 所示。控制论早期的发展重点包括有目的行为、神经网络、异质性、信息理论和自组织系统。随着控制论的发展，它的范围越来越广，包括设计、家庭治疗、管理和组织、教育学、社会学和创意艺术等领域的工作，如图 26.33 中的层级 C 所示。与此

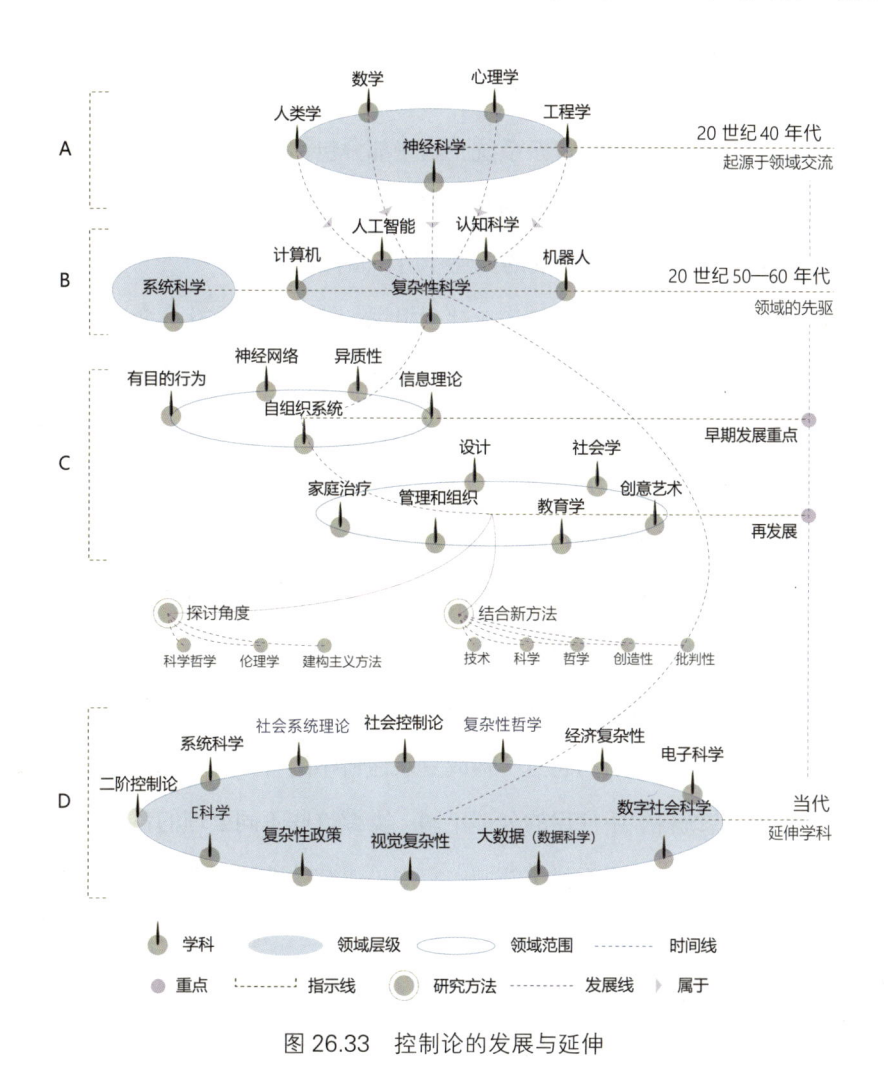

图 26.33 控制论的发展与延伸

同时，人们从科学哲学、伦理学和建构主义方法的角度探讨了由循环因果关系引起的问题，而控制论也与反文化运动有关。因此，当代控制论的范围和关注点各不相同，控制论学者采用并结合了各种技术、科学、哲学、创造性和批判性方法。

在控制论这一领域发展出的各种学科包括二阶控制论、系统科学、社会系统理论、社会控制论、复杂性哲学、经济复杂性、电子科学、数字社会科学、大数据（数据科学）、视觉复杂性、复杂性政策、E 科学等。在这里，我们简要介绍社会系统理论、复杂性哲学、E 科学，如图 26.33 中的层级 D 所示。

重要控制论

社会系统论。 社会系统论是一种研究社会现象和社会系统的综合性理论。该理论主张社会是由各种相互关联的部分组成的复杂系统，这些部分包括个体、社会群体、组织、机构等。社会系统论的核心思想是强调整体性和相互作用，认为社会现象不能简单地由其各个部分的特征来解释，而需要考虑这些部分之间的相互作用和整体性质。

社会系统论的研究范围涉及社会结构、社会组织、社会运作、社会变迁等多个方面。它关注社会系统内部的结构和功能，以及社会系统与外部环境的互动关系。社会系统论强调了社会的动态性和复杂性，认为社会是一个不断变化和适应的系统，且会受到内部和外部因素的影响。

社会系统论在社会科学领域具有广泛的应用，包括社会学、政治学、经济学、管理学等多个学科。通过社会系统论的视角，研究者可以更好地理解社会现象的复杂性和多样性，为解决社会问题和推动社会发展提供理论支持和方法指导。

复杂性哲学。 哲学信仰可以支撑科学家对一些本质问题提出假设，这些假设被称为公理。这些公理构成了数学或科学观点的起点。构成复杂性科学的各个领域都使用了一组公理，这些公理在许多方面与传统科学中使用的公理不同。支撑这些不同公理的哲学被称为复杂性哲学。然而，复杂性观点并不局限于科学领域，它们可以有效地适用于评估交互复杂和决策困难的个人和社会。

复杂性思维着眼于识别这种方法无效的情况，并提供一种可以更好地处理这些问题的替代性解决方案——复杂性哲学。在我们看来，这结合了三种思想：与非特定系统相关的系统

思维（结合控制论）、与非静态系统相关的有机思维（包括进化）和与非还原论相关的连接主义思维（基于吸引子）。

摆脱旧式科学公理的约束（尽管在其有限的领域内仍然有效）使我们能够探索一个迄今为止难以全面理解的有机世界。在高维（多值）系统中，简化论思想被证明是不充分的，孤立的一维结果不能预测真实的系统行为。相互关联系统的共同进化或上位性要求我们采取语境方法研究相互作用的动力学，而不是在更传统的科学中研究部分的静态组成。

语境方法使我们认识到，系统并非孤立存在，而是与其他系统（包括观察者的系统）一起定义。多个系统的这种共同进化性质使我们从生态系统的角度出发去理解这些系统随时间变化而发生的不规则变化。这一观点在我们传统科学的假设中没有强调，这些假设基于什么是非静态系统的静态快照。在复杂系统中，解决方案总是折中的，且没有单一的答案。相反，我们需要做的是使用多种技术在状态空间中比较备选答案或选项，以期在感兴趣的情况下确定最合适的、全局最优的答案或选项。

E 科学。E 科学是在高度分布式网络环境中进行的数据密集型科学，或使用需要网格计算的巨大数据集的科学。该术语有时还涵盖了支持分布式协作的技术，如网格计算。这一概念由英国科学和技术办公室主任约翰·泰勒于 1999 年提出，用于描述从 2000 年 11 月开始的一项大型资助计划。

从那时起，E 科学逐渐被应用到更广泛的领域，比如计算机技术在现代科学调查中的应用，其包括准备、实验、数据收集、结果传播，以及对科学过程中产生的所有材料的长期存储和可访问性。这些应用可能包括数据建模和分析、电子/数字化实验室笔记本、原始和拟合数据集、文稿制作和起草版本、预印、印刷/电子出版物。[80]2014 年，IEEE（电气和电子工程师协会）电子科学会议系列在组织者使用的一个工作定义中，将 E 科学的定义浓缩为"E 科学是在整个研究生命周期内促进跨学科的协作、计算或数据密集型研究的创新"。E 科学涵盖了通常被称为大数据的东西，它已经彻底改变了科学的定义。在数据高度密集的现代科学领域，如计算生物学、生物信息学、基因组学[81]和社会科学等的人类数字足迹，都会产生大量的电子科学数据。举例来说，欧洲核子研究中心的大型强子对撞机（LHC），每年就能产生约 780TB（万亿字节）的数据。

图灵奖获得者 J. 格雷将"数据密集型科学"或"E 科学"视为科学的"第四范式"（实

证、理论、计算和现在的数据驱动），并断言"由于信息技术的影响，科学的一切都在发生变化"，并且会产生数据泛滥。[82—83] E 科学革命性地影响了科学方法的两个基本分支：一是通过大数据分析的实证研究，二是通过计算机仿真建模发展的科学理论。[84] 这些想法反映在美国白宫办公室 2013 年 2 月发布的科学技术政策中。该政策将上述许多 E 科学输出产品列入保护和访问要求的备忘录中。E 科学包括粒子物理、地球科学和社会模拟。

控制论大师

许多科学家在控制论领域做出了重要贡献，本节将主要介绍五位控制论的先驱（见图 26.34）。

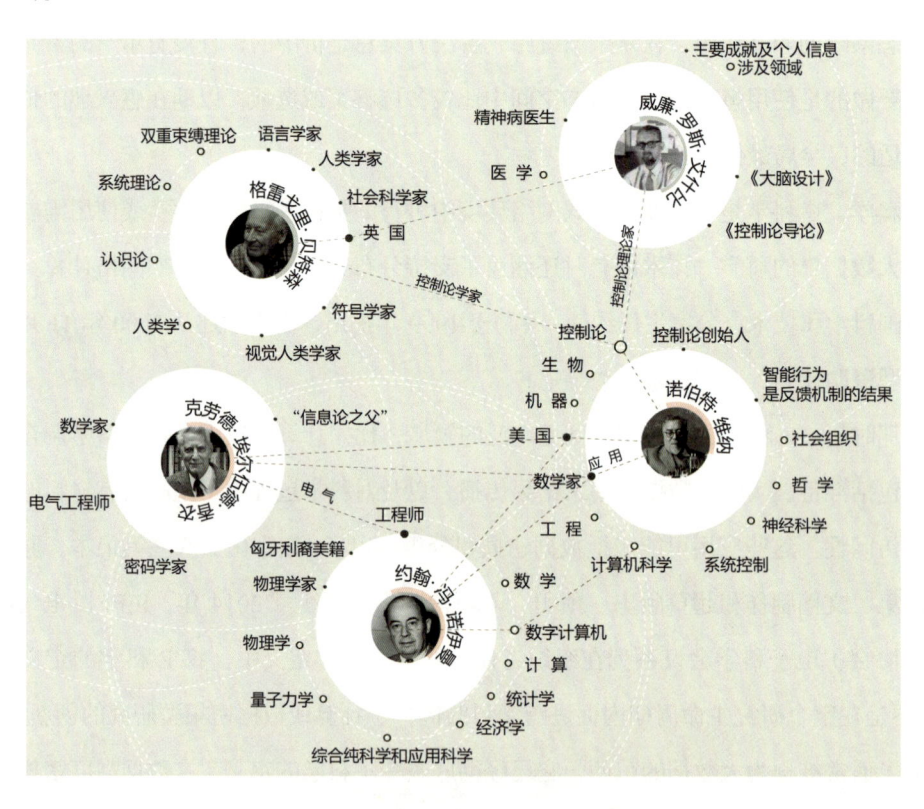

图 26.34　控制论先驱

注：黑色虚线连接了科学家之间的共性。

诺伯特·维纳（1894—1964 年）被认为是控制论的创始人。控制论是一门与生物和机器

有关的通信科学，对工程、系统控制、计算机科学、生物学、神经科学、哲学和社会组织都有影响。诺伯特·维纳被认为是最早提出所有智能行为都是反馈机制的结果的人之一。反馈机制可能由机器模拟，是现代人工智能发展的重要早期步骤。

威廉·罗斯·艾什比（1903—1972年）是英国精神科医生，也是控制论的先驱。他的两本著作《大脑设计》和《控制论导论》将精确和逻辑思维引入了控制论这门新兴的学科，并产生了深远的影响。这些"传教士作品"以及他的技术贡献使艾什比成为"继维纳之后的主要控制论理论家"。

格雷戈里·贝特森（1904—1980年）是一位英国人类学家、社会科学家、语言学家、视觉人类学家、符号学家和控制论学家，他的工作与许多其他领域交叉。他的作品包括《迈向心灵生态的步骤》(Steps to an Ecology of Mind, 1972年）和《心灵与自然》（1979年）。贝特森对系统理论的兴趣贯穿了他的作品。在加利福尼亚州的帕洛阿尔托，贝特森及其同事提出了精神分裂症的双重束缚理论。作为梅西会议核心小组的最初成员之一，他展现了社会和行为科学领域的高水平。此外，他与编辑兼作家的斯图尔特·布兰德的交往扩大了他的影响力。

克劳德·埃尔伍德·香农（1916—2001年）是美国数学家、电气工程师和密码学家，被称为"信息论之父"。作为麻省理工学院21岁的硕士生，他写了一篇论文，证明布尔代数的电气应用可以构建任何逻辑数字关系。在第二次世界大战期间，香农为美国国防密码分析领域做出了贡献，包括他在破译密码和安全电信方面的基础工作。

约翰·冯·诺伊曼（1903—1957年）是匈牙利裔美国数学家、物理学家、计算机科学家、工程师和多面手。冯·诺伊曼被认为是他那个时代对学科研究覆盖最广的数学家，他被认为是"在纯数学和应用数学领域同样精通的伟大数学家的最后代表"。他综合了纯科学和应用科学。冯·诺伊曼在许多领域做出了重大贡献，包括数学（数学基础、泛函分析、遍历理论、群论、晶格理论、表象理论、算子代数、几何和数值分析）、物理学（量子力学、流体力学和量子统计力学）、经济学（博弈论和一般均衡理论）、计算（冯·诺伊曼体系结构、线性规划、数值气象学、科学计算、自复制自动机、随机计算）和统计学。他是把运算与理论应用于量子力学的先驱，也是博弈论和细胞自动机、万能构造器和数字计算机等概念发展中的关键人物。

6. 人工智能

人工智能是解决复杂系统问题的一个重要手段，很多复杂系统理论是立足于人工智能这个基础而发展的。

人工智能是由机器展示的智能，而不是由包括人类在内的动物展示的自然智能。人工智能研究被定义为智能代理的研究领域，它指的是任何能够感知其环境并采取行动以最大限度实现其目标的系统。

人工智能诞生

"人工智能"一词以前曾被用来描述模仿和展示与人类思维相关的"类人"认知技能的机器，如"学习"和"解决问题"。这一定义后来遭到了从事人工智能研究人员的拒绝，他们现在用理性和理性行为来描述人工智能，这一定义并不限制智力的表达方式。换句话说，这种描述方式为人工智能的智力展现提供了更广阔的空间，不再局限于模仿人类思维的传统框架，从而能够容纳更多样化的智能形式。如图 26.35 所示，本节将对人工智能的发展做重点介绍。

人工智能的应用广泛而多样，包括高级网络搜索引擎（如谷歌）、推荐系统（优酷视频网站、亚马逊和网飞公司使用）、理解人类语言（如苹果智能语音助手和亚马逊的语音助手亚历克莎）、自动驾驶汽车（如特斯拉）、自动决策，以及在战略游戏系统（如国际象棋和围棋）的最高级别竞争。随着机器的能力越来越强，那些曾经被认为需要"智能"才能完成的任务，往往会被从人工智能的定义中删除或重新定义，这种现象被称为人工智能效应。例如，光学字符识别经常被排除在人工智能之外，因为它已经成为常规技术。

人工智能于 1956 年作为一门学科被创立，此后几年经历了几次乐观主义浪潮，随后是失望和资金损失（被称为"人工智能的冬天"），接着是新的方法、成功和新的资金。人工智能研究自开始以来，尝试并放弃了许多不同的方法，包括模拟大脑、模拟人类解决问题、形式逻辑、大型知识数据库和模仿动物行为。在 21 世纪的前二十多年里，基于先进数学统计的机器学习占据了这个领域的主导地位。事实证明，这种技术非常成功，它能够帮助人们解决整个行业和学术界的许多具有挑战性的问题。

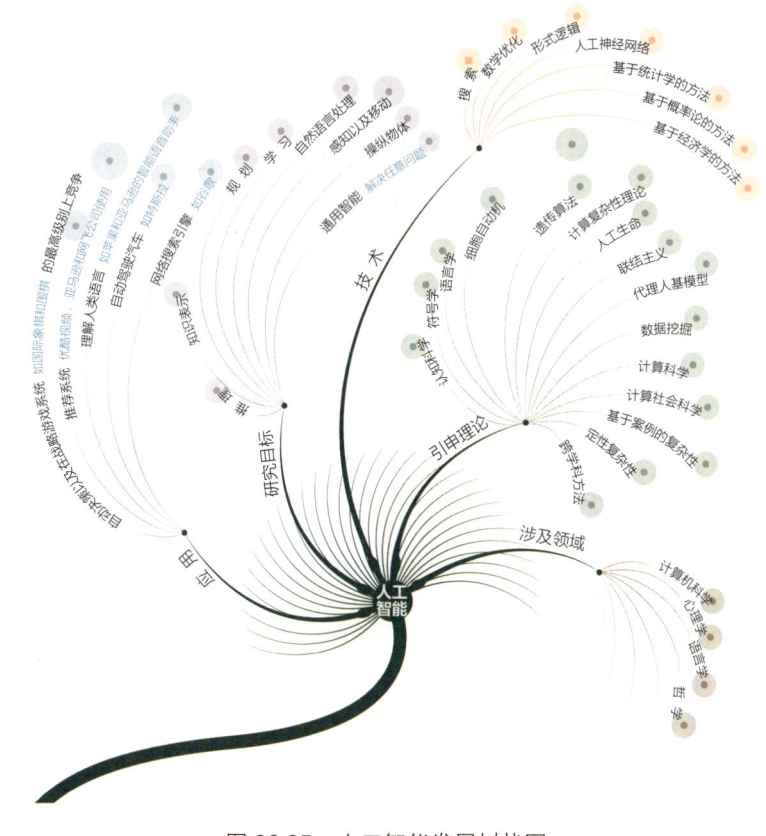

图 26.35 人工智能发展树状图

注：上图为人工智能发展的树状图，主干为深绿色，主要以其应用（浅蓝色）、研究目标（紫色）、技术（红色）、引申理论（浅绿色）和涉及领域（浅褐色）五方面来展开。

人工智能研究的各个子领域都围绕着特定的目标和特定工具的使用展开。该领域的传统目标包括推理、知识表示、规划、学习、自然语言处理、感知以及具备移动和操纵物体的能力。通用智能（具备解决任意问题的能力）是该领域的长期目标之一。为了实现这些目标，人工智能研究人员采用并整合了广泛的问题解决技术，包括搜索和数学优化、形式逻辑、人工神经网络以及基于统计学、概率论和经济学的方法。人工智能还涉及计算机科学、心理学、语言学、哲学等众多领域。图 26.36 展示了人工智能芯片，它主要用于人工智能的计算、模拟等。

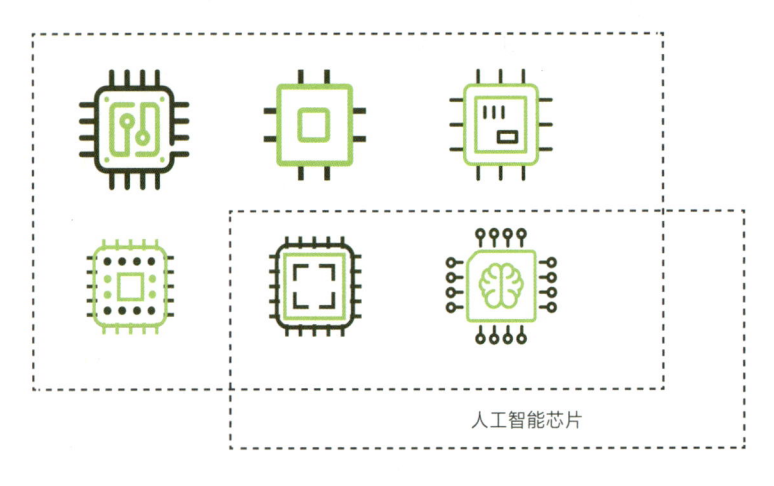

图 26.36　人工智能芯片

人工智能领域建立在这样一个假设之上：

> 人类智能"可以如此精确地描述，以至于可以制造一台机器来模拟它"。

这引发了关于创造具有类似人类智能的人造人的思想和伦理后果的哲学争论，而这些问题自古以来就被神话、小说和哲学所探索。此后，科幻作家和未来学家提出，如果人工智能的理性能力不受监管，它可能会给人类带来生存风险。

人工智能理论

人工智能领域发展出了很多不同的理论，它们是认知科学、符号学、语言学、细胞自动机（也称元胞自动机）、连接主义、遗传算法、计算复杂性理论、人工生命、基于代理人的建模、多代理人建模、数据挖掘、计算科学、计算社会科学、基于案例的复杂性、定性复杂性、跨学科方法。在这一节中，我们简要介绍认知科学、细胞自动机和遗传算法。

认知科学是对心识和智能的跨学科研究，包括哲学、心理学、人工智能、神经科学、语言学和人类学等多个领域。[85]它起源于 20 世纪 50 年代中期，当时多个领域的研究人员开始开发基于复杂表征和计算过程的心识理论。1956 年前后，知识界发生巨大变化。乔治·米勒总结了大量研究，这些研究表明人类的信息加工能力是有限的。例如，短期记忆仅限于大约

七个项目。他提出，可以通过将信息重新编码成块来克服记忆限制，这种心理表征涉及对信息进行编码和解码的心理过程。当时，计算机只出现了几年，但先驱们如约翰·麦卡锡、马文·明斯基、艾伦·纽厄尔和赫伯特·西蒙，正在创建人工智能领域。此外，诺姆·乔姆斯基拒绝了行为主义者关于语言是一种学习习惯的假设，提议用由规则组成的普遍语法来理解语言的本质。本段提到的六位思想家可以被视为认知科学的创始人。[86] 认知科学的组织起源于 20 世纪 70 年代，当时认知科学学会成立，杂志《认知科学》开始出版。从那时起，北美、欧洲、亚洲和澳大利亚等国家和地区的一百多所大学设立了认知科学课程。

细胞自动机是指定形状网格上的"有色"细胞的集合。[87] 冯·诺伊曼是最早考虑这种模型的人之一，并将细胞模型纳入其"万能构造器"理论中。[88] 细胞自动机在 20 世纪 50 年代早期作为生物系统的可能模型被人们进行了研究。沃尔弗拉姆从 20 世纪 80 年代开始对细胞自动机进行了全面研究，他在该领域的基础研究以其著作《一种新科学》的出版而达到顶峰[89]，其中他提出了一个关于细胞自动机的巨大结构集合，里面有一些突破性的新发现。

细胞自动机有各种形状和种类，其最基本的属性之一是离散网格。最简单的网格是一维线。在二维中，可以考虑正方形、三角形和六角形网格。细胞自动机也可以在任意维数的笛卡儿网格上构造，最常见的选择是一维整数网格。多维整数网格上的细胞自动机以沃尔弗拉姆语言作为细胞自动机实现（规则，初始化，步骤）方式。

遗传算法是费希尔自然选择基本定理[90]推广的计算机可执行版本。这一推广包括：关注染色体上基因的相互作用，而不是假设等位基因相互独立作用；扩大遗传算子集，以包括其他众所周知的遗传算子，如交叉（重组）和反转。在第一种推广下，适应度函数成为一个复杂的非线性函数，通常无法通过总结单个基因的影响来有效地近似。第二种推广强调遗传机制，例如交叉，这种机制在染色体上有规律地运作。交叉发生在每次交配中，而给定基因的突变通常发生在不到百万分之一的个体中。哺乳动物通过同种内的交配产生后代，其后代表现出父母的混合特征——以人类群体为例，而人工杂交使选择的动物和植物的人工育种成为可能，从而可以生产出优质品种。很显然，交叉的高频率使其在生物进化中发挥了重要作用，并且在遗传操作中起着至关重要的作用。

遗传算法以染色体作为一系列基因的经典观点为基础。费希尔利用这一观点发现了数学与遗传学联系，并提供了指定的特定基因在人群中传播速度的数学公式。[91] 遗传算法的关键要素包括以下内容。

  每个基因的指定替代集（等位基因），用于指定允许的基因串（可能的染色体）。
  一代一代的进化观；在每个阶段，一群个体产生一组后代，构成下一代。
  一个适应度函数，计算每一串等位基因携带该染色体的个体能贡献的后代数量。
  一组遗传算子；特别是费希尔自然选择基本定理中要素的突变，修改个体的后代，使下一代与当前一代不同。

  自然选择可以被认为是一个通过一组可能的个体（搜索空间）进行搜索的过程，以找到适应度逐渐提高的个体。即使一个自然种群由单一物种组成，比如说当代人类，该种群内部也存在很大的差异。这些变体构成了搜索空间的样本。

  遗传算法通常用于寻找不符合标准技术问题的最佳解，如梯度上升（"爬山"）或加法近似（"整体等于部分之和"）。[92] 遗传算法适用的一些典型问题，包括管道控制、喷气发动机设计、调度、蛋白质折叠、机器学习、建模语言获取和进化，以及建模复杂的自适应系统（如市场和生态系统）。要使用遗传算法，搜索空间必须表示为某些固定字母表上的字符串，就像生物染色体由四个核苷酸上的字符串表示一样。字符串可以表示任何内容，从生物有机体或信号处理规则到复杂适应系统中的代理。遗传算法使用这些字符串进行总体初始化，且这些字符串可以简单地从搜索空间中随机选择，或者初始总体可以用使用问题先验知识挑选的字符串"初值"。然后，遗传算法开始处理这些字符串，经过多轮迭代后，它会发现某些字符串的适应度高于平均值。当高于平均水平、链接良好的模式定期与改进相关联时，遗传算法会快速利用这些模式进行改进。

推动者的力量

  人工智能领域的重要贡献者非常多，由于篇幅的限制，这里只介绍两位代表性的人物（见图 26.37），感兴趣的读者可以翻阅复杂系统理论图（如图 25.2 所示）。

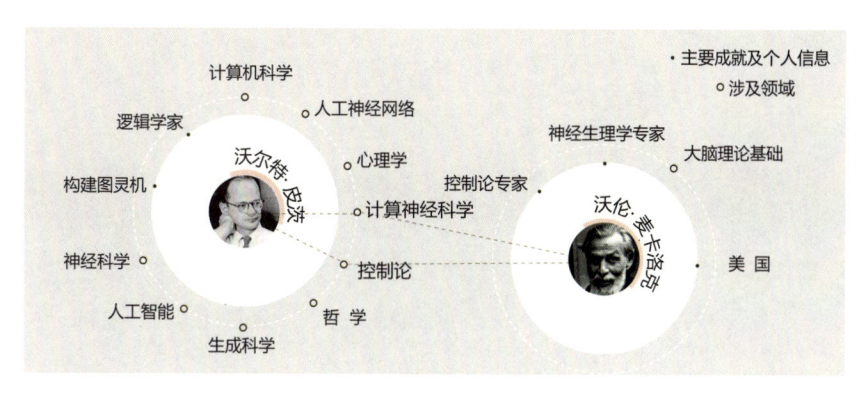

图 26.37　人工智能大师

注：黑色虚线连接了科学家之间的共性。

沃尔特·皮茨（1923—1969年）是一位计算神经科学领域的逻辑学家，他提出的神经活动和生成过程的理论公式，对认知科学和心理学、哲学、神经科学、计算机科学、人工神经网络、控制论、人工智能和生成科学等多个领域有里程碑式的影响。他与沃伦·麦卡洛克一起撰写了科学史上的一篇开创性论文，题为《关于神经活动中思想的逻辑演算》（1943年），该文提出了第一个神经网络的数学模型。该模型的单元是一个简单的形式化神经元，它通常被称为麦卡洛克-皮茨神经元模型，至今仍然是神经网络领域的参考标准之一。在那篇论文发表的前一年，他在《数学生物学公报》（*Bulletin of Mathematical Biology*）中发表了一篇题为《对简单神经元回路的一些观察》的文章，正式阐述了他关于构建图灵机的基本步骤的想法。

沃伦·麦卡洛克（1898—1969年）是美国神经生理学和控制论专家，以其在某些大脑理论基础上的卓越研究和对控制论运用的贡献而闻名。他与沃尔特·皮茨一起，基于被称为阈值逻辑的数学算法创建了计算模型。该算法将研究分为两种不同的方法，其中一种方法侧重于研究大脑中的生物过程，另一种侧重于神经网络在人工智能中的应用。

第 27 章

融合的尝试

本章主要介绍我们在东方哲学指导下建立的一个万统论，这个理论还处于初期的阶段，我们在此进行抛砖引玉式的介绍。

1. 何为万统论？

释义 27.1: 万统论

万统论是一个假设的、单一的、包罗万象的、连贯的物理学理论框架。它充分解释了我们所能观察到的世界上的所有自然现象和社会现象，并将它们联系在一起。[1]

许多哲学家和科学家一直追求建立统一的理论框架，其中包括亚里士多德、牛顿、拉普拉斯和爱因斯坦。然而，构建出统一的理论框架仍然是物理学中尚未解决的主要问题之一。

两朵乌云。19 世纪热与光动力学理论上空的两朵乌云——热辐射实验和迈克耳孙-莫雷实验分别促进了狭义、广义相对论[2]和量子力学[3-4]的发展。这可以说是科学发展的一个高峰期。相对论和量子力学基于两种不同且相互冲突的哲学基础，也不同于经典力学的哲学基础。虽然相对论仍然基于因果律，但量子力学放弃了因果律，并假设微观世界的性质是随机的，海森伯提出了一个著名的不确定性原理来强调这一点。[5-6]爱因斯坦对量子现象的这种解释非常不满意，因此爱因斯坦和玻尔之间进行了长期的争论。然而，从这一发展过程中，我们认识到人类对外部世界的认识是有限的，无论是宏观世界还是微观世界。由于这种局限性，对一个复杂的系统来说，不确定性总是存在的，不管这些不确定性是否可以减少，科学家们将其分为两大流派——确定性和概率性,并认为这两种观点是对立的、不能共存的。

还原论遭挑战。随后,人们开始应用经典力学原理来研究生命现象,生命科学中的各种学科也随之发展起来。在 20 世纪 20 年代至 50 年代,人们逐渐意识到对生物体来说,整体性大于部分性的叠加,简单的还原主义方法似乎不够完备,因此必须与整体方法相结合。在这种背景下,冯·贝塔朗菲创立了一般系统论。他的目标是将生物学家在工作中观察到的有机体科学整合在一个领域内,他认为"系统"一词就可以描述一般系统所共有的原则。

爱因斯坦-玻尔争论。尽管一些科学家支持贝塔朗菲的想法[7],认为寻求适用于一般系统的统一理论是合理的。然而,在玻尔与爱因斯坦关于宏观和微观世界是否遵守统一规律的争论中,玻尔击败了爱因斯坦,他坚持认为微观世界与宏观世界的运行规律有根本不同。这导致了量子力学的随机性观念成为科学界的主流。大多数科学家在接受了海森伯不确定性原理[8—9]和正统量子力学后,选择不再将万统论视为可能的答案。[10—16]尽管如此,仍有少数人相信万统论是可能的,并声称他们已经构建了一个万统论。[17—21]然而,万统论还没有被主流科学界所接受。

我们的观点

对于万统论这个问题,我们的观点有两个。一是"这是一个哲学问题",对于所有的哲学问题,没有对错,只有选择。科学家们不同的选择反映了其不同的世界观和价值观,他们也会采取不同的行动方案,最终得到不同的结果。二是选择可能比选择不可能更有利于科学的发展。[22]虽然针对整个宇宙的万统论是不可能的,因为这是我们无法观察到的,但我们能够观察到的世界的万统论是否存在,也是一个哲学问题,这取决于科学家的选择。如果所有的科学家都选择了"不可能"而放弃这项研究,那么万统论就永远不会产生。然而,如果一些科学家选择相信万统论存在的可能性,并不断努力构建万统论,那么万统论就有可能被创造出来。每一种科学理论的发展过程都遵循了这条道路。任何关于未来事件不可能发生的说法从根本上说都是过分的主张,可能是对的,也可能是错的。一个人选择"是"有利于科学的发展,而所有人选择"否"则会阻碍科学的发展。此外,我们还有以下理由支持我们对"是"的信念。

(1)系统是一个非常普遍的概念,我们遇到的每个问题都可以用一个系统来建模。根据

贝塔朗菲的说法[23]，系统是一组相互作用或相互关联的实体，它们构成一个统一的整体。一个系统由其空间和时间边界所划定，被其环境所包围和影响，由其结构和目的所描述，并以其功能来表达。系统的示意图如图 26.28 所示。

（2）宇宙是一个整体，宇宙中的所有物体都相互作用。例如，每个可观测物体都有质量，根据牛顿万有引力定律，每个粒子都会吸引宇宙中的其他粒子，其力与它们质量的乘积成正比，与它们中心之间距离的平方成反比。如果粒子具有电荷等其他属性，则这些粒子之间存在其他类型的力。

（3）理论是人构建的。对于一个给定的系统，一般系统理论总是可以用来建立系统的数学模型。目前我们有宏观系统的经典力学，微观系统的量子力学，宇宙系统的相对论力学。唯一存在的问题是，这三种理论是基于不同的公理，且这些公理之间存在一些矛盾。

（4）统一取得进展。在爱因斯坦-玻尔争论发生后，人们在统一方向上取得了许多进展。弦理论[24]和 M 理论[25]是两个被主流科学界接受为万统论潜在候选理论的例子，而其他理论只是个人的主张。[26—30]但弦理论和 M 理论没有遵守科学知识必须是可验证的这个基本条件，因此，近十多年进展缓慢。

（5）"是"的结果比"否"好。首先，如前所述，选择"是"更有利于科学的发展。其次，如果用许多理论来处理不同的系统，这些理论之间存在的矛盾和悖论就无法解决。最后，为了彻底解决科学的"工具"问题，即科学是一种工具，它可能产生好的和坏的影响[31]，我们需要通过统一宗教、哲学和科学来构建一个万统论。这在二元论心身模型中是可能实现的，我们将在下一节中解释。没有人类行为的因果律，利他主义缺乏哲学基础，这是许多社会问题产生的根源。[32]因此，科学的主要任务是揭示我们生活的世界上一切事物的因果律，特别是人类行为的因果律。我们的结论：相信万统论存在比不相信好。我们认为，通过推广一般系统论的方法，消除经典力学、相对论和量子力学之间的哲学矛盾，同时统一一些重要的基本概念，我们就可以发展出一个万统论。崔维成团队目前已经解决了理论框架和哲学基础上的一些问题。[33—45]

2. 探索与构建

科学能够研究的系统及其环境都必须限定在世界范围之内，世界外面的宇宙空间暂时不予考虑，这是由科学知识的可验证性所决定的。假设所有的相互作用都具有局域性，则系统外面的物体对系统内物体的影响就可以忽略。万统论的分析模型见图27.1。我们感兴趣的是一个特定物体如何相对于地球运动的问题。让我们构建一个地球固定的时空坐标系，如果物体有质量，它就会受到引力的作用；如果物体有电荷，它就会受到电磁力的作用；如果物体有意识，那么它也会受到意念力的作用。与其他可以预先确定其方向的力不同，意念力的大小和方向可以随主观意志而改变，由心识决定。如果两个相互作用的物体都有心识，则每个物体都可以产生自己的意念力。以两个人来举例，两个独立的意念力可以让两个人相互靠近，相互走远，一追一赶等。如果我们认为牛顿第二定律对于所有物体的运动都有效，再知道所有这些力，就能计算出它们的轨迹。从这个问题的解决过程中，我们可以抽象出构建万统论的一般过程。

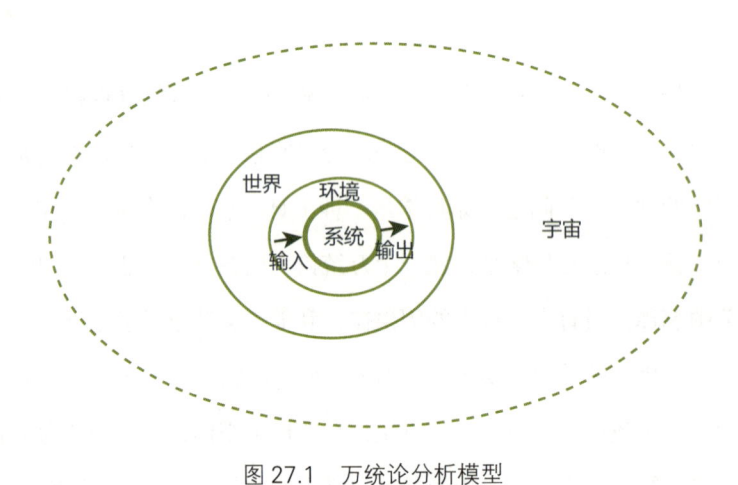

图 27.1　万统论分析模型

第一步，通过定义要研究的系统及其环境来构建系统模型。

第二步，应用数学推导系统性能的控制方程。

第三步，建立边界条件和初始条件。

第四步，求解数学模型。

第五步，解释数学解所对应的系统物理性质。

简化。由于实际系统通常是复杂的，为了简化问题，在第二步中人们通常会简化一些假设。因此，任何数学方程都是物理现实的近似值，而不是物理现实的真实值。这一概念经常被许多科学家忽视，他们将一些场方程，如爱因斯坦的引力场方程、薛定谔方程，视为根本不能违背的普遍真理。这个观点实际上是不正确的。

坚持经典力学的推广而不是革命。在这个求解系统问题的过程中，我们并没有对物体究竟是宏观的还是微观的做出限制，所用的时间、空间和质量的概念完全是与经典力学一致的，数学上只需要用欧几里得空间和概率论即可，并不需要用到希尔伯特空间或黎曼空间，甚至相对论的时空。指导物体运动的规律就是牛顿第二定律或者其所对应的变分原理。对经典力学的唯一修正就是还需考虑生命体由于心识和身体相互作用产生的意念力。目前，对于这个力如何测量和如何计算，我们还需要深入研究。但万统论模型为过去经典力学无法解释的各种异常现象提供了解释的空间。

3. 盘点理论的问题

经典力学受到挑战从而发展出全新的相对论和量子力学，其根本原因在于光的波粒二象性现象在经典力学中无法得到妥善解释。这一困境促使科学家探索新的理论，从而诞生了正统量子力学。但一些科学家对正统量子力学中的波函数坍缩和测量问题不满意，又提出了玻姆力学这一理论。在量子力学中，量子纠缠成为当前的最大难题。本节将对这三个问题的来龙去脉进行简要介绍。

波粒二象性

波粒二象性是量子力学的一个重要概念，用来解释双缝实验中观察到的现象。长话短说，可以简单地做如下解释（见图27.2）。

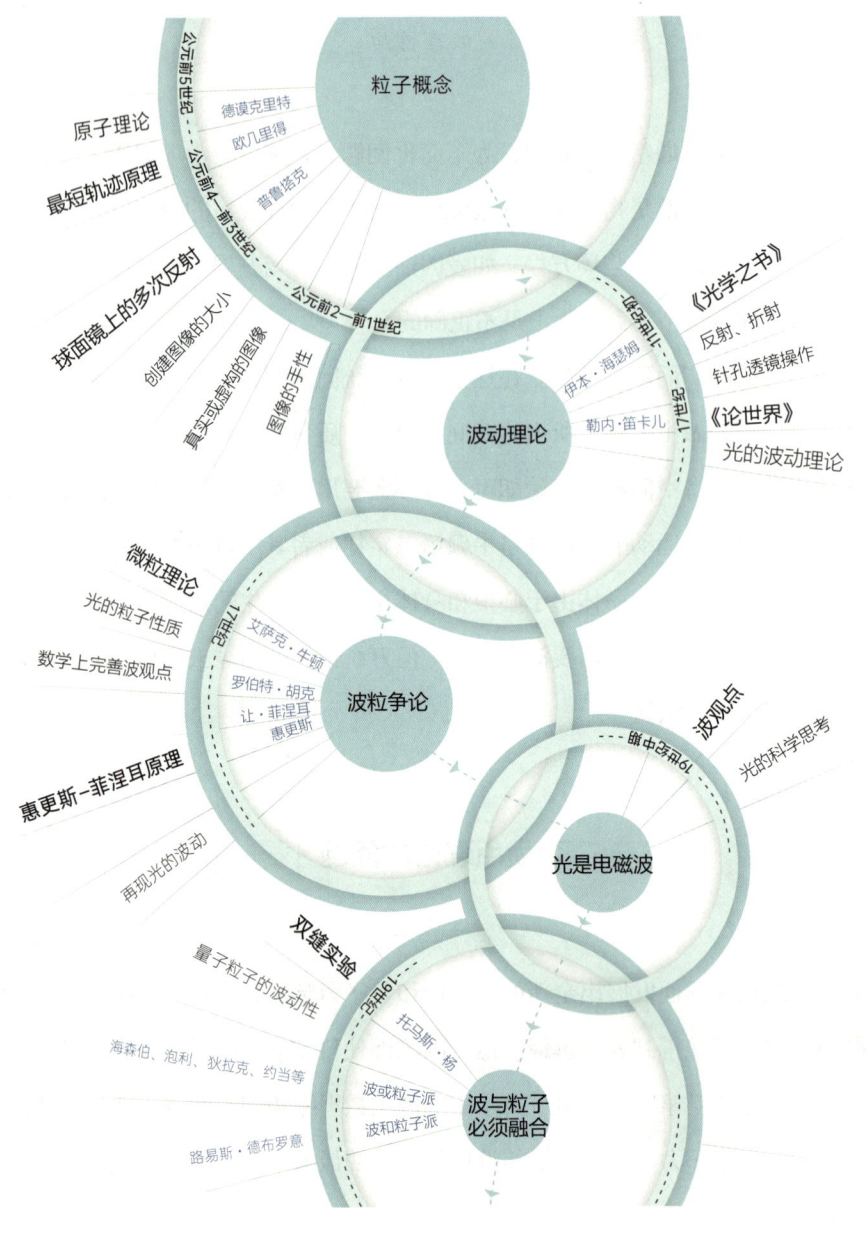

图 27.2　波粒二象性概念的发展

注：发展时间线与图中箭头标示走向一致，每个理论外套圈是理论发生的时间环，环上标示了时间段，每个时间点或段对应的放射状文字标示了此理论在这一段时间的具体发展成果。

　　光粒子概念的诞生。德谟克里特是第一个提出光的粒子理论的人。他假设宇宙中的一切事物，包括光，都是由不可分割的微小粒子——原子组成的。欧几里得发表了关于光传播的

论文，并阐述了光的最短轨迹原理，包括球面镜上的多次反射，而普鲁塔克描述了球面镜上的多次反射，讨论了创建较大或较小的图像，真实或虚构的图像，包括图像的手性情况。

波动理论诞生。 11 世纪初，阿拉伯科学家伊本·海瑟姆撰写了《光学之书》，描述了光线通过反射、折射和针孔透镜从发射点传播到眼睛的过程。他断言这些射线是由光的粒子组成的。1630 年，勒内·笛卡儿在其关于光的论文《论世界》中认可并推广了反向波的描述，提出光的行为可以通过对普遍介质（发光以太）中的类波扰动进行建模来重新解释。[46] 所以笛卡儿是第一个提出光的波动理论的人，此时他所指的波是物质波，以太是产生波的介质。

波粒争论。 从 1670 年开始，经过 30 多年的发展，艾萨克·牛顿发展并支持了微粒理论，认为完美的直线反射证明了光的粒子性质，只有粒子才能沿着这样的直线运动。他通过假设光粒子进入密度更大的介质时横向加速来解释折射。这巩固了粒子理论。牛顿的同时代人罗伯特·胡克和克里斯蒂安·惠更斯，以及后来的奥古斯丁·让·菲涅耳从数学上完善了波的观点，表明由于光在不同介质中以不同的速度传播，折射可以很容易地被解释为光波依赖介质传播。由此产生的惠更斯-菲涅耳原理非常成功地再现了光的波动行为。

光是电磁波。 波观点并没有立即取代射线和粒子观点，而是在 19 世纪中期开始主导关于光的科学思考，因为它可以解释偏振现象，而其他替代观点无法解释。詹姆斯·克拉克·麦克斯韦发现，他可以应用自己之前发现的麦克斯韦方程组，并稍加修改来描述振荡电场和磁场的自传播波，这些自传播波被证实为电磁波。很快，人们发现可见光、紫外光和红外光都是不同频率的电磁波，这一点变得很明显。

波与粒子必须融合。 从上面介绍的历史来看，似乎我们有时必须使用波动理论，有时必须使用粒子理论，而有时我们可能会使用其中任何一种。我们面临着一种新的困难：这两种理论描述现实图景相互矛盾。它们各自都不能完全解释光的现象，但共同使用它们就可以解释。1801 年，托马斯·杨进行了一项双缝实验。在实验中，一束低强度的电子束（这样电子就可以一个接一个地被注入）撞击一个不透明的表面，并在其上留出两条狭缝。在表面的另一侧有一个探测屏，用来探测电子的位置。探测器屏幕对粒子做出响应，被探测粒子的图案也显示出波的干涉条纹特征。因此，该实验同时展示了波（干涉图样）和粒子（屏幕上的点）的行为。通过这个实验，许多科学家认为所有的量子粒子都表现出波动性。为了解释量子系统背后的物理机制，波和粒子的概念应该以某种方式融合在一起。融合存在两条路线。[47]

（1）波或粒子派：当时，大多数年轻科学家（海森伯、泡利、狄拉克、约当等）都有意识或无意识地放弃了轨道的概念。他们开始了一条新的路线——"波或粒子"路径，根据实验情况，他们必须在波或粒子行为之间进行选择。电子基本上与概率（振幅）波有关。当我们测量电子的位置时，电子的粒子性质就出现了。用玻尔的话说，一个物体不能同时是波和粒子，它必须是一个或另一个，视情况而定。这种方法主要由玻尔支持，是哥本哈根或正统量子力学解释的支柱之一。

（2）波和粒子派：路易斯·德布罗意通过假设薛定谔波动方程的导波解描述电子轨迹，解释了波与粒子概念在原子尺度上融合的量子现象。这就是我们所说的玻姆路线。一个对象不能同时是波和粒子，但两个或更多个粒子就可以。

在我们看来，"波和粒子"的路径更加清晰，它与经典力学原理保持一致，如空气波和水波，而"波或粒子"的路径则非常古怪，需要依赖难以理解的波函数坍缩和测量问题这类新概念。更多关于第二条路线的优点可参见玻姆力学相关的书。

测量问题

问题诞生。正统量子力学中的测量问题是如何（或是否）发生波函数坍缩的问题。由于无法直接观察到这种坍缩现象，人们对量子力学产生了不同的解释，并提出了一系列关键问题，每个解释都必须回答这些问题。

在正统量子力学中，量子系统在给定时间的状态由复波函数描述，在所谓的希尔伯特空间的复向量空间中，也被称为状态向量。波函数根据薛定谔方程作为不同状态的线性叠加进行确定性演化。然而，人们在实际测量中总是发现物理系统处于特定的状态。波函数的任何未来演化都是基于测量时发现的系统状态，这意味着测量对系统"起了作用"，而这显然不是薛定谔方程演化的结果。测量问题是描述"某物"是什么，多个可能值的叠加如何成为单个测量值。为了用不同的方式表达问题，薛定谔波动方程被选为波函数，并在任何时候都要满足基本规律。如果观察者和他们的测量仪器本身是由确定性波函数描述的，为什么我们不能精确预测测量结果，而只能预测概率？一个普遍的问题是，如何在量子和经典现实之间建立对应关系？测量问题可以表述为物理量子理论（与实验经验一致）不可能同时满足以下三个假设。[48]

1. 波函数总是根据线性和单一的薛定谔方程进行确定性演化。
2. 测量总是发现物理系统处于局部化状态，而不是宏观可分辨状态的叠加。
3. 波函数是对量子系统的完整描述。

在经验上，满足三个假设的理论与实验结果不一致。不同的物理理论的发展取决于哪个假设被忽略。[49]之所以出现测量问题，是因为现有的解决方案都不能让整个科学界满意。

正统量子力学观点。哥本哈根诠释是量子力学的一种解释，也是被最广泛接受的一种解释。它认为薛定谔方程的一元线性演化并不总是有效的（这种解忽略了第一个假设）。当进行测量时，线性的薛定谔方程应被非线性的坍缩定律代替。通过使用适当的算符 $\hat{G}$ 来描述对量子系统某些实验性质的典型正统预测，其特征值给出了可能的测量结果。当我们测量一个特定的本征值时，初始波函数被转换成算子的本征函数。这就是所谓的冯·诺伊曼测量（投影测量）。因此，量子系统波函数的时间演化受以下两个（完全不同的）定律控制。

（1）第一个动力学演化由薛定谔方程给出。这个动力学定律是确定的，因为当我们知道量子系统的初始波函数和哈密顿量时，量子系统的最终波函数是完全确定的。

（2）第二个动力学定律叫作波函数的坍缩。坍缩是波函数与测量仪器相互作用的结果。在测量时，波函数会坍缩，测量前的初始波函数被特定算符 $\hat{G}$ 的一个本征态所取代。这与薛定谔方程给出的确定性动力学定律相反，坍缩是不确定的，因为最终波函数是在算符的本征态中随机选择的。

在正统解释中，量子系统运动方程（线性或非线性）的对偶性是一个持续存在争议的问题。许多科学家对这种测量问题的解决方案不满意。[50]人们对哥本哈根解决方案的不满之处在于，该理论没有明确规定何时、在何种情况下必须使用线性或非线性方程。总的来说，哥本哈根诠释的支持者往往对其背后机制的认知解释不耐烦。这种态度可以用一句经常被引用的咒语总结："闭嘴，请按我给的公式计算！"

玻姆力学观点。德布罗意-玻姆理论试图以截然不同的方式解决量子力学力中测量问题。描述系统的信息不仅包含波函数，还包含给出粒子位置的补充数据（轨迹）。波函数的作用是描述产生粒子的速度场，这些速度使得粒子的概率分布与正统量子力学的预测保持一致。根据德布罗意-玻姆理论，在测量过程中与环境的相互作用分离了状态空间中的波包，这是波函数明显坍缩的来源，即使它没有实际坍缩。

德布罗意-玻姆理论假设波函数本身并不能提供量子态的完整描述，也就是说，它忽略了第三假设，并在理论中包含了额外的元素（隐藏变量）。在单粒子系统的两个不相交状态的空间叠加中，只有支撑包含粒子位置的状态与动力学相关。请注意，在玻姆力学中，定义哪些相互作用被视为测量，哪些不被视为测量并不是强制性的。所有的相互作用（是否意味着测量）都被一视同仁地对待。因此，在玻姆力学中不存在特殊的测量问题。在比较这两种解释时，贝尔评论道：

> 模糊性、主观性和不确定性（在正统量子力学中）不是由实验事实强加给我们的，而是由深思熟虑的理论选择强加给我们的。正统理论是"非专业性的模糊且不明确的"，因为它的基本动力是用"在应用中是合法和必要的，在一个具有所有物理精确性的公式中没有位置的词语"来表达的。[51]

对于测量问题的这两种解释，我们更愿意选择德布罗意-玻姆理论，而不是正统量子力学。在第26章中关于逻辑的介绍中已经交代，根据哥德尔定理，任何一个科学理论都不应该坚守完备性，而应该检查逻辑一致性。如果我们坚持了逻辑一致性，也就不会出现与经典力学完全不同的测量问题解释。

量子纠缠

现象描述。量子纠缠是一种物理现象，当一对或一组粒子以某种方式产生、相互作用或共享空间接近时，该对或该组粒子的量子态无法独立于其他粒子的量子态，即使当粒子被远距离分离时。量子纠缠是经典物理和量子物理之间差异的核心，纠缠是经典力学中缺少的量子力学的主要体现。

在某些情况下，通过对纠缠粒子的位置、动量、自旋和极化等物理性质的测量可以发现这些性质是完全相关的。例如，如果一对纠缠粒子的产生使得它们的总自旋为零，并且一个

粒子在第一个轴上顺时针自旋，那么在同一个轴上测量的另一个粒子的自旋则被发现为逆时针自旋。然而，这种行为产生了看似矛盾的效果：对粒子特性的任何测量都会导致该粒子的波函数不可逆地崩溃，并改变原始量子态。对于纠缠粒子，这样的测量会影响整个纠缠系统。

这些现象是阿尔伯特·爱因斯坦、鲍里斯·波多尔斯基和内森·罗森在 1935 年发表的一篇论文以及埃尔温·薛定谔随后不久发表的几篇论文的主题，描述了后来被称为 EPR 佯谬的现象。[52] 量子纠缠已经在光子、中微子、电子、巴克球大小的分子，甚至小钻石的实验中得到了证实。量子纠缠在通信、计算和量子雷达中的应用是当今非常活跃的研究和发展领域。

我们对这些现象的解释与现有的解释不同，我们将量子纠缠解释为心灵的纠缠。任何两个有思想的身体都可以进行积极的运动，无论身体大小，无论是人还是量子，都可以纠缠在一起。

意念力。对大多数物理学家来说，引力和电磁力是自然界已知的远程相互作用。[53] 然而，许多实验证据表明，由于身心互动（或心理运动）而产生的意念力也是存在的。[54] 因此，在我们的模型中，引力、电磁力和意念力被视为长程相互作用，而弱力和强力被视为自然界中的短程相互作用。重力是由质量引起的，电磁力是由电荷或带电粒子引起的，而意念力是由生物的身体和心识的相互作用引起的。引力和电磁力是被动力，意念力是主动力，可以由生物通过训练来控制。为了解释非接触力，即远程相互作用，人们引入了场概念，每个力对应一个场 [55]，但场本身并不是一种独立的存在。

电磁力。利用现代科学方法研究引力系统始于 16—17 世纪（伽利略、牛顿等人的著作），关于电磁学的研究始于 19 世纪（亚历山德罗·沃尔塔、汉斯·克里斯蒂安·奥斯特、安德烈·玛丽·安培、迈克尔·法拉第和詹姆斯·克拉克·麦克斯韦等人的著作）。[56] 另外两种已知的自然基本相互作用是强作用力和弱作用力，它们是短程的，只有在非常特殊的实验室条件下才能探测到。它们在 20 世纪中叶被发现。

意念力的证据。国际上第一个心灵研究学会（SPR）于 1882 年在伦敦成立。它的形成是人们第一次系统地组织科学家和学者研究超自然现象。经过 140 多年的研究，人们积累了一些意念力存在的实验证据 [57]，但这种力仍然没有被物理学界广泛接受。

在第一篇中我们已经介绍了，立足于同时相对性公理，心识和意念力必然存在，由此，我们把 4 种被动力不能解释的现象都归结到意念力上。因此，量子纠缠也被归因于身心互动的意念力的相互作用。因为生命体可以产生信息，因此心灵纠缠也可以传输信息，其速度可能比光速快。[58] 所以，在我们的理论模型中，超光速传输信息是可能的，但传输物体就做不到了。而事实上物体也不需要远程传输。如果一个生命体把他的身体分解为以太进入宇宙，然后心识到达宇宙中的另外一个世界，在那个世界，心识再重新把以太凝聚出一个身体，这样他似乎实现了超光速行走。[59—60]

意念力的数学处理。和重力势描述粒子轨迹一样，我们也可以用量子势来描述意念力的作用。在量子力学中，哈密顿-雅可比方程中 $Q(x, t)$ 的存在意味着玻姆轨迹不仅取决于经典势 $V(x, t)$，还取决于量子势 $Q(x, t)$，它是与单粒子实验重复着不同相关的轨迹分布类型的函数 $R(x, t)$。[61] 事实上，作用于每个量子轨道的是 $R(x, t)$ 的形状，而不是绝对值。每个经典轨道都可以独立于系统的形状进行计算。在一个特定实验中，一条量子轨道的动力机制依赖于从其他相同实验中构建的其他轨道的集合，这一事实对我们的经典思维来说是非常违反直觉的。然而，这可以很容易地用不同轨迹的心识纠缠来解释。每个轨道由初始位置和速度确定，所有初始条件由实验者确定。不同实验的初始条件不是独立的，而是满足确定性类型的概率分布（该集合上的一些限制）。因此，一次试验的轨迹可能取决于其他初始条件，这主要是因为假设初始条件遵循一定的概率分布。

4. 万统论的解决方案

十大挑战：世界科技与发展论坛从 2019 年召开第一届大会开始，每年都会发布该年度人类社会发展的十大科学问题，图 27.3 给出了 2019—2021 年发布的问题，在这一节中我们将对这 30 个科学问题做一些分析。

2019—2021 年提出的这些问题都可以归结为人口、资源、环境之间的根本问题，而这个根本问题的核心是人类福祉。人和其他动物都有追求快乐、远离痛苦的本能。如果按照动物界"弱肉强食"的丛林法则，则人们不需要建立任何理论，也不需要教育。通过教育人类可以提升灵魂和道德境界，通过立法人类可以建立一种和谐生存的规则。在这种情况下，将人的价值观引向利他主义哲学会有好处。唯物主义哲学实际上倡导的是人类中心主义[62]，这无法为利他主义提供哲学基础[63]，而现在的元宇宙思维、生态哲学思维[64—68]都具有这个功能。我们要建立

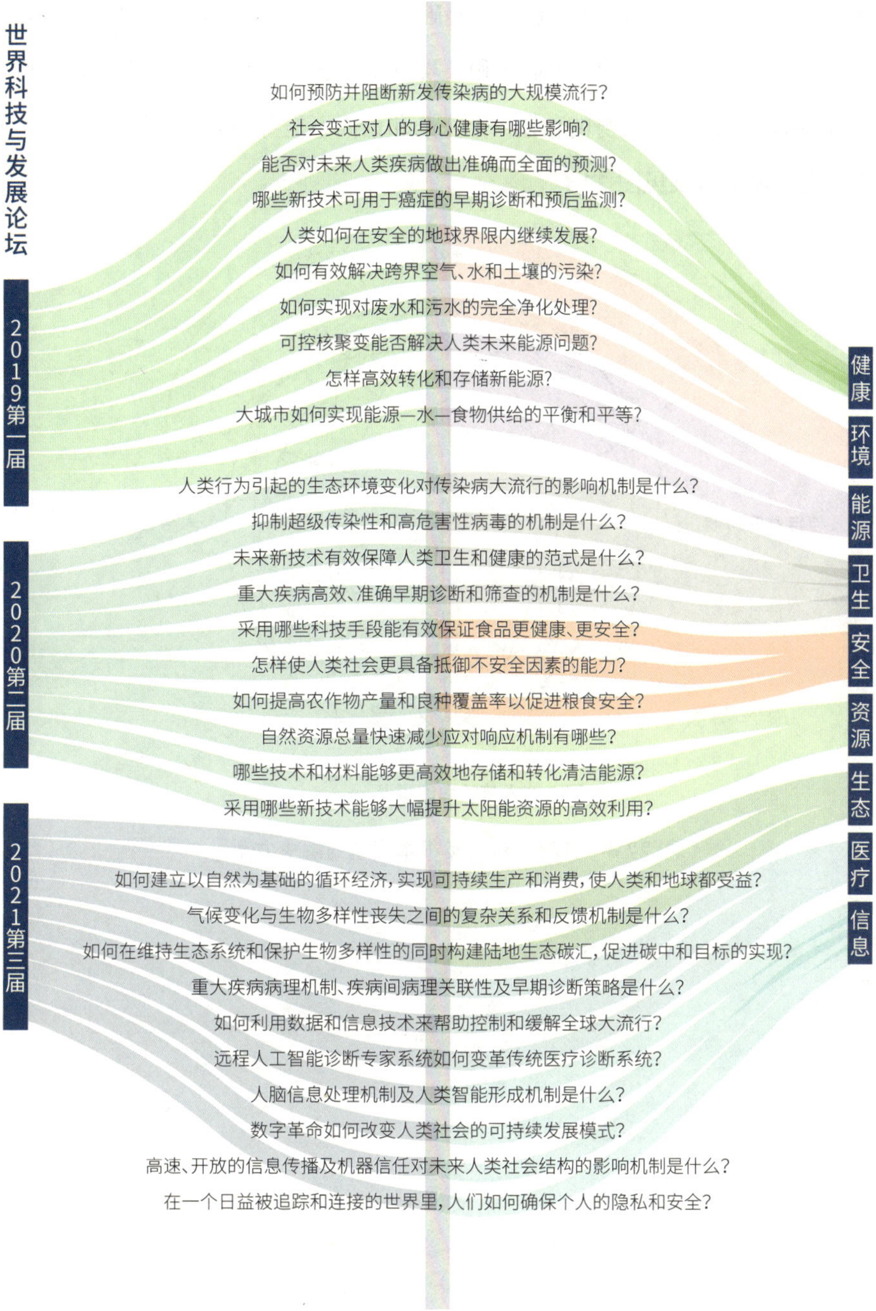

世界科技与发展论坛

2019 第一届
- 如何预防并阻断新发传染病的大规模流行？
- 社会变迁对人的身心健康有哪些影响？
- 能否对未来人类疾病做出准确而全面的预测？
- 哪些新技术可用于癌症的早期诊断和预后监测？
- 人类如何在安全的地球界限内继续发展？
- 如何有效解决跨界空气、水和土壤的污染？
- 如何实现对废水和污水的完全净化处理？
- 可控核聚变能否解决人类未来能源问题？
- 怎样高效转化和存储新能源？
- 大城市如何实现能源—水—食物供给的平衡和平等？

2020 第二届
- 人类行为引起的生态环境变化对传染病大流行的影响机制是什么？
- 抑制超级传染性和高危害性病毒的机制是什么？
- 未来新技术有效保障人类卫生和健康的范式是什么？
- 重大疾病高效、准确早期诊断和筛查的机制是什么？
- 采用哪些科技手段能有效保证食品更健康、更安全？
- 怎样使人类社会更具备抵御不安全因素的能力？
- 如何提高农作物产量和良种覆盖率以促进粮食安全？
- 自然资源总量快速减少应对响应机制有哪些？
- 哪些技术和材料能够更高效地存储和转化清洁能源？
- 采用哪些新技术能够大幅提升太阳能资源的高效利用？

2021 第三届
- 如何建立以自然为基础的循环经济，实现可持续生产和消费，使人类和地球都受益？
- 气候变化与生物多样性丧失之间的复杂关系和反馈机制是什么？
- 如何在维持生态系统和保护生物多样性的同时构建陆地生态碳汇，促进碳中和目标的实现？
- 重大疾病病理机制、疾病间病理关联性及早期诊断策略是什么？
- 如何利用数据和信息技术来帮助控制和缓解全球大流行？
- 远程人工智能诊断专家系统如何变革传统医疗诊断系统？
- 人脑信息处理机制及人类智能形成机制是什么？
- 数字革命如何改变人类社会的可持续发展模式？
- 高速、开放的信息传播及机器信任对未来人类社会结构的影响机制是什么？
- 在一个日益被追踪和连接的世界里，人们如何确保个人的隐私和安全？

健康　环境　能源　卫生　安全　资源　生态　医疗　信息

图 27.3　我们面临的挑战

注：上图标示了 2019—2021 年，人们在世界科技与发展论坛上逐年提出的挑战，分别可归属于健康、环境、能源等九大领域。

的万统论就是基于东方哲学（儒、道、佛）的基础之上的，不光人类是命运共同体，这个世界都是一个命运共同体，要把人与社会（儒）和人与自然（道）的和谐[69—71]作为最高准则，而能够达到这个境界的基础是人与自身的和谐，即身心和谐而不是身心分离（也就是佛）。万统论对人类根本问题的解决方案见图 27.4。

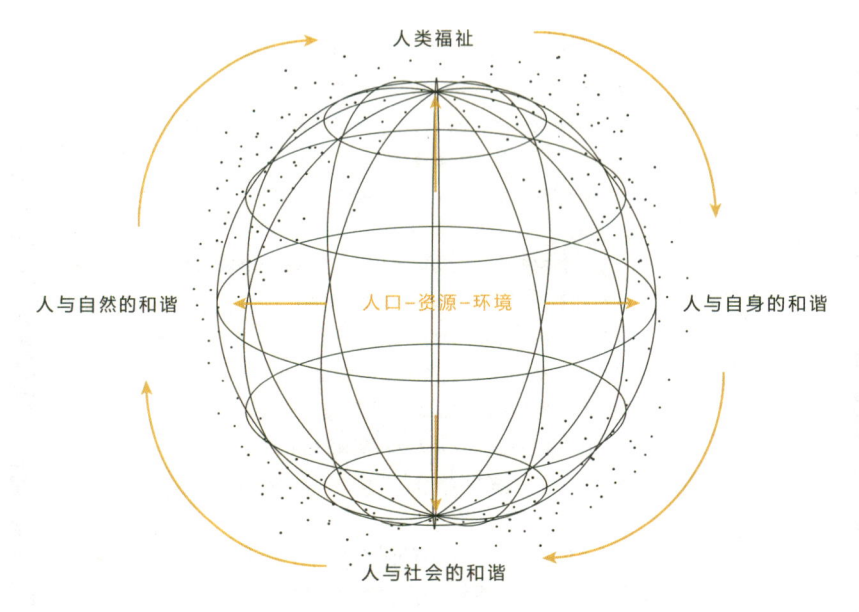

图 27.4　万统论对人类根本问题的解决方案

第 28 章

融合的未来

通读本书可以看到，所谓的元科学是指使用科学方法来研究科学本身。从前文以元宇宙的角度对人类科学发展历史的梳理中可以看出，各种不同学科的融合将成为 21 世纪的主流趋势。本章作为全书的最后一章，我们的主要目的是对未来的发展趋势提出一些看法，包括收集的其他名人、大企业的一些看法以及我们自己的看法。

1. 科学是否需要扩展？

现在很多人可能主张科学的定义需要扩展，我们的观点是，对于一个最常用的基本概念，我们并不主张总是改变它，除非发现它自身定义中存在悖论。现在维基百科上的定义确实存在这个问题，如"宇宙"和"可检验的"是有冲突的。因此，我们建议把宇宙改为世界，其他保持不变。因此，我们对于科学的定义如下：[1]

> 科学是一套关于自然和社会系统的结构和行为的明确定义和逻辑上一致的知识，这些知识是通过观察、测量和做实验获得的，这些实验的形式是可测试的解释和预测，我们可以在我们生活的世界中观察到该系统。

2. 未来发展趋势的预测

华为的研判

元宇宙概念也是人们对于未来科技发展趋势预测的一个产物。在这一节中，我们简要介绍华为公司对于未来科技发展的一个研判，供大家参考。

在 2022 年 4 月 27 日于深圳召开的华为第 19 届全球分析师大会上，华为战略研究院院长周红发表了"面向未来的科学假设与商业愿景"的主题演讲，他的报告主要包括 4 个科学假设，面向未来的 2 个基础科学问题，以及 8 个前沿技术挑战。[2]

他提出的面向未来的 4 个科学假设分别是：

拓展认知边界，物质与能量、现象与规律（见图 28.1）

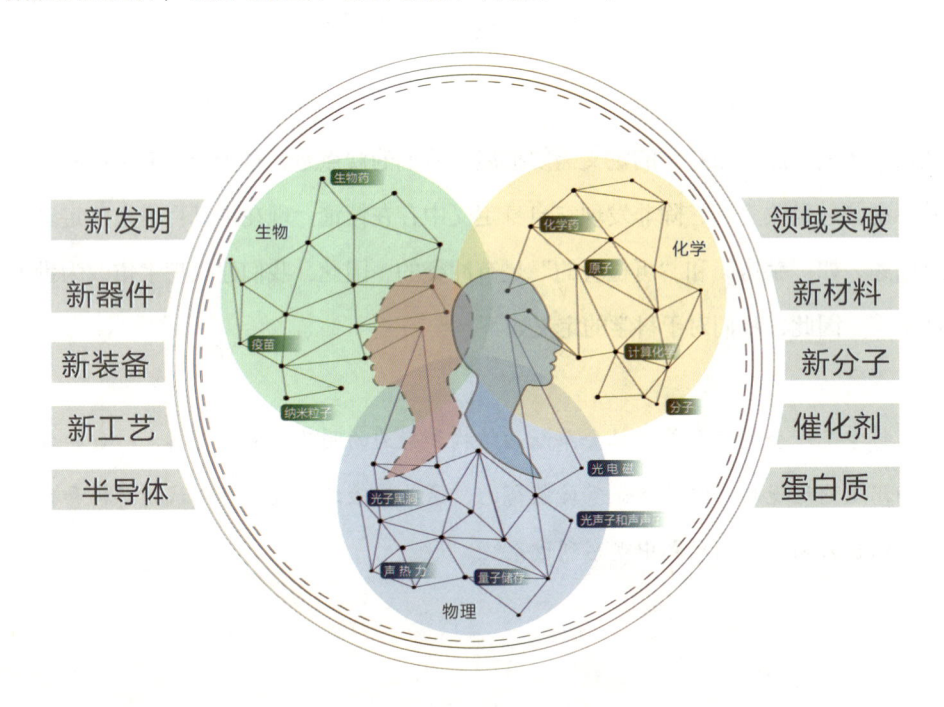

图 28.1 拓展认知边界

注：红色人侧剪影表示感性思维，蓝色人侧剪影表示理性思维，由两种思维的交叉融合产生了由绿、黄、紫圆分别表示的人对生物、化学、物理领域的认知，包裹住上述的大圆为人的认知边界，边界左右两边分别列举了拓展认知边界后会产生的新发明和领域突破结果。

探索基础科学和前沿技术，拓展我们认知的边界。尤其是物理、化学、生物等领域的突破，将使我们能够更好地发明新分子、催化剂、蛋白质等，以及新装备和新工艺。

拓展感知极限，更好地了解世界和人类自身（见图 28.2）

我们未来将不断扩展感知世界和感知自身的能力，将从接近人类感知到超越人类感知、从替代感知到扩展和创造感知、从人类感知到机器感知。

图 28.2　拓展感知极限

注：以人脑为核心的突破感知极限，上图分别以最富象征性的视、嗅、听、味、触觉 5 感表示感知，由同色连线的图形表示不断突破极限后人类创造和感知到的新事物。

探索新的计算模式与实现方式，认知世界、解决问题（见图 28.3）

探索适应目标与环境的计算模式与高效实现方式，从而更好地认知世界、解决问题、创造价值。

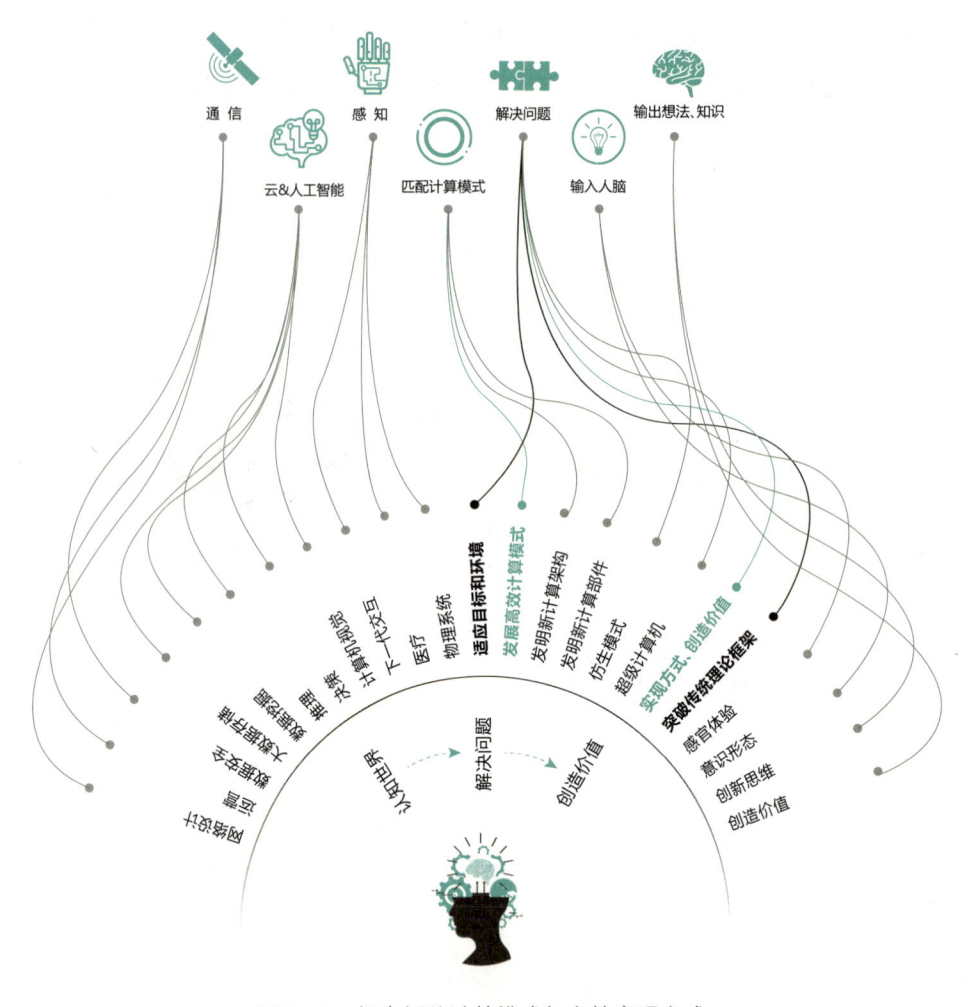

图 28.3　探索新的计算模式与高效实现方式

注：从人脑思维出发，从"认知世界"到"创造价值"分为三步。图中 7 个蓝色图形代表的方面分别对应由线发散连接的实现方式，蓝色字表示细分方向的总结，加粗黑字表示解决思路。

突破香农定律的假设，在更大的时空中发展信息通信（见图 28.4）

在有别于香农定律的假设以及更大的时空中探索信息通信，从而跨越空间的障碍，建设全球直达的能力，连接虚拟与现实世界以及无处不在的机器。

为了打破科学假设与商业愿景之间的壁垒，他把创新分成前后相关的 5 个环节：从假设和愿景，到理论、技术和商业创新（见图 28.5）。越靠近后端商业、客户和用户的创新，效果就越明显；而越靠近前端假设、愿景和基础科学，就越需要耐心。

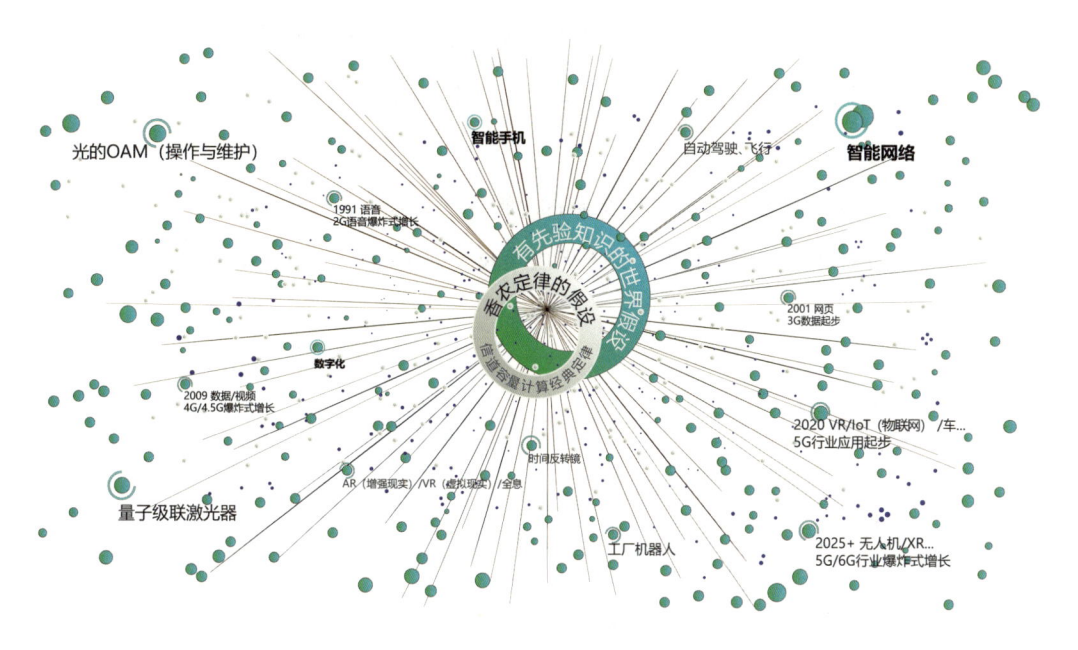

图 28.4 突破香农定律的假设，在更大的时空中发展信息通信

注：上图中两个圆环表示香农定律假设和先验知识所限制的世界现有认知，以放射性线条爆炸式发射的蓝色小点代表突破原有认知后不断发明的新事物，上图大小不一的绿色圆圈按时间的先后罗列，它们表示在更大的时空发展过程中具有代表性的事物。

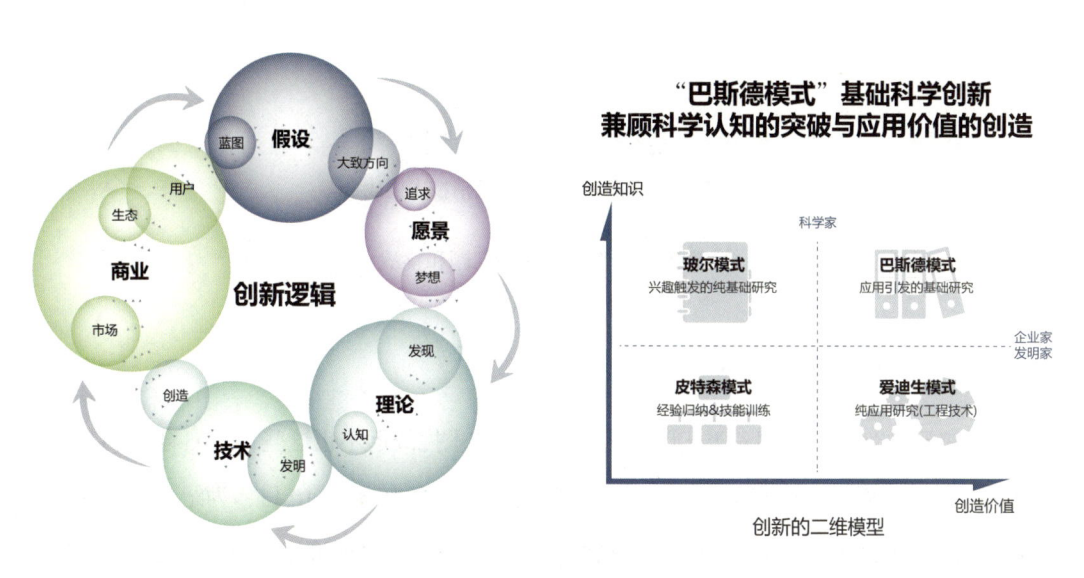

图 28.5 打通科学假设与商业愿景，创造知识与价值

为了实现这些目标，在基础科学研究上，除了支持以科学家兴趣驱动的"玻尔模式"创新外，还应该探索"巴斯德模式"创新，这样既能拓展科学认知，也能创造应用价值。他提出的 2 个基础科学问题以及 8 个前沿技术挑战，如图 28.6 所示。

第一个科学问题是机器如何认知世界，能不能建立适合机器理解世界的模型。

第二个科学问题是如何理解人的生理学模型，尤其是人体八大子系统的运行机制，以及人的意图和智能。

机器如何认知世界	如何理解人的生理学模型	a 赛博格	b AI健康	c 智能软件	d 通信升级	e 算力创新	f 新材料	g 新制造	h 新能源
可否建立有助于机器理解世界的模型？	人体子系统的运行机制以及人的意图和智能	脑机接口 肌机接口 3D显示 虚拟触觉 嗅觉 味觉	无感监测 智能研发	应用为中心 高效自动化	香农极限 区域级 全球级 高效 高性能	计算模式 适应性 更低成本 非传统 可调试	AI新分子 AI新器件 AI催化剂	超越传统 更低成本 更高效率	安全高效 能源转换 储能 按需服务

○ 问题和挑战
—— 指示线
—— 关系线

基础科学问题　　前沿技术挑战

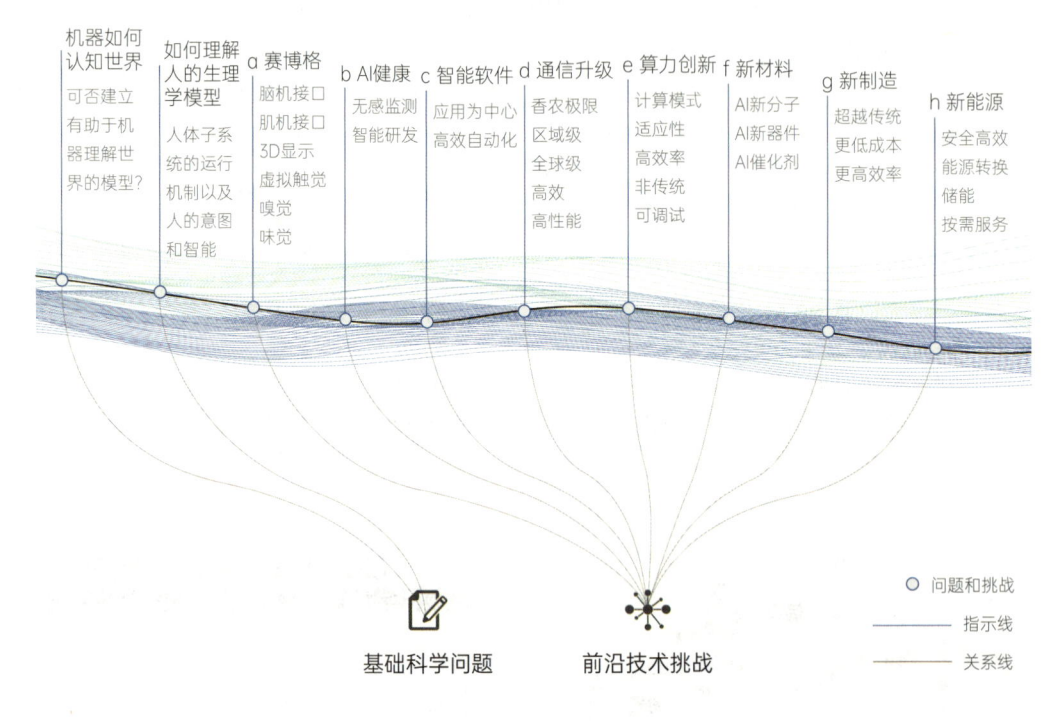

图 28.6　面向未来的问题和挑战

125 个前沿问题

问题来源。当然，我们人类实际面临的科学与技术挑战远不止这些，2005 年《科学》杂志庆祝创刊 125 周年时提出了 125 个前沿科学问题。2021 年 4 月 10 日，为纪念上海交通大学建校 125 周年，"SJTU Science 125 个科学问题发布暨未来科技论坛"在上海交通大学闵行校区举行。

作为上海交通大学建校 125 周年纪念的一项重要活动，2021 年该校联合了美国科学促进会和《科学》杂志，邀请诺贝尔奖、沃尔夫奖、拉斯克奖、图灵奖、麦克阿瑟天才奖等奖项的获得者作为世界"最强大脑"共同参与，讨论了人类当前与未来面对的 125 个科学问题[3]并发行了《125 个科学问题——探索与发现》增刊，很好地更新了 2005 年的科学指引，也会对此后十几年的科学发展产生积极影响。此后十几年间，科技发展日新月异，科学突破层出不穷，许多问题将得到一定程度的解答，对一些问题的研究也会更为深入。

问题分类。在 125 个科学问题[4]中，神经科学方面有 12 个问题，医学与健康方面有 11 个问题，化学方面有 9 个问题，数学方面有 3 个问题（见图 28.7）。

生态学方面有 8 个问题，信息科学方面有 4 个问题，生命科学方面有 22 个问题，而且其他领域的一些问题如医学与健康、神经科学、信息和人工智能等都与我们对生命模型的理解有关（见图 28.8）。

人工智能方面有 8 个问题，工程与材料方面有 4 个问题，天文学方面有 23 个问题（见图 28.9）。

能源科学方面有 3 个问题，物理学方面有 18 个问题（见图 28.10）。

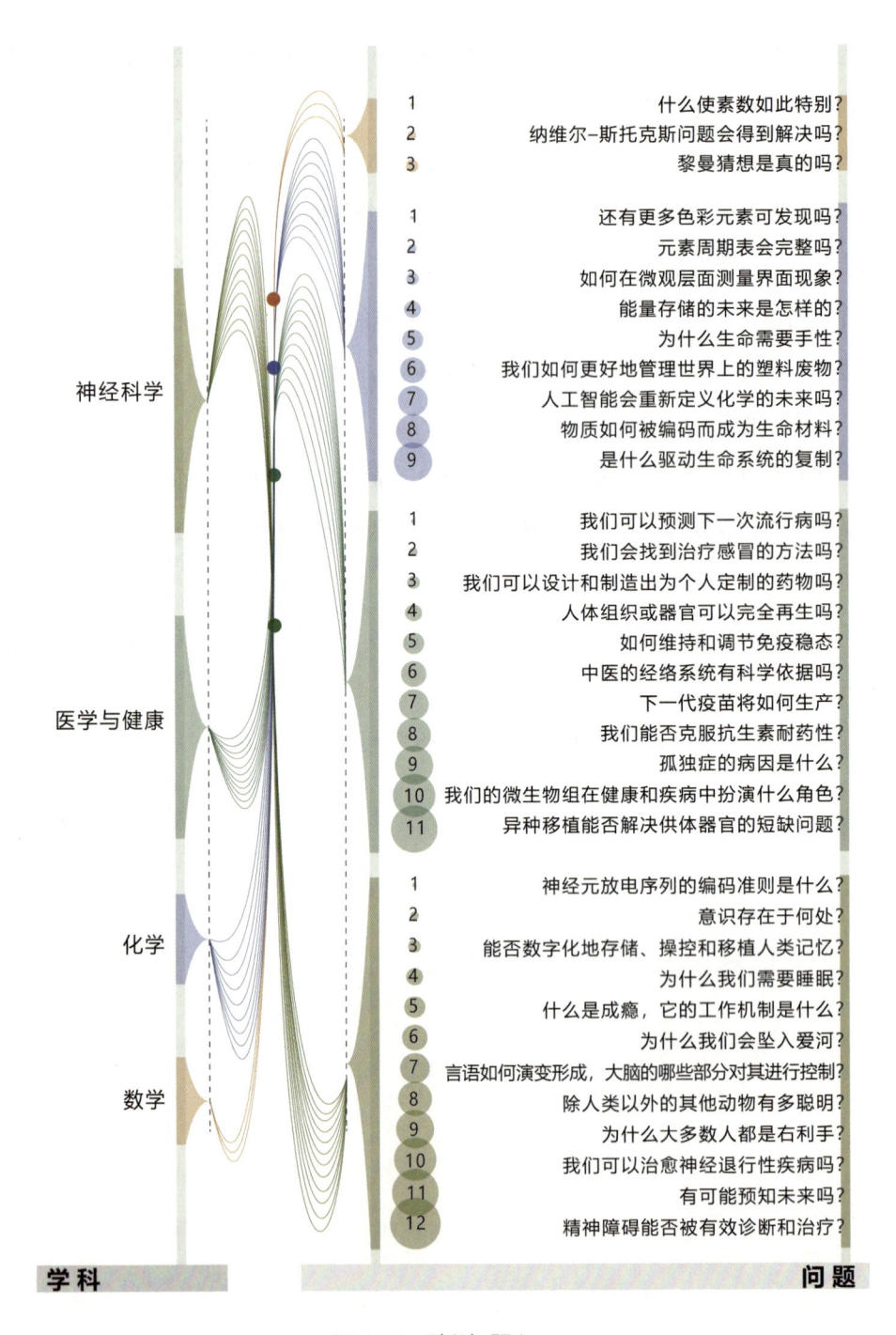

学科		问题
	1	什么使素数如此特别？
	2	纳维尔-斯托克斯问题会得到解决吗？
	3	黎曼猜想是真的吗？
	1	还有更多色彩元素可发现吗？
	2	元素周期表会完整吗？
	3	如何在微观层面测量界面现象？
	4	能量存储的未来是怎样的？
	5	为什么生命需要手性？
神经科学	6	我们如何更好地管理世界上的塑料废物？
	7	人工智能会重新定义化学的未来吗？
	8	物质如何被编码而成为生命材料？
	9	是什么驱动生命系统的复制？
	1	我们可以预测下一次流行病吗？
	2	我们会找到治疗感冒的方法吗？
	3	我们可以设计和制造出为个人定制的药物吗？
	4	人体组织或器官可以完全再生吗？
	5	如何维持和调节免疫稳态
	6	中医的经络系统有科学依据吗？
	7	下一代疫苗将如何生产？
医学与健康	8	我们能否克服抗生素耐药性
	9	孤独症的病因是什么
	10	我们的微生物组在健康和疾病中扮演什么角色？
	11	异种移植能否解决供体器官的短缺问题？
	1	神经元放电序列的编码准则是什么？
	2	意识存在于何处？
化学	3	能否数字化地存储、操控和移植人类记忆？
	4	为什么我们需要睡眠
	5	什么是成瘾，它的工作机制是什么？
	6	为什么我们会坠入爱河
	7	言语如何演变形成，大脑的哪些部分对其进行控制？
数学	8	除人类以外的其他动物有多聪明
	9	为什么大多数人都是右利手？
	10	我们可以治愈神经退行性疾病吗？
	11	有可能预知未来吗？
	12	精神障碍能否被有效诊断和治疗？

图 28.7　科学问题之一

注：橙、蓝、墨绿、橄榄绿分别表示数学、化学、医学与健康以及神经科学领域的科学问题。

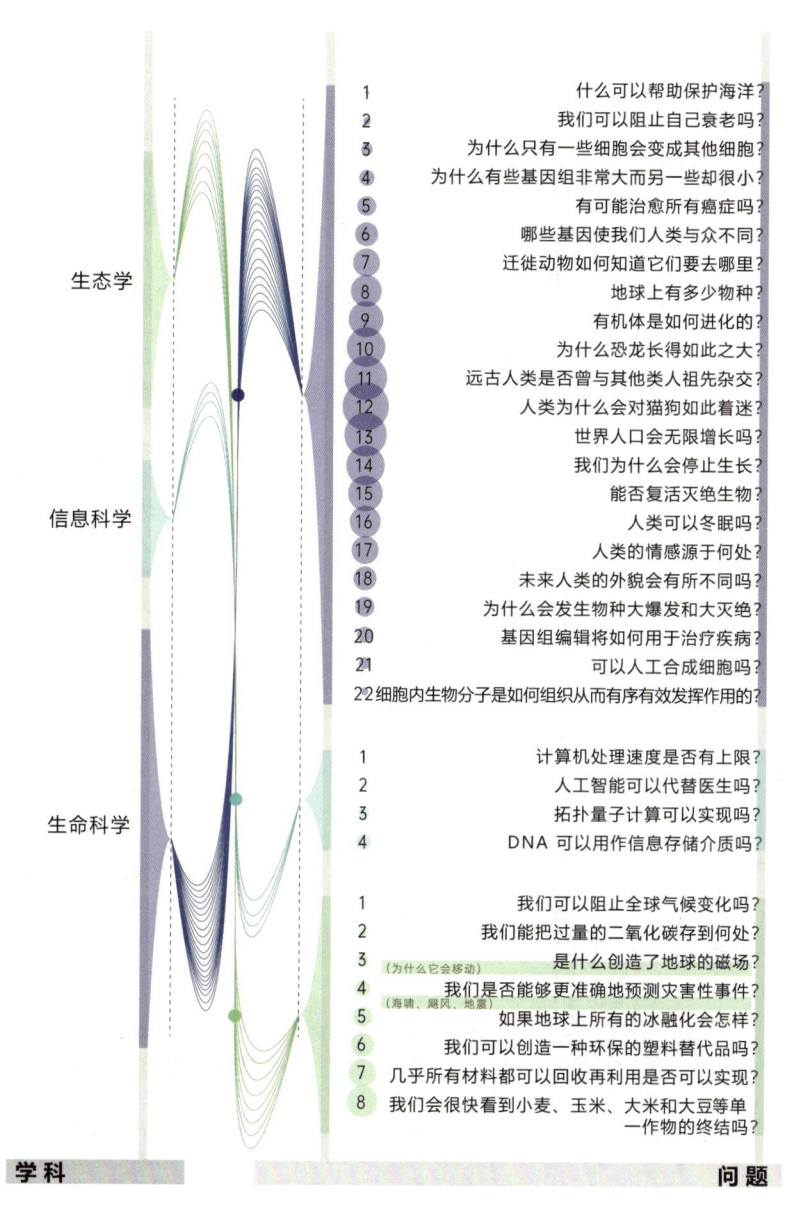

学科		问题
生态学	1	什么可以帮助保护海洋？
	2	我们可以阻止自己衰老吗？
	3	为什么只有一些细胞会变成其他细胞？
	4	为什么有些基因组非常大而另一些却很小？
	5	有可能治愈所有癌症吗？
	6	哪些基因使我们人类与众不同？
	7	迁徙动物如何知道它们要去哪里？
	8	地球上有多少物种？
	9	有机体是如何进化的？
	10	为什么恐龙长得如此之大？
	11	远古人类是否曾与其他类人祖先杂交？
	12	人类为什么会对猫狗如此着迷？
	13	世界人口会无限增长吗？
	14	我们为什么会停止生长？
	15	能否复活灭绝生物？
信息科学	16	人类可以冬眠吗？
	17	人类的情感源于何处？
	18	未来人类的外貌会有所不同吗？
	19	为什么会发生物种大爆发和大灭绝？
	20	基因组编辑将如何用于治疗疾病？
	21	可以人工合成细胞吗？
	22	细胞内生物分子是如何组织从而有序有效发挥作用的？
	1	计算机处理速度是否有上限？
	2	人工智能可以代替医生吗？
	3	拓扑量子计算可以实现吗？
生命科学	4	DNA可以用作信息存储介质吗？
	1	我们可以阻止全球气候变化吗？
	2	我们能把过量的二氧化碳存到何处？
	3	是什么创造了地球的磁场？（为什么它会移动）
	4	我们是否能够更准确地预测灾害性事件？（海啸、飓风、地震）
	5	如果地球上所有的冰融化会怎样？
	6	我们可以创造一种环保的塑料替代品吗？
	7	几乎所有材料都可以回收再利用是否可以实现？
	8	我们会很快看到小麦、玉米、大米和大豆等单一作物的终结吗？

图 28.8 科学问题之二

注：水蓝、青、草绿分别表示生命科学、信息科学和生态学领域的科学问题。

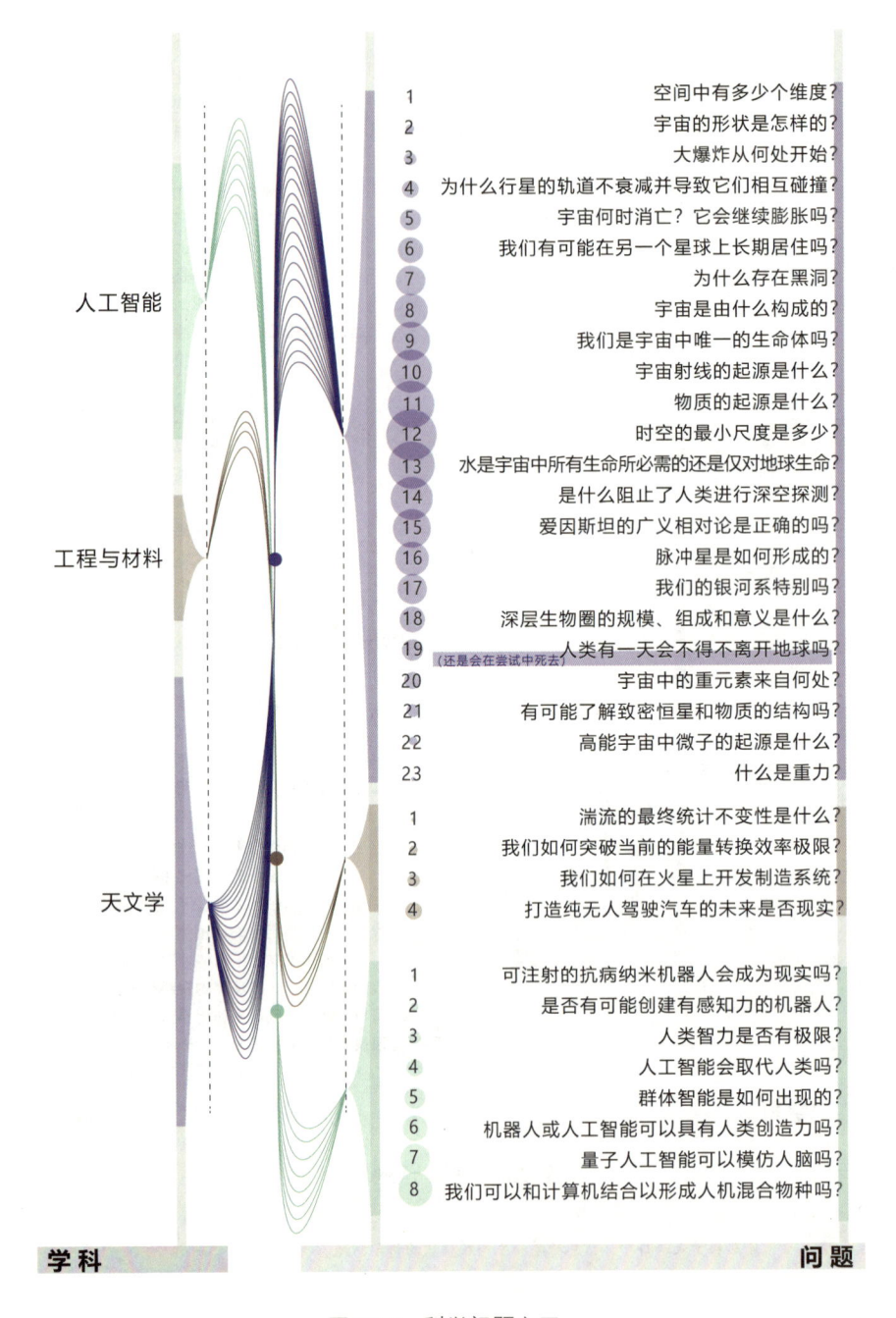

	1	空间中有多少个维度？
	2	宇宙的形状是怎样的？
	3	大爆炸从何处开始？
	4	为什么行星的轨道不衰减并导致它们相互碰撞？
	5	宇宙何时消亡？它会继续膨胀吗？
	6	我们有可能在另一个星球上长期居住吗？
人工智能	7	为什么存在黑洞？
	8	宇宙是由什么构成的？
	9	我们是宇宙中唯一的生命体吗？
	10	宇宙射线的起源是什么？
	11	物质的起源是什么？
	12	时空的最小尺度是多少？
	13	水是宇宙中所有生命所必需的还是仅对地球生命？
	14	是什么阻止了人类进行深空探测？
	15	爱因斯坦的广义相对论是正确的吗？
工程与材料	16	脉冲星是如何形成的？
	17	我们的银河系特别吗？
	18	深层生物圈的规模、组成和意义是什么？
	19	人类有一天会不得不离开地球吗？（还是会在尝试中死去）
	20	宇宙中的重元素来自何处？
	21	有可能了解致密恒星和物质的结构吗？
	22	高能宇宙中微子的起源是什么？
	23	什么是重力？
	1	湍流的最终统计不变性是什么？
	2	我们如何突破当前的能量转换效率极限？
	3	我们如何在火星上开发制造系统？
天文学	4	打造纯无人驾驶汽车的未来是否现实？
	1	可注射的抗病纳米机器人会成为现实吗？
	2	是否有可能创建有感知力的机器人？
	3	人类智力是否有极限？
	4	人工智能会取代人类吗？
	5	群体智能是如何出现的？
	6	机器人或人工智能可以具有人类创造力吗？
	7	量子人工智能可以模仿人脑吗？
	8	我们可以和计算机结合以形成人机混合物种吗？

学科   **问题**

图 28.9 科学问题之三

注：紫、浅褐、浅绿分别表示天文学、工程与材料以及人工智能领域的科学问题。

	1	有衍射极限吗?
	2	高温超导的微观机制是什么?
	3	物质传热的极限是什么?
	4	集体运动的基本原理是什么?
	5	什么是物质的最小组成部分?
	6	我们会以光速行驶吗?
	7	什么是量子不确定性,为什么它很重要?
	8	会有"万有理论"吗?
	9	为什么时间似乎只朝一个方向流动?
	10	什么是暗物质?
	11	我们可以制作出真人大小的隐形斗篷吗?
	12	是否存在与光子性质或状态相反的粒子?
	13	玻色–爱因斯坦冷凝体未来会被广泛使用吗?
	14	人类能制造出与太阳光相似的非相干强激光吗?
	15	我们最多可以将粒子加速到多快?
	16	量子多体纠缠比量子场更基本吗?
	17	量子计算机的最佳硬件是什么?
	18	我们可以精确模拟宏观和微观世界吗?
	1	我们可以生活在一个去化石燃料的世界中吗?
	2	氢能的未来是怎样的?
	3	冷聚变有可能实现吗?

能源科学

物理学

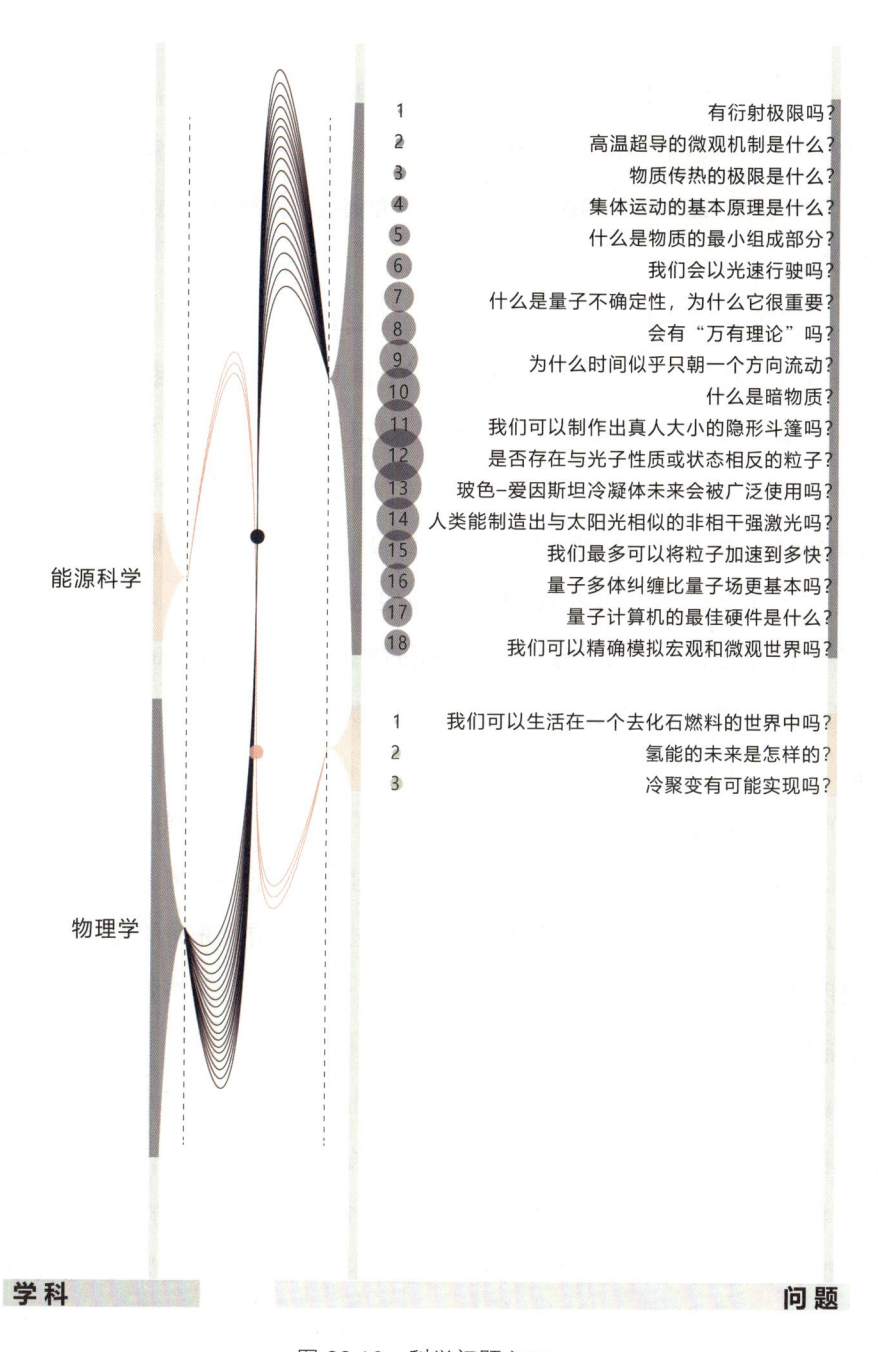

学科　　　　　　　　　　　　　　　　　　　　　问题

图 28.10　科学问题之四

注:紫和粉分别表示物理学和能源科学领域的科学问题。

第28章
融合的未来

可以永生吗？

元宇宙技术的一个追求目标是长生不死或生命永生。[5]人类对衰老和死亡的抗争从未停止。长生不老一直以来都是人类的一种美好愿望。很多科学家表示，延长人类寿命是短期内更容易实现的目标，长生不老则有待进一步的研究突破。科技的发展让人们看到了"永生"的另一种可能。

如今，一些科学家、未来学家和哲学家已经提出了关于人类永生的设想：也许我们会识别出控制衰老的基因并对其进行调整，使我们的身体不再衰老；也许我们会创造新技术来制造器官，可以随时替换坏掉的器官。这两种设想是把身体作为生命的本体，与道家追求的长生不死相似，后者通过修炼延缓身体的衰老，前者通过技术上的器官修复和更换来延缓身体的衰老，两种方法肯定都会有一些效果。过去2 000多年的实践已经证明，单纯依靠修炼无法实现永生，对未来依靠科技实现身体的永生我们也抱怀疑态度。

还有一些科学家提出，人类的永生可以通过数字永生（digital immortality）的方式实现。数字永生是在计算机、机器人或网络空间中通过思想上传的方式存储（或转移）一个人的意识、记忆、个性的假想概念。能够上传的只能是过去的思想，而未来的思想永远无法上传，一个生命的最主要特征就是他有过去、现在和未来的思想。一部机器按照我们设定的推理模式，也可以产生一些未来的思想，我们认为，只有过去的思想可以被上传，而未来的思想永远无法被上传。作为一个生命，其主要特征是具有过去、现在和未来的思想。虽然一台机器可以按照我们设定的推理模式产生一些未来的思想，但我们永远无法验证这是否属于该生命体的未来思想。

科学家中也有少数人相信，生命的本体是心识而不是身体，心识本来就是永生的。这种观点主要来自佛教。在佛教中，身体只是无限生命长河中的一件衣服，我们只要确保下一件衣服比这件好就是成功，这就容易多了。图28.11是对三种人类永生方案的比较。

对于思想永生，从上传的意识档案中可以生成一个可以模仿观点、价值观和个性特征的虚拟人，其能够以人工智能聊天机器人的形式与其他人互动，可以继续自主学习和自我提升。很多人都寄希望于这种信念，想要通过创建多个非生物层面的"大脑副本"来实现不朽。数字永生的核心技术是意识上传（mind uploading），也被称为全脑仿真（whole brain emulation，WBE）。目前，它还只是一种停留在理论上的概念。它可以通过扫描大脑的结构，

身体永生
通过修炼和器官修复实现

思想永生
通过思想上传到云储存中实现

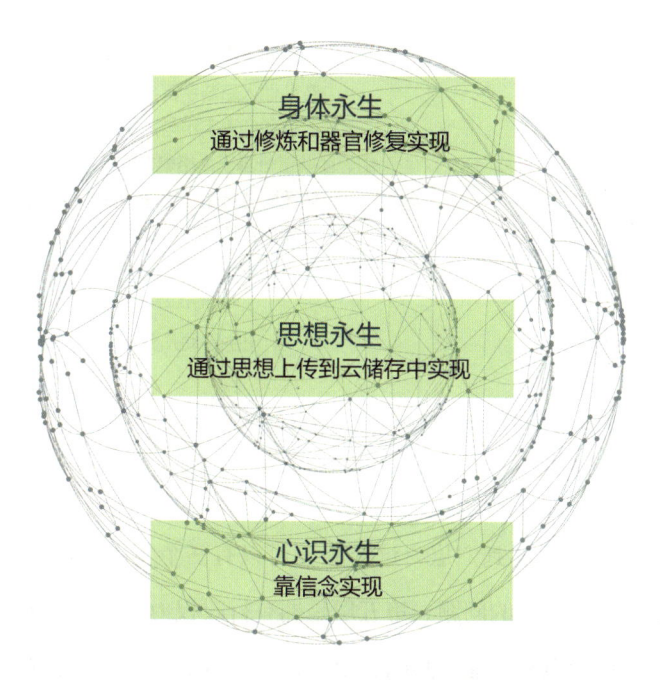

心识永生
靠信念实现

图 28.11　三种人类永生方案的比较

结合大脑活动数据,来创建"大脑副本"并转移或以数字形式将其存储在计算机中,而计算机通过处理这些数据,就可以用与原始大脑相同的方式做出反应,并体验到原大脑的意识。意识上传的概念听起来十分虚幻,但相关领域的科学研究一直都在进行。意识上传领域的研究主要集中在大脑映射、虚拟现实、脑机接口、动态大脑功能的信息提取及超级计算机等方面。

再论意义和目标

丰子恺曾提出过一个三层楼的生活模型来诠释弘一大师的生活方式。第一层是以衣食表现的物质生活,第二层是以科学和艺术表现的精神生活,第三层是以哲学和宗教表现的灵魂生活,如图 28.12(左)所示。[6] 崔维成将该模型细化为一个实用且可测量的九层楼模型,如图 28.12(右)所示。[7] 一层是从出生到小学,二层是中学,三层是大学阶段,从学士到博士。如果你的能力很强,你也许在这个阶段能够解决自己的生存问题,然后你可以专注于科学研究、艺术创作或其他以精神生活为主的职业追求。如果你的学术水平很高,而且你的成就颇丰,那么社会支付给你的薪水相对较高。你可以在追求更高层次精神生活的同时,继续过好

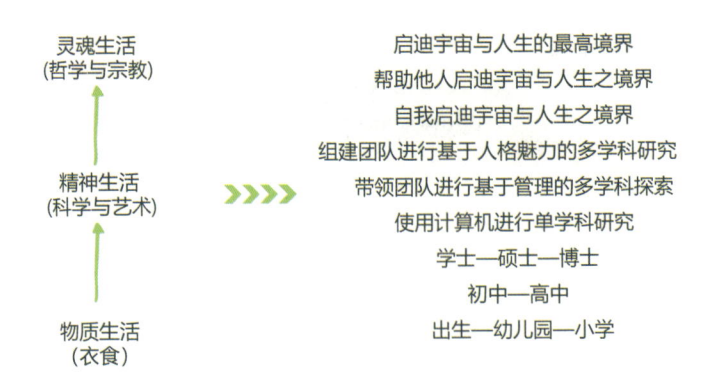

```
     灵魂生活              启迪宇宙与人生的最高境界
    (哲学与宗教)           帮助他人启迪宇宙与人生之境界
        ↑                 自我启迪宇宙与人生之境界
                          组建团队进行基于人格魅力的多学科研究
     精神生活              带领团队进行基于管理的多学科探索
    (科学与艺术)   ▶▶▶    使用计算机进行单学科研究
        ↑                 学士—硕士—博士
                          初中—高中
     物质生活              出生—幼儿园—小学
      (衣食)
```

图 28.12　丰子恺的三层楼模型（左）和崔维成的九层楼模型（右）

物质生活。

　　以科学研究为例，从四层到六层，这个职业可以有三个不同层次。第四层是你可以指导自己和计算机解决单一学科的问题。第五层是拥有行政权力，可带领团队进行多学科研究，并在未来开发具有实用价值的产品。然而，由于行政职位的资源非常有限，并非每个人都有晋升的机会。一些有能力的人不一定有这个机会，有机会的人还可以继续往上攀登。第六层是依靠个人的人格魅力来吸引团队进行多学科研究。然而，在科学研究过程中，你应该不断思考以下问题："我为什么要做科学研究？这对我的生活有什么好处？我一生成功的标准是什么？"在思考了这些问题之后，可以说你已开始攀登自我启蒙宇宙和人生的第七层。如果你能帮助他人开悟宇宙和人生，你就被判定已经进入了第八层。我们把悟到宇宙和人生最高境界的人判定为进入了第九层。这是一个九层楼的生活模型，反映了一个人如何逐步提高自己的道德境界，直至人生的最高境界。因此，这个九层楼模型可以引导人们不断地提高自己的道德修养境界。

　　能否在提升道德境界的过程中建立一种身心道德境界的测量方法，让自己更好地了解自己的修行程度，树立修行的信心？我们发现，可以应用霍金斯的意识水平理论[8]。他把意识能量划分为不同的等级，分数值从 0 到 1 000，如图 28.13 所示。根据崔维成对霍金斯意识水平理论的理解，他把意识能量级与生命境界的九层楼做了对应。他认为第四层对应 150～200，第五层对应 200～250，第六层对应 250～350，第七层对应 350～500，第八层对应 500～700，第九层对应 700～1 000。前三层的人是根据年龄定义的，与意识水平没有具体对应关系，大多数人的意识能量级可能为 100～200，有些人可能超过 200，当然少数人可能低于 100。

能量层级（正）

数值	层级	描述
700~1 000	开悟	人类意识进化的顶峰，合一，无我
600	平和	感官关闭，头脑长久地沉默，通灵状态
540	喜悦	悲观，富有耐性，持久的乐观，奇迹
500	爱	聚焦生活的美好，真正的幸福
400	明智	科学医学概念系统的创造者
350	宽容	对判断对错不感兴趣，自控
310	主动	真诚，友善，敞开思想，成长
250	淡定	灵活，有安全感
200	勇气	有能力把握机会
175	骄傲	自我膨胀，抵制成长
150	愤怒	产生憎恨，侵蚀心灵
125	欲望	上瘾，贪婪
100	恐惧	压抑，妨碍个性成长
75	悲伤	失落，依赖，悲痛
50	冷淡	世界看起来没有希望
30	内疚	懊悔，自责，受虐狂
20	羞愧	几近死亡，严重摧残身心

能量层级（负）

图 28.13 霍金斯的意识水平理论

人要不断地完善自己，提高自己的道德境界，就必须有信仰，但如果在当代人中做个调查，询问大家是否有信仰，绝大多数人会回答没有信仰。崔维成对这个现象做了分析，他认为这是把信仰狭义地理解为宗教信仰的缘故。他的研究结论如下。

（1）信仰和身体一样，每个人都有。本质的区别在于你是相信自己还是相信别人。所谓人无信仰，就是相信自己的直觉和知识，不相信别人。

（2）由于哲学家已经通过了成为一个成功人士的历史检验，而你还没有通过历史的检验，总体上来说，哲学家比你自己更值得信任。

（3）选择哲学家时有三个需要考虑的标准。第一，哲学家的生活是不是你想要的，因为哲学家是自己哲学的最好的实践者；第二，哲学家的宇宙人生理论是否经得起科学标准的检验；第三，崇拜这一派哲学的伟人已经被培养出来多少了。

（4）关于如何运用信仰来指导你的工作或生活，崔维成提供了五条建议。第一，仔细阅读哲学家的传记，了解他的思维方式；第二，仔细学习这一派哲学理论，理解解决问题的一般方法；第三，把这个理论应用到你的工作和生活中；第四，当你遇到一个重大问题时，你应该试着了解哲学家的思考方式，看看他们是如何解决这种问题的；第五，总觉得哲学家在监督着你，你不敢做坏事，一旦你有了一个坏想法，你就应该马上忏悔。

（5）最后，崔维成提出了一个不断提高自我的九层楼模型，霍金斯的意识水平测量方法可以用来检测一个人达到的楼层。

潜能的开发

大多数人对自己的潜力缺乏信心，因此很少去努力实现。这就像故事中的酒鬼 B 一样。话说有个酒鬼 A 在深夜回家时掉进了一个深坑，已在坑里的酒鬼 B 让酒鬼 A 不要爬，因为他认为这是不可能做到的。酒鬼 A 听到声音，以为坑里边有鬼，一惊吓就跳了出来。回头一看，原来有个酒鬼 B 早掉进了这个坑。这个意外激发了酒鬼 A 的潜力，让他幸免于难。

人类的潜能就像山中的宝藏。据科学研究，我们只使用了不到 10% 的能力，还有 90% 以上的潜能未被开发。环境、希望、立志和好胜心都可以激发潜能。困境和希望能激发人的求生本能和意义感，而立志和好胜心则可以帮助人实现目标并发挥潜能。

希望通过这本书，所有的读者都能走上开发潜能之路，不断提升自己的道德修养和科学素养境界，直至实现自己的理想。

未来的预测

对人类的未来发展趋势做出预测，是科学研究的一大使命，但这个问题到现在为止还没有一个非常可靠的理论。总体上来说，理论界可以分为乐观派和悲观派，乐观派理论的代表是盖亚假说，[9] 悲观派理论的代表是美狄亚假说。[10]

盖亚假说，也被称为盖亚理论、盖亚范式或盖亚原理，提出生物体与地球上的无机环境相互作用，形成一个协同、自我调节的复杂系统，这个系统有助于维持和延续地球上生命存在的环境。该假说由化学家詹姆斯·洛夫洛克[11] 提出，后经他和微生物学家林恩·马古利斯共同改进。洛夫洛克以希腊神话中的原始女神盖亚来命名这个想法，盖亚是地球的化身。2006 年，伦敦地质学会授予洛夫洛克沃拉斯顿奖章，部分原因是他在盖亚假说方面的

贡献。[12]与该假说有关的主题包括生物圈和生物体的进化如何影响全球温度的稳定性、海水的盐度、大气中的氧气水平、液态水水圈的维持以及影响地球宜居性的其他环境变量。

盖亚假说最初被批评为目的论，违反自然选择原则，但后来的改进使盖亚假说与地球系统科学、生物地球化学和系统生态学等领域的观点变得一致。[13—15]尽管如此，盖亚假说继续受到批评，今天许多科学家认为它只得到了微弱的支持，或与现有证据相抵触。[16—18]

美狄亚假说是古生物学家彼得·D.沃德提出的一个用于反驳盖亚假说的术语，他认为超级生物的多细胞生命可能具有自我毁灭性或自杀性。从这个角度来看，这个假说很好地解释了地球大部分时间都是以微生物为主的状态存在的，而大的生物包括智慧生物如人类，能在地球上生存的时间周期都比较短。[19—21]这个假说之名源于神话中的美狄亚（代表地球），她杀死了自己的孩子（代表多细胞生命）。

沃德提出，目前人为导致的气候变化和大灭绝事件可能被认为是最近的美狄亚事件。由于这些事件是人为的，他假设美狄亚事件不一定是由微生物引起的，而是由智能生命引起的，未来5亿~9亿年，复杂生命的最终大规模灭绝也可以被视为美狄亚事件。到那时，仍将存在的植物将被迫适应变暖和膨胀的太阳，它们将从大气中吸收更多的二氧化碳（反过来，这又是由于太阳不断增加的热量逐渐加速了将二氧化碳从大气中去除的风化过程）。这将导致二氧化碳浓度下降到10ppm，最终加速复杂生命的完全灭绝，因为二氧化碳浓度低于10ppm，植物将无法生存。然而，沃德同时认为，像人类这样的智能生命不一定会触发未来的美狄亚事件，最终还可能会阻止它们的发生。

当然，作为人类，阻止地球毁灭是我们共同努力追求的目标，但就像追求人类永恒不死一样，从科学的角度来说，实现这个目标本身是违背自然运行规律的。因此，随着人类科技的不断进步，人类的道德境界呈现下滑趋势，最终地球上的人类甚至整个地球必将毁灭，人类和地球又将进入一个新的循环周期。

3. 科际整合的终极形态

科际整合的终极形态就是科学、哲学与宗教的统一，即人类有一个大家都接受的统一理论。这个理论包括明确的基本假设、大家都认可的基本概念，能够解释过去和现在所发生的各种现象，同时也能精确地预报未来要发生的现象，让人类事先做好准备，使结果达到最好，从而造福全人类。有了这个理论，大家的世界观和价值观冲突就可以大大减少，大家的交流也就更加容易，由于误解而引发的冲突也可以减少。只有让地球上绝大多数人意识到，人类是一个命运共同体，我们才能真正过上安全幸福的生活。如果人类把科学技术的成就主要用于内斗，则我们的前景就不乐观，最终我们可能会走上共同毁灭的道路。希望本书的出版能为人类的和平做出一些贡献。

4. 元科学的未来

根据第 3 章给出的定义，所谓的元科学是使用科学方法来研究科学本身。元科学的这种思维方法与元宇宙有异曲同工之妙。相信进入元宇宙时代以后，元科学也将会越来越受到人们的重视，迎来一个高速发展期。因此，在这一节中，我们对元科学的未来也将做一个展望。

元科学之必修课

元科学是一个研究科学过程的领域。什么是科学作为一个过程？什么样的实践和原则支配着科学探索？科学家如何产生想法？科学家如何解释和处理证据？科学的极限是什么？科学重复性的极限又是什么？什么是科学的文化和规范？科学与伪科学的界限在哪里？是什么使科学真理和科学客观性成为可能？科学代理人在科学发现过程中的确切作用是什么？人类价值观在科学方法的实施中扮演什么角色？与科学的实践极限相比，科学的基本极限是什么？探索性研究和验证性研究之间的区别是否重要？科学描述的现实是绝对的还是依赖于模型的？科学的基础是固定的还是可以在未来修改的？元科学的新进展能否克服现有限制？科学解释的未来是什么?

上述问题以及科学的起源、科学的本质、科学的历史、科学的方法、科学的优势和科学的局限等都是元科学需要回答的问题。对这些问题的回答本身就是在教会人们什么是科学，如何开展科学研究。元科学是一个跨学科的领域，涉及哲学、历史、逻辑、数学，对培养科研人员及创新科研方法极其有用。因此，我们相信不久的将来，它将成为大学生的一门必修课。

元科学之应用

元科学的诞生是为了提高科学研究的效率，让科学研究的成果更好地造福人类，下面我们就从两个方面来介绍元科学在未来的科学研究和日常生活中可能发挥的作用。

（1）提高科学研究的效率。研究元科学的初衷就是试图找出不良的研究实践，包括研究中的偏见、不良的研究设计、统计数据的滥用，并找到减少这类实践的方法。但糟糕的报告使得准确解释科学研究的结果、分辨重复性研究、识别作者的偏见和利益冲突变得困难。为了解决这个问题，元科学家首先实施了报告标准化，为同行评议提供了科学基础，并通过更好的激励机制来促进更好的研究。因此，元科学是通过发现科学实践中的缺陷而进行的科学改革，通过改革解决科学实践中导致研究低质量或低效的问题。所以，元科学研究得越深，科学研究的效率就越高。

（2）如何更好地造福人类。元科学当前的应用领域包括信息通信技术、医学、心理学和物理学，未来必将扩展到更广泛的范围。从另一种意义上来说，元科学与元宇宙一样，是另外一种思维模式，元科学是从质疑的角度出发发现问题，元宇宙是从相互联系的角度找到相互依存的关系。这两种思维模式的核心都是为了让科学研究更好地造福人类。在信息通信领域，元科学可用于创建和改进信息通信技术系统，以及科学评估、激励、沟通、调试、资助、监管、生产、管理、使用和出版标准。在医疗领域，在规划新研究或总结结论时，如果采用元科学对现有研究证据进行系统性审查，可以避免很大部分的无效研究，减少科研经费的损失。元科学揭示了心理学研究中存在的高偏差、低再现性和统计数据广泛误用的重大问题，采用了同行之间的盲审方法，大大减少了发表的偏见。在物理学领域，元科学研究发现，科学家在使用统计模型来推断真相时，对 p 值和统计学意义的错误解读和过度强调是两个真正的问题，元科学研究提醒人们从更全面、更细致和更具评估性的角度来看问题。

当前，元科学——在其所有跨学科领域——本身正在迅速成为一门新学科。支撑元科学的跨学科研究体现在广泛的元研究主题中，这些主题涵盖了从非常实用的问题到深刻的基础性问题等的各个层面。在实践层面上，所谓的"重复性危机"已经引起了人们对实验室科学日常操作以及这些操作如何出错和改进的关注。在基础层面上，科学形而上学中长期存在的问题仍未解决，如科学真理和科学客观性如何成为可能。然而，越来越多的来自不同学科多种方法的出现，有助于加速元科学在21世纪作为一个完全整合的研究领域的崛起。[22]

致谢

感谢陈越光、苟利军、嵇春艳、李凌、刘育熙、吴国盛、俞敏洪、张双南（按姓氏拼音首字母排序）对本书的悉心指导和推荐。感谢沈闵黑籽、孟怡然、莫晨晨、刘铂晗、郭晓晴、王俊伟、成月明等在材料搜集、材料整理和数据分析方面做出的贡献。

参考文献

第 1 章

[1] 成生辉. 元宇宙：概念、技术及生态 [M]. 北京：机械工业出版社，2022.

[2] 布莱恩·戴维·约翰逊. 21 世纪机器人 [M]. 张银奎，等译. 北京：机械工业出版社，2017.

[3] 戴维·伍顿. 科学的诞生 [M]. 刘国伟，译. 北京：中信出版社，2018.

[4] 托马斯·库恩. 科学革命的结构：第 4 版 [M]. 金吾伦，胡新和，译.2 版. 北京：北京大学出版社，2012.

第 2 章

[1] BLACHOWICZ J. How science textbooks treat scientific method: A philosopher's perspective[J]. The British Journal for the Philosophy of Science, 2009, 60(2): 303-344.

[2] JOHANSSON L G. Philosophy of science for scientists[M]. [S.l.]: Springer, 2016.

[3] POPPER K. Conjectures and refutations[M]. [S.l.]:Routledge, 1963.

[4] 韩启德. 关于科学，需要认真思考的 12 个问题 [J]. 江苏科技报，2020 (1).

[5] BERTALANFFY A R, BOULDING K E, ASHBY W R, et al. L. von Bertalanffy, General system theory[M]. New York: George Braziller, 1968.

[6] KANT I. Metaphysical foundations of natural science[M]. [S.l.]: Cambridge Uni versity Press, 2004.

[7] 托马斯·库恩. 科学革命的结构：第 4 版 [M]. 金吾伦，胡新和，译.2 版. 北京：北京大学出版社，2012.

[8] R. 笛卡尔. 方法论 [M]. 1 版. 沈阳：辽宁人民出版社，2015.

[9] DONIGER W. Merriam-Webster's encyclopedia of world religions[M]. [S.l.]: Merriam-Webster, 1999.

[10] KRICHELDORF H R. Getting it right in science and medicine: Can science progress through errors? Fallacies and facts[M]. [S.l.]: Springer, 2016.

[11] ADLER C G. Does mass really depend on velocity, dad?[J]. American Journal of Physics, 1987, 55(8): 739-743.

[12] OKUN L B. The concept of mass[J]. Physics Today, 1989, 42(6): 31-36.

[13] WONG C L, YAP K C. Conceptual development of Einstein's mass-energy relationship[J]. New Horizons in Education, 2005, 51: 56-66.

[14] HECHT E. Einstein never approved of relativistic mass[J]. The Physics Teacher, 2009, 47(6): 336-341.

[15] BUNGE M. Energy: Between physics and metaphysics[J]. Science & Education, 2000, 9(5): 459-463.

[16] TU L C, LUO J, GILLIES G T. The mass of the photon[J]. Reports on Progress in Physics, 2004, 68(1): 77.

[17] SCOTT C D. The death of philosophy: A response to Stephen Hawking[J]. South African Journal of Philosophy, 2012, 31(2): 384-404.

[18] MAYANTS L. The enigma of probability and physics[M/OL]. Springer, 1984 [2022-06-06]. http://link.springer.com/10.1007/978-94-009-6294-1. DOI: 10.1007/978-94-009-6294-1.

[19] VON NEUMANN J. Mathematical foundations of quantum mechanics[M]. [S.l.]: Princeton University Press, 1955.

[20] ORIOLS X, MOMPART J. Overview of Bohmian mechanics[G]//Applied Bohmian Mechanics. [S.l.]: Jenny Stanford Publishing, 2019: 19-166.

[21] SCHATZBERG E. Technik comes to America: Changing meanings of technology before 1930[J]. Technology and Culture, 2006, 47(3): 486-512.

[22] BAIN R. Technology and state government[J]. American Sociological Review, 1937, 2(6): 860-874.

[23] MACKENZIE D, WAJCMAN J. The social shaping of technology[M]. [S.l.]: Open University Press, 1999.

[24] BUSH V. Science: The endless frontier[J/OL]. Transactions of the Kansas Academy of Science, 1945, 48(3): 231 [2022-04-21]. https://www.jstor.org/stable/3625196?origin=crossref. DOI: 10.2307/3625196.

[25] GUSTON D H. Between politics and science: Assuring the integrity and productivity of research[M]. Cambridge: Cambridge University Press, 2000.

[26] WISE G. Science and technology[J/OL]. Osiris, 1985, 1: 229-246 [2022-04-21]. https://www.journals.uchicago.edu/doi/10.1086/368647. DOI: 10.1086/368647.

[27] POSKETT J. Horizons: The global origins of modern science[M]. Boston: Mariner Books, 2022.

[28] WALACH H. Beyond a materialist worldview: Towards an expanded science[M]. [S.l.]: Scientific, 2019.

[29] 许良英, 等. 爱因斯坦文集[M]. 北京：商务印书馆, 1979.

[30] Albert Einstein, the human side[M/OL]. [S.l. : s.n.], 2013 [2022-04-20]. https://press.princeton.edu/books/paperback/9780691160238/albert-einstein-the-human-side.

第 3 章

[1] SCHOR S, KARTEN I. Statistical evaluation of medical journal manuscripts[J/OL]. JAMA, 1966, 195(13): 1123 [2022-05-15]. http://jama.jamanetwork.com/article.aspx?doi=10.1001/jama.1966.03100130097026. DOI: 10.1001/jama.1966.03100130097026.

[2] HOWICK J, KOLETSI D, PANDIS N, et al. The quality of evidence for medical interventions does not improve or worsen: A metaepidemiological study of Cochrane reviews[J/OL]. Journal of Clinical Epidemiology, 2020, 126: 154-159 [2022-05-15]. https://linkinghub.elsevier.com/retrieve/pii/S0895435620307770. DOI: 10.1016/j.jclinepi.2020.08.005.

[3] HARRIMAN S L, KOWALCZUK M K, SIMERA I, et al. A new forum for research on research integrity and peer review[J/OL]. Research Integrity and Peer Review, 2016, 1(1): 5 [2022-05-15]. http://researchintegrityjournal.biomedcentral.com/articles/10.1186/s41073- 016- 0010- y. DOI: 10.1186/s41073-016-0010-y.

[4] IOANNIDIS J P A, FANELLI D, DUNNE D D, et al. Meta-research: Evaluation and improvement of research methods and practices[J/OL]. PLoS Biology, 2015, 13(10): 264 [2022-05-15]. https://dx.plos.org/10.1371/journal.pbio.1002264. DOI: 10.1371/journal.pbio.1002264.

[5] FANELLI D, COSTAS R, IOANNIDIS J P A. Meta-assessment of bias in science[J/OL]. Proceedings of the National Academy of Sciences, 2017, 114(14): 3714-3719 [2022-05-15]. https://pnas.org/doi/full/10.1073/pnas.1618569114. DOI: 10.1073/pnas.1618569114.

[6] HAYDEN E C. Weak statistical standards implicated in scientific irreproducibility[J/OL]. Nature, 2013 [2022-05-15]. https://www.nature.com/articles/nature.2013.14131. DOI: 10.1038/nature.2013.14131.

[7] MCLEAN R K D, SEN K. Making a difference in the real world? A meta-analysis of the quality of use-oriented research using the research quality plus approach[J/OL]. Research Evaluation, 2019, 28(2): 123-135 [2022-05-15]. https://academic.oup.com/rev/article/28/2/123/5090812. DOI: 10.1093/reseval/rvy026.

[8] TSENG V, GAMORAN A. Bringing rigor to relevant questions: How social science research can improve youth outcomes in the real world[J]. William T. Grant Foundation, 2017.

[9] BOSTROM N. Superintelligence: Paths, dangers, strategies[M]. 1st ed. Oxford: Oxford University Press, 2014.

[10] ORD T. The precipice: Existential risk and the future of humanity[M]. London: Bloomsbury Academic, 2020.

[11] SCIENCE P L O. Nobel prize-winning work is concentrated in minority of scientific fields[EB/OL]. [2022-05-15]. https://phys.org/news/2020-07-nobel-prize-winning-minority-scientific-fields.html.

[12] IOANNIDIS J P A, CRISTEA I A, BOYACK K W. Work honored by Nobel prizes clusters heavily

in a few scientific fields[J/OL]. PLoS ONE, 2020, 15(7): 612 [2022-05-15]. https://www.ncbi.nlm.nih.gov/pmc/articles/PMC7390258/. DOI: 10.1371/journal.pone.0234612.

[13] Registered replication reports[EB/OL]. [2022-05-15]. https://www.psychologicalscience.org/publications/replication.

[14] CHAMBERS C. Psychology's 'registration revolution'[J/OL]. The Guardian, 2014 [2022-05-15]. https://www.theguardian.com/science/head-quarters/2014/may/20/psychology-registration-revolution.

[15] DIEGO U O C S. A new replication crisis: Research that is less likely to be true is cited more[EB/OL]. [2022-05-15]. https://phys.org/news/2021-05-replication-crisis-true-cited.html.

[16] SERRA-GARCIA M, GNEEZY U. Nonreplicable publications are cited more than replicable ones[J/OL]. Science Advances, 2021, 7(21): 1705 [2022-05-15]. https://www.ncbi.nlm.nih.gov/pmc/articles/PMC8139580/. DOI: 10.1126/sciadv.abd1705.

[17] ROBINSON K A, GOODMAN S N. A systematic examination of the citation of prior research in reports of randomized, controlled trials[J/OL]. Annals of Internal Medicine, 2011, 154(1): 50 [2022-05-15]. http://annals.org/article.aspx?doi=10.7326/0003-4819-154-1-201101040-00007. DOI: 10.7326/0003-4819-154-1-201101040-00007.

[18] ALLEN C P G, MEHLER D. Open science challenges, benefits and tips in early career and beyond[C]// [S.l. : s.n.], 2018. DOI: 10.31234/osf.io/3czyt.

[19] HARRIS R F. Rigor mortis: How sloppy science creates worthless cures, crushes hope, and wastes billions[M]. New York: Basic Books, 2017.

第 4 章

[1] 陈晓红，毛锐. 失落的文明：巴比伦 [M]. 上海：华东师范大学出版社，2003.

[2] 刘文鹏. 古代埃及史 [M]. 北京：商务印书馆，2000.

[3] 郭丹彤. 图特摩斯三世年鉴中的物品及其学术价值 [J]. 东北师大学报（哲学社会科学版），2010(6): 60-64.

[4] 易宁. 走进古印度文明 [M]. 北京：民主与建设出版社，2003.

[5] 袁行霈，等. 中华文明史 [M]. 北京：北京大学出版社，2006.

[6] 斯蒂芬·F. 梅森. 自然科学史 [M]. 周煦良，等译. 上海：上海人民出版社，1977.

第 5 章

[1] CARDEÑA E. The experimental evidence for parapsychological phenomena: A review[J]. American Psychologist, 2018, 73(5): 663.

[2] CUI W C. On an axiomatic foundation for a theory of everything[J]. Philosophy Study, 2021, 11(4): 241-267.

[3] CUI W C. On the philosophical ontology for a general system theory[J]. Philosophy Study, 2021, 11(6): 443-458.

第 6 章

[1] 赵林. 古希腊文明的光芒（上下）[M]. 北京：人民邮电出版社，2020.

[2] 乔治·萨顿. 希腊黄金时代的古代科学[M]. 鲁旭东，译. 郑州：大象出版社，2010.

[3] SHANKS M. Classical archaeology of Greece[M]. London: Routledge, 1996.

第 7 章

[1] 陈美东. 简明中国科学技术史话[M]. 北京：中国青年出版社，2009.

[2] 汪建平，闻人军. 中国科学技术史纲[M]. 武汉：武汉大学出版社，2012.

第 8 章

[1] 翁绍军. 先秦和古希腊自然哲学的比较研究[J]. 上海社会科学院学术季刊，1986 (3).

[2] 杜维明. 天人合一的人文主义[EB/OL]. https://mp.weixin.qq.com/s/ddKnvvvOCzC2VwKMUtwLiw.

第 9 章

[1] 胡炳生. 托勒密与托勒密定理[J]. 中学数学教学，1994(1): 28-29.

[2] 卢炬甫. 关于托勒密地心说的评价问题[J]. 自然辩证法通讯，1980(4): 57-59.

[3] 徐建科，邓联合. 论哥白尼开普勒对宇宙和谐之探求[J]. 燕山大学学报（哲学社会科学版），2008(4): 80-84.

[4] 江晓原. 试论科学与正确之关系——以托勒密与哥白尼学说为例[J]. 上海交通大学学报（哲学社会科学版），2005(4): 27-30.

第 10 章

[1] MACH E. The science of mechanics: A critical and historical account of its development[M]. [S.l.]: Open Court Publishing Company, 1915.

[2] DUGAS R. A history of mechanics[M]. [S.l.]: Courier Corporation, 2012.

[3] CUI W C. On an axiomatic foundation for a theory of everything[J]. Philosophy

Study, 2021, 11(4): 241-267.

[4] O'SULLIVAN C T. Newtons laws of motion: Some interpretations of the formalism[J]. American Journal of Physics, 1980, 48(2): 131-133.

[5] FRENCH A P. Newtonian mechanics[M]. [S.l.]: W.W. Norton & Company, 1971.

[6] HOLTON G, BRUSH S G. Physics, the human adventure: From Copernicus to Einstein and beyond[M]. [S.l.]: Rutgers University Press, 2001.

[7] O'SULLIVAN C T. Newtons laws of motion: Some interpretations of the formalism[J]. American Journal of Physics, 1980, 48(2): 131-133.

[8] NEWTON I. Newton's principia: The mathematical principles of natural phi losophy[M]. [S.l.]: Geo P Putnam, 1850.

[9] O'SULLIVAN C T. Newtons laws of motion: Some interpretations of the formalism[J]. American Journal of Physics, 1980, 48(2): 131-133.

[10] FRENCH A P. Newtonian mechanics[M]. [S.l.]: W.W. Norton & Company, 1971.

[11] FRENCH A P. Newtonian mechanics[M]. [S.l.]: W.W. Norton & Company, 1971.

[12] HALLIDAY D, RESNICK R, WALKER J. Fundamentals of physics[M]. [S.l.]: John Wiley, 2013.

[13] MARION J B. Classical dynamics of particles and systems[M]. [S.l.]: Academic Press, 2013.

第 11 章

[1] 亚·沃尔夫. 十六、十七世纪科学、技术和哲学史 [M]. 北京：商务印书馆, 1997.

[2] I. 伯纳德·科恩. 科学革命史 [M]. 北京：军事科学出版社, 1992.

[3] 贝尔纳. 科学的社会功能 [M]. 桂林：广西师范大学出版社，2003.

[4] 亚·沃尔夫. 十六、十七世纪科学、技术和哲学史 [M]. 北京：商务印书馆, 1997.

[5] 徐辉. 高等教育发展的新阶段——论大学与工业的关系 [M]. 杭州：杭州大学出版社，1990.

[6] 亚·沃尔夫. 十六、十七世纪科学、技术和哲学史 [M]. 北京：商务印书馆, 1997.

[7] 马佰莲. 西方近代科学体制化的理论透析 [J]. 文史哲, 2002, 2(27): 126-131.

[8] 亚·沃尔夫. 十六、十七世纪科学、技术和哲学史 [M]. 北京：商务印书馆, 1997.

[9] MCCLELLAN J E, DORN H. Science and technology in world history: An introduction[M]. [S.l.]: Johns Hopkins University Press, 2006.

[10] 吴忠观. 人口科学辞典 [M]. 成都：西南财经大学出版社，1997.

[11] 徐俊培. "进化论为何是正确的"——芝加哥大学生物学家杰里·科伊恩访谈录 [J]. 世界科学, 2009.

第 12 章

[1] LANDES D S. The unbound prometheus: Technological change and industrial development in Western Europe from 1750 to the present[M]. [S.l.]: Cambridge University Press, 1991.

[2] ROSEN W. The most powerful idea in the world: A story of steam, industry, and invention[M]. [S.l.]: University of Chicago Press, 2012.

第 15 章

[1] RUMORE P. Mechanism and materialism in early modern German philosophy[J]. British Journal for the History of Philosophy, 2016, 24(5): 917-939.

[2] 周昌忠, 等. 十六、十七世纪科学技术和哲学史 [J]. 自然辩证法研究, 1986(2): 62-63.

[3] ARISTOTLE, MAKIN S. Metaphysics[M]. Oxford : New York: Clarendon Press ; Oxford University Press, 2006.

[4] BERRYMAN S. Ancient Atomism[Z].

[5] DEMTRÖDER W. Atoms, molecules and photons: An introduction to atomic-, molecular-and quantum-physics[M]. 2nd ed. Heidelberg ; London: Springer, 2010.

[6] 阎康年. 微观物质组成理论的发展与近现代科学（上）[J]. 现代物理知识, 2011(1): 50-55.

[7] ENGELMAN E M. The mechanistic and the Aristotelian orientations toward nature and their metaphysical backgrounds[J]. International Philosophical Quarterly, 2007, 47(2): 187-202.

[8] CHIESA M. Radical behaviorism and scientific frameworks: From mechanistic to relational accounts[J/OL]. American Psychologist, 1992, 47(11): 1287-1299 [2022-06-21]. http://doi.apa.org/g etdoi.cfm?doi=10.1037/0003-066X.47.11.1287. DOI: 10.1037/0003-066X.47.11.1287.

[9] NEWTON I. Philosophiae naturalis principia mathematica[M]. [S.l.]: G Brookman, 1833.

[10] RICHINS M L. Materialism pathways: The processes that create and perpetuate materialism[J]. Journal of Consumer Psychology, 2017, 27(4): 480-499.

[11] MCCLELLAN III J E, DORN H. Science and technology in world history: An introduction[M]. [S.l.]: JHU Press, 2015.

[12] NATARAJAN H, JACOBS G B. An explicit semi-Lagrangian, spectral method for solution of Lagrangian transport equations in Eulerian-Lagrangian formulations[J/OL]. Computers & Fluids, 2020, 207: 104-526 [2022-06-21]. https://linkinghub.elsevier.com/retrieve/pii/S0045793020301006. DOI: 10.1016/j.compfluid.2020.104526.

[13] SOLOVEV A, FRIEDRICH B M. Lagrangian mechanics of active systems[J]. The European Physical Journal E, 2021, 44(4): 1-15.

[14] CHENG X H, HUANG G Q. A comparison between Second-Order Post-Newtonian Hamiltonian and Coherent Post-Newtonian Lagrangian in spinning compact binaries[J]. Symmetry, 2021, 13(4): 584.

[15] 王鸿生. 世界科学技术史[M]. 北京：中国人民大学出版社，2008.

第 16 章

[1] MCCLELLAN III J E, DORN H. Science and technology in world history: An introduction[M]. [S.l.]: JHU Press, 2015.

[2] 周昌忠，等. 十六、十七世纪科学技术和哲学史[J]. 自然辩证法研究，1986(2): 62-63.

[3] School of Engineering & Information Technology[EB/OL]. [2022-08-14]. https://www.unsw.adfa.edu.au/seit.

[4] 沈允钢. 光合作用[J]. 中国生物学文摘，2006, 20(2): 1.

[5] WALACH H. Beyond a Materialist Worldview: Towards an Explanded Science[M]. [S.l.]: Scientific, 2019.

[6] WERTHEIMER E, LEPAGE L. Sur les fonctions réflexes des ganglions abdominaux du sympathique dans l'innervation sécrétoire du pancréas[J]. J. Physiol. Pathol. Gén, 1901, 3: 363-374.

[7] BAYLISS W, STARLING E. Preliminary communication on the causation of the so-called "peripheral reflex secretion" of the pancreas.[J]. The Lancet, 1902, 159(4099): 813.

[8] IRead eBooks. 走出一个好身体[EB/OL]. [2022-08-05]. http://www.airitibooks.co m/Detail/Detail?PublicationID=P20090328485.

[9] 柯勇. 作物病害与防治[M]. 台北：艺轩图书出版社，1998.

[10] ORIOLS X, MOMPART J. Overview of Bohmian mechanics[G]//Applied Bohmian Mechanics. [S.l.]: Jenny Stanford Publishing, 2019: 19-166.

第 17 章

[1] BALDWIN R G, CHRONISTER J L. Teaching without tenure: Policies and practices for a new era[M]. Baltimore: Johns Hopkins University Press, 2001.

[2] RUSSELL L S. A heritage of light: Lamps and lighting in the early Canadian home[M]. Toronto: University of Toronto Press, 2003.

[3] BIANCULLI A J. Trains and technology: The American railroad in the nineteenth century[M]. Newark: University of Delaware Press, 2001.

[4] FOGEL R W. Railroads and American economic growth: Essays in econometric history[M]. 2nd ed. Baltimore: Johns Hopkins Univ. Pr, 1970.

[5] ROSENBERG N. Inside the black box: Eechnology and economics[M]. Cambridge: Cambridge University Press, 1982.

[6] HOUNSHELL D A. From the American system to mass production, 1800-1932: The development of manufacturing technology in the United States[M]. Baltimore: Johns Hopkins University Press, 1984.

[7] WILSON A J. The living rock: The story of metals since earliest times and their impact on the developing civilization[M]. Cambridge: Woodhead, 1996.

第 18 章

[1] KELVIN L. I. Nineteenth century clouds over the dynamical theory of heat and light[J]. The London, Edinburgh, and Dublin Philosophical Magazine and Journal of Science, 1901, 2(7): 1-40.

[2] PASSON O. Kelvin's clouds[J]. American Journal of Physics, 2021, 89(11): 1037-1041.

[3] PAN L L, CUI W C. Re-examination of fundamental concepts of heat, work, energy, entropy, and information based on NGST[J]. Philosophy, 2022, 12(1): 1-17.

[4] ORIOLS X, MOMPART J. Overview of Bohmian mechanics[G]//Applied Bohmian Mechanics. [S.l.]: Jenny Stanford Publishing, 2019: 19-166.

[5] 冯端. 漫谈物理学的过去，现在和未来 [J]. 物理，1999(B02): 513-525.

[6] Brian Castellani's Map of the Complexity Sciences–Monitoring and Evaluation NEWS[EB/OL]. [2022-05-13]. https://mande.co.uk/2020/uncategorized/brian-castellanis-map-of-the-complexity-sciences/.

[7] 物理随谈（5）：双生子佯谬的推理 [EB/OL]. [2022-05-22]. https://www.dprenvip.com/36497.

[8] FRANCIS M. Quantum entanglement shows that reality can't be local[J]. Nature Physics, 2012. DOI: 10.1038/NPHYS2460.

[9] YIN J, CAO Y, YONG H L. Bounding the speed of "spooky action at a distance"[J]. Physical Review Letters, 2013, 110 (26): 260407.

[10] WILKINSON W J. A method for demonstrating superluminal communication using conscious intent to influence a quantum-entangled link[J]. Journal of Scientific Exploration, 2023, 37(1): 76-79.

[11] [明理时空] 广义相对论——纯粹理性思维的巅峰之作 [EB/OL]. [2022-05-28]. http://www.iop.cas.cn/xwzx/jcspjj/201512/t20151210_4492074.html.

[12] EINSTEIN A. Die Grundlage der allgemeinen Relativitätstheorie[J/OL]. Annalen der Physik, 1916, 354(7): 769-822 [2022-05-28]. https://onlinelibrary.wiley.com/doi/10.1002/andp.19163540702. DOI:10.1002/andp.19163540702.

[13] 刘辽. 广义相对论 [EB/OL]. [2022-06-03]. https://www.scribd.com/document/479713914.

[14] POGGENDORFF J C, WIEDEMANN E, WIEDEMANN G H. Annalen der Physik[M]. [S.l.]: JA

Barth, 1888.

[15] BUSCH P, HEINONEN T, LAHTI P. Heisenberg's uncertainty principle[J/OL]. Physics Reports, 2007, 452(6): 155-176 [2022-07-15]. https://linkinghub.elsevier.com/retrieve/pii/S0370157307003481. DOI: 10.1016/j.physrep.2007.05.006.

[16] ISAACSON W. Einstein: His life and universe[M]. New York: Simon & Schuster, 2007.

[17] BARTHEL T S. Die gegenwärtige Situation in der Erforschung der Maya-Schrift[J/OL]. Journal de la Société des Américanistes, 1956, 45(1): 219-227 [2022-07-15]. https://www.persee.fr/doc/jsa_0037-9174_1956_num_45_1_959. DOI: 10.3406/jsa.1956.959.

[18] 量子科技到底是什么？[EB/OL]. [2022-07-15]. https://www.toutiao.com/article/6887719284810875399/?chann el=& source=search_tab.

[19] https://www.toutiao.com/article/6394694194887360770/.

第 19 章

[1] 施太格缪勒. 当代哲学主流 [M]. 王炳文，燕宏远，张金言，译. 北京：商务印书馆，1986.

第 20 章

[1] BERTALANFFY L V. General system theory: Foundations, development, applications[M]. Rev. ed. New York, NY: Braziller, 2009.

[2] 鲍健强. 东西方科学传统和思维方式的比较 [J]. 浙江工业大学学报（社会科学），2002, 30(30).

[3] 张晓洲. 从东西方科学传统的差异看未来中国科技的发展 [J]. 科技情报开发与经济，2008, 18(2).

第 21 章

[1] REY A. La théorie de la physique chez les physiciens contemporains[M/OL]. [S.l.]: F. Alcan, 1907. https://books.google.com.hk/books?id=P4kcdmKZ6w4C.

[2] POINCARÉ H, HALSTED G. The Value of Science[M/OL]. [S.l.]: Science Press, 1907. https://books.google.com.hk/books?id=NNQEAAAAYAAJ.

[3] 穆蕴秋，江晓原. 科学史上关于寻找地外文明的争论——人类应该在宇宙的黑暗森林中呼喊吗？[J]. 上海交通大学学报：哲学社会科学版，2008, 16(6): 52-59.

[4] 刘慈欣. 三体 [M/OL]. 重庆：重庆出版社，2016. https://books.google.com.hk/books?id=-%5C_ZvswEACAAJ.

第 22 章

[1] 丁雅娴，莫作钦，徐亭起．中国学科分类体系研究 [J]．中国软科学，1993(3): 32-34.

[2] 苏力．知识的分类 [J]．读书，1998, 3: 96.

[3] BUNGE M. Philosophy of Science: From explanation to justification[M/OL]. [S.l.]: Transaction Publishers, 1998. https://books.google.com.hk/books?id=qbEmnwEACAAJ.

[4] FRANKLIN J. The Formal Sciences Discover the Philosophers'Stone[M/OL]. [S.l. : s.n.], 1994. https://books.google.com.hk/books?id=gu6rtQEACAAJ.

[5] NEEDHAM J. Science and Civilisation in China: Volume 3, Mathematics and the Sciences of the Heavens and the Earth[M/OL]. [S.l.]: Cambridge University Press, 1959. https://books.google.com.hk/books?id=jfQ9E0u4pLAC.

[6] 张奠宙，邹一心．现代数学与中学数学 [M/OL]．上海：上海教育出版社，1990. https://books.google.com.hk/books?id=2zyJQwAACAAJ.

[7] TURING A M. Computing machinery and intelligence[J/OL]. Mind. New Series 1950, 59(236): 433-460. http://www.jstor.org/stable/2251299.

[8] 宋勇刚．图灵测试：哲学争论及历史地位 [J]．科学文化评论，2011, 8(6): 42-57.

[9] 唐黛．冯·诺依曼和冯·诺依曼机器 [J]．上海微型计算机，1999, 46.

[10] 任晓明，潘沁．冯·诺依曼的计算机科学哲学思想 [J]．科学技术哲学研究，2011, 28(4): 18-22.

[11] MCCARTNEY S. ENIAC: The triumphs and tragedies of the world's first computer[J]. 1999.

[12] 李时珍．本草纲目 [M/OL]．北京：人民卫生出版社，1979. https://books.google.com.hk/books?id=SupDAQAAIAAJ.

第 23 章

[1] 杜宝贵．论科学的分化 [J]．科学学与科学技术管理，2001(5): 17-23.

[2] 亚里士多德．动物志 [M]．吴寿彭，译．北京：商务印书馆，2011.

[3] BEKKER I, SYLBURG F, NEUMANN K. Historia animalium[M/OL]. [S.l.]: Typographeo academico, 1837. https://books.google.com.hk/books?id=2Z8NAAAAYAAJ.

[4] DANTE. Infierno[M]. Barcelona: Galaxia Gutenberg, 2003.

[5] 布鲁诺．论无限、宇宙和诸世界 [M]．田时纲，译．长春：吉林出版集团有限责任公司，2013.

[6] 布鲁诺．论原因、本原和太一 [M]．汤侠声，译．北京：商务印书馆，1984.

[7] KEPLER J, DONAHUE W H. New astronomy[M]. Cambridge [England]; New York, NY, USA: Cambridge University Press, 1992.

[8] 开普勒．世界的和谐 [M]．张卜天，译．北京：北京大学出版社，2011.

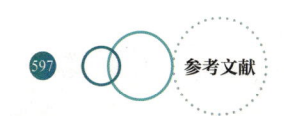

[9] 李泽淳. 论歌德的艺术创作观 [J]. 理论界, 2008, 12.

[10] 叶继红. "科学家" 职业的演变过程及其社会责任 [J]. 自然辩证法研究, 2000, 16(12): 46-50.

[11] 荀况. 荀子 [M]. 上海：上海古籍出版社, 2014.

[12] 曹小鸥, 杭间. 视觉革命 [M]. 北京：中央编译出版社, 2010.

[13] 蒲淳. 科学家职业流动的规律初探 [J]. 科技导报, 1992, 10(9207): 10-12.

[14] 张瑾. 近代英法科学家职业化及身份认同 [J]. 深圳大学学报（人文社科版）, 2017, 34(4): 152-159.

[15] 丁肇中. 与中国科学家合作的 40 年 [J]. 现代物理知识, 2020(1):55-63.

[16] 程志波, 李正风. 论科学治理中的科学共同体 [J]. 科学学研究, 2012, 30(2): 225-231.

[17] 李际, 王子仪. 公众科学——科学共同体模式的转向 [J]. 科学与社会, 2021, 11(4): 66-79.

[18] POLANYI M. Life's irreducible structure[J]. Journal of the American Scientific Affiliation, 1970,22: 123–131.

[19] 默顿. 社会研究与社会政策 [M]. 林聚任, 等译. 北京：生活·读书·新知三联书店, 2001：3-18.

[20] KUHN T. The Structure of Scientific Revolutions[M/OL]. [S.l.]: University of Chicago Press, 1962. https://books.google.com.hk/books?id=a7DaAAAAMAAJ.

第 24 章

[1] 李醒民. 近代科学的起源 [J]. 民主与科学, 2003(04): 15-16.

[2] 郝婷婷. 浅谈古希腊科学的发展 [J]. 现代交际, 2013(10): 83-84.

[3] 伊本·赫勒敦. 历史概论 [M]. 陈克礼, 译. 北京：华文出版社, 2017.

[4] NEEDHAM J. Science and Civilisation in China[M/OL]. [S.l. : s.n.], 1965. https://books.google.com.hk/books?id=kB3T6nYMR98C.

第 25 章

[1] CUI W C. On the Philosophical Ontology for a General System Theory[J/OL]. Philosophy Study, 2021, 11(6) [2022-05-13]. http://www.davidpublisher.org/index.php/Home/Article/index?id=45687.html. DOI: 10.17265/2159-5313/2021.06.002.

[2] 笛卡尔. 谈谈方法 [M]. 王太庆, 译. 北京：商务印书馆, 2009.

[3] VON BERTALANFFY L. The History and Status of General Systems Theory.[J]. Academy of Management Journal, 1972, 15(4): 407-426.

[4] SCHRÖDINGER E. What is life? the physical aspect of the living cell; with, Mind and matter; &

Autobiographical sketches[M]. Cambridge: Cambridge University Press, 1992.

[5] Brian Castellani's Map of the Complexity Sciences–Monitoring and Evaluation NEWS[EB/OL]. [2022-05-13]. https://mande.co.uk/2020/uncategorized/brian-castellanis-map-of-the-complexity-sciences/.

[6] CLARK M. Paradoxes from A to Z[M]. 2nd ed. London: Routledge, 2007.

[7] Brian Castellani's Map of the Complexity Sciences–Monitoring and Evaluation NEWS[EB/OL]. [2022-05-13]. https://mande.co.uk/2020/uncategorized/brian-castellanis-map-of-the-complexity-sciences/.

[8] 截至2022年，物理学难以突破，天空中的乌云还有62种，纯理论28种[EB/OL]. [2022-03-04]. https://www.163.com/dy/article/H1KHT6TA0521CUPU.html.

[9] CDE COLLABORATIONC, AALTONEN T, AMERIO S, et al. High-precision measurement of the W boson mass with the CDF II detector[J]. Science, 2022, 376(6589): 170-176.

[10] CUI W C. On an Axiomatic Foundation for a Theory of Everything[J]. Philosophy Study, 2021, 11(4).

[11] UZAN J P. The big-bang theory: construction, evolution and status[G]//The Universe. [S.l.]: Springer, 2021: 1-72.

[12] BORCHARDT G. Infinite universe theory [M]. Berkeley, CA, Progressive Sci ence Institute, 2017.

[13] STEINHARDT P J, TUROK N. The Cyclic Universe: An Informal Introduction[J/OL]. 2002. https://arxiv.org/pdf/astro-ph/0204479.

[14] DEWITT B S, GRAHAM N. The Many-Worlds Interpretation of Quantum Mechanics[M]. [S.l.]: Princeton University Press, 2015.

[15] CUI W C. On an Axiomatic Foundation for a Theory of Everything[J]. Philosophy Study, 2021, 11(4).

[16] The final TOE (Theory of Everything)[EB/OL]. [2022-04-25]. https://tienzengong.wordpress.com/2016/01/18/the-final-toe-theory-of-everything/.

[17] TU Z, KHARZEEV D E, ULLRICH T. Einstein-Podolsky-Rosen Paradox and Quantum Entanglement at Subnucleonic Scales[J]. Physical Review Letters, 2020, 124(6): 62.

[18] CUI W C. On an Axiomatic Foundation for a Theory of Everything[J]. Philosophy Study, 2021, 11(4).

[19] The final TOE (Theory of Everything)[EB/OL]. [2022-04-25]. https://tienzengong.wordpress.com/2016/01/18/the-final-toe-theory-of-everything/.

[20] GÖDEL K. On Formally Undecidable Propositions of Principia Mathematica and Related Systems[M]. [S.l.]: Courier Corporation, 1992.

[21] CAPRA F. The Tao of Physics[M]. Boulder, Colorado: Shambhala publications, 2010.

[22] 太虚. 太虚佛学概论：太虚中国佛学 [M]. 长春：吉林人民出版社，2013.

[23] MA Y, CUI W C. A Comprehensive Overview on Various Mind-Body Models[J]. Philosophy, 2021, 11(11): 810-819.

[24] Drăgănescu M. Informația materiei [J]. Bucuresti: Editura Academiei Române, 1990.

[25] GAISEANU F. What Is Life: An Informational Model of the Living Structures[J]. Biochemistry and Molecular Biology, 2020, 5(2): 18.

[26] The final TOE (Theory of Everything)[EB/OL]. [2022-04-25]. https://tienzengong.wordpress.com/2016/01/18/the-final-toe-theory-of-everything/.

[27] CUI W C, KANG L L. On the Construction of a Theory of Everything Based on Buddhist Cosmological Model[J]. Trends in Technical & Scientific Research, 2020, 3(5): 99-110.

[28] HEISENBERG W. The physical content of quantum kinematics and mechanics (1927)[J]. Quantum Theory and Measurement, 1983: 62-84.

[29] HEISENBERG W. The physical principles of the quantum theory[M]. New York: Dover Publications, 1949.

[30] BOHR N. Atomic Theory and the Description of Nature[M]. [S.l.]: CUP Archive, 1961.

[31] MINEV Z K, MUNDHADA S O, SHANKAR S, et al. To catch and reverse a quantum jump mid-flight[J]. Nature, 2019, 570(7760): 200-204.

[32] MA Y, CUI W C. A Comprehensive Overview on Various Mind-Body Models[J]. Philosophy Study, 2021, 11(11).

[33] CUI W C. On an Axiomatic Foundation for a Theory of Everything[J]. Philosophy Study, 2021, 11(4).

[34] PAN L L, CUI W C. Re-examination of Fundamental Concepts of Heat, Work, Energy, Entropy, and Information Based on NGST[J/OL]. Philosophy Study, 2022, 12(1) [2022-07-08]. http://www.davidpublisher.com/index.php/Home/Article/index?id=46835.html. DOI: 10.17265/2159-5313/2022.01.001.

[35] FITZPATRICK R. Quantum Mechanics[M]. [S.l.]: World Scientific Publishing Company, 2015.

[36] DIRAC P A M. The Quantum Theory of the Emission and Absorption of Radiation[J]. Proceedings of the Royal Society of London Series A-Containing Papers of a Mathematical and Physical Character, 1927, 114(767): 243-265.

[37] PLADEVALL X O, MOMPART J. Applied Bohmian Mechanics: From Nanoscale Systems to Cosmology[M]. [S.l.]: Jenny Stanford Publishing, 2019.

[38] EINSTEIN A. On a heuristic point of view concerning the production and transformation of light[J]. Annalen der Physik, 1905, 17: 1-18.

[39] EINSTEIN A. The basics of general relativity theory[J]. Annalen der Physik, 1916, 49: 769-822.

[40] PHIPPS T E. Invariant physics[J]. Physics Essays, 2014, 27(4): 591-597.

[41] PAN L L, CUI W C. Re-examination of the Two-Body Problem Using Our New General System Theory[J]. Philosophy Study, 2021, 11(12): 891-913.

[42] PHIPPS T E. Invariant physics[J]. Physics Essays, 2014, 27(4): 591-597.

[43] SATO M. Comment on "Invariant physics" [Physics Essays 27, 591 (2014)]: Invalidation of the spacetime symmetry[J]. Physics Essays, 2018, 31(4): 403-408.

[44] PLADEVALL X O, MOMPART J. Applied Bohmian Mechanics: From Nanoscale Systems to Cosmology[M]. [S.l.]: Jenny Stanford Publishing, 2019.

[45] PHIPPS T E. Invariant physics[J]. Physics Essays, 2014, 27(4): 591-597.

[46] SATO M. Comment on "Invariant physics" [Physics Essays 27, 591 (2014)]: Invalidation of the spacetime symmetry[J]. Physics Essays, 2018, 31(4): 403-408.

第 26 章

[1] Brian Castellani's Map of the Complexity Sciences–Monitoring and Evaluation NEWS[EB/OL]. [2022-05-13]. https://mande.co.uk/2020/uncategorized/brian-castellanis-map-of-the-complexity-sciences/.

[2] WEIL A. Number Theory for Beginners[M]. Berlin: Springer Science & Business Media, 2012.

[3] DESCARTES R. Discourse on Method and the Meditations[M]. [S.l.]: Penguin UK, 1968.

[4] HOWIE J M. Real analysis[M]. London: Springer, 2001.

[5] CLARK M. Paradoxes from A to Z[M]. [S.l.]: Routledge, 2002.

[6] HOLMES P. History of dynamical systems[J/OL]. Scholarpedia, 2007, 2(5): 1843 [2022-05-13]. http://www.scholarpedia.org/article/History_of_dynamical_systems. DOI: 10.4249/scholarpedia.1843.

[7] Fractal | mathematics | Britannica[EB/OL]. [2022-05-13]. https://www.britannica.com/science/fractal.

[8] FIENBERG S E. A Brief History of Statistical Models for Network Analysis and Open Challenges[J/OL]. Journal of Computational and Graphical Statistics, 2012, 21(4): 825-839 [2022-05-13]. http://www.tandfonline.com/doi/abs/10.1080/10618600.2012.738106. DOI: 10.1080/10618600.2012.738106.

[9] JOHANSSON L G. Philosophy of science for scientists[M]. [S.l.]: Springer, 2016.

[10] ELLIS G F R. On the philosophy of cosmology[J]. Studies in History and Philosophy of Science Part B: Studies in History and Philosophy of Modern Physics, 2014, 46: 5-23.

[11] MAUDLIN T. Ontological clarity via canonical presentation: Electromagnetism and the Aharonov-Bohm effect[J]. Entropy, 2018, 20(6): 465.

[12] 同上。

[13] MAYANTS L. Problems Related to Probability[G]//The Enigma of Probability and Physics. [S.l.]: Springer, 1984: 279-287.

[14] BOCHENSKI J M. A History of Formal Logic[M]. 2nd ed. New York: Chelsea Pub. Co, 1970.

[15] KLINE M. Mathematical Thought from Ancient to Modern Times[M]. New York: Oxford University Press, 1990.

[16] EICHERTZ J. Induction, Deduction, Abduction. Teoksessa Flick, U. The SAGE Hand book of Qualitative Data Analysis[M]. London: SAGE Publications Ltd, 2014.

[17] GUSTON D H. Between politics and Science: Assuring the Integrity and Productivity of Re-Search[M]. Cambridge: Cambridge University Press, 2000.

[18] 波普尔. 科学发现的逻辑 [M] 杭州：中国美术学院出版社，2008.

[19] WATANABE S. Knowing and Guessing: a Quantitative Study of Inference and Information[M]. New York: Wiley, 1969.

[20] BACON F. Novum organum[M]. [S.l.]: Clarendon press, 1878.

[21] MAYANTS L. The Enigma of Probability and Physics[M]. Dordrecht: Springer Netherlands, 1984 .

[22] ARUN K, GUDENNAVAR SB. SIVARAM C. Dark Matter, Dark Energy, and Alternate Models: A Review[J]. Advances in Space Research, 2017, 60(1): 166-186.

[23] CUI W C. On A Logically Consistent Cosmological Model Based on Buddhist Philosophy[J]. Annals of Social Sciences & Management studies, 2019, 3(1) :28-32.

[24] CUI W C. A Comparison of BCM with BBCM[J/OL]. Annals of Social Sciences & Management studies, 2019, 3(3) [2022-04-25]. https://juniperpublishers.com/asm/ASM.MS.ID.555612.php.DOI: 10.19080/ASM.2019.03.555612.

[25] CUI W C. Some Discussions on The Establishment of a Scientific Cosmological Model[J/OL]. Annals of Reviews & Research, 2019, 5(1) [2022-04-25]. https://juniperpublishers.com/arr/ARR.MS.ID.5 55653.php. DOI: 10.19080/ARR.2019.05.555653.

[26] CUI W C. On Conservation Laws for an Open System Based on BCM[J]. Annuals of Reviews and Research. 2019,5(1): 25-32.

[27] HEISENBERG W. The physical content of quantum kinematics and mechanics (1927)[J]. Quantum Theory and Measurement, 1983: 62-84.

[28] HEISENBERG W. The Physical Principles of the Quantum Theory[M]. New York: Dover Publications, 1949.

[29] BOHR N. Atomic Theory and the Description of Nature[M]. [S.l.]: CUP Archive, 1961.

[30] MINEV Z K, MUNDHADA S O, SHANKAR S, et al. To catch and reverse a quantum jump mid-

flight[J]. Nature, 2019, 570(7760): 200-204.

[31] PLADEVALL XO, MOMPART J. Applied Bohmian Mechanics: From Nanoscale Systems to Cosmology[M]. 2nd ed. Singapore: Jenny Stanford publishing, 2019.

[32] HEMPEL C G, PUTNAM H, ESSLER W K. Methodology, Epistemology, and Philosophy of Science: Essays in Honour of Wolfgang Stegmüller on the Occasion of his 60th Birth day'June 3rd, 1983[M]. [S.l.]: Springer Science & Business Media, 2013.

[33] 施太格缪勒. 当代哲学主流 [M]. 王炳文, 燕宏远, 张金言, 译. 北京：商务印书馆, 1986.

[34] BELL J S. On the Einstein Podolsky Rosen Paradox[J]. Physics Physique Fizika, 1964, 1(3): 195-200.

[35] BELL J S. On the Problem of Pidden Variables in Quantum Mechanics[J]. Reviews of Modern Physics, 1966, 38(3): 447-452.

[36] BELL J. Against 'measurement'[J]. Physics World, 1990, 3(8): 33.

[37] CUI W C. On an Axiomatic Foundation for a Theory of Everything[J]. Philosophy Study, 2021, 11(4): 241-267.

[38] CUI W C. On A Logically Consistent Cosmological Model Based on Buddhist Philosophy[J]. Annals of Social Sciences & Management studies, 2019, 3(1) :28-32.

[39] CUI W C. A Comparison of BCM with BBCM[J/OL]. Annals of Social Sciences & Management studies, 2019, 3(3) [2022-04-25]. https://juniperpublishers.com/asm/ASM.MS.ID.555612.php.DOI: 10.19080/ASM.2019.03.555612.

[40] CUI W C. Some Discussions on The Establishment of a Scientific Cosmological Model[J/OL]. Annals of Reviews & Research, 2019, 5(1) [2022-04-25]. https://juniperpublishers.com/arr/ARR.MS.ID.5 55653.php. DOI: 10.19080/ARR.2019.05.555653.

[41] CUI W C. On Conservation Laws for an Open System Based on BCM[J]. Annuals of Reviews and Research. 2019,5(1): 25-32.

[42] CUI W C, KANG L L. On the Construction of a Theory of Everything Based on Buddhist Cosmological Model[J]. Trends in Technical & Scientific Research, 2020, 3(5): 99-110.

[43] VON NEUMANN J. Mathematische Grundlagen der Quantenmechanik[M]. [S.l.]: Springer-Verlag, 2013.

[44] MERMIN N D. Hidden variables and the two theorems of John Bell[J]. Reviews of Modern Physics, 1993, 65(3): 803.

[45] BOHM D. A Suggested Interpretation of the Quantum Theory in Terms of "Hidden" Variables. I[J]. Physical review, 1952, 85(2): 166.

[46] CUI W C, KANG L L. On the Construction of a Theory of Everything Based on Buddhist Cosmo-

logical Model[J]. Trends in Technical & Scientific Research, 2020, 3(5): 99-110.

[47] CUI W C. On an Axiomatic Foundation for a Theory of Everything[J]. Philosophy Study, 2021, 11(4): 241-267.

[48] CUI W C, KANG L L. On the Construction of a Theory of Everything Based on Buddhist Cosmological Model[J]. Trends in Technical & Scientific Research, 2020, 3(5): 99-110.

[49] HEISENBERG W. The physical content of quantum kinematics and mechanics (1927)[J]. Quantum Theory and Measurement, 1983: 62-84.

[50] CUI W C, BLOCKLEY D I. Interval probability theory for evidential support[J]. International Journal of Intelligent Systems, 1990, 5(2): 183-192.

[51] UZAN J P. The big-bang theory: construction, evolution and status[G]//The Universe. [S.l.]: Springer, 2021: 1-72.

[52] GEORGIEVICH B S. About the theory of the Big Bang[J]. The General Science Journal, 2017.

[53] BERTALANFFY L V. General System Theory: Foundations, Development, Applications[M]. New York: Braziller, 2009.

[54] Systems psychology[EB/OL]. [2022-05-13]. https://psychology.fandom.com/wiki/Systems_psychology.

[55] Oxford Bibliographies-Your Best Research Starts Here[EB/OL]. [2022-05-13]. https://www.oxfordbibliographies.com/.

[56] NICOLIS G, ROUVAS-NICOLIS C. Complex systems[J/OL]. Scholarpedia, 2007, 2(11): 1473 [2022-05-13]. http://www.scholarpedia.org/article/Complex_systems.DOI:10.4249/scholarpedia.1473.

[57] OVERBYE D. Can a Computer Devise a Theory of Everything?[J/OL]. The New York Times, 2020 [2022-05-13]. https://www.nytimes.com/2020/11/23/science/artificial-intelligence-ai-physics-theory.html.

[58] WHITAKER A. Einstein, Bohr, and the Quantum Dilemma: From Quantum Theory to Quantum Information[M]. 2nd ed. Cambridge : Cambridge University Press, 2006.

[59] EINSTEIN A, et al. Religion and science[M]. [S.l. : s.n.], 1930.

[60] GEORGIEVICH B S. About the theory of the Big Bang[J]. The General Science Journal, 2017.

[61] Oxford Bibliographies-Your Best Research Starts Here[EB/OL]. [2022-05-13]. https://www.oxfordbibliographies.com/.

[62] COHEN S M, REEVE C. Aristotle's metaphysics[J]. The Philosophical Review,2002,3(111): 452-56.

[63] DUGAS R. A History of Mechanics, trans[M]. JR Maddox (Switzerland: Editions Du Griffon, 1955), 1957: 124-127.

[64] CUI W C. On an Axiomatic Foundation for a Theory of Everything[J]. Philosophy Study, 2021,

11(4): 241-267.

[65] BOHR N. On the Constitution of Atoms and Molecules[J]. Philosophical Magazine and Journal of Science, 1913, 26(151): 1-25.

[66] MCCREA W. Atomic Theory and the Description of Nature[J]. The Mathematical Gazette, 1934, 18(230): 279-280.

[67] HEISENBERG W. The Physical Content of Quantum Kinematics and Mechanics (1927)[J]. Quantum Theory and Measurement, 1983: 62-84.

[68] HEISENBERG W. The physical principles of the quantum theory[M]. [S.l.]: Courier Corporation, 1949.

[69] VON BERTALANFFY L. The History and Status of General Systems Theory[J]. Academy of Management Journal, 1972, 15(4): 407-426.

[70] SCHMIDHUBER J. A computer scientist's view of life, the universe, and everything[C]// Foundations of computer science. [S.l. : s.n.], 1997: 201-208.

[71] DYSON F. The Scientist as Rebel[M]. [S.l.]: New York Review Books, 2008.

[72] DIRAC P A M. The quantum theory of the emission and absorption of radiation[J]. Proceedings of the Royal Society of London Series A-Containing Papers of a Mathematical and Physical Character, 1927, 114(767): 243-265.

[73] HAWKING S. The Theory of Everything: the Origin and Fate of the Universe[M]. Calif.: Phoenix Books, 2005.

[74] FEFERMAN S. The nature and significance of Gödel's incompleteness theorems[J]. Princeton, Institute for Advanced Study, Gödel Centenary Program, 2006, 17.

[75] ROBINSON H. Mind-body dualism[Z]. 2020.

[76] WEINBERG S. Dreams of a Final Theory[M/OL]. New York: Vintage Books, 1993.

[77] DEAQUINO F. Theory of everything[J]. ArXiv preprint gr-qc/9910036, 1999.

[78] SHEN Z Y. Stochastic Quantum Space Theory on Particle Physics and Cosmology—A New Version of Unified Field Theory[J]. Journal of Modern Physics, 2013, 4(10): 1213-1380.

[79] The final TOE (Theory of Everything)[EB/OL]. [2022-04-25]. https://tienzengong.wordpress.com/2016/01/18/the-final-toe-theory-of-everything/.

[80] Si-chen Lee. Complex Space-Time and Complex Quantum Mind—An Unified Platform to Explain the Large, Medium, and Small Scaled Mysteries of Universe and Consciousness[J]. Philosophy Study, 2019, 9(5).

[81] ZWIEBACH B. A first course in string theory[M]. Cambridge: Cambridge University Press, 2004.

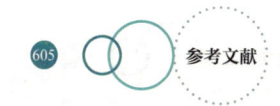

[82] CUI W C. On the Philosophical Ontology for a General System Theory[J/OL]. Philosophy Study, 2021, 11(6) [2022-05-13]. http://www.davidpublisher.org/index.php/Home/Article/index?id=45687.html. DOI: 10.17265/2159-5313/2021.06.002.

[83] Victor Oluwatosin Ajayi. Primary Sources of Data and Secondary Sources of Data[J/OL]. 2017 [2022-05-13]. http://rgdoi.net/10.13140/RG.2.2.24292.68481. DOI: 10.13140/RG.2.2.24292.68481.

[84] MAO L F. Science's Dilemma–A review on science with applications[J]. Progress in Physics, 2019 2(15): 78-85.

[85] Kurzban R, Burton-Chellew MN, West SA. The evolution of altruism in humans. Annu Rev Psychol. 2015, Jan 3 (66) :575-99.

[86] CUI W C, et al. A simple idea on the unification of Einstein-Bohr controversy[J]. Annals of Social Sciences & Management studies, 2019, 2(5): 120-121.

[87] CUI W C. On Conservation Laws for an Open System Based on BCM[J]. Annuals of Reviews and Research. 2019,5(1): 25-32.

[88] CUI W C, et al. On A Logically Consistent Cosmological Model Based on Buddhist Philosophy[J]. Annals of Social Sciences & Management studies, 2019, 3(1): 28-32.

[89] CUI W C. A Comparison of BCM with BBCM[J/OL]. Annals of Social Sciences & Management studies, 2019, 3(3) [2022-04-25]. https://juniperpublishers.com/asm/ASM.MS.ID.555612.php.DOI: 10.19080/ASM.2019.03.555612.

[90] CUI W C. Some Discussions on The Establishment of a Scientific Cosmological Model[J/OL]. Annals of Reviews & Research, 2019, 5(1) [2022-04-25]. https://juniperpublishers.com/arr/ARR.MS.ID.5 55653.php. DOI: 10.19080/ARR.2019.05.555653.

[91] CUI W C, et al. On Faith or Belief[J]. Annals of Social Sciences & Management stuies, 2019, 4(3): 81-89.

[92] CUI W C. On an Axiomatic Foundation for a Theory of Everything[J]. Philosophy Study, 2021, 11(4): 241-267.

第 27 章

[1] CUI W C, KANG L L. On the Construction of a Theory of Everything Based on Buddhist Cosmological Model[J]. Trends in Technical & Scientific Research, 2020, 3(5): 99-110.

[2] CUI W C. On an Axiomatic Foundation for a Theory of Everything[J]. Philosophy Study, 2021, 11(4): 241-267.

[3] BOHR N. On the constitution of atoms and molecules[J]. Philosophical Magazine and Journal of Science, 1913, 26(151): 1-25.

[4] MCCREA W. Atomic Theory and the Description of Nature [J]. The Mathematical Gazette, 1934, 18(230): 279-280.

[5] HEISENBERG W.The Physical Content of Quantum Kinematics and Mechanics (1927)[J]. Quantum Theory and Measurement, 1983: 62-84.

[6] HEISENBERG W. The physical principles of the quantum theory[M]. [S.l.]: Courier Corporation, 1949.

[7] VON BERTALANFFY L. The History and Status of General Systems Theory[J]. Academy of Management Journal, 1972, 15(4): 407-426.

[8] HEISENBERG W. The Physical Content of Quantum Kinematics and Mechanics (1927)[J]. Quantum Theory and Measurement, 1983: 62-84.

[9] HEISENBERG W. The physical principles of the quantum theory[M]. [S.l.]: Courier Corporation, 1949.

[10] JAKI S L. The relevance of physics[M]. University of Chicago Press, 1966.

[11] SCHMIDHUBER J. A computer scientist's view of life, the universe, and everything[C]// Foundations of computer science. [S.l. : s.n.], 1997: 201-208.

[12] DYSON F. The Scientist as Rebel[M]. [S.l.]: New York Review Books, 2008.

[13] HAWKING S. The Theory of Everything: the Origin and Fate of the Universe[M]. Calif.: Phoenix Books, 2005.

[14] FEFERMAN S. The nature and significance of Gödel's incompleteness theorems[J]. Princeton, Institute for Advanced Study, Gödel Centenary Program, 2006, 17.

[15] ROBINSON H. Mind-body dualism[Z]. 2020.

[16] WEINBERG S. Dreams of a Final Theory[M]. New York: Vintage Books, 1993.

[17] CUI W C, KANG L L. On the Construction of a Theory of Everything Based on Buddhist Cosmological Model[J]. Trends in Technical & Scientific Research, 2020, 3(5): 99-110.

[18] DEAQUINO F. Theory of everything[J]. ArXiv preprint gr-qc/9910036, 1999.

[19] SHEN Z Y. Stochastic Quantum Space Theory on Particle Physics and Cosmology—A New Version of Unified Field Theory[J]. Journal of Modern Physics, 2013, 4(10): 1213-1380.

[20] The final TOE (Theory of Everything)[EB/OL]. [2022-04-25]. https://tienzengong.wordpress.com/2016/01/18/the-final-toe-theory-of-everything/.

[21] Si-chen Lee. Complex Space-Time and Complex Quantum Mind—An Unified Platform to Explain the Large, Medium, and Small Scaled Mysteries of Universe and Consciousness[J]. Philosophy Study, 2019, 9(5).

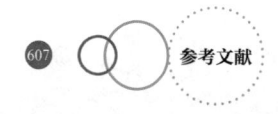

[22] CUI W C. On the Philosophical Ontology for a General System Theory[J/OL]. Philosophy Study, 2021, 11(6) [2022-05-13]. http://www.davidpublisher.org/index.php/Home/Article/index?id=45687.html. DOI: 10.17265/2159-5313/2021.06.002.

[23] BERTALANFFY L V. General System Theory: Foundations, Development, Applications (Revised Edition)[M].George Braziller, 1969.

[24] ZWIEBACH B. A first course in string theory[M]. Cambridge: Cambridge University Press, 2004.

[25] DUFF M. M THEORY (THE THEORY FORMERLY KNOWN AS STRINGS)[J/OL]. International Journal of Modern Physics A, 1996, 11(32): 5623-5641 [2022-05-13]. https://www.worldscientific.com/doi/abs/10.1142/S0217751X96002583. DOI: 10.1142/S0217751X96002583.

[26] CUI W C, KANG L L. On the Construction of a Theory of Everything Based on Buddhist Cosmological Model[J]. Trends in Technical & Scientific Research, 2020, 3(5): 99-110.

[27] DEAQUINO F. Theory of everything[J]. ArXiv preprint gr-qc/9910036, 1999.

[28] SHEN Z Y. Stochastic Quantum Space Theory on Particle Physics and Cosmology—A New Version of Unified Field Theory[J]. Journal of Modern Physics, 2013, 4(10): 1213-1380.

[29] The final TOE (Theory of Everything)[EB/OL]. [2022-04-25]. https://tienzengong.wordpress.com/2016/01/18/the-final-toe-theory-of-everything/.

[30] Si-chen Lee. Complex Space-Time and Complex Quantum Mind—An Unified Platform to Explain the Large, Medium, and Small Scaled Mysteries of Universe and Consciousness[J]. Philosophy Study, 2019, 9(5).

[31] MAO L F. Science's dilemma–A review on science with applications[M]. [S.l.]: Infinite Study, 2019.

[32] Kurzban R, Burton-Chellew MN, West SA. The evolution of altruism in humans. Annu Rev Psychol. 2015, Jan 3 (66) :575-99.

[33] CUI W C. On the Philosophical Ontology for a General System Theory[J/OL]. Philosophy Study, 2021, 11(6) [2022-05-13]. http://www.davidpublisher.org/index.php/Home/Article/index?id=45687.html. DOI: 10.17265/2159-5313/2021.06.002.

[34] CUI W C, et al. A simple idea on the unification of Einstein-Bohr controversy[J]. Annals of Social Sciences & Management studies, 2019, 2(5): 120-121.

[35] CUI W C, et al. On A Logically Consistent Cosmological Model Based on Buddhist Philosophy[J]. Annals of Social Sciences & Management studies, 2019, 3(1): 28-32.

[36] CUI W C. A Comparison of BCM with BBCM[J/OL]. Annals of Social Sciences & Management studies, 2019, 3(3) [2022-04-25]. https://juniperpublishers.com/asm/ASM.MS.ID.555612.php. DOI: 10.19080/ASM.2019.03.555612.

[37] CUI W C. Some Discussions on The Establishment of a Scientific Cosmological Model[J/OL]. Annals of Reviews & Research, 2019, 5(1) [2022-04-25]. https://juniperpublishers.com/arr/ARR.MS.ID.555653.php. DOI: 10.19080/ARR.2019.05.555653.

[38] CUI W C. On Conservation Laws for an Open System Based on BCM[J].Annals of Reviews & Research, 2019(5).

[39] CUI W C, et al. On Faith or Belief[J]. Annals of Social Sciences & Management studies, 2019, 4(3): 81-89.

[40] PAN L L, CUI W C. Clarification of the Field Concept for a New General System Theory[J/OL]. Philosophy Study, 2021, 11(10) [2022-07-08]. http://www.davidpublisher.com/index.php/Home/Article/index?id=46283.html. DOI: 10.17265/2159-5313/2021.10.001.

[41] MA Y, CUI W C. A Comprehensive Overview on Various Mind-Body Models[J/OL]. Philosophy Study, 2021, 11(11) [2022-05-13]. http://www.davidpublisher.com/index.php/Home/Article/index?id=46485.html. DOI: 10.17265/2159-5313/2021.11.002.

[42] PAN L L, CUI W C. Re-examination of the Two-Body Problem Using Our New General System Theory[J]. Philosophy Study, 2021, 11(12): 891-913.

[43] PAN L L, CUI W C. Re-examination of Fundamental Concepts of Heat, Work, Energy, Entropy, and Information Based on NGST[J]. Philosophy, 2022, 12(1): 1-17.

[44] CUI W C. On the Trajectory Prediction of a Throwing Object Using New General System Theory[J]. Philosophy Study, 2022, 12(2): 53-64.

[45] CUI W C, PAN L L. Can One Really Disprove a Real Quantum Theory?[J/OL]. International Journal of Theoretical and Mathematical Physics, 2022, 12(1): 1-6 [2022-05-13]. http://article.sapub.org.

[46] DESCARTES R. The World and Other Writings[M]. Cambridge: Cambridge University Press, 1998.

[47] PLADEVALL X O, MOMPART J. Applied Bohmian Mechanics: From Nanoscale Systems to Cosmology[M]. Ind ed. Singapore: Jenny Stanford Publishing, 2019.

[48] MAUDLIN T. Three Measurement Problems[J]. Topoi, 1995, 14(1): 7-15.

[49] HERBERT N. Quantum Reality: Beyond the New Physics[M]. [S.l.]: Anchor Books, 2011.

[50] BELL J. Against 'measurement'[J]. Physics world, 1990, 3(8): 33.

[51] PLADEVALL X O, MOMPART J. Applied Bohmian Mechanics: From Wanoscale Systems to Cosmology[M]. Ind ed. Singapore: Jenny Stanford Publishing, 2019.

[52] 同上。

[53] MIRANSKY V A, SHOVKOVY L A. Quantum field theory in a magnetic field: From quantum chromodynamics to graphene and Dirac semimetals[J]. Physics Reports, 2015, 576: 1-209.

[54] CARDEÑA E. The experimental evidence for parapsychological phenomena: A review.[J]. American

Psychologist, 2018, 73(5): 663.

[55] PAN L L, CUI W C. Clarification of the Field Concept for a New General System Theory[J/OL]. Philosophy Study, 2021, 11(10) [2022-07-08]. http://www.davidpublisher.com/index.php/Home/Article/index?id=46283.html. DOI: 10.17265/2159-5313/2021.10.001.

[56] DUGAS R. A History of Mechanics, trans[J]. JR Maddox (Switzerland: Editions Du Griffon, 1955), 1957: 124-127.

[57] CARDEÑA E. The experimental evidence for parapsychological phenomena: A review.[J]. American Psychologist, 2018, 73(5): 663.

[58] Si-chen Lee. Complex Space-Time and Complex Quantum Mind—An Unified Platform to Explain the Large, Medium, and Small Scaled Mysteries of Universe and Consciousness[J]. Philosophy Study, 2019, 9(5).

[59] HARVEY P. An introduction to Buddhism: Teachings, history and practices[M]. Cambridge: Cambridge University Press, 2012.

[60] CUI W C. On the Trajectory Prediction of a Throwing Object Using New General System Theory[J]. Philosophy Study, 2022, 12(2): 53-64.

[61] PLADEVALL X O, MOMPART J. Applied Bohmian Mechanics: From Wanoscale Systems to Cosmology[M]. Singapore: Jenny Stanford Publishing, 2019.

[62] MCSHANE K. Anthropocentrism vs. Nonanthropocentrism: Why Should We Care?[J/OL]. Environmental Values, 2007, 16(2): 169-186 [2022-05-13]. https://www.ingentaconnect.com/content/10.3197/096327107780474555. DOI: 10.3197/096327107780474555.

[63] HARDIN G J. The Limits of Altruism: An Ecologist's View of Survival[M]. Bloomington: Indiana University Press, 1977.

[64] NAESS A. Freedom, Emotion and Self-subsistence. The Structure of a Central Part of Spinoza's Ethics[J]. Tijdschrift Voor Filosofie, 1977, 39(2).

[65] TERRIE P G. Deep Ecology: Living as if Nature Mattered. By Bill Devall and George Sessions. (Salt Lake City: Gibbs M. Smith, Inc. Peregrine Smith Books, 1985. xi & 266 pp. Notes, appendixes, annotated bibliography. $15.95.)[Z]. 1985.

[66] DELEUZE G, GUATTARI F. What is Philosophy?[M]. [S.l.]: Columbia University Press, 1995.

[67] DELANDA M. A New Philosophy of Society: Assemblage Theory and Social Complexity[M]. [S.l.]: Bloomsbury Publishing, 2019.

[68] RIGGIO A A. An Ecological Philosophy of Self and World: What Ecocentric Morality Demands of the Universe[D]. 2012.

[69] CAPRA F. The Tao of Physics: An Exploration of the Parallels Between Modern Physics and Eastern Mysticism[M]. Berkeley: Shambhala, 1975.

[70] FRITJOF C. Web of Life: A New Scientific Understanding of Living Systems[J]. 1996.

[71] KIM S H. The Immortal World: The *Telos* of Daoist Environmental Ethics[J]. Environmental Ethics, 2008, 30(2): 135-157.

第 28 章

[1] CUI W C. On an Axiomatic Foundation for a Theory of Everything[J/OL]. Philosophy Study, 2021, 11(4) [2022-04-25]. http://www.davidpublisher.org/index.php/Home/Article/index-?id=453 25.html. DOI: 10.17265/2159-5313/2021.04.001.

[2] KENNEDY D. 125[J]. Science, 2005, 309(5731): 19-19.

[3] 125 questions: Exploration and discovery[EB/OL]. [2022-05-14]. https://www.science.org/content/resource/125-questions-exploration-and-discovery.

[4] 同上。

[5] 成生辉. 元宇宙：概念、技术及生态 [M]. 北京：机械工业出版社，2022.

[6] 丰子恺：人生的三重境界 [EB/OL]. [2022-05-14]. https://www.163.com/dy/article/GR3UBR1C0514BMG0.html.

[7] CUI W C. On Faith or Belief[J]. Annals of Social Sciences & Management Studies, 2019, 4(3) :81-89.

[8] HAWKINS D R. Power vs. Force: The Hidden Determinants of Human Behavior[M]. Carlsbad: Hay House, 2002.

[9] LOVELOCK J E. Gaia as seen through the atmosphere[J/OL]. Atmospheric Environment (1967), 1972, 6(8): 579-580 [2022-05-14]. https://linkinghub.elsevier.com/retrieve/pii/0004698172900765. DOI: 10.1016/0004-6981(72)90076-5; LOVELOCK J E, MARGULIS L. Atmospheric homeostasis by and for the biosphere: the gaia hypothesis[J/OL]. Tellus, 1974, 26(1-2): 2-10.

[10] WARD P D. The Medea Hypothesis: Is Life on Earth Ultimately Self-Destructive?[M]. Princeton: Princeton University Press, 2009.

[11] LOVELOCK J E. Gaia as seen through the atmosphere[J/OL]. Atmospheric Environment (1967), 1972, 6(8): 579-580 [2022-05-14]. https://linkinghub.elsevier.com/retrieve/pii/0004698172900765. DOI: 10.1016/0004-6981(72)90076-5.

[12] Wollaston Medal citation[EB/OL]. [2022-05-14]. http://www.jameslovelock.org/wollaston-medal-citation/.

[13] GRIBBIN J. Hothouse Earth: The Greenhouse Effect and Gaia[M]. NewYork: Grove Wei

denfeld, 1990.

[14] SCHWARTZMAN D. Life, temperature, and the Earth: the self-organizing biosphere[M]. New York: Columbia University Press, 1999.

[15] TURNEY J. Lovelock and Gaia: signs of life[M]. Cambridge University Press, 2004.

[16] KIRCHNER J W. The Gaia Hypothesis: Fact, Theory, and wishful Thinking[J/OL]. Climatic Change, 2002, 52(4): 391-408 [2022-05-14]. http://link.springer.com/10.1023/A:1014237331082. DOI: 10.1023/A:1014237331082.

[17] VOLK T. Toward a Future for Gaia Theory[J/OL]. Climatic Change, 2002, 52(4): 423-430 [2022-05-14]. http://link.springer.com/10.1023/A:1014218227825. DOI: 10.1023/A:1014218227825.

[18] BEERLING D J. The Emerald Planet: How Plants Changed Earth's History[M]. New York: Oxford University Press, 2007.

[19] Gaia's evil twin: Is life its own worst enemy?[EB/OL]. [2022-05-14]. https://www.newscientist.com/article/mg20227131-400-gaias-evil-twin-is-life-its-own-worst-enemy/?i gnored=irrelevant.

[20] BENNETT D. Dark green[J/OL]. Boston.com, [2022-05-14]. http://archive.boston.com/bostonglobe/ideas/articles/2009/01/11/dark_green/.

[21] Gaia theory–Reflections on life on earth[EB/OL]. [2022-05-14]. http://www.australianreview.net/digest/2010/02/grey.html.

[22] MAYER M. Vertical Integration (I visited Vince Aletti)[J/OL]. Public, 2022, 33(65): 195-201. https://www.ingentaconnect.com/content/10.1386/public_00101_1. DOI: 10.1386/public_00101_1.